Unity
跨平台全方位遊戲開發進階寶典

黃新峰．汪筠捷．黃鈴祐 編著

商標聲明

書中引用的軟體與作業系統的版權標列如下：

- Microsoft Windows是美商Microsoft公司的註冊商標。
- 書中所引用的商標或商品名稱之版權分屬各該公司所有。
- 書中所引用的網站畫面之版權分屬各該公司、團體或個人所有。
- 書中所引用之圖形，其版權分屬各該公司所有。
- 書中所使用的商標名稱，因為編輯原因，沒有特別加上註冊商標符號，並沒有任何冒犯商標的意圖，在此聲明尊重該商標擁有者的所有權利。

作者序

Unity公司的Unity3D一款高性能的3D遊戲引擎。近年來在智慧型手機、平板電腦快速普及下，Unity的全球用戶已經突破250萬人，且不斷的快速增加，因此Unity已經成爲全球3D網頁遊戲與手機APP遊戲開發上影響力最大的遊戲開發工具。所以學習Unity可以視爲進入3D遊戲或3D互動相關產業的重要軟體。

Unity支援「跨平台發布」，使用者可以透過Unity實現各種遊戲創意進行開發，創作出精彩的2D以及3D作品，再透過Unity跨平台發布的強大能力，輕鬆即可發布到各種遊戲平台上。Unity是一款「免費的開發引擎」，2013年，Unity相繼宣布Unity主程式以及相關跨平台發布套件免費，包含了Android、iOS等等，在無需付費的基礎上，使得Unity更受所有開發者的喜愛，使用者可直接在Unity官方網站下載主程式直接免費使用並發布。

本書將藉由主題範例作品，有系統的將Unity3D軟體中，有關地形編輯器、粒子系統、Shuriken粒子系統、Mecanim動畫系統、物理引擎、導航網格系統及光照貼圖等等重要功能做完整介紹，最後將利用一個完成品神童冒險之旅的動作遊戲，把此遊戲發佈在Android平台做總結。每個主題所探討內容深入淺出，引導如何使用這些強大的工具，並能以成品來呈現，使讀者在實作中能充分了解所學習的重點。

最後，本書有所疏漏不足之處敬祈各方先進不吝指教。

黃新峰

2014 / 08 / 3 於逢甲大學

目錄

第07講 靜態場景光照效果的強化技術

第08講 遊戲角色導入與動畫系統應用

第09講 Mecanim動畫系統

第10講 Mecanim動畫系統進階應用

第11講 導航網格路徑搜尋

第12講 導航網格進階功能應用

目錄

第13講 遊戲場景中的物理世界 I

第14講 遊戲場景中的物理世界 II 電子書

第15講 神童冒險之旅 電子書

附錄A Unity簡介 電子書

01

Unity編輯介面介紹

Unity提供了功能強大、介面友好的3D場景編輯器，許多的操作方式可以通過可視化來完成而無須任何編輯過程，Unity介面具有很大的靈活性和自訂功能，使用者可以依據自身喜好和工作需求來自定介面所顯示的內容，當我們開啓Unity後，可以看見如下圖所示的Unity的操作介面。

關於Unity介面主要分爲3大部分，第一部分爲在左上方的系統選單、第二部分爲在系統選單之下的工具列，至於第三部分則爲有不同功能的功能視窗，如下圖所示。

File Edit Assets GameObject Component Window Help

以下我們來細說各部分的功能與功用。

第一部分 系統選單

系統選單，由左至右依序爲File(檔案選單)、Edit(編輯選單)、Assets(資源選單)、GameObject(遊戲物件選單)、Component(元件選單)、Windows(視窗選單)與及Help(幫助選單)，我們分別爲各位做個簡易的說明，如下圖所示。

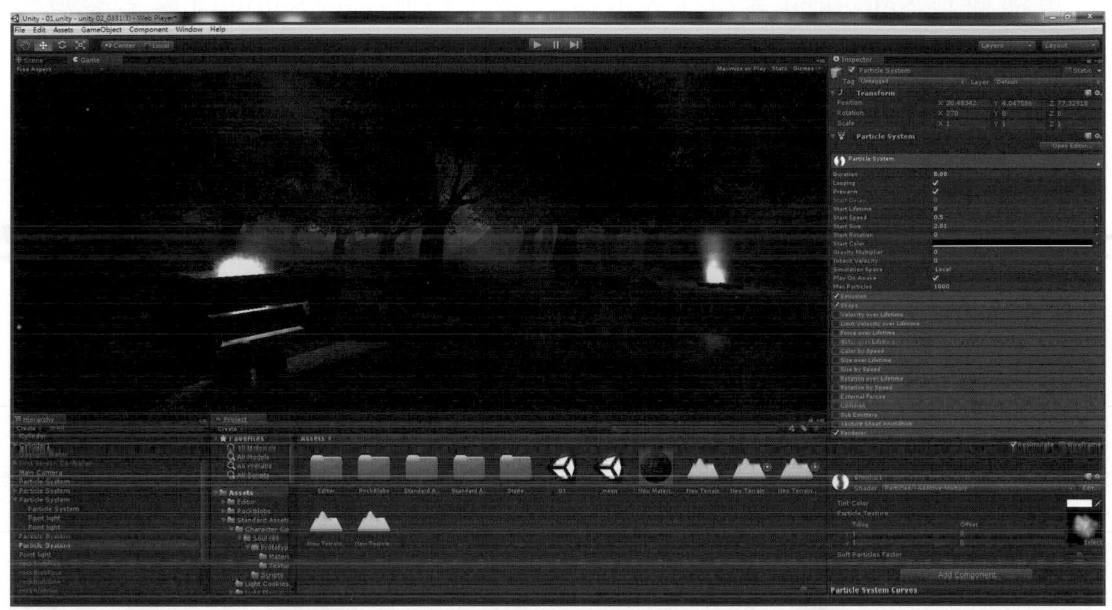

- **File(檔案選單)**：主要有New Scene(建立新場景)、Open Scene(開啓舊場景)、Save Scene(儲存場景)、Save Scene as…(另存場景)、New Project…(建立新專案)、Open Project…(開啓舊專案)、Save Project(儲存專案)、Build Settings…(發佈遊戲執行檔)、Build & Run(發佈遊戲執行檔並執行遊戲)、Exit(離開Unity軟體)，在此共9個選項，如下圖所示。

- **Edit(編輯選單)：**主要有Undo Selection Change(回上一步驟)、Redo(解除回上一步驟)、Cut(剪下)、Copy(複製)、Paste(貼上)、Duplicate(複製並且貼上)、Delete(刪除)、Frame Selected(鏡頭移動至所選取物體前)、Look View to Selected(觀看所選定的物體)、Find(搜尋)、Selected All(選取全部的物件)、Preferences…(偏好設定)、Play(播放)、Pause(暫停)、Step(逐步播放)、Selection(選擇存入或載入物件)、Project Settings(專案參數設定)、Render Setting(渲染參數設定)、Network Emulation(繪圖顯示狀態)、Graphics Emulation(網格狀態)、Snap Settings…(使物件按照數值對齊)，在此共21個選項，如下圖所示。

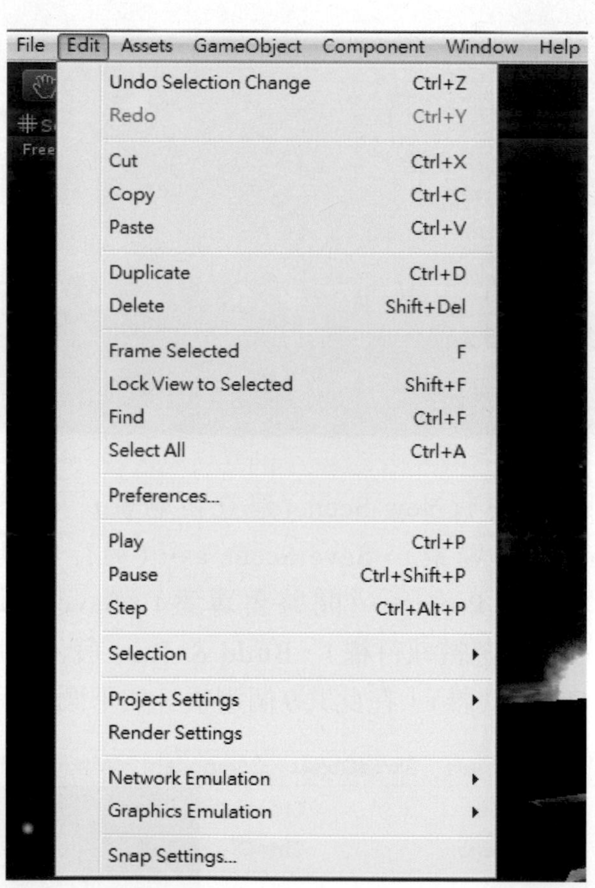

- **Assets(資源選單)：**主要有Create(創建資源)、Show in Explorer(以檔案總管開啓專案的資料夾)、Open(開啓資源)、Delete(刪除資源)、Import New Asset…(匯入新的資源)、Import Package(匯入資源包)、Export Package…(匯出資源包)、Find References In Scene(場景中搜尋參考物件)、Select Dependencies(選擇與物件相關的資源)、Refresh(重新整理)、Reimport(重新匯入資源)、Reimport All(重新匯入所有資源)、Sync MonoDevelop Project(與MonoDevelop程式編輯器同步)，在此共13個選項，如下圖所示。

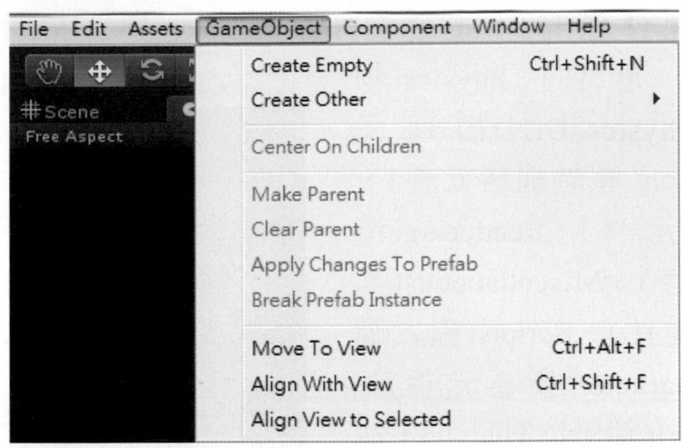

- **GameObject(遊戲物件選單)：** 主要有Create Empty(創建一個空物件)、Create Other(創建其他物件)、Center On Children(將子物件參考點移至父物件中心點)、Make Parent(新建父子關係)、Clear Parent(取消父子關係)、Apply Changes To Prefab(應用當前變更到預製物件上)、Break Prefab Instance(打斷預製物與當前物件的連結)、Move To View(移動物體至視窗的中心點)、Align With View(移動遊戲視窗)、Align View to Selected(移動鏡頭並對齊物體)，在此共10個選項，如下圖所示。

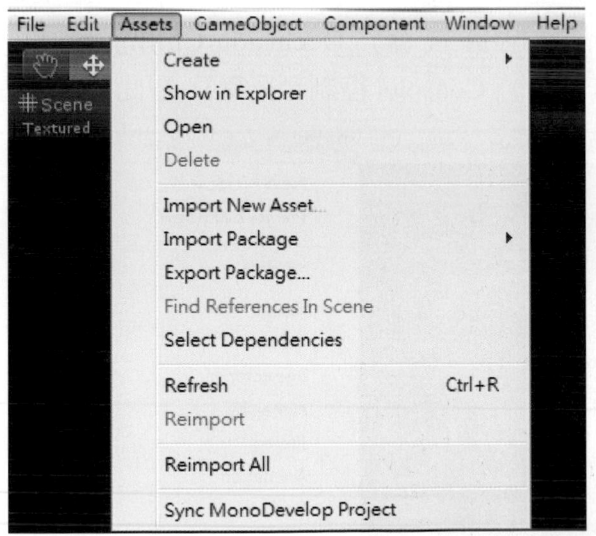

- **Component(元件選單)**：主要有Add(添加元件)、Mesh(網格元件)、Effects(粒子元件)、Physics(物理元件)、Physics2D(2D物理元件)、Navigation(導航網格元件)、Audio(音頻元件)、Rendering(渲染設定元件)、Miscellaneous(其他常用工具元件)、Scripts(程式腳本元件)、Character(腳色元件)、Camera-Control(鏡頭控制元件)，在此共12個選項，如右圖所示。

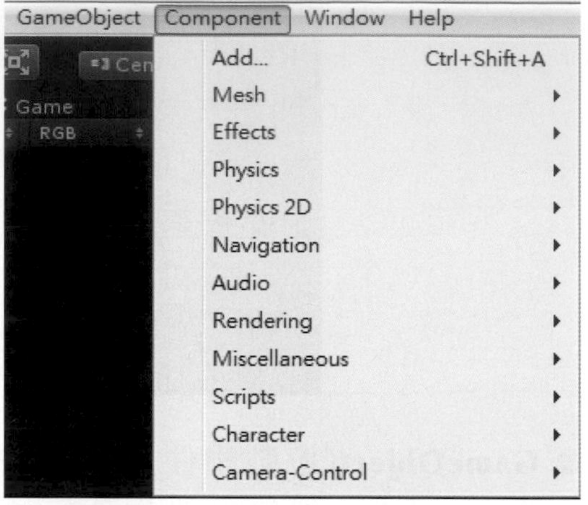

- **Window(視窗選單)**：主要有Next Window(顯示下一個視窗)、Previous Window(顯示上一個視窗)、Layouts(視窗配置模式)、Scene(場景視窗)、Game(遊戲視窗)、Inspector(屬性視窗)、Hierarrchy(階層視窗)、Project(專案視窗)、Animation(動畫編輯視窗)、Profiler(粒子特效視窗)、Asset Store(資源商店)、Version Control(控制版本視窗)、Animator(動畫製作視窗)、Sprite Editor(Sprite編輯視窗)、Sprite Packer【Developer Preview】(Sprite包裝機)、Lightmapping(光影貼圖視窗)、Occlusion Culling(場景遮蔽分析視窗)、Navigation(導航網格)、Console(控制台視窗)，在此共19個選項，如下圖所示。

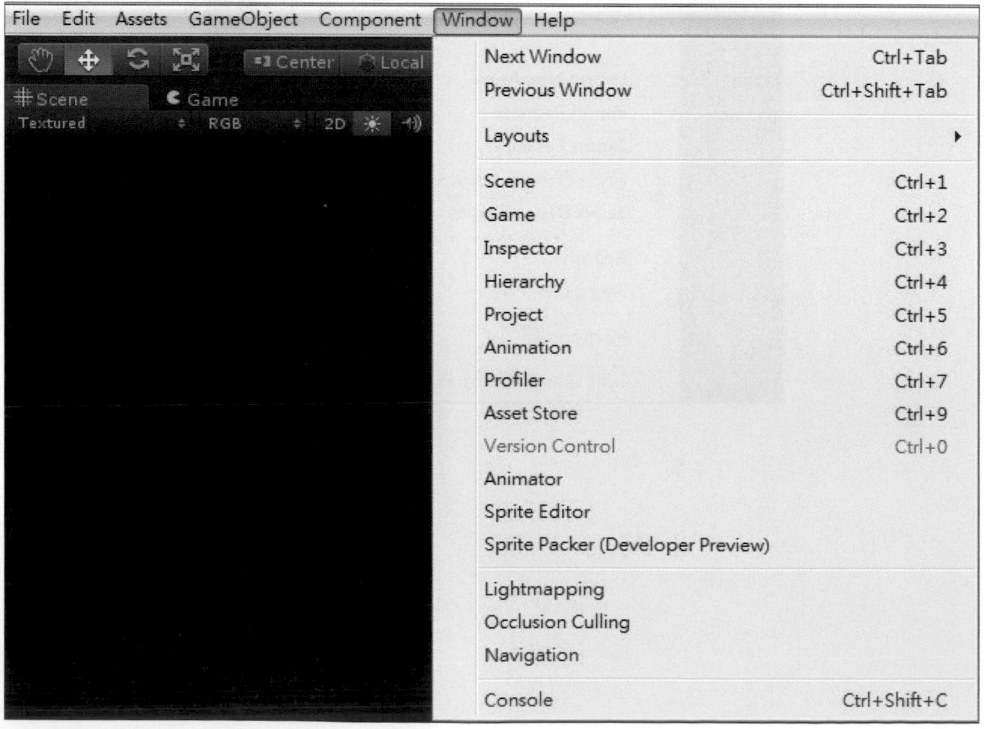

- **Help(幫助選單)：** 主要有About Unity…(關於Unity)、Manage License…(管理授權許可)、Unity Manual(Unity手冊)、Reference Manual (參考手冊)、Scripting Reference (腳本參考手冊)、Unity Forum(Unity論壇)、Unity Answers(Unity問答)、Unity Feedback(Unity回饋)、Welcome Screan(Unity歡迎畫面)、Check for Updates(檢測新版軟體)、Release Notes(軟體發行說明)、Report a Bug(錯誤回報)，在此共12個選項，如下圖所示。

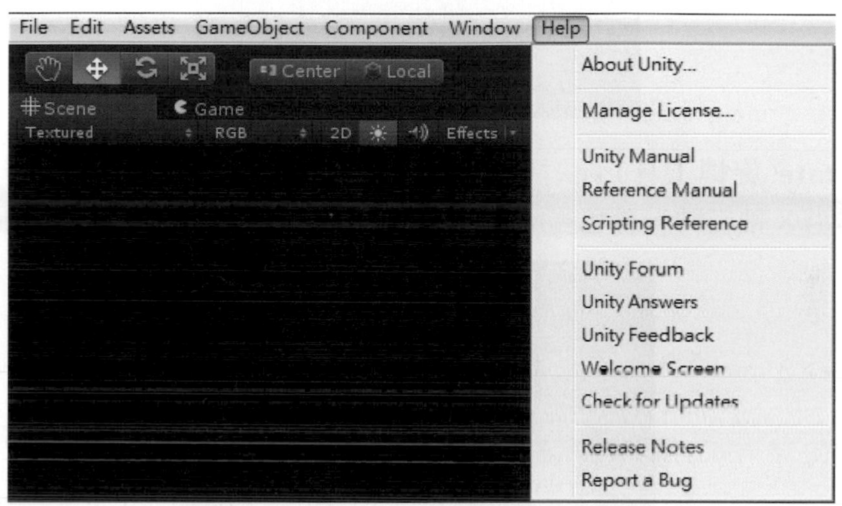

第二部分 工具列

有關工具列，由左至右依序為變換工具、群組物件中心與物件座標、播放控制、圖層選單、視窗排列選單，如下圖所示。

- **Trandform(變換工具)** ：主要應用於場景視窗，用來控制和操作場景與及遊戲物件，由左至右分別為Hand(手形工具)、Translate(位移工具)、Rotate(旋轉工具)與及Scale(縮放工具)。
- **Hand(手形工具)：** 快捷鍵為Q，可以平移整個場景視窗。
- **Translate(位移工具)：** 快捷鍵為W，可使遊戲物件依三維座標軸移動，其中紅色為沿X軸移動、綠色為沿Y軸移動、藍色為沿Z軸移動，如下圖所示。

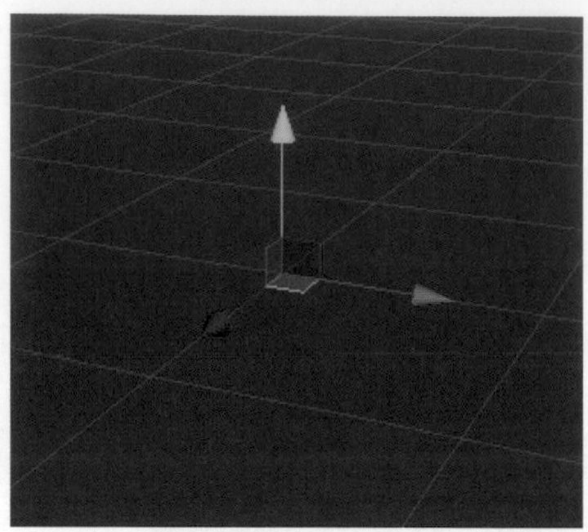

- **Rotate(旋轉工具)：**快捷鍵為E，可使遊戲物件按任意角度旋轉，其中紅色為沿X軸旋轉、綠色為沿Y軸旋轉、藍色為沿Z軸旋轉，如下圖所示。

- **Scale(縮放工具)：**快捷鍵為R，可使遊戲物件依三維座標軸縮放，其中紅色為沿X軸縮放、綠色為沿Y軸縮放、藍色為沿Z軸縮放，如下圖所示。

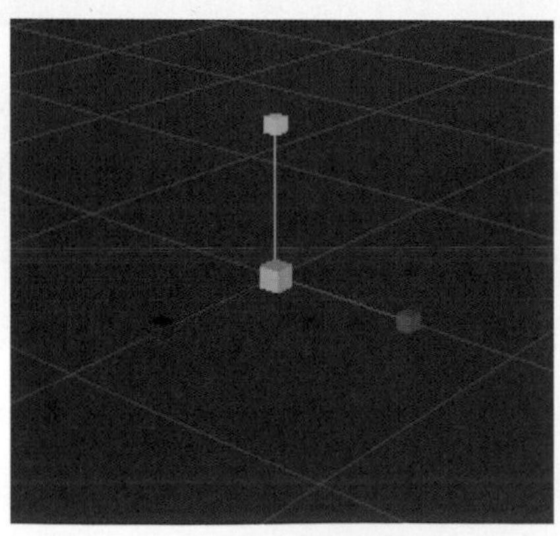

- Center Local **群組物件中心與物件座標：**主要應用於遊戲物件上，用於切換遊戲物件中心座標位置和遊戲物件的座標狀態。

- **群組物件中心：**分為Center(中心)與Pivot(軸心)。

- Center **Center(中心)：**當同時選擇2個遊戲物件時，座標位置會在兩物件中心位置，如下圖所示。

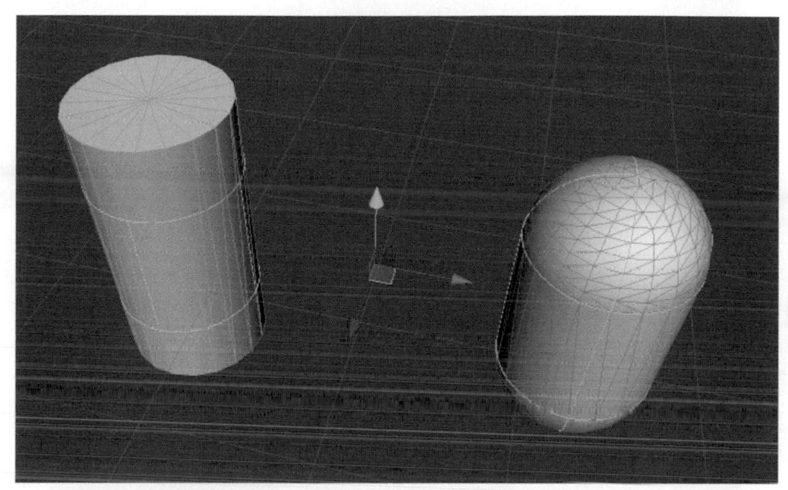

- Pivot **Pivot(軸心)：**當同時選擇2個遊戲物件時，座標位置會在座落於最後所選取的物件上，如下圖所示。

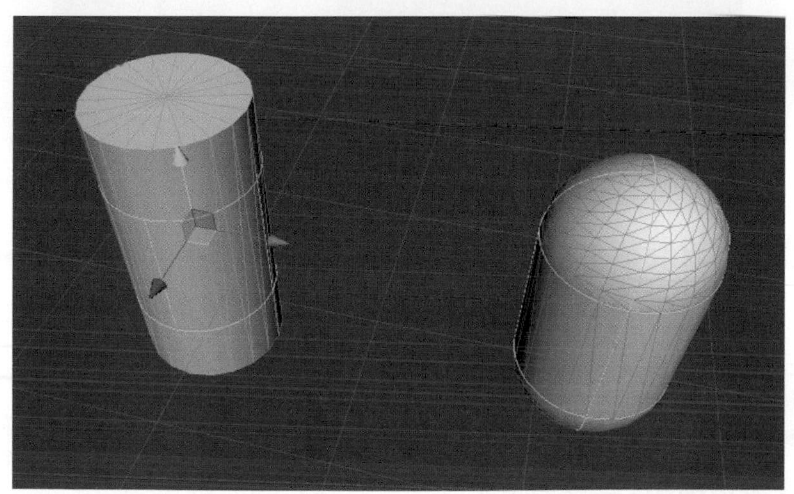

- **物件座標：**分為Local(本體座標)與Global(世界座標)。

- Local **Local(本體座標)：**使用變換工具在所選取的遊戲物件上時，物件的座標位置會隨之改變，如下圖所示。

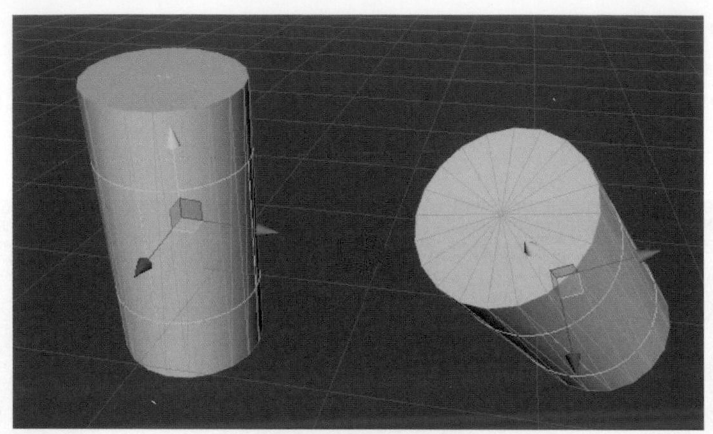

- Global **Global(世界座標)：**使用變換工具在所選取的遊戲物件上時，物件的座標位置不會隨之改變，如下圖所示。

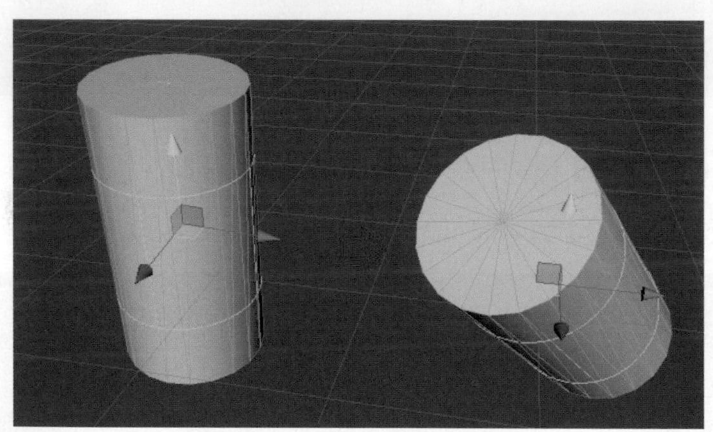

- **播放控制：**主要為分為Play(播放)、Pause(暫停)、Step(逐步播放)。
- **Play(播放)：**執行目前的遊戲專案。
- **Pause(暫停)：**暫停目前正在執行的遊戲專案。
- **Step(逐步播放)：**逐步播放目前正在執行的遊戲專案。

- Layout **圖層選單：** 顯示在場景視窗中個物件的層級，主要分為Everything(顯示所有遊戲物件)、Nothing(不顯示任何遊戲物件)、Default(顯示沒有任何控制的遊戲物件)、TransparentFX(顯示透明的遊戲物件)、Ignore Raycast(顯示沒處理光影投射的遊戲物件)、Water(顯示水物件)、Edit Layers…(編輯圖層)，如右圖所示。

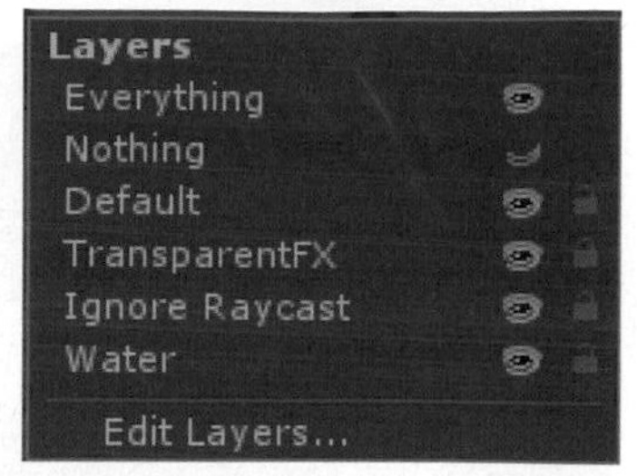

- Layout **視窗排列選單：** 使用者可以用來切換視窗配置方式，或是自訂編排視窗位置，主要分為2 by 3(2個橫向視窗和3個縱向視窗)、4 split(4個視窗)、Default(預設視窗配置)、Tall(高屏視窗)、Wide(寬屏視窗)、Save Layout…(儲存自製視窗配置模式)、Delete Layout…(刪除視窗配置模式)、Revert Factory Settings…(恢復預設配置模式)，在此共8個選項，如右圖所示。

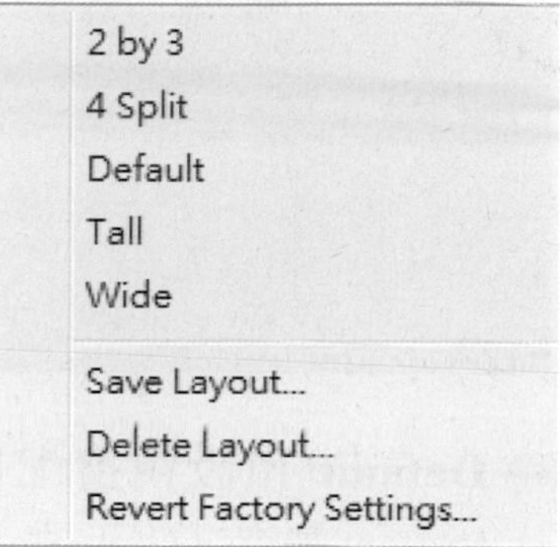

- **2by3(2個橫向視窗和3個縱向視窗)：** 顯示Scene視窗、Game視窗、Hierarchy視窗、Project視窗與Inspector視窗，如下圖所示。

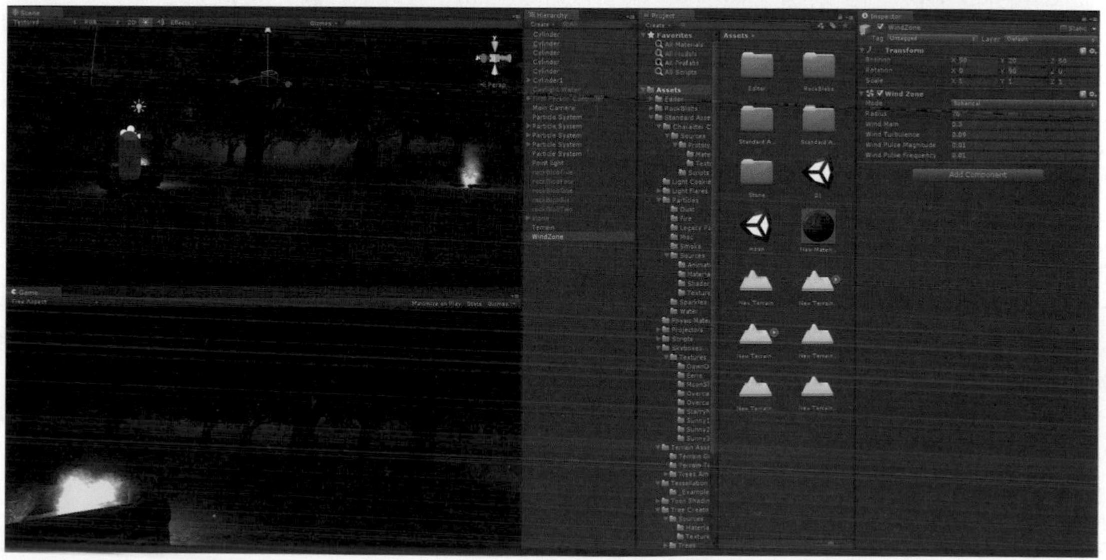

- **4 split(4個視窗)：** 顯示Scene視窗、Hierarchy視窗、Project視窗與Inspector視窗，如下圖所示。

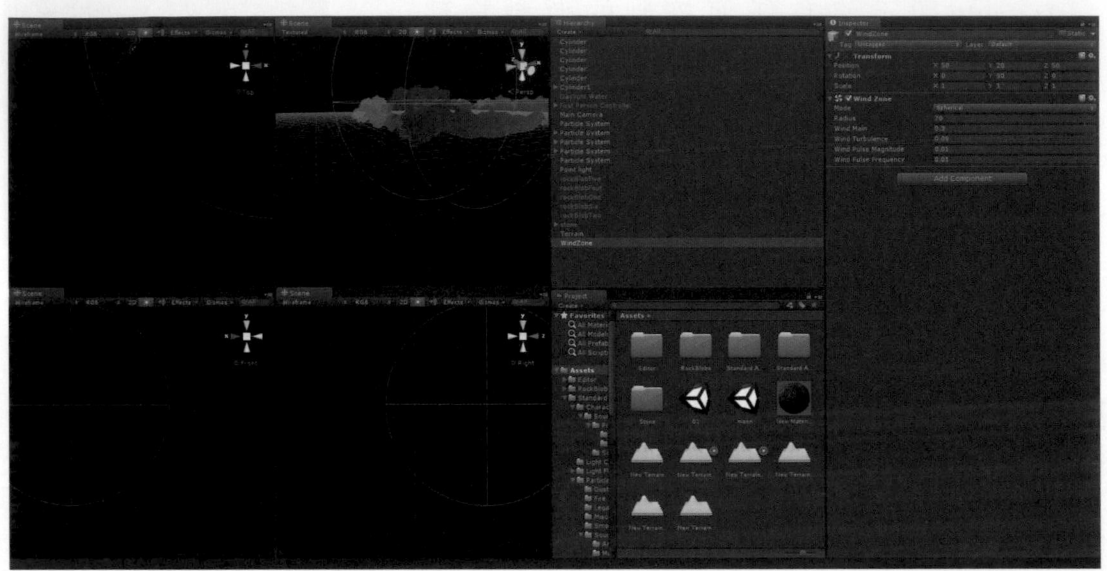

- **Default(預設視窗配置)：** 顯示Scene視窗、Game視窗、Hierarchy視窗、Project視窗、Console視窗與Inspector視窗，如下圖所示。

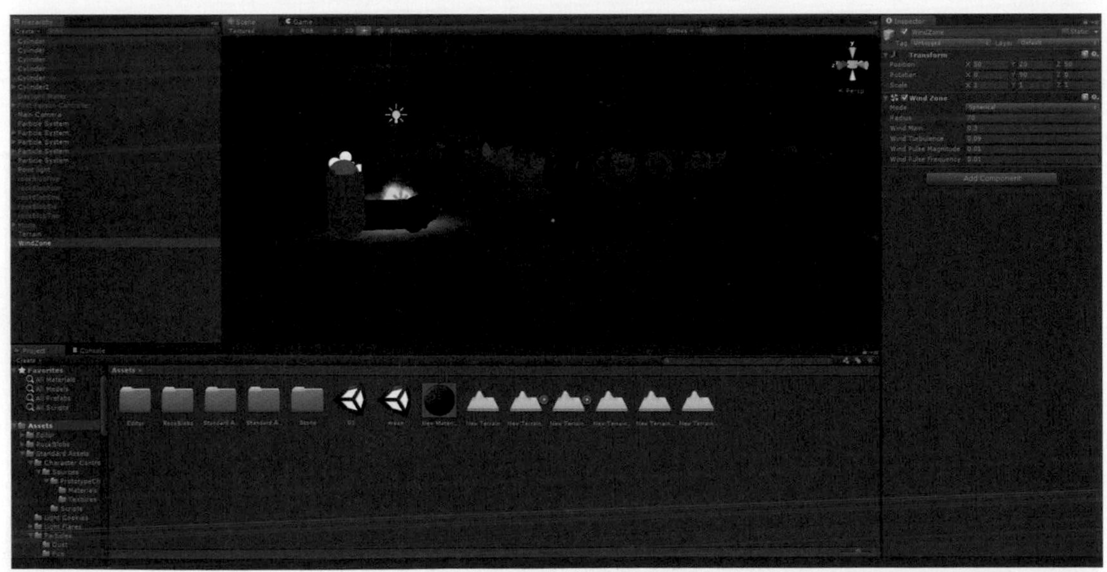

- **Tall(高屏視窗)：**顯示Scene視窗、Game視窗、Hierarchy視窗、Project視窗與Inspector視窗，如下圖所示。

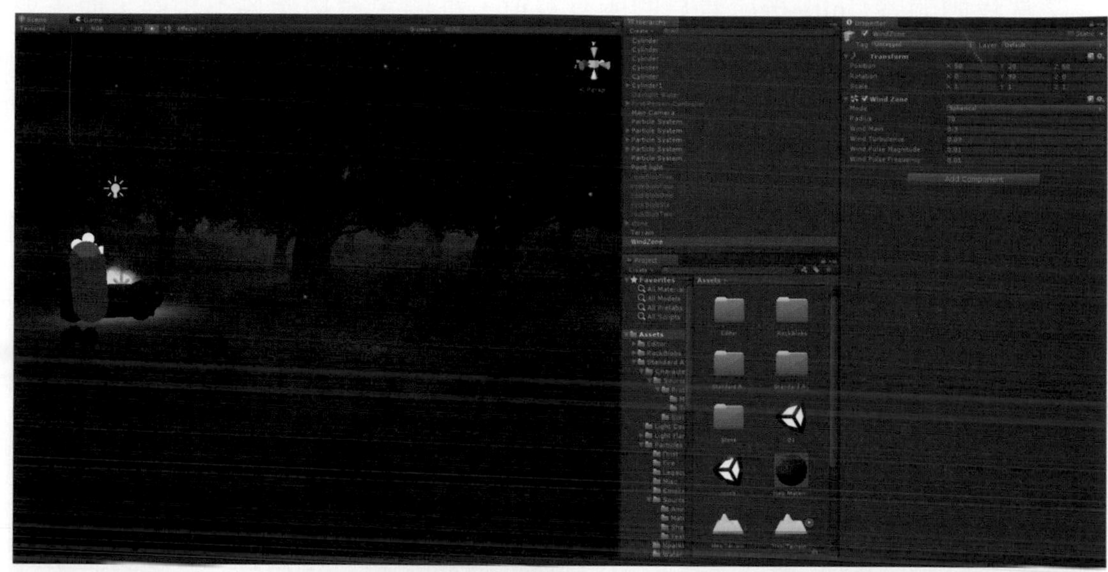

- **Wide(寬屏視窗)：**顯示Scene視窗、Game視窗、Hierarchy視窗、Project視窗與Inspector視窗，如下圖所示。

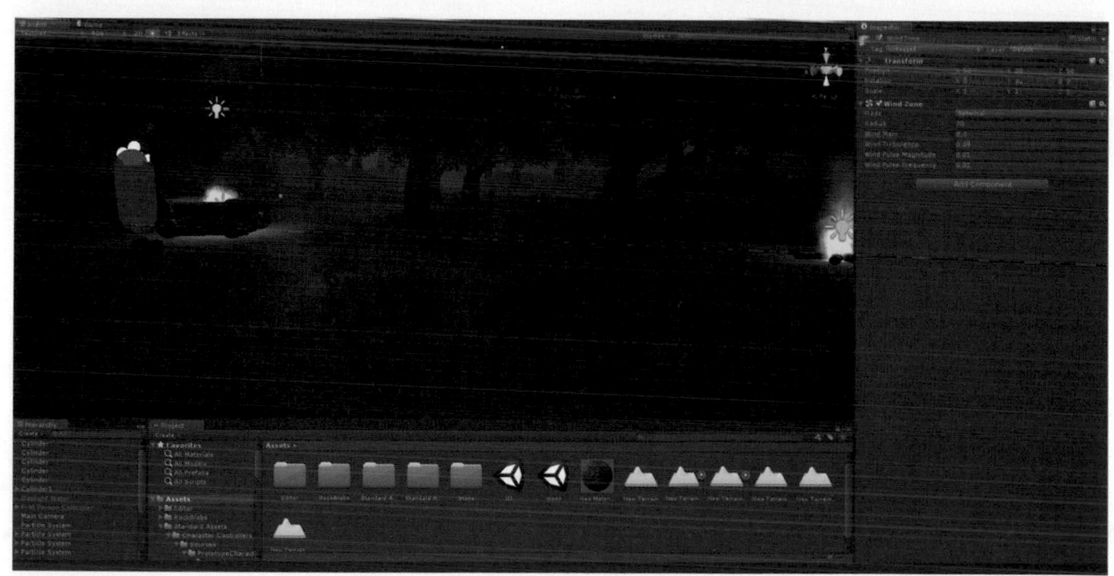

第三部分 視窗功能介紹

當我們開啓Unity後所看見的所有視窗，每個視窗功能各不相同，而主要都有Scene視窗、Game視窗、Hierarchy視窗、Project視窗與Inspector視窗這五個視窗，除了預設的視窗外，亦可點選系統選單的Windows去添加所需要的其他功能視窗，以下我們簡易介紹常用的這五個視窗功能內容，如下圖所示。

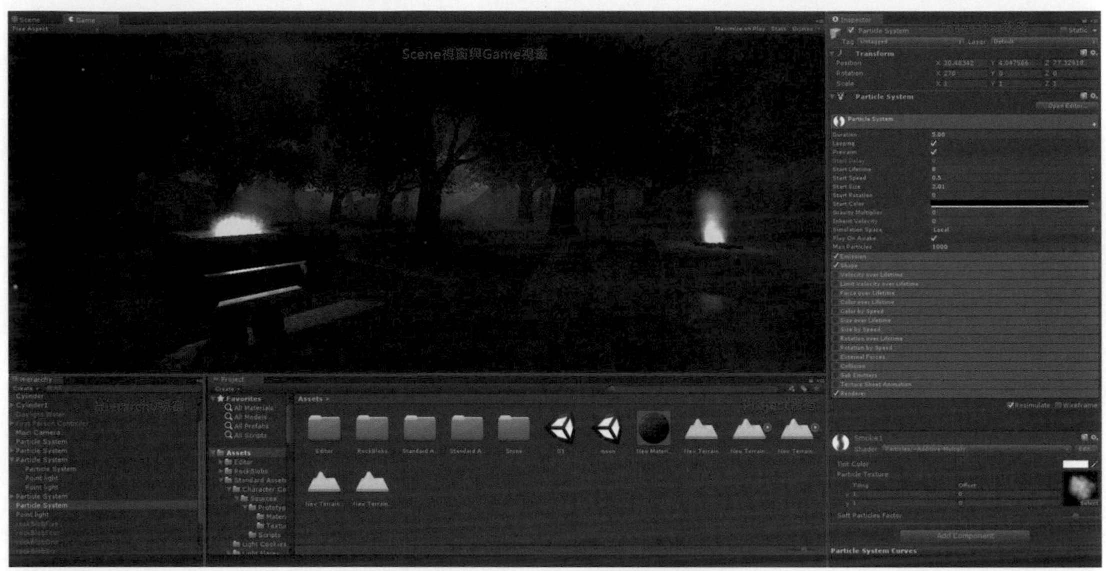

- **有關第一項Scene視窗(場景視窗)：**場景視窗是Unity常用的視窗之一，遊戲場景中所有用到的地形、光源、模型、粒子特效、音效、物件與攝影機都會顯示在此視窗，在此可以通過可視化的方式對遊戲物件進行操作或是移動，如下圖所示。

在滑鼠與鍵盤上的快速操作技巧上有以下的使用方式：

Alt ＋ 滑鼠左鍵	旋轉場景視角。
Alt ＋ 滑鼠右鍵	縮放場景視角。
Alt ＋ 滑鼠中鍵	平移場景視角。
滑鼠右鍵 ＋ WASD 鍵	第一人稱操作方式檢視場景。
點選遊戲物件 ＋ F 鍵	將遊戲物件顯示在視窗中。

- **View Cube(視圖軸向控制器)：** 點擊View Cube中的方向軸，可將場景視角切換至該軸向的正交視圖，亦可點選在View Cube下方的文字切換場景視角爲Persp(透視模式)或是Iso(等距模式)，如下圖所示。

我們以下面圖示來觀察此兩種模式的差異：

- **Persp(透視模式)：**

◎ **Iso(等距模式)：**

◎ **場景視窗工具列：**由左至右可分爲繪圖模式、渲染模式、場景效果顯示、遊戲物件標示、搜尋欄，如下圖所示。

Textured RGB 2D Effects Gizmos Q▾All

◎ Textured **繪圖模式：**可以切換場景物體的顯示模式，主要分爲Textured(紋理模式)、Wireframe(網格線框模式)、Textured Wire(紋理加網格線框模式)、Render Paths(渲染路徑模式)與Lightmap Resolution(光罩貼圖模式)，在此共5個選項，我們分別以不同的選項效果來看此功能，如下圖所示。

◎ **Textured(紋理模式)：**

◎ **Wireframe(網格線框模式)：**

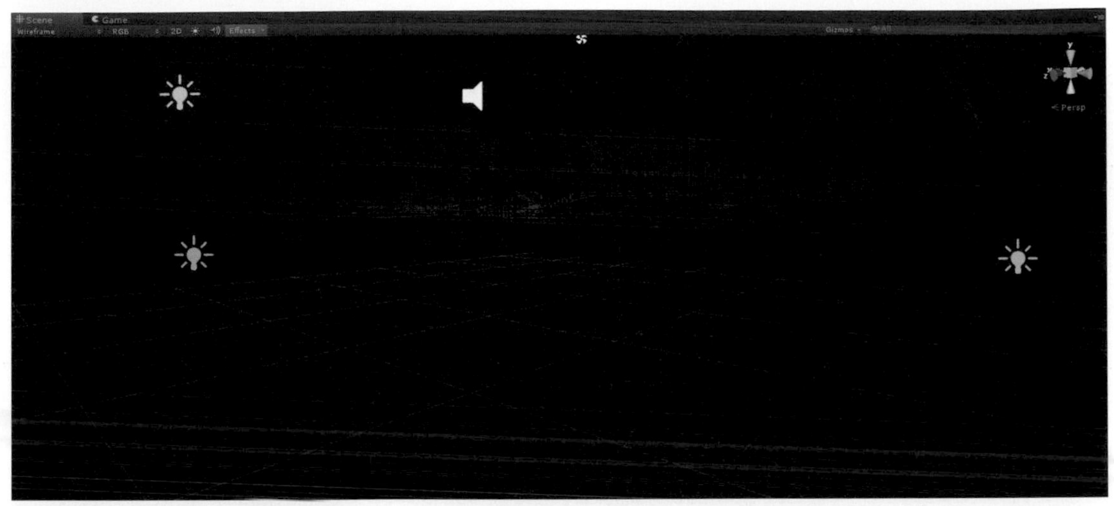

◎ **Textured Wire(紋理加網格線框模式)：**

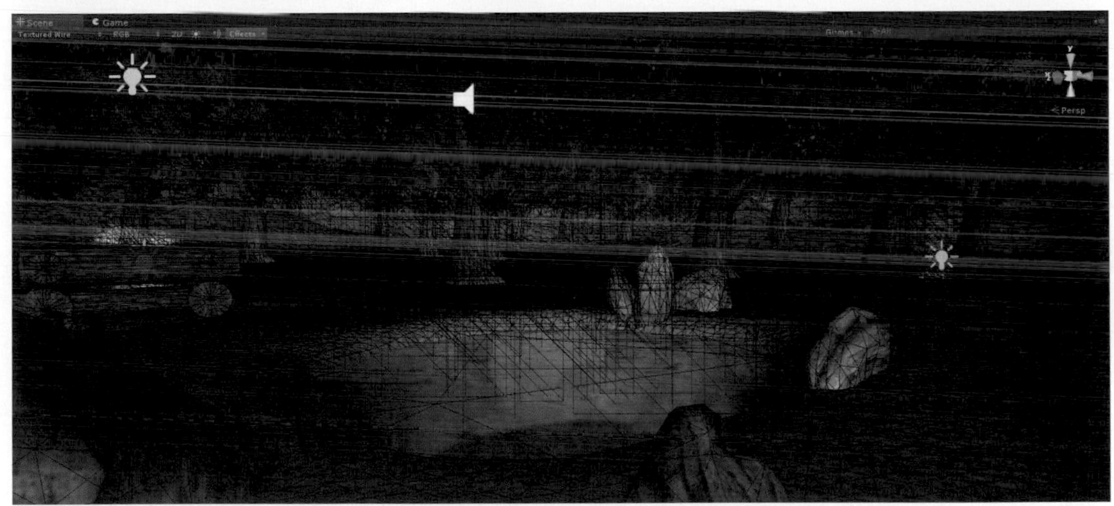

◎ **Render Paths(渲染路徑模式)：**

● **Lightmap Resolution(光罩貼圖模式)：**

● RGB **渲染模式**：可以選擇遊戲物件的渲染模式，主要分為RGB(三原色)、Alpha(阿爾法)、Overdraw(半透明)與Mipmaps(MIP映像圖)，在此共4個選項，下面的圖示可以顯示這4種模式的差異：

● **RGB(三原色)：**

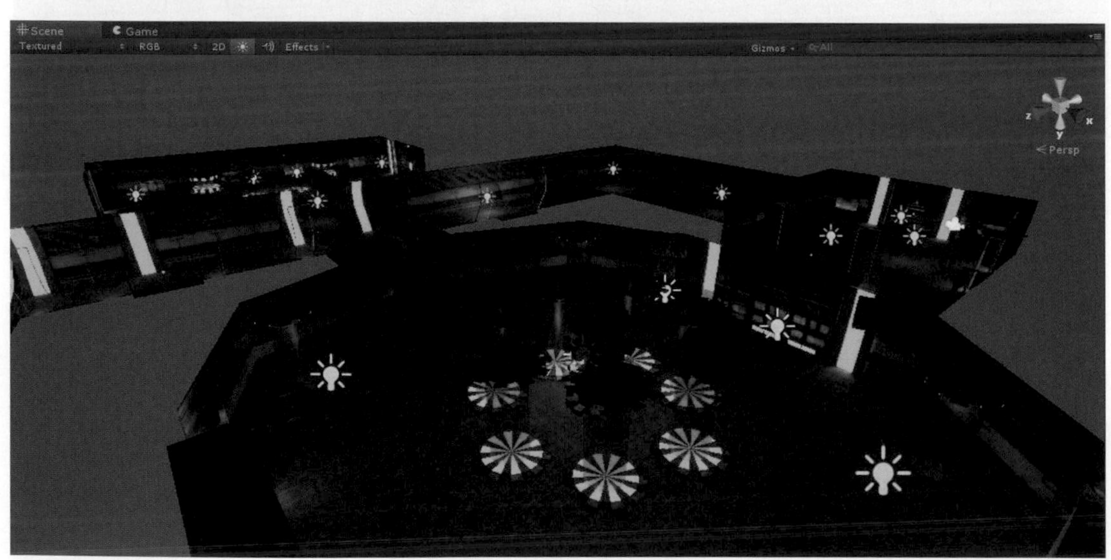

Alpha(阿爾法)：

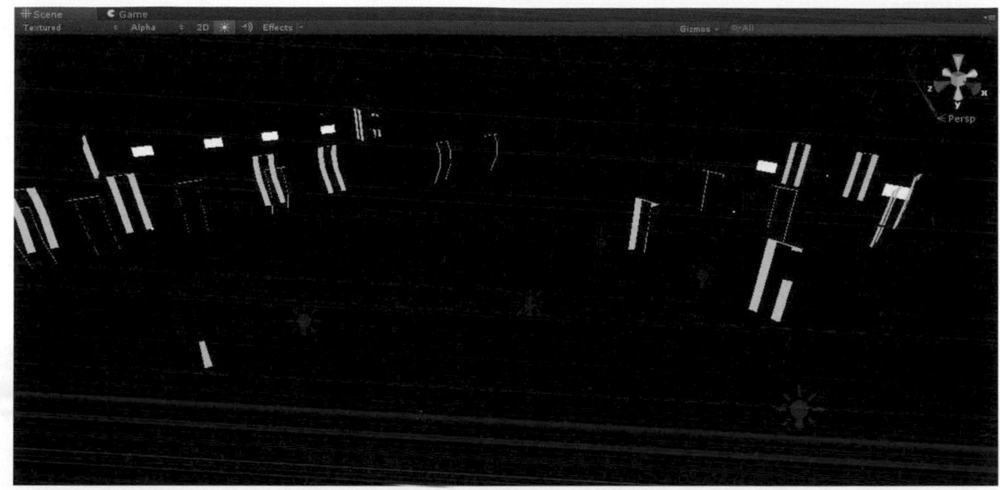

Overdraw(半透明)：

Mipmaps(MIP映像圖)：

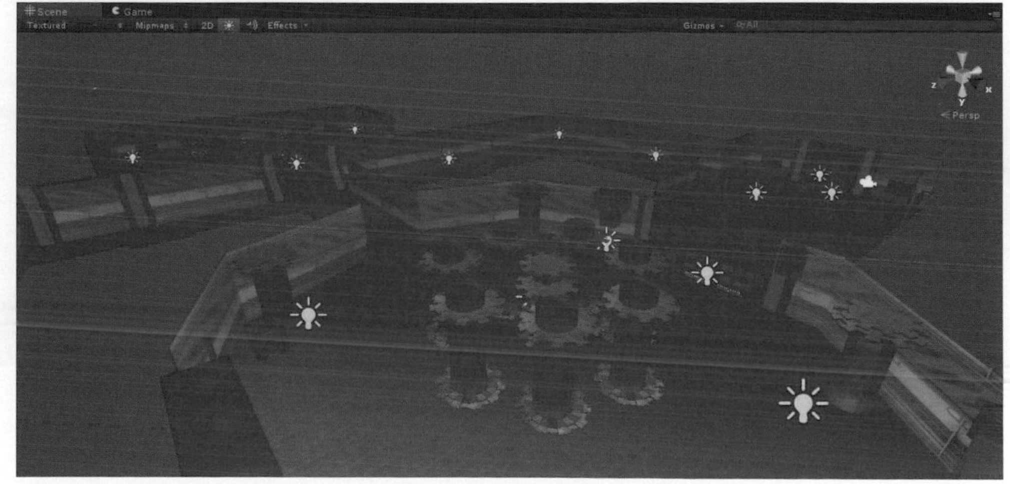

- 2D ☀ 🔊 Effects **場景效果顯示：**切換場景中2D模式與及遊戲物件的效果開啓或關閉。
- Gizmos **遊戲物件標示：**可以顯示或是隱藏遊戲物件的圖示。
- Q▾All **搜尋欄：**搜尋遊戲物件，搜尋到的遊戲物件會以帶有顏色的方式顯示，而其他的遊戲物件會以灰色來顯示，利用搜尋欄我們搜尋出石頭模型，而場景其他的物件就呈灰色顯示，此功能當場景物件很多時，是很方便來搜尋特定物件，如下圖所示。

- **有關第二項Game視窗(遊戲視窗)：**爲遊戲的預覽視窗，點擊播放鈕後，Game視窗會進行遊戲的預覽，如下圖所示。

- **遊戲顯示工具列：**由左至右可分爲螢幕比例、全螢幕、相關資訊與遊戲物件標示，如下圖所示。

- **螢幕比例：**調整螢幕顯示的比例，主要有Free Aspect(寬螢幕)、5:4、4:3、3:2、16:10、16:9與及Web(960×600)。

- **全螢幕：**點擊播放鈕後，將Game視窗擴大至整個Unity介面。

- **相關資訊：**可在遊戲視窗中顯示相關資訊，包括遊戲執行速度(FPS)、Draw Call數量、模型的面數、渲染的圖檔使用量、以及記憶體的使用量、多人連線資訊…等。

- **遊戲物件標示：**可以顯示或是隱藏遊戲物件的圖示。

- **有關第三項Hierarchy視窗(階層視窗)：**在Hierarchy視窗中，包含了目前Scene視窗的所有遊戲物件，而所有遊戲物件會依照字母順序來排列，由於在此視窗中允許相同檔名的遊戲物件存在，所以良好的命名規範在此視窗爲有著很重要的意義。

  在視窗中能以快捷方式迅速提供建立Parenting(父子關係)，能使對大量遊戲物件中的移動與編輯變得更爲方便，如下圖所示。

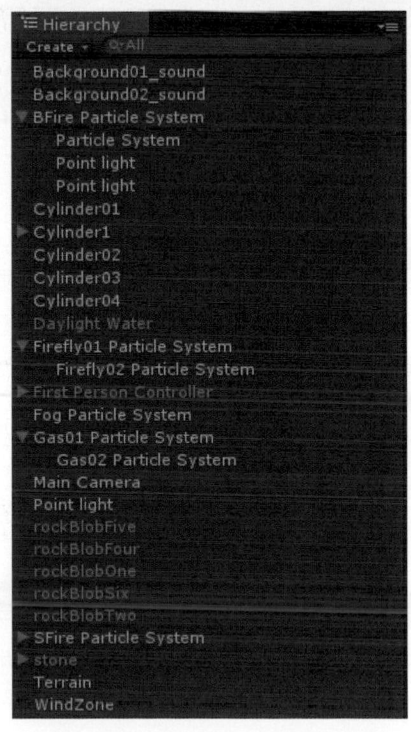

- Create 創建：在此創建與在系統選單的GameObject選單一樣功能。
- Q▾All 搜尋：搜尋在Hierarchy視窗中的遊戲元件
- **有關第四項Project視窗(專案視窗)：**爲整個遊戲專案的檔案總管，包含腳本、紋理與及外部匯入的模型等所有的資料文件，如下圖所示。

- Create 創建：在此創建與在系統選單的Assets選單一樣功能。
- 搜尋：搜尋在Project視窗中的遊戲文件。
- **依類型搜索：**能依照文件的類型進行搜索。
- **依標籤搜索：**如有在Inspector視窗替遊戲物件設置標籤，便能在此依照標籤搜尋遊戲物件。
- **儲存搜尋結果：**可以將搜尋的結果儲存，以方便下次搜尋時使用。
- **有關第五項Inspector視窗(屬性視窗)：**爲顯示在場景中所選擇的遊戲物件的內容，包括遊戲物件的標籤、座標位置與其他組件，如下圖所示。

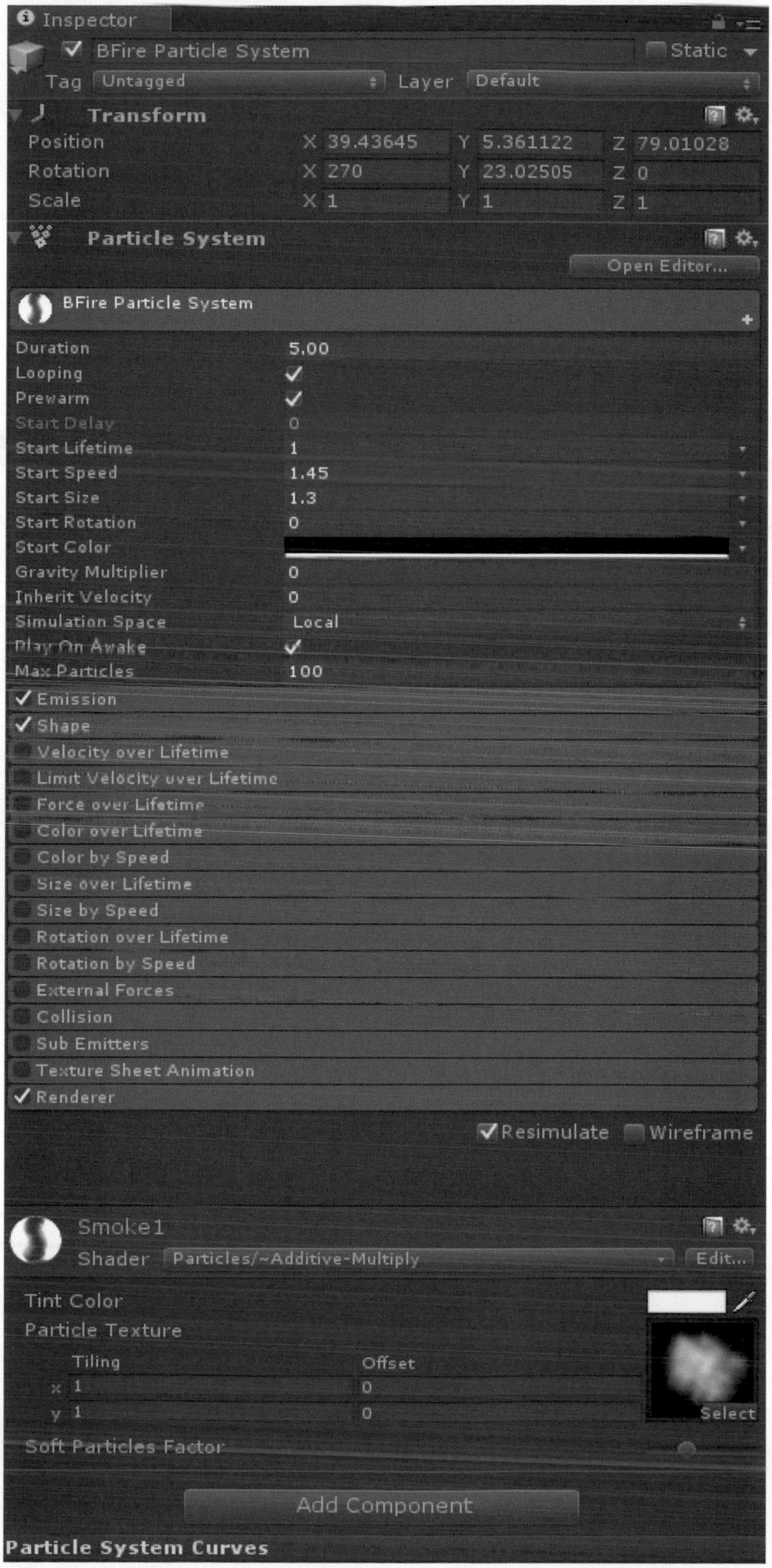

Inspector

BFire Particle System Static

Tag Untagged Layer Default

Transform

Position	X 39.43645	Y 5.361122	Z 79.01028
Rotation	X 270	Y 23.02505	Z 0
Scale	X 1	Y 1	Z 1

Particle System

Open Editor...

BFire Particle System

Duration	5.00
Looping	✓
Prewarm	✓
Start Delay	0
Start Lifetime	1
Start Speed	1.45
Start Size	1.3
Start Rotation	0
Start Color	
Gravity Multiplier	0
Inherit Velocity	0
Simulation Space	Local
Play On Awake	✓
Max Particles	100

✓ Emission
✓ Shape
Velocity over Lifetime
Limit Velocity over Lifetime
Force over Lifetime
Color over Lifetime
Color by Speed
Size over Lifetime
Size by Speed
Rotation over Lifetime
Rotation by Speed
External Forces
Collision
Sub Emitters
Texture Sheet Animation
✓ Renderer

✓ Resimulate Wireframe

Smoke1

Shader Particles/~Additive-Multiply Edit...

Tint Color

Particle Texture

	Tiling	Offset
x	1	0
y	1	0

Select

Soft Particles Factor

Add Component

Particle System Curves

- **Transform(轉換)組件：**所有的遊戲物件都帶有的一個組件，內有Position(位置)、Rotation(旋轉)、Scale(縮放)參數，為該遊戲物件存在於Scene視窗中的位置，如下圖所示。

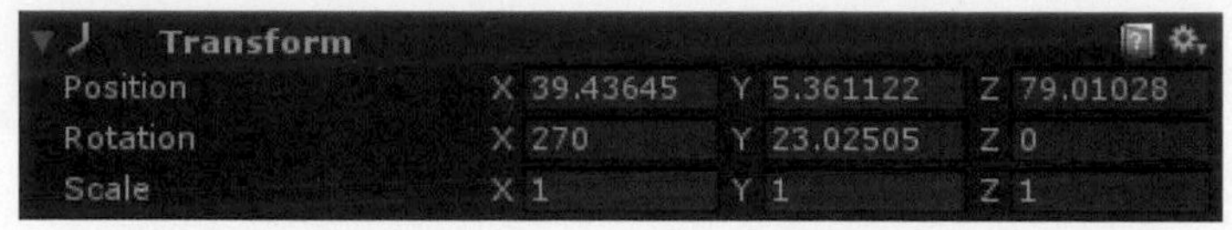

- **幫助：**點擊此按鈕可以觀看這個組件的相關內容。
- **設定：**當參數設置上出了問題，可以點擊此按鈕並選Reset便可將參數重置至默認值。
- Add Component **添加元件：**與系統選單的Assets選單中的Add功能相同，用以替遊戲物件添加元件。

02

創建遊戲基本地形

作品簡介

場景的設計對一款遊戲來說非常重要，它是整個遊戲的門面及特色，亦是玩家對遊戲的首要印象。Unity對遊戲場景中的地形地貌提供很好的編輯工具，便於遊戲場景創作者。在作品中，我們在一個高低落差明顯的丘陵地形之中開闢梯田，依地形蜿蜒的梯田，層層相疊出梯田地景，在以階梯交錯在層層梯田中，梯田地景中種植稻田與棕櫚樹。並利用Unity燈光的功能在場景上方打上燈光，使場景上的地形和樹木感受光的照射而產生影子，使場景的層次更為明顯，最後再放入第一人稱控制器，讓我們可以在自己所創造的遊戲場景中可以任意地走動。這個作品將介紹如何利用Unity所提供的地形編輯器及光源的設置來創造出一個遊戲中常見的基本場景。

學習重點

- 重點一：建立遊戲專案。
- 重點二：使用地形編輯器建立遊戲場景地形。
- 重點三：建立光源與第一人稱控制器。

重點一 建立遊戲專案

任何作品利用Unity來創作的開始都是先建立專案，透過專案的建立方式，在相同專案底下可以彼此共享資源。對已經建立的專案在專案的視窗可以查詢專案名稱以及專案存放的路徑。如何創造一個新的專案，首先點擊系統選單的File選單，選取New Project，如下圖所示。

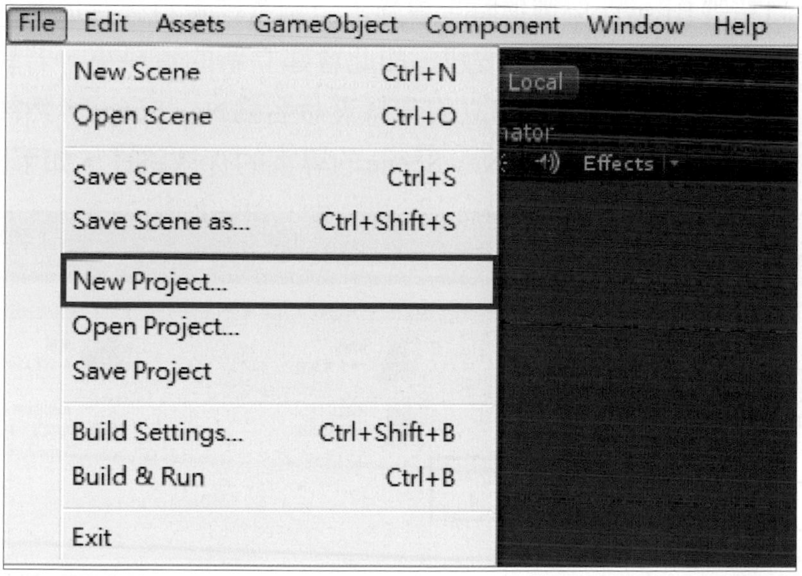

點選New Project後會彈出Unity–Project Wizard視窗，此時有兩個選項，分別爲Open Project及Create New Project，對於已經建立的專案可點選Open Project並選擇專案名稱以及專案存放的路徑即可。此時我們要新增專案，先點選Create New Project中的Browse…的選項，如下圖所示。

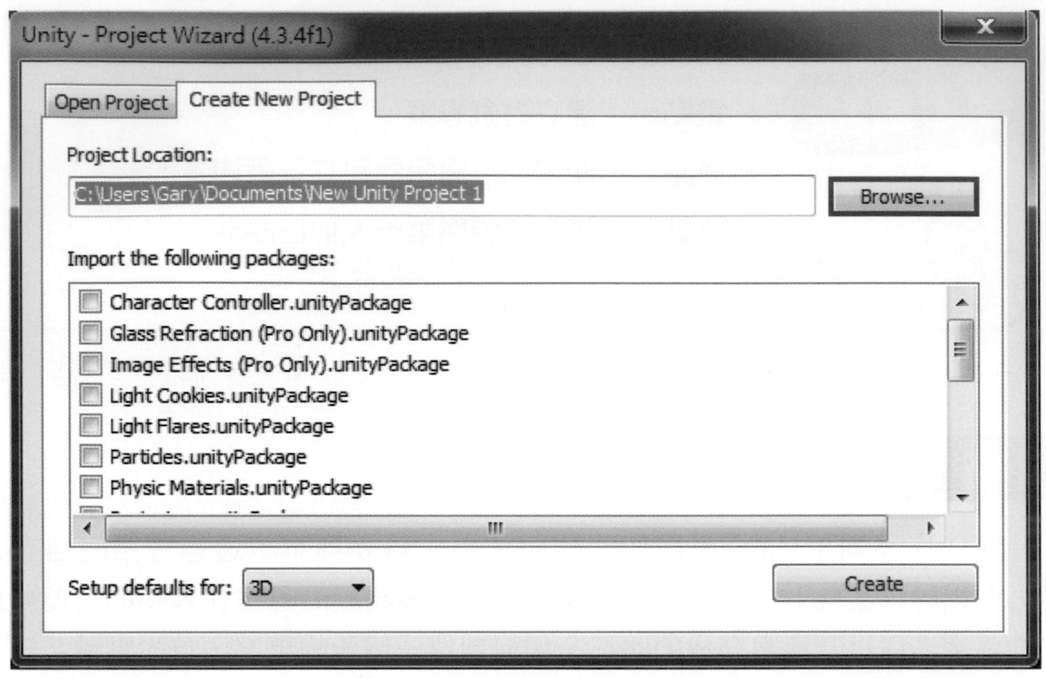

當我們點選Browse…選項時，會彈出一個選擇資料夾存放路徑的視窗，在此視窗可點左上方新增資料夾按鈕，如此會建立新的資料夾，若新的專案名稱爲NewScene，我們可將此新建立的資料夾命名爲NewScene，然後按下選擇資料夾，如此我們就建立了名爲NewScene的專案的存放路徑，如下圖所示。

在資料夾存放路徑的下方區塊是資源包選項，也就是在Import the following packages：的選項內容，這些資源包的選項內容包括有

- **Character Controller（角色控制器）：**角色控制相關腳本，包括第一人稱控制器與第三人稱控制器。
- **Glass Refraction【Pro Only】（專業版的玻璃折射）：**一般用來製作眞實的玻璃或是水晶的效果，僅支援專業版。
- **Image Effects【Pro Only】（專業版的圖像特效）：**是針對鏡頭圖像進行處理，有動態模糊效果、黑白效果、HDR效果、景深效果、光輝效果…等，但僅支援專業版。
- **Light Cookies（燈光投影）：**用來模擬日光燈、手電筒的光斑效果。
- **Light Flares（光暈效果）：**用來模擬鏡頭對太陽的光暈、夜晚燈光的光暈效果…等。
- **Particles（粒子特效）：**用來模擬煙霧效果、火的效果…等。
- **Physic Materials（物理材質）：**預設的物理材質有木頭、石頭、金屬、冰塊…等。
- **Projectors（投影效果）：**可用在高低起伏的地面上，投射角色的簡單影子，不需要及時燈光的支援。
- **Scripts（腳本）：**一些常用的程式腳本，例如：鏡頭跟隨腳本、滑鼠旋轉腳本、網格整合腳本…等。
- **Skyboxes（天空盒）：**包括夜晚、白天、陰天等天空盒素材。
- **Standard Assets(Mobile)（移動平台的標準資源包）：**包括適合移動平台的材質資源，以及適合觸控螢幕的控制。
- **Terrain Assets（地形）：**地形製作的資源，包括材質貼圖、樹木、草…等。
- **Tessellation Shaders(DX11)（曲面細分的著色器）：**曲面細分的著色器。
- **Toon Shading（卡通效果）：**卡通效果的著色器，可做出描邊效果。
- **Tree Creator（造樹工具）：**可以自製各種樹木，用於地形系統上。
- **Water【Basic】（基本版的水資源）：**可以快速建立水面的效果。

- **Water【Pro Only】(專業版的水資源)：**除了可以快速建立水面的效果外，還可以模擬出真實的水面折射、反射效果。

在此17個資源包選項中，我們只先使用其中的部分，所以先點選Character Controller(角色控制器)、Terrain Assets(地形)，最後按下Create新專案便建立完成了，如下圖所示。

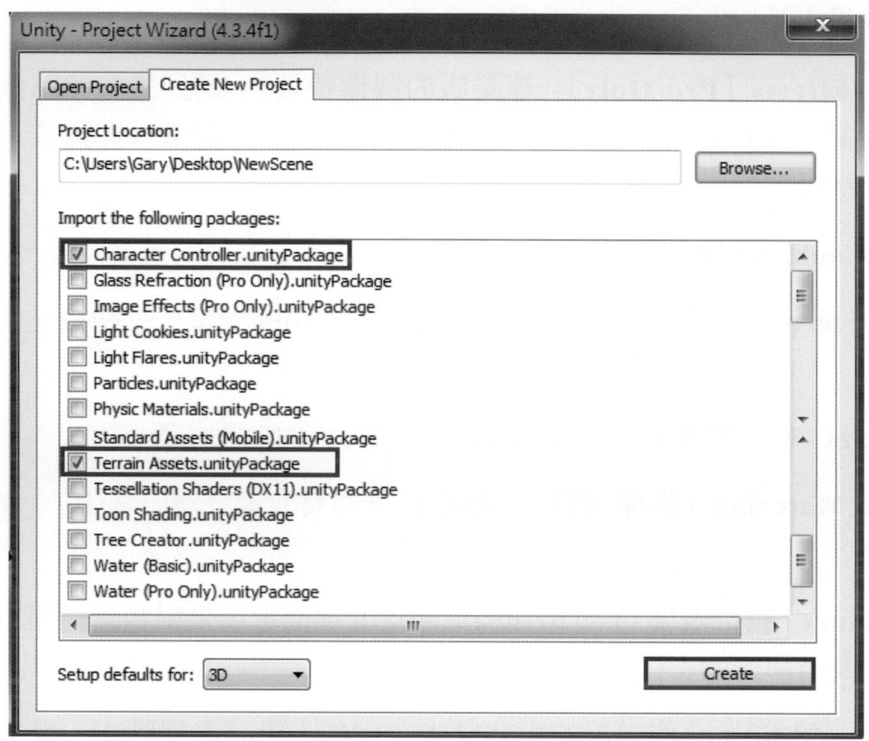

按下Create後，Unity會自動重新開啓並將所選的資源包匯入其中，此時我們所要的新專案及建立完成。

重點二 使用地形編輯器建立遊戲場景地形

遊戲的場景地形可以從外部製作完成再匯入Unity來使用，也可以利用Unity中的Terrain Assets(地形編輯器)來製作遊戲場景所需要的地形。首先點擊系統選單的GameObject選單，選取Create Other中的Terrain，如下圖所示。

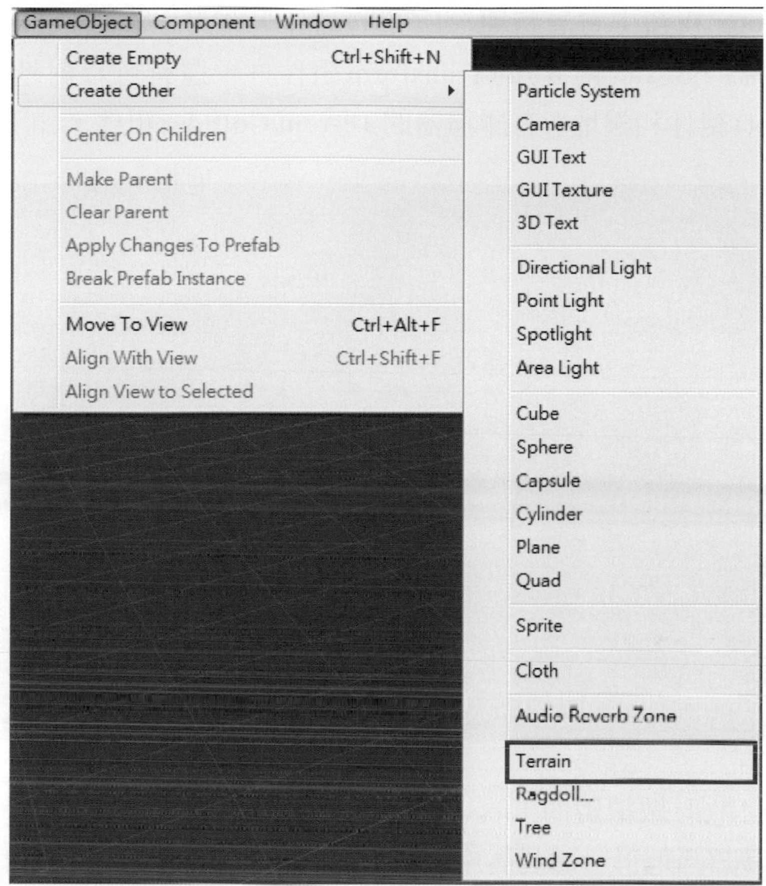

我們便可以在Scene視窗看見新建立的空白地形和在Inspector視窗中看見與此地形相關的參數，如下圖所示。

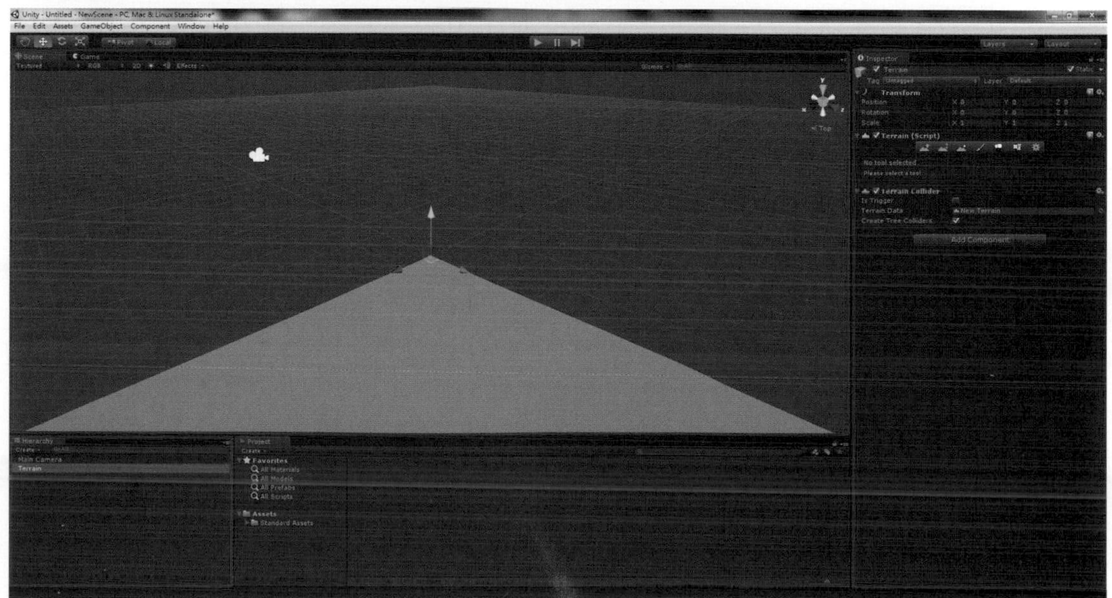

在Inspector視窗中會看到地形所有的組件，有可以調整Position(位置)、Rotation(旋轉)、Scale(縮放)的Transform組件外，還有可以對地形做繪製的Terrain(Script)組件和讓地形有碰撞器的Terrain Collider組件，如下圖所示。

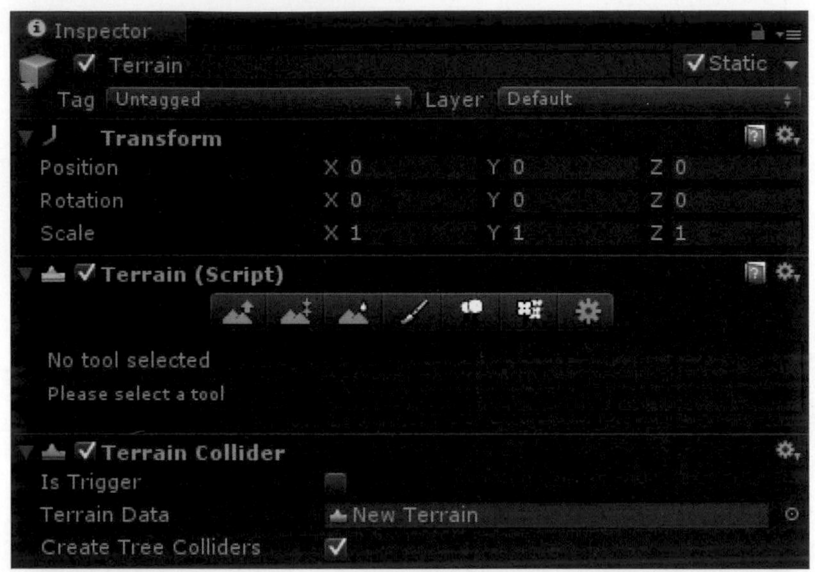

而主要對地形做繪製的工具，是在Terrain(Script)之中的筆刷工具列，由左至右依序爲凹凸地形、繪製高度、平滑地形、材質繪製、種植樹木、繪製細節、設定，如下圖所示。

在此筆刷工具列共有7個選項，效果與使用方式分別說明如下：

- **凹凸地形：**使用筆刷繪製地形時，可以使地形產生突起效果，或是按住Shift鍵使地形有凹陷的效果。使用凹凸地形筆刷工具，所能調整Brushes(筆刷形狀)、Brush Size (筆刷大小)和Opacity(筆刷強度)，當我們以筆刷形狀爲 、筆刷大小爲100和筆刷強度爲100，來對我們的地形做繪製時，能有如下圖所示的效果。

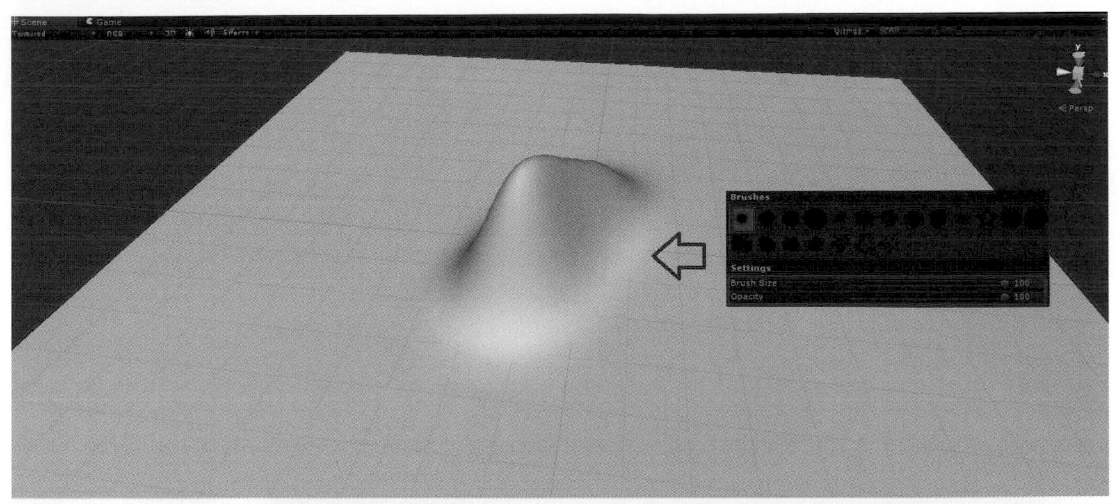

如果發現在使用此工具在繪製過程中有造成繪製出來的結果不如預期，例如：繪製出來地形過高，我們能再以一樣的筆刷形狀、大小、強度的數值，在繪製過程中多按一個Shift鍵，就能使地形下陷，如下圖所示。

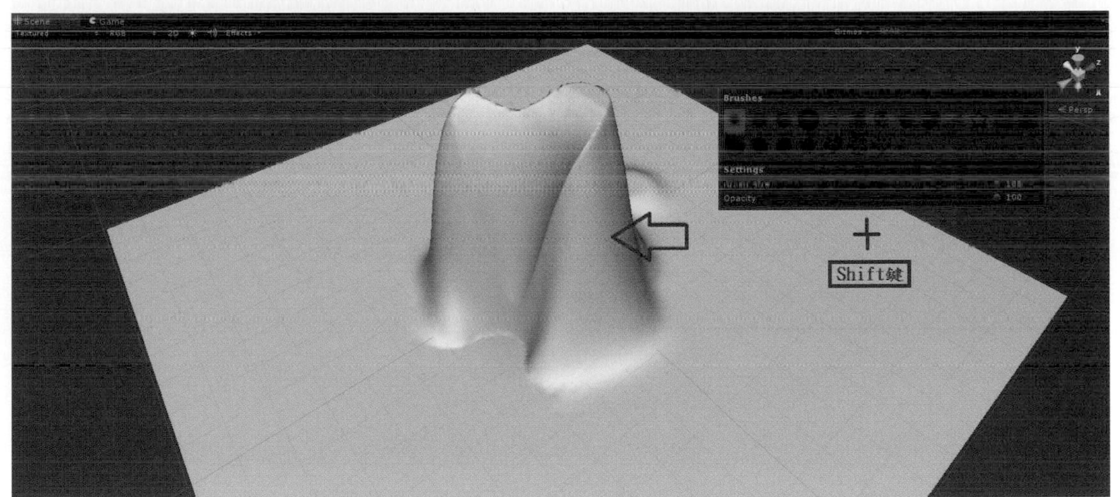

- **繪製高度：**使用筆刷繪製地形時，可以使地形升起至一定的高度。在使用繪製高度的筆刷工具時，比起凹凸地形筆刷工具則多一個Height的參數，當我們以1組Height參數為300與及1組Height參數為600來繪製地形會有如下圖所示的變化。

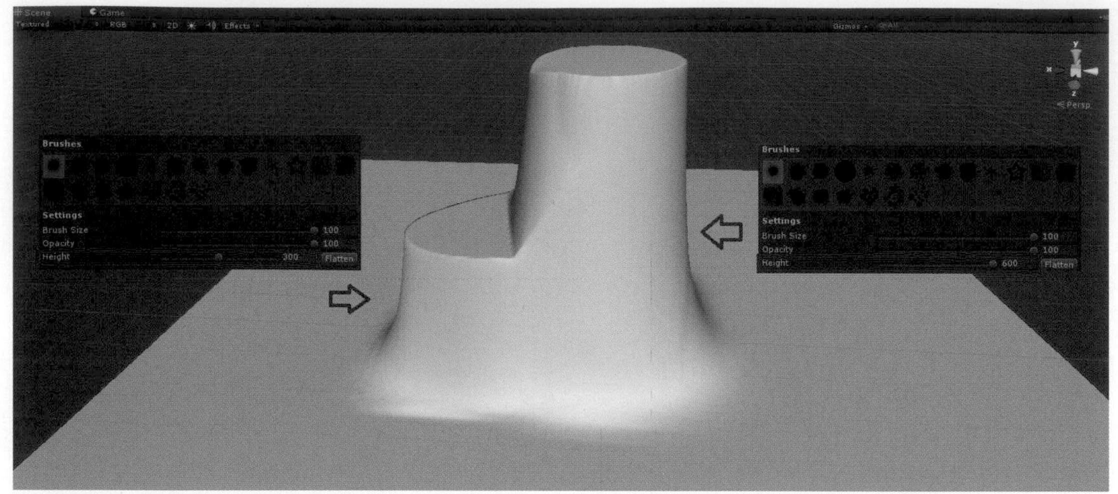

◎ **平滑地形：**使用筆刷繪製地形時，會使地形較爲平滑。當我們場景中有變化的地形之後，會發現有些地形，會出現鋸齒狀的情形出現，如下圖所示紅色方框內。

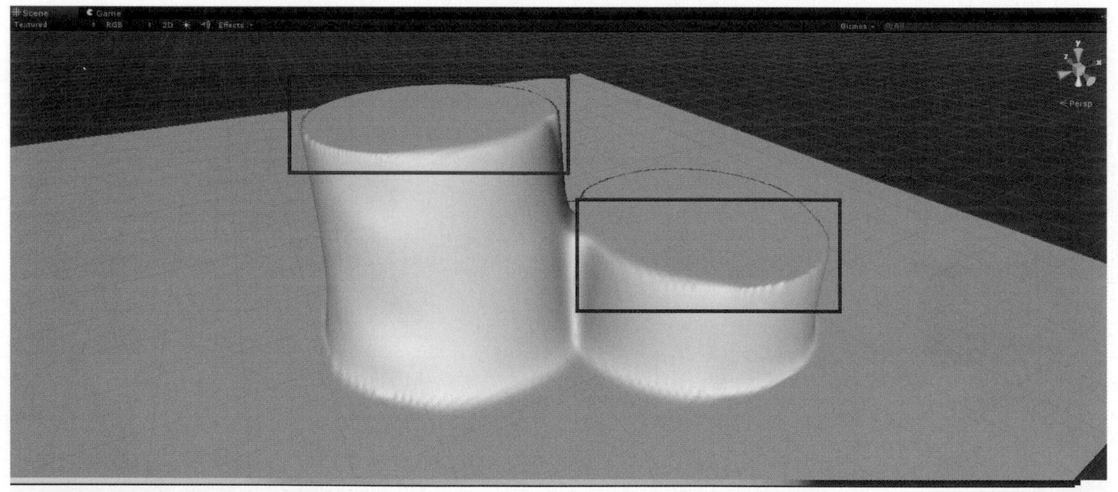

這個時候我們就可以使用平滑地形筆刷工具，來讓我們方框內的地形能夠平滑，調整成如下圖所示的參數就能夠可以讓原先鋸齒創地形能平滑許多，如下圖所示。

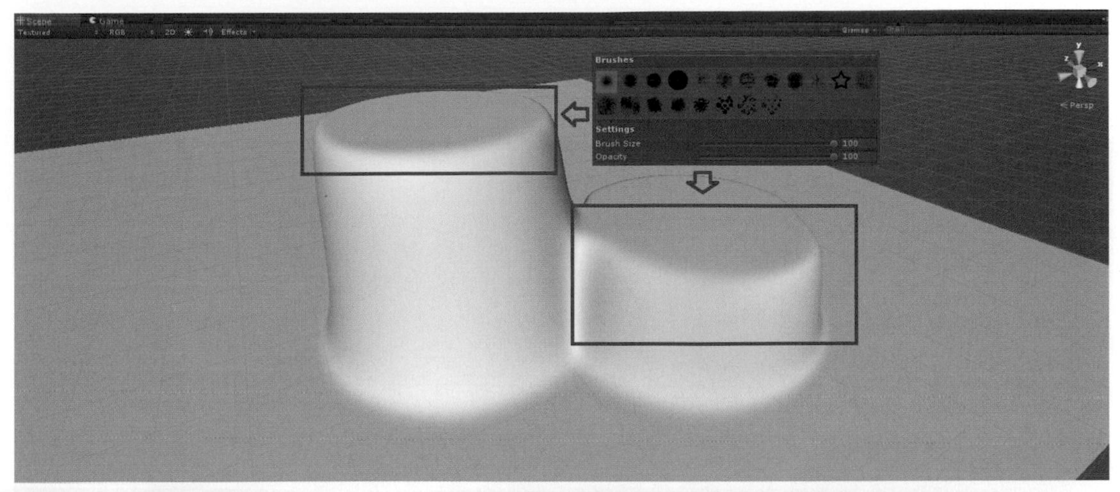

◎ **材質繪製：**可在場景加入材質貼圖，此場景有植被、沙地等真實效果。使用過前3個筆刷工具之後，便可以使用材質繪製筆刷工具來替我們的場景增加材質貼圖，首先點擊Edit Textures…的選項並選Add Texture…的選項，之後便會出現Add Terrain Texture的視窗，再點擊Texture中的Select便會再跳出Select Texture 2D的視窗，在此視窗點選名為Grass(Hill)的材質，最後在按Add即可完成場景的第一層貼圖，如下圖所示。

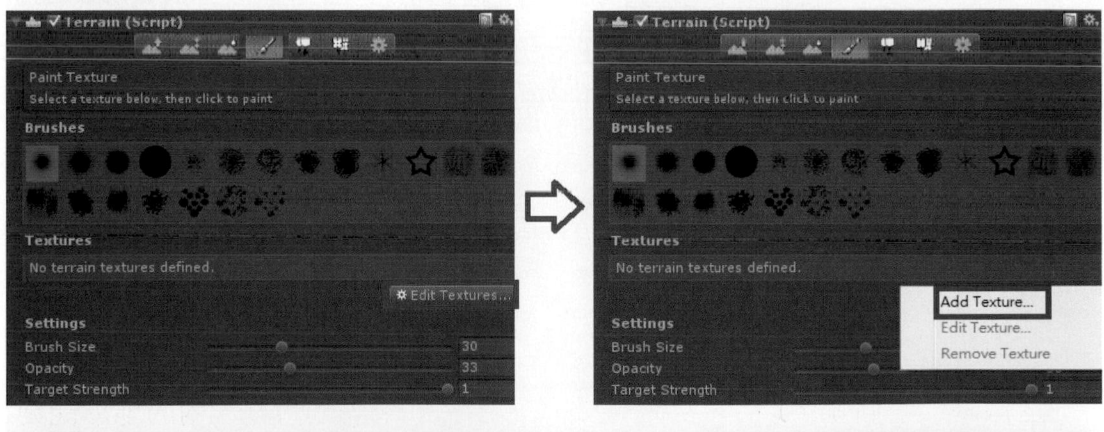

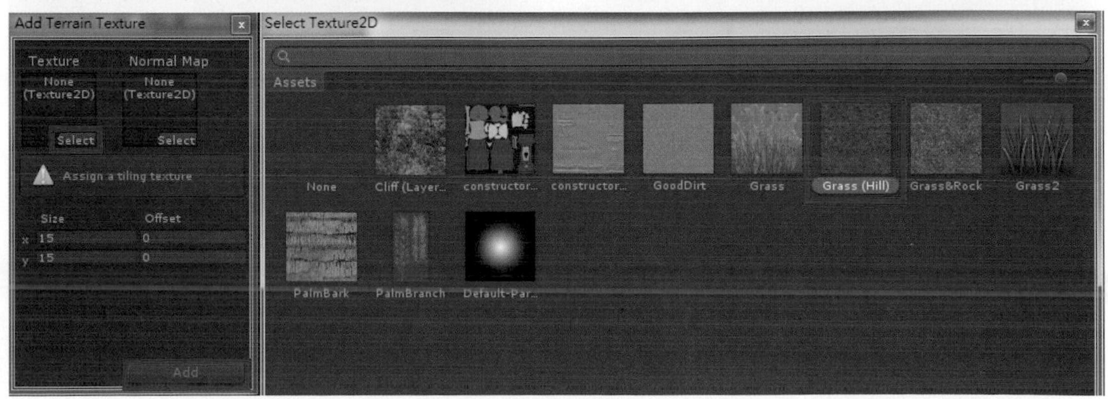

新增第一個材質貼圖完成時，Unity會將第一個材質貼圖自動覆蓋至場景上，如下圖所示。

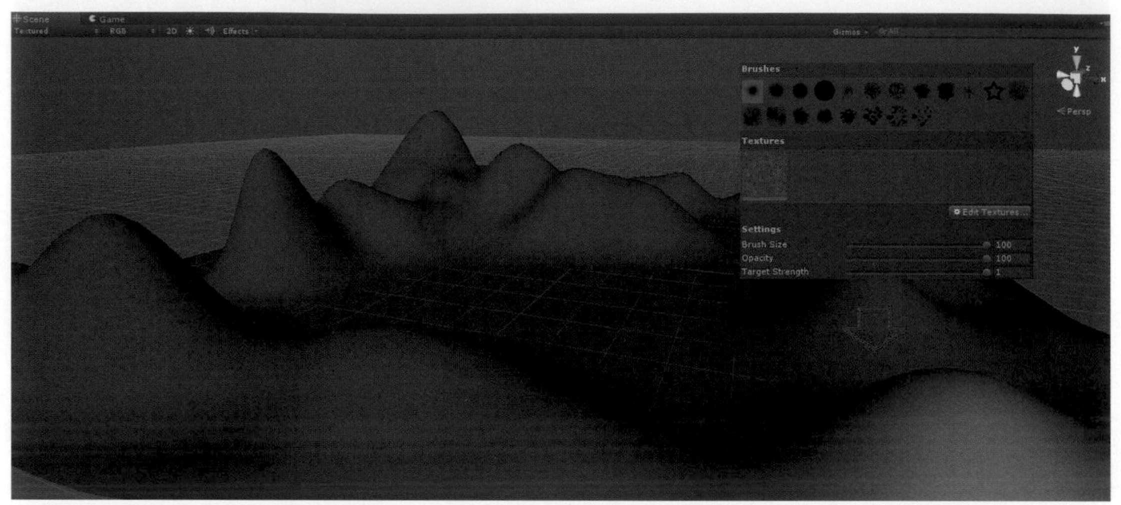

當添加2個材質貼圖時，我們可以將第2個材質以筆刷繪製的方式混和場景中的第一個材質貼圖，所以我們可以選擇好材質貼圖與及修改筆刷的大小和強度，便可以以筆刷方式刷出場景的道路，如下圖所示。

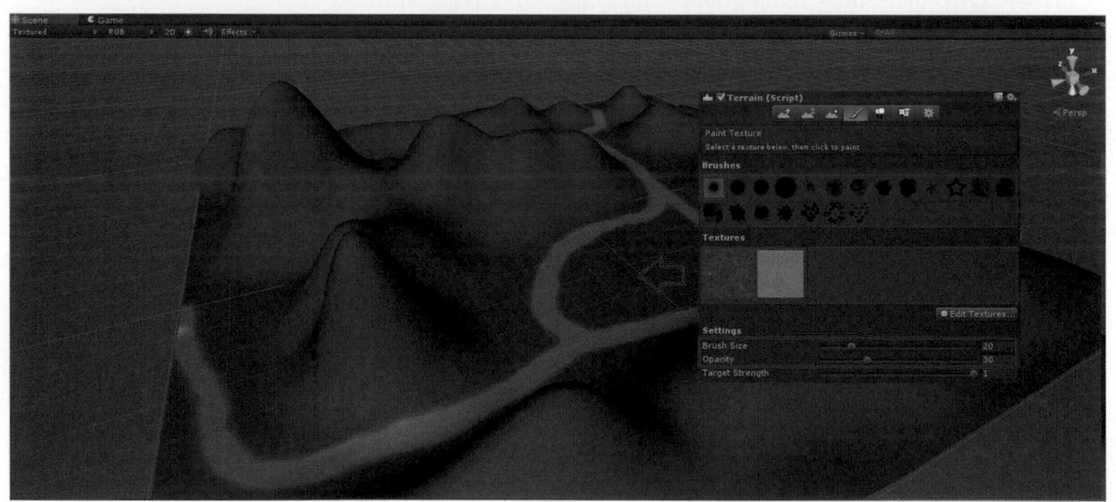

由於材質貼圖是以一層一層的方式堆疊而上，所以我們可以再新增一個材質貼圖，然後再以3個材質貼圖來混和我們的場景使場景更為眞實，如下圖所示。

- **種植樹木：**可在地形物件上種植樹木。使用種植樹木筆刷工具可用來製造場景中的樹木，首先我們先點擊Edit Trees…的選項並選Add Tree，之後便會出現Add Tree的視窗，再點擊視窗中Tree右手邊的小圓點便會再跳出Select GameObject的視窗，在此視窗點選名為Palm的樹模型，最後再按Add即可，如下圖所示。

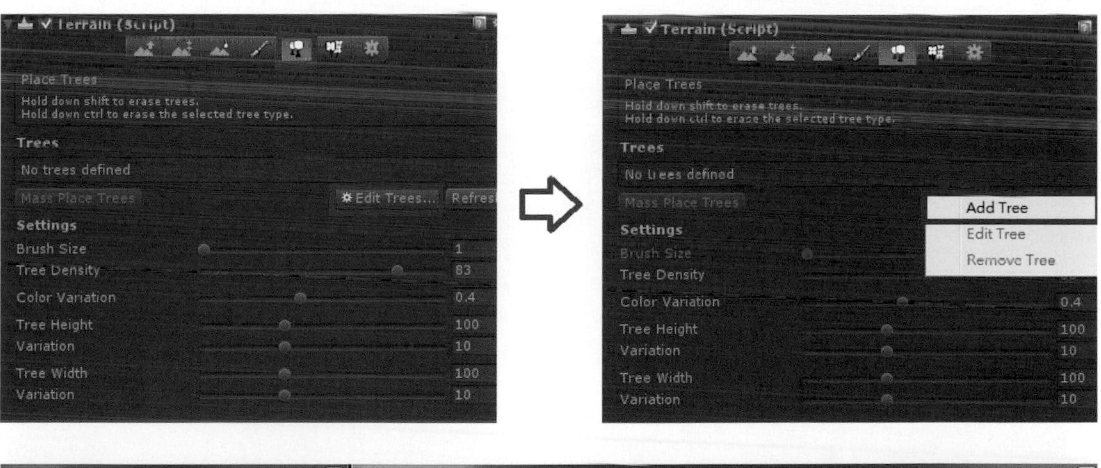

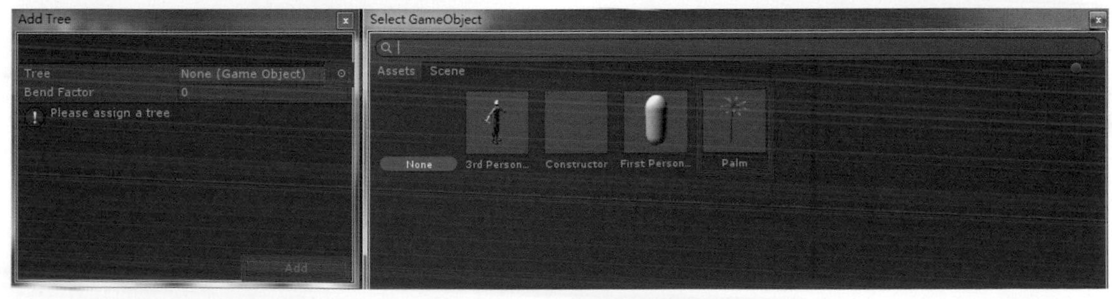

樹的模型Add好之後，調整Bush Size(筆刷大小)、Tree Height(樹的長度)、Tree Width(樹的寬度)與及Tree Density(樹的密度)等參數，便能在場景中用筆刷的方式種出樹木。

- **繪製細節：**用於繪製地形細節，例如加上草叢、岩石等效果。使用繪製細節筆刷工具，來替我們場景中植入草叢，首先點擊Edit Details…的選項並選Add Grass Texture，之後便會出現Add Grass Texture視窗，先點擊視窗中Detail Texture右手邊的小圓點便會再跳出Select Texture 2D的視窗，在此視窗點選名為Grass的材質，如下圖所示。

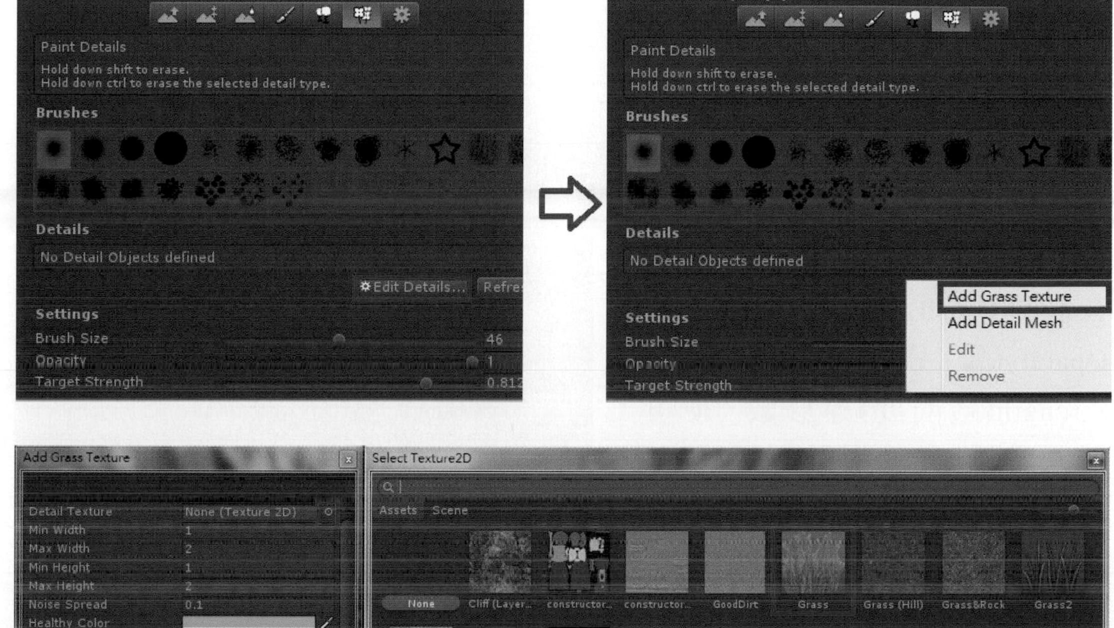

再調整Min Width(寬度的最小值)、Max Width(寬度的最大值)、Min Height(高度的最小值)、Max Height(高度的最大值)等參數，最後在按Apply即可，如下圖所示。

草的材質Apply後，最後在調整Brush Size(筆刷大小)、Opacity(筆刷強度)、Target Strength(透明度)等參數，便可在場景中用筆刷刷出草叢，如下圖所示。

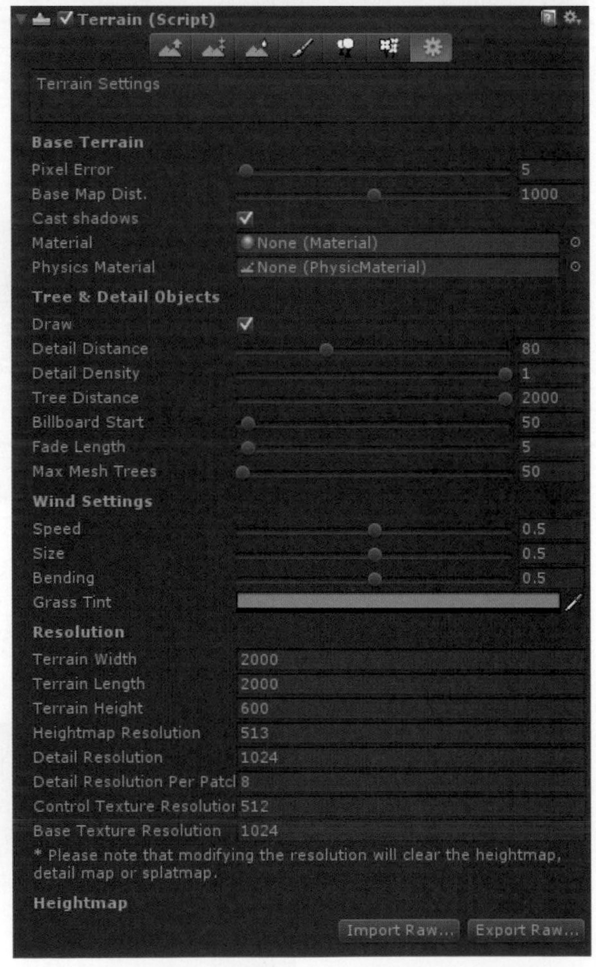

◉ **設定：**地形物件的參數設定。其內參數主要分成4大項，分別為Base Terrain(基本地形)、Tree & Detail Object(樹木物件與細節物件)、Wind Settings(風的設定)、Resolution (解析度)，如下圖所示。

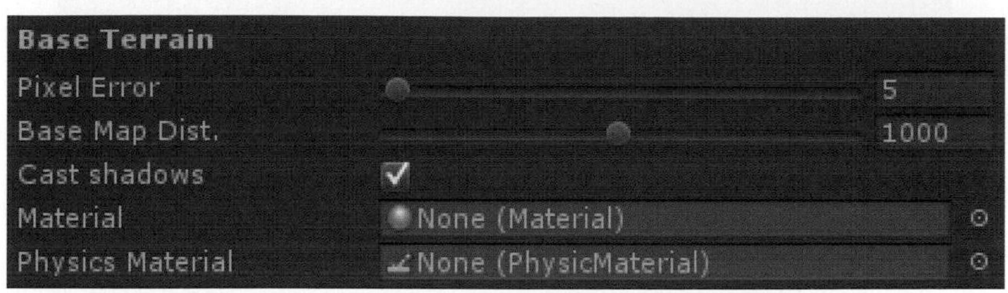

在Base Terrain中，有Pixel Error(地表網格大小誤差值)、Base Map Dist(地表採高解析度貼圖的距離)、Cast shad(是否計算陰影)、Material(材質)、Physics Material(物理材質)，如下圖所示。

在Tree & Detail Object中，有Draw(樹木與質材細節成像)、Detail Distance(細節成像距離)、Detail Density(細節成像密度)、Tree Distance(樹木成像距離)、Billboard Start(看板貼圖成像起始離)、Fade Length(淡出長度)、Max Mesh Trees(樹木最大網格數限制)，如下圖所示。

在Wind Settings中，有Speed(影響草動的風速)、Size(風隊草影響區域的大小)、Bending(草受風力的彎曲度)、Grass Tint(草的基本色調)，如下圖所示。

Resolution	
Terrain Width	2000
Terrain Length	2000
Terrain Height	600
Heightmap Resolution	513
Detail Resolution	1024
Detail Resolution Per Patcl	8
Control Texture Resolutioi	512
Base Texture Resolution	1024

在Resolution中， 有Terrain Width(地形寬度)、Terrain Length(地形長度)、Terrain Height(地形高度)、Heightmap Resolution(高度圖的解析度)、Detail Resolution(細節的解析度)、Detail Resolution Per Patch(每個細節解析度的補丁)、Control Texture Resolution(控制紋理的解析度)、Base Texture Resolution(基本紋理的解析度)，如下圖所示。

地形物件的參數設定，一般維持預設值即可，除非有必要再做設定。

然而在Terrain Collider組件中，主要是讓我們的地形擁有碰撞器，以便之後放入第一人稱控制器時，能讓我們的控制器與地形能相互作用，所以維持預設值即可，如下圖所示。

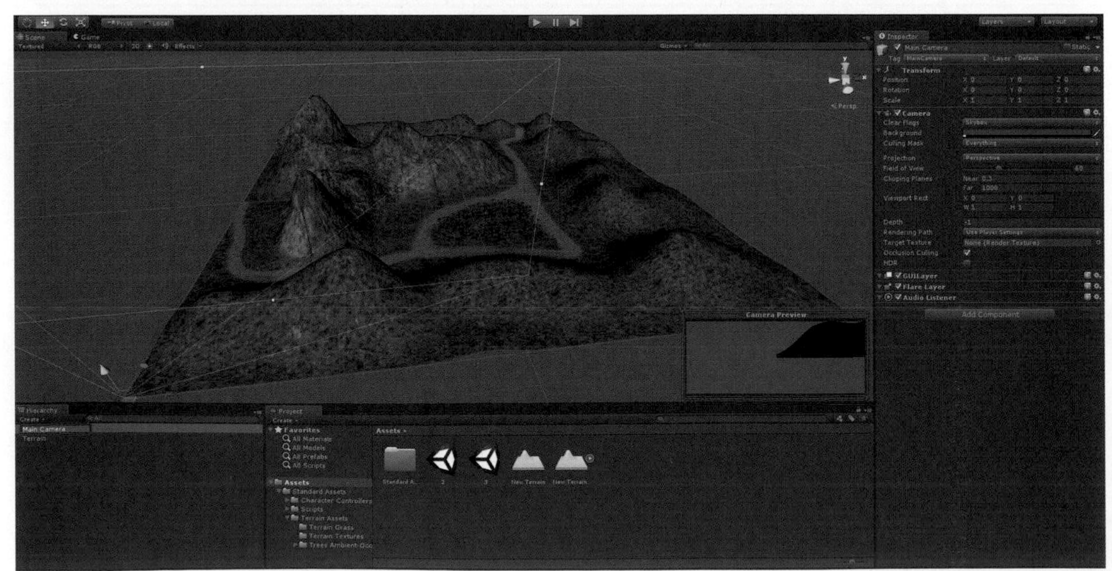

重點三 建立光源與第一人稱控制器

當創建好場景後，我們可以點選在Hierarchy視窗中的Main Camera物件，Main Camera是我們的主攝影機，當我們點選其物件時，會發現在Scene視窗中的右下角多一個小螢幕，此螢幕便是我們遊戲的第一個畫面，如下圖所示。

調整Main Camera的位置，在Inspector視窗中將Main Camera的位置設定爲如下圖所示所示，以便可以觀看我們遊戲畫面。

更改後便可以按在工具列的播放鈕，如下圖所示。

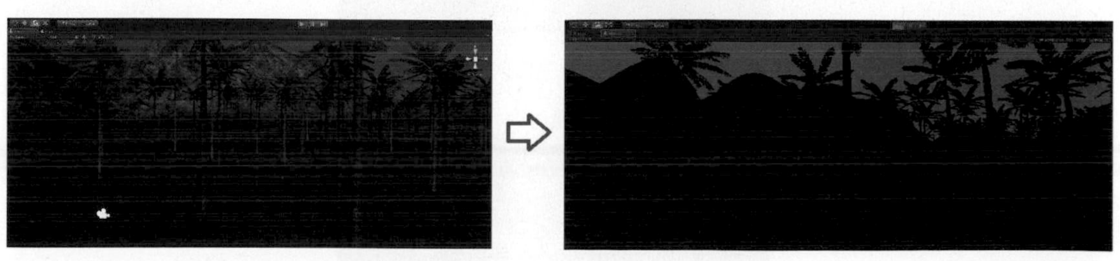

按下播放鈕後會發現Scene視窗會變更爲Game視窗，如下圖所示。

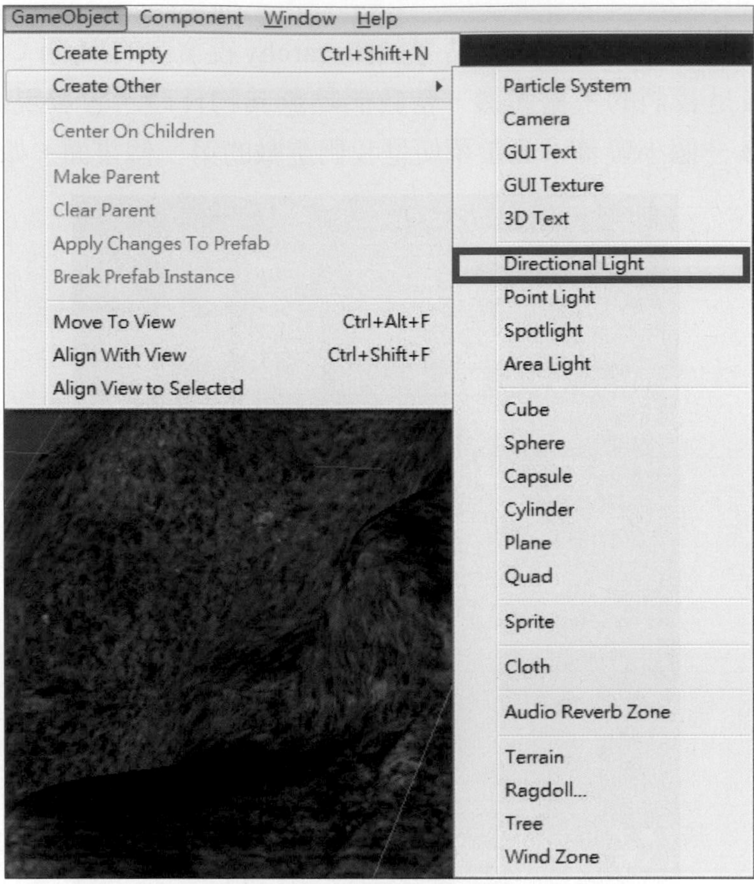

進入Game後，會發現怎麼在創建場景時還沒這麼暗，可是在進入Game後場景卻是如此的暗，這是因爲我們還沒有替場景打上燈光所造成的結果，那要怎麼幫場景加入燈光呢？首先點擊系統選單的GameObject選單，選取Create Other中的Directional Light，如下圖所示。

由上圖可以看見光有分成4種類型，其中有Directional Light(平行光)、Point Light(點光源)、Spotlight(聚光燈)、Area Light(區域光)，每種類型燈光都有各自適合的地方，由於我們的場景是屬於戶外，所以目前只需要Directional Light即可，Create後我們便會發現在Hierarchy視窗中多了一個Directional Light物件，如下圖所示。

點擊它後，會看見在Inspector視窗中除了和地形編輯器一樣有很多的選項，例如、Position(位置)、Rotation(旋轉)、Scale(縮放)外，還有專屬於光源的參數，包括有Type(燈光類型)、Color(燈光顏色)、Intensity(光源強度)、Cookie(燈光遮罩)、Cookie Size(遮罩大小)、Shadow Type(影子效果)、Draw Halo(光暈效果)、Flare(光斑效果)、Render Mode(光源的著色模式)、Culling Mask(隱藏遮罩)、Lightmapping(燈光貼圖)，如下圖所示。

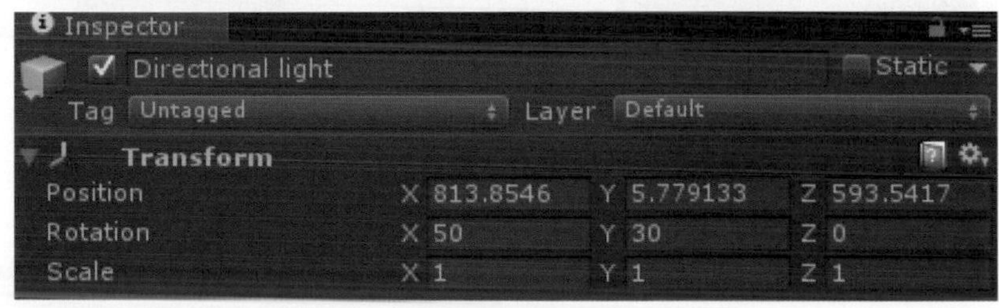

在此先將平行光的Position參數與Rotation參數調整爲如下圖所示。

調整好Position參數與Rotation參數的X、Y、Z後，我們的Scene視窗會看到加入燈光後的場景，如下圖所示。

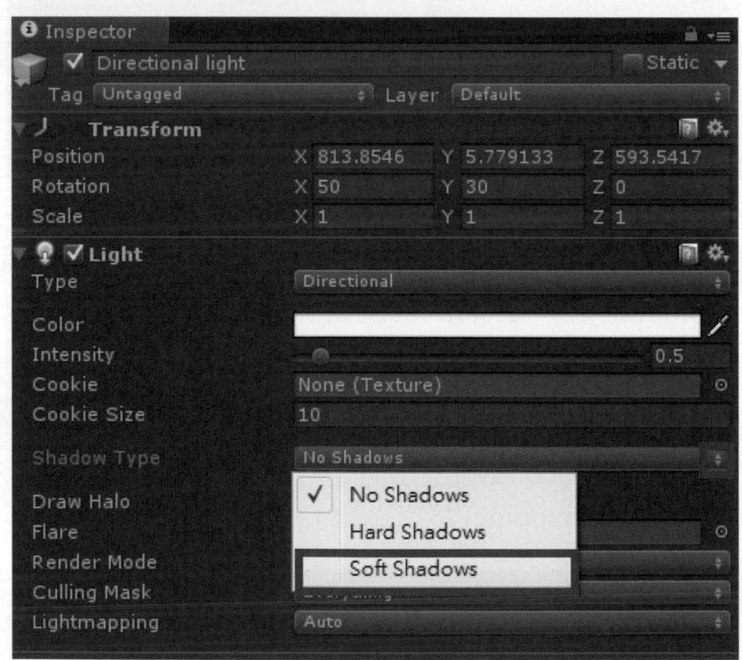

我們可以看見場景在打過燈光之下，樹木竟然沒有產生影子，所以我們要再加入影子的效果，操作方式點擊燈光的Inspector視窗中的Shadow Type參數右邊的箭頭，並選Soft Shadow即可，如下圖所示。

添加樹木影子效果的場景，會讓整個場景多了自然感，如下圖所示。

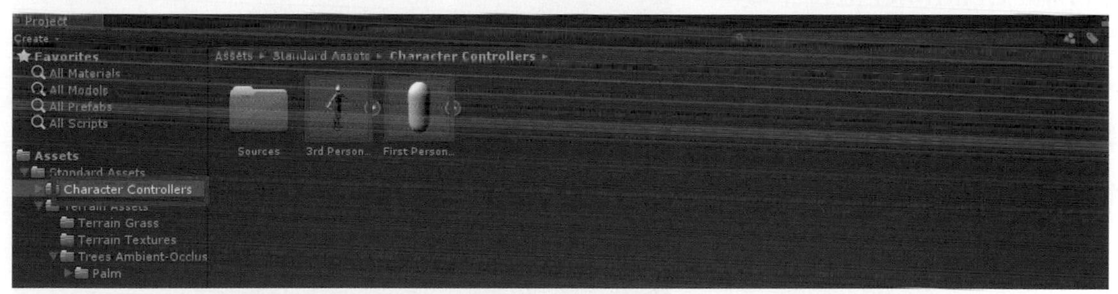

我們再點擊播放鈕，進入遊戲畫面後也會看見整個場景更生動了，至於燈光效果的進一步使用方式，我們在往後的作品還會詳加介紹。

Unity有一個角色人稱控制器的功能，分別有First Person Controller(第一人稱控制器)與及的3rd Person Controller(第三人稱控制器)，以First Person Controller來說，Unity很方便地幫我們寫好控制腳本，使我們能以鍵盤的W、S、A、D鍵去控制角色行走，並藉由移動滑鼠來控制我們在場景中的視角，至於3rd Person Controller我們會在往後的作品中詳加介紹。

在Project視窗中在Standard Assets中點擊Character Controllers，我們便可以看到旁邊有個膠囊體的First Person Controller與及人形的3rd Person Controller，如下圖所示。

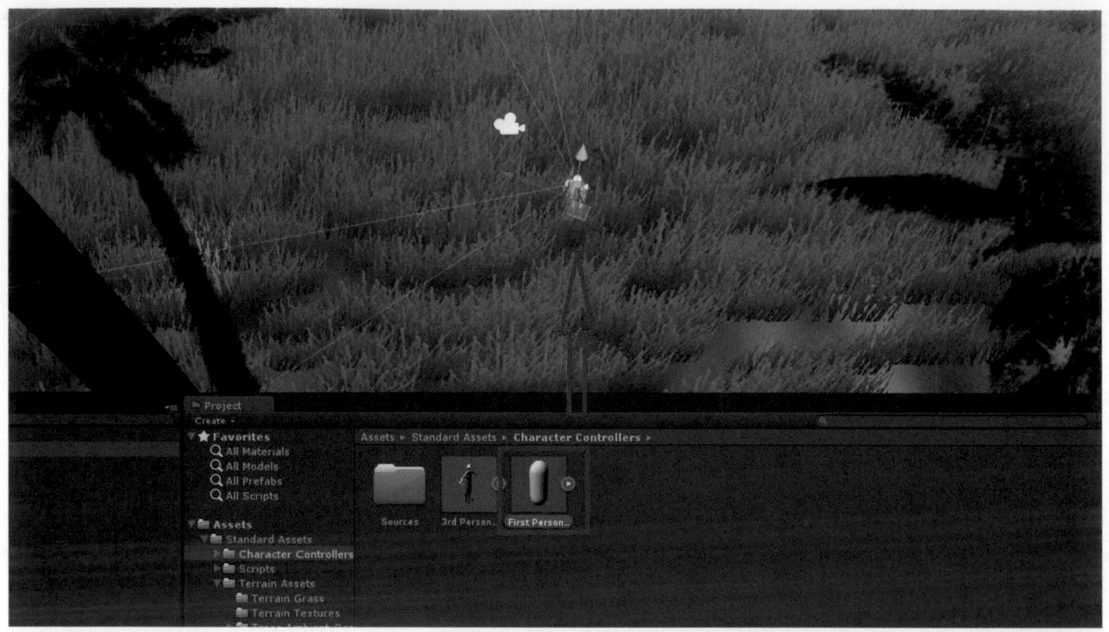

接下來只要將First Person Controller拖拉至場景當中即可，如下圖所示。

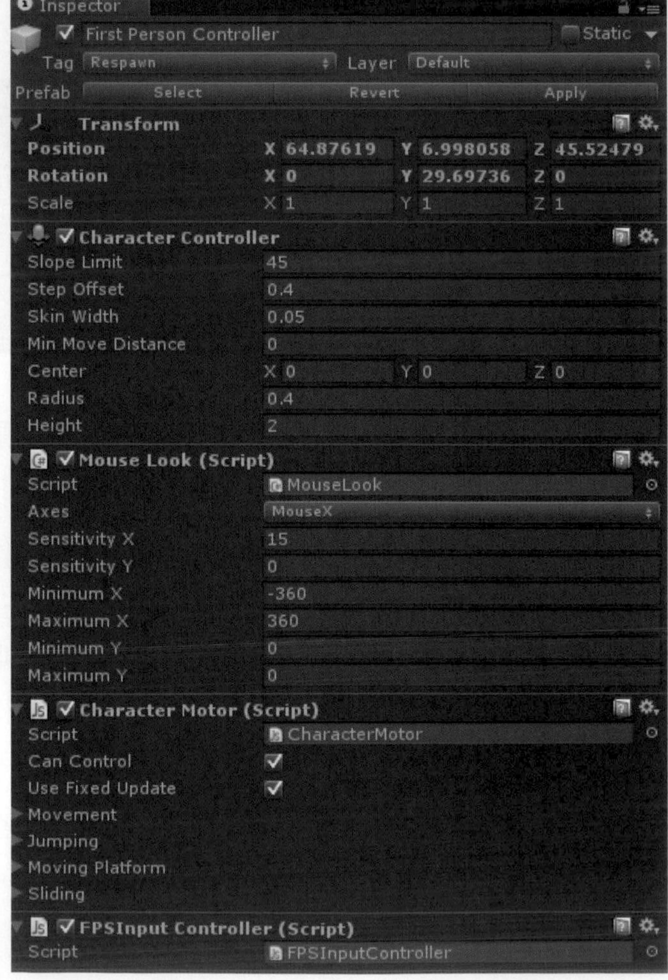

點擊在Hierarchy視窗中多了一個First Person Controller物件，再看Inspector視窗中First Person Controller所擁有的參數，Position(位置)、Rotation(旋轉)、Scale(縮放)的Transform組件外，還有包括Slope Limit(斜率限制)、Slope Offset(斜率偏移量)、Skin Width(寬皮)、Min Move Distance(最小移動距離)、Center(中心)、Radius(半徑)、Height(高度)的Character Controllers組件、Mouse Look (Script) 組件、Mouse Motor (Script) 組件、FPSInput Controllers (Script) 組件，而我們主要會做更動的是以Character Controllers組件爲主，如下圖所示。

拉至場景後，我們需要注意的是First Person Controller要在創建的地形之上，否則在按播放鈕進入Game時，會造成First Person Controller往下沉並且無法控制外，還會造成整個畫面漆黑一片，所以我們須把第一人稱控制器利用移動工具，將第一人稱控制器沿Y軸方向移至地形之上即可，如下圖所示。

在移動第一人稱控制器之後，點擊播放鈕進入遊戲畫面，便會發現我們可以移動滑鼠去控制視角並使用鍵盤A、S、D、W鍵或是方向鍵行走在創造的場景當中。

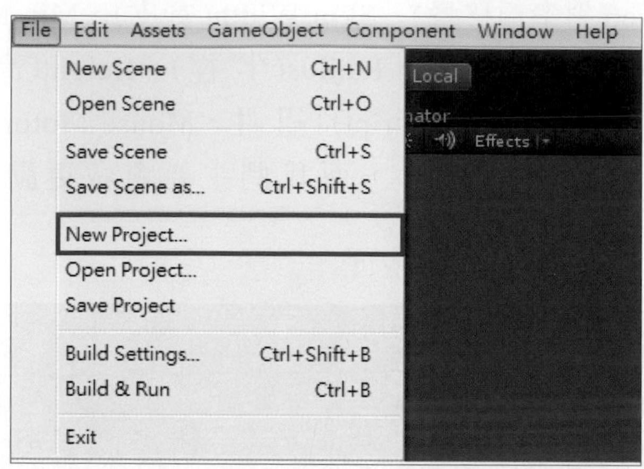

範例實作與詳細解說

本範例我們將藉由以下步驟來完成簡述如下：

- **步驟一：**建立新的遊戲專案。
- **步驟二：**使用地形編輯器建立遊戲場景並貼入材質貼圖。
- **步驟三：**在遊戲場景中植棕櫚樹與水稻田。
- **步驟四：**建立平行光與及將第一人稱控制器拖曳至遊戲場景。
- **步驟五：**遊戲發佈。

步驟一、建立新的遊戲專案

開啓Unity，首先點擊系統選單的File選單，選取New Project，如下圖所示。

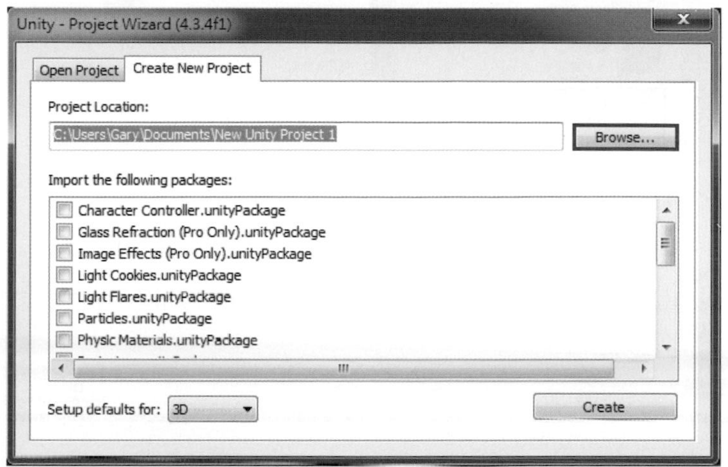

點選New Project後會彈出Unity–Project Wizard視窗，此時有兩個選項，分別爲Open Project及Create New Project，由於我們要新增一個新的遊戲專案，此時先點選Create New Project中的Browse…的選項，如下圖所示。

當我們點選Browse…選項時，會彈出一個選擇資料夾存放路徑的視窗，在此視窗可點左上方新增資料夾按鈕，如此會建立新的資料夾，若新的遊戲專案名稱爲NewScene，我們可將此新建立的資料夾命名爲NewScene，後按下選擇資料夾，如此我們就建立了名爲NewScene的專案的存放路徑，如下圖所示。

由於本範例只需要Character Controller(角色控制器)與Terrain Assets(地形)的資源包，所以請先點選Character Controller與Terrain Assets，再按下Create，如此一來新的遊戲專案建立完成了，如下圖所示示。

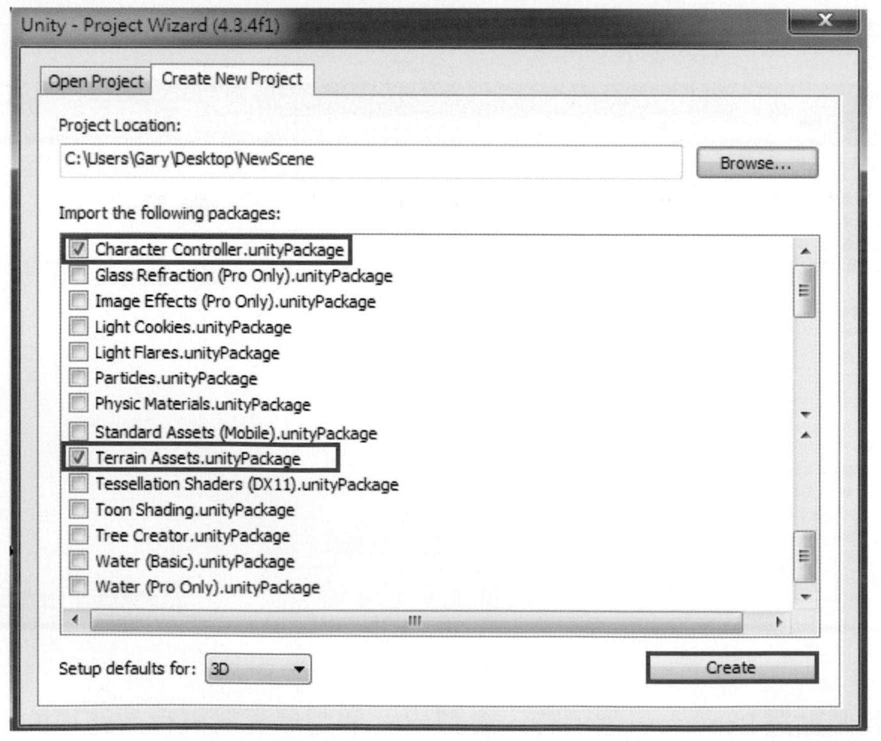

步驟二、使用地形編輯器建立遊戲場景並貼入材質貼圖

新的遊戲專案建立完成後，我們必須先創建一個遊戲場景。點擊系統選單的GameObject選單，選取Create Other中的Terrain，如下圖所示。

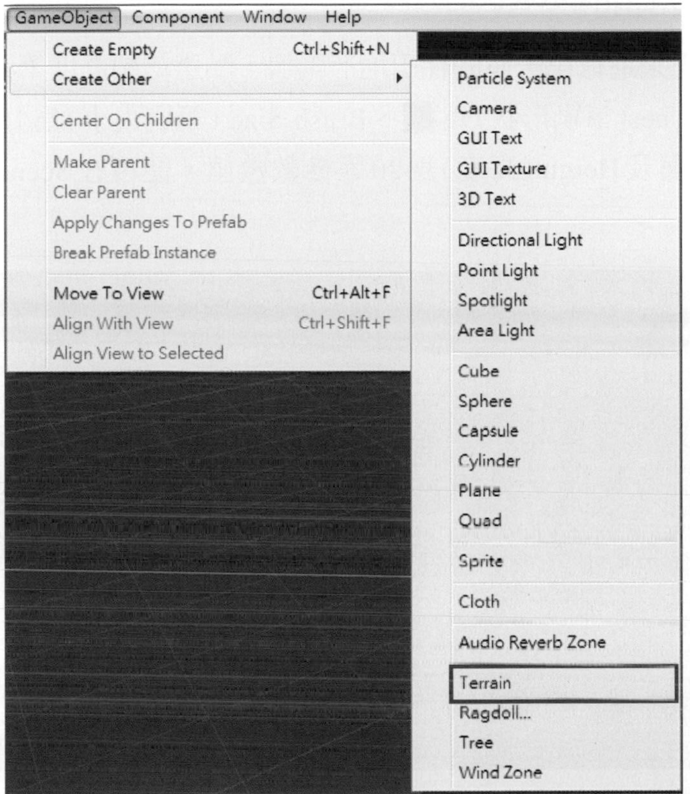

由於我們目標是要建立一個有明顯高低落差的地形之中開闢梯田，對於新創建的地形，系統默認的地形長寬爲2000×2000(公尺)，而2000×2000(公尺)的大小對於本範例而言是相當的大，所以我們先點選在Hierarchy視窗中的Terrain物件，然後再Inspector視窗中的設定 將爲長寬設定爲500×500(公尺)，如右圖所示。

設定完成遊戲地形長寬爲500×500(公尺)後，便可以開始使用筆刷工具來繪製我們所需要的地形，如果先是創在好高低落差的地形在進行梯田繪製，創建上會較爲繁瑣，所以在此我們是以一層一層的方式來創建出梯田地形，並利用排列位置來營造出高低起伏的丘陵地形。

首先我們先來進行第一層的梯田地形編輯，點選繪製高度筆刷工具 ，在以下圖示的Brushes(筆刷形狀)爲 、Brush Size (筆刷大小)爲100和Opacity(筆刷強度)爲100與及Height(高度)爲20等參數數值，便可在Scene視窗中來進行地形編輯。

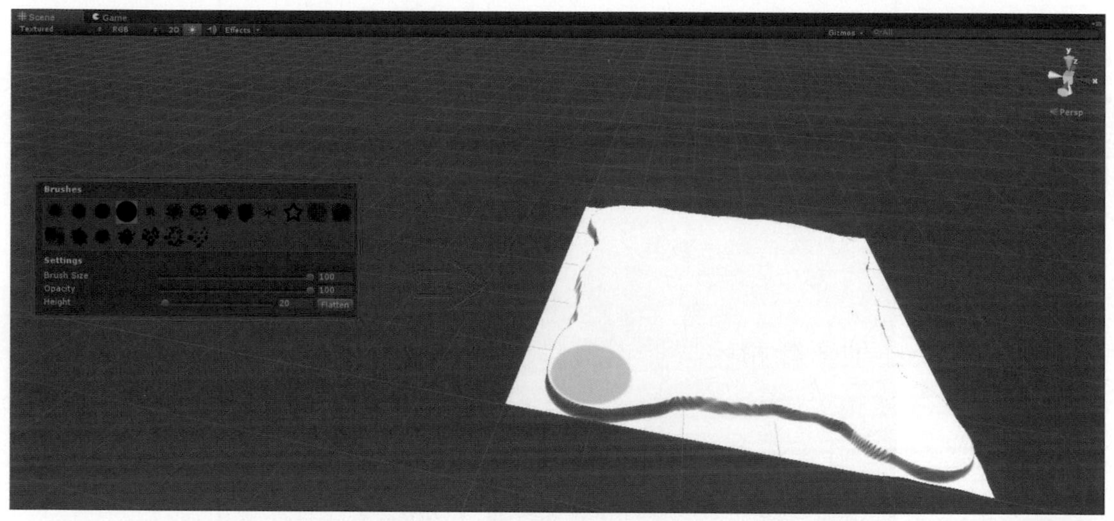

第一層梯田地形編輯完成後，將以下圖示的Brushes(筆刷形狀)爲 、Brush Size (筆刷大小)爲60和Opacity(筆刷強度)爲100與及Height(高度)爲40等參數數值，在第一層梯田地形中繪製出第二層梯田地形，如下圖所示。

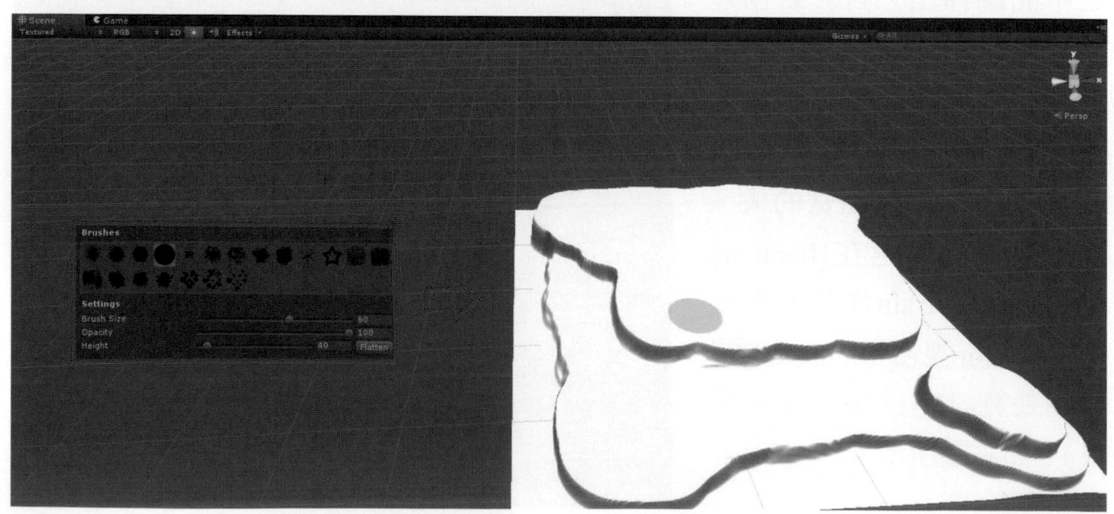

第二層梯田地形編輯完成後，將以下圖示的Brushes(筆刷形狀)為 、Brush Size (筆刷大小)為50和Opacity(筆刷強度)為100與及Height(高度)為60等參數數值，在第一、二層梯田地形中繪製出第三層梯田地形，如下圖所示。

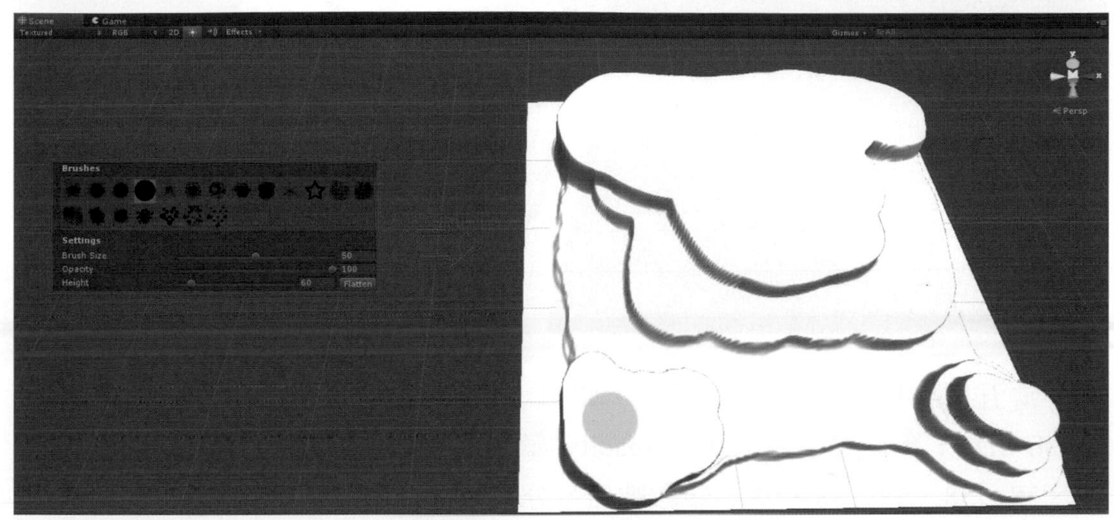

第三層梯田地形編輯完成後，將以下圖示的Brushes(筆刷形狀)為 、Brush Size (筆刷大小)為50和Opacity(筆刷強度)為100與及Height(高度)為80等參數數值，在第三層梯田地形中繪製出第四層梯田地形，如下圖所示。

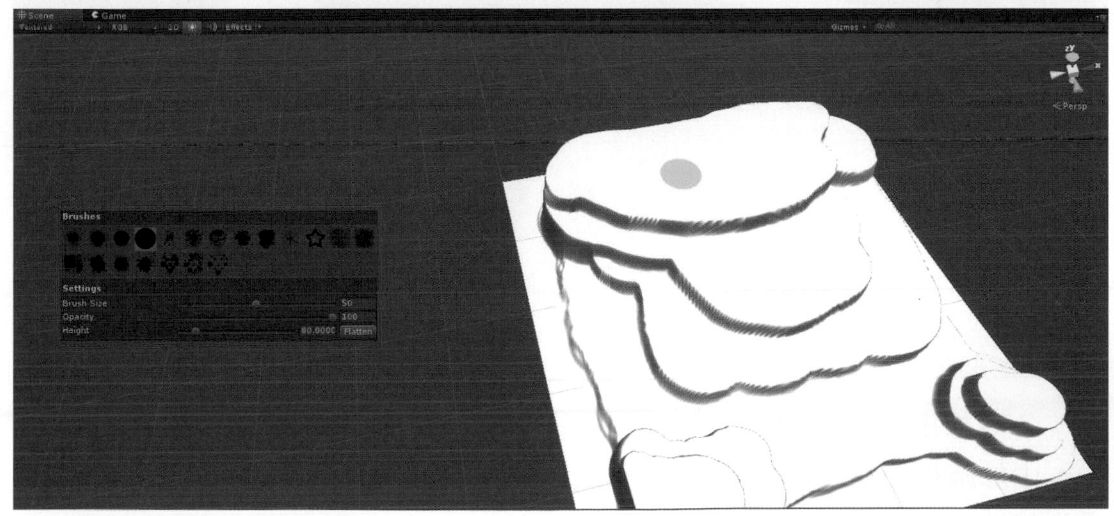

第四層梯田地形編輯完成後，將以下圖示的Brushes(筆刷形狀)為 、Brush Size (筆刷大小)為40和Opacity(筆刷強度)為100與及Height(高度)為100等參數數值，在第四層梯田地形中繪製出第五層梯田地形，如下圖所示。

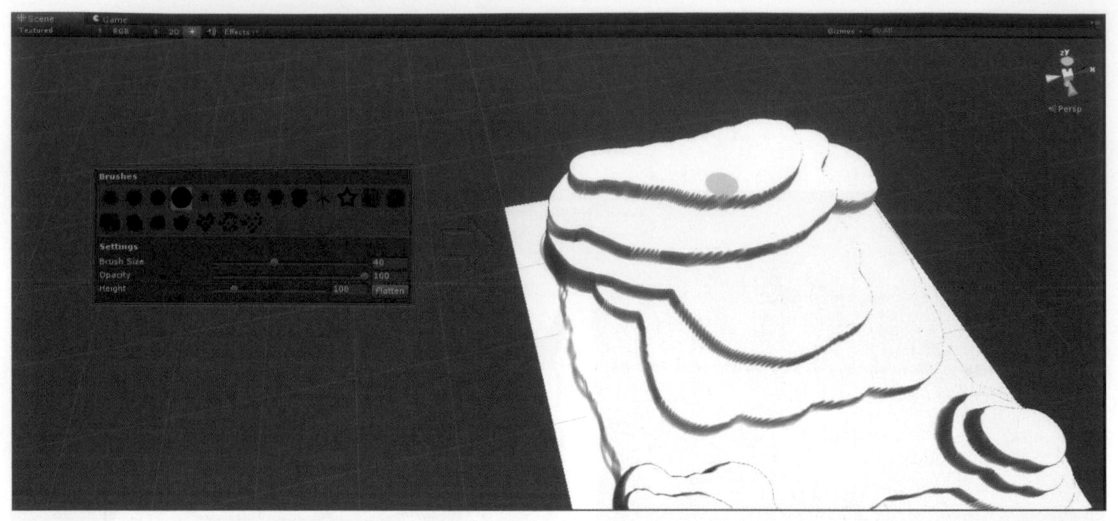

當五層梯田地形編輯完成後，將以下圖示的Brushes(筆刷形狀)爲●、Brush Size (筆刷大小)爲20和Opacity(筆刷強度)爲100與及Height(高度)爲18、38、58、68、88、98等參數數値，分別在各層梯田地形中繪製田邊，如下圖所示。

各層梯田地形中的田邊編輯完成後，我們就要繼續來繪製連接各層的階梯，由於階梯的繪製在我們現在的地形上編輯屬於較爲不方便，所以可以在這邊先替地形添加植被的效果後，在進行階梯的繪製。

點選材質繪製筆刷工具 來替目前編輯好的地形添加材質，首先點擊Edit Textures…的選項並選Add Texture…的選項，之後便會出現Add Terrain Texture的視窗，再點擊Texture中的Select便會再跳出Select Texture 2D的視窗，在此視窗點選名為Grass(Hill)的材質，最後在按Add即可完成地形的植被貼圖，如下圖所示。

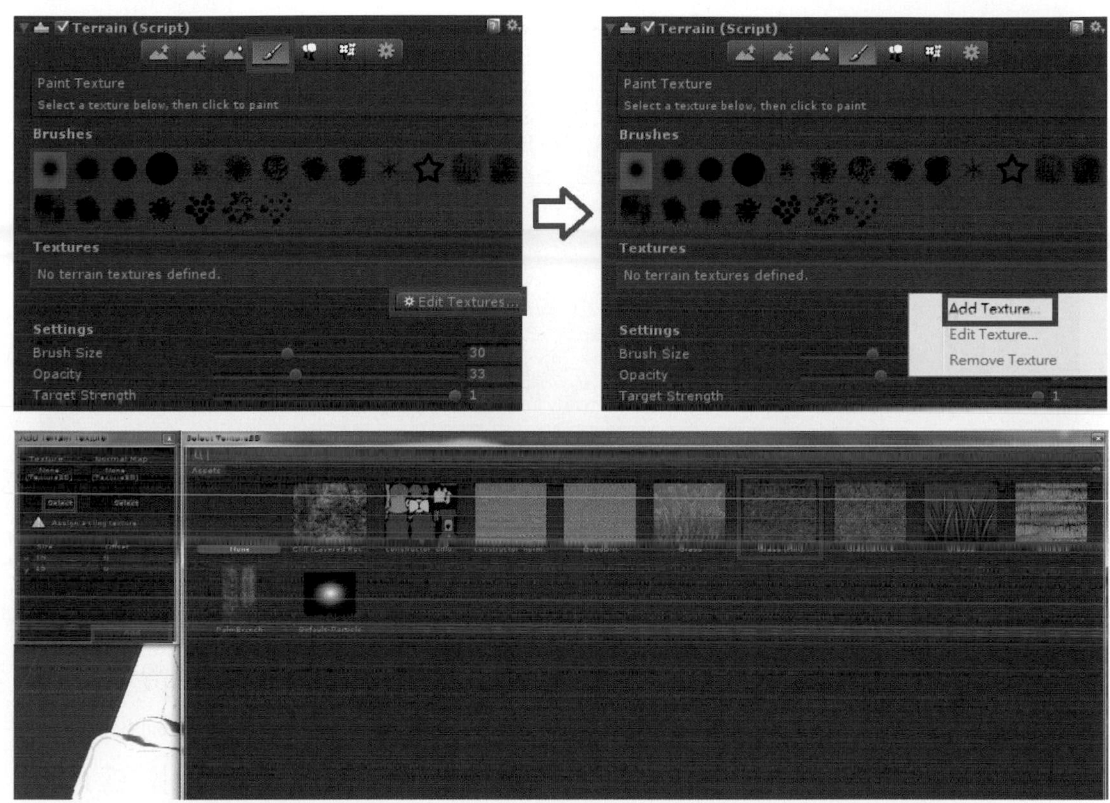

如此一來便可完成地形的植被貼圖，如下圖所示。

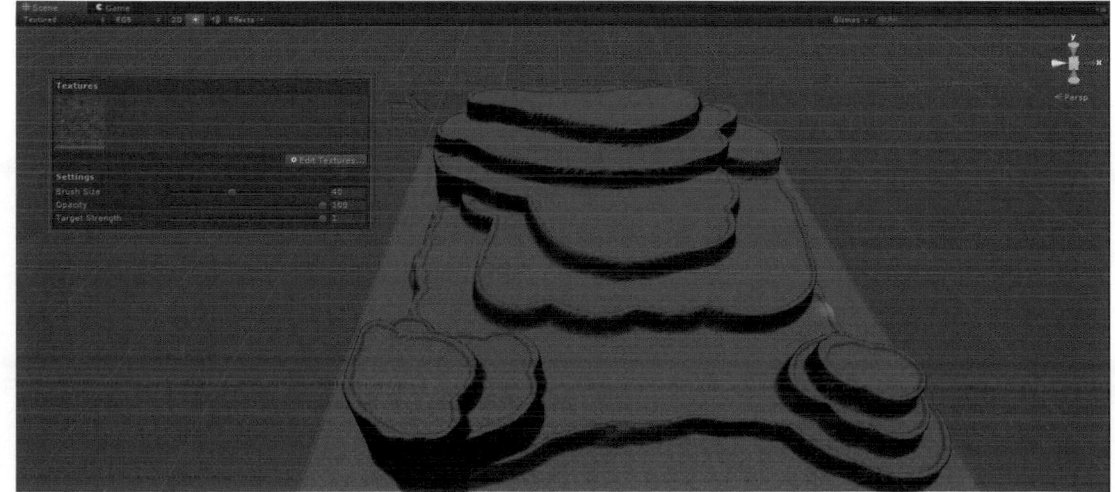

當地形的植被貼圖完成後，將以下圖示的Brushes(筆刷形狀)爲、Brush Size (筆刷大小)爲10和Opacity(筆刷強度)爲100與及Height(高度)分別爲各層的梯田地形中最高的高度依序減2至該地形的最低高度爲止，階梯的大小、擺設的位置與及方向，都可依讀者們的喜好來做爲變更依據，當我們階梯編輯完成會如下圖所示方式呈現。

在地形編輯完成之後，我可以利用Scene視窗的操作技巧，滑鼠右鍵 + WASD鍵來讓我們以第一人稱視角檢視我們的地形，會發現在各層的梯田地形交接處、田邊與及階梯會有鋸齒狀的情形出現，此時我們使用平滑地形筆刷工具，來讓我們地形中梯田地形交接處、田邊與及階梯可以能夠平滑些，我們將以下圖示的Brushes(筆刷形狀)爲、Brush Size (筆刷大小)爲100和Opacity(筆刷強度)爲10等參數數值，分別在地形中梯田地形交接處、田邊與及階梯，使用平滑地形筆刷工具後會有如下圖所示的效果。

在地形編輯完成後，我們可以再新增一層貼圖來替加強場景中的梯田地形、階梯的層次，所以我們再以相同的方式增加一個GoodDirt的材質，並調整此材質的Brushes(筆刷形狀)為 、Opacity(筆刷透明度)為10與Brush Size (筆刷大小)為1至10的參數數值，來加強我所要效果，讀者可以利用Scene視窗的平移、縮放與及旋轉等操作技巧，來幫助繪製我們的場景，繪製完成後會有如下圖所示的效果。

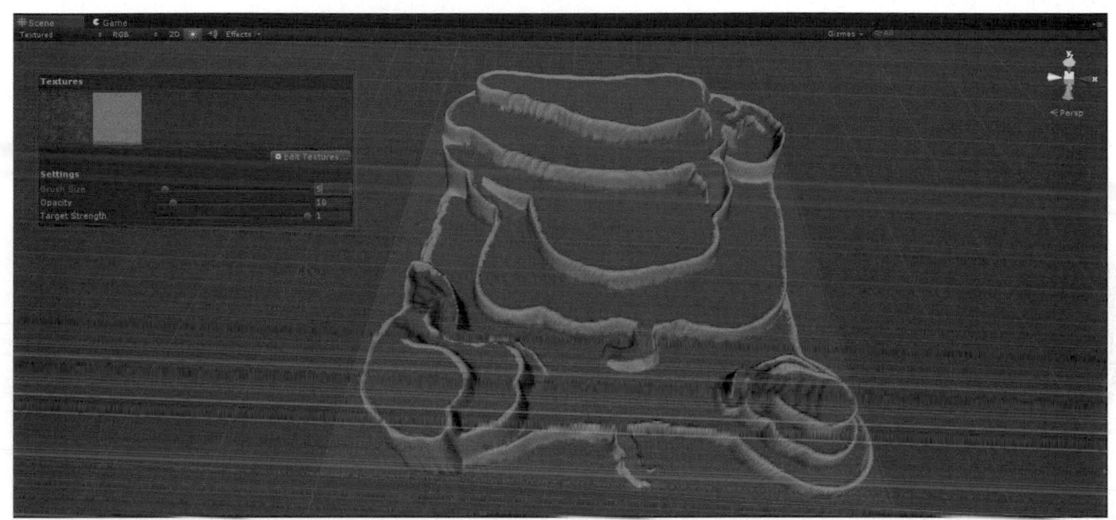

步驟三、在遊戲場景中植樹木與草叢

完成了繪製地形材質之後，我們接著續使用種植樹木筆刷工具來製造場景中的樹木與使用繪製細節筆刷工具來製造場景之中的草叢。

首先我們使用先種植樹木筆刷工具 來製造樹木，首先點擊Edit Trees…的選項並選Add Tree，之後便會出現Add Tree的視窗，再點擊視窗中Tree右手邊的小圓點便會再跳出Select GameObject的視窗，在此視窗點選名為Palm的樹模型，最後再按Add即可，如下圖所示。

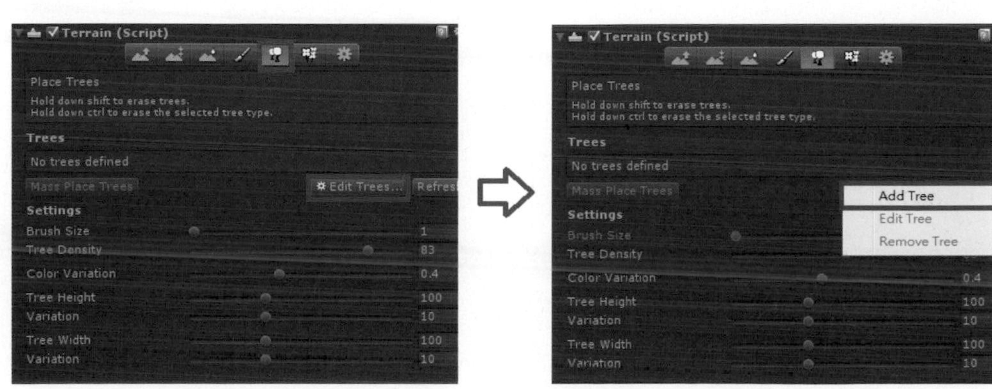

樹的模型增加好之後，調整Bush Size(筆刷大小)、Tree Height(樹的長度)、Tree Width(樹的寬度)與及Tree Density(樹的密度)等參數，便能在場景中用筆刷的方式種出樹木。

由於我們得知種植樹木是在所給定的Bush Size(筆刷大小)範圍內種植樹木，所以我們將Bush Size(筆刷大小)參數設爲1便能在場景中隨心所欲的在想要的地方種出在種植出樹木，如下圖所示所示。

再依相同的方式在種植出其他位置上的樹木，如下圖所示。

場景中的樹木種植完成後，我們接續在場景中種植出草叢，首先使用繪製細節筆刷工具 ，點擊Edit Details…的選項並選Add Grass Texture，之後便會出現Add Grass Texture的視窗，先點擊視窗中Detail Texture右手邊的小圓點便會再跳出Select Texture 2D的視窗，在此視窗點選名為Grass的材質，如下圖所示。

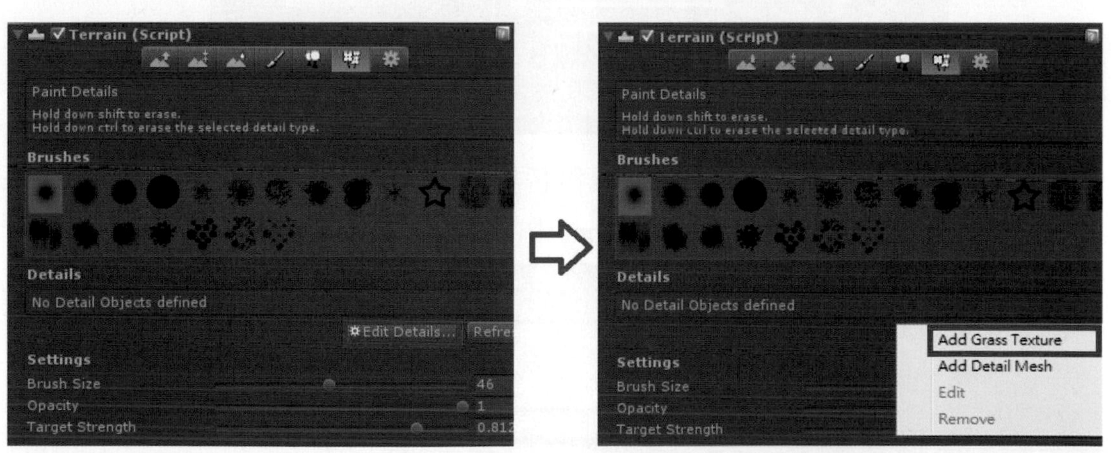

草的貼圖選擇好後再調整Min Width(寬度的最小值)為1、Max Width(寬度的最大值)為2、Min Height(高度的最小值)為1、Max Height(高度的最大值)為2與及Dry Color(枯草的顏色)，最後在按Apply即可，如下圖所示。

草的材質應用完成後，便可在場景中以筆刷方式刷出草叢，最後場景如下圖所示所示。

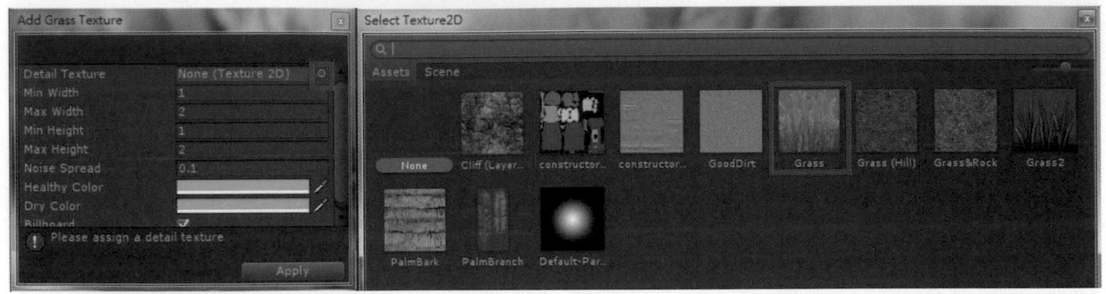

步驟四、建立平行光與及將第一人稱控制器拖曳至遊戲場景

當場景創建完成後，我們先調整Main Camera的位置，在Inspector視窗中將Main Camera的位置設定爲如下圖所示。

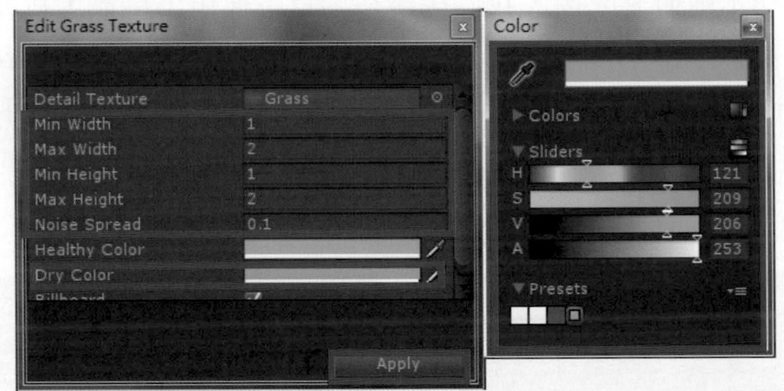

我們調整Main Camera的位置後再替場景打上燈光效果，點擊系統選單中的GameObject選單，選取Create Other中的Directional Light，如下圖所示。

建立完成後我們便會發現在Hierarchy視窗中多了一個Directional Light物件，如下圖所示。

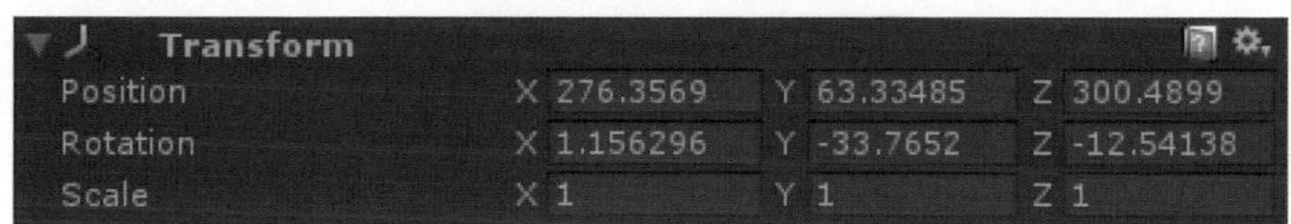

點擊它後，在此我們將平行光的Position參數調整成X爲250、Y爲100、Z爲250與及把Rotation參數調整成X爲60.79548、Y爲0、Z爲0，如下圖所示所示。

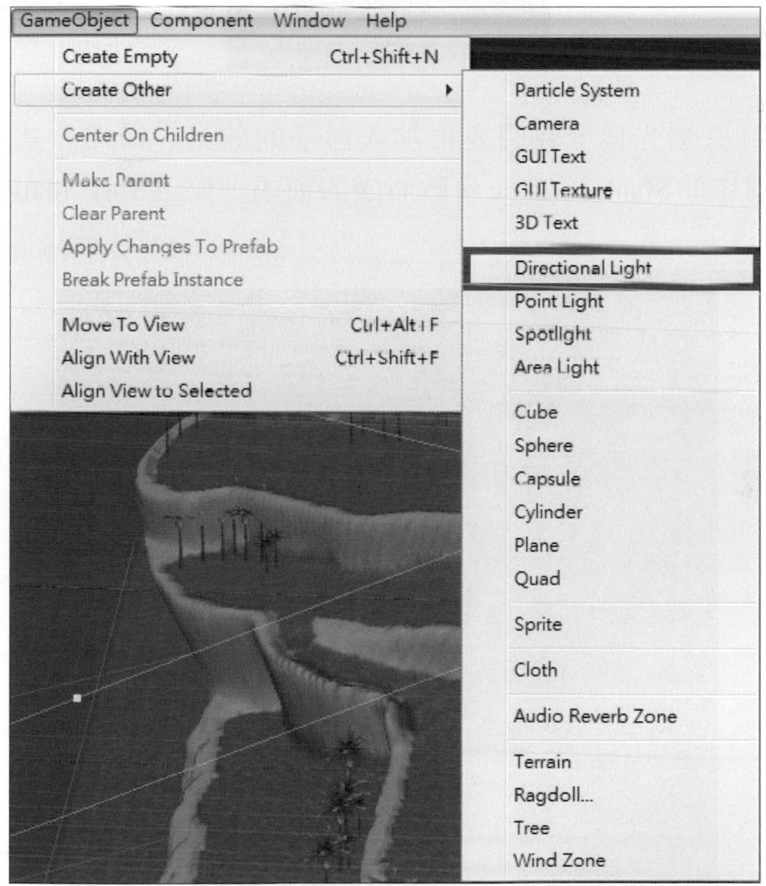

調整好Position參數與Rotation參數的X、Y、Z後，我們的Scene視窗會看到加入燈光後的場景，如下圖所示。

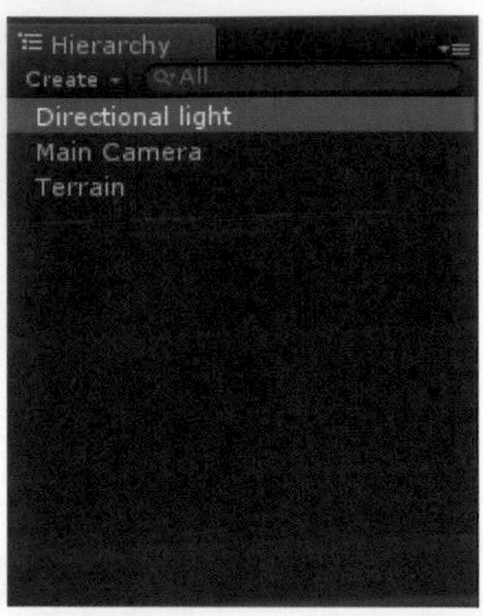

場景在打完燈光後，我們要再加入影子的效果，操作方式點擊燈光的Inspector視窗中的Shadow Type參數右邊的箭頭，並選Soft Shadow即可，如下圖所示。

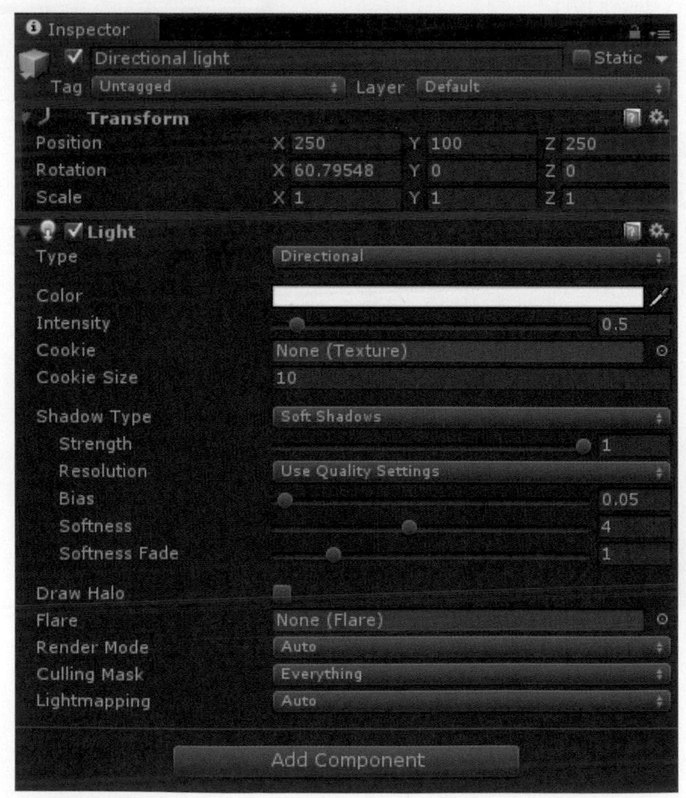

添加過影子效果的場景，會讓整個場景多了自然感，如下圖所示。

在此我們在點擊工具列的播放鈕，進入遊戲畫面看加入影子效果後，整個場景更為自然許多，最後我們再將First Person Controller(第一人稱控制器)放置場景中，本範例便可完成，在Project視窗中點擊在Standard Assets中的Character Controllers，再將First Person Controller拖拉至場景當中即可，如下圖所示。

將First Person Controller拉至場景後，利用移動工具，將第一人稱控制器沿Y軸方向移至地形之上即可，如下圖所示。

此時我們點選播放鈕進入遊戲，會發現遊戲畫面稻田太高了，感覺就想是我們趴在稻田之中匍匐前進一樣，如下圖所示所示。

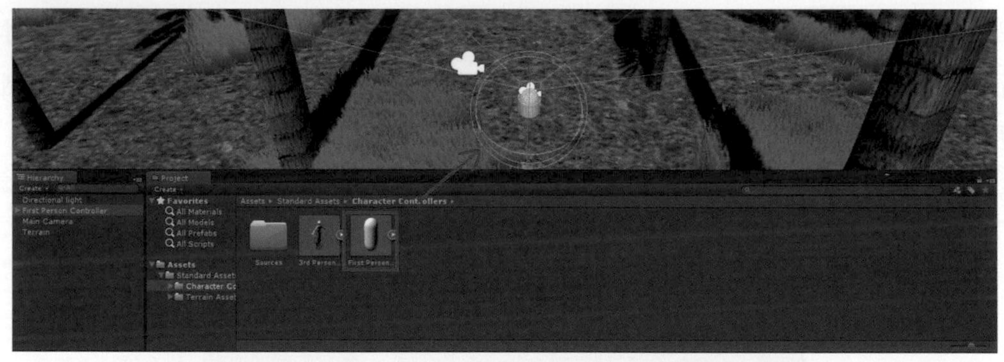

所以我們先離開預覽遊戲，再將First Person Controller的參數調整成如下圖所示紅色方框內所示。

如此一來，我們便可再按播放鈕，進入遊戲畫面享受自己創造中來的場景當中。

步驟五、遊戲發佈

當遊戲製作完成之後，我們可以將本範例發佈成網頁版遊戲，首先我們先將製作完成的遊戲存檔，首先點擊File，後選取Save Scene，如下圖所示。

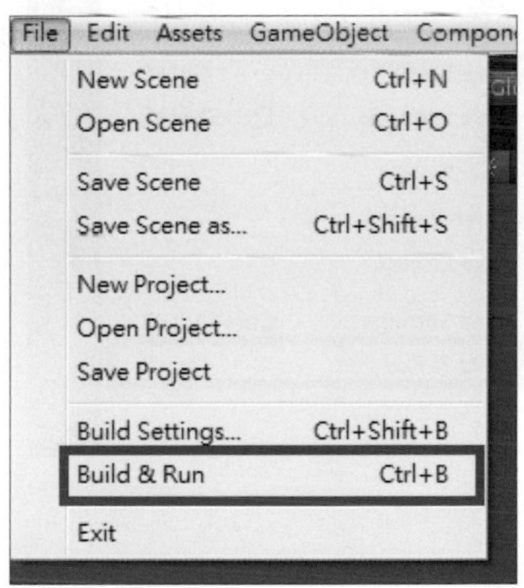

當選取Save Scene後會跳出一個Save Scene視窗，我們將場景存在Assets資料夾內，並將要儲存的場景命名爲Scene，最後在點擊存檔的選項即可，如下圖所示。

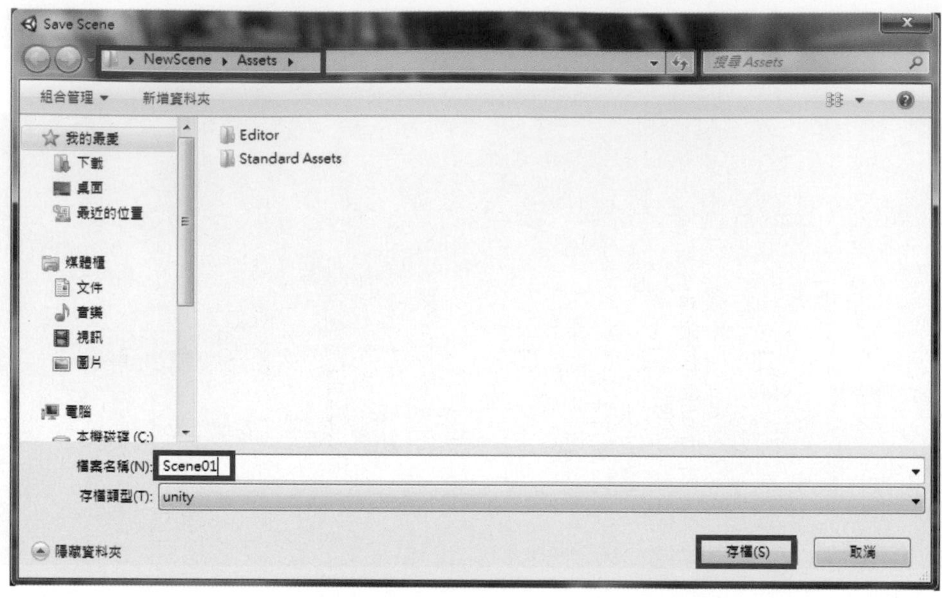

場景儲存完成後，我們可接續將遊戲發佈，首先點擊File，後選取Build & Run，如下圖所示。

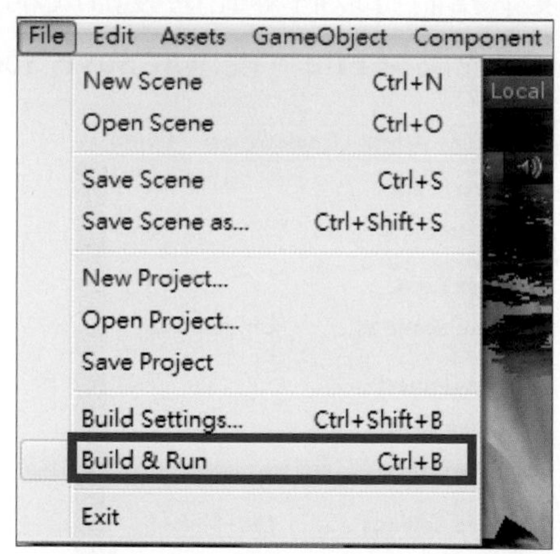

選取Build & Run後會跳出Build Settings的視窗，如下圖所示。

由於我們是要發佈成網頁版，所以在這邊我們點選Web Player，再點擊Add Current，Scenes In Build的方框便會出現我們場景的檔案名稱後，再點選Build And Run的選項，如下圖所示。

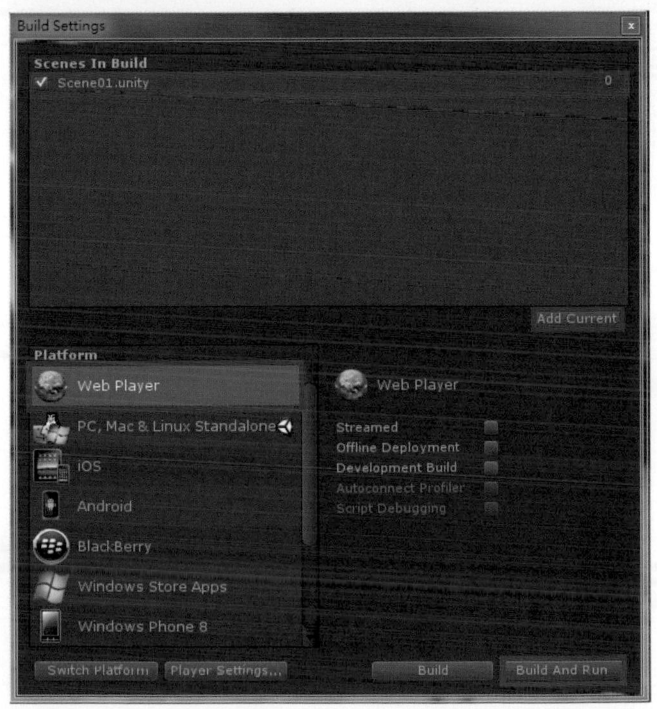

在點擊Build And Run的選項後，選擇我們發佈檔要存檔的位置，我們要存在一個名爲Release的資料夾，後按下選擇資料夾，如下圖所示。

存檔完成後，Unity便會開始將我們的遊戲以網頁的模式開啓，如果網頁沒有安裝Unity Player時，則再下載即可，最後我們可以在Release的資料夾點擊Release的檔案，亦可以開啓遊戲，如下圖所示。

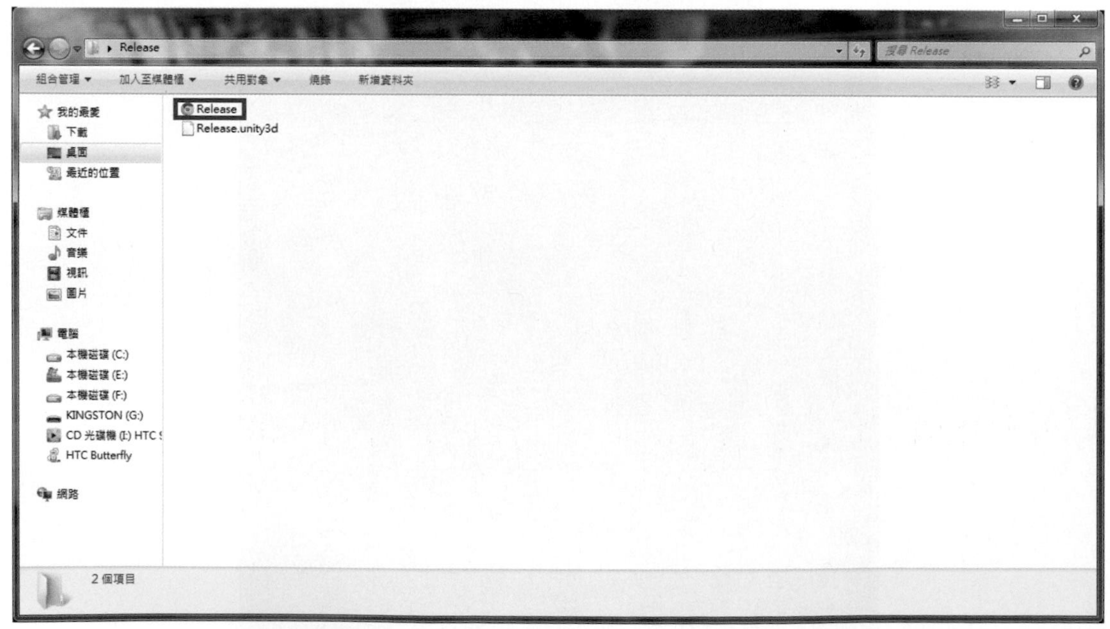

Unity Web Player | unity
file:///E:/Users/FCU_218/Desktop/Release/Release.html
Unity Web Player | unity 02_0331(5)
For educational use only
« created with Unity »

03

遊戲場景中不同風貌的設置

作品簡介

我們討論了地形、內建樹木、光源的形成，接著我們要討論的是如何建立不一樣的樹木，以及風和天空盒的運用，如此就可使場景有不同的風貌。資源包裡內建的樹木有一般常見的樹木以及棕櫚樹兩種，當我們創建高山或是比較低海拔的地形時，所呈現的樹木不一定和內建的樹木相同，例如：創建一個針葉樹林或是不一樣季節的場景時，就無法使用內建的樹木達到我們想要的效果。因此，我們要來學習如何建造不同類型的樹木並配合著風和天空盒的效果來呈現出不一樣的場景。這個場景中我們將建立櫻花樹、竹子、矮樹叢和針葉樹。

學習重點

- ✦ 重點一：外部圖片資源的匯入。
- ✦ 重點二：建立地形上的樹木及風。
- ✦ 重點三：建立天空盒改變天空的樣式。

重點一 外部圖片資源的匯入

在Unity中，圖片是非常重要的資源，無論是模型材質或是GUI紋理都需要用到圖片資源。我們要來談將圖片資源匯入到Unity的流程、要求，以及發布不同平台的相關設置。

Unity支援的圖像文件格式包括TIFF、PSD、TGA、JPG、PNG、GIF、BMP、IFF、PICT、DDS等。其中PSD格式的圖片包含多個圖層，當我們把PSD格式圖片匯入Unity後Unity會自動合併顯示圖層，且不會破壞PSD原始文件的結構。

爲了優化運行效率，幾乎所有的遊戲引擎中，圖片的像素尺寸都是需要注意的。像素指的是一張圖片裡組成圖片的圖像元素，是一個方格狀，這裡建議的圖片像素尺寸都是2的整數次冪，也就是我們的圖片的長跟寬要由2的整數次冪個像素組成，有32、64、128、256、512、1024等以此類推，而在Unity裡最小像素要求大於或等於32，最大像素必須小於或等於4096。至於圖片的長寬大小不需要一致，例如512×1024像素、256×64像素都是可以使用的。關於像素的問題，用一張圖片來舉例，同樣大小的圖片，一個是由32×32像素，也就是長跟寬分別有32個像素組成的，一個是由1024×1024像素，也就是長跟寬分別有1024個像素組成的，我們可以發現32×32像素比1024×1024像素還要來的模糊，如下圖所示。

32×32像素

1024×1024像素

所以通常我們會找像素比較高的圖片來貼圖紋理會更細膩。在此注意，Unity也支援非2的次冪尺寸圖片，對於非2的次冪尺寸圖片Unity會將其圖片轉化爲一個非壓縮的RGBA 32位元格式，但是這樣會降低加載速度，並增大遊戲發布包的文件大小。

匯入圖片資源以供Unity使用的方式有二種，先在網路上或是電腦裡找到想要的圖片，存成Unity可以支援的格式放在桌面或是資料夾裡，第一種匯入方式是將想要的圖片資源用拖拉的方式拉進Project視窗的Assets文件夾，第二種匯入方式是直接點選左上方的Assets在點選Import New Asset … 來新增圖片資源，如下圖所示。

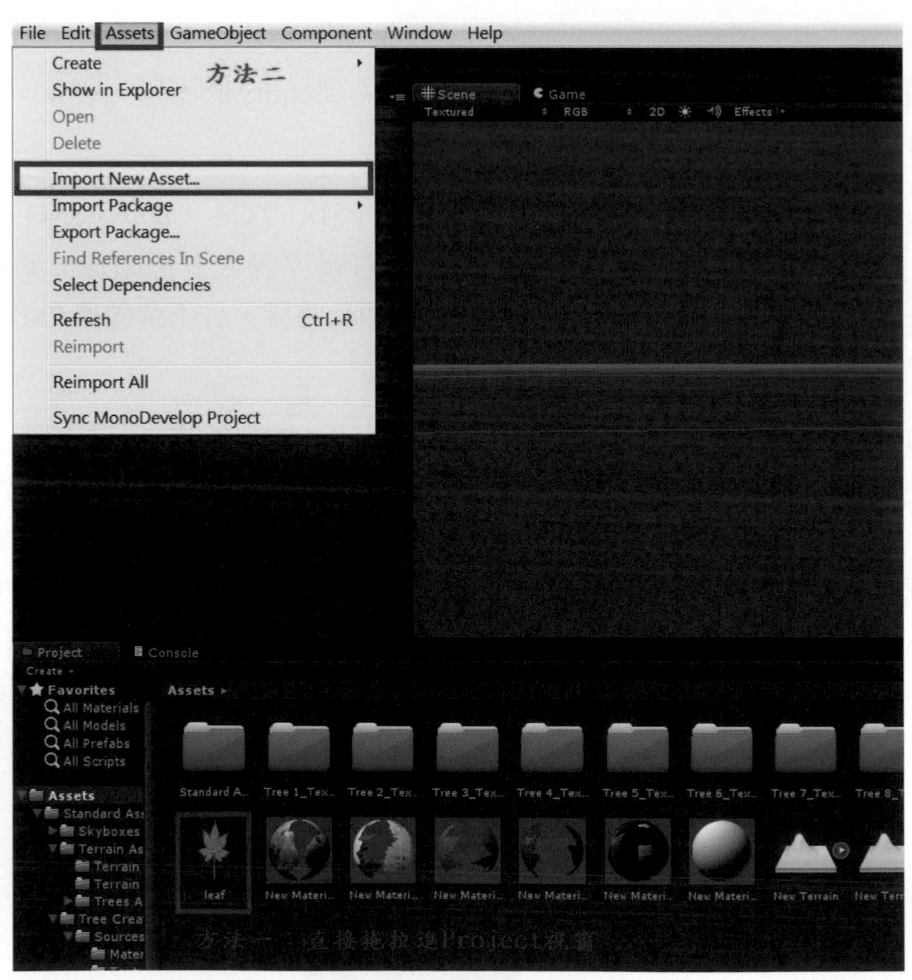

當我們匯入圖片後可以在Inspector視窗看到很多有關圖片的內容參數，如下圖所示。

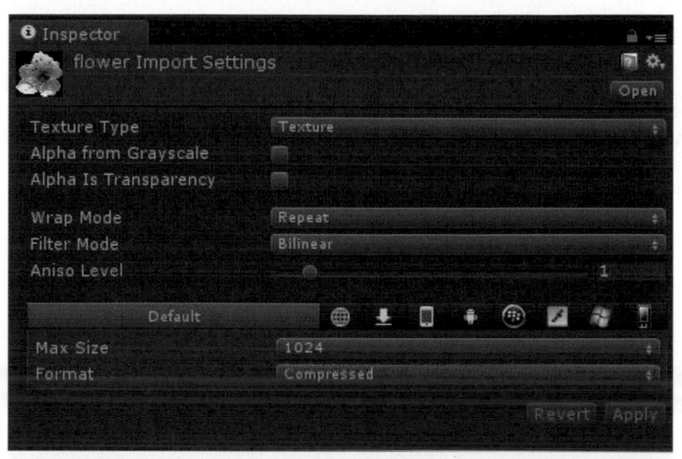

Unity是一款可以跨平台發佈遊戲的引擎，單純就圖片資源來說，在不同的平台硬體環境中使用還是有一定區別的，我們可以在Texture Type(紋理類型)選擇圖片資源用途。如果為不同平台手動製作或修改相對尺寸的圖片資源，我們會非常不方便，所以Unity為使用者提供了專門的解決方案，可以在項目中將同一張圖片紋理依據不同的平台直接進行相關的設置，且效率非常高。例如普通紋理、法線貼圖、GUI圖片等等類型。如何提高效率，我們可以點選Texture Type(紋理類型)我們可以看到有九種類型，分別為Texture(紋理)、Normal map(法線貼圖)、GUI(圖形用戶界面)、Sprite(精靈)、Cursor(圖標文件)、Reflection(反射)、Cookie(作用於光源的Cookie)、Lightmap(光照貼圖)、Advanced(高級)，如下圖所示。

由於本範例會使用到的類型只有第一種Texture(紋理)，而剩下的八種類型也有許多相似的地方，所以這裡就只有討論Texture(紋理)的基本設定。

有關Texture(紋理)的參數，是所有類型紋理最常用的設置，分別的細部參數有Alpha from Grayscale(依據灰階度產生Alpha)、Alpha Is Transparency(Alpha是透明度)、Wrap Mode(循環模式)、Filter Mode(過濾模式)、Aniso Level(各向異性級別)五個參數，如下圖所示。

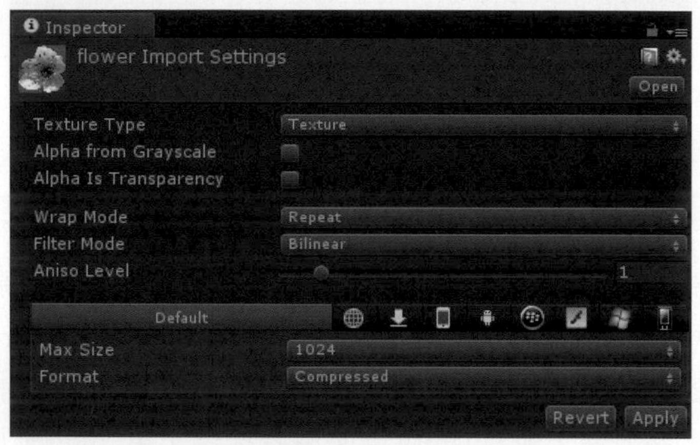

第一個參數Alpha from Grayscale(依據灰階度產生Alpha)的意思是指系統會依據圖像本身的灰階度產生一個Alpha透明度通道。

第二個參數Alpha Is Transparency(Alpha是透明度)的意思是指系統會依據圖像本身的透明度產生一個Alpha透明度通道。

第三個參數Wrap Mode(循環模式)是用來控制紋理平鋪時的樣式，有Repeat(重複)、Clamp(截斷)兩種方式可供選擇，如下圖所示。

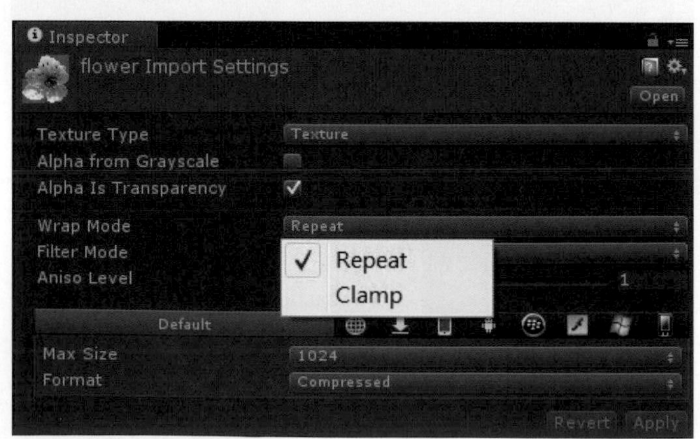

這個選項在使用天空盒時才會有明顯的差異，選擇Repeat(重複)該紋理會以重複平鋪的方式映射在遊戲物件上，所以我們會很明顯看到邊緣的接縫。選擇Clamp(截斷)該紋理會以拉伸紋理的邊緣的方式映射在遊戲物件上，所以我們不會看到邊緣的接縫，如下圖所示。

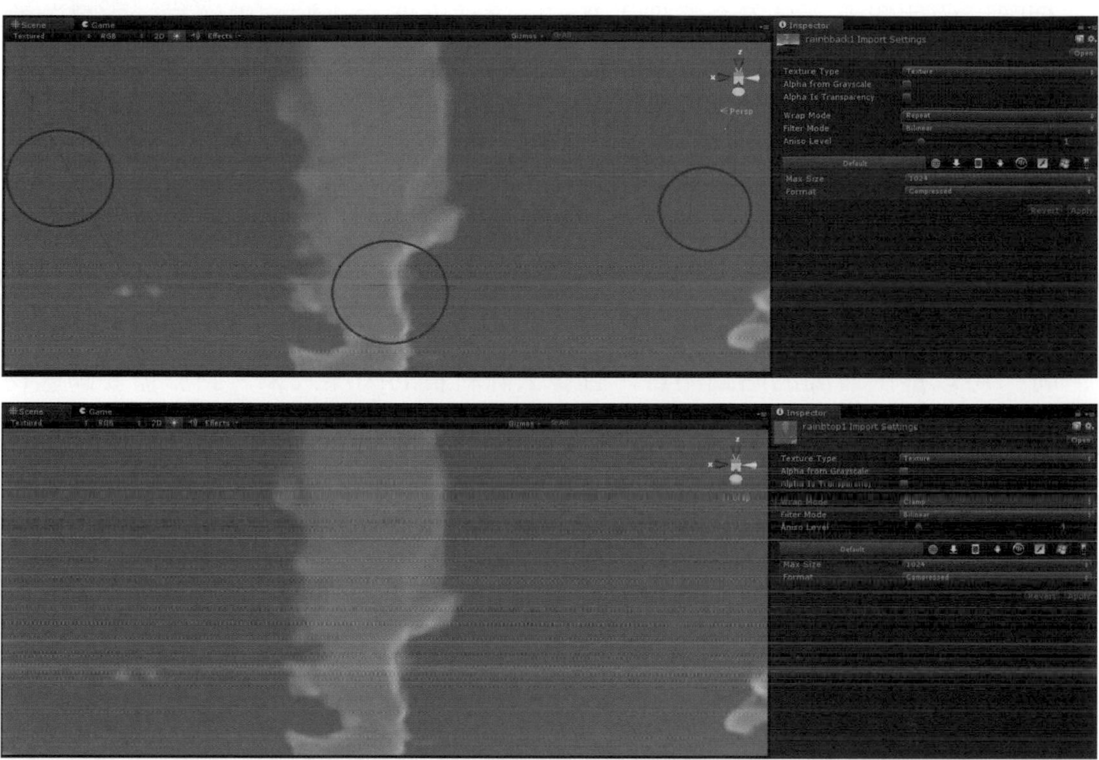

第四個參數Filter Mode(過濾模式)是用來控制紋理通過三維變換拉伸時的計算過濾方式，有Point(點)、Billnear(雙線性)、Trilinear(三線性)三種方式可供選擇，如下圖所示。

- **Point(點)**：是一種較簡單材質圖像插值的處理方式。這種處理方式速度比較快，但材質的品質較差，有可能會出現馬賽克現象。

- **Billnear(雙線性)**：是一種較好的材質圖像插值的處理方式，會先找出最接近圖元的四個圖素，然後在它們之間做插值計算，最後產生的結果才會被貼到圖元的位置上，且不會看到馬賽克。這種處理方式較適用於有一定景深的靜態圖片，也就是清晰度較高的圖片，不過無法提供最佳品質也不適用於移動的遊戲物件。

- **Trilinear(三線性)**：是一種更複雜材質圖像插值處理方式，會用到相當多的材質貼圖，而每張的大小恰好會是另一張的四分之一。例如有一張材質影像有512×512個圖素，第二張就會是256×256個像素，以此類推。憑藉這些多重解析度的材質影像，當遇到景深較大的圖片，也就是清晰度較高的圖片時，可以提供最高的貼圖品質，且會去除材質的閃爍效果。對於需要動態物體或景深很大的場景應用方面而言，選用此種方式會獲得最佳的效果。

我們以Point(點)和Billnear(雙線性)來比較之間的差異，同一張圖分別點選Point(點)和Billnear(雙線性)，我們會發現Point(點)會很明顯的有一格一格的方塊，整張圖片就沒有那麼細膩，而Billnear(雙線性)不會有明顯的方塊，畫面也比Point(點)細膩，如下圖所示。

Point(點)

Billnear(雙線性)

一般而言當我們匯入一定清晰度的圖片時，系統都會幫我們設定為Billnear(雙線性)。

第五個參數Aniso Level(各向異性級別)是用來控制紋理的品質，此數值越高紋理品質就越高，這個參數對於提高地面等紋理的顯示效果非常明顯。

當我們了解Texture(紋理)的參數後，我們來匯入創建樹木要使用的枝幹和樹葉的貼圖。首先，我們找到一張貼圖適合用來貼在樹木的枝幹上面，圖片的像素大小是像前面所提到的為2的整數次冪。好了之後我們把圖片拖拉進Project視窗的Assets文件夾，並且在Project視窗的Assets文件夾中按滑鼠右鍵，叫出功能選項，選擇Create，再選擇Material選項，即可建立一個材質球，接著點選新材質球然後在Inspector視窗將圖片放入材質球中，如下圖所示。

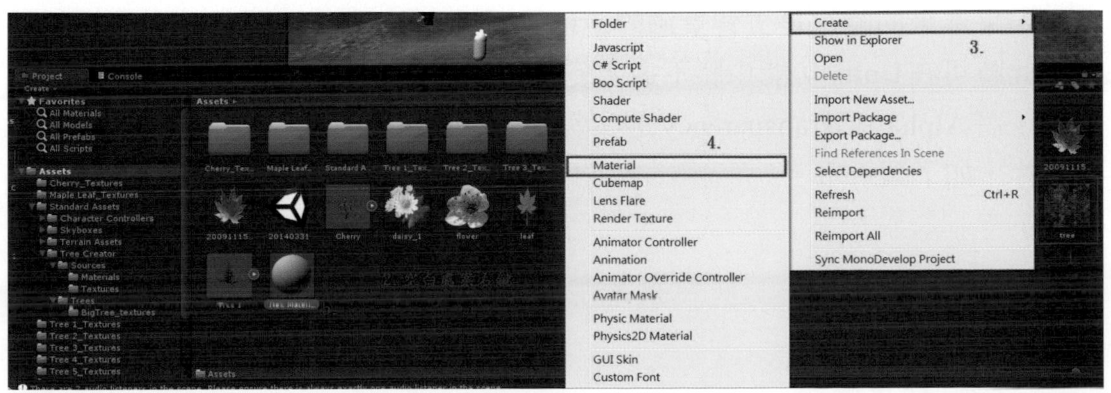

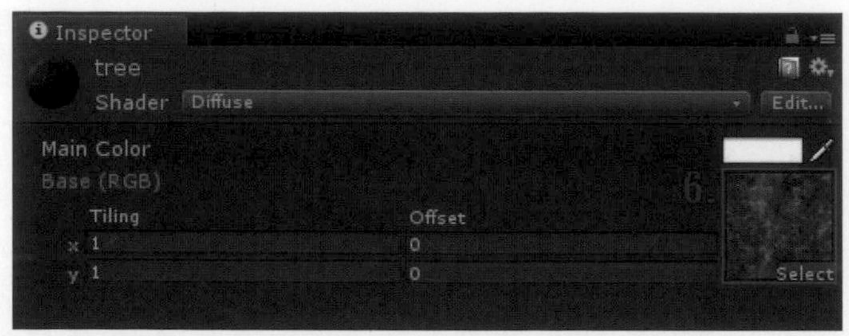

關於葉子的圖片，我們找的是去背景的葉子貼圖，檔案爲PNG，我們也爲葉子圖片先建立材質球，關於葉子的材質球建立，如同枝幹的材質球建立，如下圖所示。

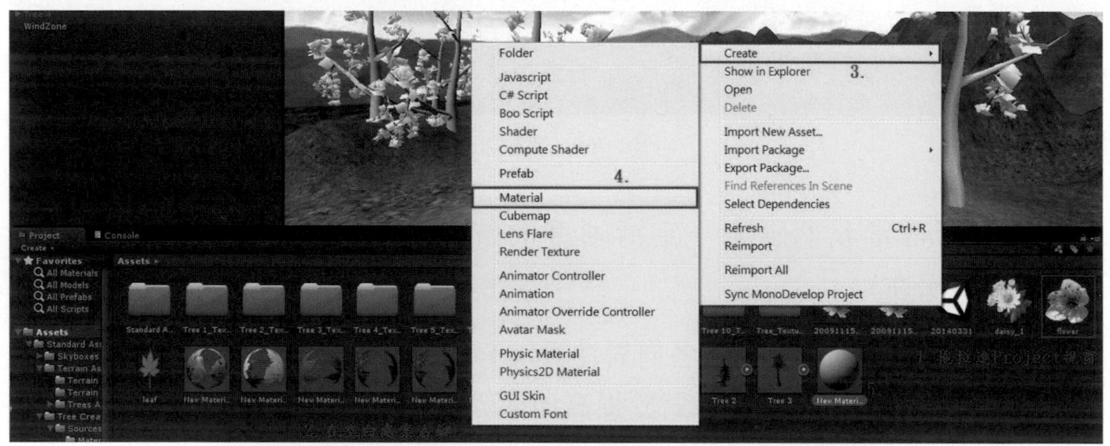

如果本來的圖片是去背景過的，但是匯入Unity後去背景的地方會變不透明，此時可在Unity功能中將不透明變成透明的，我們點選圖片叫出Inspector視窗，將Alpha Is Transparency選項勾選，在按下Apply，即可得到透明背景的圖片，如下圖所示。

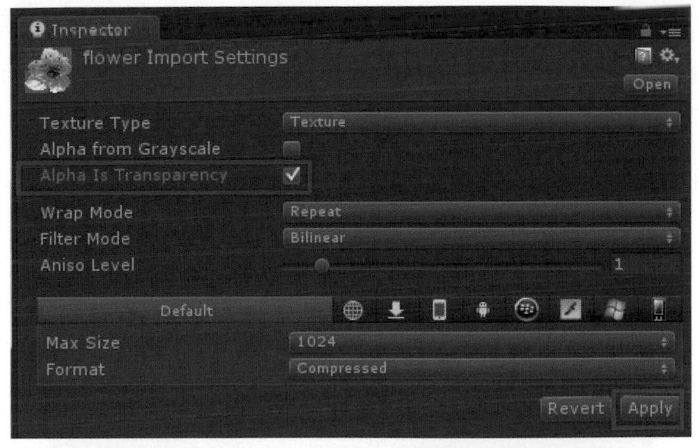

了解這些方式，我們可以匯入所需的圖案使創建樹木時能有更多的貼圖樣式選擇。

重點二 建立地形上的樹木及風

前面的範例我們談到地形的建立，Unity也提供樹木的建立方式讓我們可以在地形上建立不同類型的樹木，使遊戲場景有豐富的變化。如果我們想要建立樹木可以從GameObject裡點Create Other，再點選Tree的功能選項，此時，在遊戲場景會看見一根樹幹和一個黃色圈圈，此黃色圈圈代表著整棵樹可生長的範圍，如下圖所示。

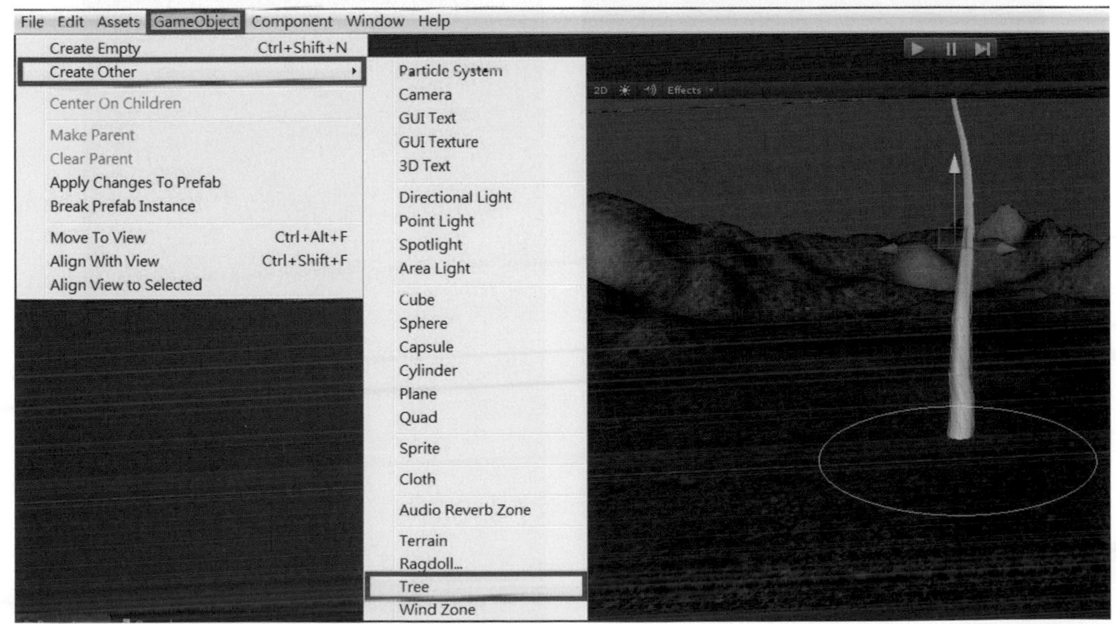

我們可以在Inspector視窗看到這棵樹的階層群組結構，此視窗在圈起的樹木主幹中可以看到一個眼睛符號，這是顯示開啟或是關閉點選群組的開關，同時在顯示樹的階層結構功能下方右側有四顆按鈕，由左至右分別爲新增樹葉群組、新增枝幹群組、複製物件、刪除物件，如下圖所示。

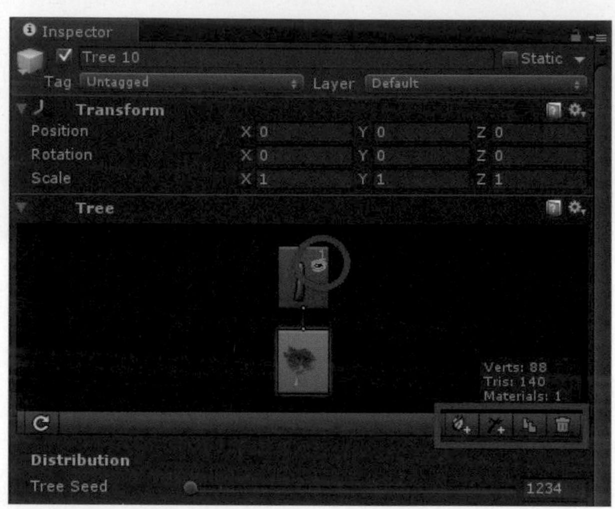

點選Inspector視窗的主幹圖示我們會看到很多的參數來設定主幹的生長方式，如下圖所示。

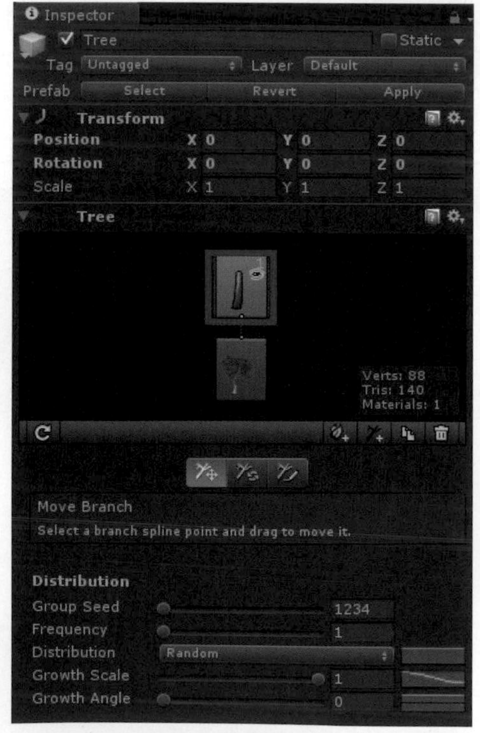

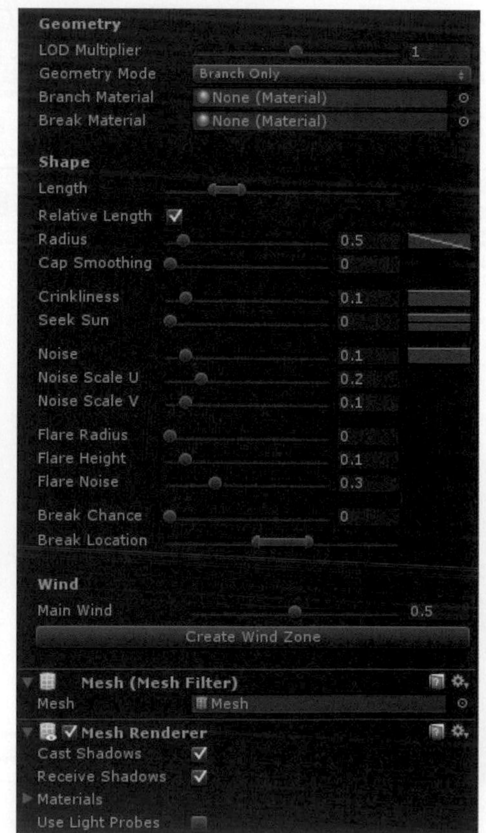

主幹群組的參數分爲四大項，有Distribution(分配)、Geometry(幾何)、Shape(形狀)、Wind(風力)。

有關Distribution(分配)的參數，是用來調整主幹的形態，細部參數可再分爲Group seed(隨機參數)、Frequency(數量)、Distribution(分配)、Growth Scale(生長比例)、Growth Angle(生長角度)五個細項，如下圖所示。

以細部分項Distribution(分配)爲例，點下Distribution我們可以看到有Random(隨機)、Alternate(交叉)、Opposite、(對立面)、Whorled(輪生)四種樹型選項，如下圖所示。

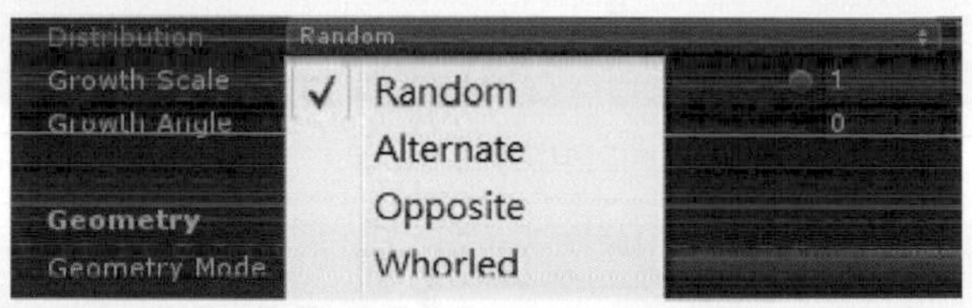

除了第一個Random是隨機生長，剩下三種的樹型如下圖所示。

Alternate(交叉)

Opposite(對立面)

Whorled(輪生)

有關Geometry(幾何)的參數，主要是用來調整主幹的材質，細部參數可再分爲LOD Multiplier(LOD乘數)、Geometry Mode (幾何模式)、Branch Material(分枝材質)、Break Material(切斷材質)四個細項，如下圖所示。

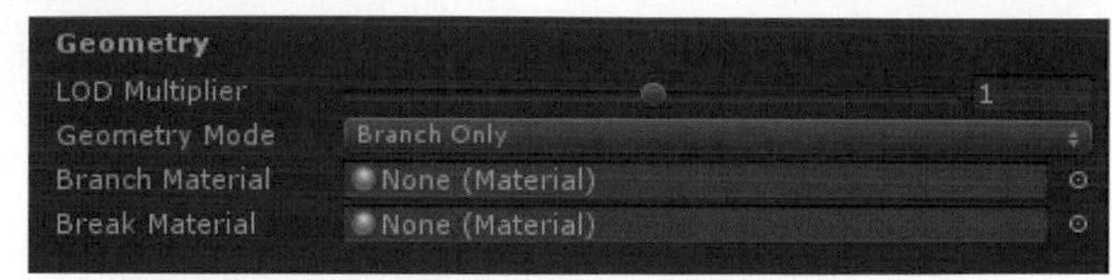

以細部分項Branch Material爲例，我們可以在這個選項的決定此群組的材質。

有關Shape(形狀)的參數，是細部調整主幹的形狀，細部參數可再分爲Length(長度)、Ralative Length(相對長度)、Radius(半徑)、Cap Smoothing(平滑)、Crinkliness(扭曲)、Seek sun(向光生長)、Noise(聲音)、Noise Scale U(聲音規模U)、Noise Scale V(聲音規模V)、Flare Radius(褶半徑)、Flare Height(褶高度)、Flare Noise(褶噪波)、Break Chance(切斷機會)、Break Location(切斷位置)十四個細項，如下圖所示。

Shape
Length
Relative Length
Radius 0.5
Cap Smoothing 0
Crinkliness 0.1
Seek Sun 0
Noise 0.1
Noise Scale U 0.2
Noise Scale V 0.1
Flare Radius 0
Flare Height 0.1
Flare Noise 0.3
Break Chance 0
Break Location

以細部分項Flare Radius、Flare Height和Flare Noise爲例，這些參數是用來調整樹根樣貌。Flare Radius用來決定樹根的皺褶半徑，Flare Height用來決定皺褶的生長範圍，Flare Noise則用來決定樹根皺褶的變化，如下圖所示。

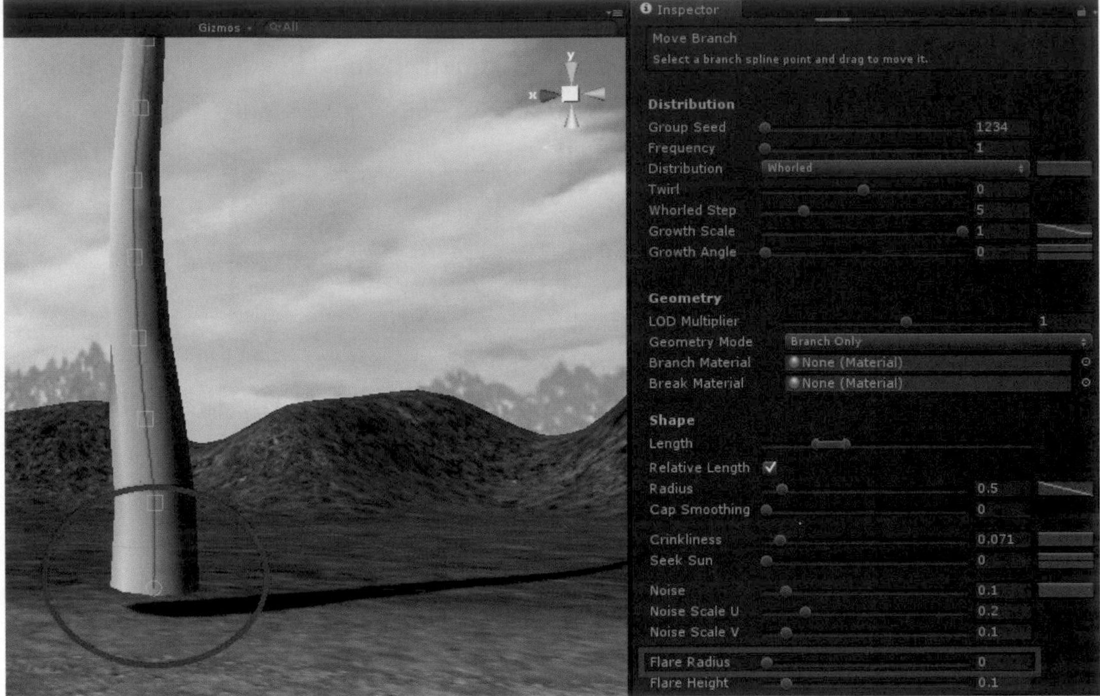

Flare Radius=0

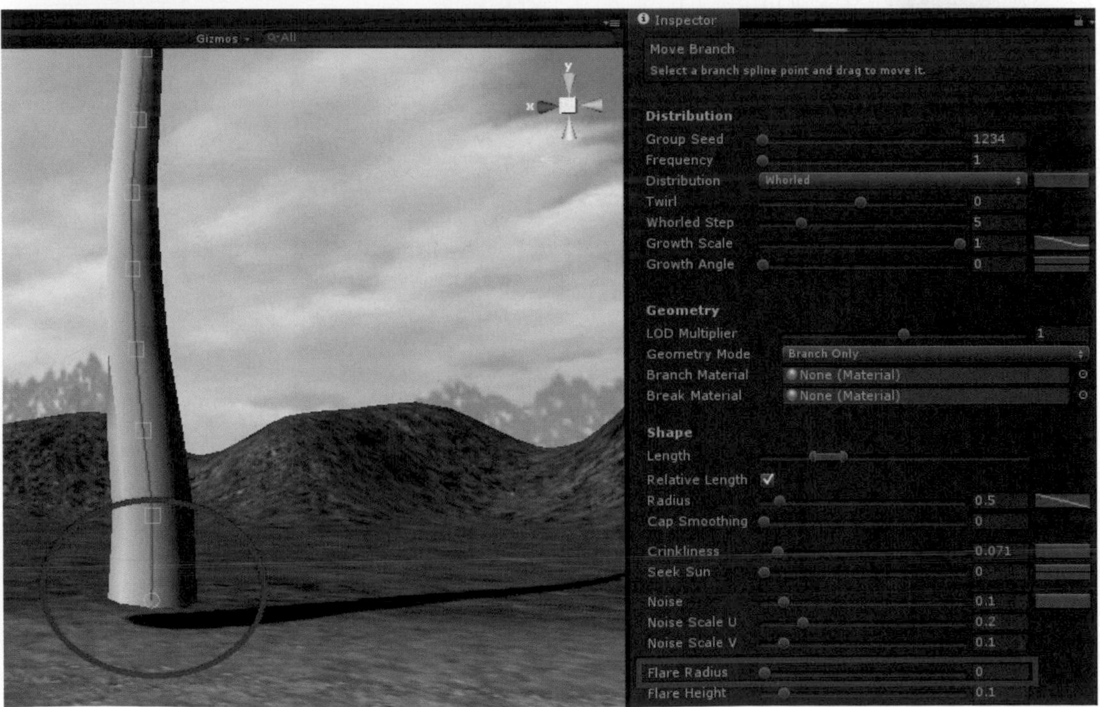

Flare Radius=5

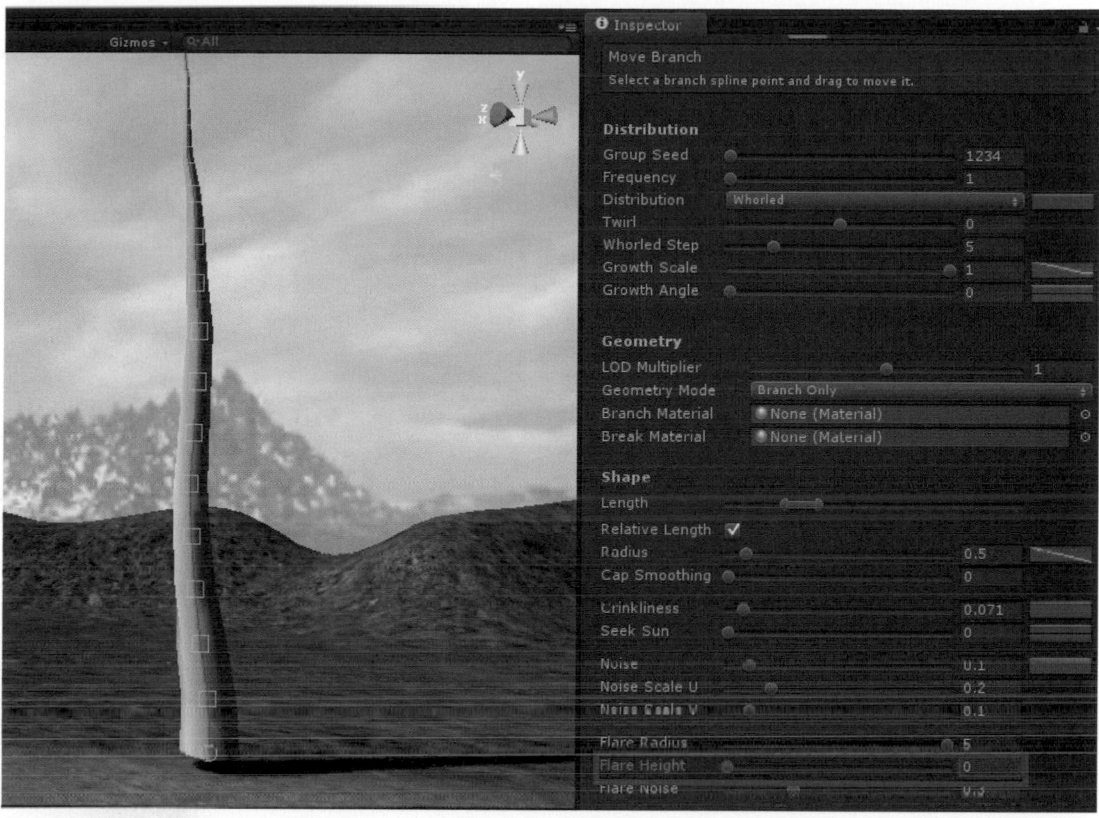

Flare Height=0

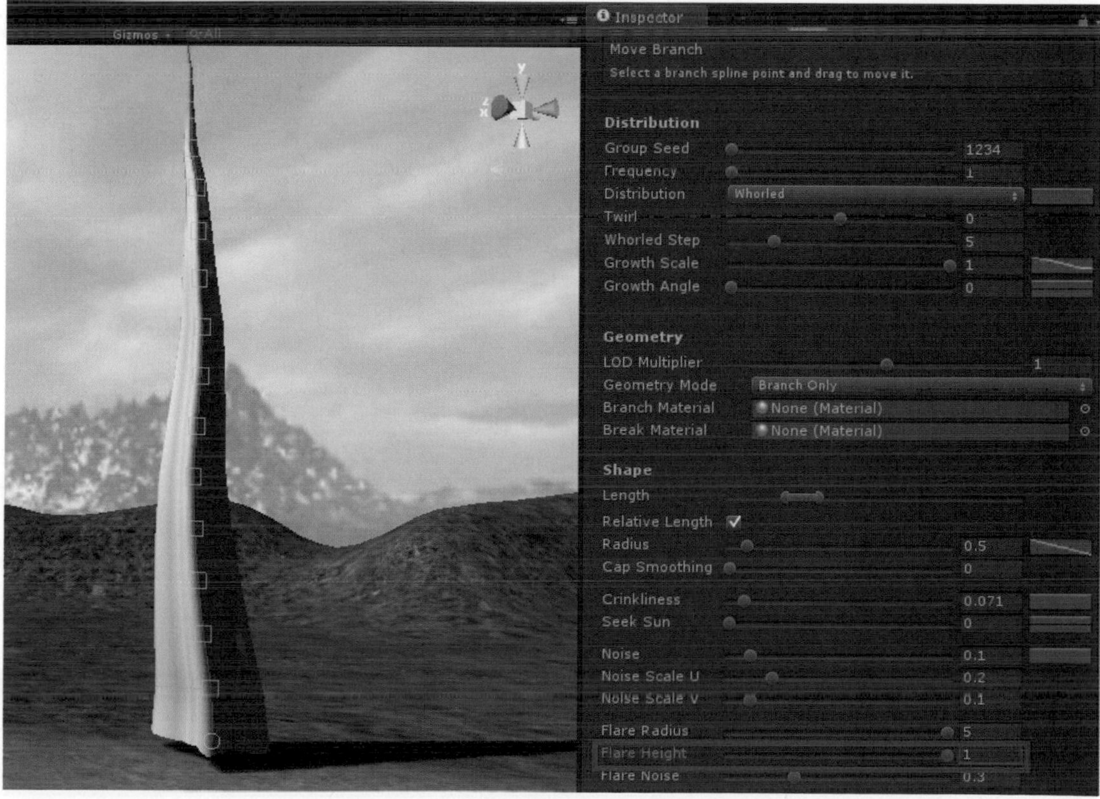

Flare Height=1

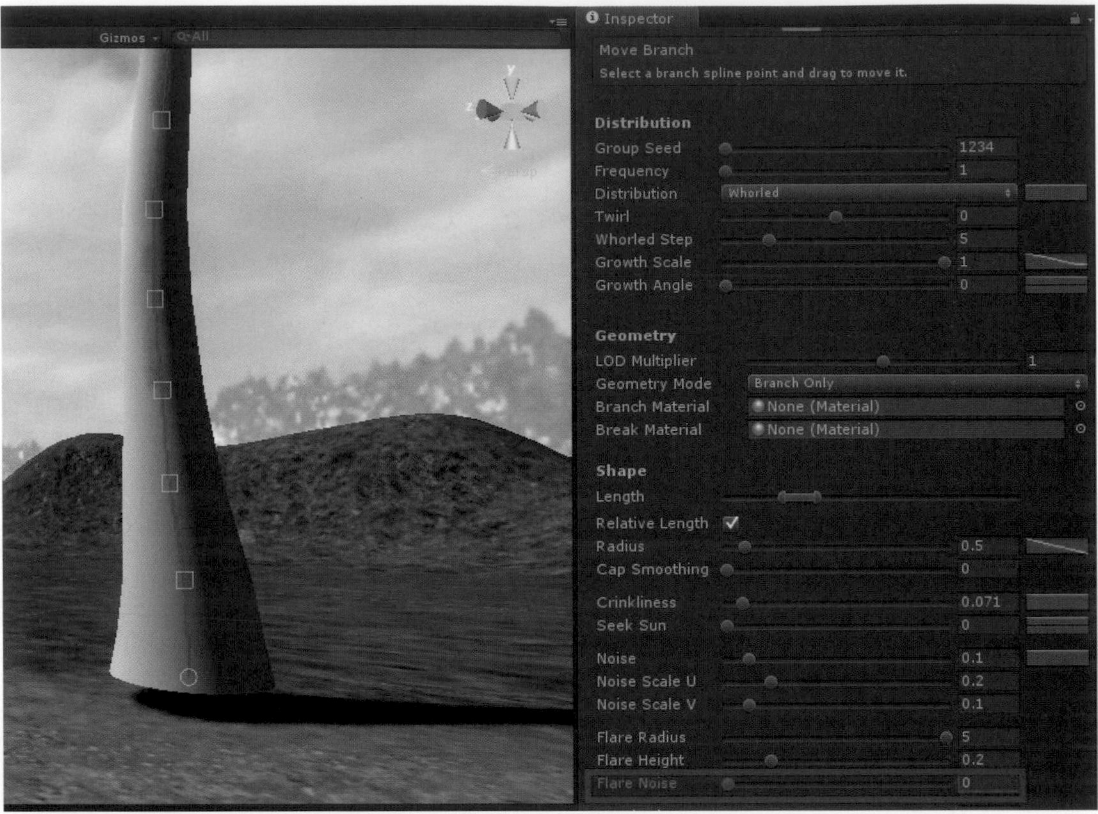

Flare Noise=0

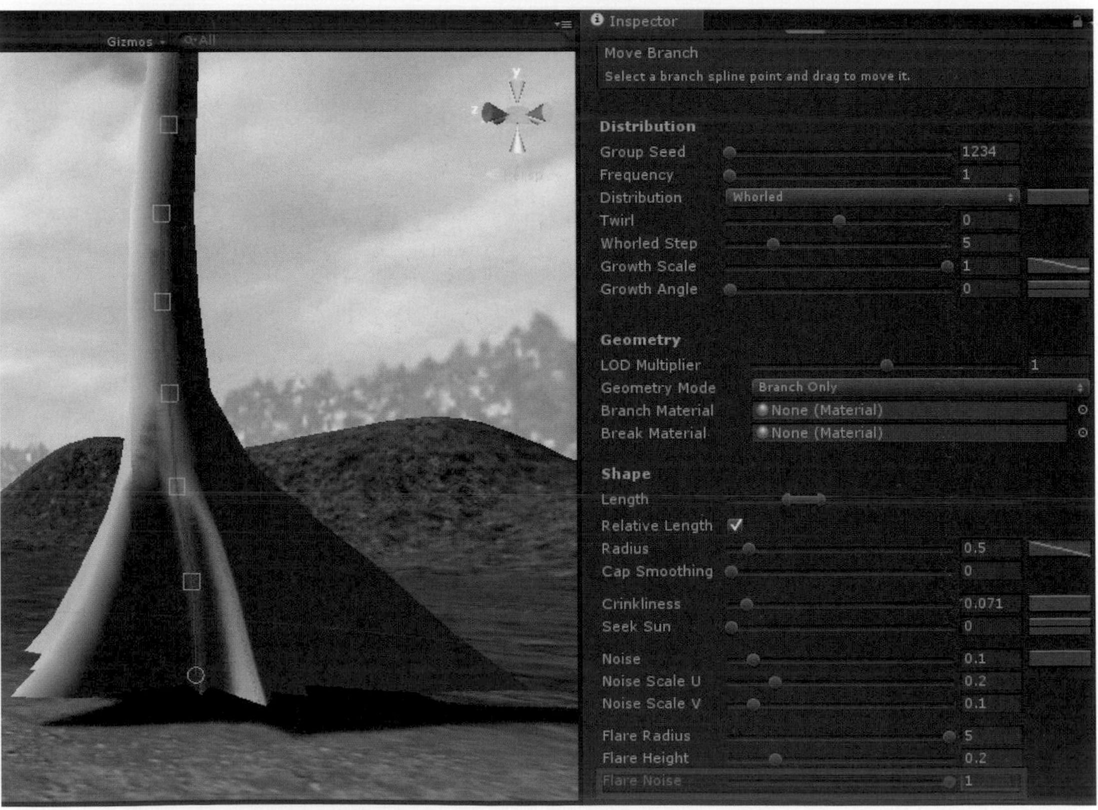

Flare Noise=1

有關Wind(風力)的參數，是調整枝幹受風力的影響，細部參數可再分為Main Wind(主要風)、Main Turbulence(主要亂流)二個細項，如下圖所示。

以細部分項Main Wind為例，我們可以利用此參數來調整此枝幹受到風力時的影響，數據越小，受到風力影響就越小。

設定好主幹群組的參數後，我們可以來新增樹的物件。

我們可以把樹的物件分為枝幹群組和樹葉群組二種，稱為群組的原因是因為我們可以用參數來快速產生很多數量的物件也就是，同時長出一群的枝幹或是一群的樹葉，利用這兩種群組，就可以來建立樹木。

如何在樹幹上新增枝幹群組，首先在樹木主幹上點擊，接著按新增枝幹群組的按鈕，在樹的階層群組結構圖會出現一個枝幹的結構圖示，點選此枝幹結構圖示，我們可以從Inspector視窗看到很多的參數來設定枝幹的生長方式，如下圖所示。

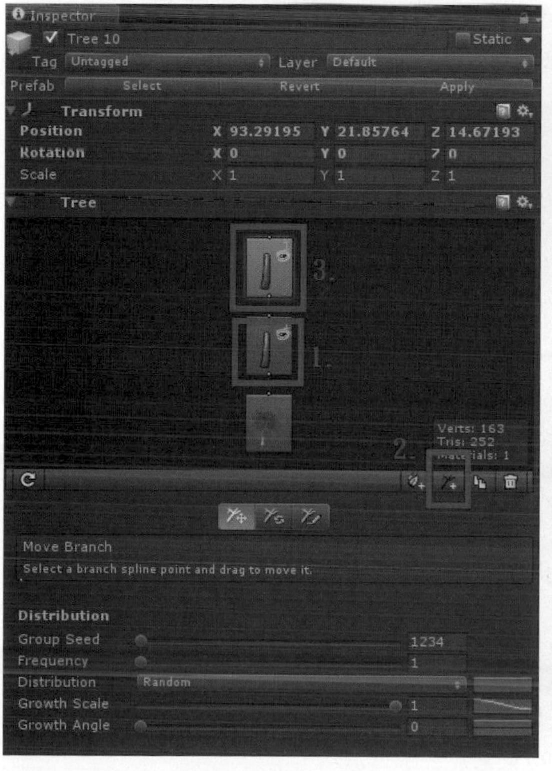

枝幹群組的參數分爲四大項，有Distribution(分配)、Geometry(幾何)、Shape(形狀)、Wind(風力)。

有關Distribution(分配)的參數，是用來調整枝幹的形態，細部參數可再分爲Group seed(隨機參數)、Frequency(數量)、Distribution(分配)、Growth Scale(生長比例)、Growth Angle(生長角度)五個細項，如下圖所示。

以細部分項Distribution(分配)爲例，點下Distribution我們可以看到有Random(隨機)、Alternate(交叉)、Opposite、(對立面)、Whorled(輪生)四種樹型選項，如下圖所示。

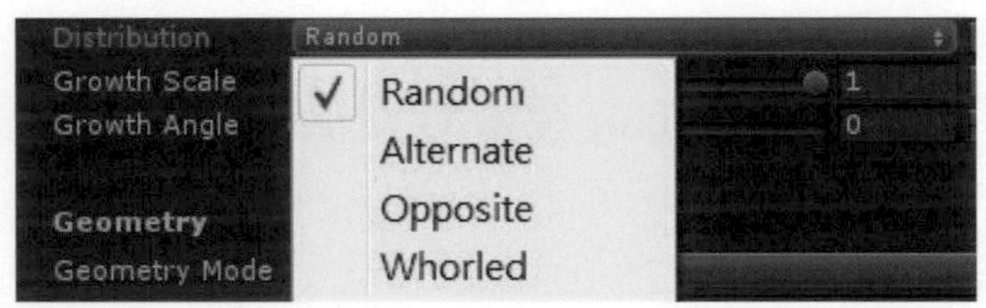

除了第一個Random是隨機生長，剩下三種的樹型如下圖所示。

Alternate(交叉)

Opposite(對立面)

Whorled(輪生)

有關Geometry(幾何)的參數，主要是用來調整枝幹的材質，細部參數可再分爲LOD Multiplier(LOD乘數)、Geometry Mode (幾何模式)、Branch Material(分枝材質)、Break Material(切斷材質)四個細項，如下圖所示。

以細部分項Branch Material爲例，我們可以在這個選項的決定此群組的材質。

有關Shape(形狀)的參數，是細部調整枝幹的形狀，細部參數可再分爲Length(長度)、Ralative Length(相對長度)、Radius(半徑)、Cap Smoothing(平滑)、Crinkliness(扭 曲)、Seek sun(向 光 生 長)、Noise(聲 音)、Noise Scale U(聲音規模U)、Noise Scale V(聲音規模V)、Weld Length(焊接長度)、Spread Top(頂部蔓延)、Spread Bottom(底部蔓延)、Break Chance(切斷機會)、Break Location(切斷位置)十四個細項，如下圖所示。

Shape
Length
Relative Length
Radius 0.5
Cap Smoothing 0
Crinkliness 0.1
Seek Sun 0
Noise 0.1
Noise Scale U 0.2
Noise Scale V 0.1
Weld Length 0.1
Spread Top 0
Spread Bottom 0
Break Chance 0
Break Location

以細部分項Crinkliness爲例，我們可以利用此參數來使我們的枝幹彎曲，如下圖所示。

Crinkliness=0

Crinkliness=1

有關Wind(風力)的參數，是調整枝幹受風力的影響，細部參數可再分爲Main Wind(主要風)、Main Turbulence(主要亂流)二個細項，如下圖所示。

以細部分項Main Wind爲例，我們可以利用此參數來調整此枝幹受到風力時的影響，數據越小，受到風力影響就越小。

設定好新增枝幹群組的參數後，在樹木主幹上的枝幹群組就會出現所設定的枝幹分佈。依照自己的喜好調整參數來讓我們的樹更豐富，在新增枝幹群組時，除了一層一層加以外，也可以同一層加多個群組讓樹型變化更多樣，如下圖所示。

建立好了所需的枝幹群組，就可以為枝幹上添加樹葉，我們首先點選想要加樹葉的枝幹群組，接著按新增樹葉群組的按鈕，在樹的階層群組結構圖會出現一個樹葉的結構圖示，點選此樹葉結構圖示，我們可以從Inspector視窗看到很多的參數來設定樹葉的生長方式，如下圖所示。

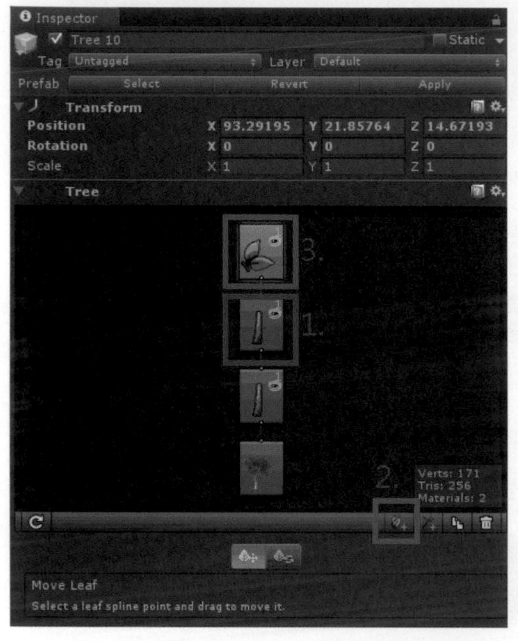

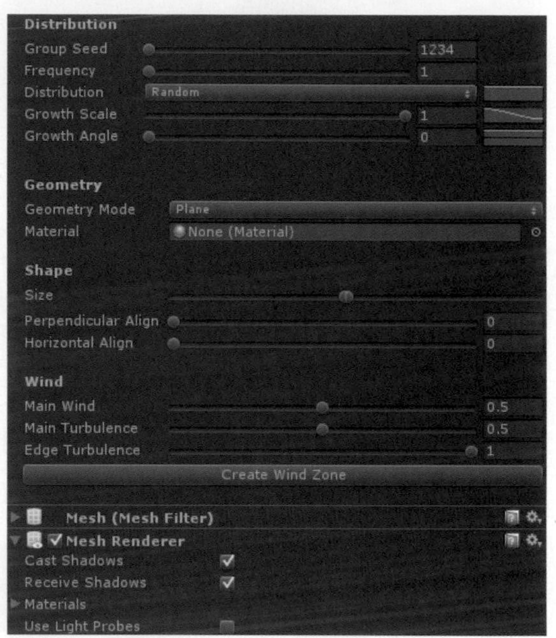

樹葉群組的參數分為四大項，有Distribution(分配)、Geometry(幾何)、Shape(形狀)、Wind(風力)。

有關Distribution(分配)的參數，是用來調整樹葉的生長形態，細部參數可再分為Group seed(隨機參數)、Frequency(數量)、Distribution(分配)、Growth Scale(生長比例)、Growth Angle(生長角度)五個細項，如下圖所示。

以細部分項Distribution(分配)為例，點下Distribution我們可以看到有Random(隨機)、Alternate(交叉)、Opposite、(對立面)、Whorled(輪生)四種樹葉生長方式的選項，如下圖所示。

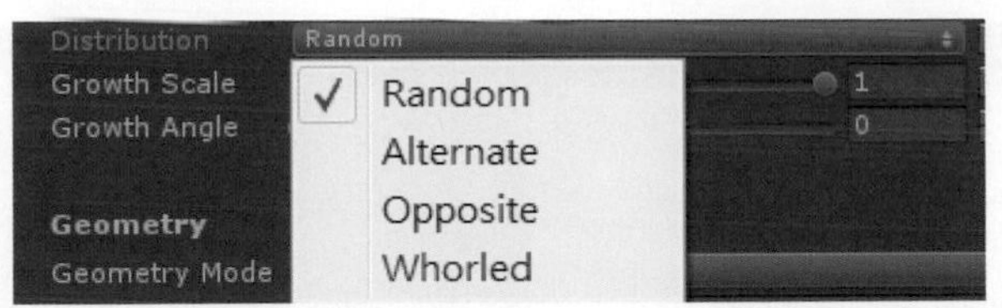

除了第一個Random是隨機生長，剩下三種的樹葉生長的方式如下圖所示。

Alternate(交叉)

Opposite(對立面)

Whorled(輪生)

有關Geometry(幾何)的參數，主要是用來調整樹葉的材質，細部參數可再分爲Geometry Mode(幾何模式)、Material(材質)二個細項，如下圖所示。

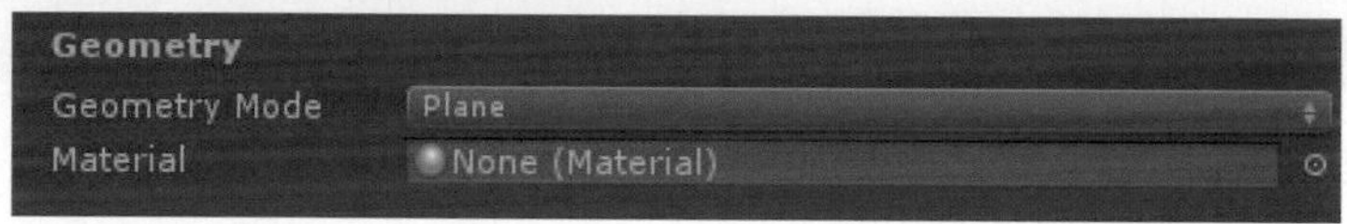

以細部分項Geometry Mode爲例，我們可以將葉子本身的形狀分爲Plane(水平面)、Cross(十字交叉)、Tricross(三面交叉)、Billboard(直立)、Me11sh(網狀)五種，如下圖所示。

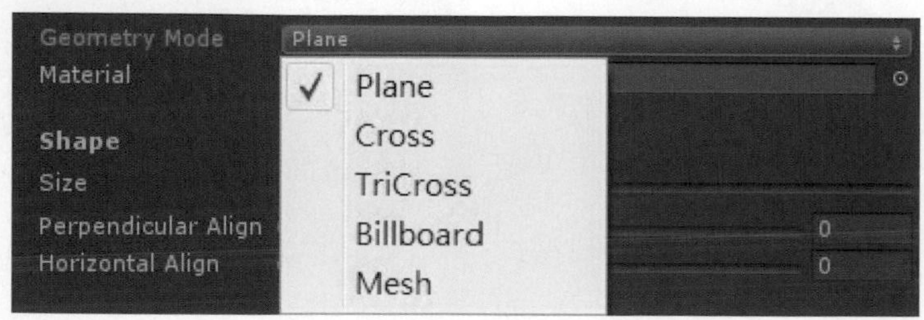

我們可以利用此參數來讓我們的葉子更多變，讓我們在貼材質時使葉子看起來更豐富，除了最後一個Mesh(網狀)我們無法看到他的形狀外，其他四種可以明確的看出葉子的形狀，如下圖所示。

Plane(水平面)

Cross(十字交叉)

Tricross(三面交叉)

Billboard(直立)

Mesh(網狀)

有關Shape(形狀)的參數，是用來細部調整樹葉的形狀，細部參數可再分爲Size(樹葉大小)、Perpendicular Align(垂直對齊)、Horizontal Align(水平對齊)三個細項，如下圖所示。

以細部分項Perpendicular Align和Horizontal Align爲例，當Perpendicular Align設爲1時，樹葉就會對x軸做垂直對齊，當Horizontal Align設爲1時，樹葉就會對x軸做平行對齊，如下圖所示。

Perpendicular Align=1

Horizontal Align=1

有關Wind(風力)的參數，是調整樹葉受風力的影響，細部參數可再分爲Main Wind(主要風)、Main Turbulence(主要亂流)、Edge Turbulence(邊緣亂流)三個細項，如下圖所示。

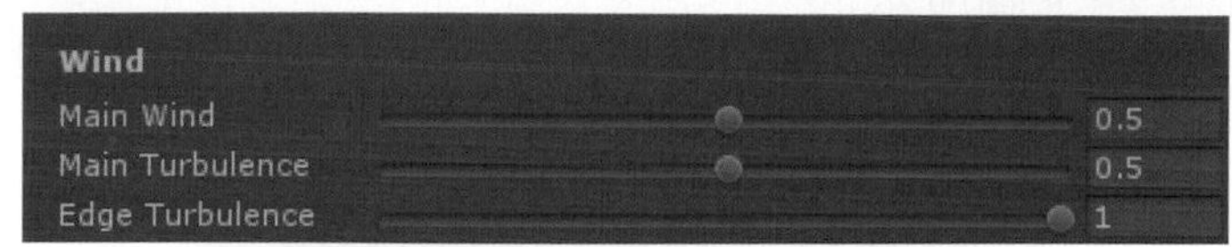

以細部分項Main Wind爲例，我們可以利用此參數來調整此樹葉受到風力時的影響，數據越小，受到風力影響就越小。

設定好新增樹葉群組後，我們只要點選想要加入樹葉群組的枝幹群組，再點選新增樹葉群組按鈕即可，此時就會在枝幹群組中建立樹葉群組了。依照自己的喜好調整參數來讓我們的樹更豐富，除了一層一層加以外，也可以同一層加多個群組讓樹型變化更多樣，如下圖所示。

當我們都生長完後，可以修剪我們的樹木來調整形狀，只要點選想要修剪的群組便會出現此群組的所有枝葉，並點選想要修剪的地方。我們可以運用在Inspector視窗裡看到的三個變形工具按鈕，由左至右分別是移動、旋轉、以及手繪來進行修剪，如下圖所示。

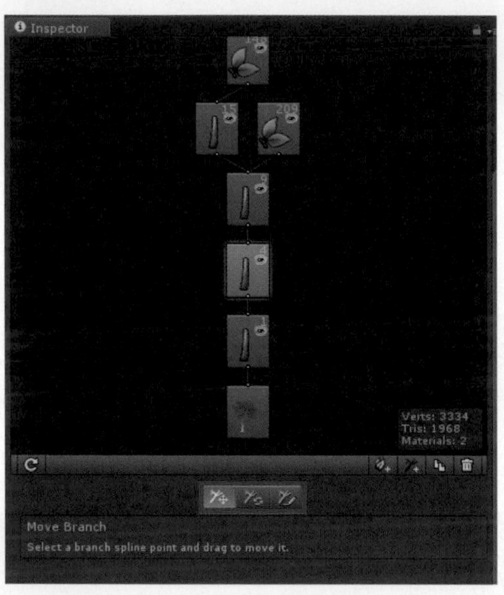

當我們想要刪除枝葉時，只需要點選想刪除的枝葉按Delete即可，如下圖所示。

開始進行修剪時，沒有辦法再調整我們的參數，系統會在Inspector視窗中出現一個按鈕“Convert to procedural group … ”,意思是指“你已經變更了，按下此按鈕，可恢復到自動生成模式，而之前的變更會被還原”，所以進行修剪前要先調好我們的參數，如下圖所示。

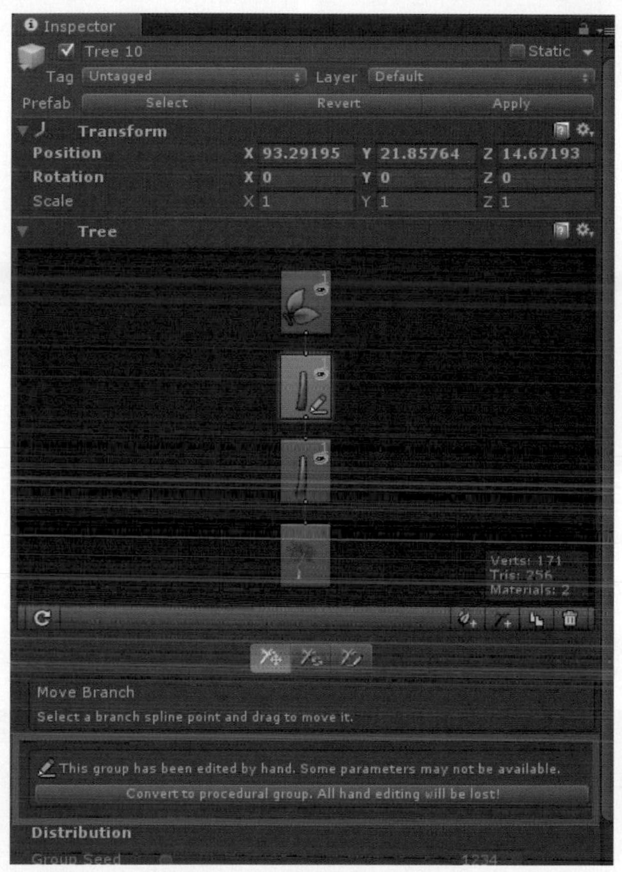

調整完後，我們將枝幹群組和樹葉群組貼上材質球。在Inspector視窗裡點選想要貼材質的群組，往下拉可以看到Branch Material右邊有一個小圓點，如下圖所示。

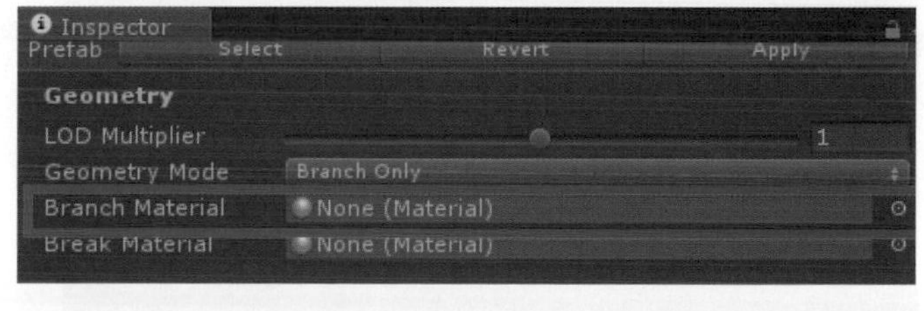

點下去會出現材質預覽視窗，選擇想要的材質球後系統就會幫我們運算出來，如下圖所示。

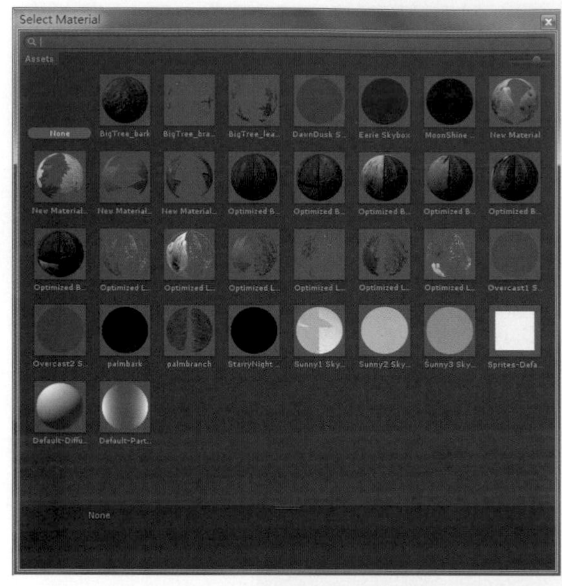

完成一棵樹時，要注意我們的三角面數最好不要超過9000以上才能保持最佳效能。當面數過高時可以從群組裡的參數調整才不會使系統無法快速顯示我們要的效果而當機，如下圖所示。

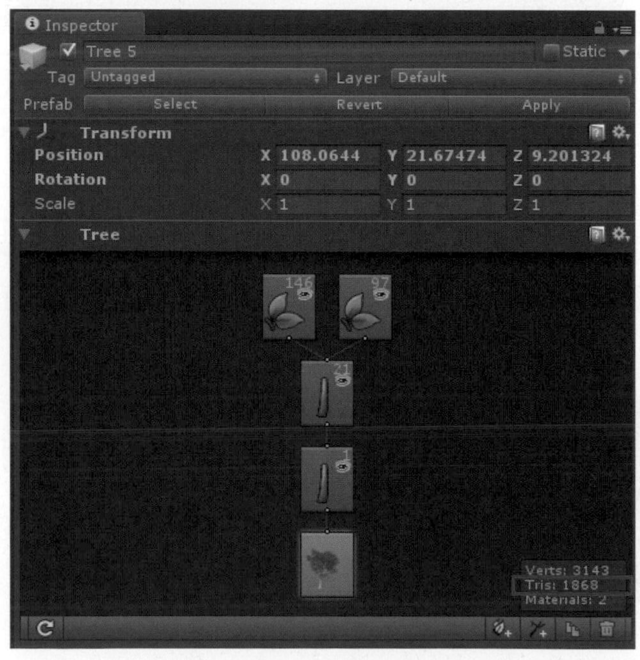

了解樹木的建立後，我們來對整個場景建立風力，使樹木受風的作用會依風的設定產生作用並且顯現，如何設定場景中的風，從GameObject裡點選Create Other再點選Wind Zone的功能選項。

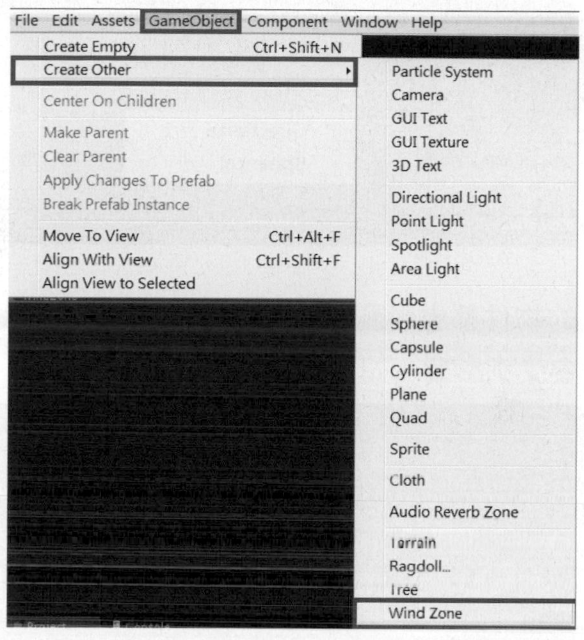

我們可以從Inspector視窗看到很多的參數，如下圖所示。

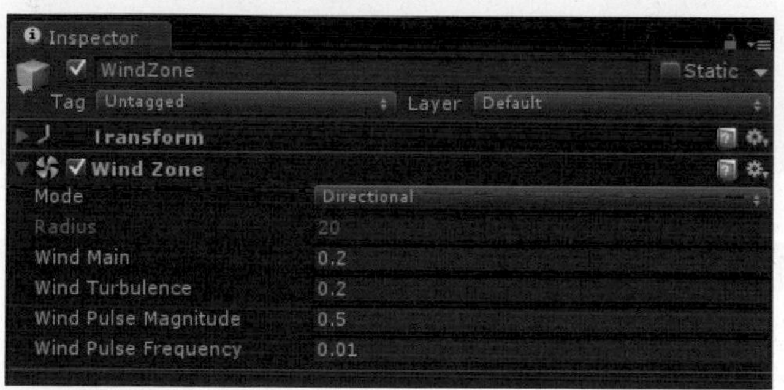

這些參數主要用來調整遊戲場景裡的樹木受風力影響的變化，參數分別爲Mode(型態)、Radius(風的範圍)、Wind Main(風力)、Wind Turbulence(亂流大小)、Wind Pulse Magnitude(搖曳幅度)、Wind Pulse Frequency(搖曳的頻率)等六項參數。

以Mode參數為例，可再分為Directional(方向風)、Spherical(區域風)二個細項，如下圖所示。

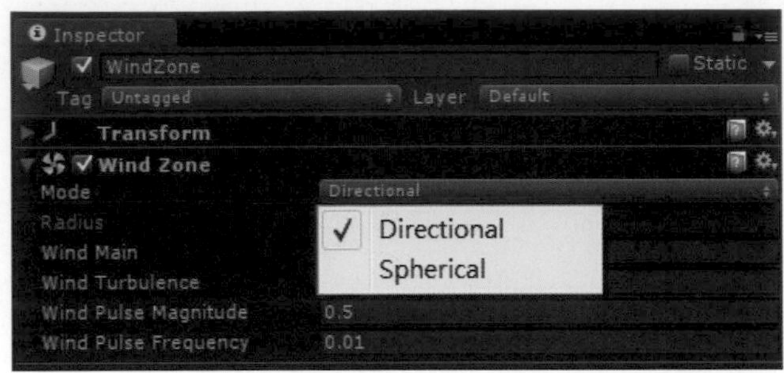

方向風是所有的物件都會受到影響，且我們可以決定風的方向。區域風則是所設定的範圍內會受到影響，如下圖所示。

方向風

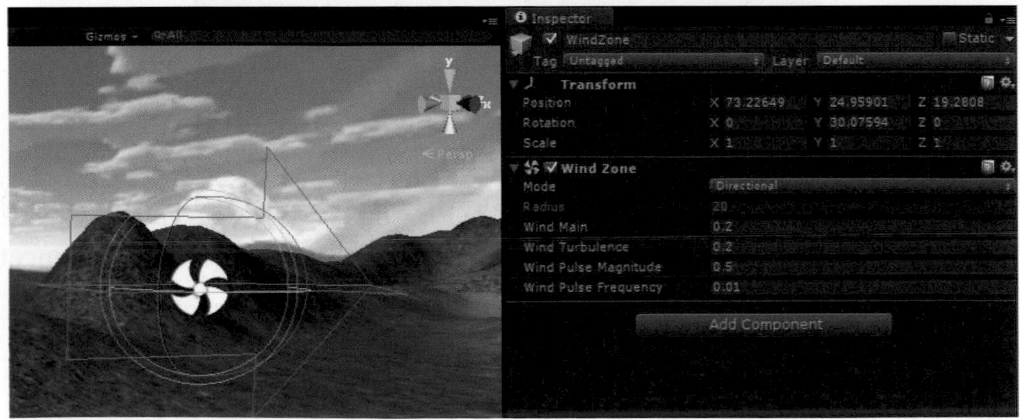

區域風

至於其他的參數讀者可以依場景設計自行調整。

重點三 建立天空盒改變天空的樣式

Unity中的天空盒實際上是一種使用了特殊類型shader的材質，該種類型材質可以籠罩在整個遊戲場景之外，並根據材質中指定的紋理類比出類似遠景、天空等的效果，可使遊戲場景看起來更眞實。

我們可以在Project視窗的Assets文件夾匯入Shyboxes來建立內建的天空盒，首先在Project視窗的Assets文件夾中按滑鼠右鍵叫出功能選項，選擇Import Package，再選擇Shyboxes，如下圖所示。

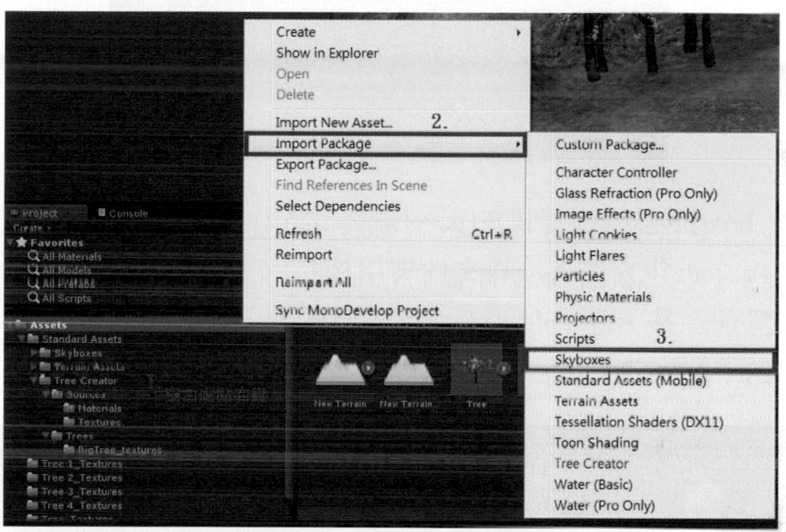

從Edit裡點選Render Settings的功能選項，如下圖所示。

File Edit Assets GameObject Component

Undo Selection Change	Ctrl+Z
Redo	Ctrl+Y
Cut	Ctrl+X
Copy	Ctrl+C
Paste	Ctrl+V
Duplicate	Ctrl+D
Delete	Shift+Del
Frame Selected	F
Lock View to Selected	Shift+F
Find	Ctrl+F
Select All	Ctrl+A
Preferences...	
Play	Ctrl+P
Pause	Ctrl+Shift+P
Step	Ctrl+Alt+P
Selection	▸
Project Settings	▸
Render Settings	
Network Emulation	▸
Graphics Emulation	▸
Snap Settings...	

在Inspector視窗裡可以看到Skybox Material，在右邊的小圓點就可選擇內建有的天空材質，如下圖所示。

除了skybox資源包中提供的天空盒外,Unity還支援使用者自製天空盒材質。首先在Project視窗的Assets文件夾用拖拉的方式匯入想要的天空的六張圖片紋理，分爲前、後、左、右、上、下，這部分一般在取得天空盒的圖片時都會被標明，如下圖所示。

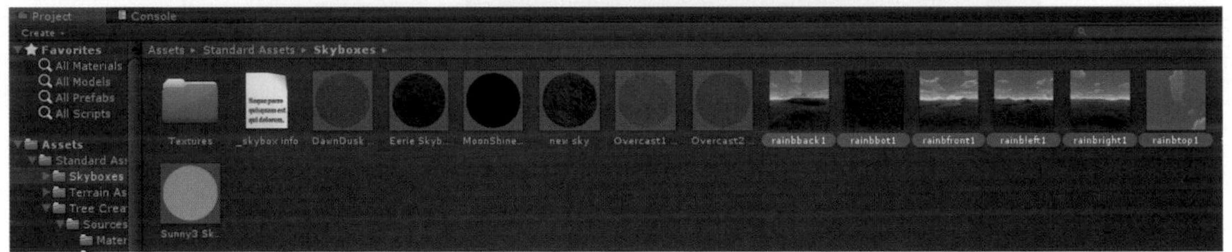

了解之後在Project視窗的Assets文件夾新增一個材質球，如下圖所示。

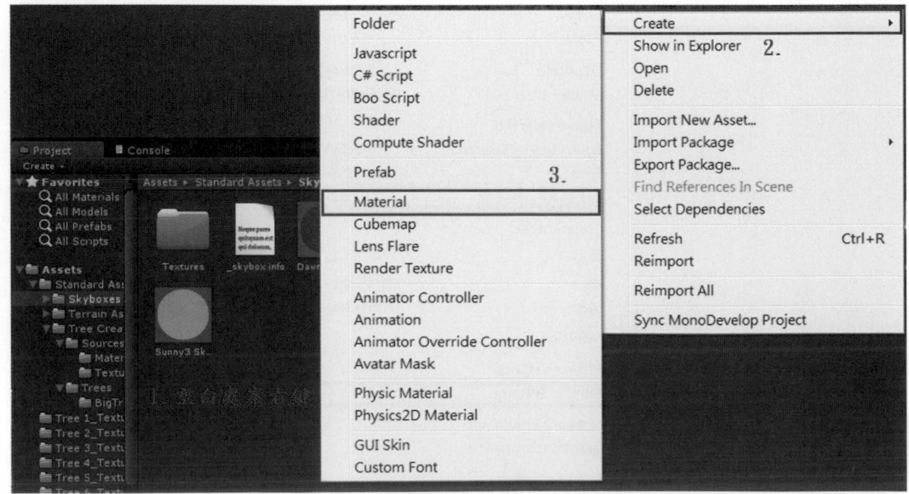

我們會在Inspector視窗看到select讓我們貼材質，但是開啓時的材質球在建立天空盒時只能放置一張圖片，不能將六張圖片放置在同一個材質球上，如下圖所示。

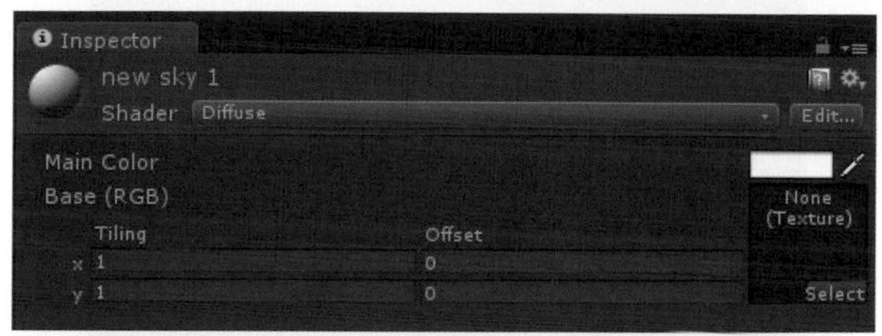

因此在Inspector視窗的Shower點選RenderFX再點選Skybox的功能選項，Inspector視窗就會變成六張圖片的天空盒材質球，如下圖所示。

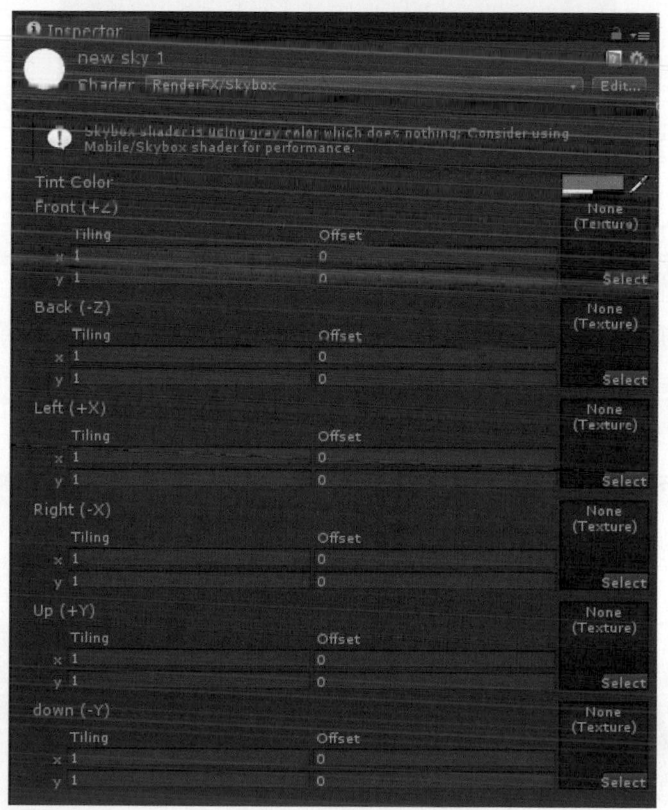

點選Inspector視窗裡的select將相對應位置的貼圖貼上也就是區分出前、後、左、右、上、下位置，如下圖所示。

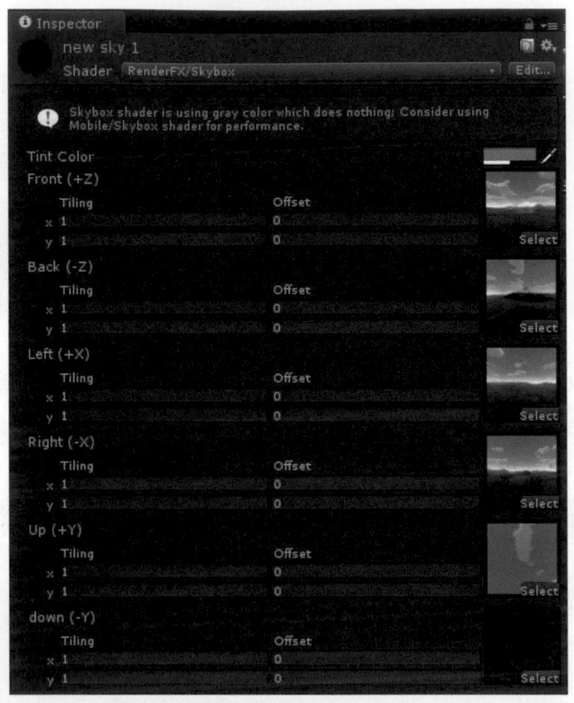

如此我們就可以選擇自己創建的天空盒了。

創建的新的天空盒時若圖片原始圖像沒有仔細設計過，會發現每張圖的邊緣會有明顯的接縫，這是由於Wrap Mode的Repeat(重複)設置方式造成的，如下圖所示。

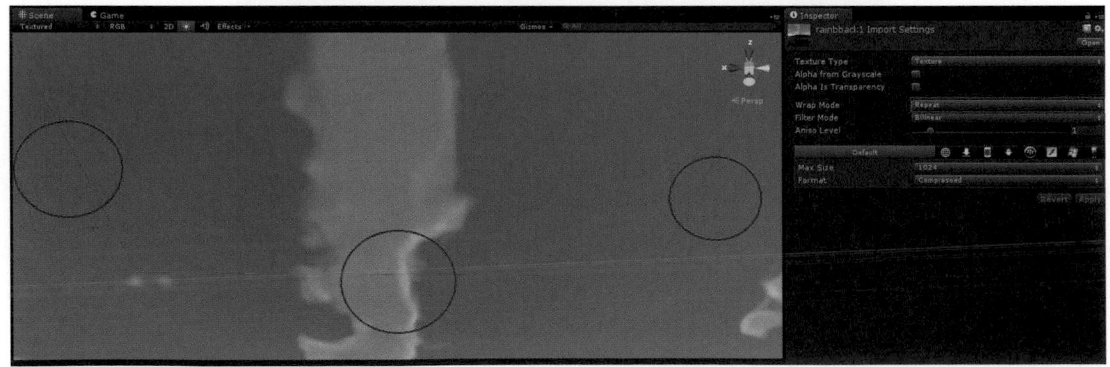

此時可以用以下方式來修正，選擇一張天空盒材質所用的紋理，在Inspector視窗中，將該紋理的Repeat(重複)設置爲Clamp(截斷)且按一下Apply，重複上一步操作、將其五張紋理的迴圈模式都設爲Clamp方式，如此就可以將天空盒的接縫完美呈現，使其天空盒完整。

我們可以在 http://www.3delyvisions.com/skf1.htm 這個網址裡找到許多不同的天空盒圖片來使用。

範例實作與詳細解說

本範例我們將藉由以下五個步驟來完成，簡述如下：

- **步驟一：**建立遊戲新專案
- **步驟二：**新增天空盒
- **步驟三：**建立遊戲地形、光源
- **步驟四：**建立樹木
- **步驟五：**新增風力
- **步驟六：**建立第一人稱控制器

步驟一、建立遊戲新專案

首先我們打開Unity，並點下File 再點選New Project的功能選項，如下圖所示。

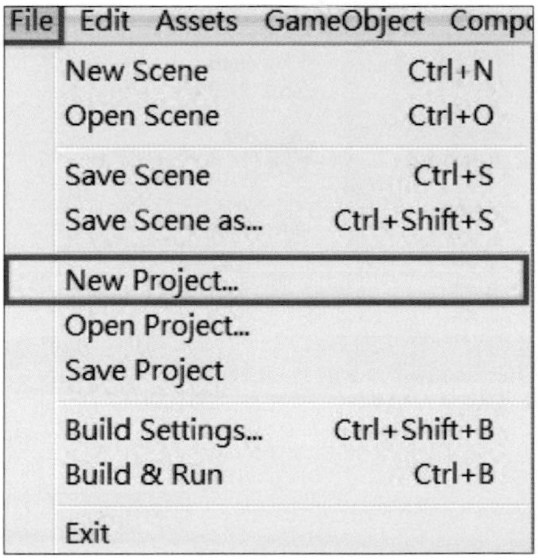

File Edit Assets GameObject Compo
New Scene Ctrl+N
Open Scene Ctrl+O
Save Scene Ctrl+S
Save Scene as... Ctrl+Shift+S
New Project...
Open Project...
Save Project
Build Settings... Ctrl+Shift+B
Build & Run Ctrl+B
Exit

接著點選Create New Project然後點選Browse…來開啓資料夾。

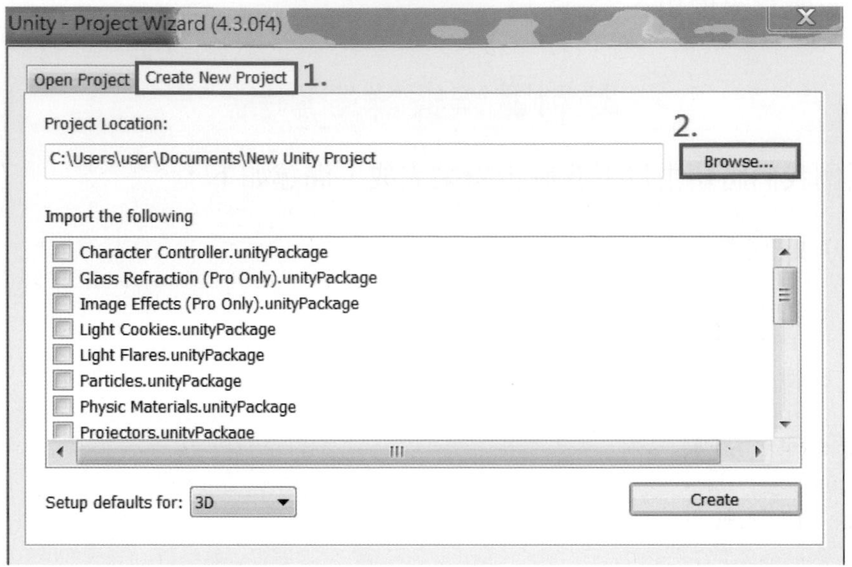

選擇想要存放的位置新增一個資料夾並用英文命名，好了以後點下選擇資料夾，並按下Create就會開啓新專案，如下圖所示。

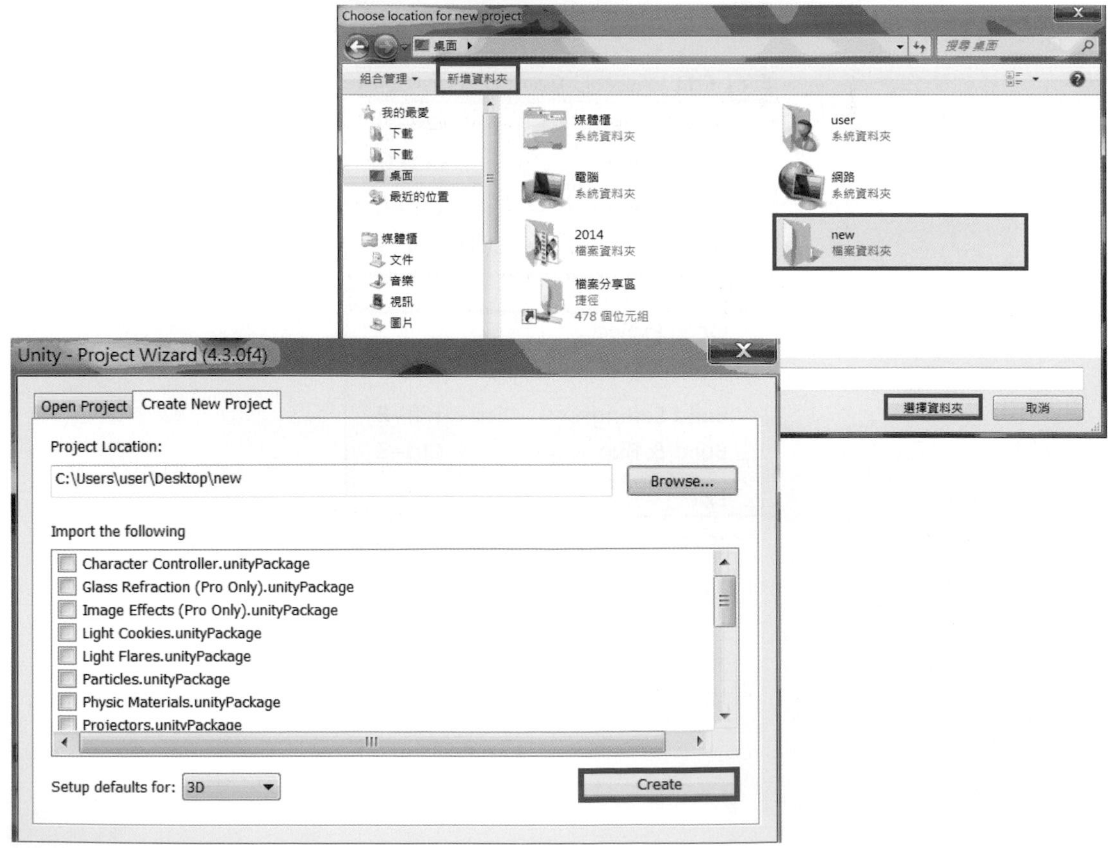

按下Create後，Unity會自動重新開啓，此時我們所要的新專案及建立完成。

步驟二、新增天空盒

我們先匯入想要的天空盒再來決定地形的樣貌，因爲地形是沒辦法轉動的，先創建天空盒可以方便我們決定之後想要的天空盒畫面。

首先在Project視窗的Assets文件夾用拖拉的方式匯入想要的天空的五張圖片紋理，分爲前、後、左、右、上，如下圖所示。

將其五張紋理的Repeat設置爲Clamp且按一下Apply，如下圖所示。

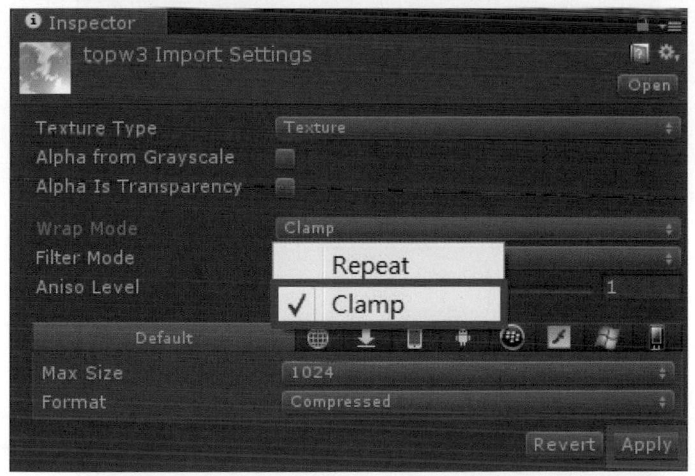

好了之後在Project視窗的Assets文件夾新增一個材質球，方法如下圖所示。

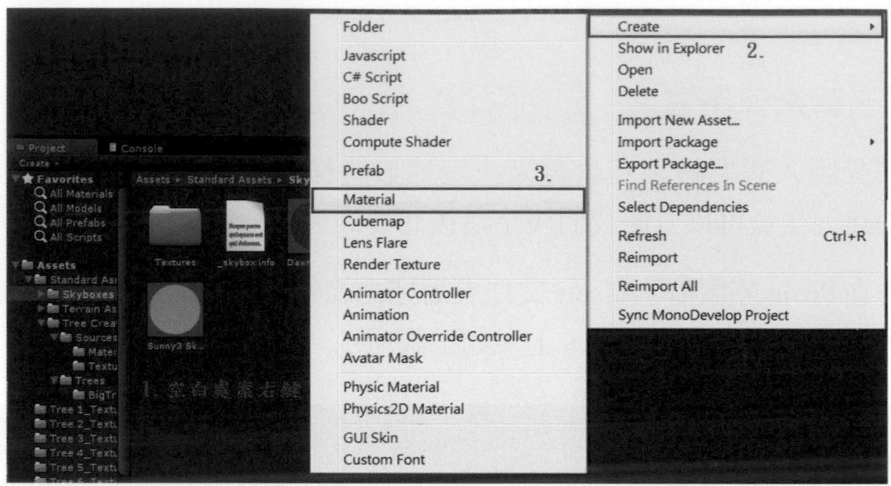

點選剛剛新增的材質球後在Inspector視窗的Shower點選RenderFX再點選Skybox的功能選項，Inspector視窗就會變成可放置六張圖片的天空盒材質球，如下圖所示。

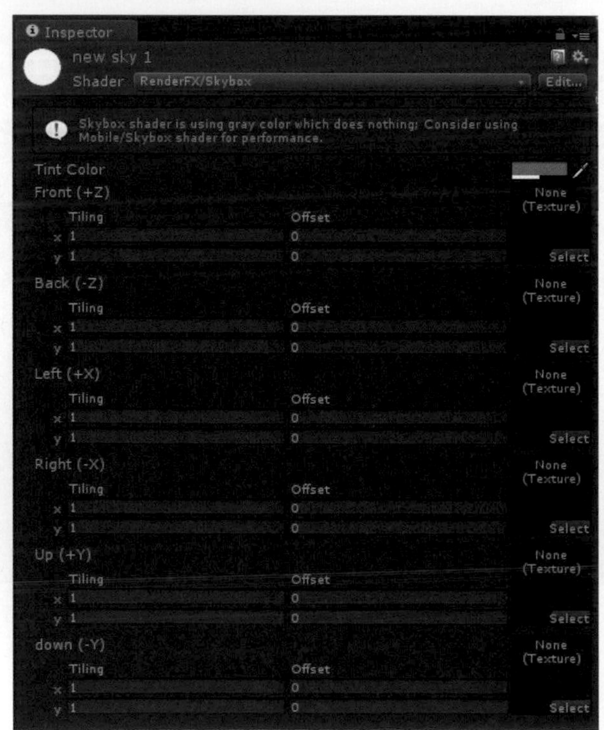

之後點選Inspector視窗裡的select將相對應名字的貼圖貼上，如下圖所示。

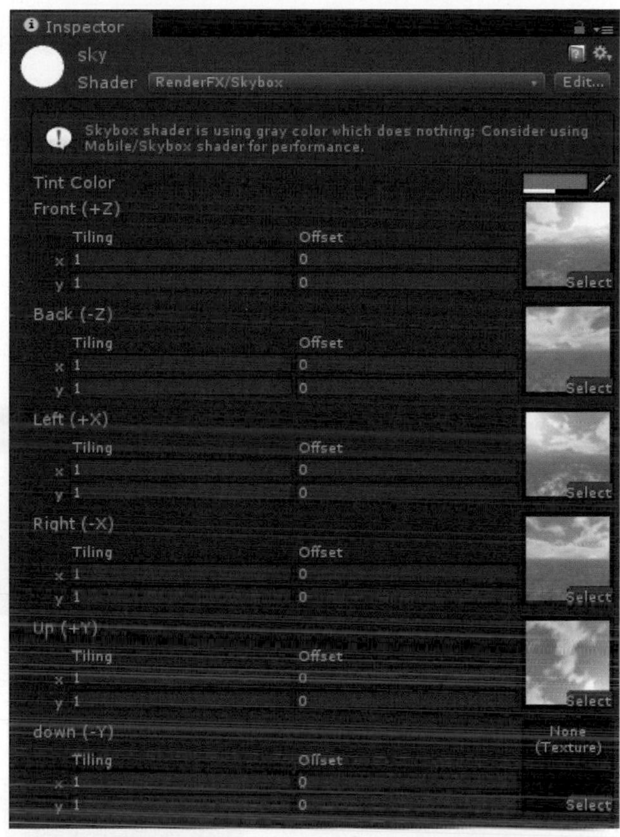

從左上方Edit裡點選Rcnder Settings的功能選項，在Inspector視窗裡可以看到Skybox Material，在右邊的小圓點就可選擇此天空材質。

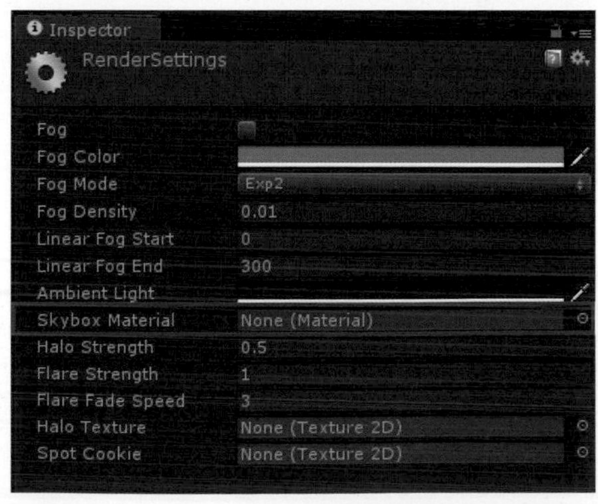

步驟三、建立遊戲地形、光源

首先在Project視窗的Assets文件夾匯入Terrain Assets (地形)的資源包，方法如下圖所示。

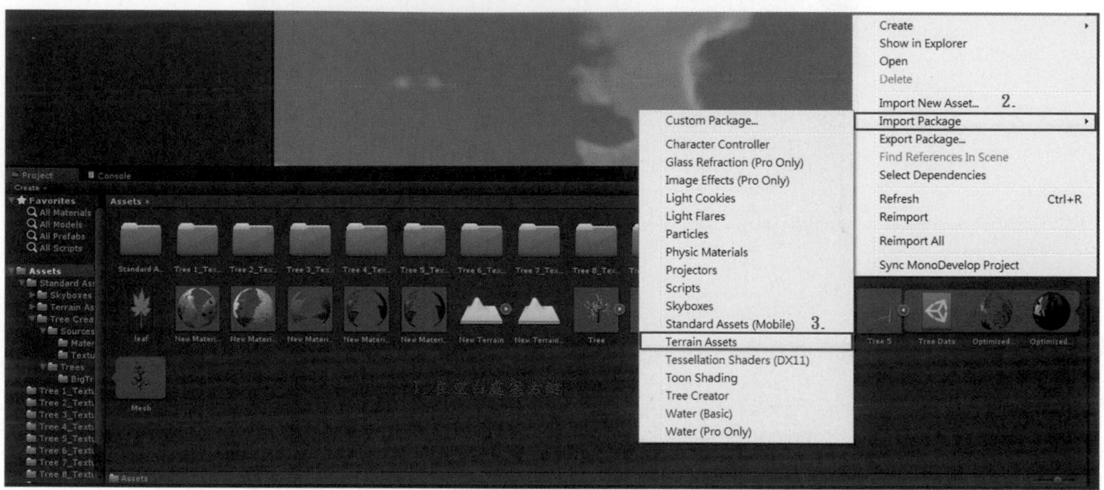

從GameObject裡點Create Other再點選Terrain的功能選項來創建地形，如下圖所示。

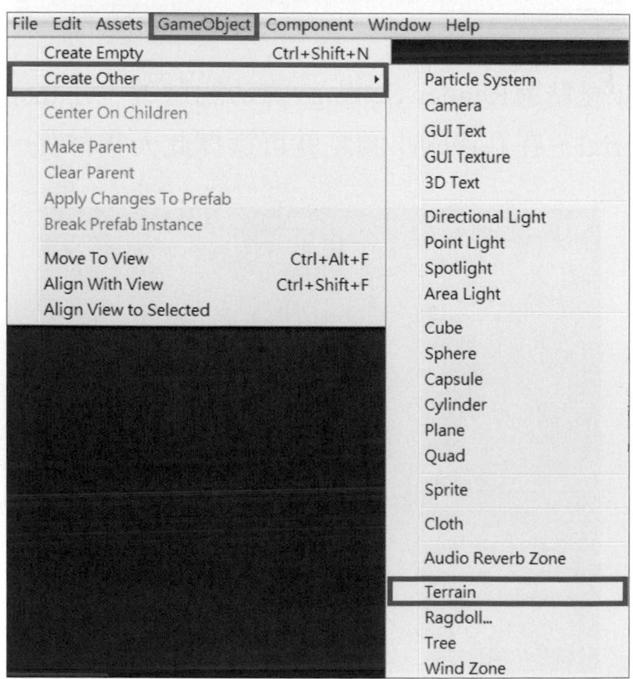

我們可以在Scene視窗看到建立的地形，如下圖所示。

在Inspector視窗中的Terrain Settings裡將長寬設定為100 100(公尺)並且配合著天空盒移到可以銜接的地方，參數如下。

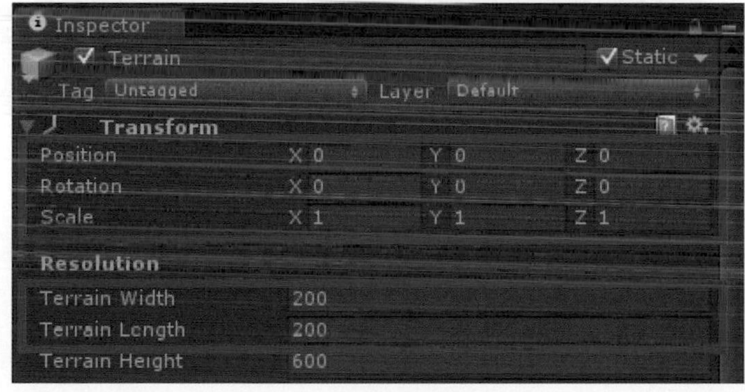

接著我們利用上一講所講的方法編輯我們的地形，由於要清楚看到我們的地形，這裡建立一個平行光，建立方式和參數如下。

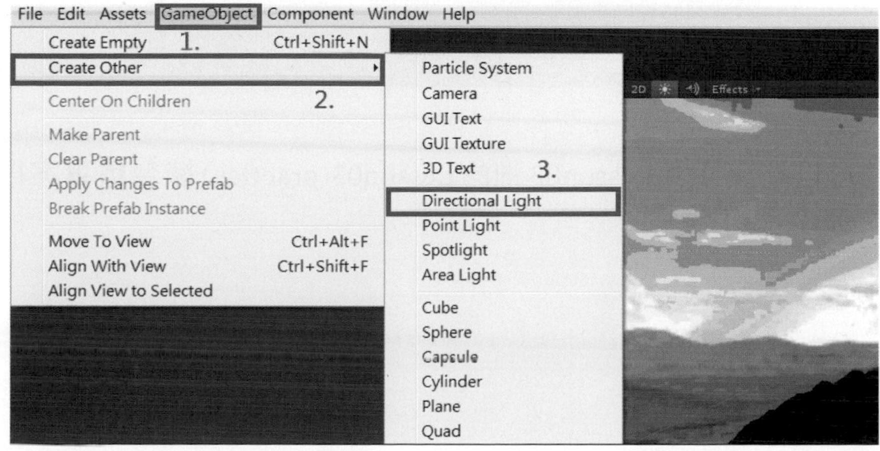

好了之後我們就會得到下面這張圖

我們可以直接打開Lesson03裡的Lesson03(practice)練習檔專案得到這個場景。

步驟四、建立樹木

這個場景我們製作了六種樹。用針葉樹爲例，首先，從GameObject裡點Create Other再點選Tree的功能選項，如下圖所示。

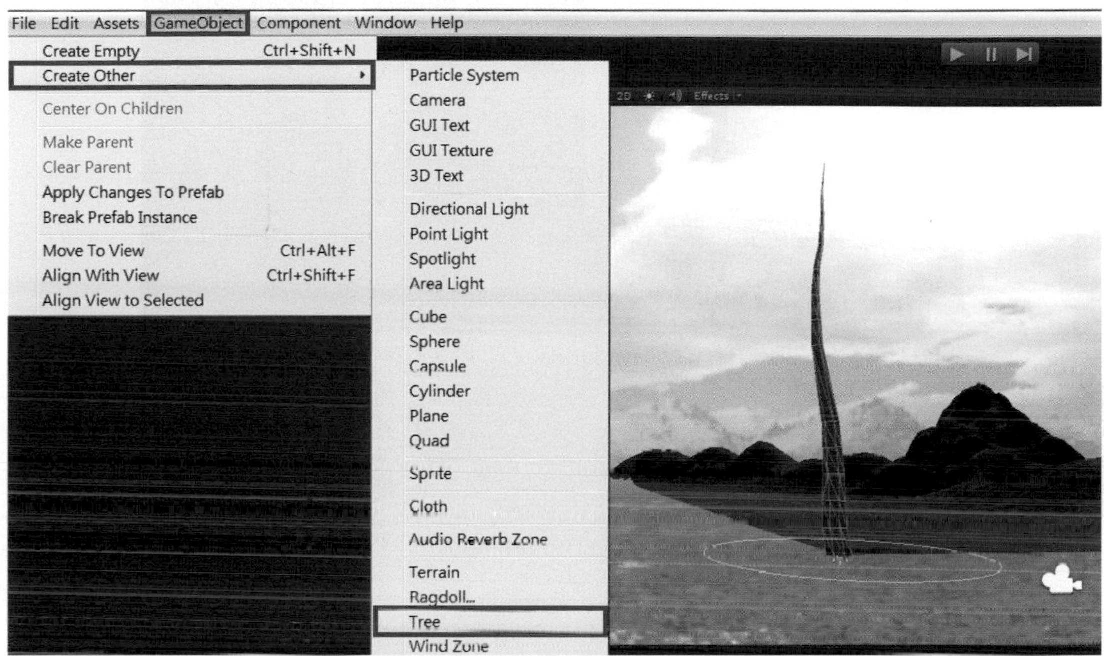

點選樹幹，調整Length、Radius爲1.52、Crinkliness爲0、Flare Radius爲3.21、Flare Height爲0.314以及Flare Noise爲0.302的參數，如右圖所示。

接著新增枝幹群組，並且調整Frequency爲48、Distribution爲Opposite、Growth Angle爲0.195、Length、Radius爲1.91。

接著修剪不要的枝幹群組，點選想要刪除的枝幹按Delete，如下圖所示。

好了之後接著我們在枝幹群組新增樹葉群組，調整Frequency為50、Distribution為Alternate以及Size的參數，如下圖所示。

建好之後，我們要貼上材質，首先把針葉和枝幹的材質用拖拉的方式放入Project視窗的Assets文件夾，且在Project視窗的Assets文件夾新增兩個材質球，方法如下。

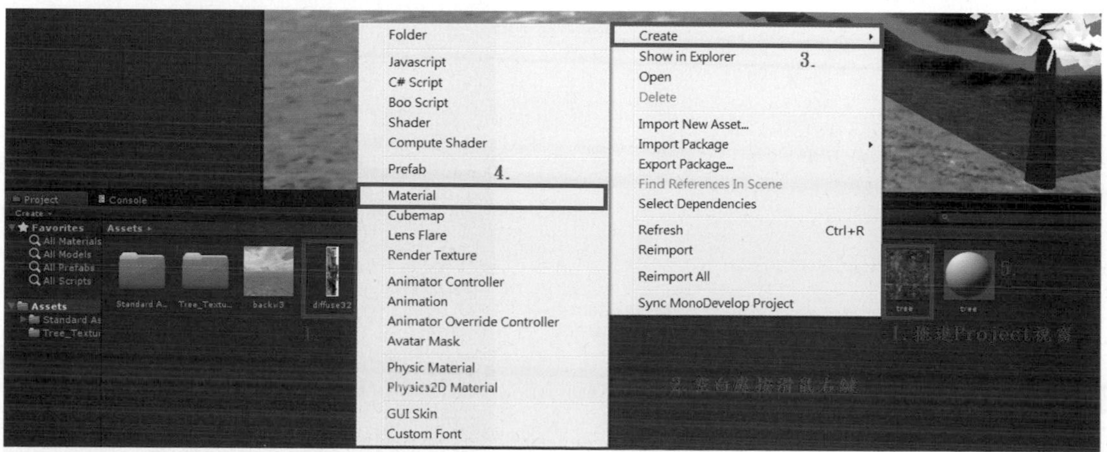

把針葉的圖改成去背材質，方法如下圖所示。

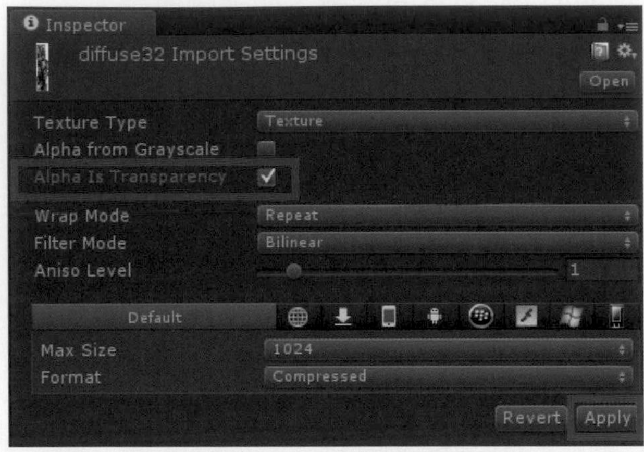

點選材質球的select選取我們拖拉進來的貼圖，如下圖所示。

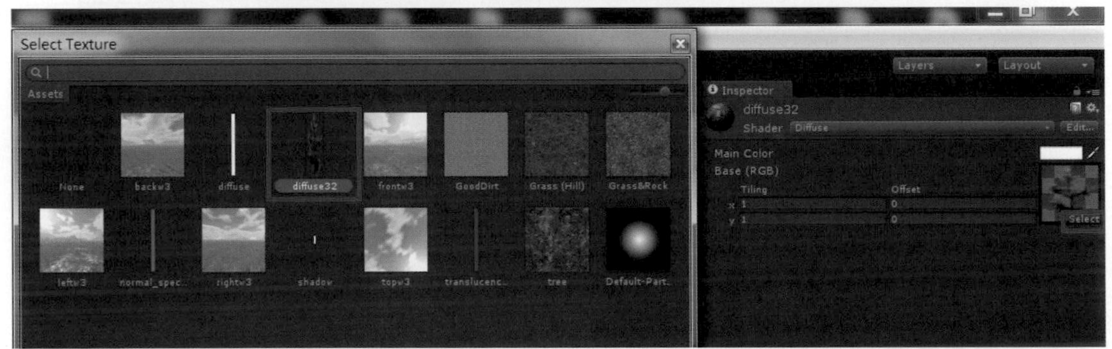

接著把材質貼上我們的針葉樹，新材質要先按Apply後才可使用。

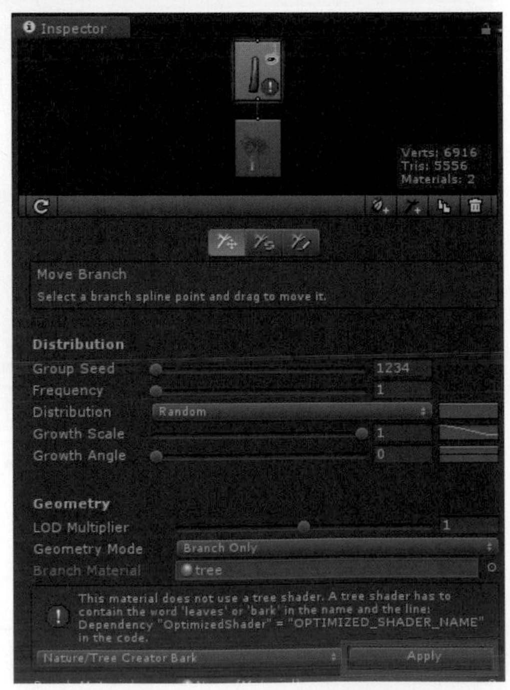

所有材質貼好後我們的針葉樹就完成了，用Unity創建的針葉樹和拍攝出來的針葉樹比較如下圖所示。

接下來的樹都是依照這樣的方法，改變參數且新增不一樣的材質，我們可以完成更多不一樣的樹，櫻花樹的參數如下。

從GameObject裡點Create Other再點選Tree的功能選項，如下圖所示。

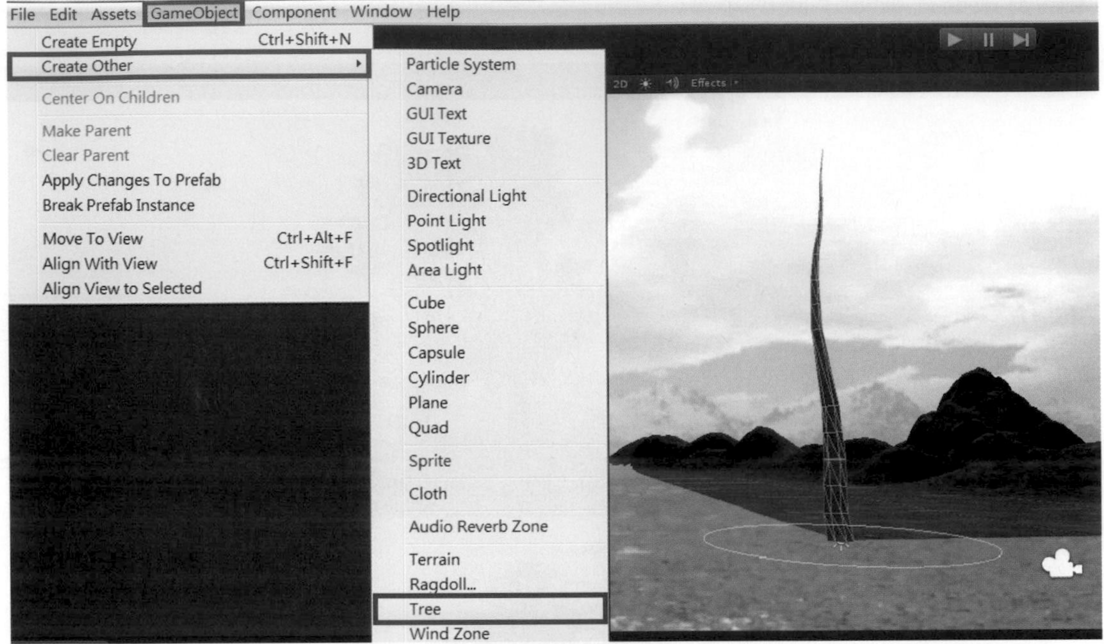

點選樹幹，調整Length、Radius爲1.58以及Crinkliness爲0.054的參數，如下圖所示。

這裡要將Radius旁的圖表改成以下圖示。

接著新增枝幹群組，並且調整Group Seed爲252516、Frequency爲4、Growth Scale爲0.897、Growth Angle爲0.79、Length。

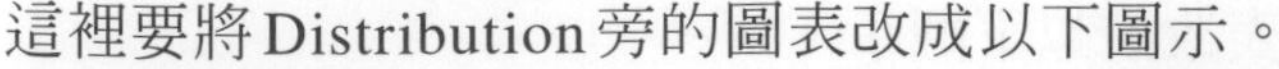

這裡要將Distribution旁的圖表改成以下圖示。

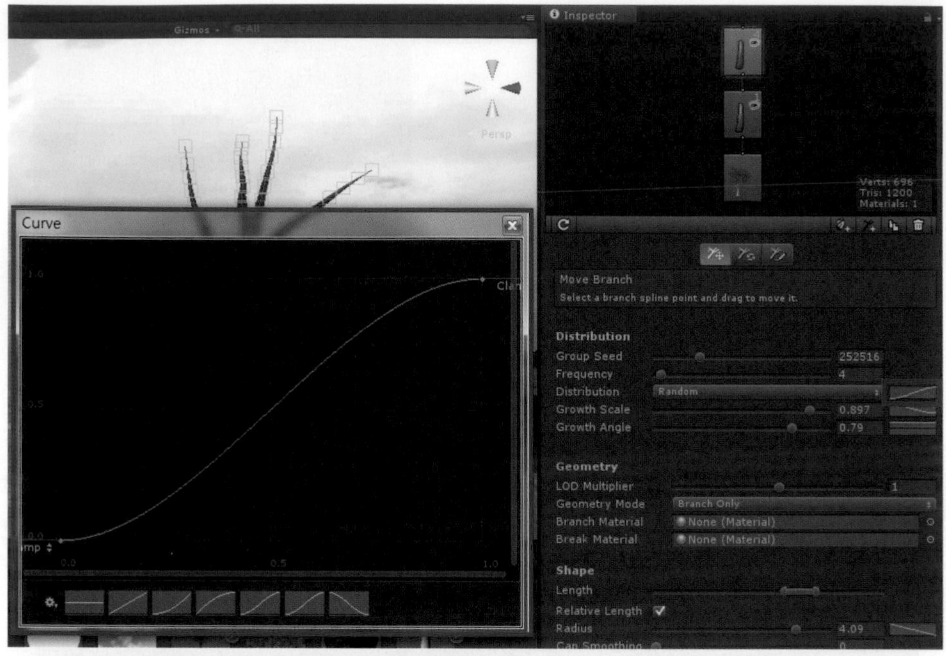

接著再新增枝幹群組，調整Group Seed 為26875、Frequency為10、Growth Scale為0.195、Growth Angle為0.979、Length以及Radius為2.36的參數，如下圖所示。

這裡要將Random旁的圖表改成以下圖示。

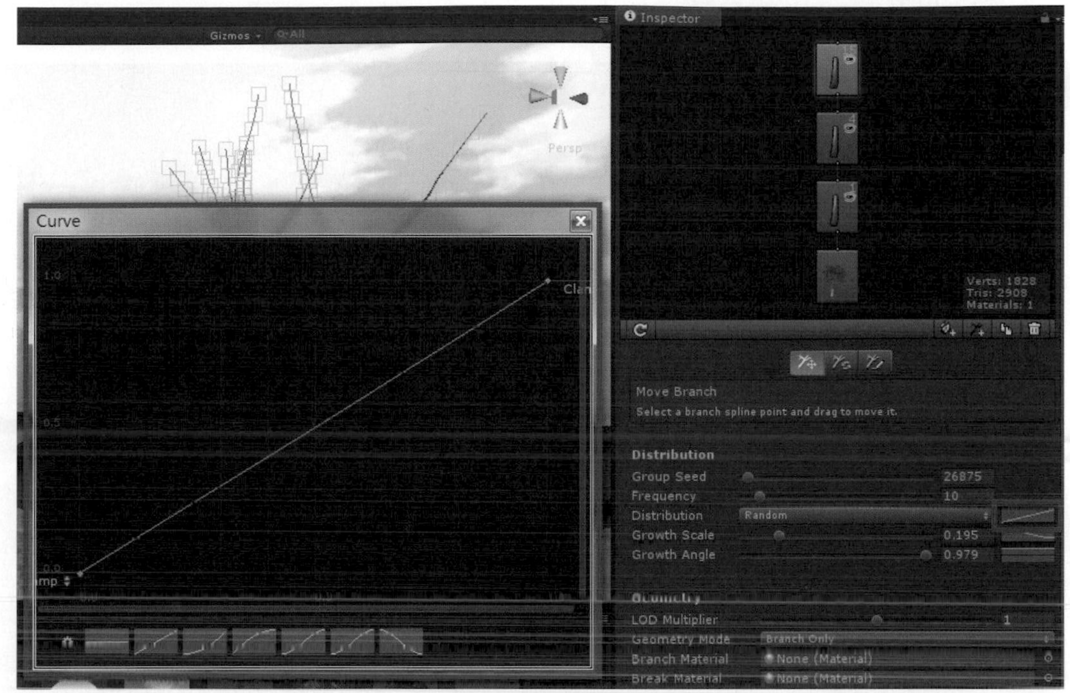

接著再新增枝幹群組，調整Frequency為5、Growth Angle為1以及Length的參數，如下圖所示。

接著再新增枝幹群組，調整Frequency爲3、Growth Scale爲0、Growth Angle爲1以及Length的參數，如下圖所示。

好了之後接著我們在第二層枝幹群組新增樹葉群組，調整Frequency爲3、Growth Angle爲1、Size以及Perpendicular Align爲1的參數，如下圖所示。

接著第三層枝幹群組加上樹葉群組，調整 Frequency 為 3、Growth Scale 為 0、Growth Angle 為 1、Size 以及 Perpendicular Align 為 1 的參數，如下圖所示。

接著第四層枝幹群組加上樹葉群組，調整Group Seed爲52516、Frequency爲9、Growth Scale爲0.467、Growth Angle爲1 、Size以 及 Perpendicular Align爲1的參數，如下圖所示。

建好之後貼上材質我們的櫻花樹就完成了，用Unity創建的櫻花樹和拍攝出來的櫻花樹比較如下圖所示。

接下來竹子的參數如下。

從GameObject裡點Create Other再點選Tree的功能選項，如下圖所示。

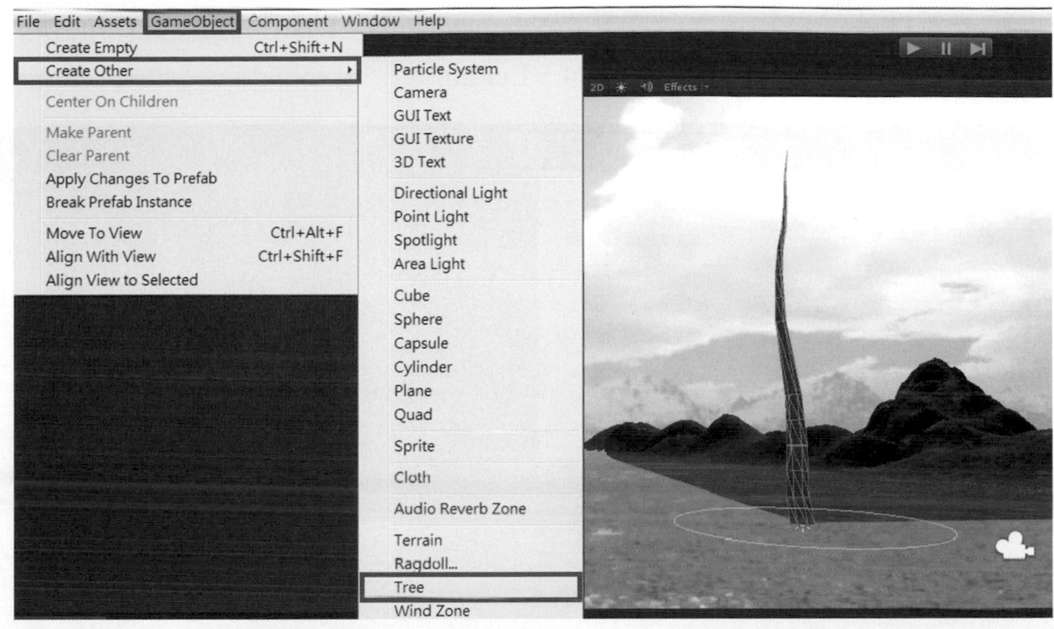

點選樹幹，調整Group Seed爲6582、Frequency爲3、Growth Scale爲0、Length、Radius爲0.37 、Crinkliness爲0以及Flare Radius爲1.52的參數，如下圖所示。

接著新增枝幹群組，並且調整Frequency爲10、Distribution爲Opposite、Twirl爲-0.43、Growth Angle爲0.674、Length。

這裡要將Distribution旁的圖表改成以下圖示。

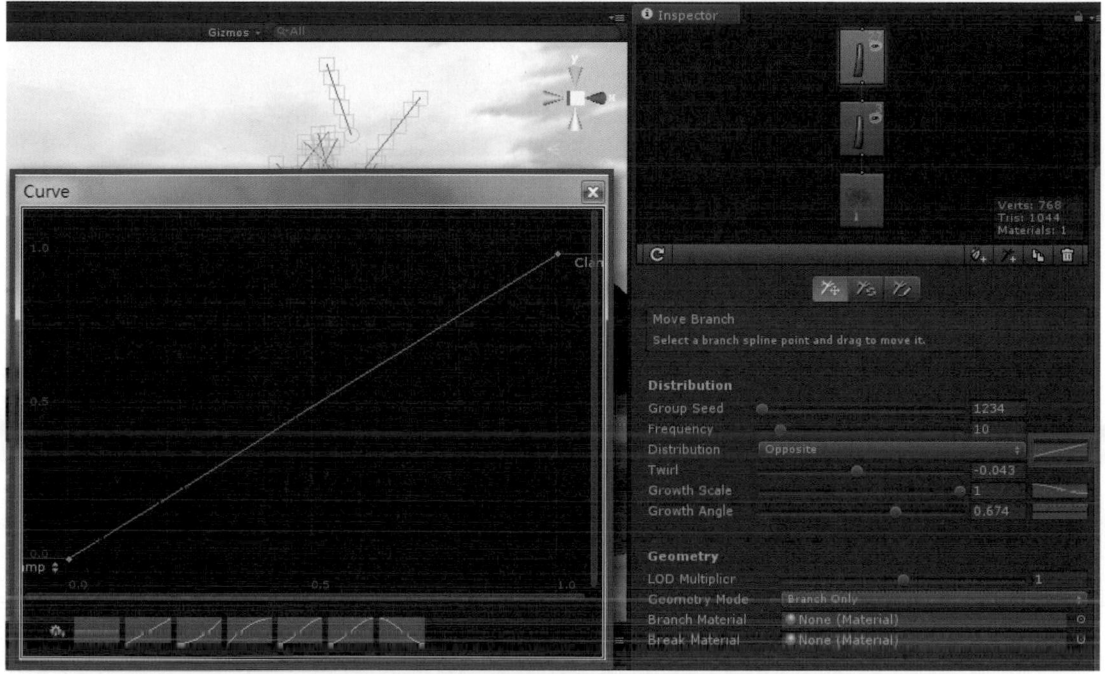

好了之後接著我們在枝幹群組新增樹葉群組，調整Group Seed為127994、Growth Scale為0、Growth Angle為1 、Size以及 Perpendicular Align為1的參數，如下圖所示。

這裡要將Growth Scale旁的圖表改成以下圖示。

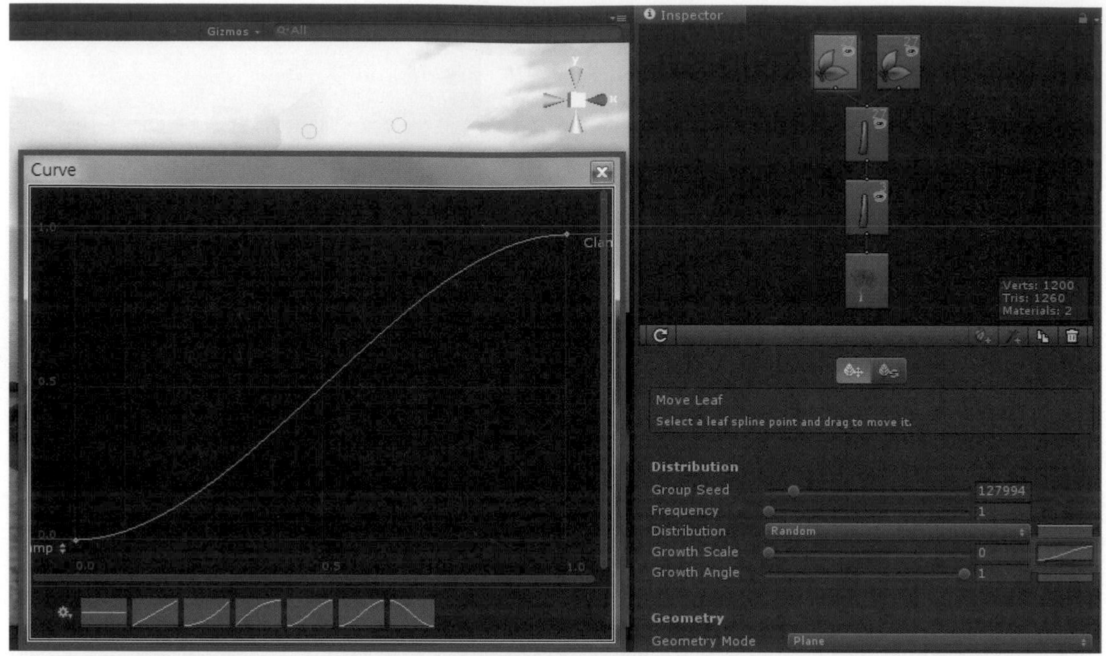

接著同一層枝幹群組再加上樹葉群組，調整Growth Scale為0.561、Growth Angle為1、Size以及Perpendicular Align為1的參數，如下圖所示。

這裡要將Growth Scale旁的圖表改成以下圖示。

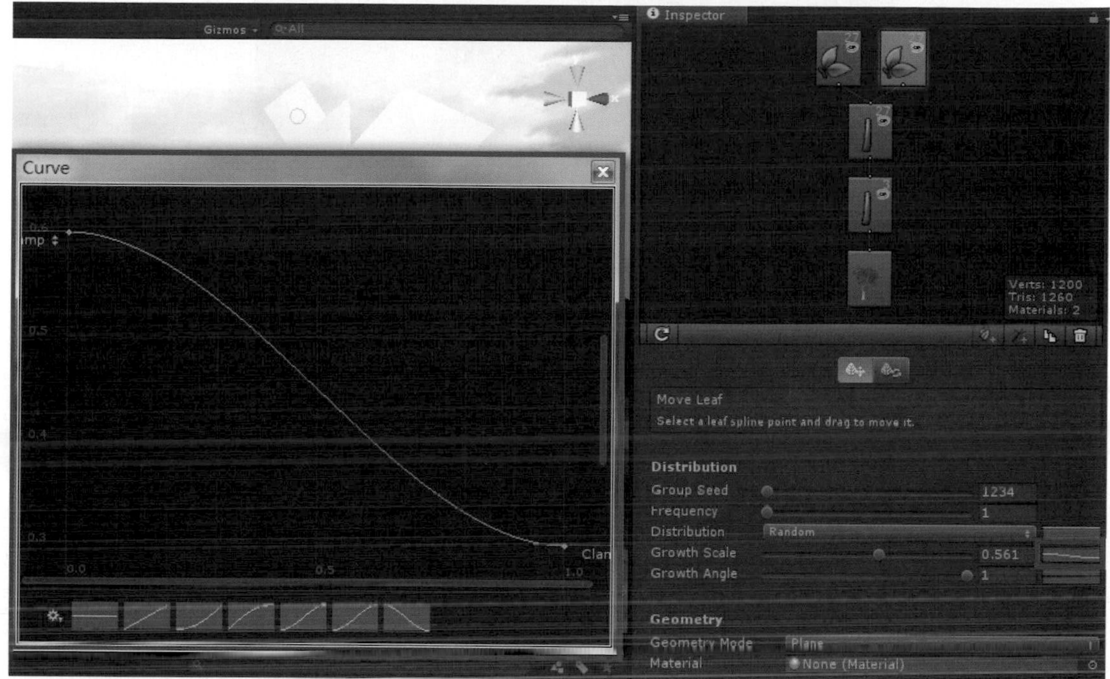

建好之後貼上材質我們的竹子就完成了，用Unity創建的竹子和拍攝出來的竹子比較如下圖所示。

樹都做好後，我們可以用複製的方式(點選想要複製的物件案Ctrl+D，接著拉動選取的物件即可)複製多一些樹木來放置在我們的場景裡，如下圖所示。

步驟五、新增風力

從GameObject 裡點選Create Other再點選Wind Zone的功能選項，如下圖所示。

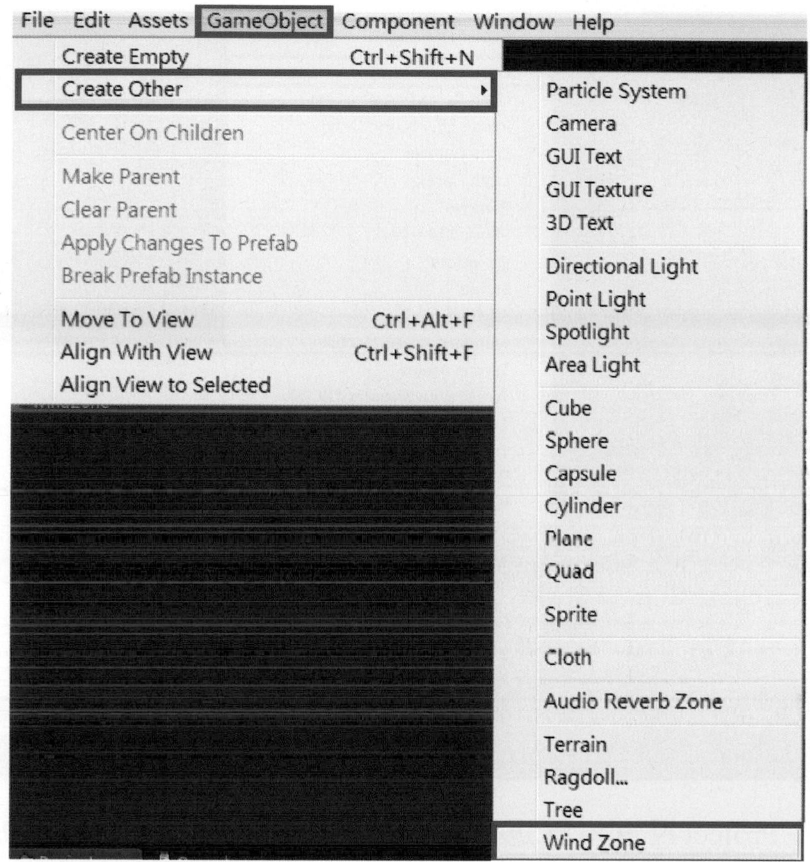

這裡我們使用的是方向風，點開Wind Zone會在Inspector視窗看到Mode，這邊我們選擇Directional(方向風)。在Inspector視窗來調整方向風的位置以及風的參數，參數如下圖所示。

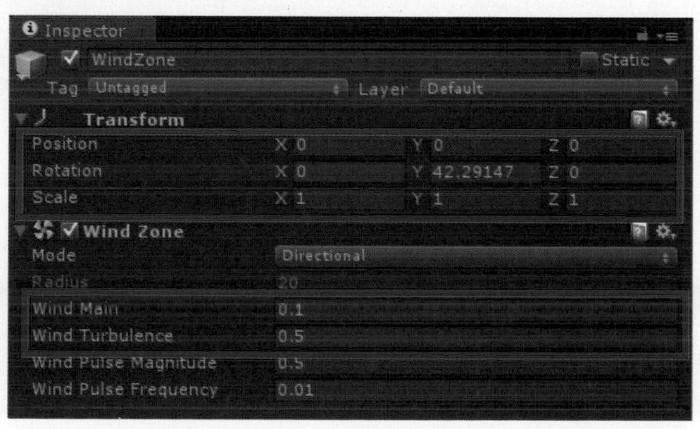

步驟六、建立第一人稱控制器

首先在Project視窗的Assets文件夾匯入Character Controller(腳色控制器)，方法如下圖所示。

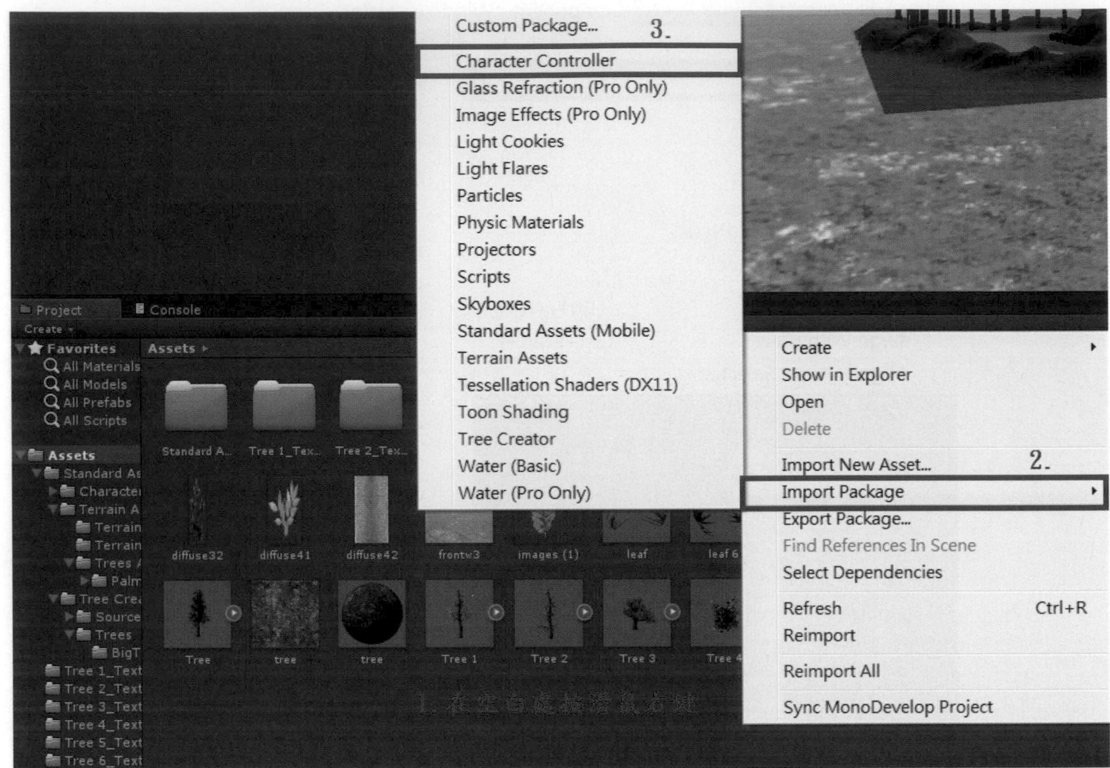

接著在Project視窗中點選Standard Assets的Character Controller，再將First Person Controller拖拉至場景，如下圖所示。

拉至場景後，利用移動工具，將第一人稱控制器沿 Y 軸方向移至地形之上即可，如下圖所示。

完成後，我們就可以再按一次播放鈕來進入遊戲畫面享受我們創造出的場景當中。

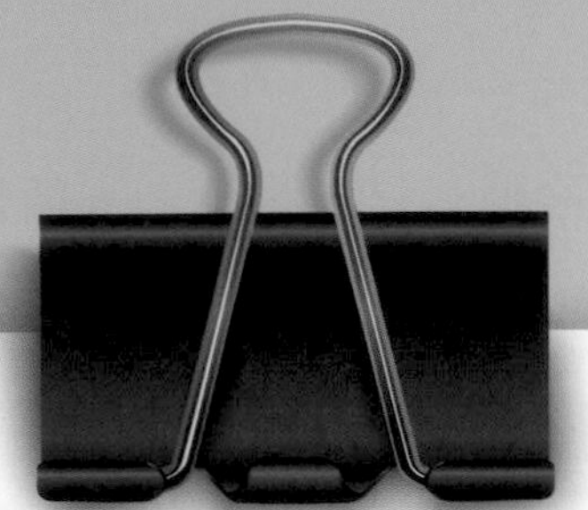

遊戲場景中
水特效及粒子動態效果

作品簡介

在本範例中，可以看見在晴朗的空中飄下了細細的雪，白色雪花覆蓋著高低起伏的地形，在地形中我們也種植了一些植物與放置了一些石塊在湖泊邊，從湖泊中能看見因為反射而出現的地形與植物的倒影，當我們往建築物走進，可以看見建築物旁放置了四個火炬，而火焰在火炬中熊熊的燃燒。

當我們開啓範例所提供的檔案，可以看見場景上只有單調的地形與植物，所以為了使場景更加豐富生動，這個範例我們會利用到Unity內建的水資源包，我們會先將資源包匯入範例的專案中，在將水的效果添加至地形裡，並調整水效果的大小與一些細部的參數，接著利用Unity的粒子系統在場景中製作出一些動態的特效，例如：火焰與雪花等。

✦ 重點一：在場景中利用水資源包建立水特效

✦ 重點二：在場景中建立動態粒子特效

重點一　在場景中利用水資源包建立水特效

水效果在遊戲中十分頻繁的使用，包括河流、湖泊、池塘等，都是利用在Unity中內建的水效果資源包所創造出來的，當我們將資源包匯入專案後，我們就能將水效果添加至場景中，使場景更加眞實與豐富。在Unity中有提供的Water(Basic)與Water(Pro Only)兩種資源包，兩者的差別在於Water(Pro Only)能反射或折射週遭的場景，而Water(Basic)則不能，不過相對於Water(Basic)，Water(Pro Only)對系統資源佔用較多。

簡單來說，我們可以想像，如果在場景中添加Water(Pro Only)水效果，也就是在場景中添加一塊平面的鏡子，而這塊平面鏡子分爲正反兩面，正面像鏡子一樣，對遊戲場景中的天空盒與遊戲對象等進行反射或折射運算並且產生水波蕩漾的水波效果，而反面是沒有反射景物的效果的。在此我們也能調整產生水效果的尺寸大小，並可以同時在場景中放置多個水的區域，不同的水區域會因爲位置高低與旋轉角度的不同設置反射出不同的倒影。我們在場景中設置兩個水效果，如下圖所示。

我們除了能調整水效果的尺寸大小、數量多寡、位置高低與旋轉角度外，在Unity的水效果中，水區域的形狀還可以有多樣的變化。當我們建立好一個有高地起伏的地形，若是想在一個低窪、形狀不規則的地形中添加水的效果，我們可以利用一個圓形平面的水區域，將水區域擺放至地形中，讓較高的地形掩蓋過多餘的水區域，使水區域能配合不同的地形建造而成，如下圖所示。

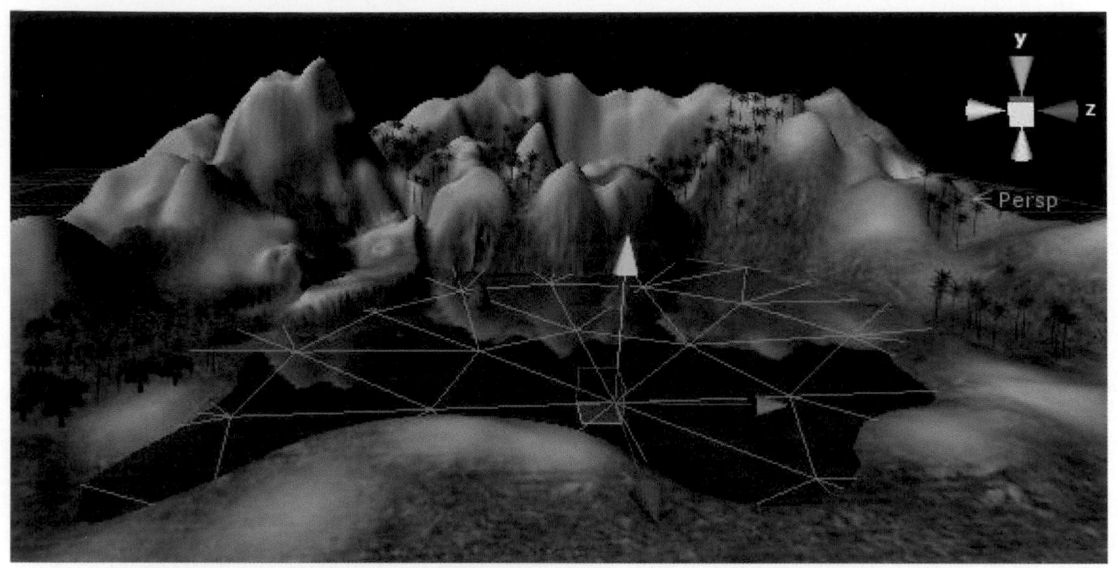

或者當我們匯入一個涼亭的模型，我們可以利用圓柱體形狀的水區域，將水區域擺放至涼亭中，製作出反射涼亭內部建築的效果，如下圖所示。

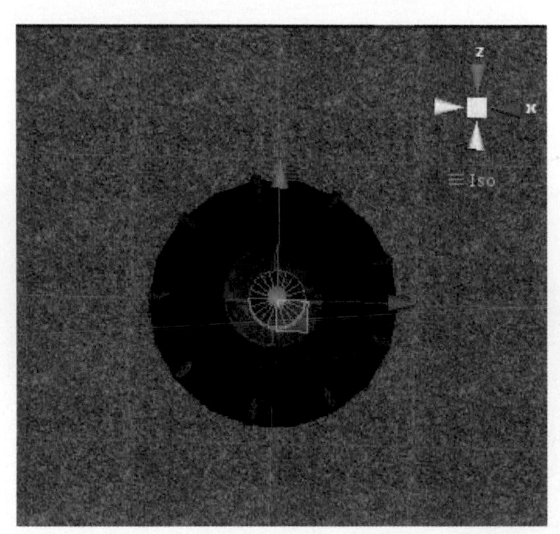

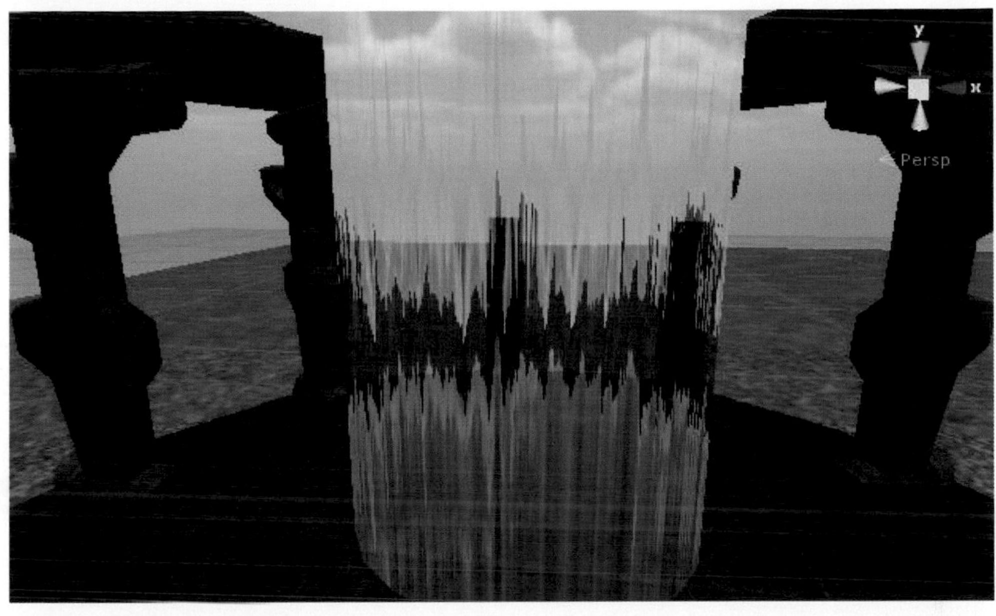

當我們啟動Unity應用程式後，依次點擊選單Asserts中Import Package的Water(Basic)和Water(Pro Only)資源包，可將Water(Basic)和Water(Pro Only)資源包內的所有資源匯入，如下圖所示。

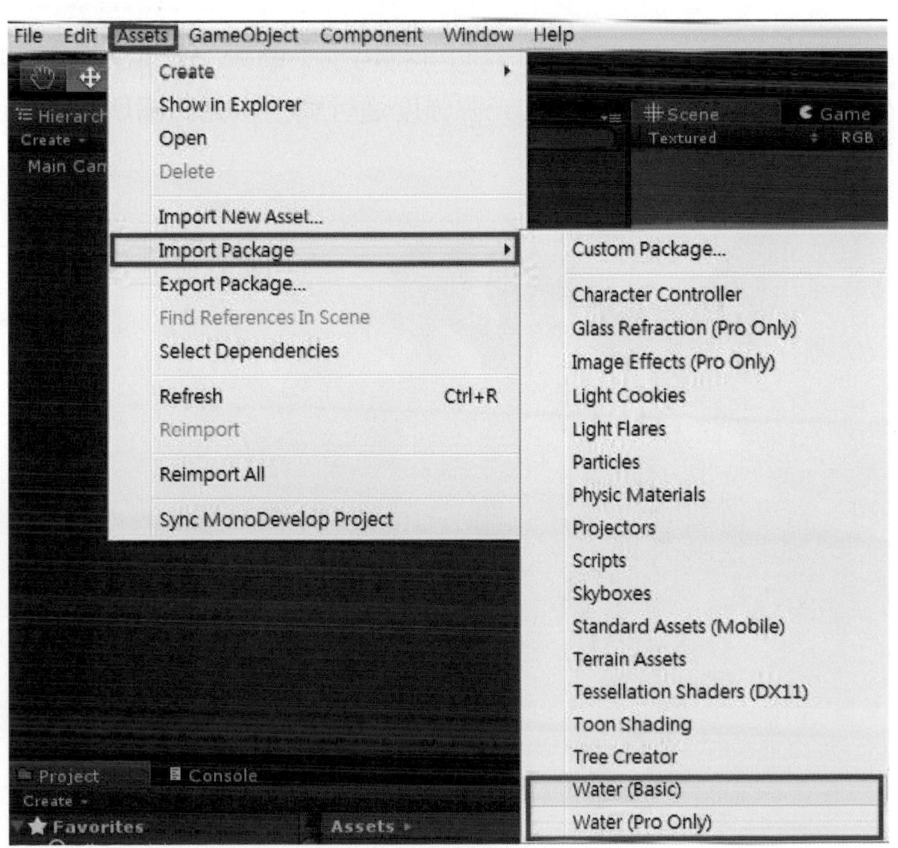

以Water(Pro Only)高級的水效果爲例，當資源包被匯入後，資源包中包含了2個水的效果，分別是Daylight Water(白天水效果)與Nighttime Water(夜晚水效果)，如下圖所示。

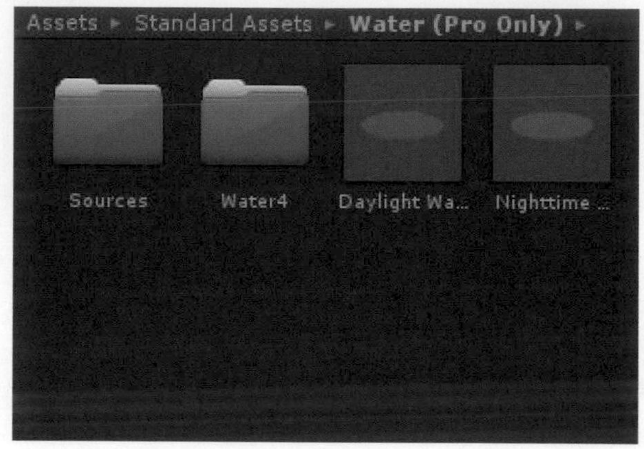

Daylight Water(白天水效果)與Nighttime Water(夜晚水效果)分別用於模擬日間的水效果與夜間的水效果，這兩種水效果大部分的參數設置是相同的，只是設定的反射參數不同，由於Water(Pro Only)能對遊戲場景中的天空盒與遊戲對象進行反射或折射運算，所以兩種水實際效果並沒有明顯差異，主要是與場景的環境有關，爲了顯示效果，我們可將場景中的天空盒相對的紋理切換成日間與夜晚的效果，並對場景中的光源強度進行調整，如下圖所示。

日間的水效果

夜間的水效果

接著我們以Daylight Water(白天水效果)爲例來說明水效果的細部選項設定，我們點選Water(Pro Only)資料夾中的Daylight Water(白天水效果)，利用滑鼠左鍵將Daylight Water(白天水效果)拖曳至場景中，可以看見場景中出現了一塊圓形的平面，如下圖所示。

當我們將水效果拖曳至場景上後，可以在右邊的Inspector面板中看見Daylight Water(白天水效果)的參數設置，包括Transform、Water Plane Mesh(Mesh Filter)、Mesh Renderer與Water(Script)等四個選項，如下圖所示。

關於第一個Transform的選項，我們能在這個選項中調整水效果的基本設置，包括Position(位置)、Rotation(旋轉)與Scale(尺寸)三個細部設定，如下圖所示。

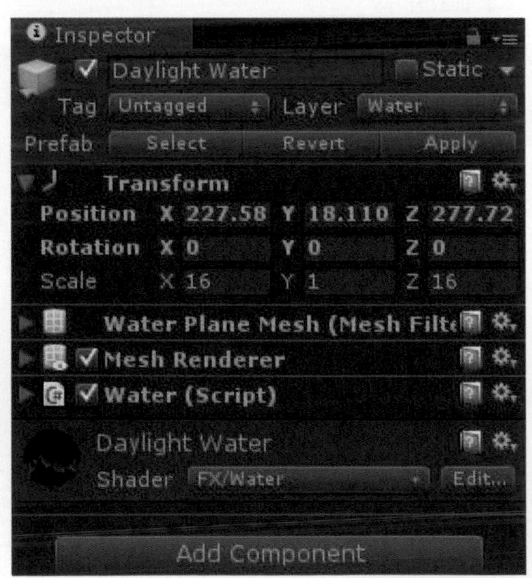

我們能利用這個選項依照不同的地形在不同的位置添加不同大小形狀的水效果並可以利用旋轉的功能將水面旋轉，製作出不一樣的效果。以下為我們在場景上添加一個水區域，並旋轉移動水區域位置，如下圖所示。

關於第二個Water Plane Mesh(Mesh Filter)的選項，我們可以在此選項中調整水效果的網格形狀，如右圖所示。

我們可以利用Water Plane Mesh(Mesh Filter)選項中的Mesh細部設定來更改水效果網格的形狀，當我們點選Mesh(網格)右邊的圓圈，會出現Select Mesh的視窗，視窗中包括Cube(立方體)、Capsule(膠囊體)、Cylinder(圓柱體)、Plane(平面)、Sphere(球體)…等多種的網格形狀類型，如下圖所示。

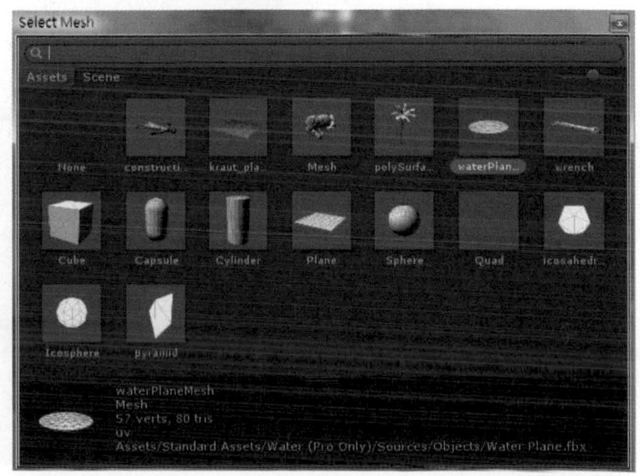

我們可以利用Select Mesh視窗中的網格模型選擇其他不同的網格形狀，利用不同的網格形狀，我們能配合不同的地形添加出不同形狀的水效果。以下爲我們在場景上放置了一個六邊型池塘，因此我們利用六邊型網格形狀的水區域，將水效果添加至池塘中，如下圖所示。

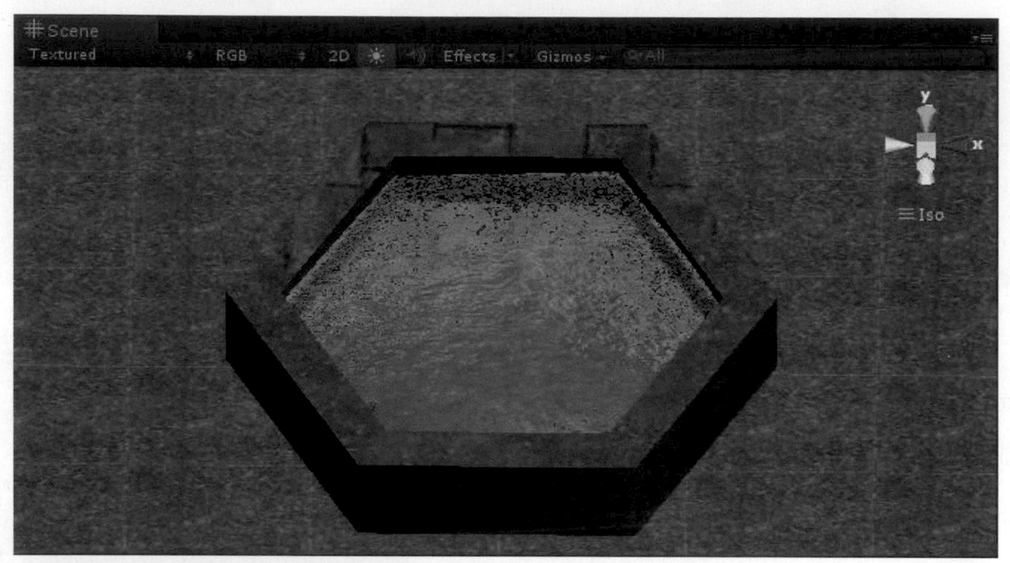

關於第三個Mesh Renderer的選項，我們可以利用這個選項將水效果渲染出來，若沒有開啓Mesh Renderer就無法在場景上看見添加的水效果。以下爲Mesh Renderer的細部設定，包括Cast Shadows(投射陰影)、Receive Shadows(接收陰影)、Materials(材質)與Use Light Probes(使用光線探測)，如下圖所示。

Cast Shadows代表是否投射陰影，若勾選Cast Shadows代表粒子可產生陰影，而Receive Shadows則代表粒子是否接收陰影，勾選Receive Shadows則代表粒子可接收陰影。而在Materials中則是要選擇水效果的材質球，我們能在材質球中調整一些更細部的設定，包括Wave scale(水波尺寸)、Reflectiondistort(法線貼圖扭曲的反射量)、Refraction distort(法線貼圖扭曲的折射量)、Reflection color(折射時的顏色)、Fresnel(A)、Normalmap(法線貼圖)、Wave speed(水波速度)、Reflective color (RGB) Fresnel(A)、Reflective color cube (RGB) Fresnel(A)、Simple water horizon color、Fallback texture、Internal Reflection與InternalRefraction，如下圖所示。

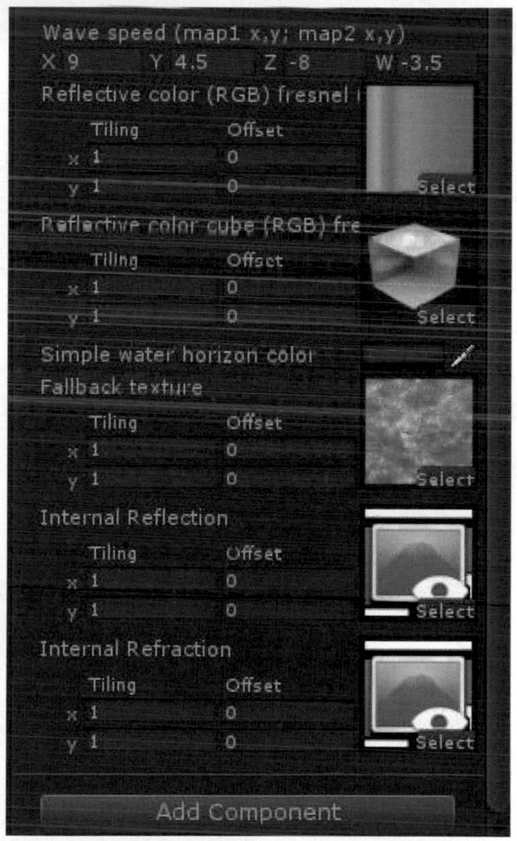

以下我們介紹在水效果的材質球中幾個比較重要的細部設定，Wave scale代表波浪法線貼圖的比例，參數越小水波越大，如下圖所示。

參數大水波小

參數小水波大

Reflectiondistort與refraction distort代表波浪法線貼圖扭曲的反射量與折射量，Reflection color代表折射時水效果所呈現的色調。Normalmap則代表法線貼圖，以兩張貼圖定義水波的形狀，每張法線貼圖以不同的方向、規模與速度滾動，第二張法線貼圖則為第一張的一半，而Wave Speed(map1x,y;map2x,y)則代表水效果水波的速度，map1為第一張法線貼圖，map2則為第二張法線貼圖，也就是說，map1的x,y值與map2的x,y值反差越大，水波的速度越快。以下是我們把map1的x,y值設定為100、50與map2的x,y值設定為-100、-50，將反差調大，水波速度加快的情形，如下圖所示。

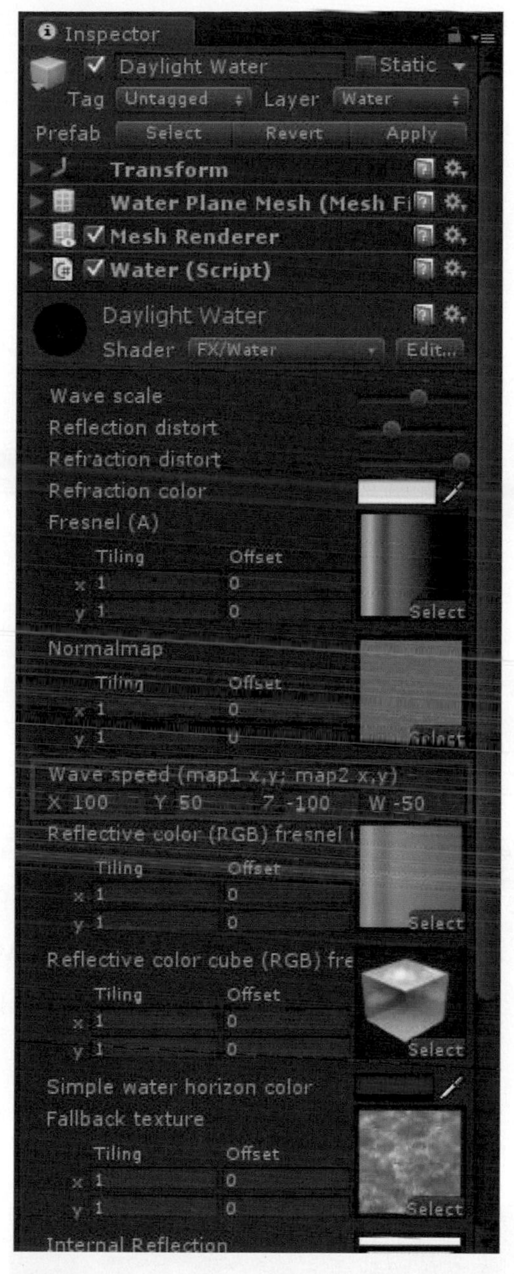

在這邊我們要注意的是，不管在場景上我們添加了幾塊水的區域，當我們變更材質球中的參數時，另一塊水區域的材質球參數也會跟著改變，這是因爲我們水區域所使用的都是同一顆材質球，因此若是我們希望在場景中添加各種不同樣式的水區域，我們能自行創建新的水材質球，利用不同的材質球設定不同參數製作出不同的水區域。

關於第四個Water(Script)的選項，有一些細部的設定，包括Script(語法)、Water Mode(水 模 式)、Disable Pixel Lights、Texture Size、Clip Plane Offset、Reflect Layers與Refract Layers，如下圖所示。

在Script中可設定水效果的語法，Reflect Layers與refract Layers則代表反射層級與折射層級，我們可以點選Reflect Layers或refract Layers右邊的三角形選擇水效果想要進行反射或折射的層級。而Water Mode代表水效果的模式，我們可以點選Water Mode右邊的三角型選擇水效果的模式，總共有三種模式，包括Simple(一般)、Reflective(反射)、Refractive(折射)，若是在Water Mode中選擇Simple(一般)模式，水效果則無法進行反射運算與折射運算，這三種模式的差異，如下圖所示。

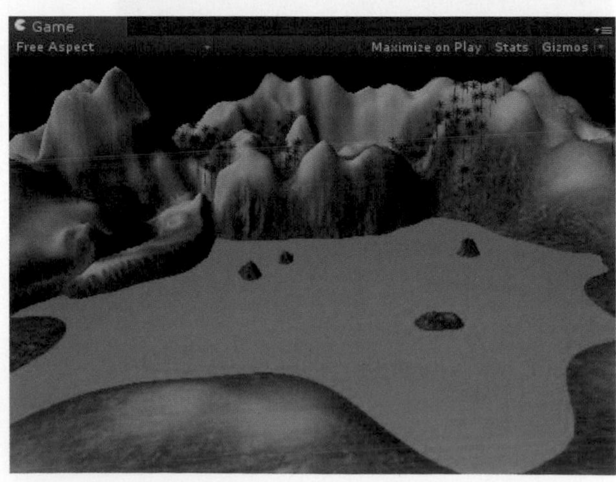

Water Mode為Simple

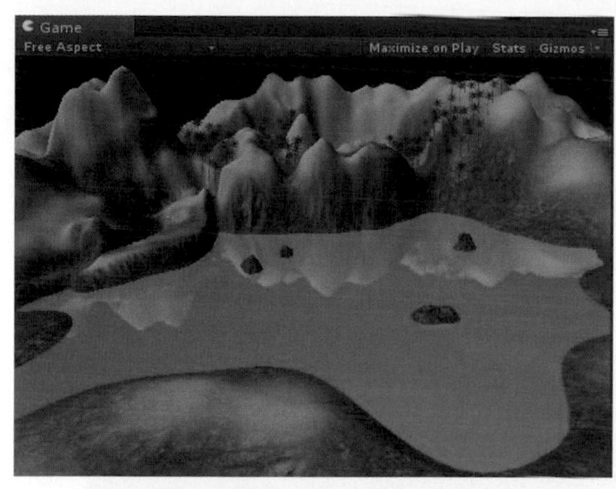

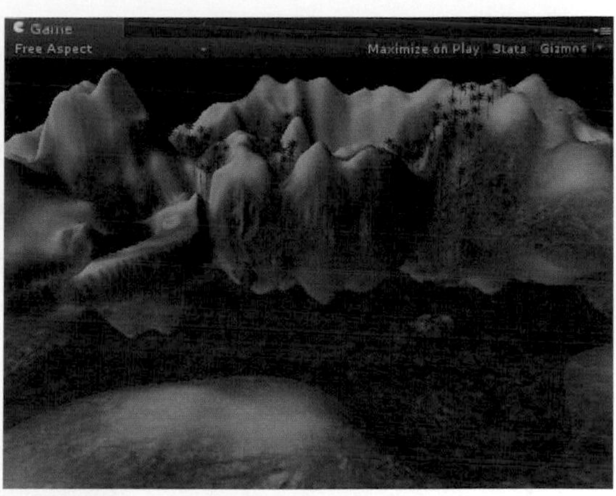

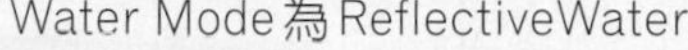
Water Mode為ReflectiveWater

Mode為Refractive

重點二 在場景中建立動態的效果

在遊戲中粒子特效的部分在視覺上佔了很重要的角色，用法也十分廣泛，例如：火把燃燒的火焰、掉落的雪花、一瀉千里的瀑布等等，這些都可以利用Unity的Particle System(粒子系統)所製作出來，Particle System(粒子系統)的概念，其實簡單來說就是利用二維的圖片經由不斷重複的生成，進而在三維的空間中產生的動態效果。

Unity的Particle System(粒子系統)是做爲組件附加到遊戲對象上的，因此若是我們想要在場景中添加一個粒子系統，首先我們需要在場景中添加一個空物件，再將粒子系統添加到空物件上，因此啓動Unity應用程序，點擊選單中的GameObject中的Creat Empty選項，點選後可以在場景上看見一個創建好的空物件，如下圖所示。

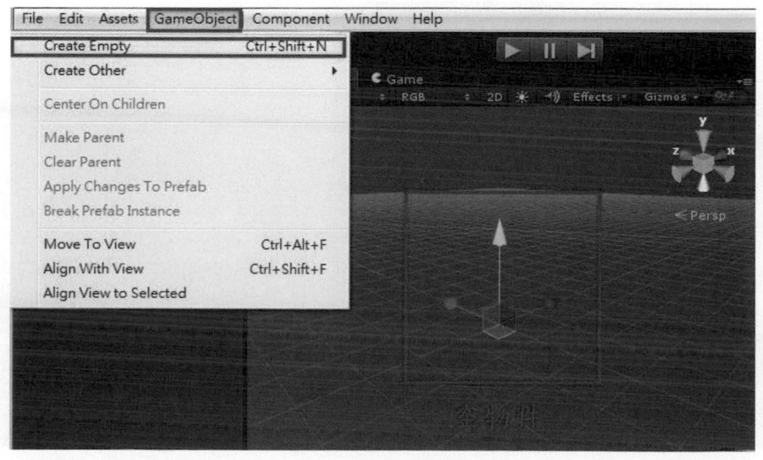

接著我們要爲空物件添加上Particle System(粒子系統)，由於Unity的Particle System(粒子系統)是由Ellipsoed Particle(橢球粒子發射器)、Mesh Paticle Emitter(網格粒子發射器)、Particle Animator(粒子動畫器)、Particle Render(粒子渲染器)與World Particle Collider(粒子碰撞器)五個獨立的粒子選項所組成，因此我們先點選新建的空物件，打開選單中Component中Effects的Legacy Particles選項，分別點選五個粒子選項，將五個粒子選項都添加至空物件上，如下圖所示。

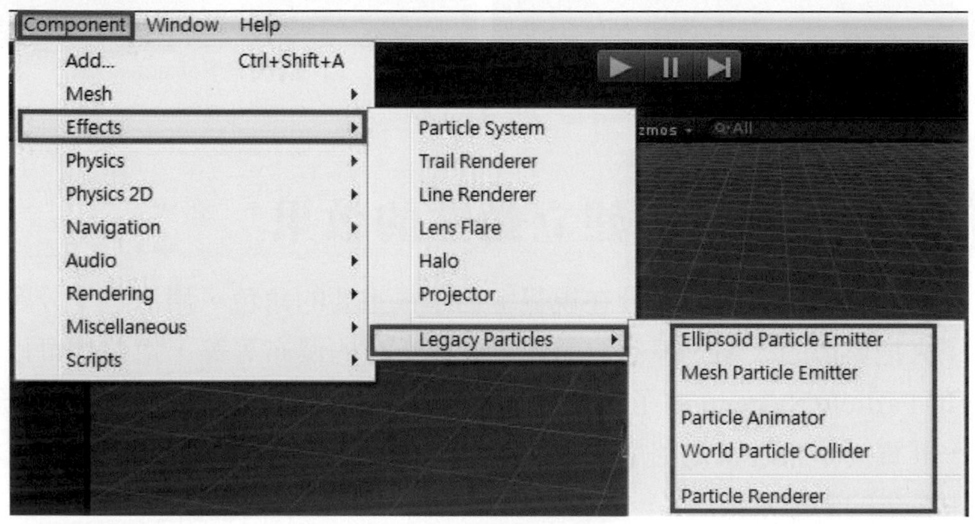

添加完成後，我們可以在右邊的Inspector面板中看見可以調整的選項，多出一個Transform的選項，因此總計有六項，分別是Transform、Ellipsoed Particle(橢球粒子發射器)、Mesh Paticle Emitter(網格粒子發射器)、Particle Animator(粒子動畫器)、World Particle Collider(粒子碰撞器)與Particle Render(粒子渲染器)，如下圖所示。

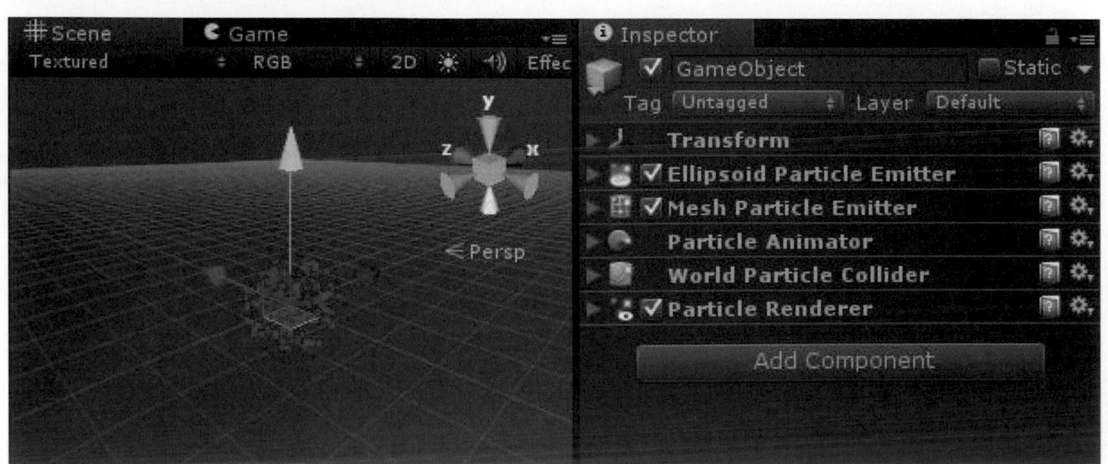

關於第一個Transform的選項，我們能在這個選項中調整粒子系統的基本設置，包括Position(位置)、Rotation(旋轉)與Scale(尺寸)三個細部設定，如下圖所示。

以下為我們在一個有高低起伏的地形上，利用粒子系統建立了一個瀑布的粒子效果，並利用Transform選項中的設定，調整瀑布的位置與旋轉角度，我們依地形設定粒子效果的位置X軸為173.03、Y軸為37.466與Z軸為235.80，而粒子效果的旋轉角度Y軸為69.371，如下圖所示。

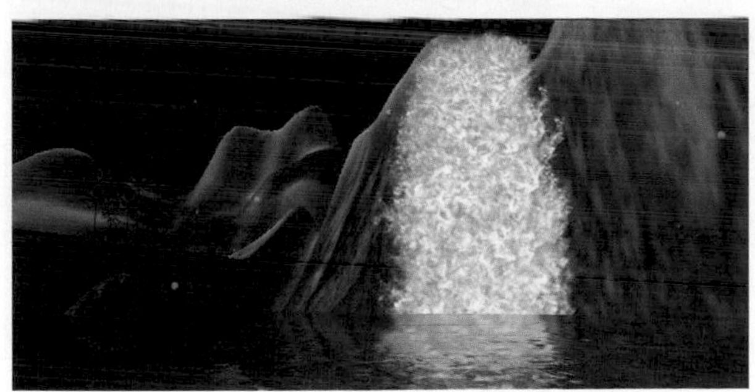

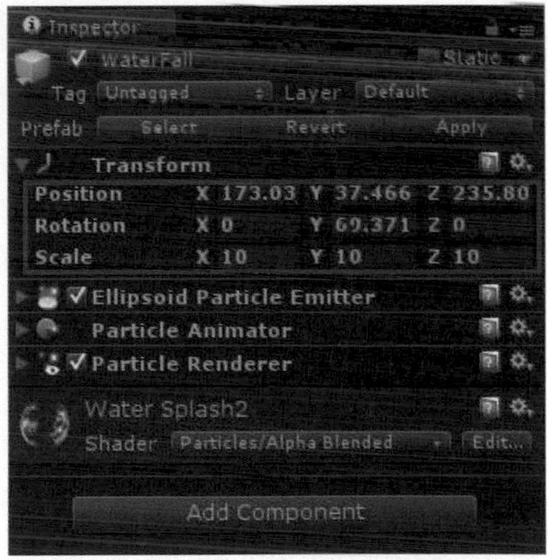

關於第二個Ellipsoed Particle(橢球粒子發射器)選項，表示是以一個球體爲發射範圍，在此球體的範圍內隨機處發射粒子，例如燃燒中的火焰，如下圖所示。

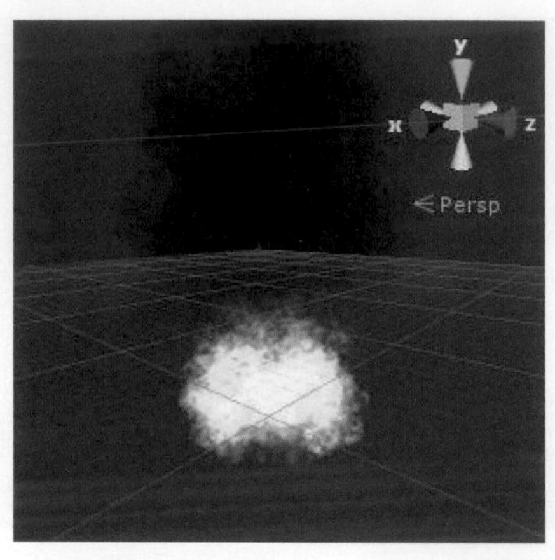

而在Ellipsoed Particle(橢球粒子發射器)選項中，有下列幾個細部設定，包括Emit(粒子發射)、MinSize(最小尺寸)、Max Size(最大尺寸)、MinEnergy(最小生命週期)、Max Energy(最大生命週期)、MinEmission(最小發射數)、Max Emission(最大發射數)、WorldVelocity(世界座標速度)、Local Velocity(自身座標速度)、Rnd Velocity(隨機速度)、Emitter Velocity Scale(發射器速度比例)、Tangent Velocity(切線速度)、Angular Velocity(角速度)、Rnd Angular Velocity(隨機角速度)、RndRotation(隨機旋轉)、Simulate In World Space(在世界座標空間中更新粒子運動)、One Shot(單次發射)、Ellipsoid(橢球)與Min Emtter Range(最小發射器範圍)，如右圖所示。

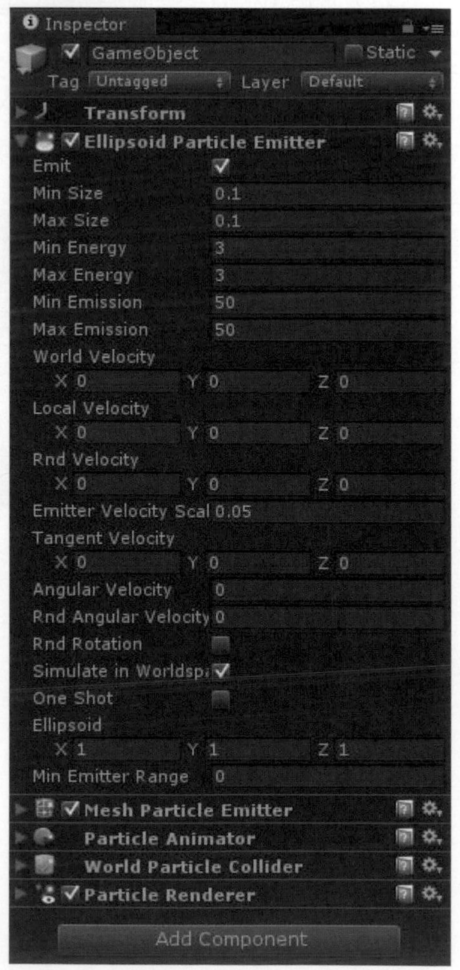

透過不同的設定會使粒子有不同的效果，以下我們介紹幾個比較重要的細部設定，Emit代表是否要讓粒子進行發射，若勾選Emit代表此發射器將發射粒子，我們能在Scene中看見粒子發射，不勾選Emit則無法啟動此粒子發射器，也無法在Scene中看見粒子發射，如下圖所示。

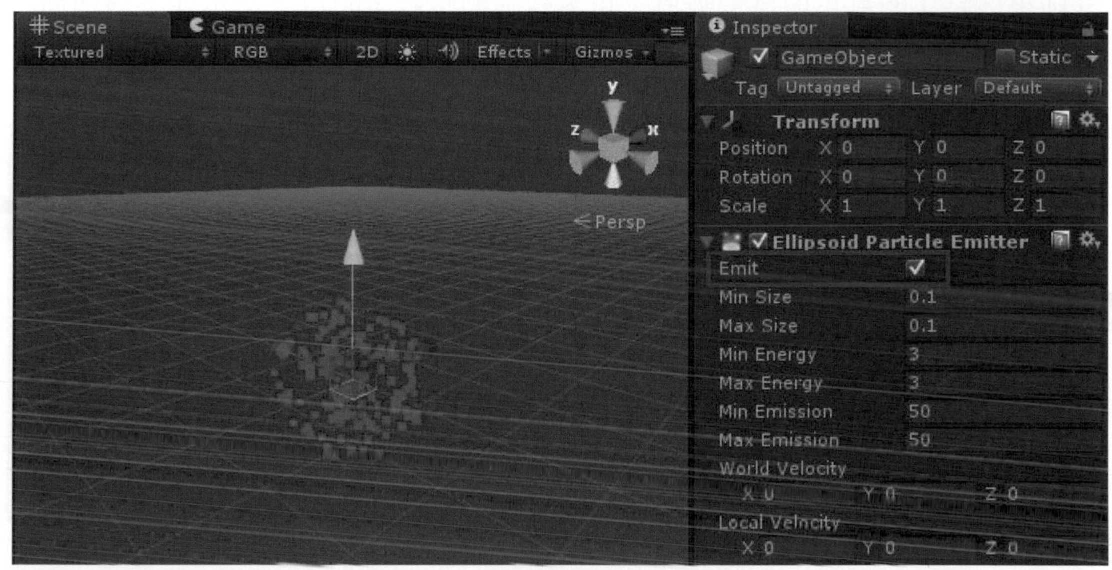

勾選Emit

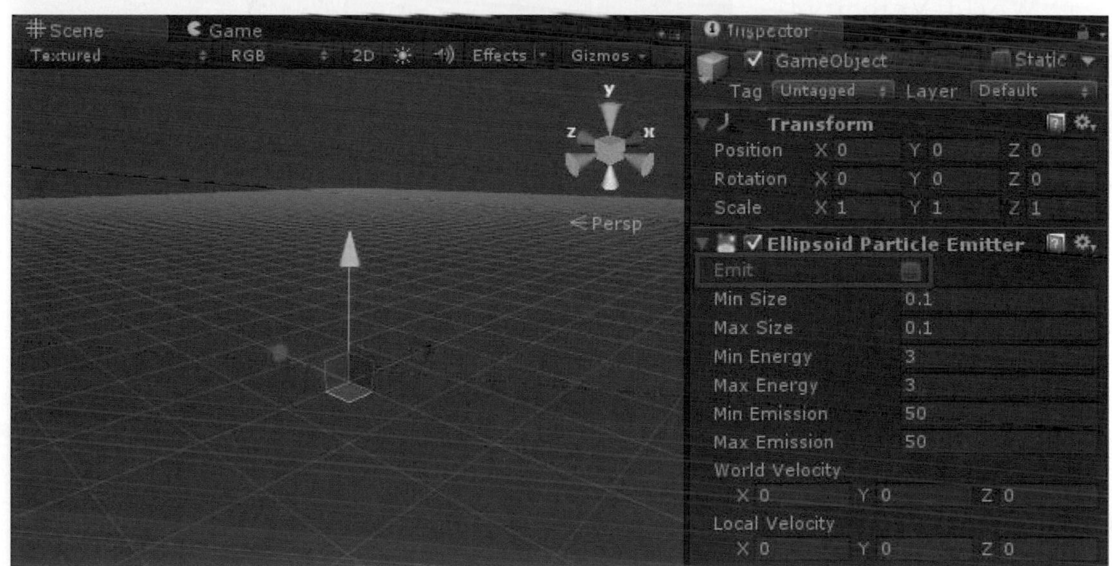

不勾選Emit

Min Size與Max Size代表當生成粒子時每個粒子的最小與最大尺寸，例如雪花就需要將粒子的尺寸設定爲小一點，而Min Energy與Max Energy代表每個粒子的最小與最大生命週期，以秒爲單位，將生命週期設定較長的粒子則可以模擬煙霧緩慢的在空氣中流動的樣子，Min Emission與Max Emission則代表每秒生成粒子的最小與最大數目，以下爲我們將粒子的尺寸大小與生命週期設定相同，而粒子生成的數量設定爲10與100的差別，如下圖所示。

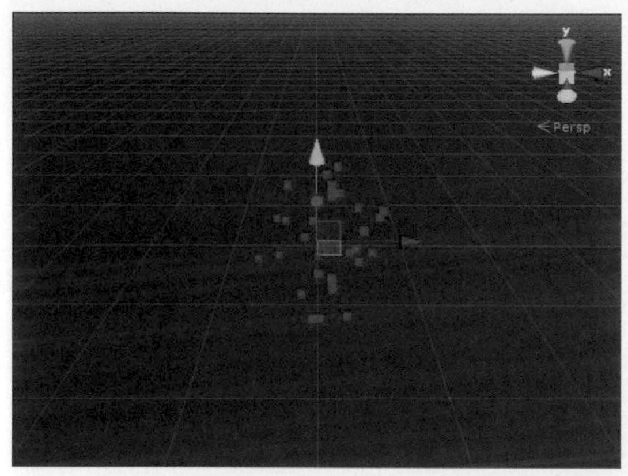

粒子數量為10

粒子數量為100

World Velocity代表粒子在世界座標中沿X、Y、Z方向的初始速度，Local Velocity代表粒子以某個對象爲參考基準，沿X、Y、Z三軸方向的初始速度，而Rnd Velocity則是代表粒子沿X、Y、Z方向的隨機速度，若我們將World Velocity世界座標中的Y軸設定爲2，則粒子則會以初速度爲2沿著Y軸方向移動，如右圖所示。

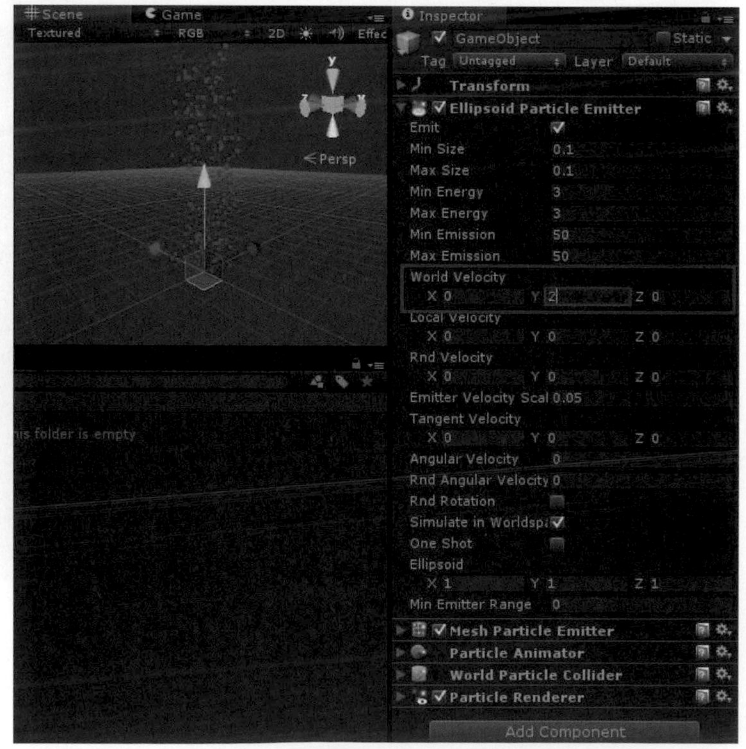

Rnd Rotation代表粒子是否會隨機轉動，勾選Rnd Rotation粒子旋轉選項，粒子將會以隨機的方向生成，而Simulate in World Space則代表啓動在世界座標中更新粒子的選項，若勾選Simulate in World Space，則發射器移動時粒子不會移動，反之，若不勾選Simulate in World Space，則發射器移動時，粒子會一直跟隨在周圍，如下圖所示。

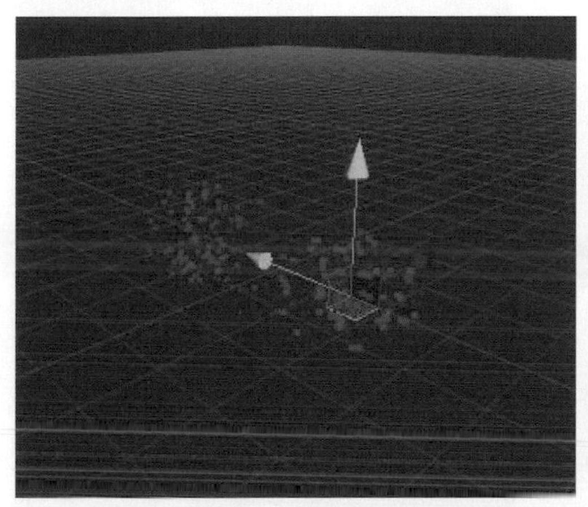

勾選Simulate in World Space

不勾選Simulate in World Space

最後Ellipsoid代表橢圓發射器X、Y、Z軸的範圍，粒子會在此範圍內生成，以下我們將橢圓的大小分別設定，X軸爲10、Y軸爲2、Z軸爲5，如下圖所示。

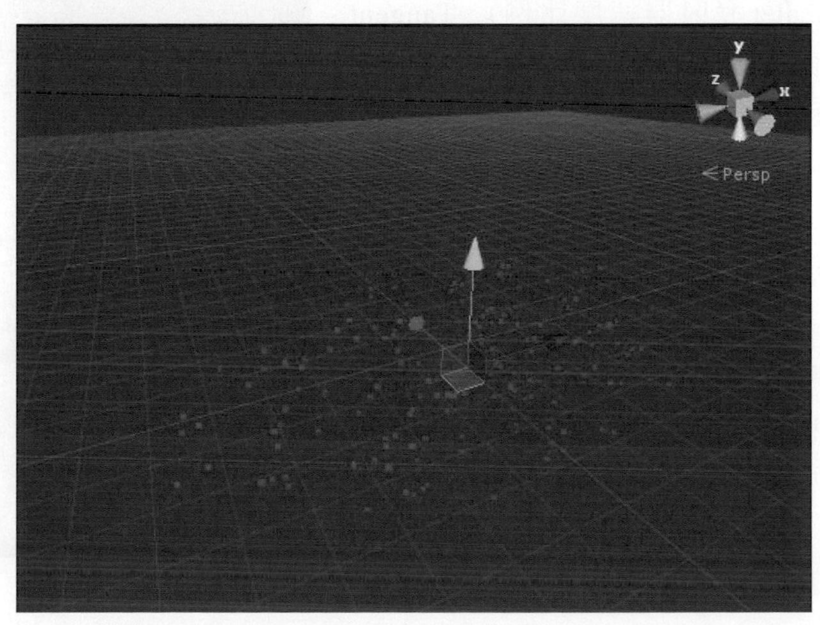

關於第三個Mesh Paticle Emitter(網格粒子發射器)選項，表示可以以不同形狀的網格為發射範圍，粒子從網格的表面開始發射粒子，例如燃燒的火球，如右圖所示。

而在Mesh Paticle Emitter(網格粒子發射器)選項中，有下列幾個細部設定，包括Emit(粒子發射)、MinSize(最小尺寸)、Max Size(最大尺寸)、MinEnergy(最小生命週期)、Max Energy(最大生命週期)、MinEmission(最小發射數)、Max Emission(最大發射數)、WorldVelocity(世界座標速度)、Local Velocity(自身座標速度)、Rnd Velocity(隨機速度)、Emitter Velocity Scale(發射器速度比例)、Tangent Velocity(切線速度)、Angular Velocity(角速度)、Rnd Angular Velocity(隨機角速度)、RndRotation(隨機旋轉)、Simulate In World Space(在世界座標空間中更新粒子運動)、One Shot(單次發射)、Interpolate Triangles(差值三角形)、Systematic(系統性)、Min Normal Velocity(最小法線速度)與Max Normal Velocity(最大法線速度)，如右圖所示。

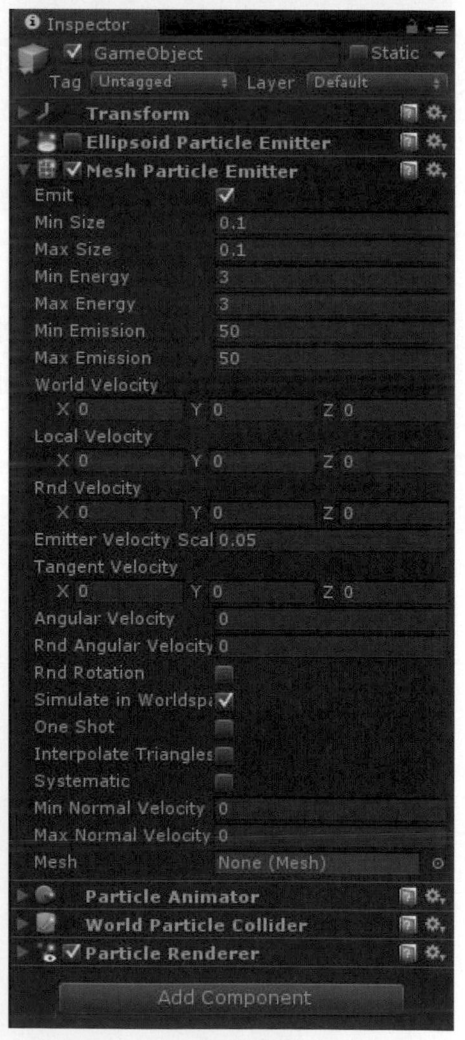

Mesh Paticle Emitter(網格粒子發射器)與EllipsoedParticle(橢球粒子發射器)大部分的參數設定大致相同，以下我們來介紹一些Mesh Paticle Emitter(網格粒子發射器)獨有的細部設定，我們可以利用Mesh Paticle Emitter(網格粒子發射器)選項中的Mesh細部設定來更改粒子效果網格的形狀，當我們點擊Mesh右側的圓圈，會彈出Select Mesh的視窗，在這個視窗中包括Cube(立方體)、Capsule(膠囊體)、Cylinder(圓柱體)、Plane(平面)、Sphere(球體)…等多種的網格形狀類型，如下圖所示。

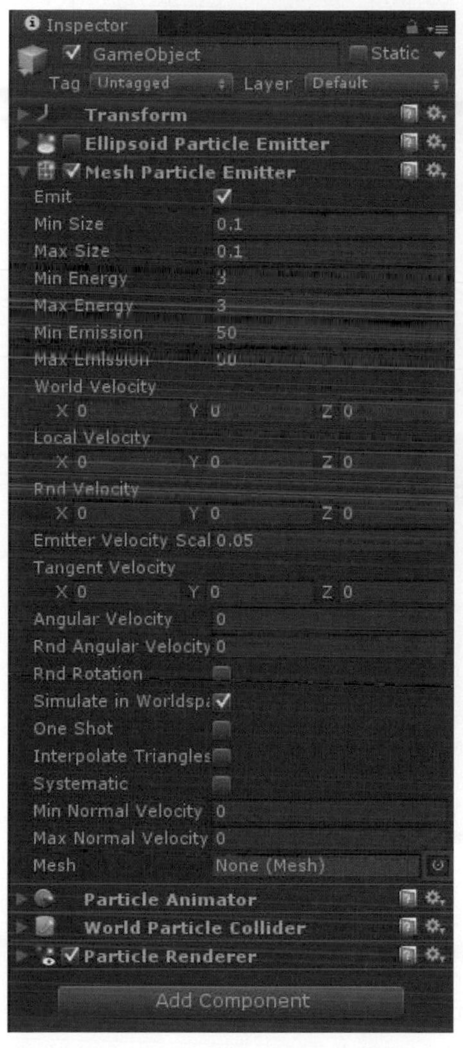

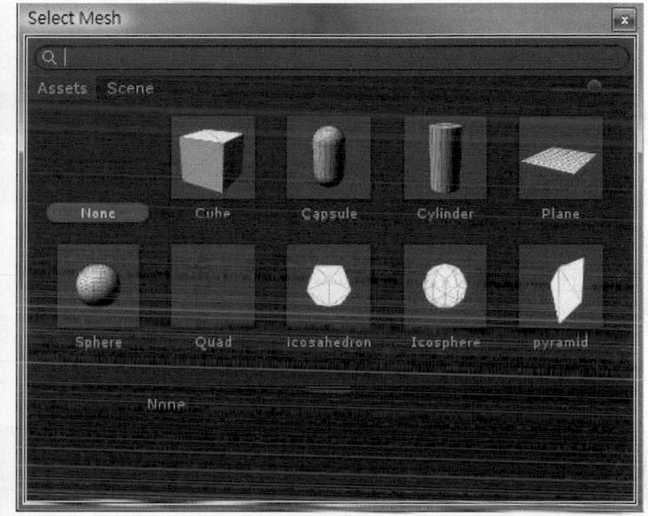

不同的網格粒子發射的初始型態就不同，我們可以利用這些不同的型態創造出不一樣的粒子效果，以下為我們將發射器設定為Plane平面模式，所製作出來的雪花效果，如下圖所示。

Interpolate Triangles代表為插值三角形，若勾選Interpolate Triangles時代表粒子將會在網格的表面任何地方生成，反之，若不勾選Interpolate Triangles，則粒子僅會在網格的頂點處生成，如下圖所示。

勾選Interpolate Triangles

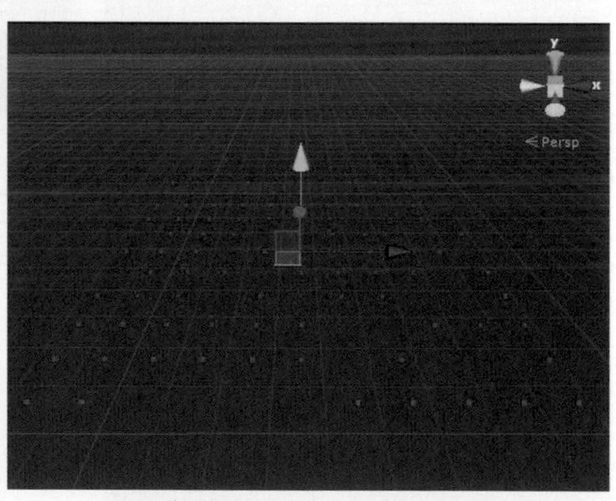

不勾選Interpolate Triangles

關於第四個Particle Animator(粒子動畫器)選項，表示可使粒子隨著時間而運動，也可以改變粒子顏色等，若沒有Particle Animator(粒子動畫器)則我們在Scene場景上看見的粒子則會是靜止不動的。而在Particle Animator(粒子動畫器)選項中，有下列幾個細部的設定，包括Does Animate Color(使用顏色動畫)、Color Animation(顏色動畫)、WorldRotation Axis(世界坐標旋轉軸)、Local Rotation Axis(自身坐標旋轉軸)、Size Grow(尺寸增長)、Rnd Force(隨機外力)、Force(外力)、Damping(阻尼)與Autodestruct(自動銷毀)，如下圖所示。

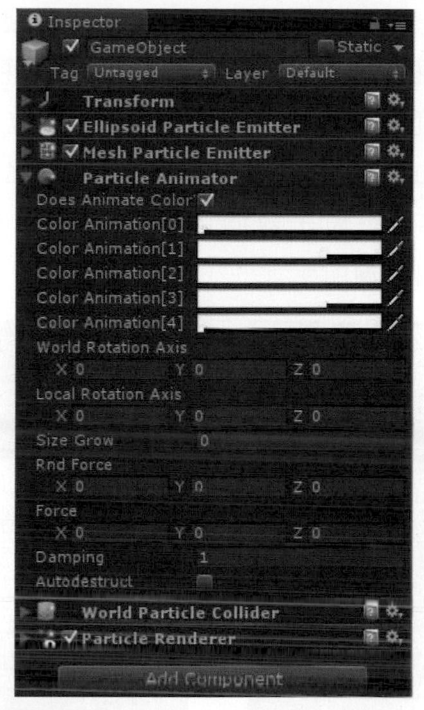

以下我們介紹一些比較常用的細部設定，Does Animate Color代表是否啓用Color Animation，若勾選Does Animate Color，則代表粒子在生命週期會循環變換粒子自身的顏色，我們能在Color Animation中選擇粒子循環時的顏色動畫，可以設定五種顏色，以下為我們在Color Animation中設定五種顏色，例子顏色的變化情形，如下圖所示。

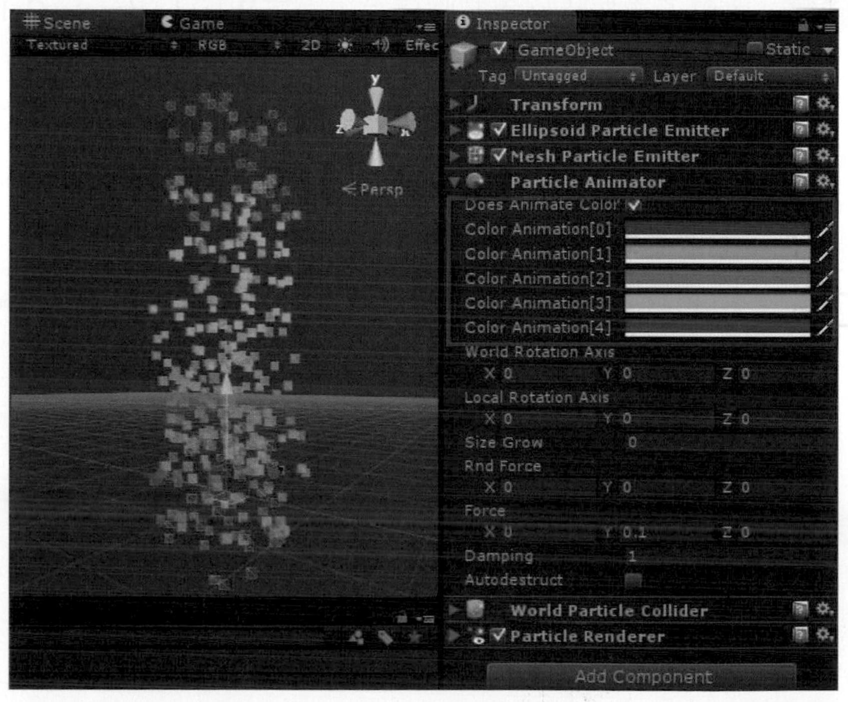

Damping代表爲阻尼值，當數值設定爲1時代表沒有阻尼值，因此粒子的速度不會減慢也不會加速，阻尼值小於1時，粒子的速度則會減慢，反之，阻尼值大於1時，粒子速度則加快，Autodestruct代表粒子是否會自動銷毀，而Force則代表粒子每一frame都對世界座標中X、Y、Z方向施加一個外力，我們將Force的Y軸參數爲負，粒子會向下掉落，反之，若Force的Y軸參數爲正，粒子則會向上飄，如下圖所示。

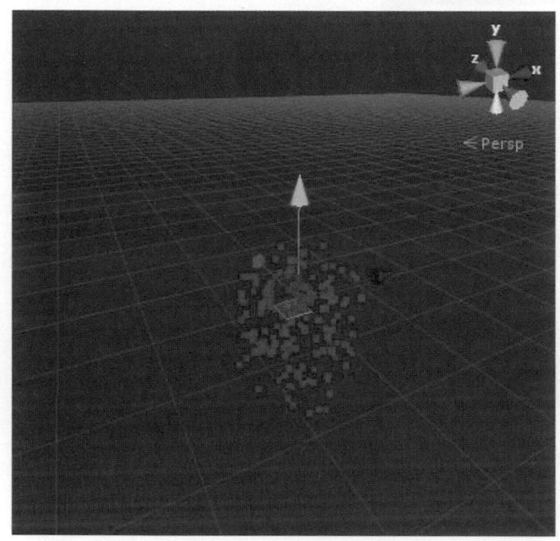

Force Y軸參數為負

Force Y軸參數為正

關於第五個World Particle Collider(粒子碰撞器)選項，表示可以設定粒子是否進行碰撞，與粒子碰撞時反彈的強度等。而在World Particle Collider(粒子碰撞器)選項中，有下列幾個細部的設定，包括Bounce Factor(彈性系數)、Collision Energy Loss(碰撞活力損失)、Collides With(碰撞對象)、Send Collision Message(發送碰撞消息)與Min Kill Velocity(最小消滅速度)，如下圖所示。

以下我們介紹一些比較常用的細部設定，Bounce Factor代表粒子的彈性係數，當粒子與場景進行碰撞時，會使粒子加速或減速，參數越大反彈越高，參數為0時，粒子則不反彈，而Collides With則代表與粒子碰撞的層級，我們可以點選Collides With右邊的三角形，選擇要碰撞的層級。以下為Bounce Factor設定為3時，粒子的反彈情形，如下圖所示。

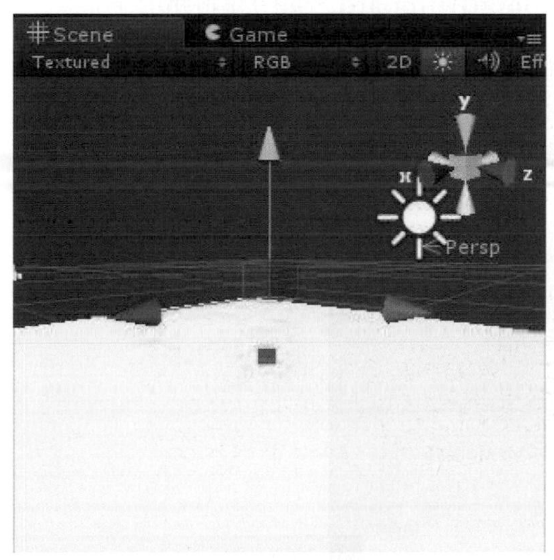

粒子掉落

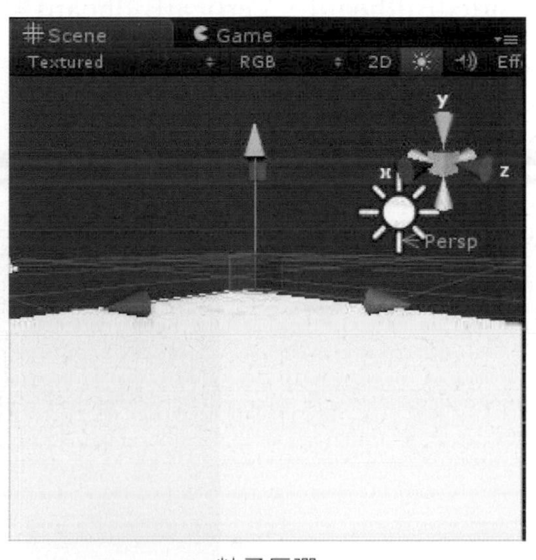

粒子反彈

關於第六個Particle Render(粒子渲染器)選項，表示可將粒子渲染出來，沒有Particle Render(粒子渲染器)就無法在scene場景上看見我們所製作的粒子效果。而在Particle Render(粒子渲染器)選項中，有下列幾個細部的設定，包括Cast Shadows(投射陰影)、Receive Shadows(接收陰影)、Materials(材質)、Use Light Probes(使用光線探測)、Light Probes Anchor(光線探測錨點)、Camera Velocity Scale(攝影機速度比例)、Stretch Particles(粒子伸展)、Length Scale(長度比例)、Velocity Scale(速度比例)、Max Particle Size(最大粒子大小)與UV Animation(UV動畫)，如右圖所示。

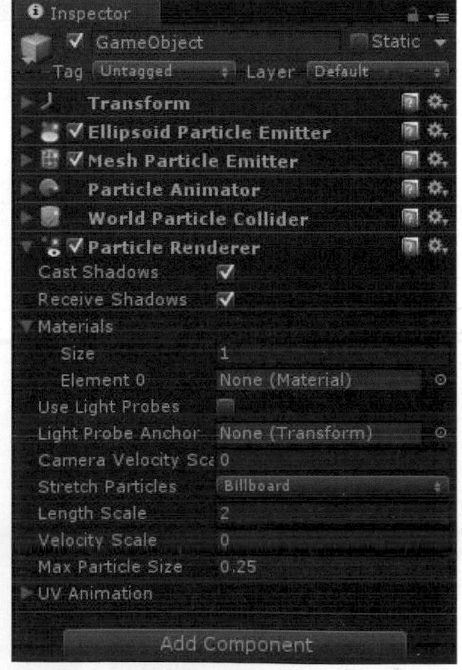

以下我們介紹一些比較常用的細部設定，Cast Shadows代表是否投射陰影，若勾選Cast Shadows代表粒子可產生陰影，而Receive Shadows則代表粒子是否接收陰影，勾選Receive Shadows則代表粒子可接收陰影，Materials代表爲材質，可將我們利用圖片製作而成的材質球顯是在粒子身上，而Stretch Particles則是可以選擇粒子被渲染的方式，包括Billboard、Stretched、SortedBillboard、VerticalBillboard與HorizontalBillboard，如下圖所示。

Billboard爲布告板模式，粒子會面對著攝影機渲染，SortedBillboard爲排序布告板模式，粒子按深度排序，適合使用混合材質時使用，Stretched爲伸展布告板模式，粒子會面向正在運動的方向，HorizontalBillboard爲水平布告板模式，粒子會沿XY軸水平對齊，VerticalBillboard爲垂直布告板模式，粒子會沿XZ軸水平對齊，如下圖所示。

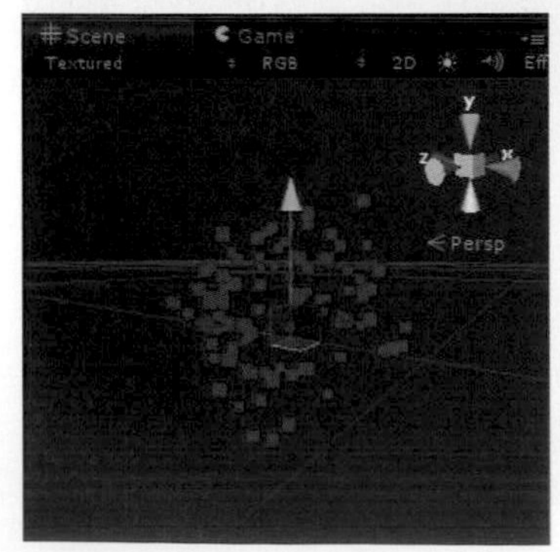

Billboard

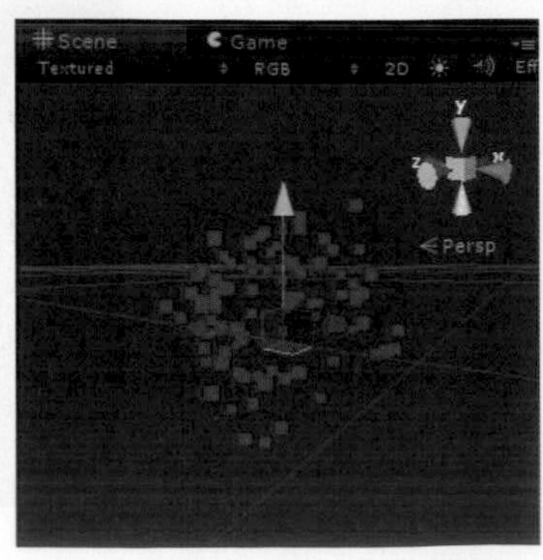

Sorted Billboard

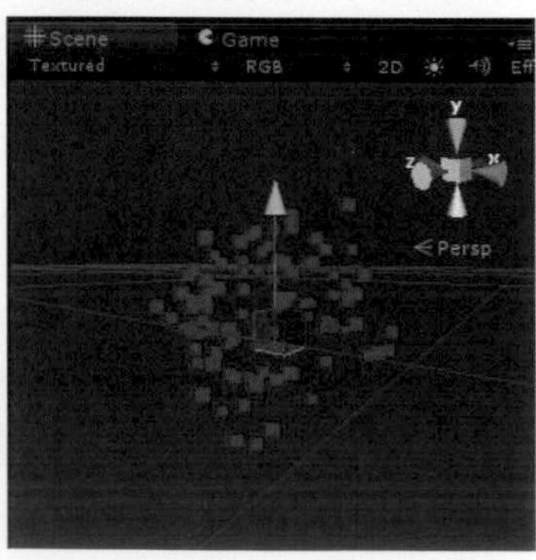

Stretched

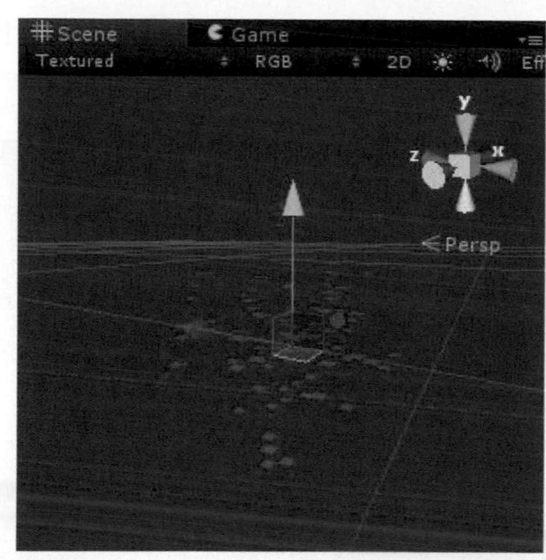

Horizontal Billboard

Vertical Billboard

範例實作與詳細解說

本範例我們將藉由以下三個步驟來完成簡述如下：

- **步驟一：**專案的開啓
- **步驟二：**匯入水資源包並爲場景添加水的效果
- **步驟三：**建立平行光與及將第一人稱控制器拖曳至遊戲場景
- **步驟四：**爲場景建立火焰與雪花的粒子效果

步驟一、專案的開啓

開啓Unity應用程式，點選上方選單File中的Open Project，將範例所提供的Lesson04(practice)練習檔打開，如下圖所示。

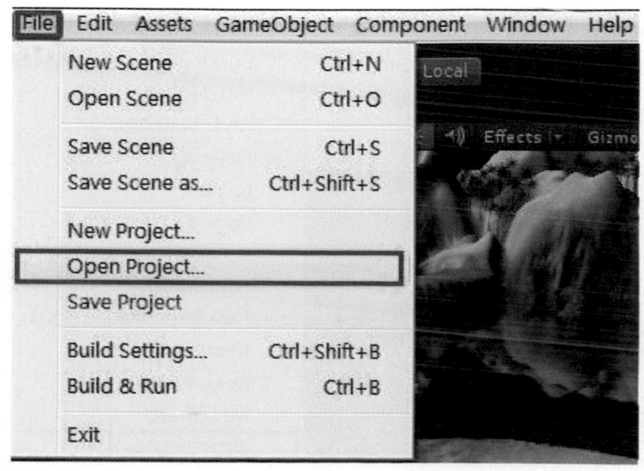

可以看見範例已經替讀者準備好了一個有著高低起伏的地形，如下圖所示。

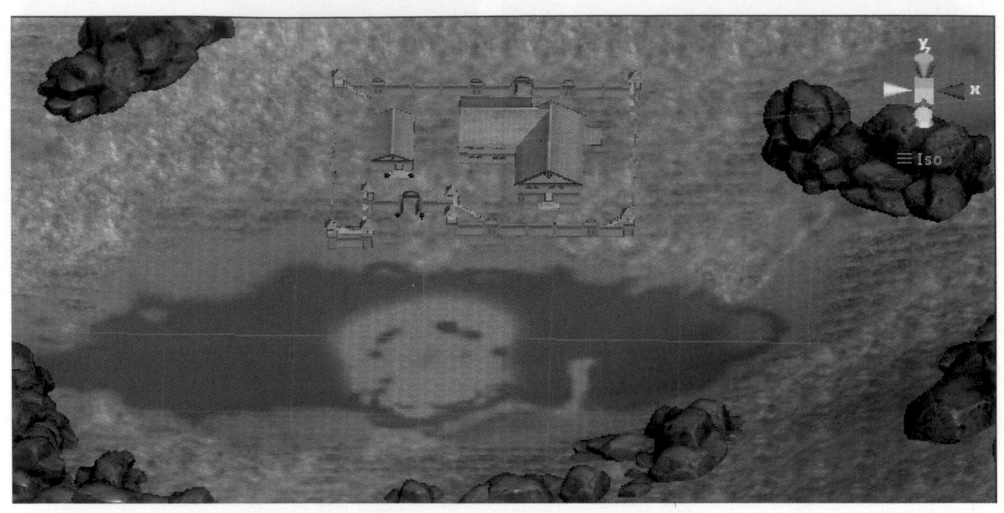

步驟二、匯入水資源包並為場景添加水的效果

接著我們要替這個地型中的湖泊添加水的效果，點選上方選單Assets中Import Package裡的Water(Pro Only)，將Unity內建的水資源包匯入，如下圖所示。

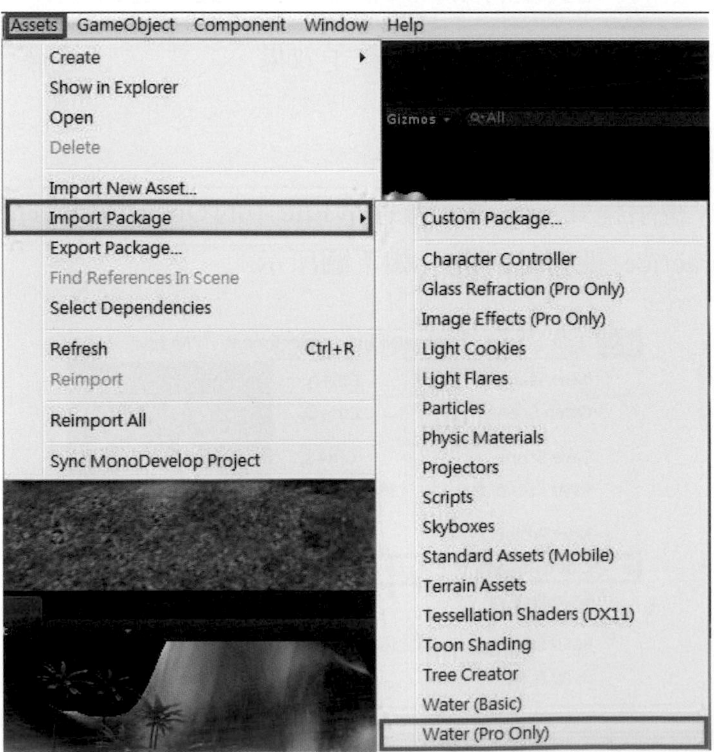

匯入水資源包後，可以發現範例的資料夾中多了一個Water(Pro Only)的資料夾，裡面包含了兩種不同的水效果，分別是Daylight Simple Water(白天水效果)與Nighttime Simple Water(夜晚水效果)，如下圖所示。

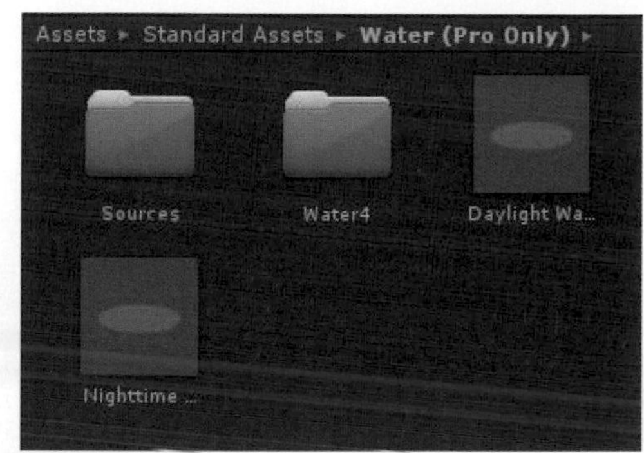

我們選擇Daylight Simple Water(白天水效果)，將Daylight Simple Water(白天水效果)拉至場景上，如下圖所示。

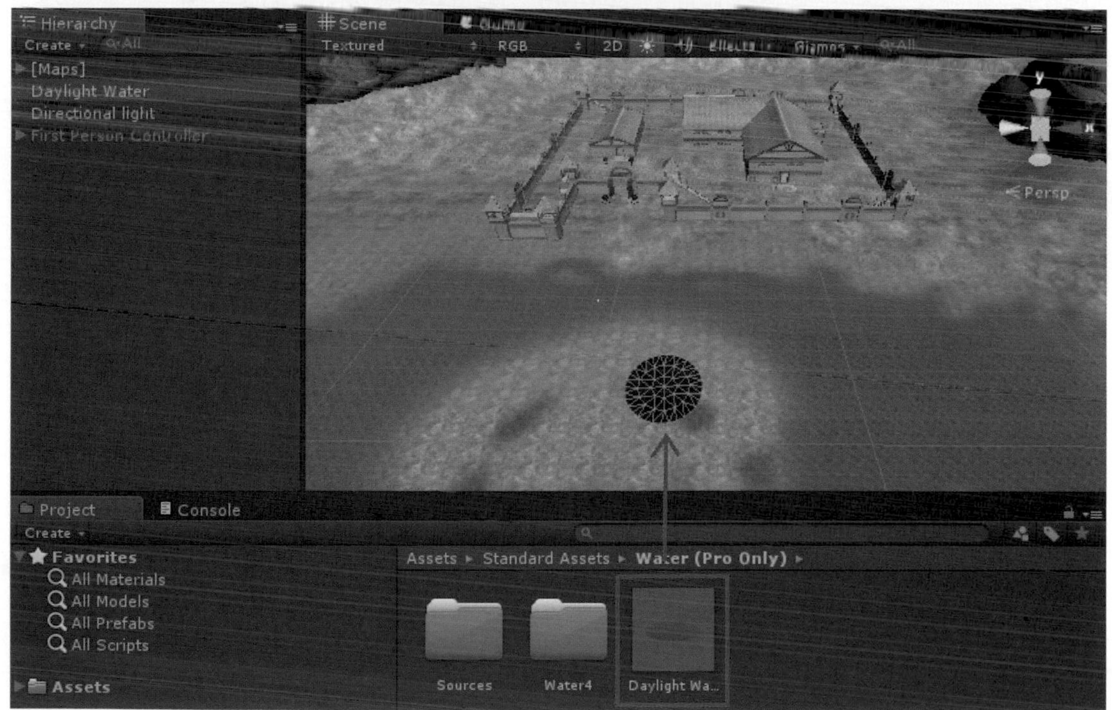

接下來我們要來調整水效果的尺寸，在右邊的Inspector面板中Transform選項底下的Scale可以調整水的尺寸大小，我們將X軸調整成300與Z軸調整成200，如下圖所示。

再利用左上方的移動工具，將水效果移動至湖泊中適當的位置，或是在右邊Inspector面板中Transform選項底下的Position調整水的位置，將X軸設定為27.56、Y軸設定為-4.59與Z軸設定為-65.269，在Rotation調整水的旋轉，將X軸設定為0.4，如下圖所示。

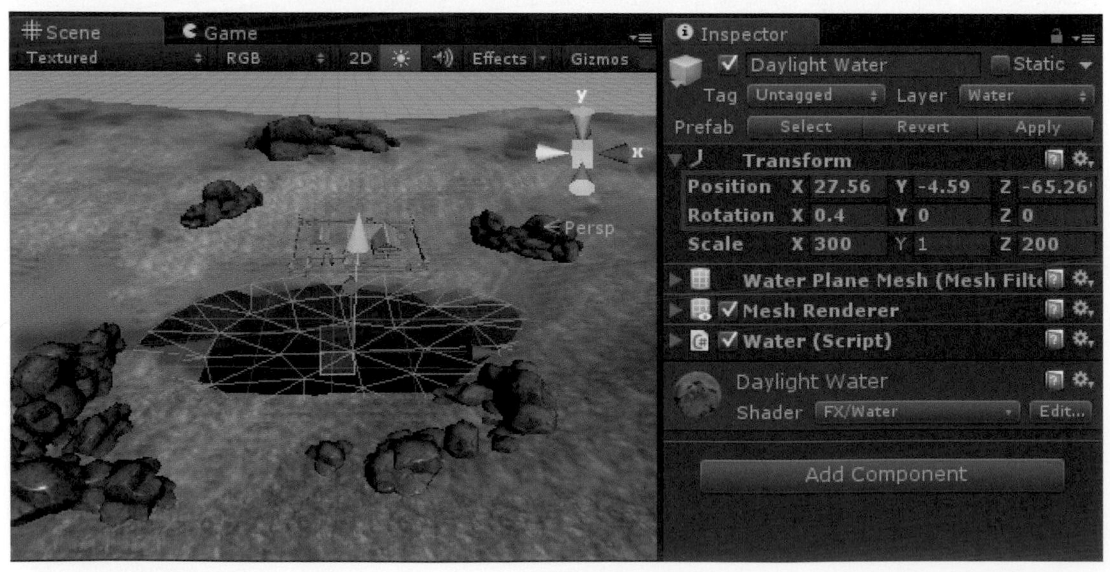

步驟三、建立平行光與及將第一人稱控制器拖曳至遊戲場景

我們要先將Character Controllers(角色控制器)資源包匯入場景中，點選上方選單Assets中Import Package裡的Character Controller，將Unity內建的角色控制器資源包匯入，如下圖所示。

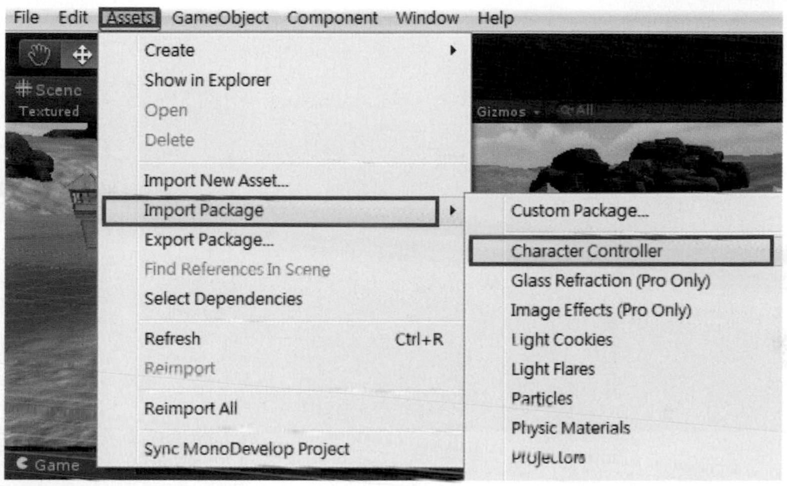

匯入角色控制器資源包後，可以發現範例的Standard Assets資料夾中多了一個Character Controllers的資料夾，裡面包含膠囊體的First Person Controller(第一人稱控制器)以及人形的3rd Person Controller(第三人稱控制器)，如下圖所示。

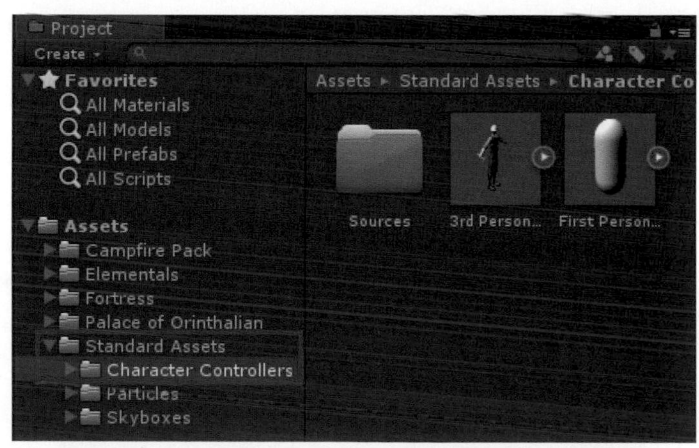

我們選擇First Person Controller(第一人稱控制器)，將First Person Controller拉至場景上，如下圖所示。

接下來我們要來調整第一人稱控制器的位置，利用右邊Inspector面板中Transform選項底下的Position調整第一人稱控制器的位置，將X軸設定為-8.072、Y軸設定為-0.6127與Z軸設定為68.177，在Rotation調整第一人稱控制器的旋轉，將X軸設定為4，Y軸設定為358，如下圖所示。

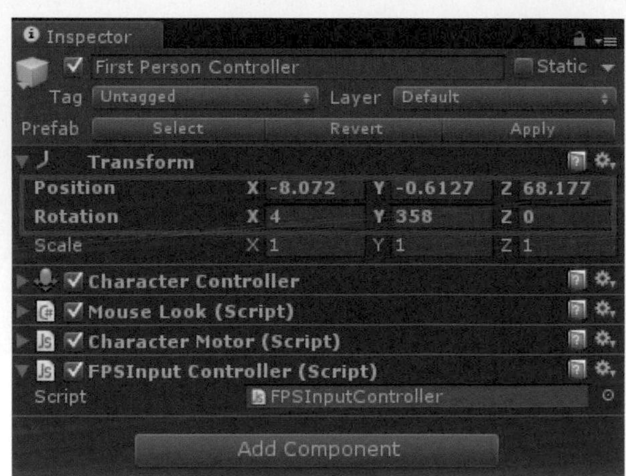

接著展開右邊Inspector面板中Character Controller選項，將Height設定爲8，如下圖所示。

最後按下播放鍵後，可看見我們就能利用鍵盤的W、S、A、D鍵或上、下、左、右鍵去控制角色的行走，如下圖所示。

步驟四、為場景建立火焰與雪花的粒子效果

接著我們要開始爲場景上添加一些動態的粒子效果，在本範例中我們會添加火焰以及雪花兩種粒子特效，首先我們要先建立火焰的粒子效果，點擊上方選單GameObject中的Creat Empty選項，創建一個空物件，如右圖所示。

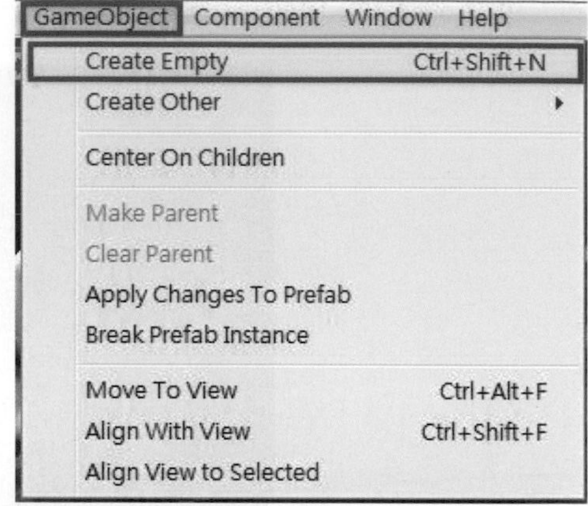

我們可以在右邊的Inspector面板上方爲新創建的空物件命名爲Fire，如右圖所示。

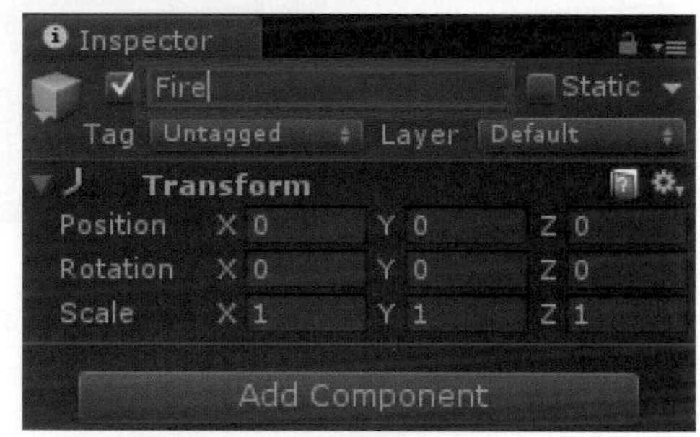

然後爲Fire依次添加粒子組件，選擇新建立好的Fire，點選上方選單Component中Effects底下的Legacy Particles選項，分別將Legacy Particles選項中的Ellipsoed Particle(橢球粒子發射器)、Particle Animator(粒子動畫器)、Particle Render(粒子渲染器)三個粒子組件都添加到空物件中，如下圖所示。

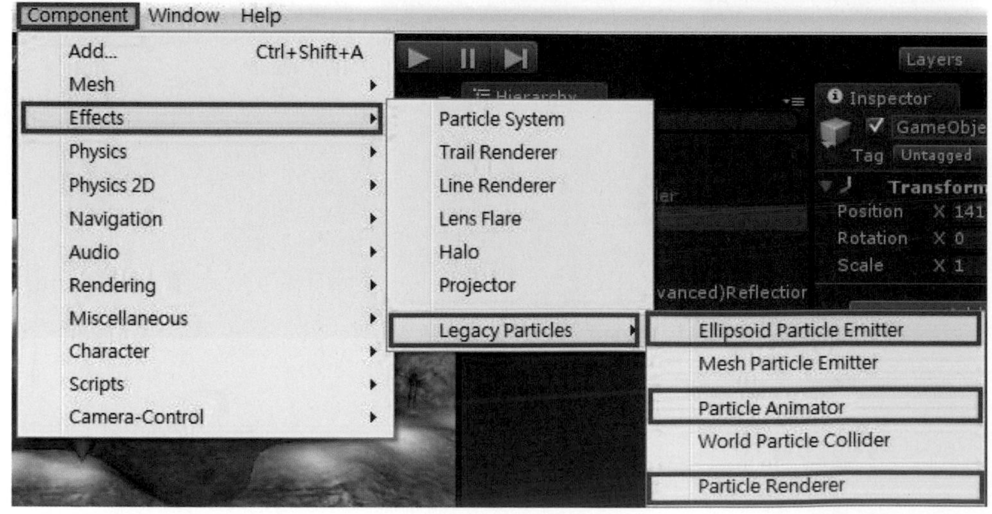

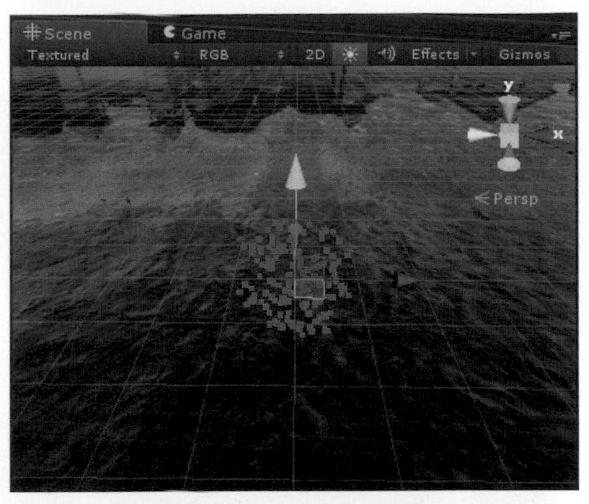

將三樣粒子組件都添加至Fire後，可以在場景上看見預設的粒子效果，如右圖所示。

而在右邊的Inspector面板中也可以看見我們所添加的三個粒子組件，我們可以在這裡分別調整粒子組件的參數，製作出我們想要的粒子效果，如下圖所示。

首先我們展開右邊的Inspector面板中的Particle Render(粒子渲染器)選項，我們要先為粒子添加上材質，因此點選Materials中的Element0右邊的圓圈圖示，會出現Select Material視窗，我們選擇FlameD材質球，如下圖所示。

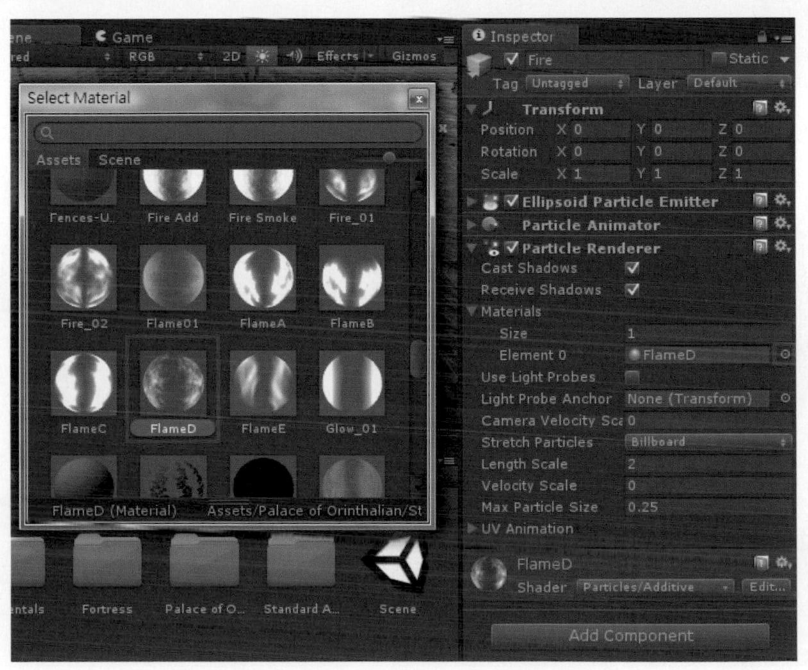

接著我們將Max Particle Size設定為1，將粒子的尺寸放大，如下圖所示。

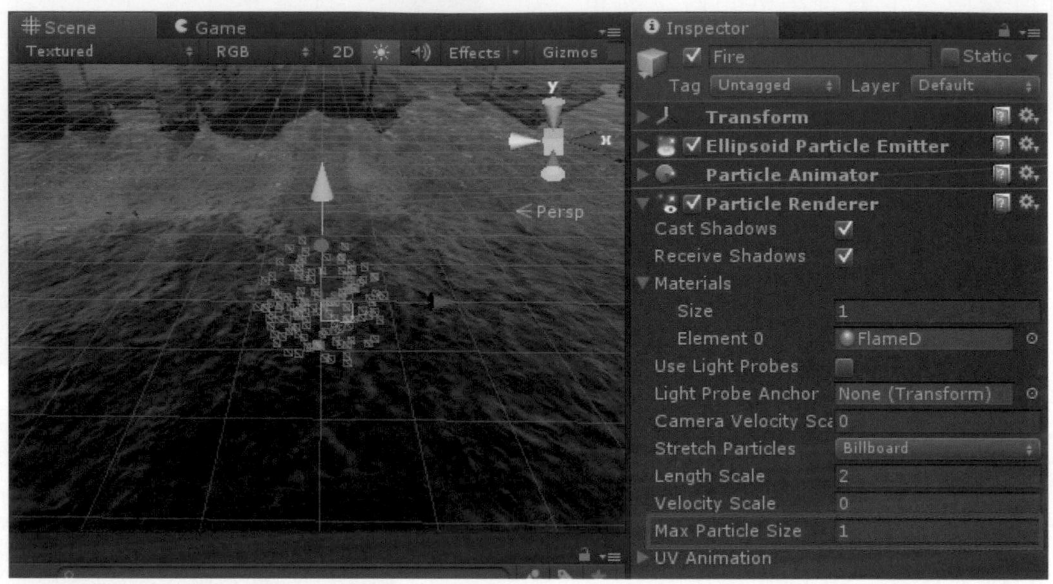

展開右邊的Inspector面板中的Ellipsoed Particle(橢球粒子發射器)選項，首先我們要先在Ellipsoid調整球體的尺寸，將X軸設定為1.5，Y軸設定為1，Z軸設定為1.5，如下圖所示。

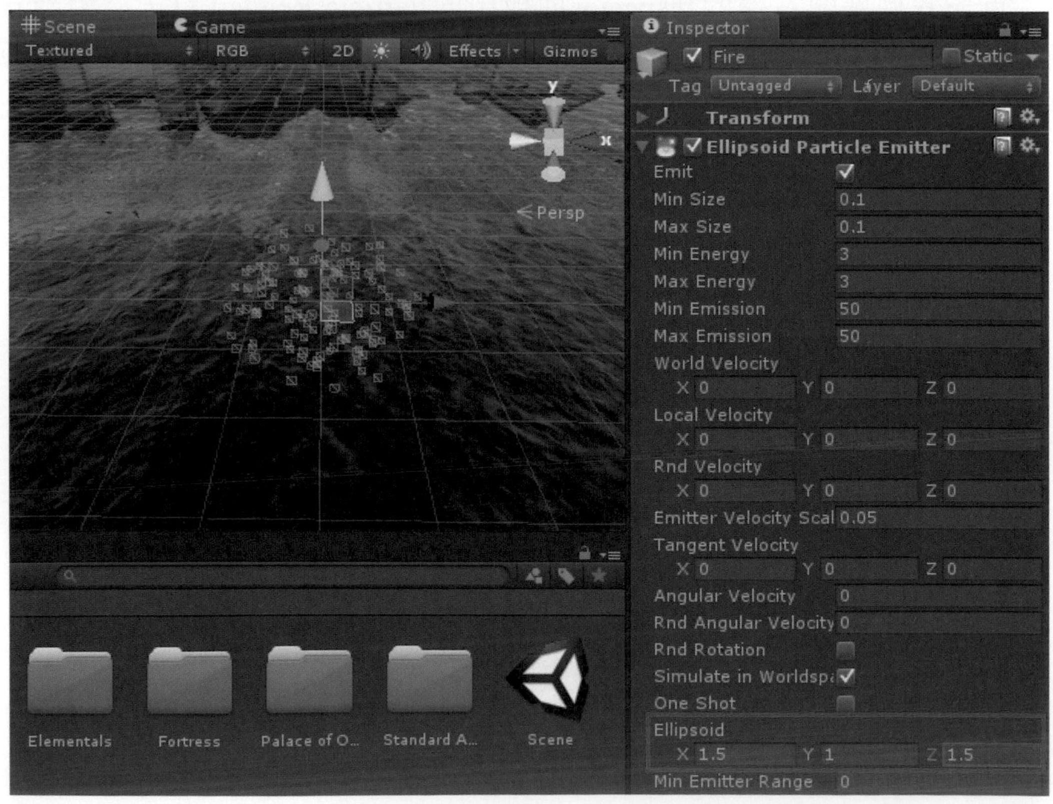

接著再調整粒子的一些基本參數，將粒子的尺寸範圍設定爲1至1.5，再將粒子的生命週期範圍設定爲4秒至4.5秒，最後再將粒子每秒發射的數量範圍設定爲30，如下圖所示。

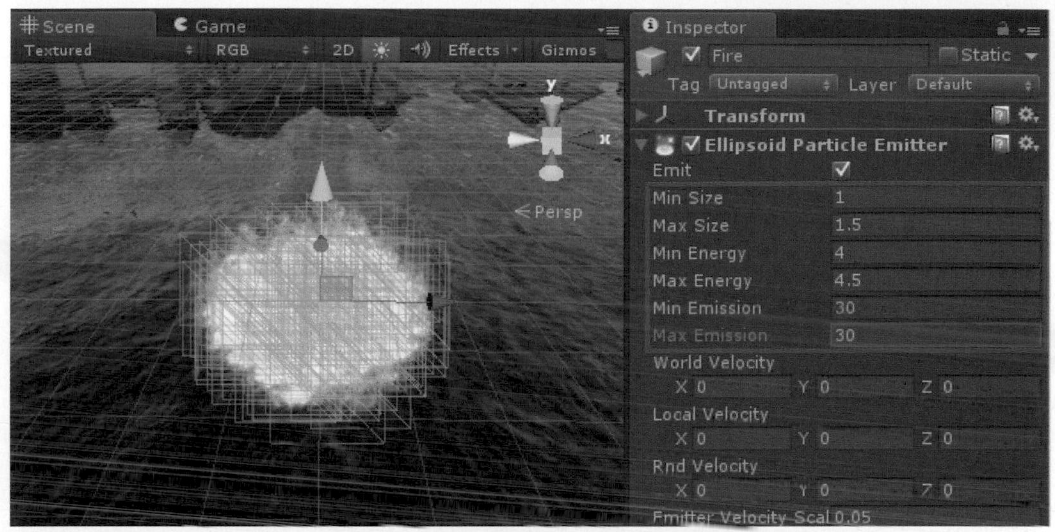

將Angular Velocity選項設定爲65，而Rnd Angular Velocity選項設定爲-15，最後勾選Rnd Rotation選項，讓粒子能隨機的轉動，如下圖所示。

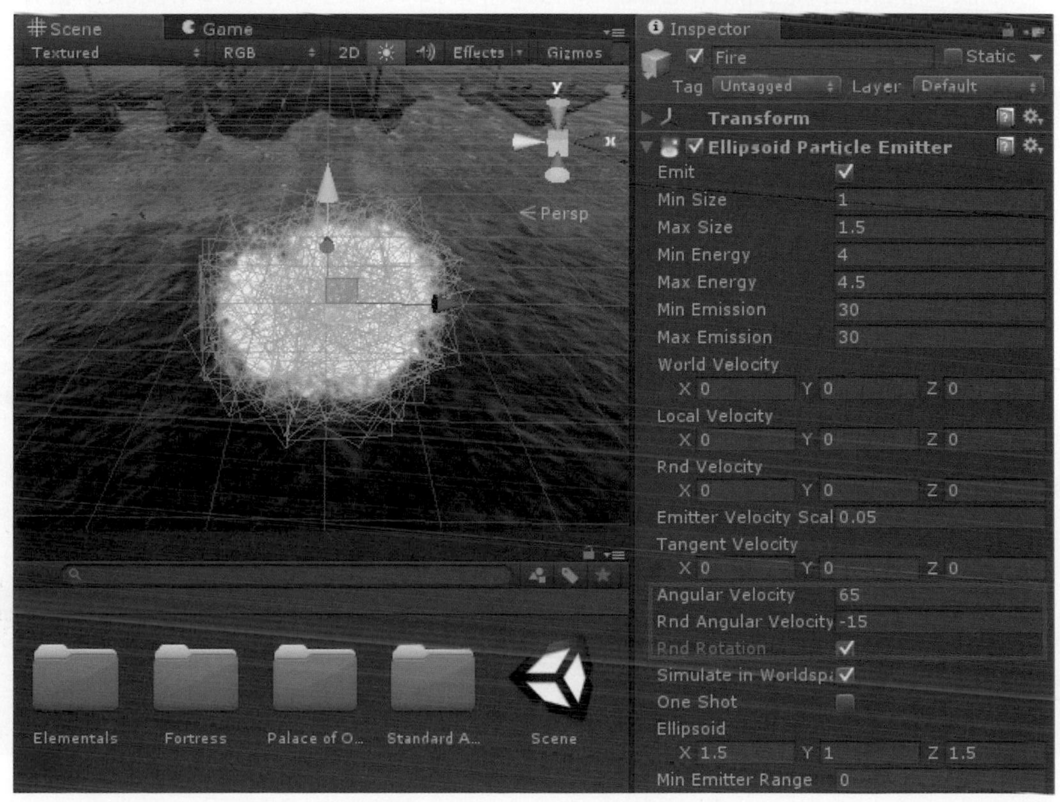

接著展開右邊的Inspector面板中的Particle Animator(粒子動畫器)選項，將Color Animation中的五種顏色設定爲如下圖所示。

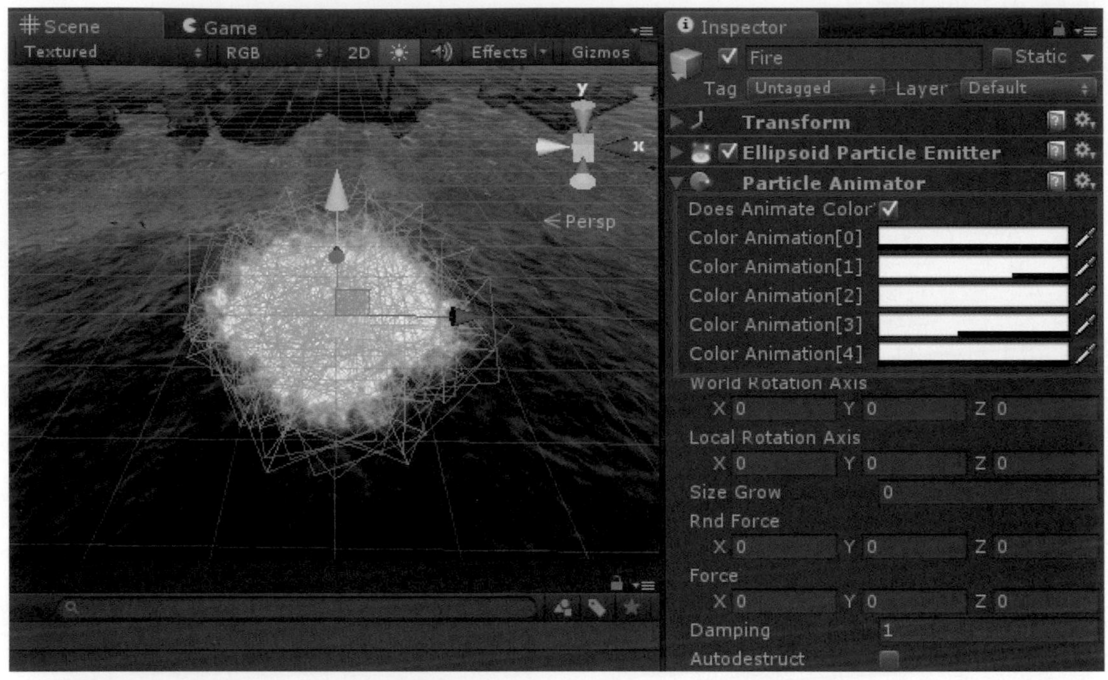

最後我們希望粒子能往上飄，所以我們將Force選項中的Y軸設定爲0.3，並將粒子的Damping選項設定爲0.85，Size Grow設定爲-0.15，如下圖所示。

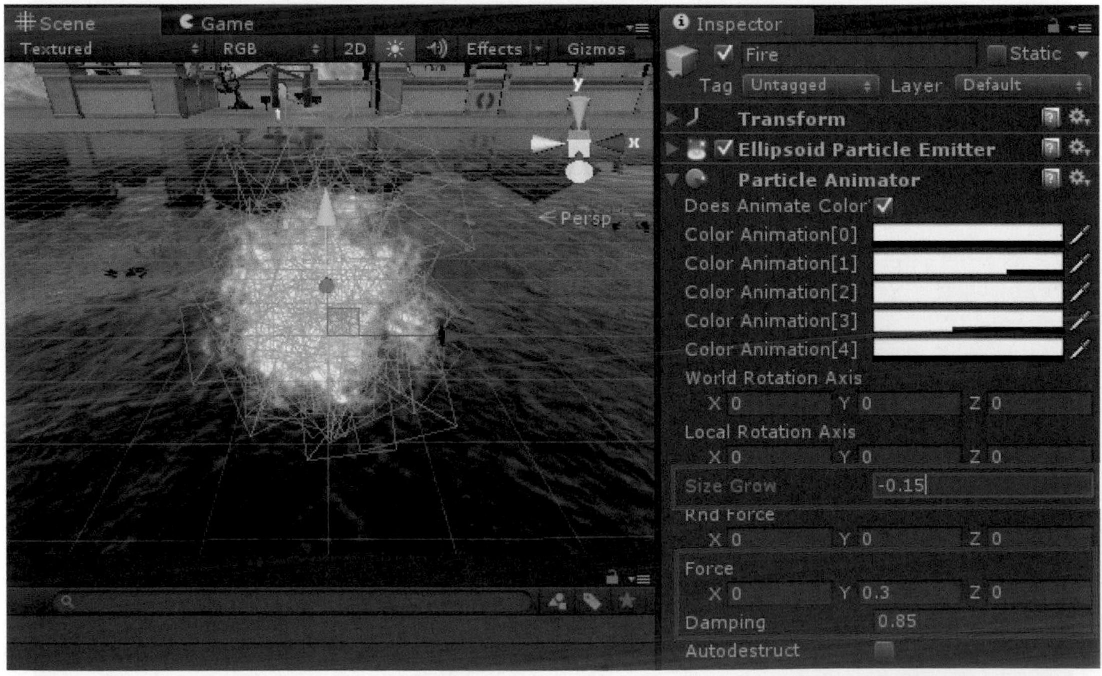

將火焰的參數都設定完成後，在利用左上方的移動工具與選轉工具，將火焰移動至場景上適當的位置，或是在右邊Inspector面板中Transform選項底下的Position調整火焰的位置，將X軸設定為-31.738、Y軸設定為1.616與Z軸設定為210.81，如下圖所示。

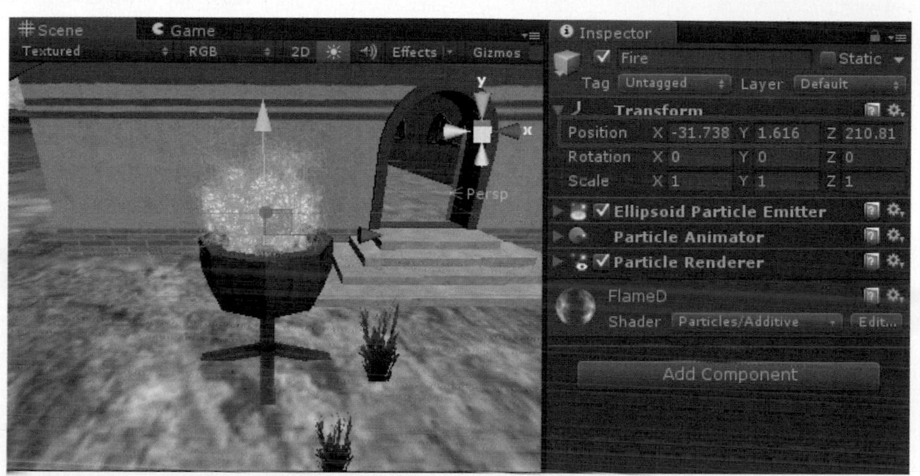

當我們把火焰擺放完成後，我們可以再利用相同的方法，製作出第二個火焰FireOuter，將Fire與FireOuter擺放在一起，可以看見更不一樣的效果，以下為第二個火焰FireOuter的參數設定，如下圖所示。

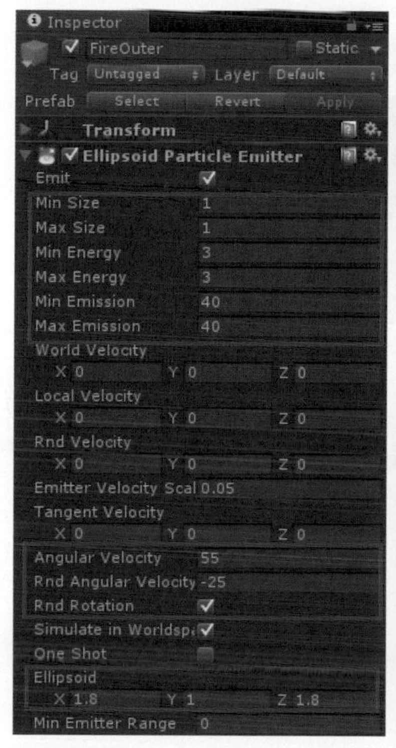

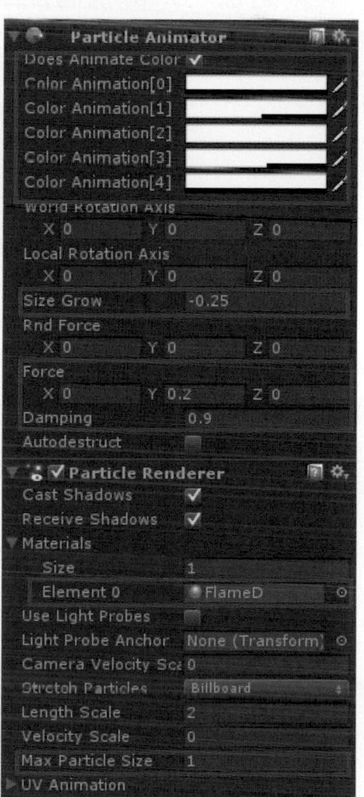

參數設定完成後，我們展開右邊Inspector面板中Transform選項底下的Position調整第二個火焰的位置，將X軸設定爲-31.738、Y軸設定爲1.612與Z軸設定爲210.81，如下圖所示。

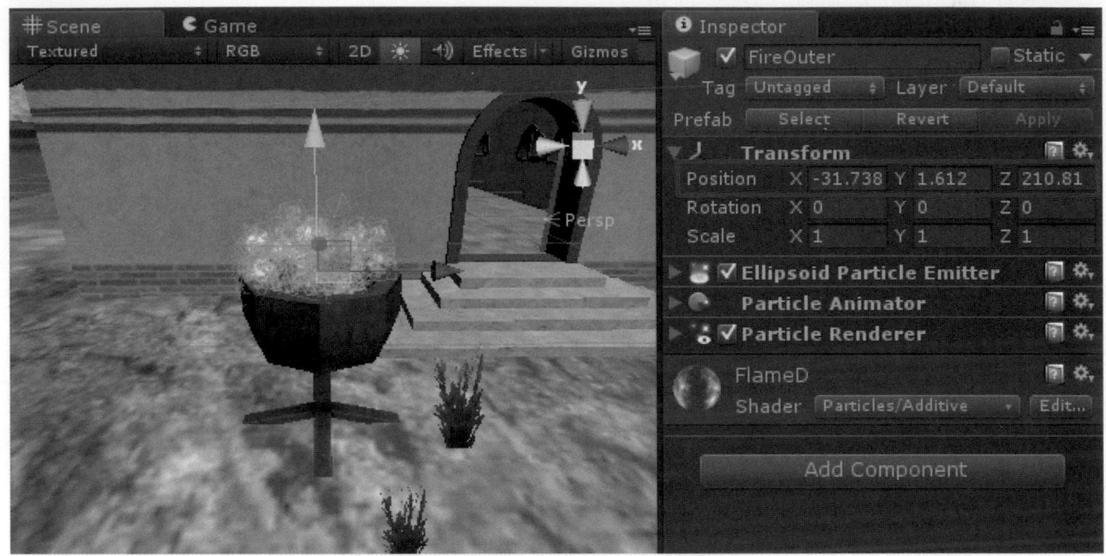

在Hierarchy視窗中，我們將FireOuter拖曳至Fire身上，將FireOuter當作是Fire的子物件，這樣一來當我們移動Fire時，他的子物件FireOuter也會跟著移動，如下圖所示。

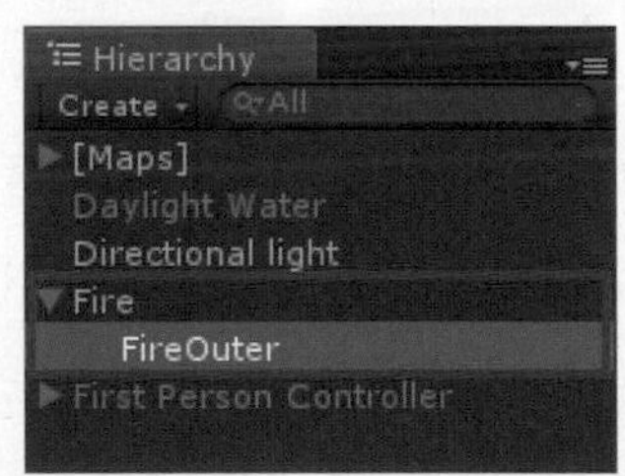

最後我們要製作火焰燃燒時所產生的煙霧，我們利用相同的方法，製作出煙霧Smoke，以下爲煙霧Smoke的參數設定，如下圖所示。

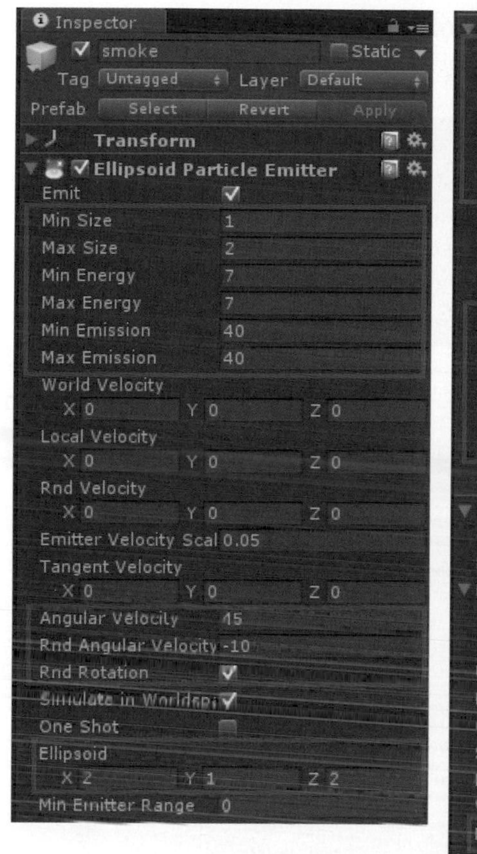

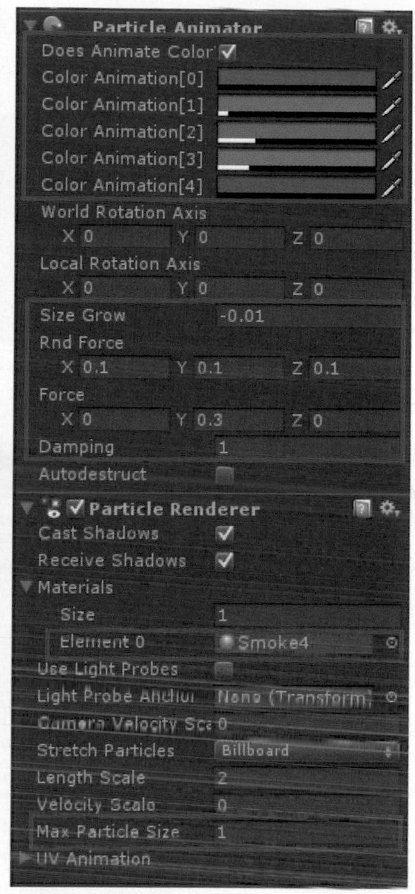

參數設定完成後，我們展開右邊Inspector面板中Transform選項底下的Position調整第二個火焰的位置，將X軸設定為-31.738、Y軸設定為3.551與Z軸設定為210.81，如下圖所示。

在Hierarchy視窗中，我們將Smoke拖曳至Fire身上，將Smoke當作是Fire的子物件，如下圖所示。

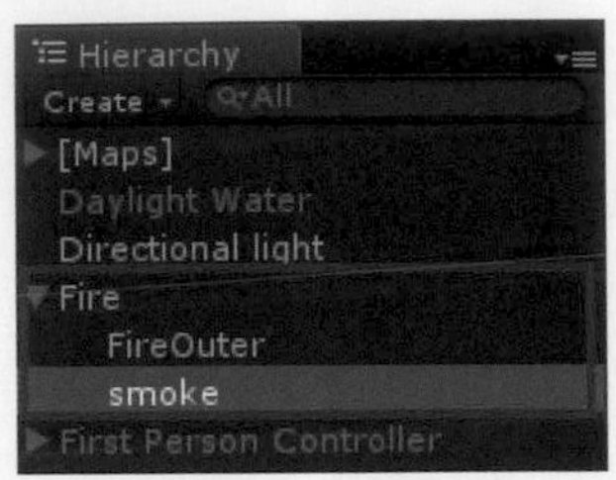

接著我們就要來開始製作雪花的粒子特效，一樣點擊上方選單GameObject中的Creat Empty選項，創建一個空物件，如下圖所示。

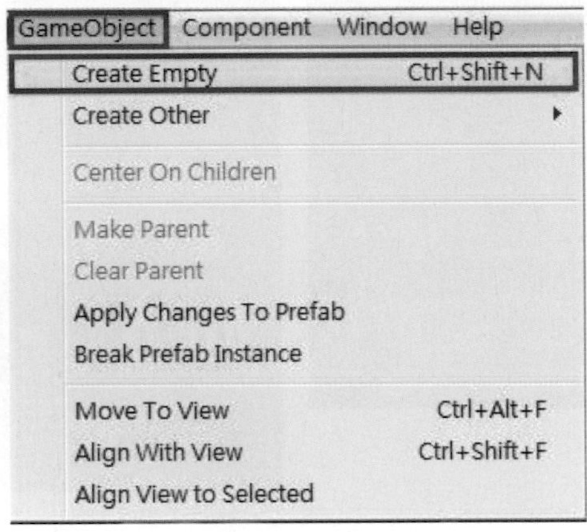

我們可以在右邊的Inspector面板上方爲新創建的空物件命名爲Snow，如下圖所示。

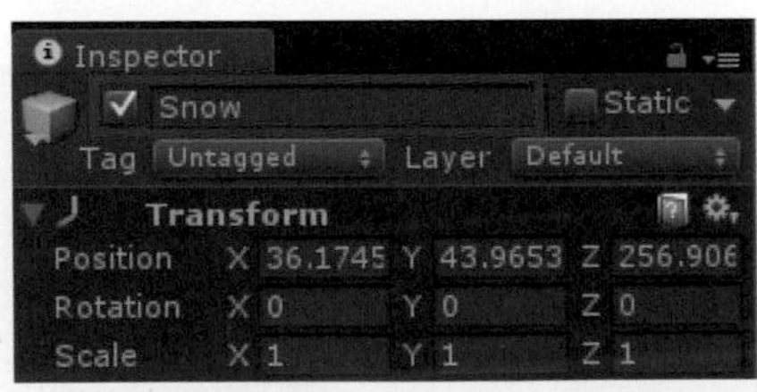

然後爲Snow依次添加粒子組件，選擇新建立好的Snow，點選上方選單Component中Effects底下的Legacy Particles選項，分別將Legacy Particles選項中的Mesh Particle Emitter(網格粒子發射器)、Particle Animator(粒子動畫器)、Particle Render(粒子渲染器)與World Particle Collider(粒子碰撞器)四個粒子組件都添加到空物件中，如下圖所示。

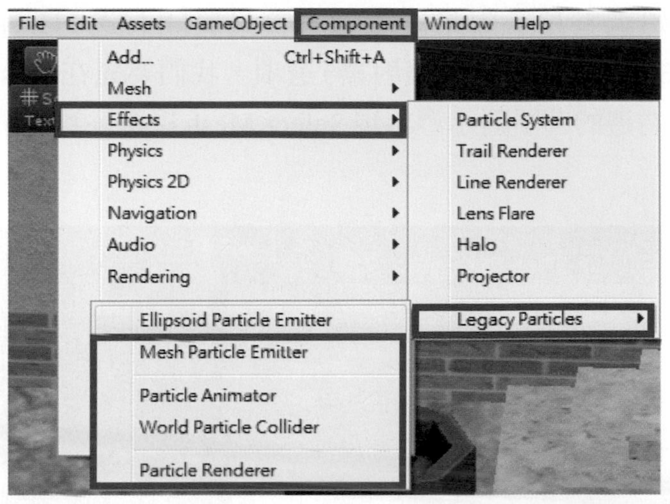

將四樣粒子組件都添加至Snow後，可以在場景上看見預設的粒子效果，因為我們是選擇網格粒子發射器，一開始並沒有選擇網格的形狀，因此只看見粒子在同個位置生成，如下圖所示。

而在右邊的Inspector面板中也可以看見我們所添加的四個粒子組件，我們可以在這裡分別調整粒子組件的參數，製作出我們想要的粒子效果，如下圖所示。

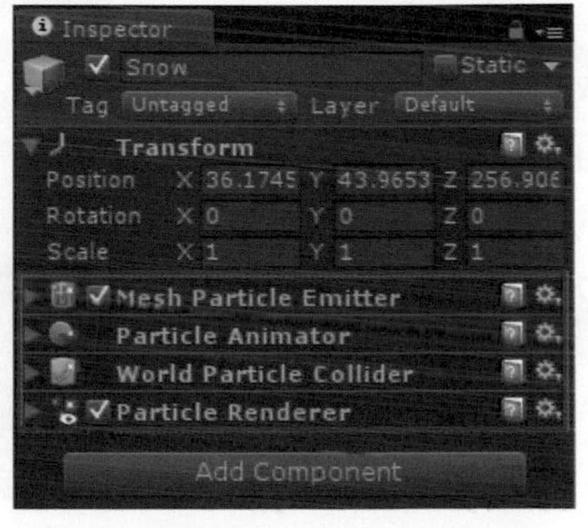

我們要開始調整粒子效果的參數，首先展開右邊的Inspector面板中的Mesh Particle Emitter(網格粒子發射器)選項，我們要先在Mesh調整網格的形狀，點選Mesh右邊的圓圈圖示會出現Select Mesh視窗，我們選擇Plane，如下圖所示。

這時我們會發現我們所選擇Plane網格的大小似乎有點太小了，因此我們展開右邊的Inspector面板中的Transform選項，在Scale中將Plane尺寸的X軸與Z軸調整為3，如右圖所示。

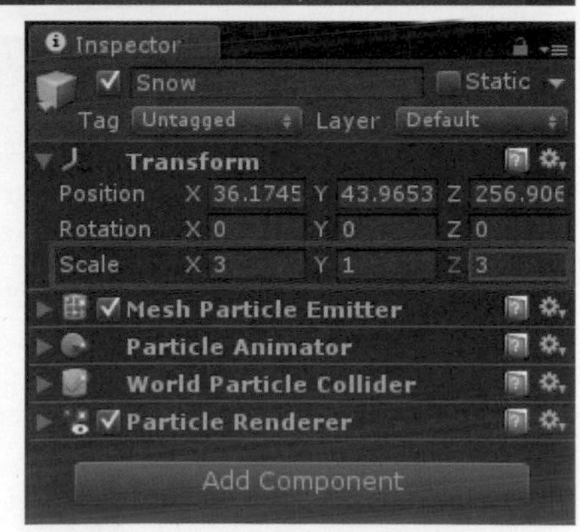

接著我們展開右邊的Inspector面板中的Particle Render(粒子渲染器)選項，我們要先爲粒子添加上材質，因此點選Materials中的Element0右邊的圓圈圖示，會出現Select Material視窗，我們選擇Default-Particle材質球，如下圖所示。

然後回到Mesh Particle Emitter(網格粒子發射器)選項，我們要開始調整粒子的一些基本參數，將粒子的Size尺寸範圍設定爲0.1至0.2，再將粒子的Energy生命週期範圍設定爲10秒，最後再將Emission粒子每秒發射的數量範圍設定爲100至120，如下圖所示。

在World Velocity選項中將Y軸設定為-5，讓粒子往下飄落，接著因為我們希望粒子能隨機沿著某個方向來做移動，所以將RndVelocity選項將X軸設定為2，Y軸設定為0，Z軸設定為2，並將Angular Velocity選項設定為90，勾選Rnd Rotation選項，讓粒子能隨機的轉動，最後再勾選Interpolate Triangles選項，讓我們的粒子在Plane網格中隨機的地方生成，如下圖所示。

接著展開右邊的Inspector面板中的Particle Animator(粒子動畫器)選項，因為我們希望雪花的顏色能透明些，因此我們將Color Animation中的五種顏色的透明度都調整為255，如下圖所示。

最後我們希望雪花粒子能與物體做出碰撞的效果，所以我們展開右邊的Inspector面板中的World Particle Collider(粒子碰撞器)選項，將Collides With選項設定為Everthing，讓粒子能與所有物體做出碰撞，並將Bounce Factor選項設定為0，讓粒子碰撞後不產生反彈效果，如下圖所示。

將雪花的參數都設定完成後，可以發現目前雪花只涵蓋了場景的一小部分，若是要將雪花覆蓋整個場景，我們需要耗費十分多的資源，因此在這邊我們利用了一個小方法，在左邊的Hierarchy面板中按住滑鼠左鍵將Snow雪花的粒子特效拉至First Person Controller第一人稱控制器上，將雪花當做第一人稱控制器的子物件，在利用左上方的移動工具，將雪花移動至場景上第一人稱控制器上方的位置，或是利用右邊Inspector面板中Transform選項底下的Position調整雪花的位置，將X軸設定爲0.089，Y軸設定爲26.028與Z軸設定爲1.714，如下圖所示。

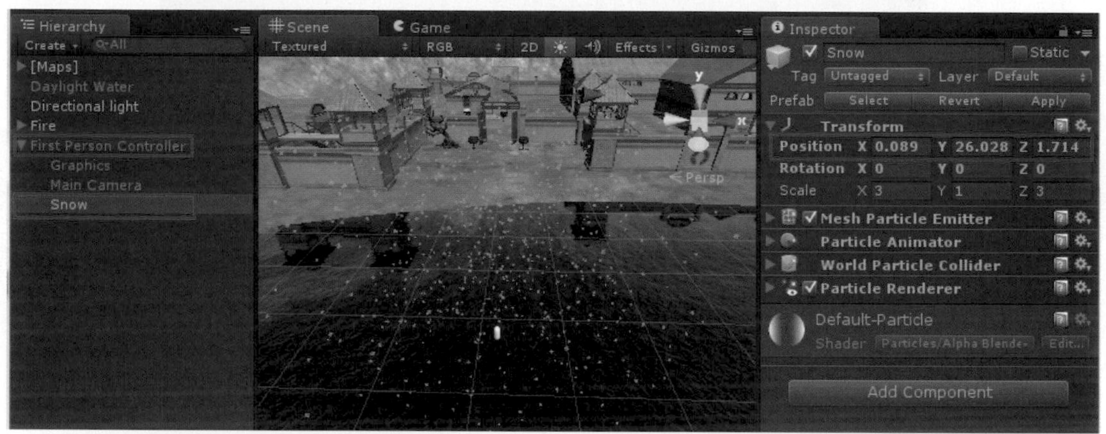

本範例即完成，如下圖所示。

05

遊戲模型的匯入與場景打光

作品簡介

本範例主要是介紹如何將在3ds Max所完成的模型匯出，使其能夠提供給Unity的專案使用，利用此模型建立遊戲場景，接著，在此遊戲場景分別來建立區域燈光的效果，使遊戲的場景更有變化。

首先，我們會將靜態的舞台模型從3ds Max匯出，並直接將匯出的檔案存放在Unity的專案中，接著再匯出帶有簡單動畫的機器人模型，再來我們會在Unity的場景中放入舞台模型以及兩個機器人模型。為了讓舞台有光影的變化，我們在兩側音響的部分放上黃色點光源，舞台中間放上橘色及紫色的光源，使其經過時有不同顏色的視覺效果，其中我們還會使用兩盞聚光燈，分別照射在機器人身上，以凸顯出機器人角色，最後再加上第一人稱控制器，使我們能夠在整個場景中自由地移動。

學習重點

- ✦ 重點一：外部模型匯入 Unity- 以 3ds Max 為例。
- ✦ 重點二：替遊戲場景加上燈光效果。

重點一 外部模型匯入Unity-以3ds Max爲例

在這部分我們將介紹如何將3ds Max中所完成的模型輸出到Unity中，而模型分爲靜態模型及動態模型，靜態模型須將所有的物件合併爲同一個物件再匯出，匯出時則要記得勾選Embed Media(啓動多媒體)，動態模型在匯出時則要注意要記得勾選Animation(動畫)。

當我們將模型匯到Unity時，會自動將模型縮放0.01，因此建議在3ds Max中製作模型時，將單位設定爲公分。要如何設定單位呢？首先在3ds Max中開啓我們所完成的迷宮模型，在上方的工具列中會看到Customize(設定)，點擊Customize(設定)，找到底下的Units Setup(單位設定)，如下圖所示。

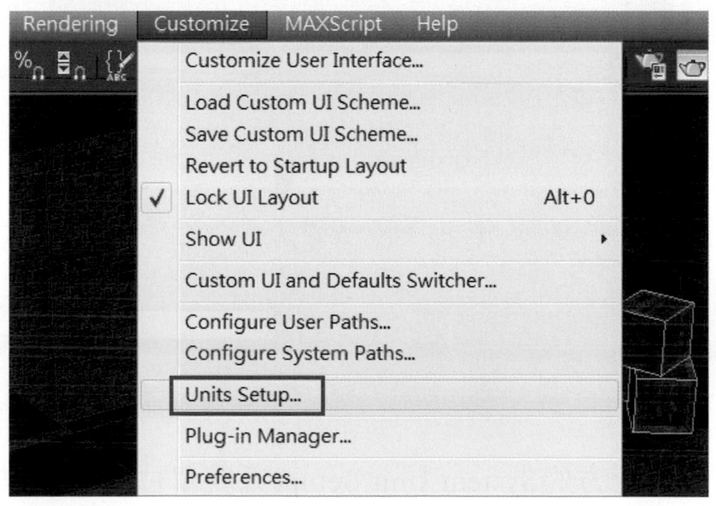

點擊Units Setup(單位設定)後會彈出名為Units Setup(單位設定)的視窗，如下圖所示，我們可以在此視窗設定模型的單位，一般而言，3ds Max中預設的單位為Inches(英吋)。

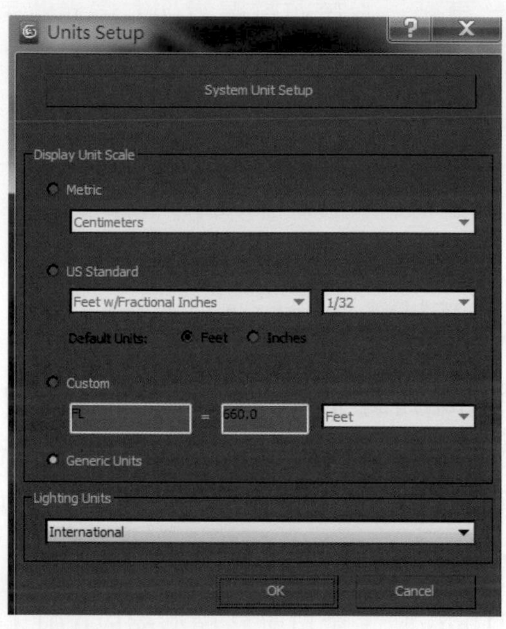

點擊Metric(測量單位)，在下拉選單中選擇Centimeters(公分)，如下圖所示。

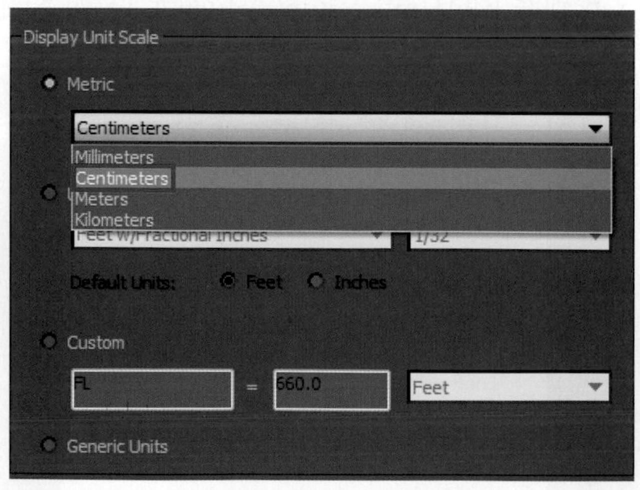

接著，點擊最上方的System Unit Setup(系統單位設定)按鈕，會彈出一個名為System Unit Setup(系統單位設定)的視窗，在右方的下拉選單中選擇Centimeters(公分)，並按下OK，如此一來，我們便完成了單位的設定。

在匯出模型之前，我們需要先將場景中的所有靜態物件附加在一起，使其成爲同一個物件，而我們爲大家準備的迷宮模型可選擇名爲maze的物件，找到下方的Attach(附加)按鈕，點擊Attach(附加)按鈕旁邊的方形按鈕，如下圖所示。

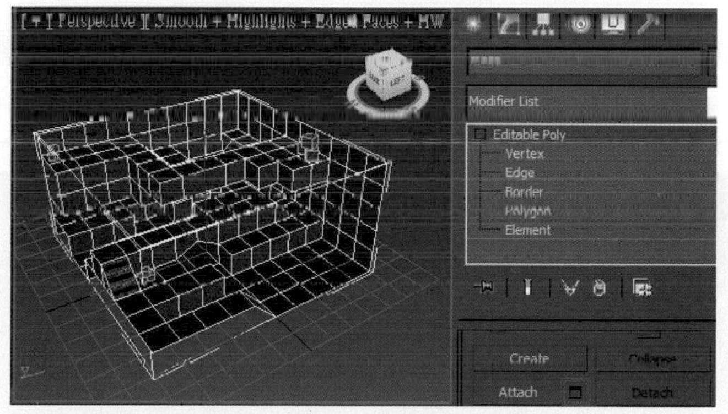

點擊Attach(附加)按鈕旁邊的方形按鈕後會彈出一個名爲Attach List(附加列表)的視窗，選擇此視窗中所有的物件，按下右下方的Attach(附加)按鈕，如此便可以將場景中的所有物件合併爲同一個物件。

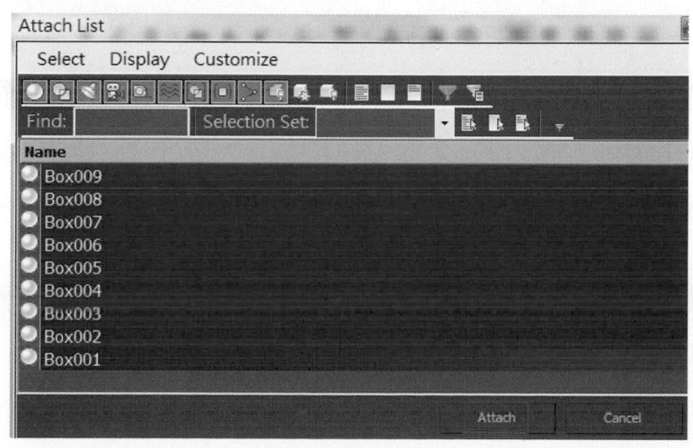

爲了避免迷宮模型匯出之後會產生問題，我們要先對其迷宮模型做校正的動作，點擊Utilities(工具)面板，按下Reset XForm(重置)按鈕，按下此按鈕後，最下方會出現一個Reset Selected(重置選擇)按鈕，點擊即可。

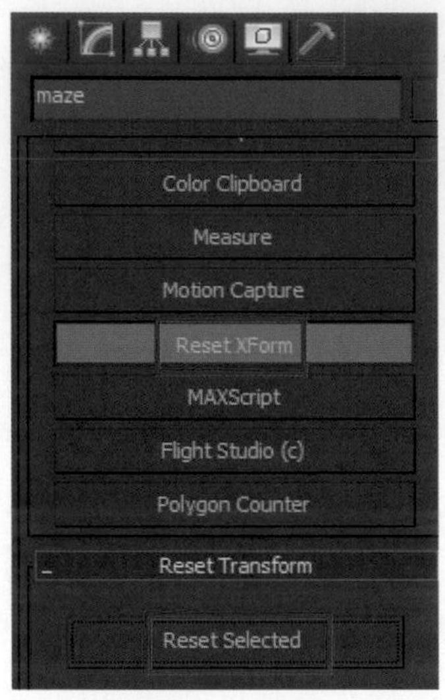

點選Hierarchy(階層)面板，找到Affect Pivot Only(僅影響軸)，按下此按鈕，加上移動工具，我們可以自行決定模型的中心點，如下圖所示。

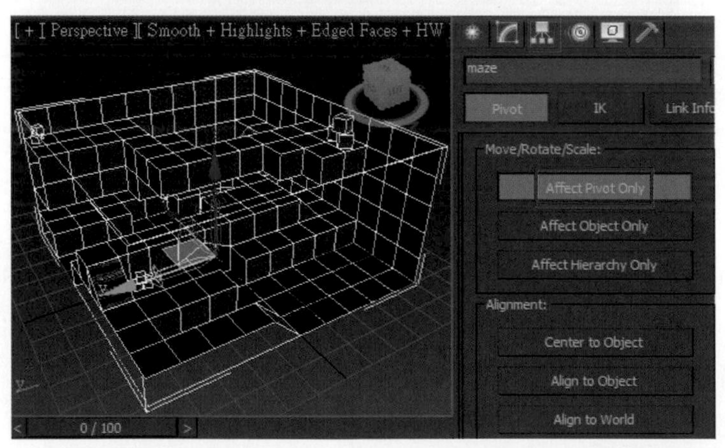

利用滑鼠將選單拖曳，在下方我們可以看見Reset(重置)底下有兩個按鈕，分別爲Transform(移動)以及Scale(縮放)，按下此兩個按鈕，我們可以將模型的方向以及縮放都歸零。

點擊左上方圖示，選擇底下的Export(匯出)，將場景中的迷宮模型匯出，如下圖所示。

按下Export(匯出)會彈出一個名為Select File to Export(選擇檔案匯出)的視窗，如下圖所示，在此視窗中我們需要選擇匯出檔案的存放路徑，我們可以直接將匯出的檔案存放在Unity的專案中，如此一來便不需要再重新匯入一次。例如：我們有一存在的Unity專案，此專案建立在Lesson05的資料夾中，所以找到名為Lesson05的資料夾，點擊此資料夾。

開啓名爲Lesson05的資料夾後，會看到此資料夾中有三個子資料夾，此爲Unity專案所建立的，分別爲Assets、Library以及ProjectSettings，我們要將匯出的模型存放在名爲Assets資料夾中，點擊Assets資料夾，將匯出的檔案命名爲maze，而檔案的類型爲FBX格式，最後在按下Save按鈕，如下圖所示。

按下Save按鈕後，3ds Max還會彈出一個名爲FBX Export(匯出FBX)的視窗，如下圖所示。

3ds Max預設的Animation(動畫)及Light(燈光)部分是勾選的狀態，由於我們場景中沒有燈光及動畫，因此要記得取消勾選，如下圖所示。

找到Embed Media(啓動多媒體)，勾選Embed MediaTransform，若沒有選擇則我們模型上的材質就不會一起匯出，在Axis Conversion(軸向轉換)底下選擇Y軸，因為在Unity中的軸向為Y軸向上，最後按下OK即可。

下圖爲3ds Max與Unity座標軸的比較。

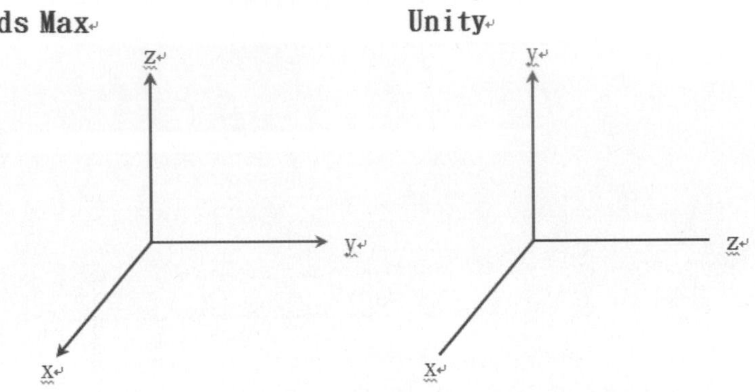

如此我們便將名爲maze的迷宮模型匯入至Unity的專案中了，如下圖所示。

介紹了靜態模型的匯出，若模型是帶有動畫的，又該如何匯出到Unity專案中呢？首先，在3ds Max中開啓名爲monster的怪獸模型，按下底下的播放鍵，我們可以看到這個怪獸模型是一個帶有動畫的動態模型，如下圖所示。

接著，我們要來將此動態模型匯出，與靜態模型匯出的方式相同，點擊左上方圖示，選擇底下的Export(匯出)，預備將場景中的怪獸模型匯出，在Select File to Export(選擇檔案匯出)的視窗中選擇匯出檔案的存放路徑，將匯出的模型存放在名為Lesson05中的Assets資料夾，將匯出的檔案命名為monster，而檔案的類型為FBX格式，最後在按下Save(儲存)按鈕，由於此怪獸模型帶有動畫，因此在FBX Export的視窗中需要勾選Animation(動畫)，勾選Animation(動畫)後會出現Bake Animation(烘焙動畫)選項，此選項必須勾選，底下可輸入動畫的開始時間與結束時間，Embed Media(啓動多媒體)也需要勾選，如右圖所示。

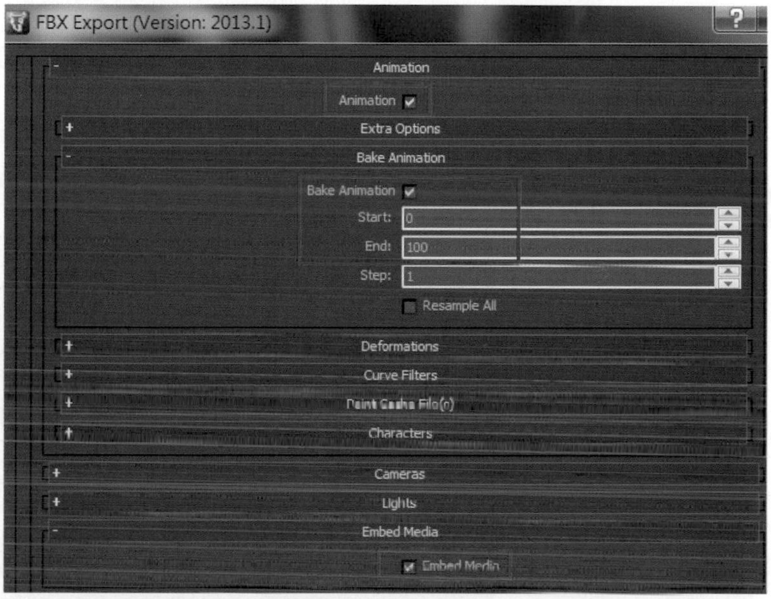

因為在Unity中的軸向為Y軸向上，所以在Axis Conversion(軸向轉換)底下選擇Y軸，最後按下OK即可，如右圖所示。

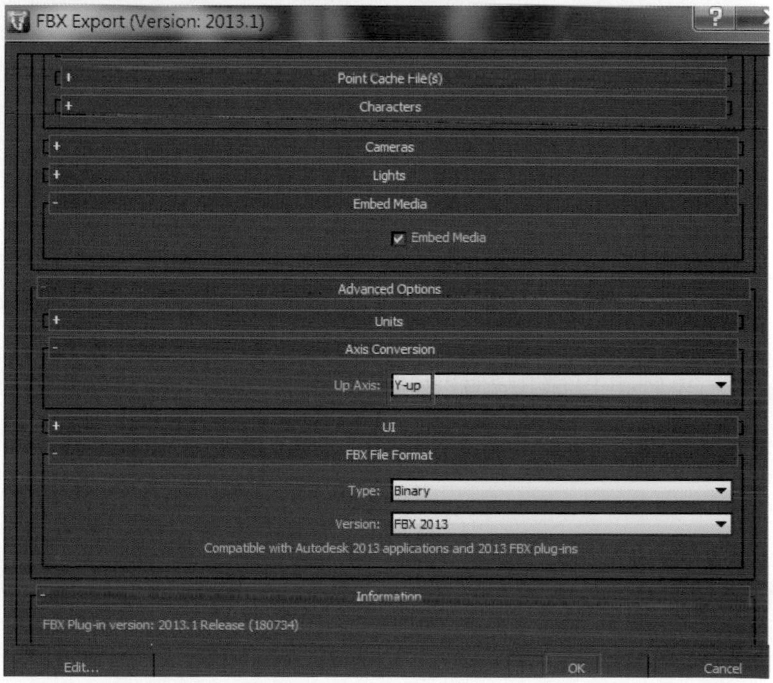

開啓名爲Lesson05的專案，可以看到我們已經將名爲moster的怪獸模型匯入至此專案中了，如下圖所示。

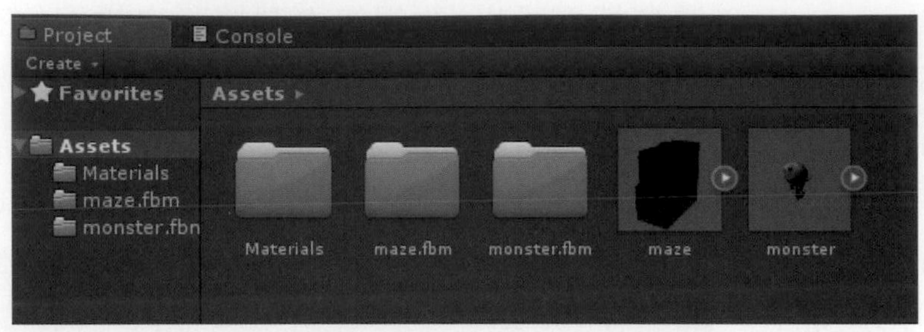

接著，我們將迷宮模型以及怪獸模型拖曳至場景中，並將座標設定在世界座標(0，0，0)的地方，如下圖所示。

我們可以發現到比例有些問題，如下圖所示，可以將迷宮模型放大，或是將怪獸模型縮小。

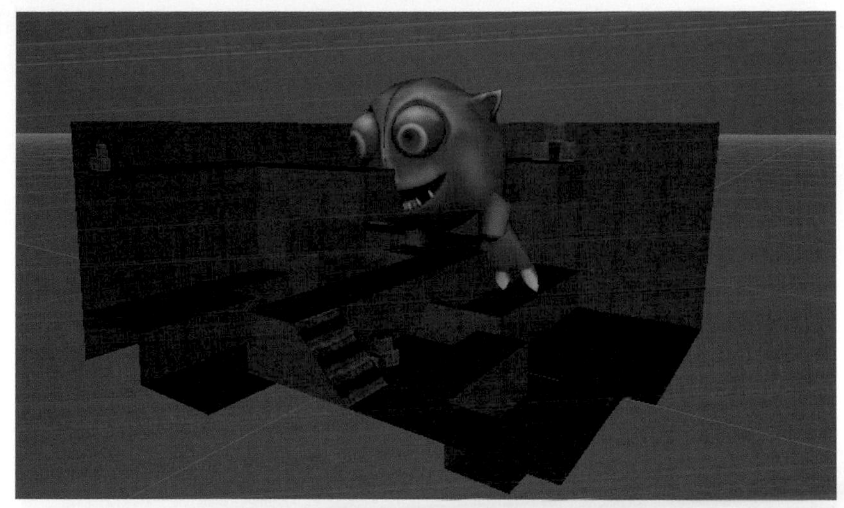

點擊Project視窗中名爲maze的迷宮模型，我們可以進入到此模型的內部進行編輯，如右圖所示。

點擊Assets底下名爲maze的迷宮模型後會出現Inspector面板，在Scale Factor(縮放比例)的部分輸入0.08，並勾選Generate Colliders(產生碰撞體)，將此模型設定爲碰撞體，並按下Apply(應用)，如右圖所示。

回到場景上我們可以看到，迷宮模型與怪獸模型的比例已經是對的了，如下圖所示。

按下播放鍵後，我們會發現怪獸模型是靜止不動的，並沒有播放其本身的動畫，如下圖所示。

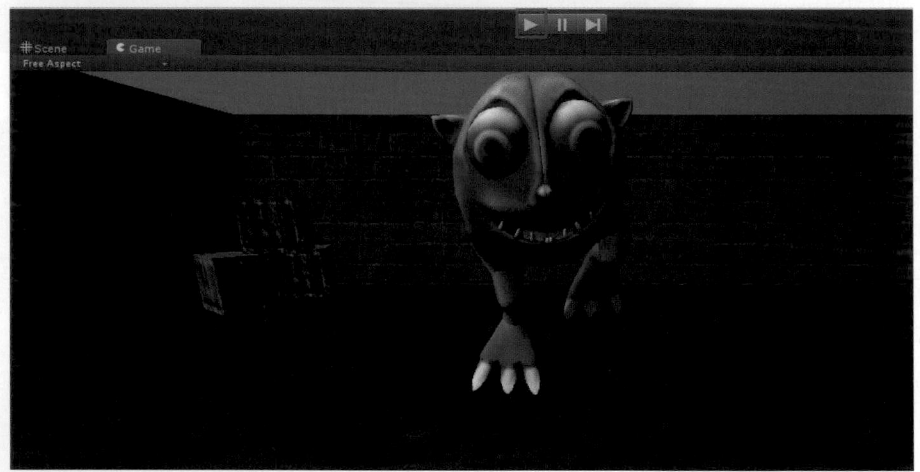

這時我們同樣必須進入到模型的內部進行修改，在Project視窗中點擊Assets底下名爲monster的怪獸模型，如下圖所示。

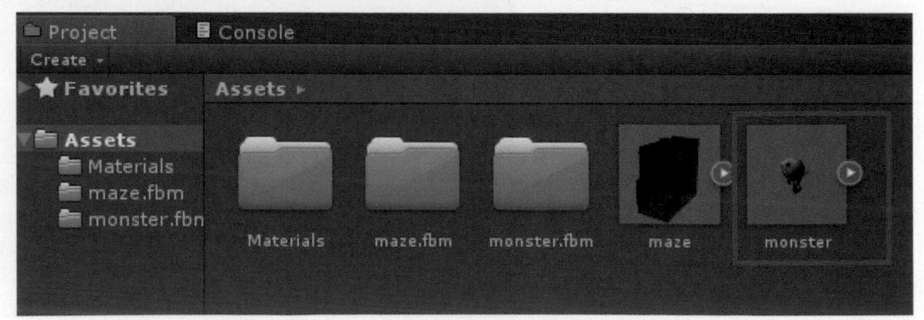

點擊模型後會出現Inspector視窗，點選Rig(操縱)，在Animation Type(動畫類型)的部分選擇Legacy(傳統)，並按下Apply(應用)，如下圖所示。

點選Animations(動畫)，勾選Animations(動畫)底下的Add Loop Frame(增加循環)，並將Wrap Mode(模式)改爲Loop(循環)，使模型能夠重複播放動畫，最後按下Apply(應用)。

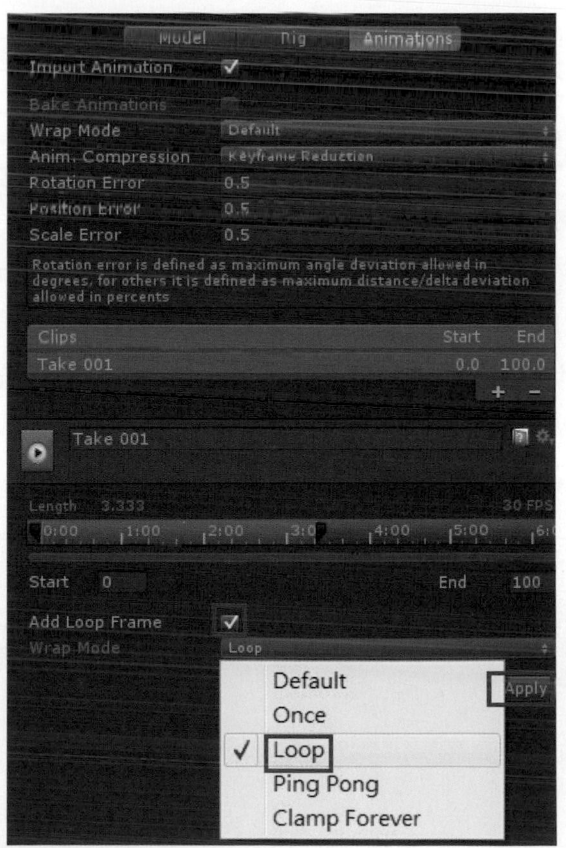

再次按下播放鍵後我們會發現怪獸模型已經有在播放動畫，如下圖所示。

如此動態模型的匯出便完成了。

重點二 替遊戲場景加上燈光效果

光源為場景中重要的一部分，網格模型和材質紋理決定場景的形狀和質感，光源則是決定了環境的明暗、色彩和氛圍，每個場景中可以使用一個以上的光源，合理地使用光源可以創造出完美的視覺效果。若場景中並無任何光源，可以發現到場景上的模型會顯得非常暗淡，如下圖所示，因此我們可以為此場景加上幾盞燈光，使其效果更加豐富。

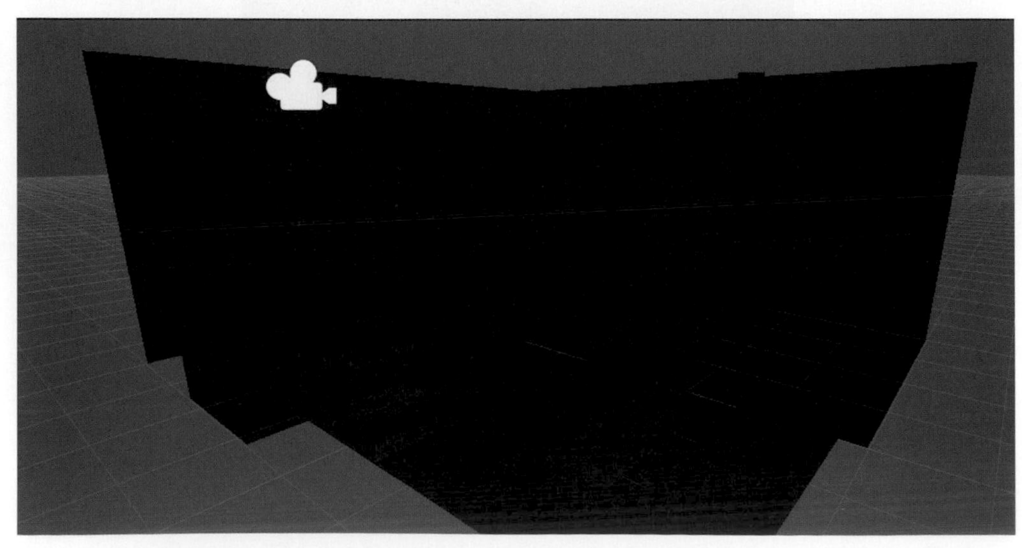

在系統選單選擇GameObject底下的Create Other，在Unity中提供了四種光源的類型，包含Directional Light(方向光源)、Point Light(點光源)、Spotlight(聚光燈)以及Area Light(區域光)，如下圖所示。

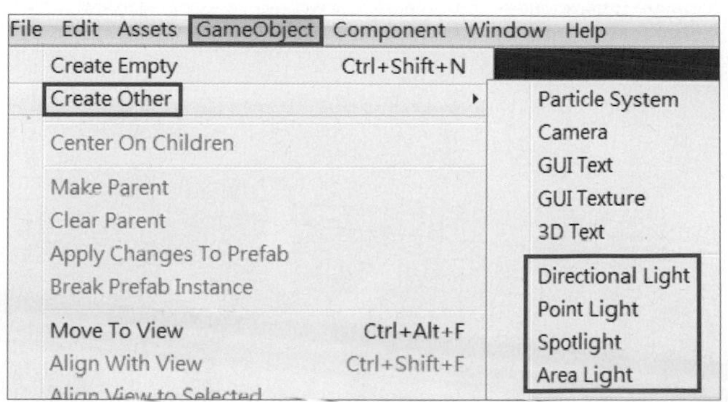

Directional Light為方向光源，該類型的光源可以被放置在無窮遠的地方，它能夠影響場景中的所有物件，類似於自然界中日光的照明效果，如下圖所示，方向光源是最不耗費圖形處理器資源的光源類型。

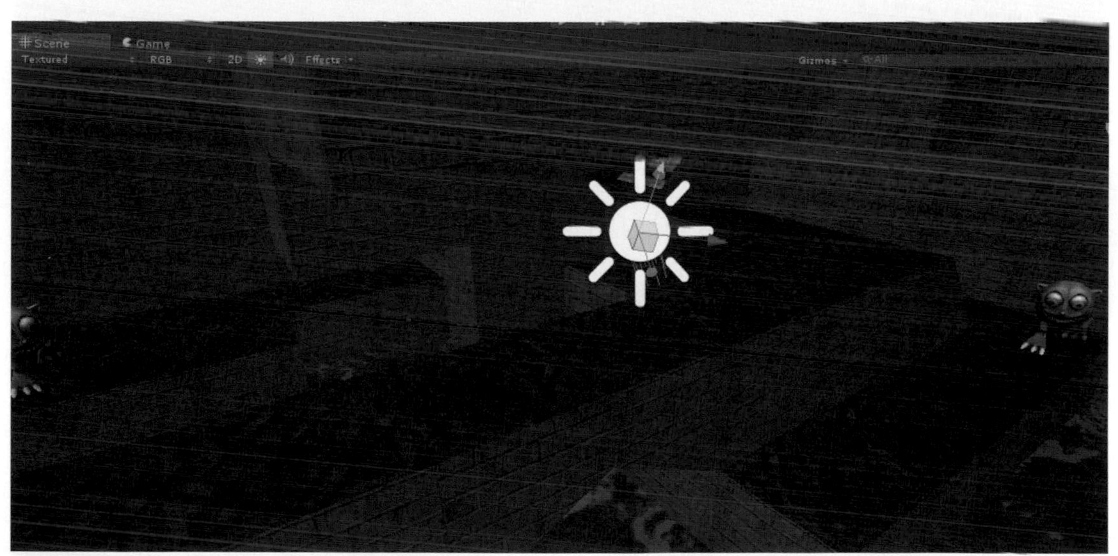

Point Light爲點光源，它是一個位置向四面八方，影響其範圍內的所有物件，類似燈泡的照明效果，如下圖所示，點光源的陰影是較耗費圖形處理器資源的光源類型。

Spotlight爲聚光燈，該類型的燈光從一點發出，在一個方向按照一個錐形的範圍照射，處於錐形區域內的對象會受到光線照射，類似射燈的照明效果，如下圖所示，聚光燈是較耗費圖形處理器資源的光源類型。

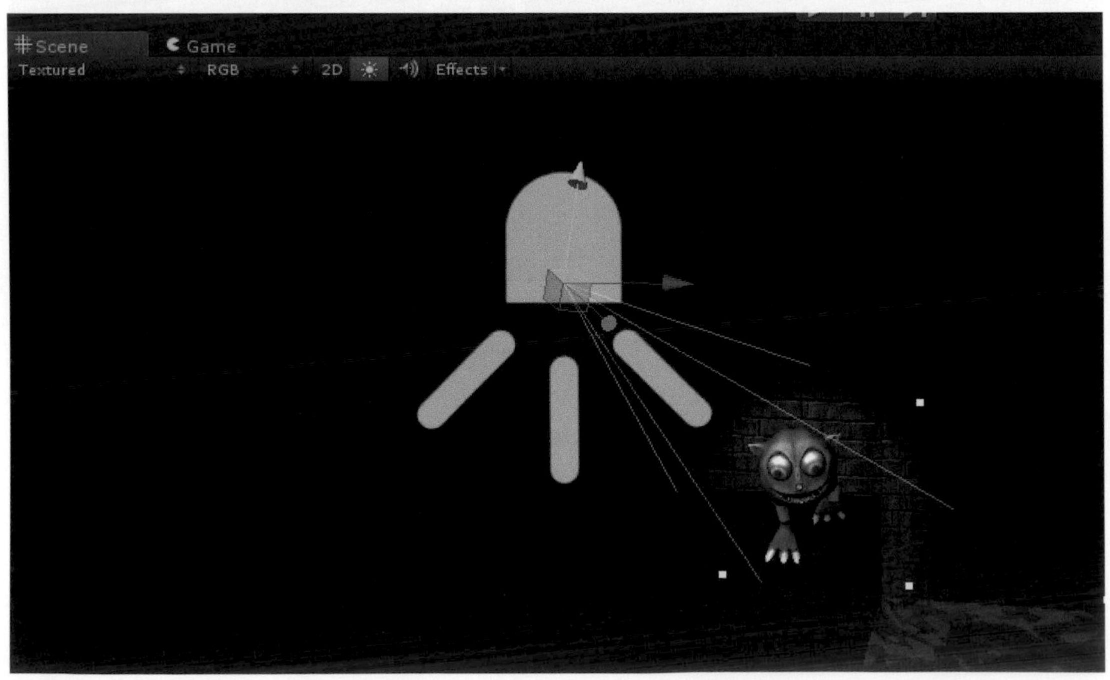

Area Light為區域光，該類型光源無法應用於即時光照，僅適用於光照貼圖烘焙，如下圖所示，在往後的範例我們再詳加介紹。

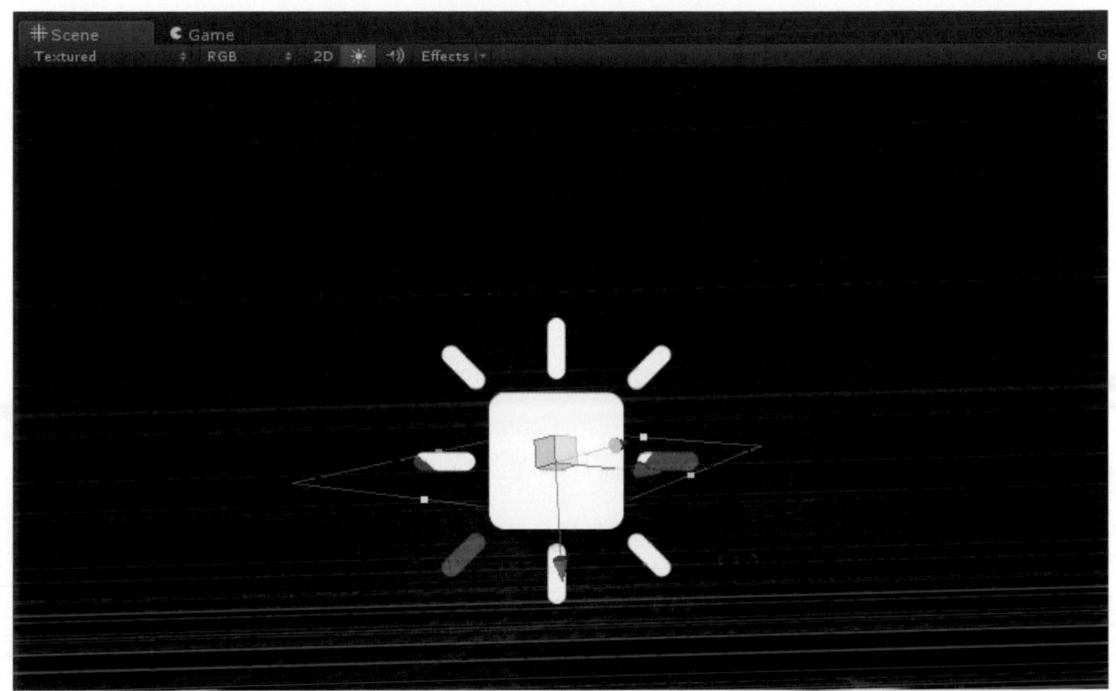

以上四種光源的參數基本上很相似，以點光源爲例來介紹說明，進入Inspector面板，我們可以編輯燈光的參數設定，包含Type(類型)、Range(範　圍)、Intensity(強度)、Cookie、Shadow Type(陰影類型)、Draw Halo(繪製光暈)、Flare(光暈)、Render Mode(渲染模式)、Culling Mask(剔除遮蔽圖)、Lightmapping(光照貼圖)，如右圖所示。

其詳細解釋依序如下：

- Type的部分可以選擇光源的類型。
- Range用於控制光線從光源對象的中心發射的距離，只有點光源和聚光燈有此參數Color用來改變燈光的顏色。
- Intensity用來改變光源的強度。
- Cookie用來替光源指定擁有Alpha通道的紋理，使光線在不同地方有不同的亮度。
- Shadow Type可以選擇陰影的類型，包含No Shadows、Hard Shadows以及Soft Shadows。
- Draw Halo爲繪製光暈，勾選該選項，光源會開啓光暈效果。
- Flare用來爲光源指定鏡頭光暈的效果。
- Render Mode用來指定光源的渲染模式，有三種選項可以選擇，包含Auto、Important以及Not Important。
- Culling Mask爲剔除遮蔽圖，選中層所關聯的物件將受到光源照射的影響。
- Lightmapping爲光照貼圖，用來控制光源對光照貼圖影響的模式，包含RealtimeOnly、Auto以及BakedOnly。

我們在場景上擺上不同的燈光，並設定不同的參數，如此便能夠替遊戲場景添加不同的燈光效果了，如下圖所示。

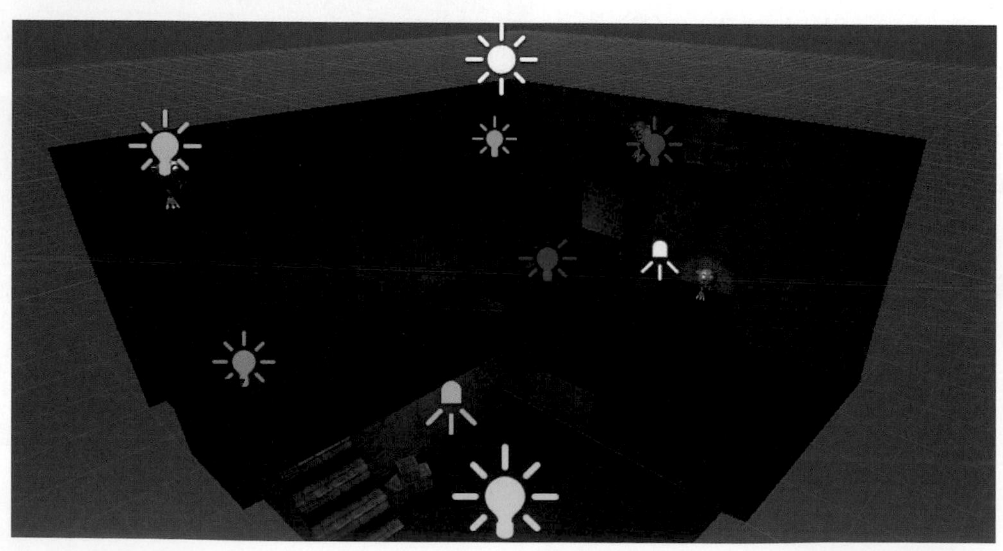

範例實作與詳細解說

本範例我們將藉由以下三個步驟來完成簡述如下：

- **步驟一：**建立遊戲新專案。
- **步驟二：**外部模型匯入。
- **步驟三：**燈光以及第一人稱控制器設定。

步驟一、建立遊戲新專案

我們提供一個Lesson05的資料夾，資料夾中有四個子資料夾，分別爲robot、stage、Lesson05(practice)以及Lesson05(finish)，如下圖所示。在robot及stage的資料夾中，提供3ds Max可使用的max檔以及可以直接讓Unity匯入的fbx檔，若是沒有3ds Max的讀者可以複製Lesson05(practice)的資料夾來練習，如此便不需要操作第一個步驟，而第二個步驟中3ds Max的部分也不需要操作。

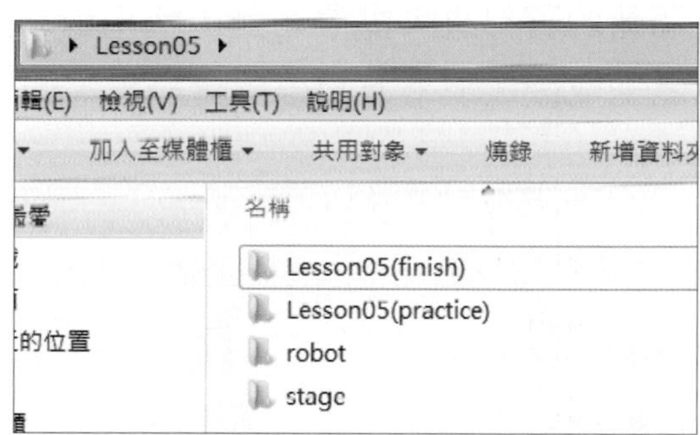

開啓Unity，在製作遊戲前我們需要建立一個專案來放置遊戲中所需要使用的資源，如模型、貼圖…等等。首先我們先來建立一個新專案，在系統選單選擇File的New Project，如下圖所示。

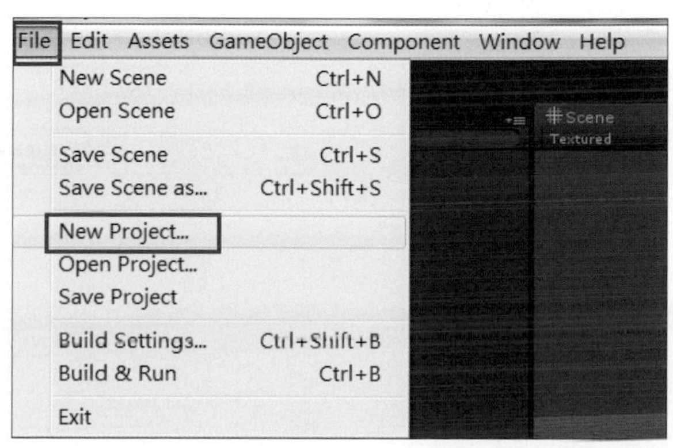

按下New Project後會彈出名為Unity-Project Wizard的視窗，首先點擊右方的browse按鈕來選擇資料夾，如下圖所示。

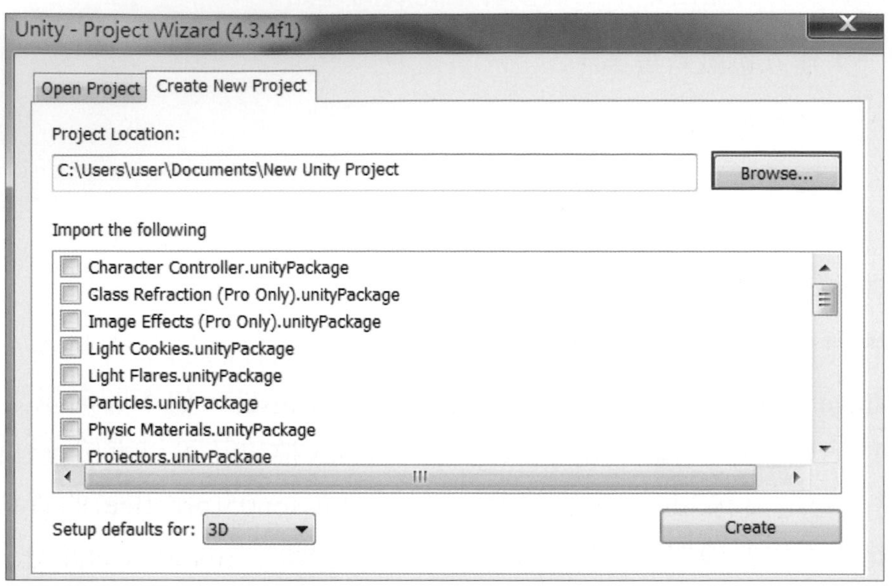

在桌面中創造一個新的資料夾，點擊右鍵，新增資料夾，將資料夾的名稱命名為Lesson05，命名完成後按下下方的選擇資料夾，如下圖所示。

選擇Lesson05的資料夾後，最後再按下Create，如此我們便創造了一個名爲Lesson05的專案了，如下圖所示。

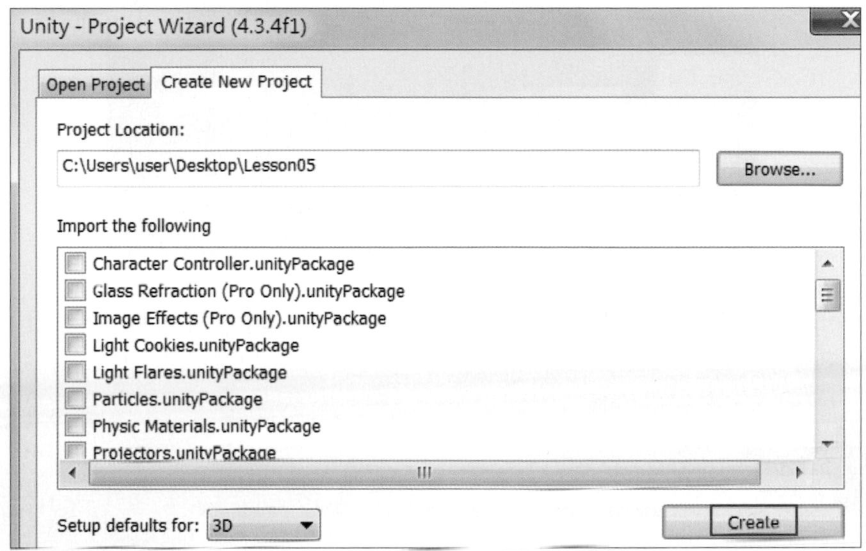

若是讀者要使用我們所提供的練習檔，可以把上方的視窗從Create New Project改爲Open Project，並按下Open Other找到我們所提供的名爲Lesson05(practice)的資料夾，如此便可開啓名爲Lesson05(practice)的專案，如下圖所示。

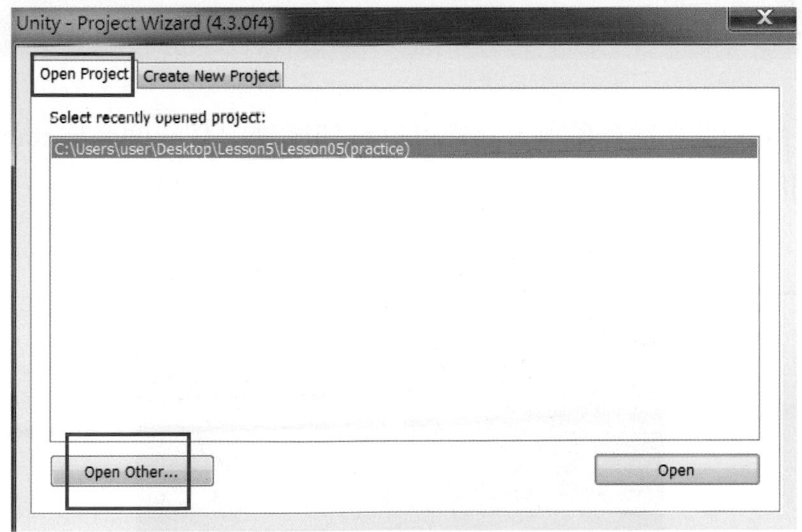

步驟二、外部模型匯入

開啓3ds Max，找到左上方的Open File按鈕，如下圖所示。

在Open File的視窗中找到名爲stage的max檔，開啓舞台模型，如下圖所示。

在3ds Max開啓舞台模型，我們可以看到場景中有一個名爲stage的舞台模型，如下圖所示，我們已經先將所有的物件合併爲同一個物件。

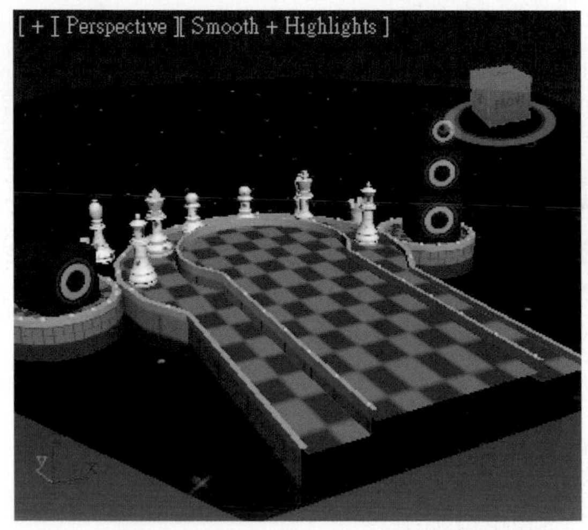

為了防止模型匯出後會產生問題，我們須進行校正的動作，點擊Utilities(工具)面板，按下Reset XForm(重置)按鈕，按下此按鈕後，最下方會出現一個名為Reset Selected(重置選擇)按鈕，點擊即可，如下圖所示。

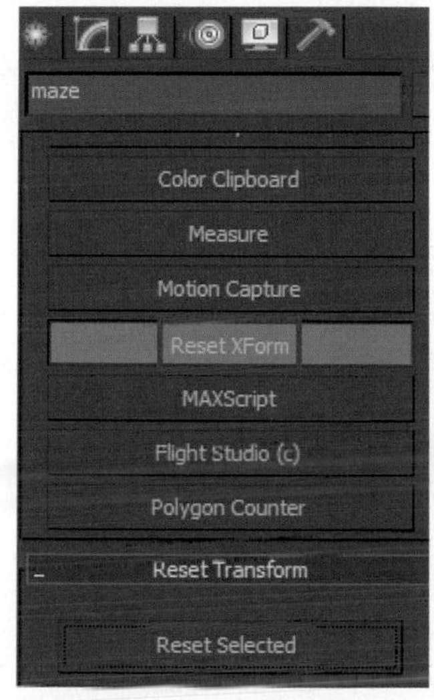

接著，設定模型的中心位置，點選Hierarchy(階層)面板，找到Affect Pivot Only(僅影響軸)，按下此按鈕，加上移動工具，將中心點移動到(0，0，0)的地方，如下圖所示。

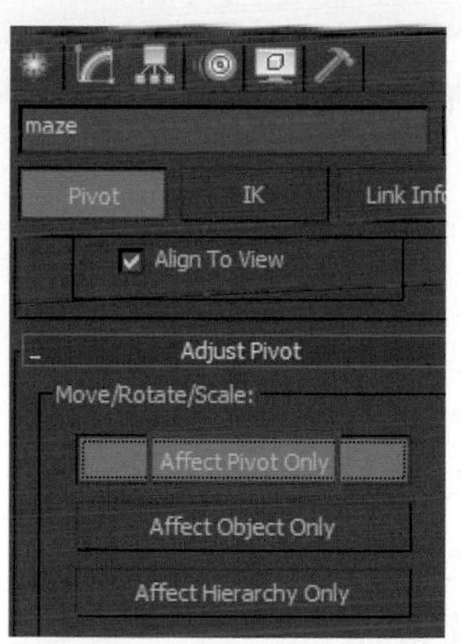

利用滑鼠將選單拖曳，找到Transform(移動)以及Scale(縮放)，按下這兩個按鈕，將模型的方向以及縮放歸零，如下圖所示。

點擊左上方圖示，選擇底下的Export(匯出)，將場景中的迷宮模型匯出，如下圖所示。

按下Export(匯出)會彈出一個名為Select File to Export(選擇檔案匯出)的視窗，如下圖所示，找到名為Lesson05的資料夾，點擊此資料夾，直接將檔案存放在Unity的專案中。

開啓名為Lesson05的資料夾後，將匯出的模型存放在名為Assets資料夾中，將匯出的檔案命名為stage，而檔案的類型為FBX格式，最後在按下Save按鈕，如下圖所示。

按下Save按鈕後，會彈出一個名爲FBX Export(匯出FBX)的視窗，勾選Embed Media(啓動多媒體)，在Axis Conversion(軸向轉換)底下選擇Y軸，最後按下OK即可，如下圖所示。

在Unity中開啓名爲Lesson05的專案，我們可以在Project視窗中的Assets底下看到名爲stage的舞台模型，如下圖所示。

接著要在匯出robot資料夾中的兩個動態模型，在3ds Max中開啓名爲robot01的機器人模型，如下圖所示。

點擊左上方圖示，選擇底下的Export(匯出)，如下圖所示。

按下Export(匯出)會彈出一個名爲Select File to Export(選擇檔案匯出)的視窗，如下圖所示，找到名爲Lesson05的資料夾，點擊此資料夾。

開啓名爲Lesson05的資料夾後，將匯出的模型存放在名爲Assets資料夾中，點擊Assets資料夾，將匯出的檔案命名爲robot01，而檔案的類型爲FBX格式，最後在按下Save按鈕，如下圖所示。

按下Save按鈕後，會彈出一個名為FBX Export(匯出FBX)的視窗，由於此機器人模型帶有動畫，因此需要勾選Animation(動畫)，Animation(動畫)底下的Bake Animation(烘焙動畫)選項也必須勾選，底下可輸入動畫的開始時間與結束時間，Embed Media(啓動多媒體)也需要勾選，如下圖所示。

在Axis Conversion(軸向轉換)底下選擇Y軸，最後按下OK即可，如下圖所示。

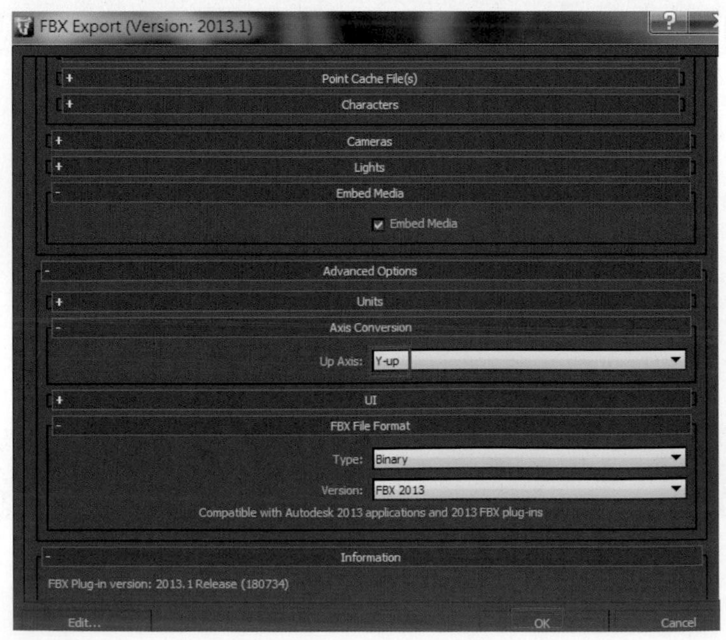

開啓名爲Lesson05的專案，可以看到我們已經將名爲robot01的機器人模型匯入至此專案中了，如下圖所示，robot02由上述相同步驟操作即可，若是複製我們所提供的Lesson05(practice)資料夾，則從以下步驟開始。

接著利用滑鼠將Project視窗中的舞台模型以及機器人模型拖曳至場景中，在Inspector視窗將舞台模型的座標設定爲世界座標(0，0，0)的地方，如下圖所示。

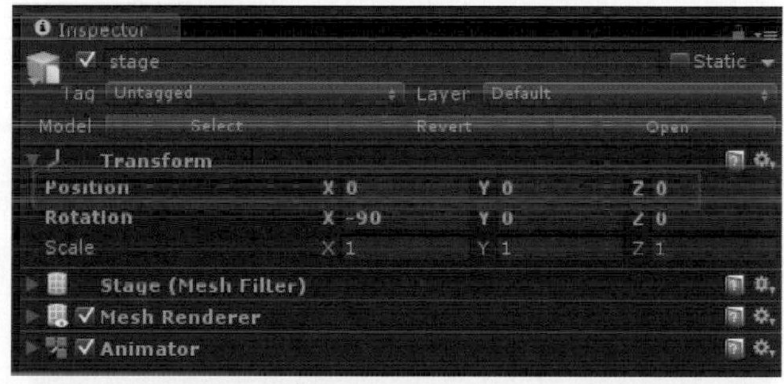

並將機器人模型分別擺入場景中，我們可以發現到比例有些問題，如下圖所示，在此我們將機器人模型的比例放大。

我們將機器人模型放大，點擊Project視窗中名為robot01的機器人模型，我們可以進入到此模型的內部進行編輯，如下圖所示。

點擊Project視窗中的robot01的機器人模型後會出現Inspector視窗，在Scale Factor(縮放比例)的部分輸入0.02，勾選Generate Colliders(產生碰撞體)，使其成為碰撞體，並按下Apply(應用)，如下圖所示。

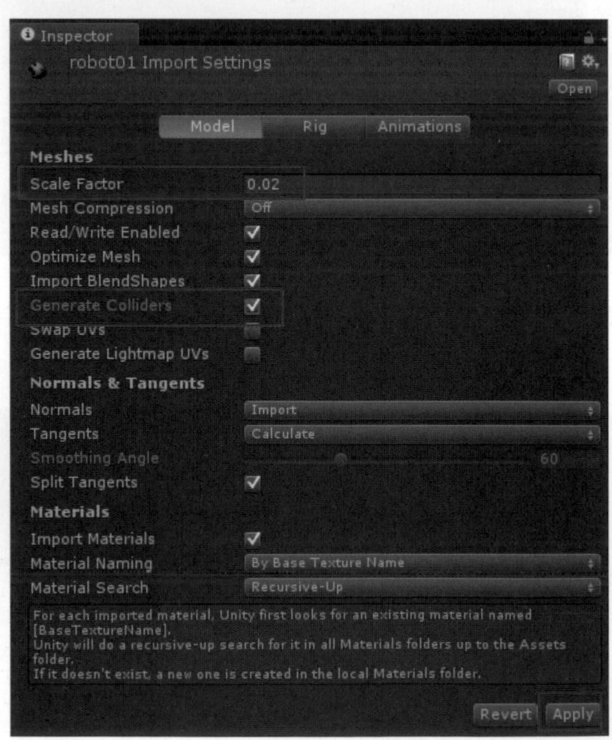

回到場景上我們可以看到，舞台模型與機器人模型的比例已經是沒問題了，如下圖所示。

按下播放鍵後我們會發現機器人模型並沒有播放其動畫，這時我們同樣必須進入到機器人模型的內部進行修改，在Project視窗中點擊Assets底下名爲robot01的機器人模型，如下圖所示。

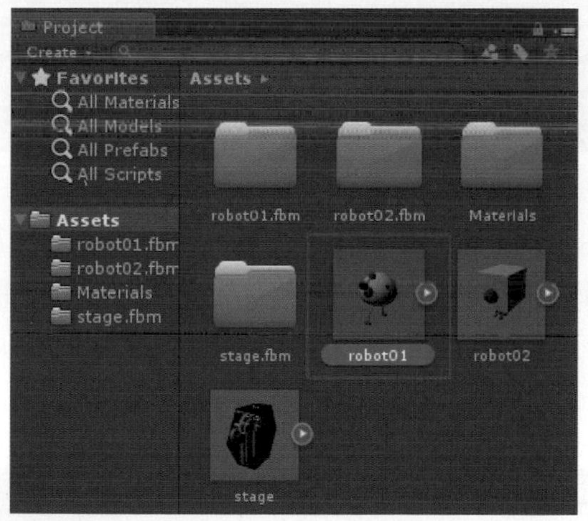

點擊模型後會出現Inspector視窗，點選Rig(操控)，在Animation Type(動畫類型)的部分選擇Legacy(傳統)，並按下Apply(應用)，如下圖所示。

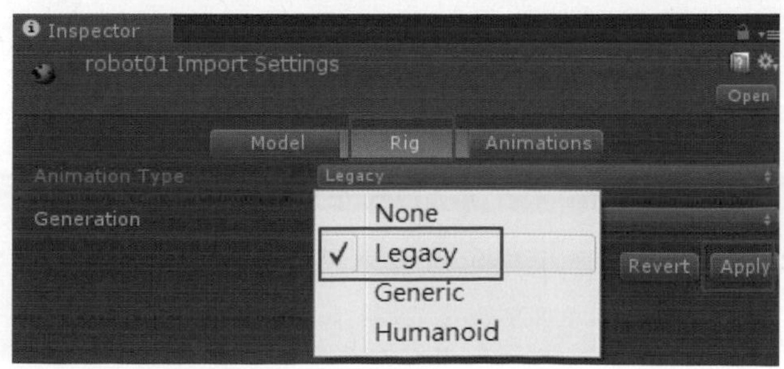

點選Animations(動畫)，勾選Animations(動畫)底下的Add Loop Frame(增加循環)，並將Wrap Mode(模式)改為Loop(循環)，最後按下Apply(應用)，如下圖所示。

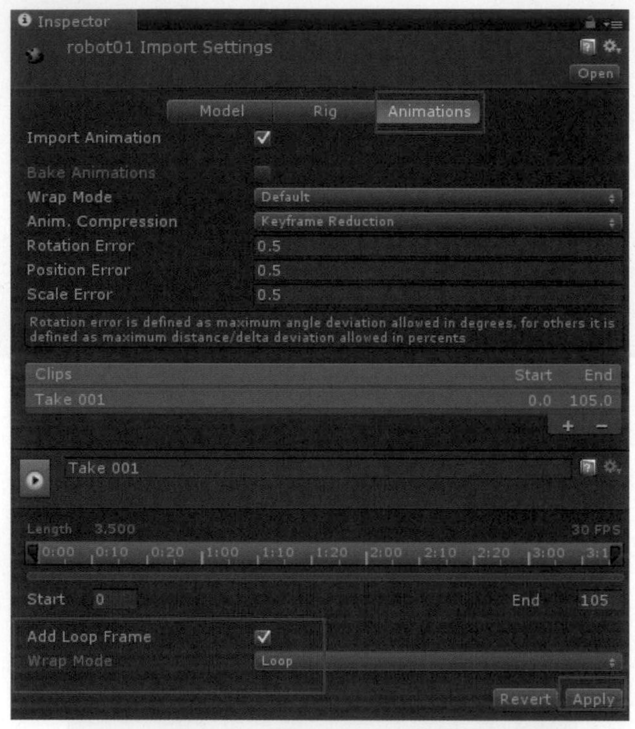

再次按下播放鍵後我們會發現機器人模型已經有在播放其動畫，如下圖所示，robot02也依上述步驟完成設定即可播放其本身的動畫，最後將robot01放置在世界座標(-1.5，4，0)的位置，robot02放置在世界座標(2，2.55，-2)的位置。

再來我們要更改材質球的類型，在Project視窗中找到Assets底下的Materials資料夾，點擊此資料夾中名為light的材質球，如下圖所示。

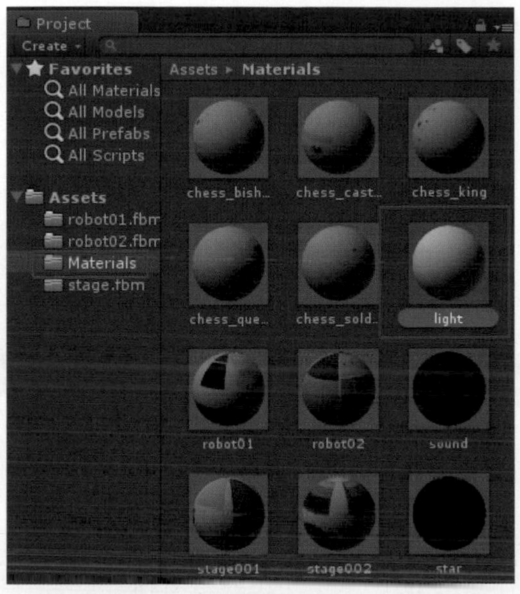

接著到Inspector視窗，點擊Shader(著色器)旁邊的選單，將材質球更改為Self-Illumin(自發光)中的Diffuse(漫反射)，使其成為發光體，如下圖所示。

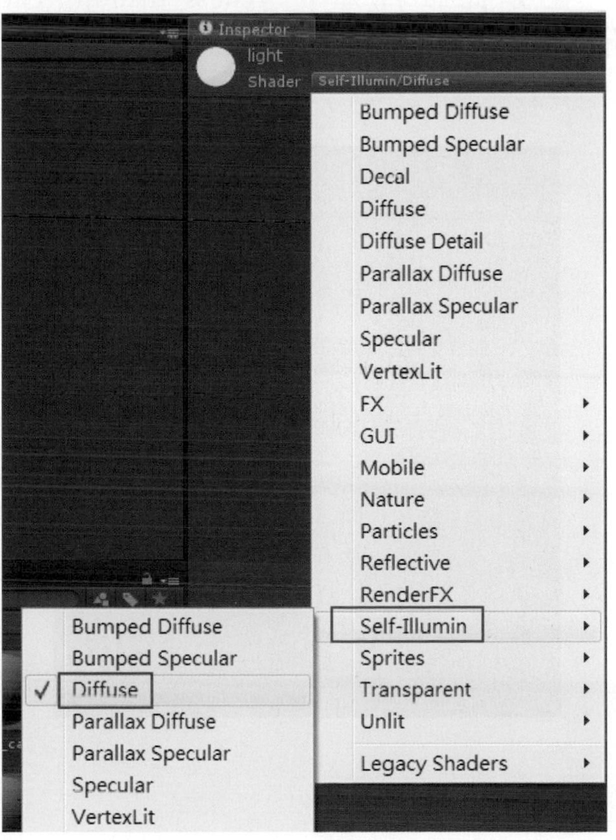

完成上述設定後，回到場景中，我們可以發現，舞台中的小燈泡有發光的效果，如下圖所示。

再來更改西洋棋的材質球部分，在Project視窗中找到Assets底下的Materials資料夾，點擊此資料夾中的chess_bishop、chess_castle、chess_king、chess_queen以及chess_soldier這五個材質球，如下圖所示，按住Shift可一次選取。

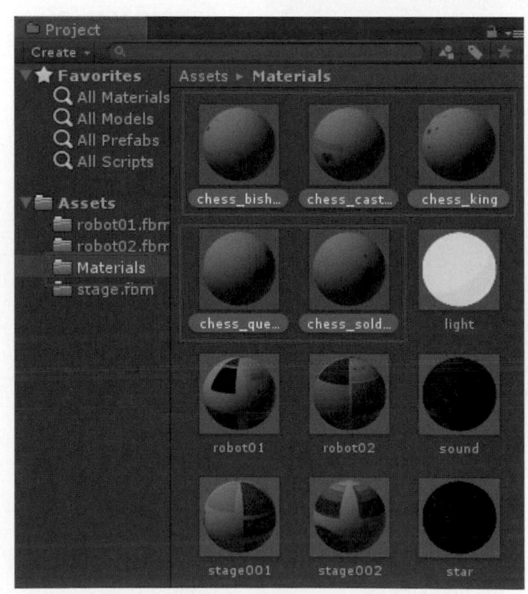

到Inspector視窗，點擊Shader(著色器)旁邊的選單，將材質球更改爲Bumped Specular(高光)，使其成爲高光體，如下圖所示。

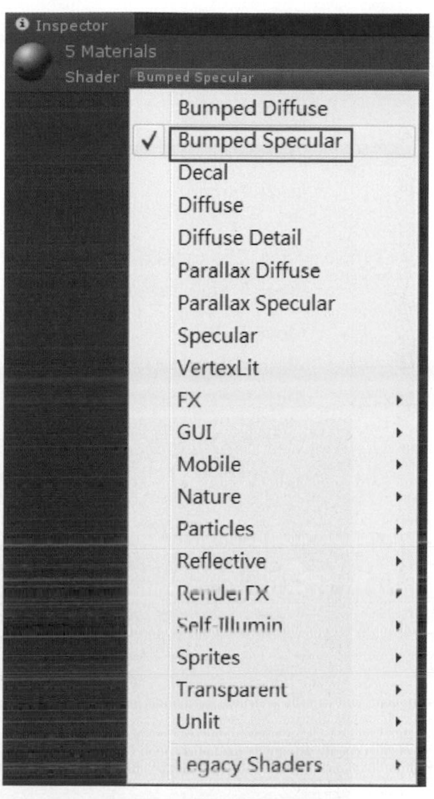

設定完成後可以看到場景中西洋棋的部分變亮了，如下圖所示。

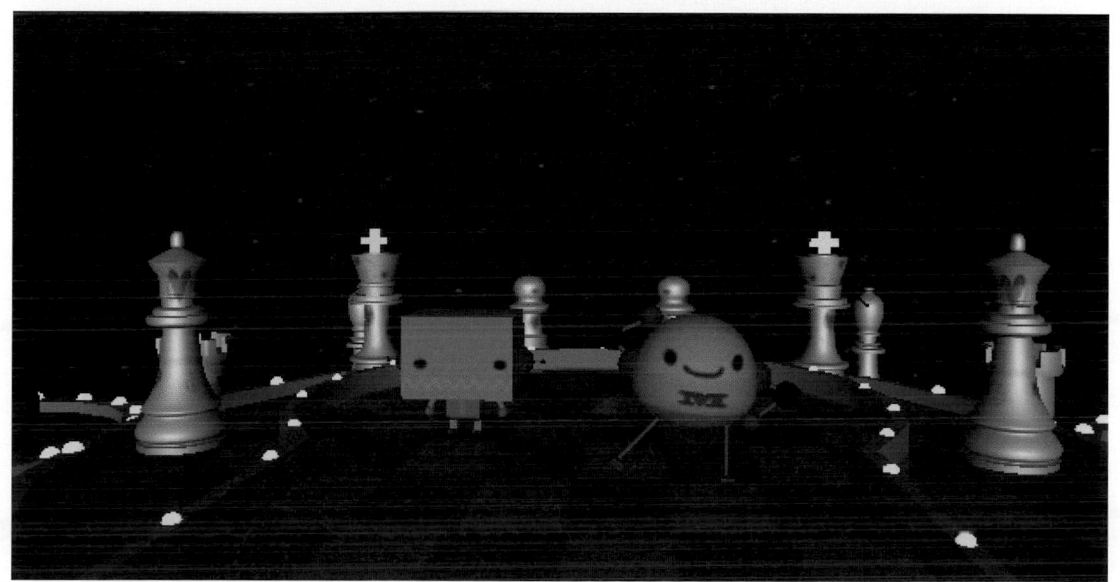

步驟三、燈光以及第一人稱控制器設定

若場景中並無任何光源會發現到場景上的模型會顯得非常暗淡，所以我們在場景中創造一些點光源，在系統選單選擇GameObject的Create Other，尋找Point Light(點光源)選項，如右圖所示。

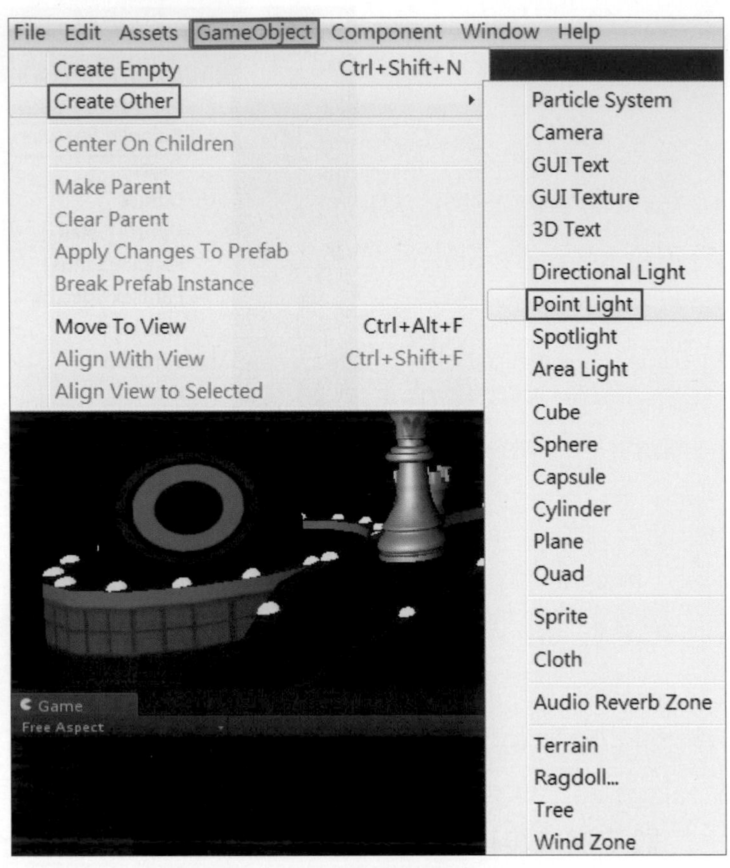

如此便能夠在遊戲場景中創造一個點光源，可以利用移動工具將燈光放置到我們所想要的位置上，遊戲場景中放入了五盞點光源，分別在(-11，3，-3)、(4，6，-0.7)、(11，3.5，-2.8)、(-3，6，-5)以及(-2，4，11.5)這五個位置，如下圖所示。

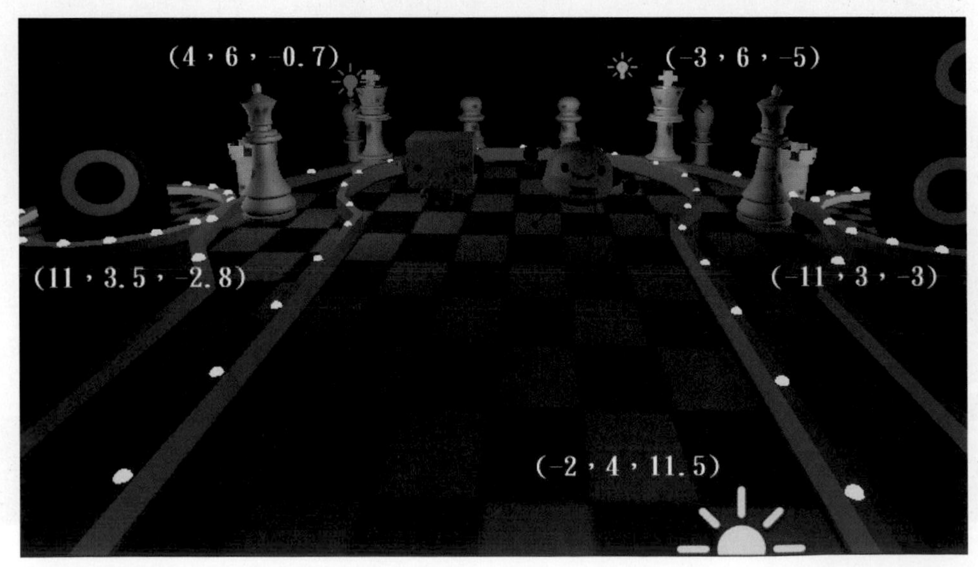

進入Inspector視窗，可以編輯燈光的設定，如下圖所示，我們可以將(-11，3，-3)、(11，3.5，-2.8)以及(-2，4，11.5)的點光源Range設定為20，Color設定為黃色；(4，6，-0.7)的點光源Range設定為2，Color設定為紫色；(-3，6，-5)的點光源Range設定為15，Color設定為橘色。

再來我們試著在場景中創造聚光燈，在系統選單選擇GameObject底下的Create Other，尋找Spotlight(聚光燈)選項，如下圖所示。

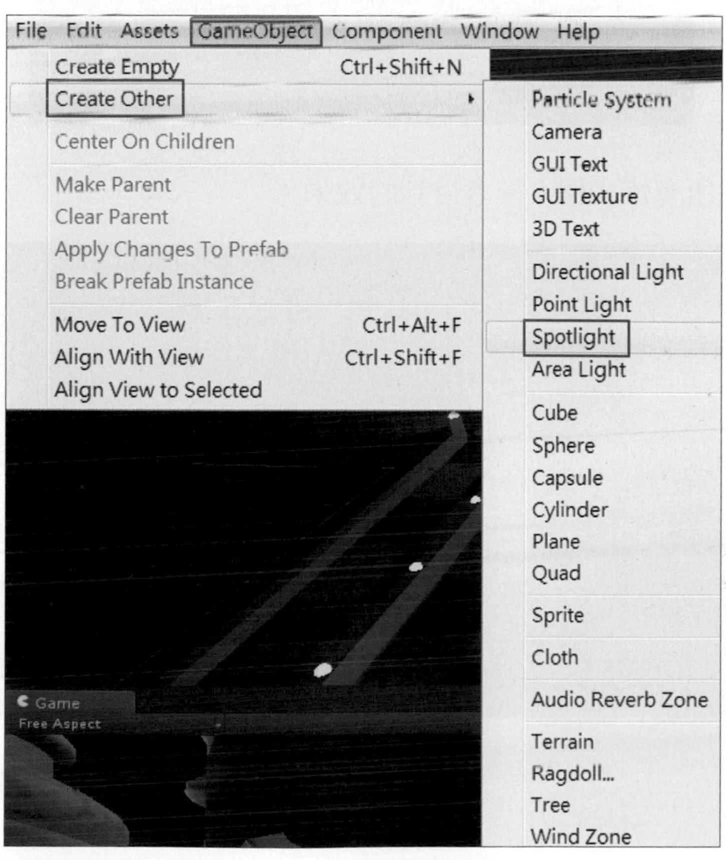

在遊戲場景中，我們放入兩盞聚光燈，分別投射在兩個機器人身上，在做設定時可以先關閉其他燈光效果，在Inspector視窗的設定有兩種，第一種Position為 (-3，9，-0.1)，Rotation為(80，86，84)，Range為20，Color為 黃色，Intensity設 定 為3； 第 二 種Position為(3，9，-0.6)，Rotation(79，263，266)，Range為20，Color為黃色，Intensity設定為3，如此便能得到如下圖的效果。

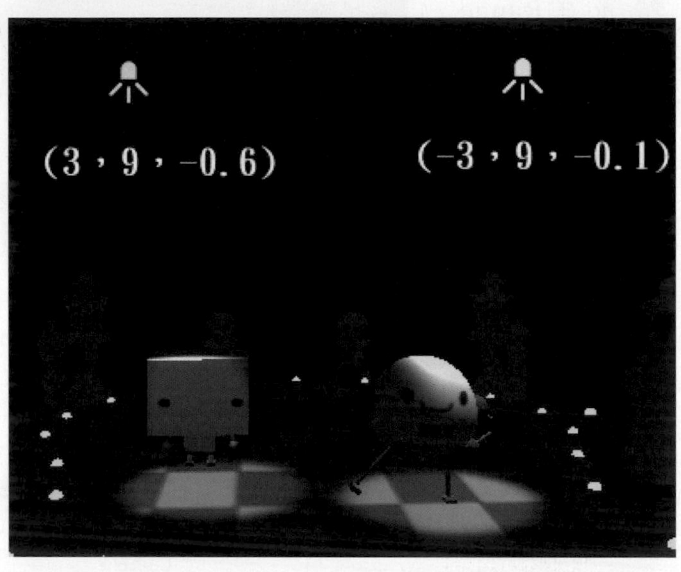

下圖圍將所有燈光擺入後會得到的效果。

最後加上第一人稱控制器，使我們能夠自由移動到場景中的每一個地方，在系統選單選擇Asset的Import Package，尋找Character Controller選項，將這個資料包匯入到此專案中，如下圖所示。

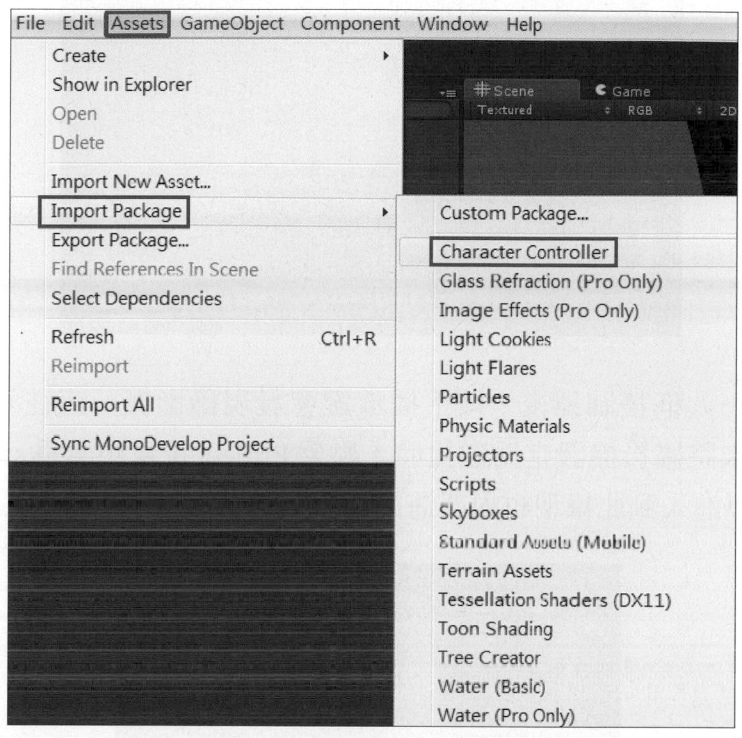

匯入資料包後，點擊Standard Assets中的Character Controllers，將Character Controllers中的First Person Controller拖曳至場景中，如下圖所示。

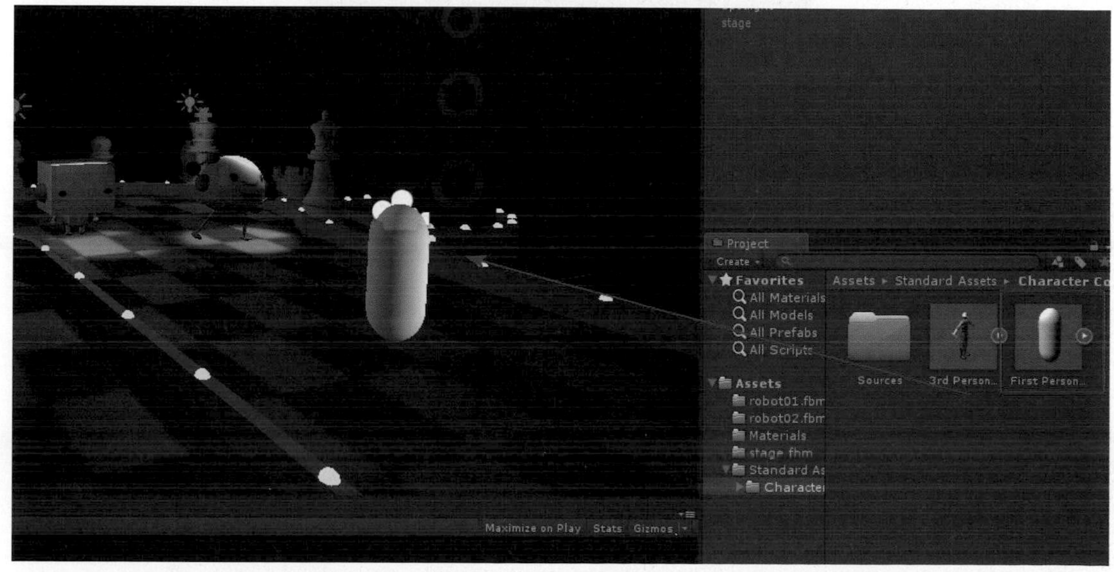

進入Inspector視窗，將第一人稱控制器的Position設定爲(0.05，3.6，9)，Rotation設定爲(0，180，0)，如下圖所示。

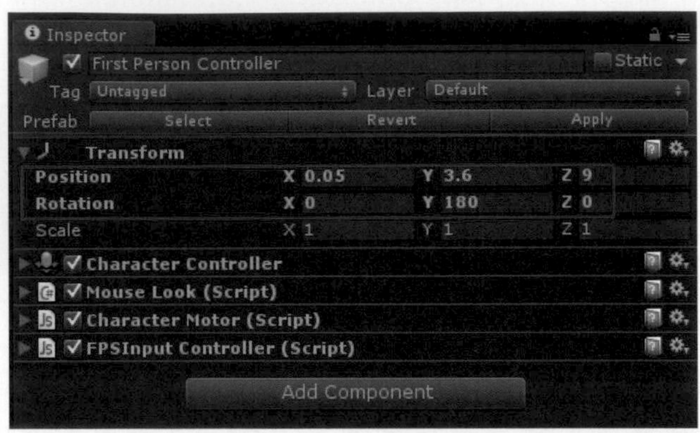

放入第一人稱控制器後，按下播放鍵會發現攝影機一直往下掉落，這是因爲我們尚未將攝影機設定爲碰撞體，點擊Project視窗中名爲stage的舞台模型，我們可以進入到此模型的內部進行編輯，如下圖所示。

在Inspector視窗勾選Generate Colliders，使其成爲碰撞體，並按下Apply，本範例便完成了。

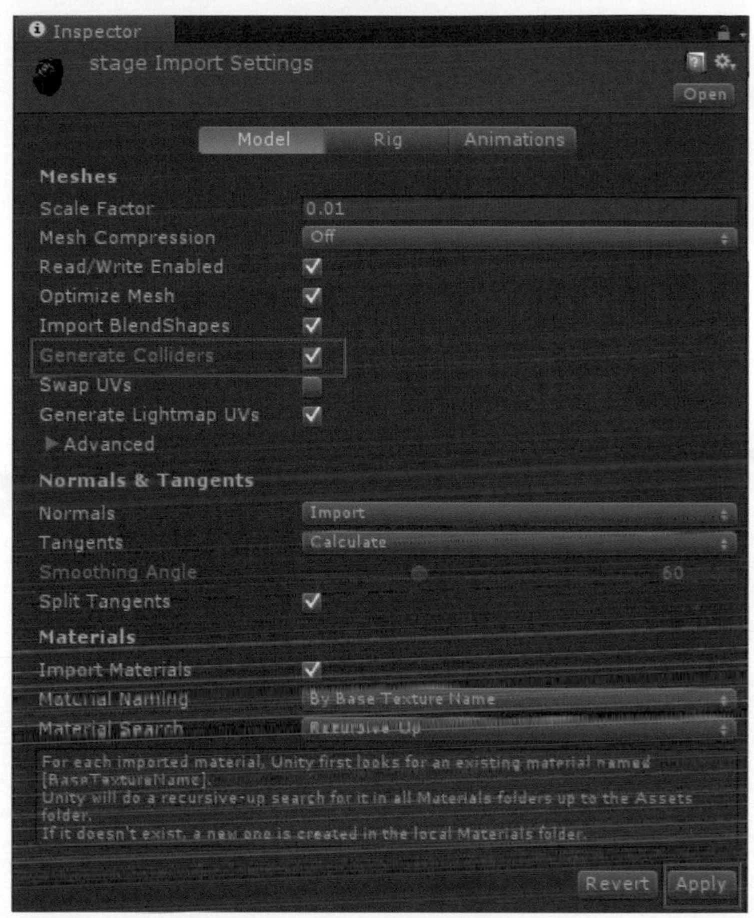
Inspector
stage Import Settings
Open
Model
Rig
Animations
Meshes
Scale Factor
0.01
Mesh Compression
Off
Read/Write Enabled
Optimize Mesh
Import BlendShapes
Generate Colliders
Swap UVs
Generate Lightmap UVs
Advanced
Normals & Tangents
Normals
Import
Tangents
Calculate
Smoothing Angle
60
Split Tangents
Materials
Import Materials
Material Naming
By Base Texture Name
Material Search
Recursive-Up
For each imported material, Unity first looks for an existing material named [BaseTextureName].
Unity will do a recursive-up search for it in all Materials folders up to the Assets folder.
If it doesn't exist, a new one is created in the local Materials folder.
Revert
Apply

本範例完成如下。

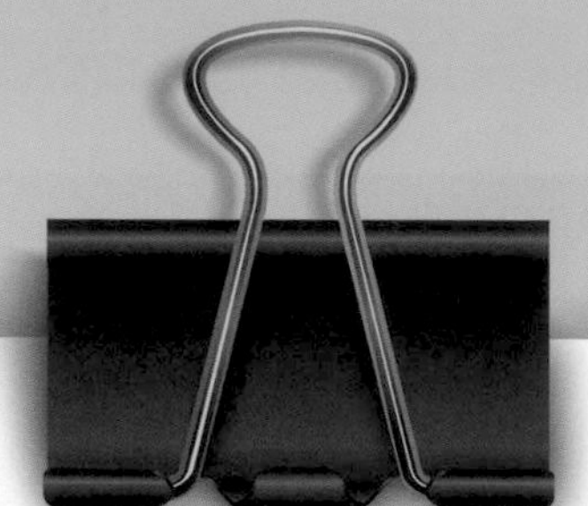

UNITY

06

探討Shuriken粒子系統的特效應用

作品簡介

在本範例中，可以看見我們身在一個有高低起伏的地形中，磅礡的雨水傾盆而下滴落到地面上，並且從昏黑的夜空中發射出一道道的閃電伴隨著轟隆隆雷聲，而地形的四週佈滿著巨大的石頭，在地形的中央有著一座建築物，建築物旁的湖泊反射出建築物與其旁邊的植物，當我們穿過湖泊朝著建築物走近時，可以看見熊熊燃燒的火焰佇立在建築物門口的兩側，而當我們走進建築物中時，可以發現原本很大聲的雨聲與雷聲瞬間變小聲了。

當我們開啟範例所提供的檔案，可以看見場景上只有單調的地形，所以為了使場景更加豐富生動，我們必須在場景中添加一些動態的特效，在這個範例中，我們將會介紹Unity中的Shuriken粒子系統，並學習如何利用Shuriken粒子系統在場景中製作出各式各樣的粒子效果，例如:磅礡的雨水、急速的閃電與熊熊的火焰等。

學習重點

- 重點一：介紹Shuriken粒子系統
- 重點二：Unity音頻的匯入與使用

重點一　介紹Shuriken粒子系統

第4講中介紹了利用Particle System(粒子系統)建立粒子特效，而在這一講中，我們將要介紹如何利用Shuriken粒子系統來製作粒子特效。先前我們有提到，Particle System(粒子系統)的主要概念是利用二維的圖片經由不斷重複的生成，進而在三維的空間中產生的動態效果，Shuriken粒子系統的概念也是相同的，而這兩種粒子系統不同的地方在於Shuriken粒子系統增加了更多功能，能使粒子效果更加真實，並且操作管理的方式也更加方便。

以下為我們比較在第4講中介紹的粒子系統與Shuriken粒子系統添加粒子效果的方式，當我們啓動Unity應用程式後，若是要利用先前介紹過的粒子系統添加粒子效果，首先需要在場景中添加一個空物件，再將粒子系統添加到空物件上，因此點擊選單中的GameObject中的Creat Empty選項，點選後可以在場景上看見一個創建好的空物件，如下圖所示。

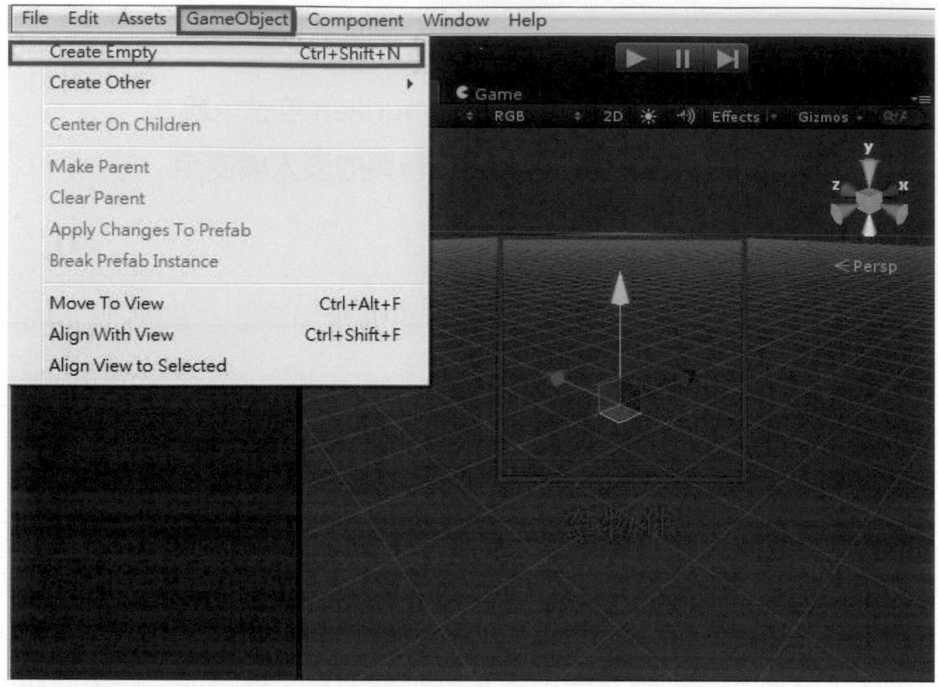

接著我們要為空物件添加上粒子系統，先點選新建的空物件，打開選單中Component中Effects的Legacy Particles選項，分別點選Ellipsoed Particle(橢球粒子發射器)、Mesh Paticle Emitter(網格粒子發射器)、Particle Animator(粒子動畫器)、Particle Render(粒子渲染器)與World Particle Collider(粒子碰撞器)五個獨立的粒子選項，將五個粒子選項都添加至空物件上，如下圖所示。

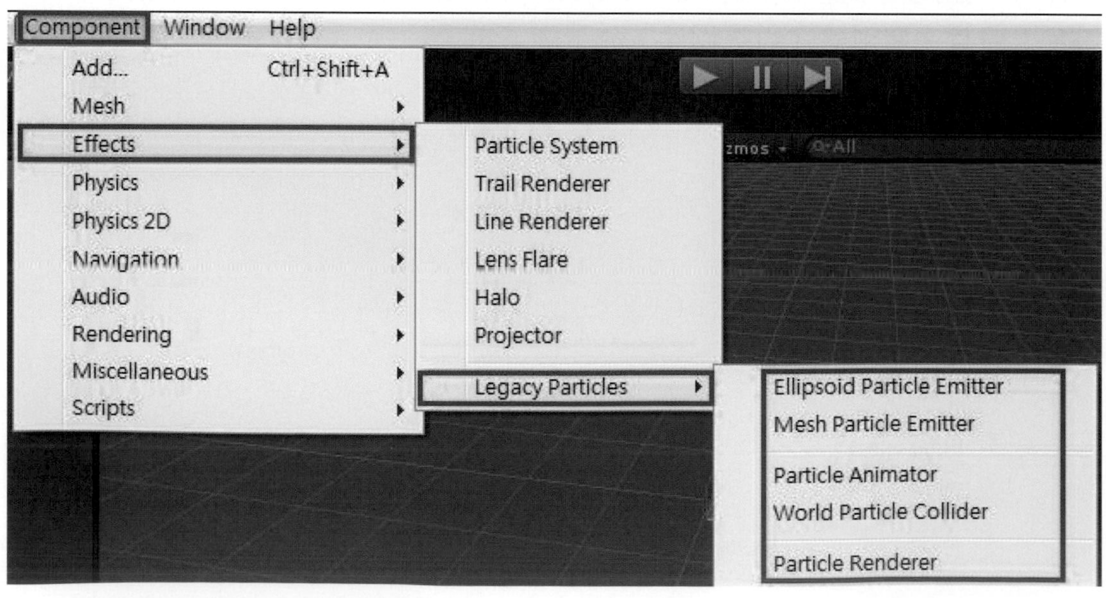

當添加完成後，我們就可以看見右邊的Inspector面板中有一些可以調整的選項，因此我們就能利用這些選項來製作我們想要的粒子效果。

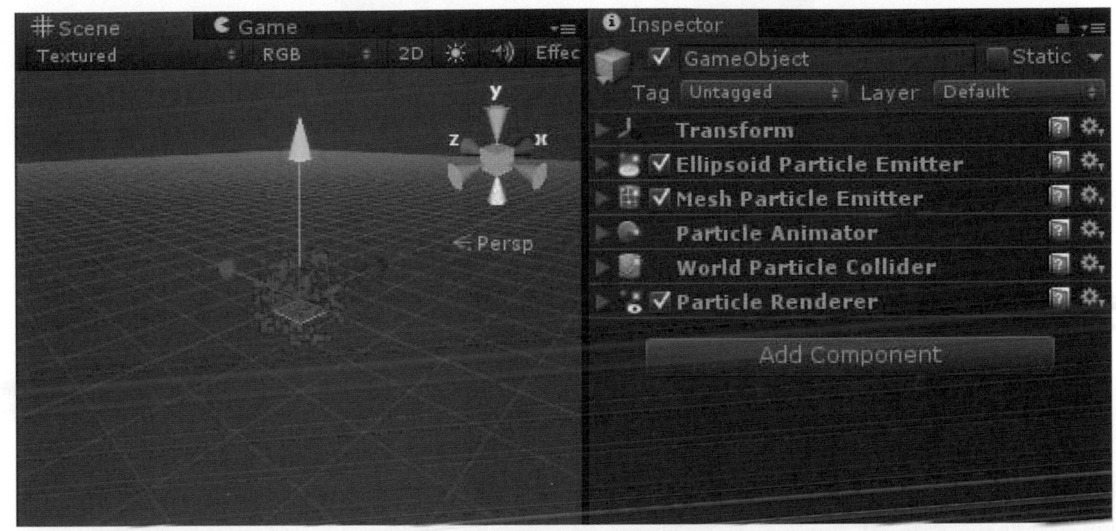

接著，若是我們想要在場景中利用Shuriken粒子系統添加一個粒子效果，首先點擊選單GameObject中的Creat Other裡的Particle System選項，點選後可以在場景上看見一個創建好的粒子系統。

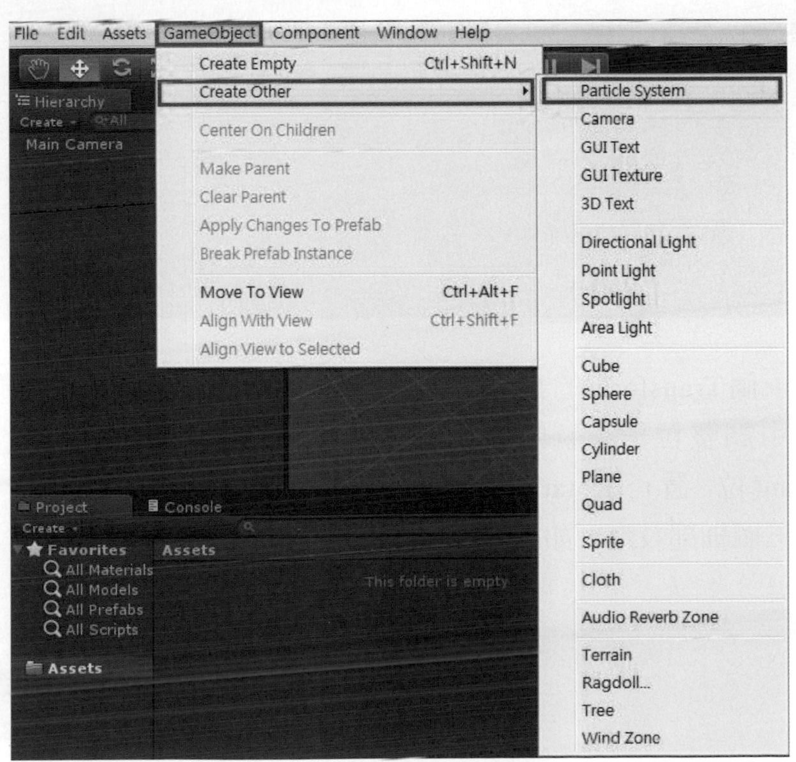

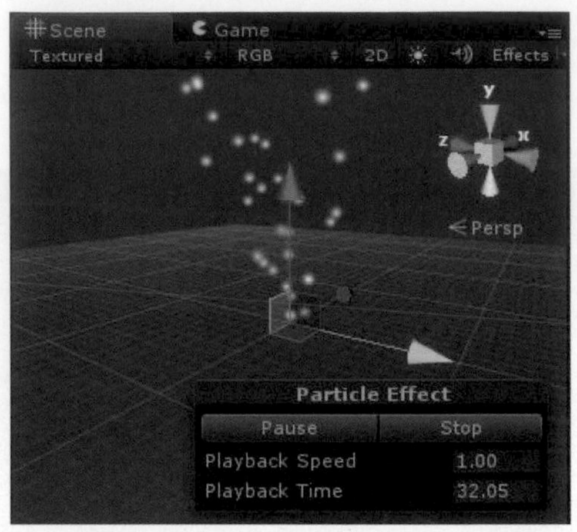

選擇建立好的粒子系統，我們可以在右邊的Inspector面板中看見有兩個可以調整的選項，分別是Transform與Particle System選項，如下圖所示。

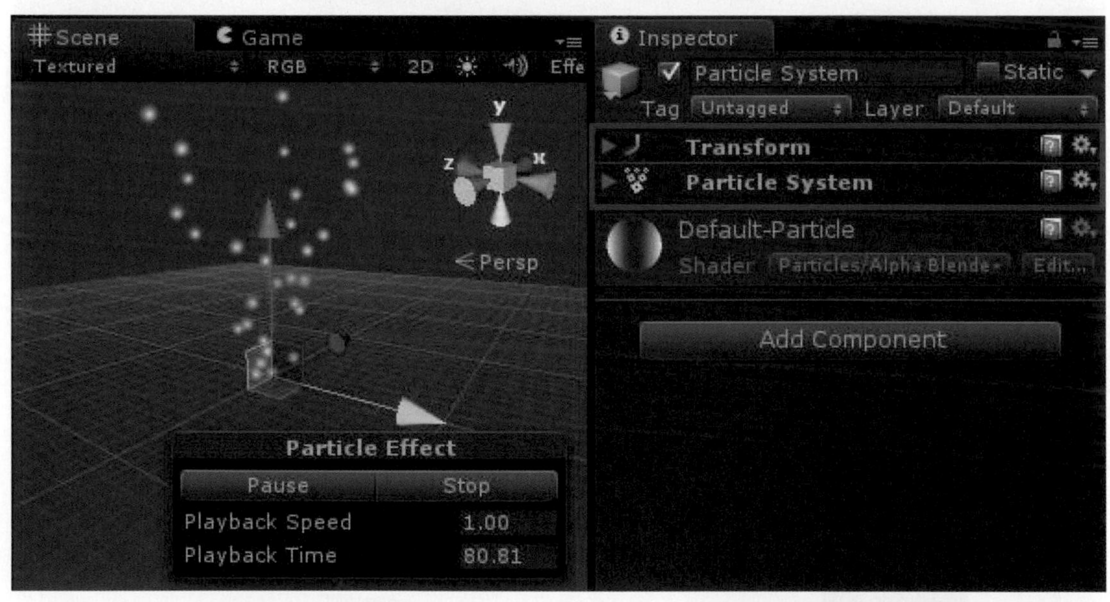

關於第一個Transform的選項，我們能在這個選項中調整粒子系統的基本設置，包括Position(位置)、Rotation(旋轉)與Scale(尺寸)三個細部設定，如右圖所示。

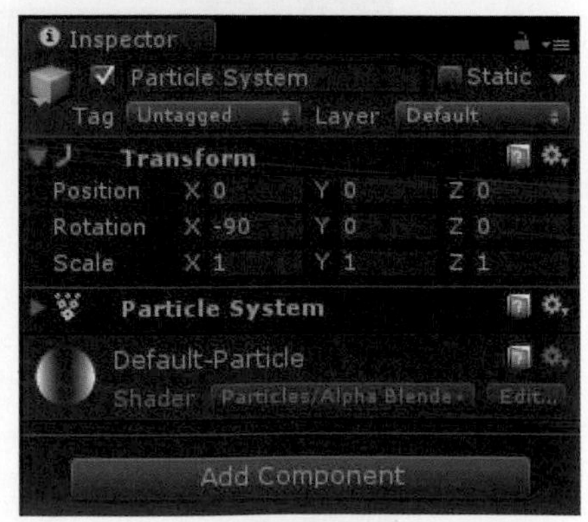

以下為我們在一個建築物中，利用Shuriken粒子系統建立了一個火焰燃燒的粒子效果，並利用Transform選項中的設定，調整火焰的位置與旋轉角度，我們依建築物設定粒子效果的位置X軸為-26.59、Y軸為1.098與Z軸為22.305，而粒子效果的旋轉角度X軸為270度，如下圖所示。

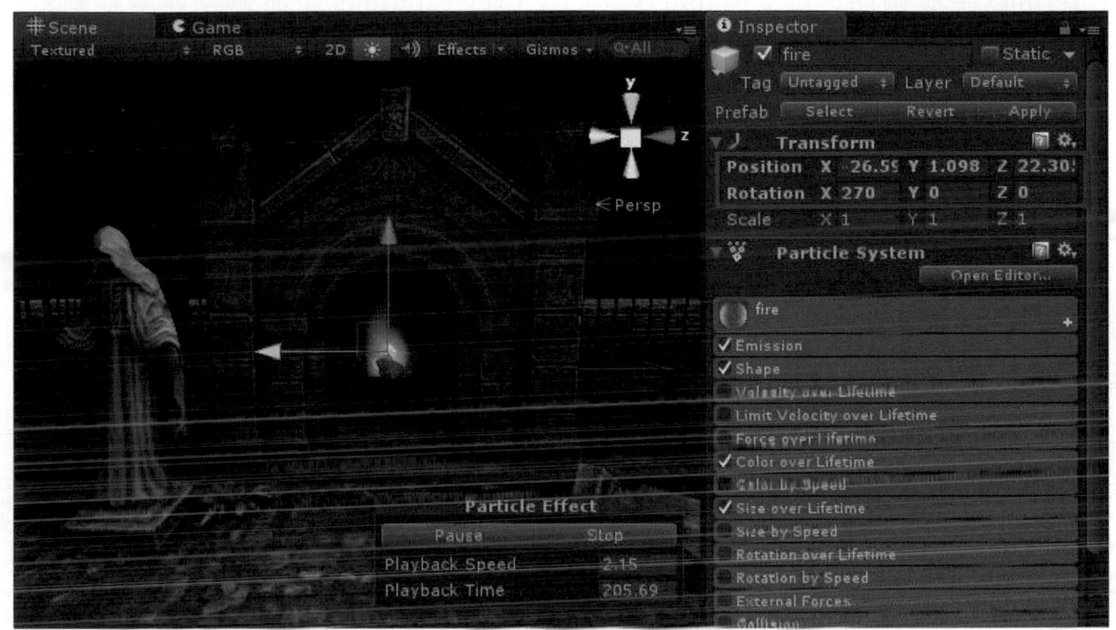

關於第二個Particle System (粒子系統)選項，我們可以在這個選項中利用不同的設定，製作出各式各樣的粒子特效。在這裡的Particle System(粒子系統)是由17個選項所組成的，每個選項都控制著粒子某一方面的特性，分別是Initial(初始化)、Emission(發射)、Shape(形狀)、Velocity over Lifetime(生命週期速度)、Limit Velocity over Lifetime(生命週期速度限制)、Force over Lifetime(生命週期作用力)、Color over Lifetime(生命週期顏色)、Color by Speed(顏色速度控制)、Size over Lifetime(生命週期粒子大小)、Size by Speed(粒子大小的速度控制)、Rotation over Lifetime(生命週期旋轉)、Rotation by Speed(旋轉的速度控制)、External Forces(外部作用力)、Colliion(碰撞)、Sub Emitters(子發射器)、Texture Sheet Animation (序列幀動畫紋理)、Renderer(粒子渲染器)，如下圖所示。

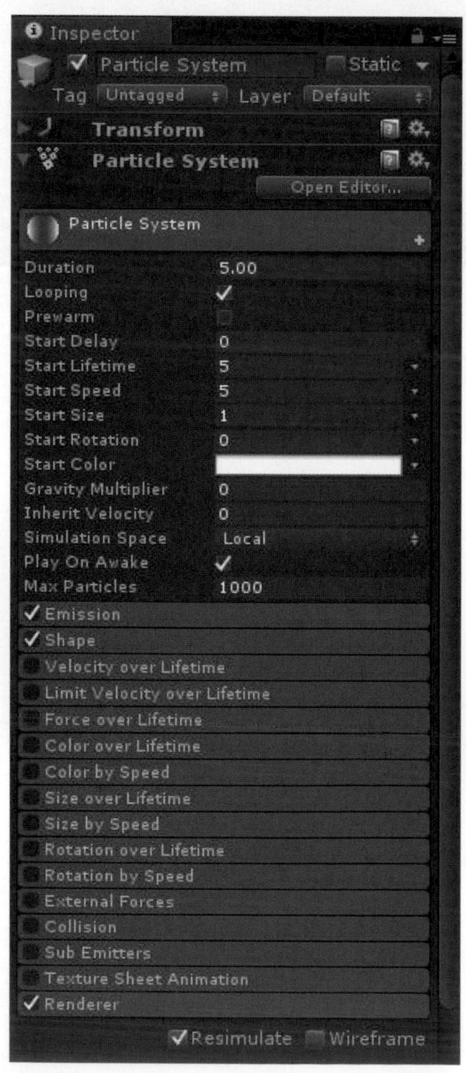

不過當我們建立好一個Particle System(粒子系統)後，會發現只有其中四個選項被啟動了，分別是Initial(初始化)、Emission(發射)、Shape(形狀)與Renderer(粒子渲染器)，除了這四個預設的選項外，其他十三個選項並沒有啟動，因此若是我們想啟動其他的選項，只要將選項左方的方塊勾選起來就行了，如下圖所示。

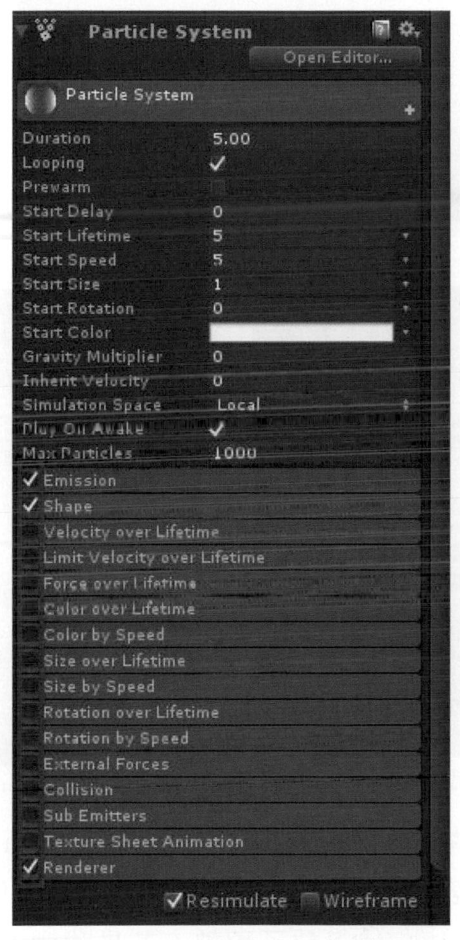

接著我們就來介紹幾個在Particle System選項中，比較常用到的選項。在Initial(初始化)選項，我們可以調整一些粒子初始化的基本設定。而在此選項中有下列幾個細部設定，包括Duration(粒子持續時間)、Loop(粒子循環)、Prewarm(粒子預熱)、Start Delay(粒子初始延遲)、Start Lifetime(粒子生命週期)、Start Speed(粒子初始速度)、Start Size(粒子初始大小)、Start Rotation(粒子初始旋轉)、Start Color(粒子初始顏色)、Gravity Mutiplier(重力倍增系數)、Inherit Velocity(粒子速度繼承)、Simulation Space(模擬坐標系)、Play On Awake(喚醒時播放)與Max Particles(最大粒子數)，如下圖所示。

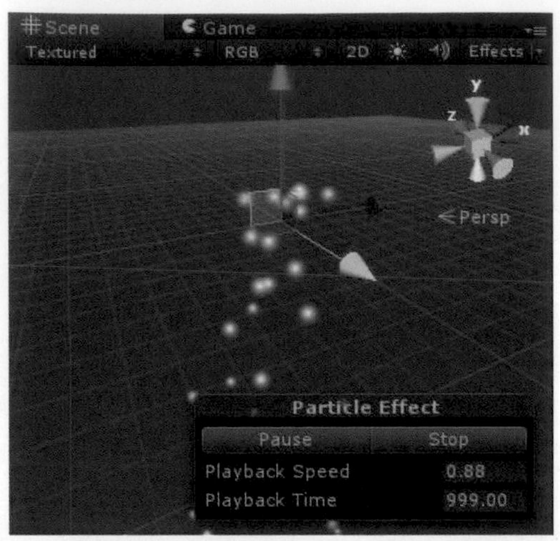

Gravity為1

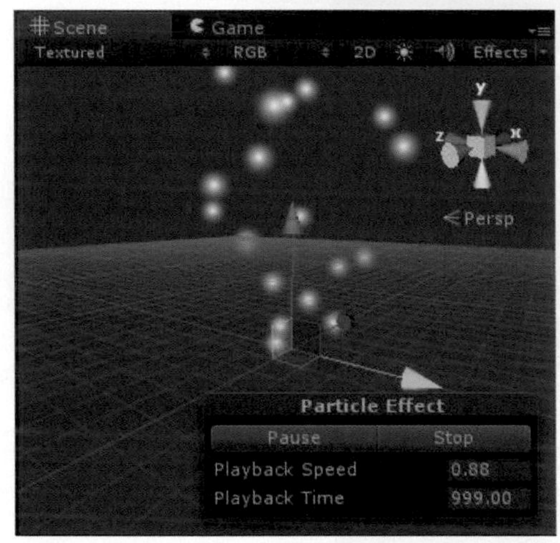

Gravity為0

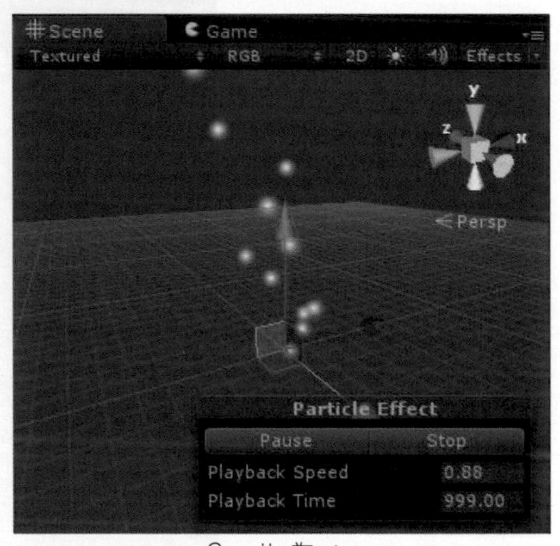

Gravity為-1

以下我們介紹一些比較常用的細部設定，Duration代表粒子系統發射粒子的持續時間；Loop代表粒子系統是否循環播放，當我們勾選Loop則粒子系統將會不斷的循環；Prewarm代表粒子預熱，若是我們勾選Prewarm則粒子系統在遊戲運行初始時就已經發射粒子，看起來就像已經播放了一個粒子週期一樣；Start Lifetime代表粒子存活的時間，以秒爲單位，當生命週期爲零時，粒子則消滅；Start Size代表粒子發射時的初始大小，例如雨滴就需要將粒子的大小設定小一點，而煙霧的大小則要設定大一些；Max Particles代表粒子系統發射粒子時的最大數量，當場景中粒子達到最大數量時，發射器會暫時停止發射粒子，直到部分粒子消滅後再開始發射；Gravity Mutiplier代表粒子發射時所受重力影響的狀態，預設值爲0，粒子不受重力影響而往上移動，數值越大，粒子發射後掉落的速度越快，反之若數值越小，粒子發射後項上飄的速度越快，如下圖所示。

在Emission(發射)選項，我們可以控制粒子發射的速率，也可以設定在粒子的持續時間內，在某特定的時間生成大量的粒子。而在此選項中有下列幾個細部設定，包括Rate(發射速率)與Bursts(粒子爆發)，如右圖所示。

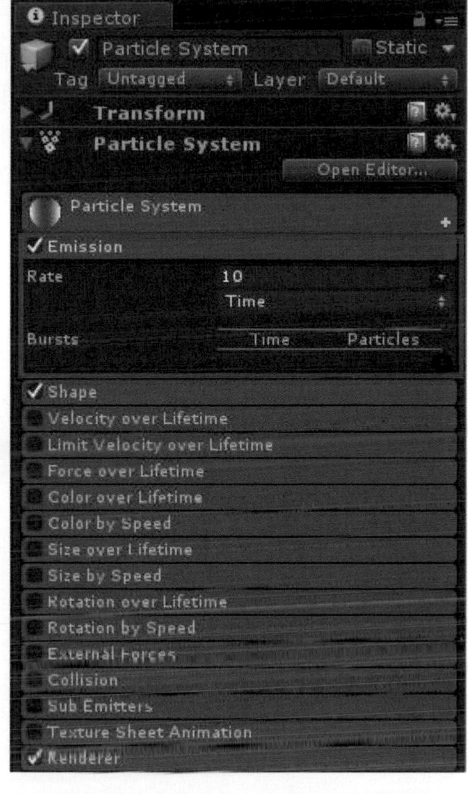

Rate代表爲粒子每秒或每個單位距離所發射的粒子個數，點擊右邊的下三角形按鈕，可以選擇發射數量是由常數還是曲線所控制；Bursts則代表在粒子持續的時間內，可以設定在某個特定時刻產生大量的粒子，以下爲我們點選Bursts細部設定右邊的加號，設定當粒子發射時間爲三秒時，瞬間發射30個粒子，如下圖所示。

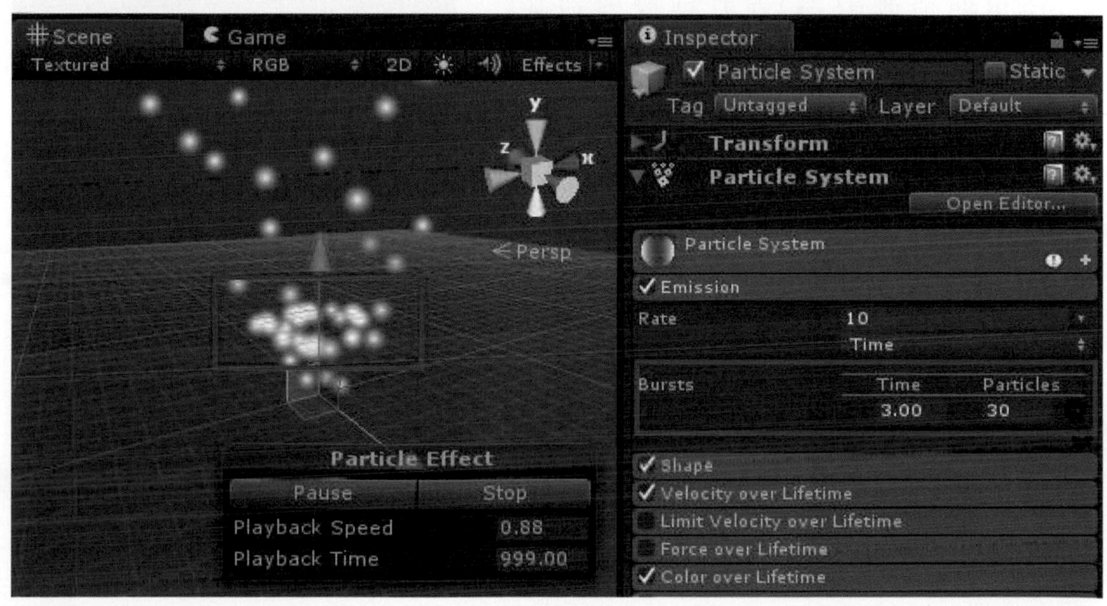

在Shape(形狀)選項，我們可以設定粒子發射器的形狀，並控制粒子的發射位置與方向，如右圖所示。

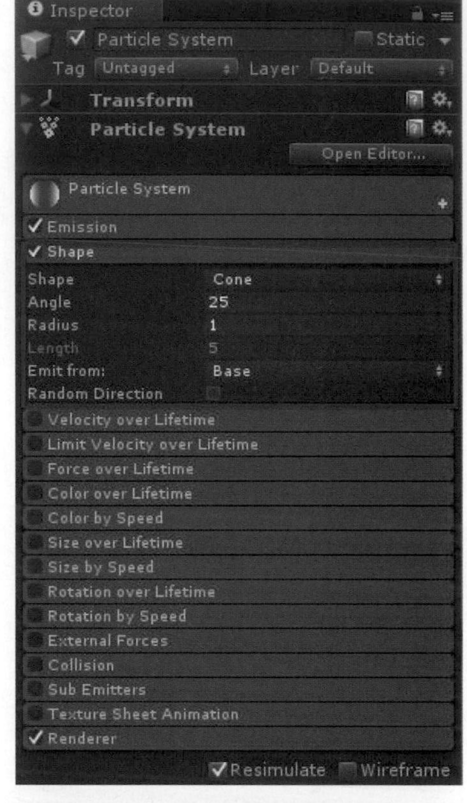

點擊選項中的Shape細部設定可選擇粒子發射器的形狀，包括Sphere(球體發射器)、Hemisphere(半球體發射器)、Cone(錐體發射器)、Box(立方體發射器)與Mesh(網格發射器)等五種發射器類型，不同形狀的發射器，所對應的參數也有所差別，如右圖所示。

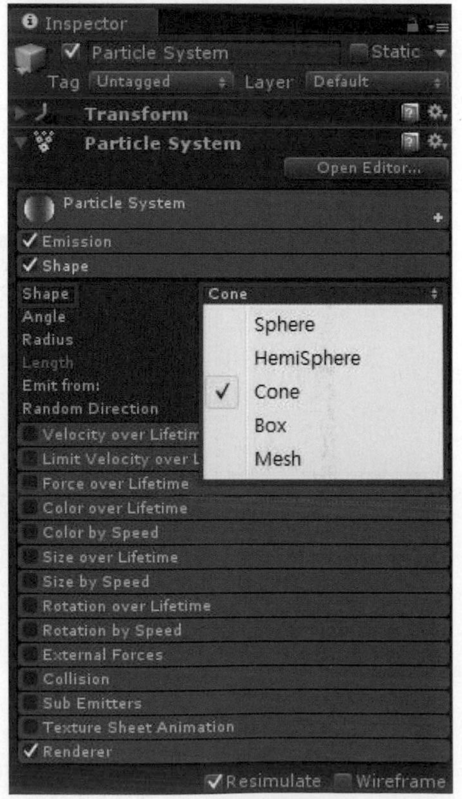

以下爲我們分別利用Sphere(球體發射器)、Cone(錐體發射器)與Box(立方體發射器)三種不同形狀的發射器，製作出三種不同的粒子特效。

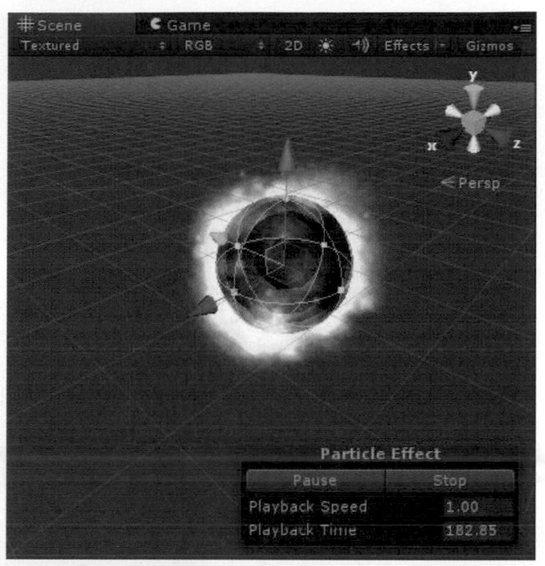

利用Sphere(球體發射器)所製作出的火球粒子特效

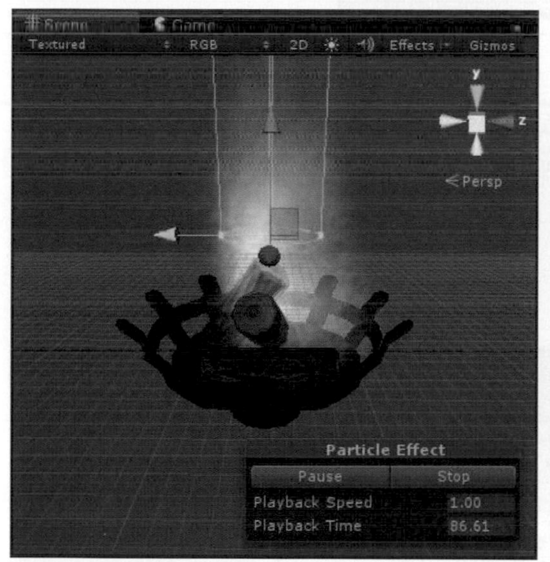

利用Cone(錐體發射器)所製作出的火焰粒子特效

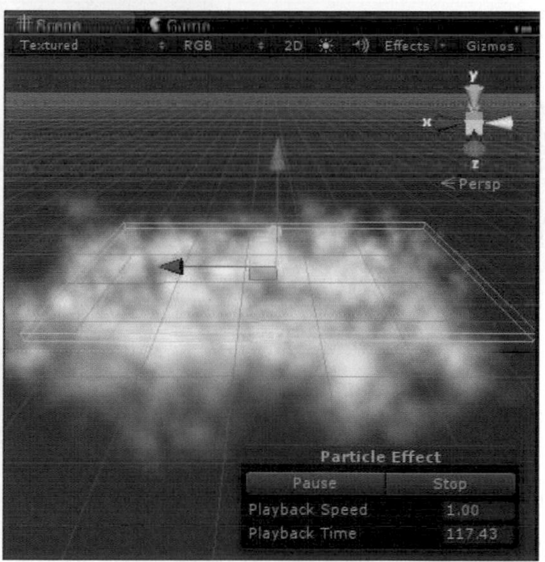

利用Box(立方體發射器)所製作出的煙霧粒子特效

在Velocity over Lifetime(生命週期速度)選項，我們可以控制著生命週期內每一個粒子的速度。而在此選項中有下列幾個細部設定，包括XYZ與Space，如下圖所示。

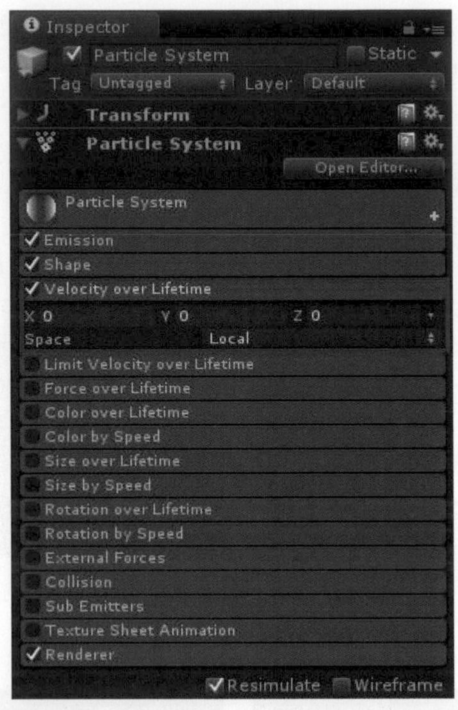

XYZ代表我們可以分別在X軸、Y軸與Z軸這三個方向上對粒子的速度進行定義；Space則代表我們可選擇設定的速度是照著Local(自身座標)或是World(世界座標)來移動，以下爲我們將粒子設定沿著Local(自身座標)來做移動，將粒子的Z軸設定爲-10，可以看見粒子將會沿著自身座標的Z軸往下掉落，如下圖所示。

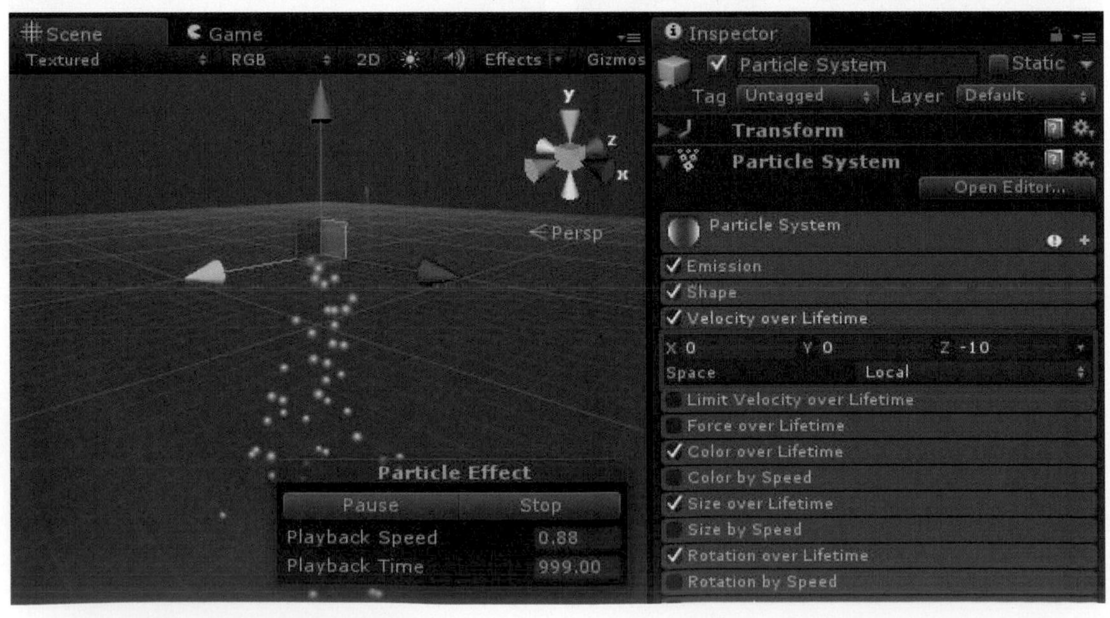

在Force over Lifetime(生命週期作用力)選項，我們可以控制著生命週期內每一個粒子的受力情行。而在此選項中有下列幾個細部設定，包括XYZ與Space，如右圖所示。

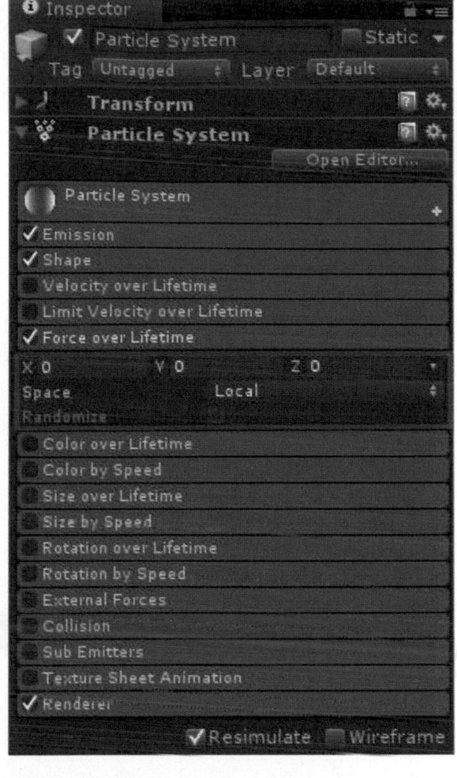

XYZ代表我們可以分別在X軸、Y軸與Z軸這三個方向上對粒子的速度進行定義；Space則代表我們可選擇設定的速度是照著Local(自身座標)或是World(世界座標)來移動，以下爲我們將粒子設定沿著Local(自身座標)來做移動，將粒子的X軸設定爲5，可以看見粒子將會沿著自身座標的X軸往+5的方向移動，如下圖所示。

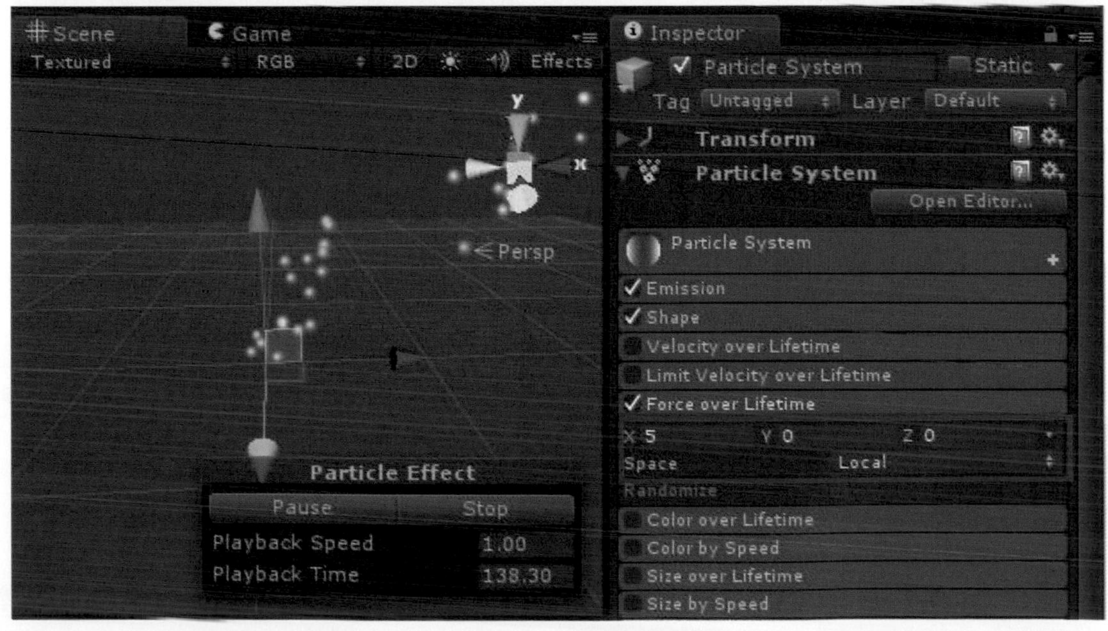

在Color over Lifetime(生命週期顏色)選項，我們可以利用選項中的Color細部設定控制每一個粒子在生命週期中的顏色變化，如右圖所示。

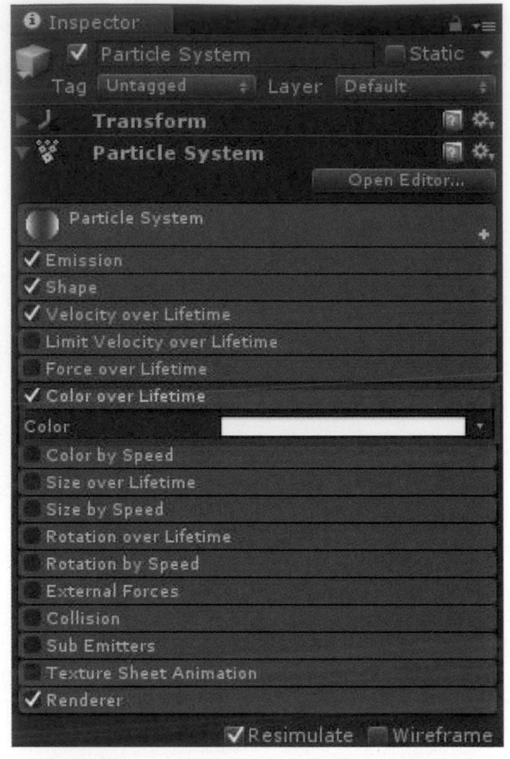

當我們點選Color細部設定，會彈出一個調整粒子顏色的視窗，將粒子顏色設定好後，可以在場景中看見我們粒子的顏色會隨著設定而變化，粒子生成時是紅色，接著變成綠色，最後再變成藍色，如下圖所示。

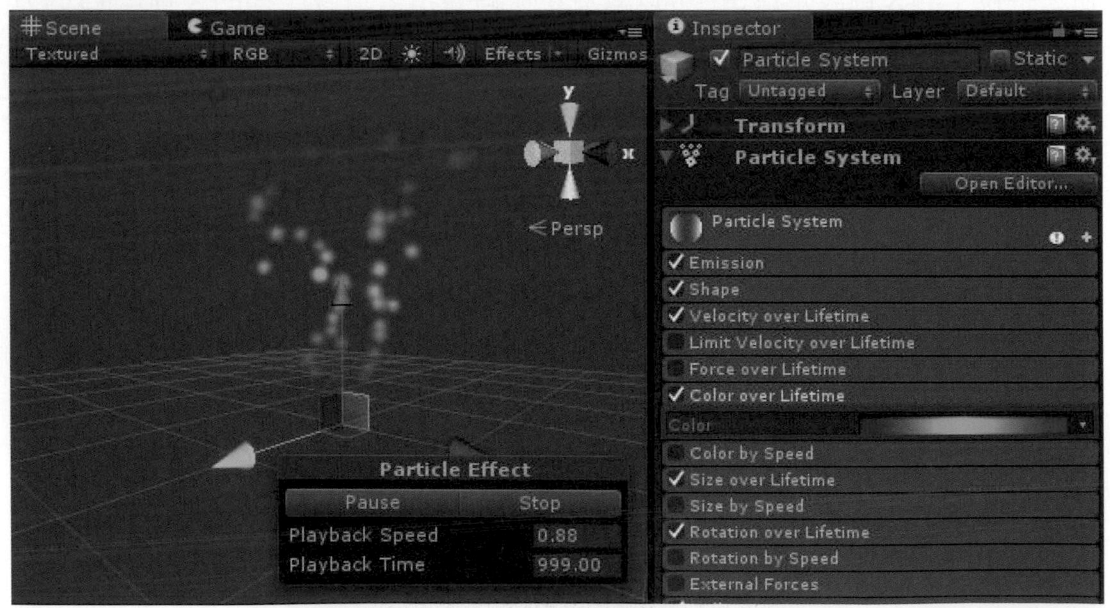

在Size over Lifetime(生命週期粒子大小)選項，我們可以利用選項中的Size細部設定控制每一個粒子在生命週期中的粒子大小變化，如右圖所示。

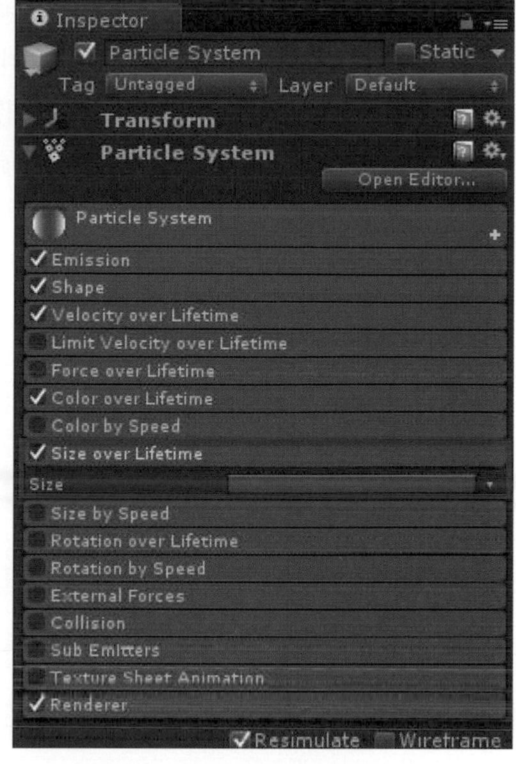

當我們點選Size細部設定，會彈出一個調整粒子尺寸的視窗，將粒子尺寸設定好後，可以在場景中看見我們粒子的尺寸會隨著設定由大而變小，如下圖所示。

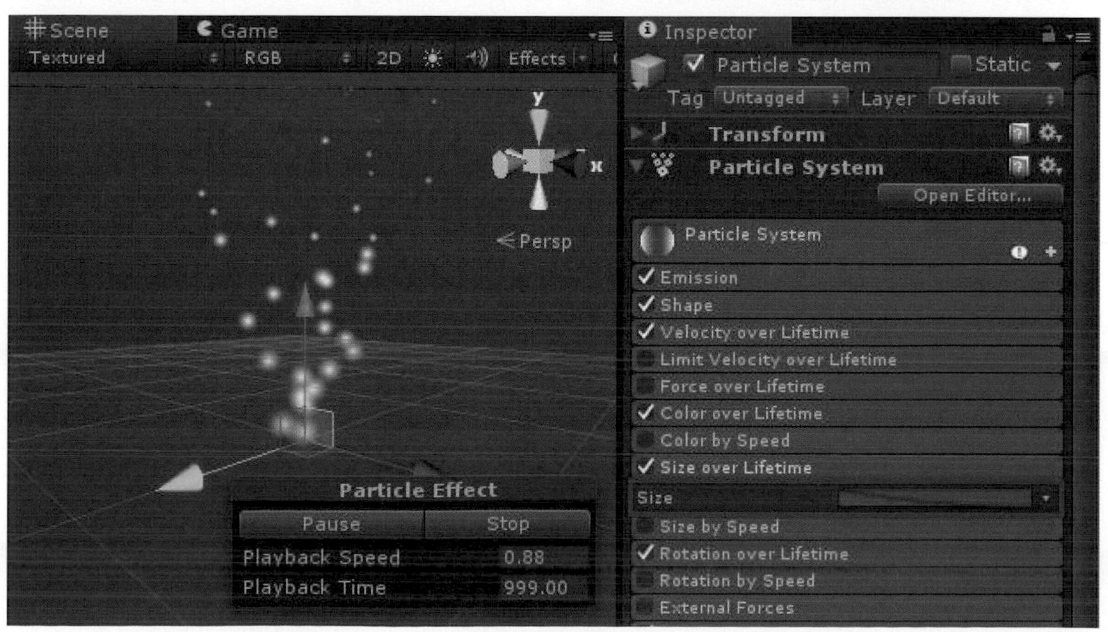

在Rotation over Lifetime(生命週期旋轉)選項，我們可以利用選項中的Angular Velocity(角速度)細部設定控制每一個粒子在生命週期中的旋轉速度變化，如右圖所示。

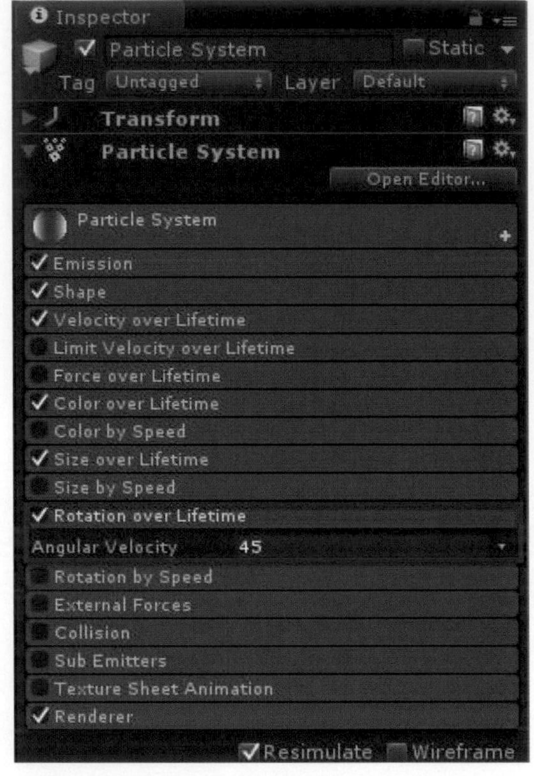

在Colliion(碰撞)選項，我們可以爲此粒子系統建立碰撞效果，目前只支援平面類型的碰撞，當我們按下選項中的Planes細部設定，我們可以選擇碰撞的類型，分別是Planes(平面碰撞)或World(世界碰撞)，不同的類型，所對應的參數也有所差別，如下圖所示。

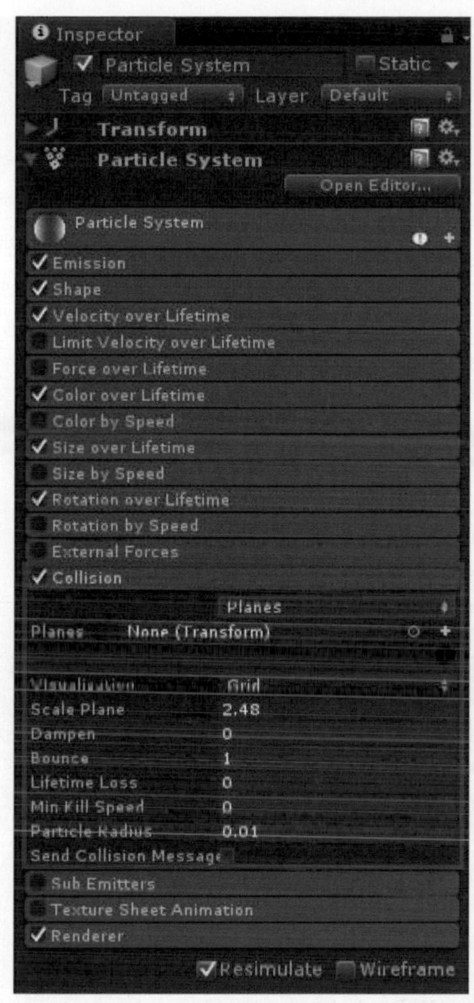

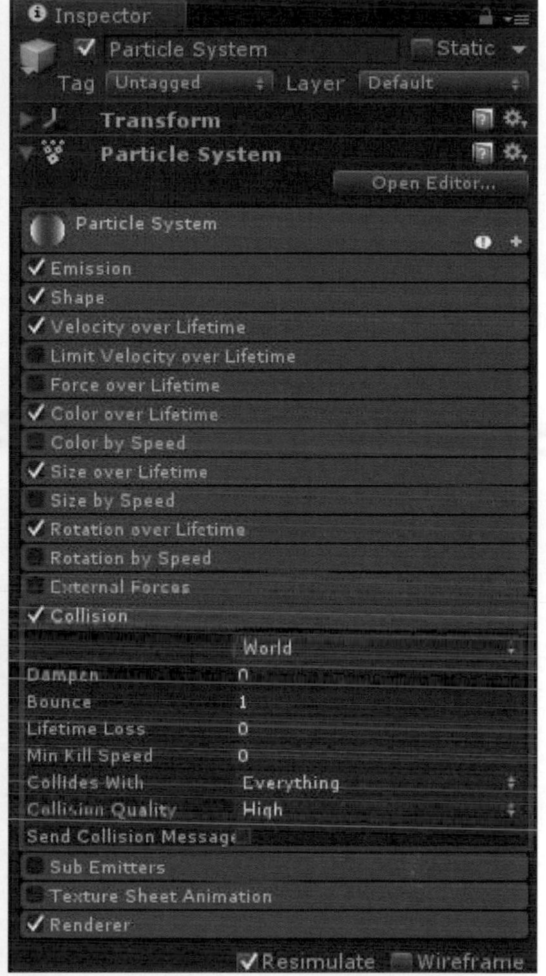

以下為我們將碰撞類型設定為Planes(平面碰撞)，並點選Planes右邊的加號，在場景中添加了兩塊平面，可以看見粒子與兩塊平面會因為碰撞而產生反彈的效果，如右圖所示。

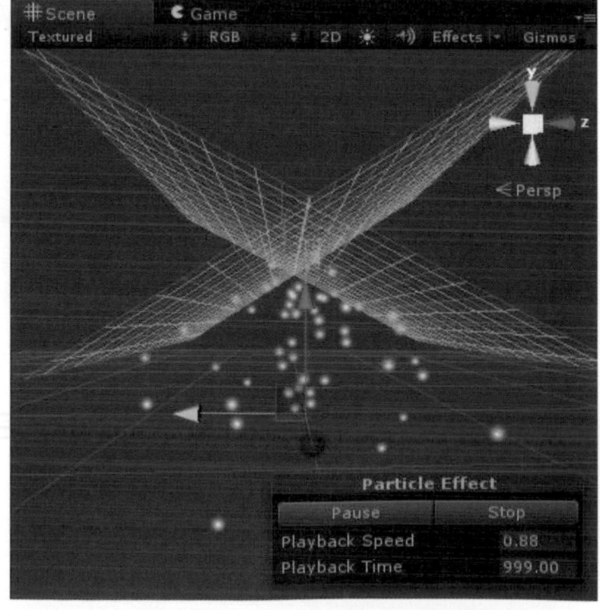

在Sub Emitters(子發射器)選項，我們可以利用這個選項中的Birth(出生)、Death(死亡)與Collision(碰撞)等三項細部設定分別控制粒子在出生、死亡或碰撞時是否生成其他新的粒子，如右圖所示。

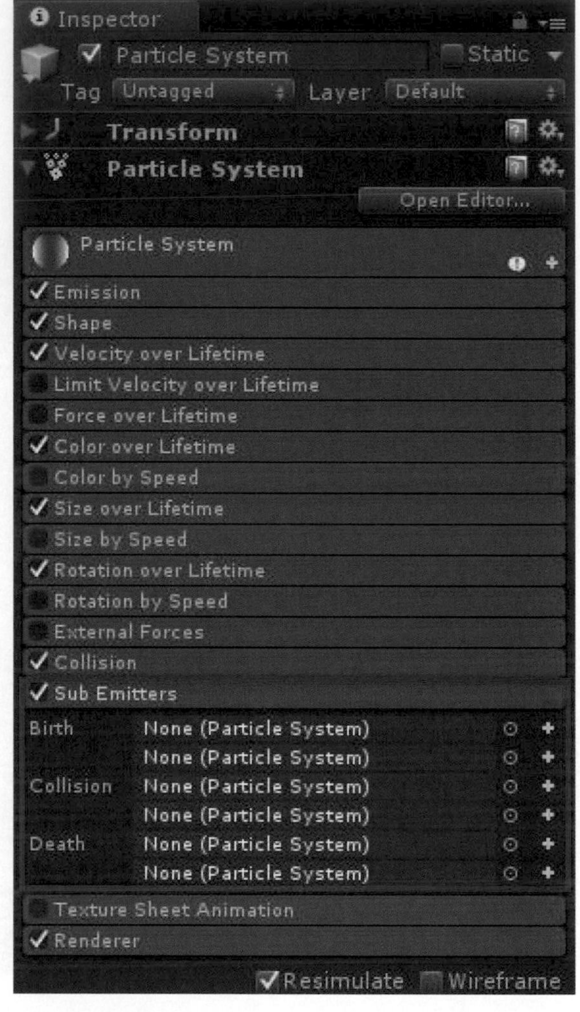

以下爲我們點選Death細部設定右邊的加號，爲粒子添加上一個新的粒子系統，此新粒子系統會爲原來粒子系統的子物件，然後我們可以在場景中發現當粒子消滅時，這時會生成新的粒子，如下圖所示。

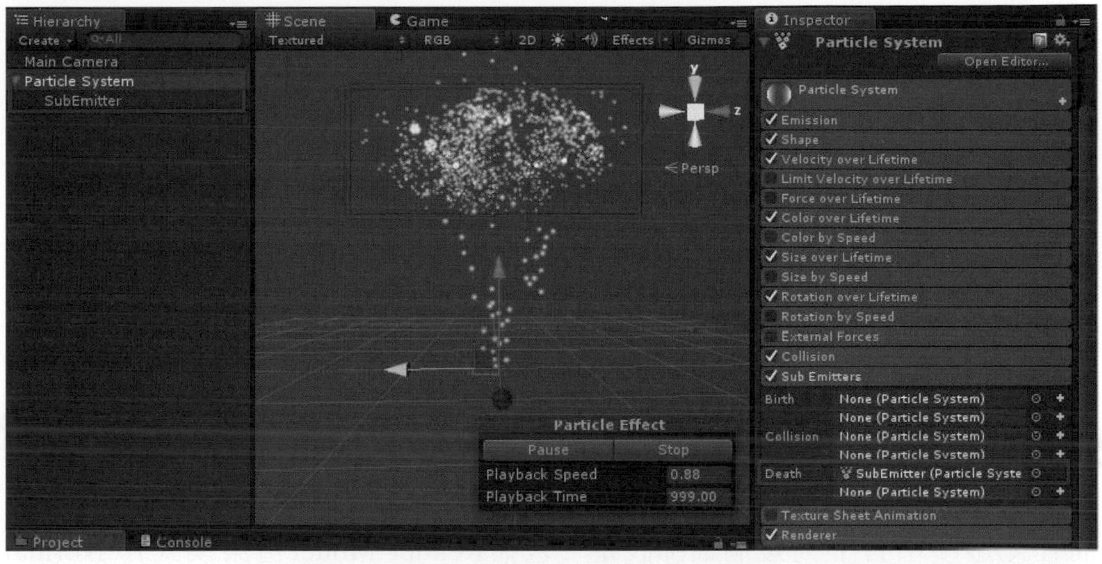

在TextureSheet Animation(序列幀動畫紋理)選項，我們可以利用這個選項對粒子在其生命週期內的UV坐標產生變化，生成粒子的UV動畫，可將紋理畫分成網格，在每一格存放動畫的一幀，或是同時也可將紋理畫分成幾行，每一行是一個獨立的動畫，如下圖所示。

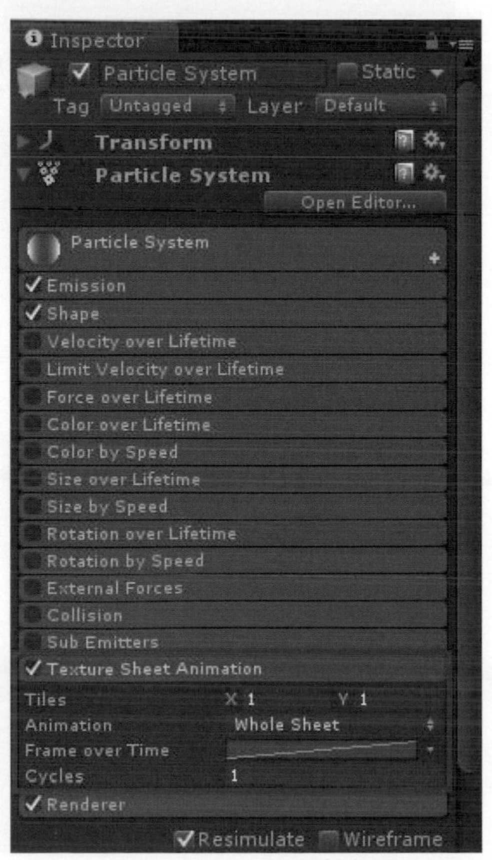

當我們按下選項中的Animation細部設定，可以選擇動畫的類型，分別是WholeSheet(整頁形式)或SingleRow(單行形式)，不同的類型，所對應的參數也有所差別，如下圖所示。

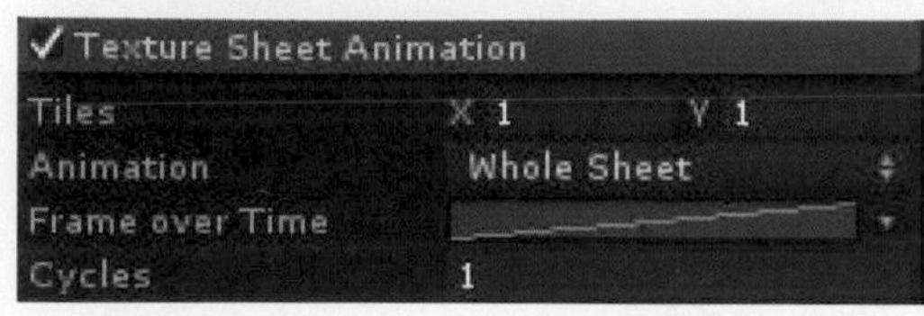

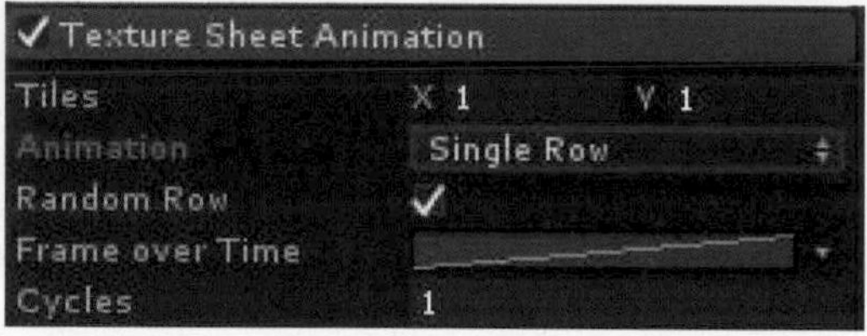

在Renderer(粒子渲染器)選項，可以利用這個選項將我們製作好的粒子效果渲染出來，沒有粒子渲染器就無法在場景上看見我們所製作的粒子效果。而在此選項中有下列幾個細部設定，包括Render Mode(渲染模式)、Normal Direction(法線方向)、Material(粒子材質)、Sort Mode(排序模式)、Sorting Fudge(排序矯正)、Cast Shadows(投射陰影)、Receive Shadows(接收陰影)與Max Particle Size(最大粒子大小)，如下圖所示。

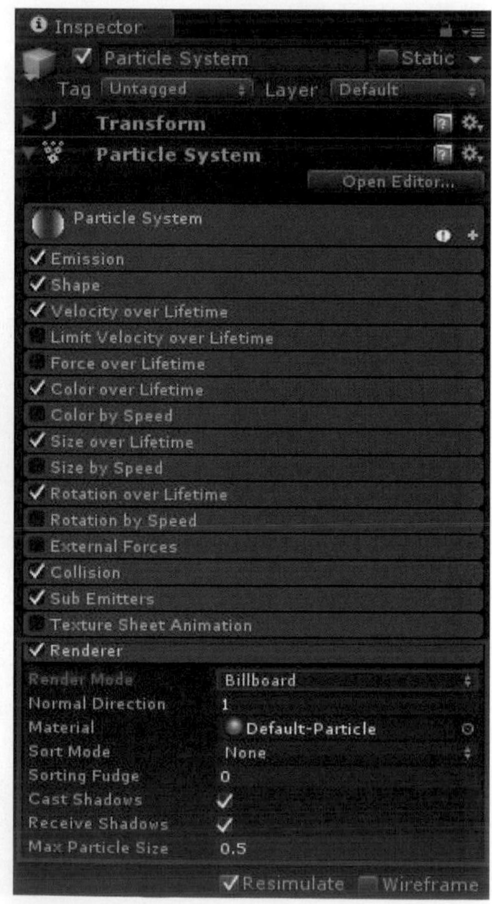

以下我們介紹一些比較常用的細部設定，Cast Shadows代表是否投射陰影，若勾選Cast Shadows代表粒子可產生陰影；而Receive Shadows則代表粒子是否接收陰影，勾選Receive Shadows則代表粒子可接收陰影；Materials代表爲材質，可將我們利用圖片製作而成的材質球顯是在粒子身上；而Render Mode代表爲粒子渲染器的渲染模式，點擊Render Mode右側的下三角按鈕，會彈出其他的選項列表，分別爲Billboard(布告板模式)、StretchedBillboard(拉伸布告板模式)、HorizontalBillboard(水平布告板模式)、VerticalBillboard(垂直布告板模式)與Mesh(網格布告板模式)，如右圖所示。

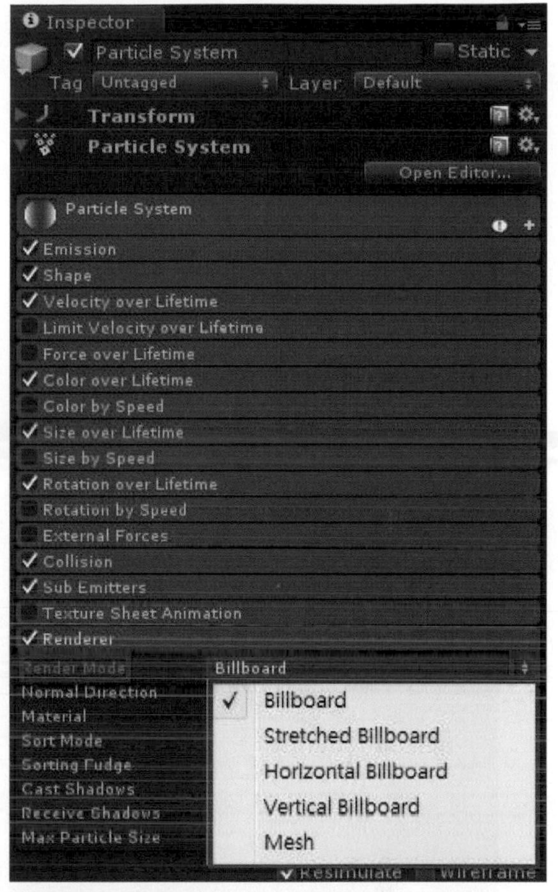

Billboard代表粒子會面對著攝影機渲染；StretchedBillboard代表粒子會通過參數值的設定而被伸縮；HorizontalBillboard代表粒子會沿著Y軸對齊；VerticalBillboard代表粒子會沿XZ軸平面對齊；Mesh則代表粒子將會被用網格的方式所渲染出來，如下圖所示。

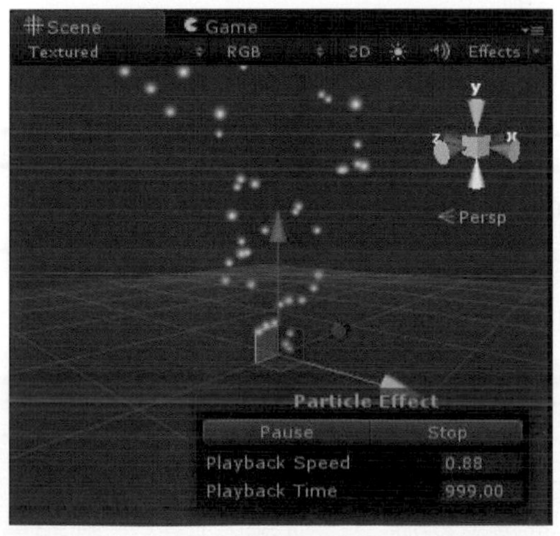

Billboard

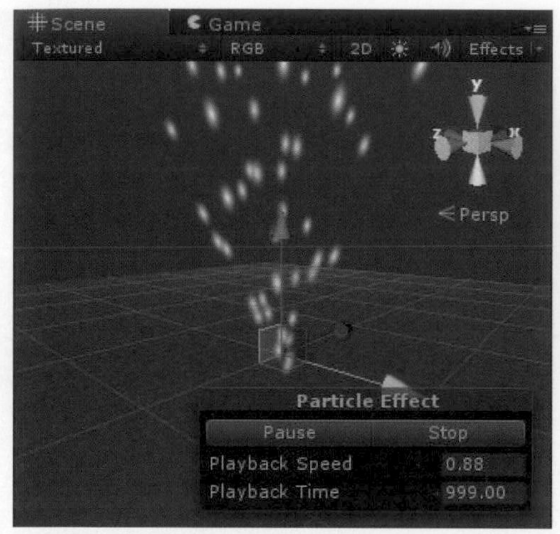

StretchedBillboard

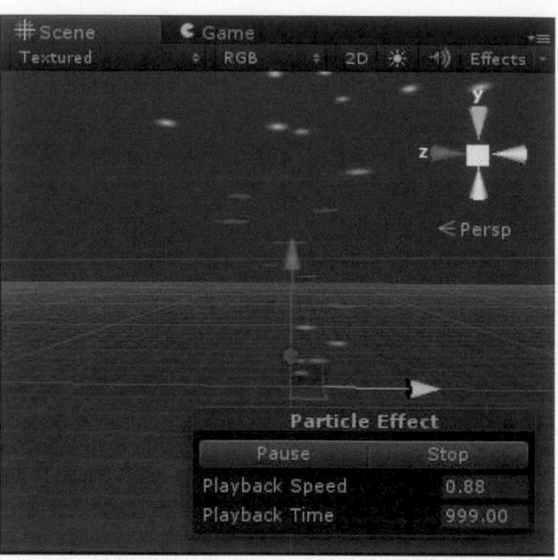

HorizontalBillboard VerticalBillboard

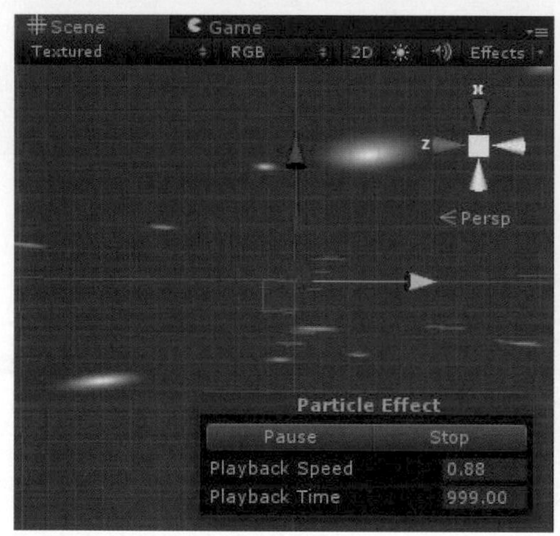

Mesh

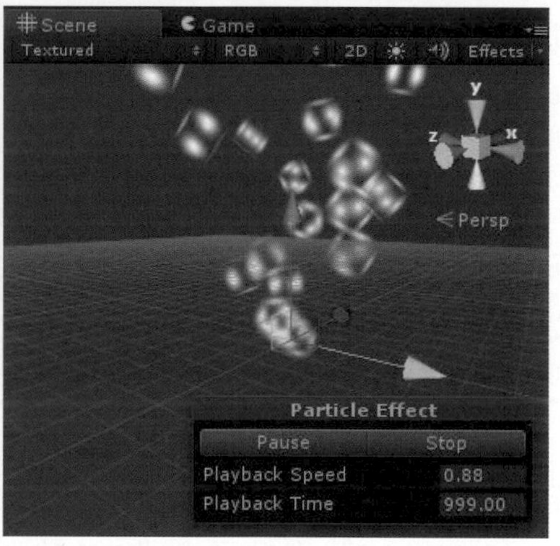

重點二 Unity音頻的匯入與使用

音頻在遊戲中是不可或缺的重要元素，是構成遊戲背景音樂與遊戲音效等內容必須的資源。在Unity中支援了大多數的音頻格式，包括wav、mp3、aiff、ogg、xm、mod、it與s3m等，未經壓縮的音頻格式或是壓縮過的音頻格式都可直接匯入Unity中進行使用，不過對於較短的音效可以使用未經壓縮的音頻格式，例如:wav或aiff，雖然未壓縮的音頻數據量會較大，但音質會很好，並且聲音播放時不需要解碼，適合用於遊戲音效；而對於較長的音效建議使用壓縮過的音頻格式，例如：mp3或ogg，壓縮過的音頻數據量會較小，但音質可能會有輕微的損失，播放時需要經過解碼，一般適合用於遊戲背景音效。

在Unity中，我們匯入的音頻可以分爲兩種模式，分別爲二維聲音與三維聲音。二維聲音代表不會因爲場景中音源擺放的距離遠近，音量而產生改變，不管是在哪個地方音量的大小都是固定的，適合用於遊戲的背景音樂；而三維聲音則代表音頻會因爲場景中音源擺放的距離遠近與音頻範圍大小，音量的大小也會產生不同，越靠近聲音越大，反之越遠則聲音越小，我們可以同時在場景中放置多個音頻，利用在不同的區域放置不同的音頻，令場景更加豐富生動，以下爲我們在兩個區域中分別添加不同的音頻，圓形的範圍則代表音頻播放的區域。

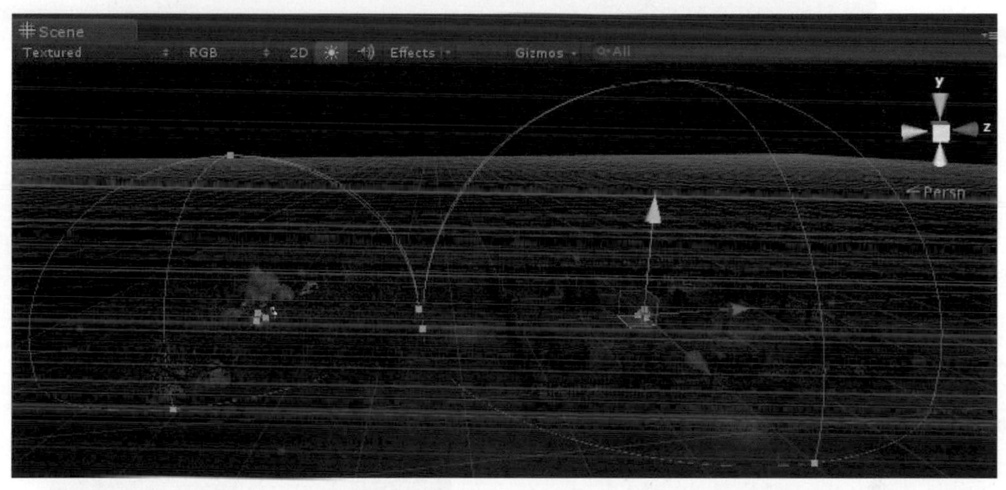

接著，我們要來學習如何匯入聲音到場景中，首先先啓動Unity應用程式後，若是我們想要匯入一個我們先前已經準備好，名稱爲music的音頻資源，點擊選單Assets中的Import New Assets，選擇要匯入的音頻music，會發現音頻會被匯入至Assets資料夾中，如下圖所示。

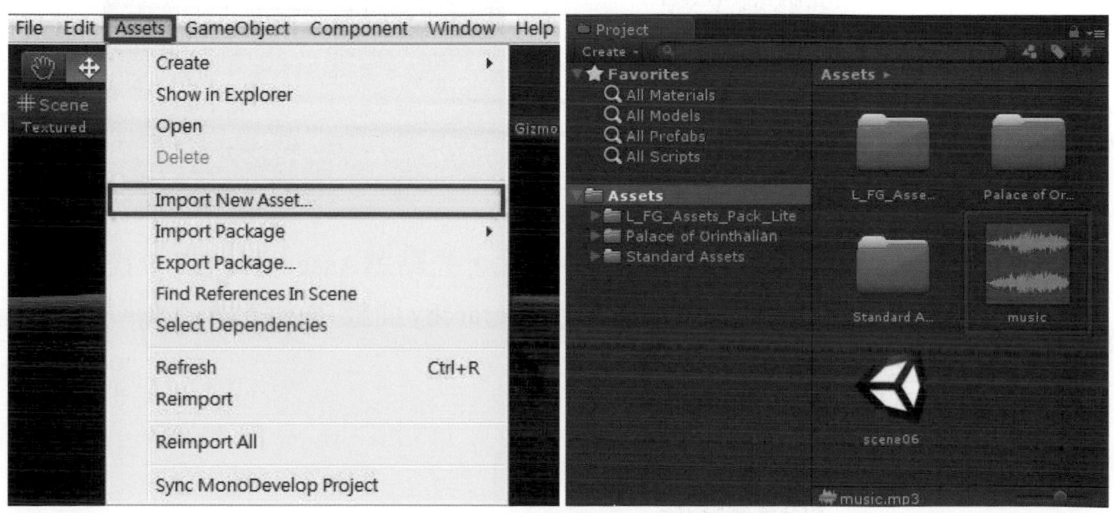

點選Assets資料夾中我們匯入的音頻，我們可以進入到此音頻的內部進行編輯，如下圖所示。

可以在右邊的Inspector面板中看見我們在音頻內部可進行編輯的幾個選項，其中最重要的是3D Sound選項，若我們勾選此選項，則音頻將會是三維聲音；若沒有勾選此選項，則我們的音頻將會是二維聲音。

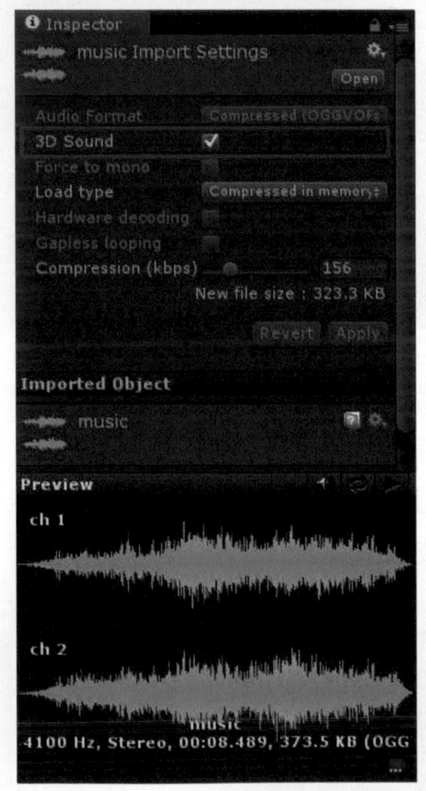

接著我們要將音頻添加至場景上，因此，先點選Assets資料夾中我們匯入的音頻，再利用滑鼠右鍵將音頻拖曳至Hierarchy面板中，這樣一來，我們就將音頻添加至場景上了，如下圖所示。

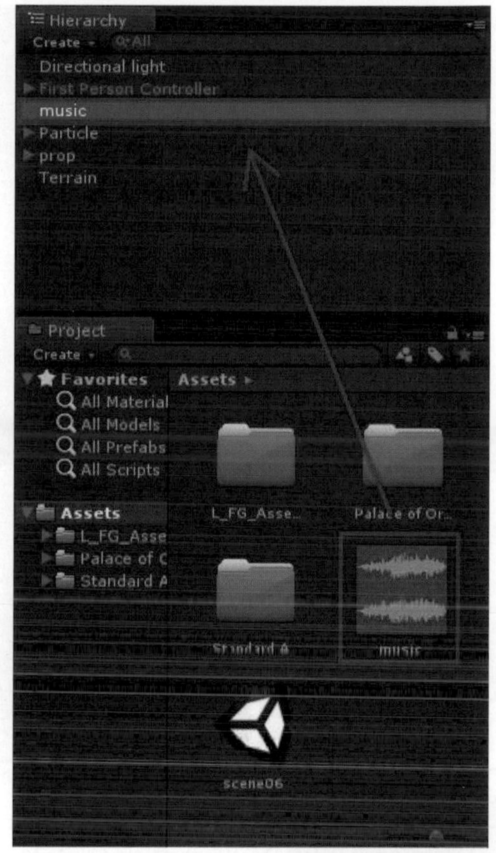

當建立聲音後，我們該如何對聲音做相關的設定，首先我們可以在右邊的Inspector面板中看見兩個可以調整的選項，分別是Transform與Audio Source選項。

關於第一個Transform的選項，我們能在這個選項中調整音頻的Position(位置)、Rotation(旋轉)與Scale(尺寸)三個細部設定，如右圖所示。

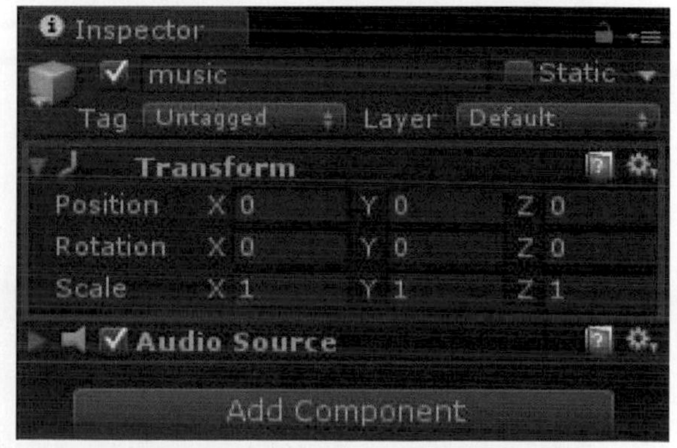

關於第二個Audio Source的選項，我們可以在這個選項中利用不同的參數設定調整或編輯音頻。而在此選項中有下列十二個細部設定，包括Audio Clip(音頻片段)、Mute(靜音)、Bypass Effects(繞過效果)、Bypass Listener Effects(繞過監聽器效果)、Bypass Reverb Zones(繞過混響區)、Play On Awake(喚醒時播放)、Loop(循環)、Priority(優先級)、Volume(音量)、Pitch(音調)、3D Sound Settings(三維聲音設置)與2D Sound Settings(二維聲音設置)，如右圖所示。

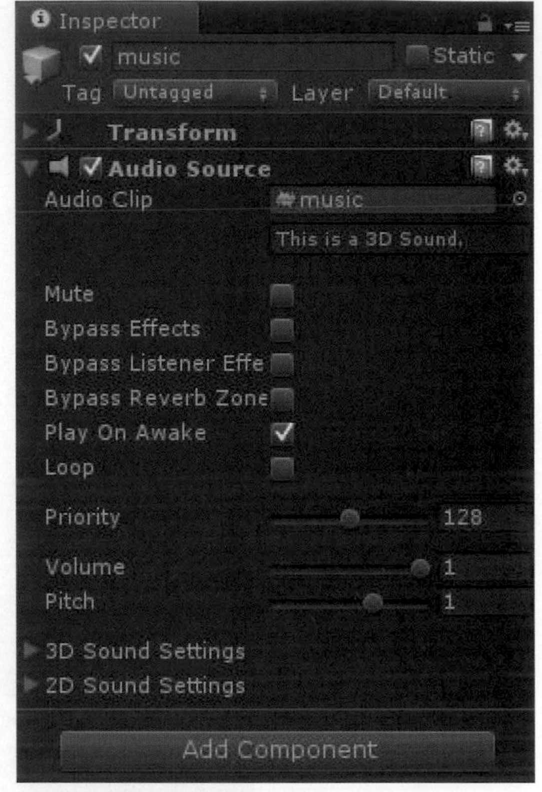

接著我們就來介紹幾個在Audio Source選項中，比較常用到的選項。Audio Clip代表音頻的片段，當我們點擊Audio Clip右邊的圓圈，會彈出一個Select Audio Clip視窗，我們可以在視窗中選擇我們想播放的音頻，如下圖所示。

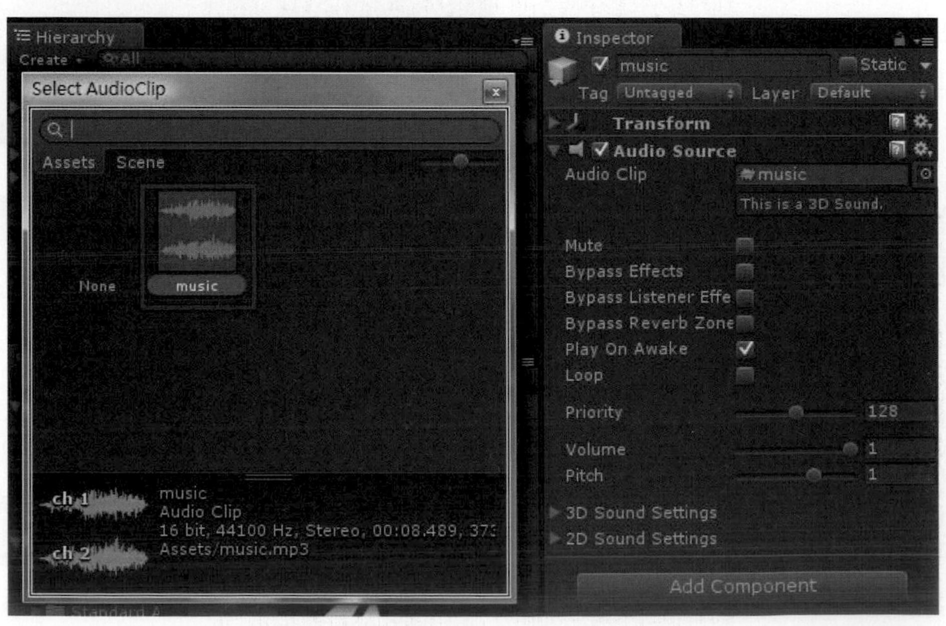

Mute代表音頻是否靜音，若勾選Mute，代表音頻會被播放，但是卻是沒有聲音的；Play On Awake代表喚醒時是否播放，若勾選Play On Awake代表聲音在場景啓動時開始播放，反之如果禁用，則需要在語法中利用play()命令來啓動；Loop代表是否循環，若勾選Loop則代表音頻會在結束後循環播放；Volume代表音量大小；Pitch代表音調，控制音頻播放的快慢，1是正常播放速度。

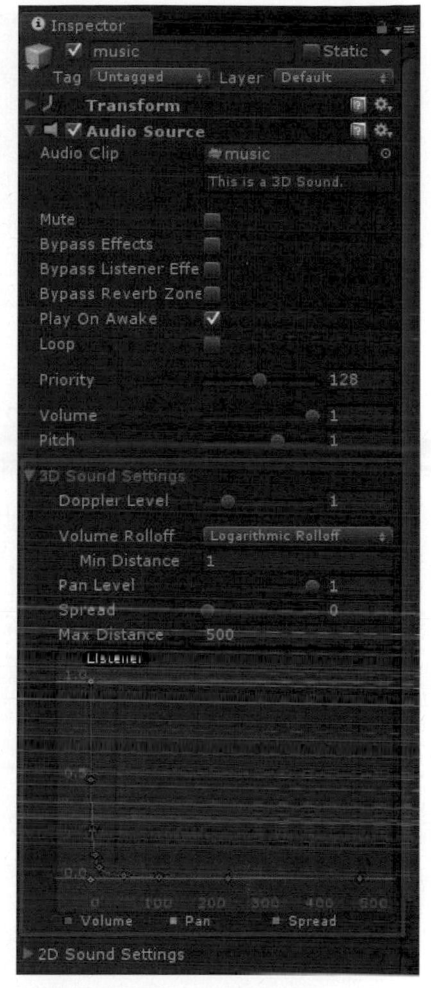

3D Sound Settings代表3D音頻的設置，若音頻為三維聲音則此細部設定之下的參數設置將會被啓動，在此細部設定中有下列幾個參數設置，包括Doppler Level(多普勒級別)、Volume Rolloff(音量衰減)、Min Distance(最小距離)、Pan Level(平衡調整級別)、Spread(擴散)與Max Distance(最大距離)，如右圖所示。

以下我們介紹幾個3D Sound Settings比較重要的細部設定，Pan Level代表平衡調整級別，設置3D引擎作用於音源的幅度；Spread代表擴散，設置3D立體音或多聲道音響在揚聲器空間的傳播角度；Min Distance代表最小距離，在最小距離內，聲音會保持固定，在最小距離外，聲音會開始衰減；Max Distance代表聲音停止衰減的距離；Volume Rolloff代表音量衰減模式，該值代表聲音衰減的速度，值越高越快聽到聲音，分為Logarithmic Rolloff(對數衰減)、Linear Rolloff(線性衰減)與Custom Rolloff(自定義衰減)三種模式，Logarithmic Rolloff代表當接近音源時，聲音較響亮，但是當遠離音源時，聲音大小大幅度下降；Linear Rolloff代表越是遠離聲音，可聽到的聲音越小，聲音變化的幅度恆定；Custom Rolloff代表可自行設置衰減的曲線，來控制聲音的變化，如下圖所示。

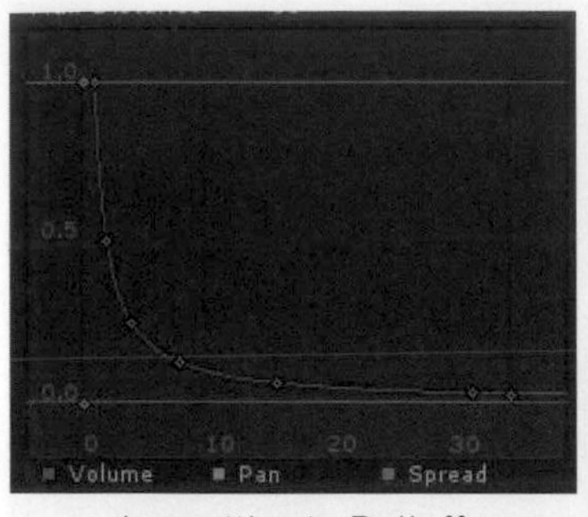

Logarithmic Rolloff

Linear Rolloff

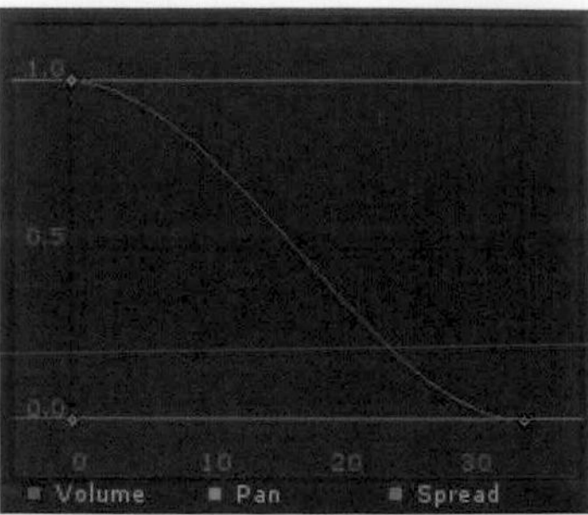

Custom Rolloff

2D Sound Settings代表2D音頻的設置，若音頻爲二維聲音則此細部設定之下的參數設置將會被啓動，在此細部設定中的Pan 2D代表2D平衡調整，設置引擎作用於音源的幅度，如右圖所示。

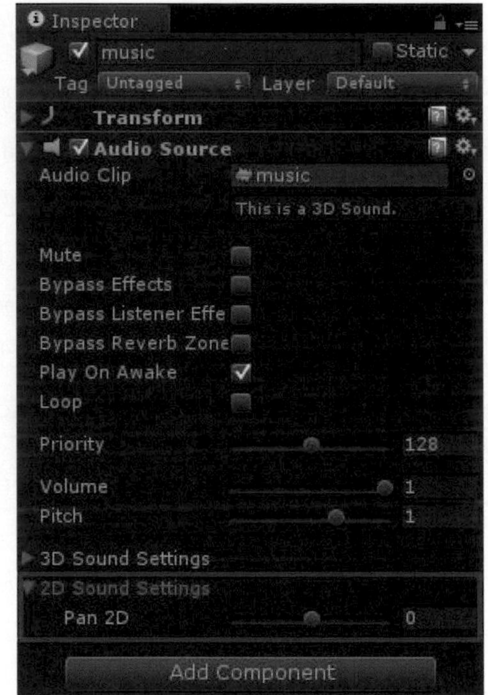

有了對以上設定的基本了解，在本範例中我們可以用此設置區域音效，以下爲我們在場景上添加了兩個音頻，分別是horror音頻與jungle01音頻，接著我們利用Transform選項中的設定，調整音頻的位置，我們設定horror音頻的位置Z軸爲-9.86406，設定jungle01音頻的位置X軸爲-7.9167與Z軸爲-70.707，如下圖所示。

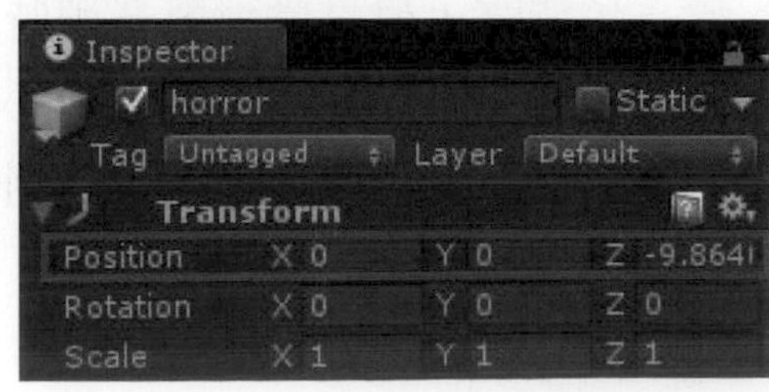

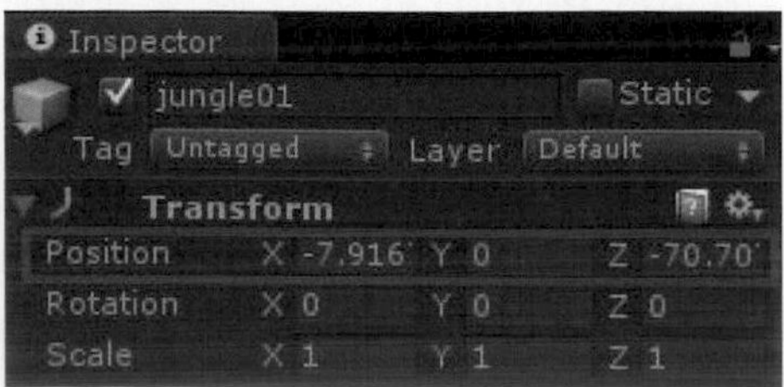

位置設定完成後，點選第一個horror音頻，我們要利用右邊的Inspector面板中的Audio Source選項調整音頻的相關設定，因爲希望當音頻播放完畢時能一直不斷的重複播放，因此我們勾選Loop選項，如右圖所示。

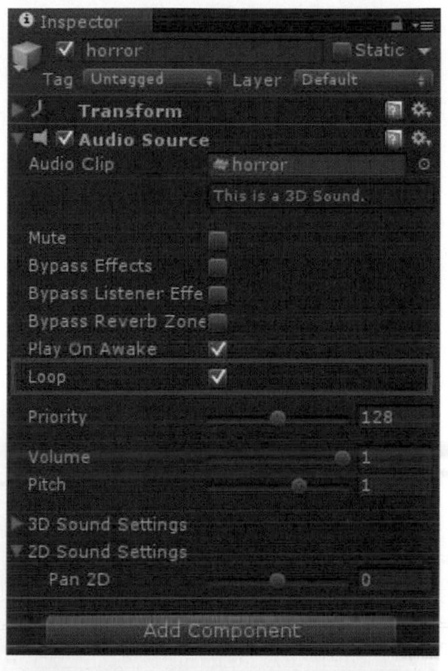

接著展開3D Sound Settings選項，點選Volume Rolloff右邊的三角型按鈕，選擇Custom Rolloff來控制聲音衰減的變化，並將Max Distance設定爲35，這代表以音頻的位置爲中心點半徑35單位的圓內都可聽到音頻，音頻的聲音大小會隨著距離中心點的遠近與衰減的模式而有所改變，當我們超過了這個範圍將聽不到聲音，如下圖所示。

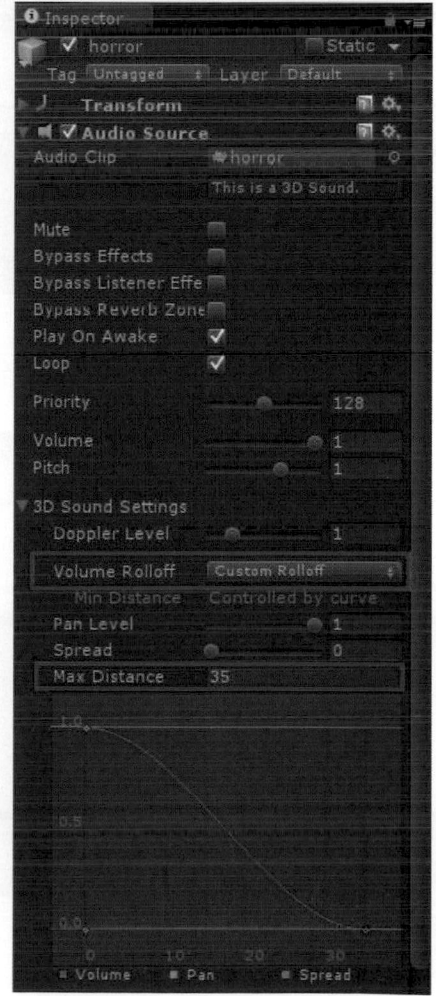

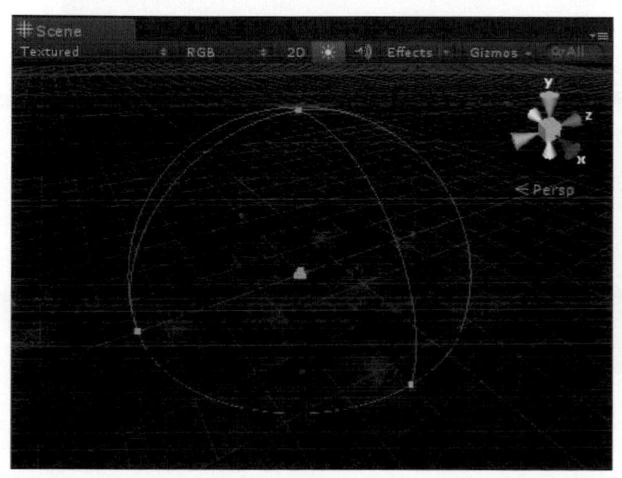

接著點選第二個jungle01音頻，此音頻的設置與第一個horror音頻的設置基本上相同，不一樣的地方爲jungle01音頻的Max Distance設定爲25，如右圖所示。

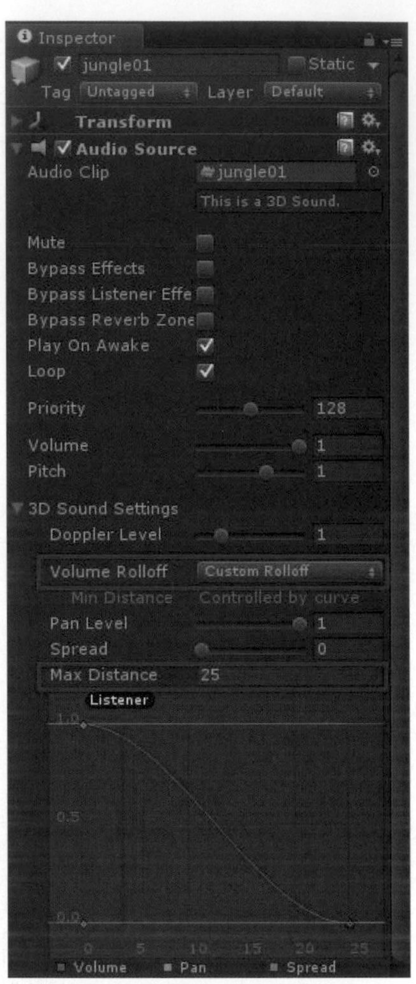

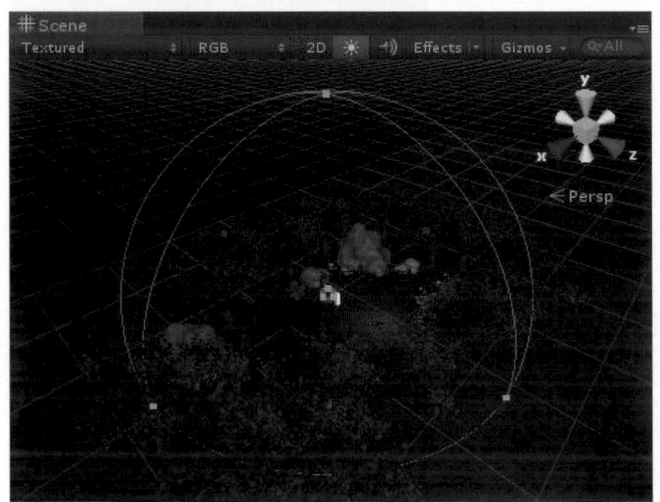

這樣一來，我們在場景中的兩個區域音效就設置完成了。

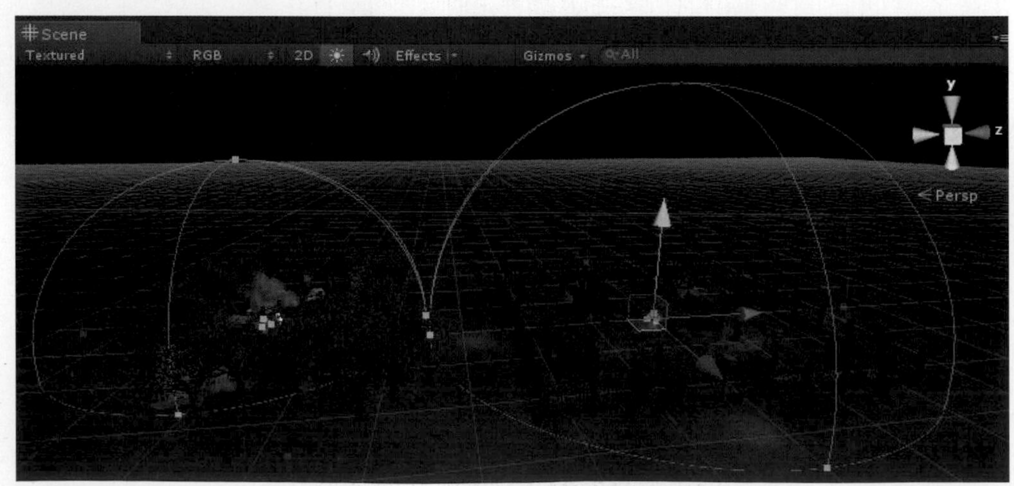

範例實作與詳細解說

本範例我們將藉由以下三個步驟來完成簡述如下:

- **步驟一：**專案的開啓
- **步驟二：**爲場景建立閃電、雨水與火焰的粒子效果
- **步驟三：**匯入音頻並爲場景添加音效

步驟一、專案的開啓

開啓Unity應用程式，點選系統選單File中的Open Object，將範例所提供的Lesson06(practice)練習檔打開，如右圖所示。

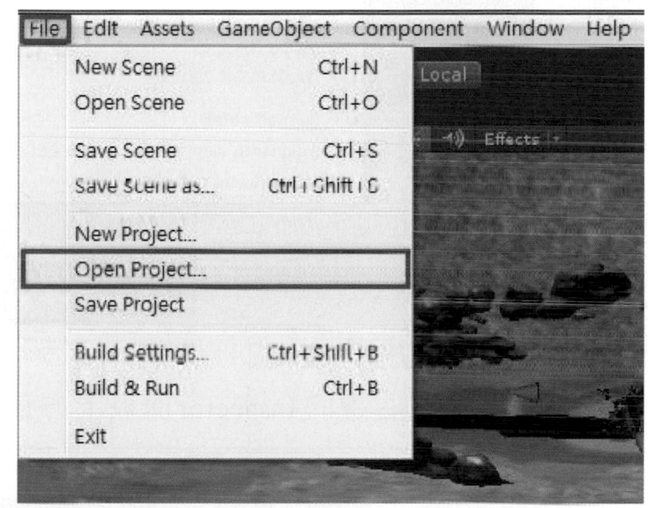

可以看見範例已經替讀者準備好了一個場景。

步驟二、為場景建立閃電、雨水與火焰等的粒子效果

我們要開始爲場景上添加一些動態的粒子效果，在本範例中，我們會添加閃電、雨水以及火焰等三種粒子特效，首先我們要先建立閃電的粒子效果，點擊系統選單GameObject中的Creat Other選項當中的Particle System，創建一個Shuriken粒子系統，如下圖所示。

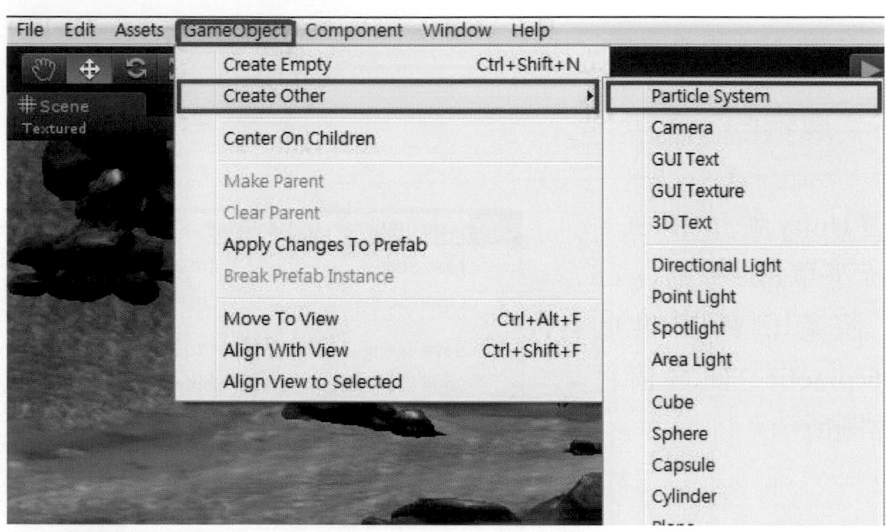

我們可以在右邊的Inspector面板上方爲新創建的Particle System命名爲Thunder，如下圖所示。

接著我們也可以在Inspector面板看見兩個可以調整的選項，分別是Transform與Particle System選項，如下圖所示。

點擊Particle System，可以看見17個選項，在這些選項中我們可以利用不同的設定，製作出各式各樣的粒子特效，如右圖所示。

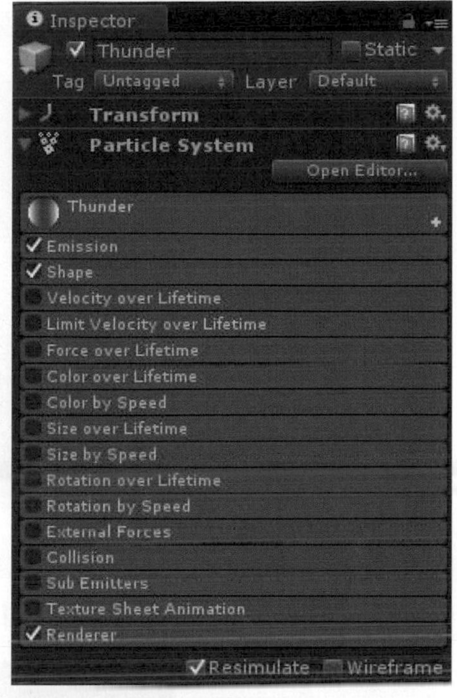

首先我們要先為閃電的粒子效果設定好材質球，因此點選Rain，展開右邊的Inspector面板中的Renderer(粒子渲染器)選項，點選Material右邊的圓圈按鈕，選擇我們為讀者提供的材質球Thunder_01，並將Render Mode設定為Stretched Billboard，如下圖所示。

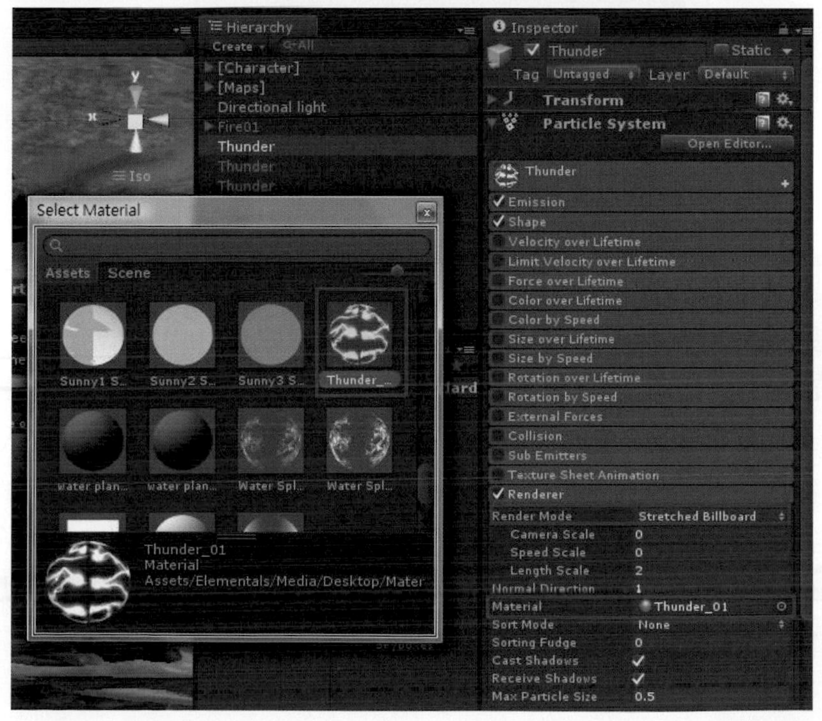

接著將Stretched Billboard模式底下的Length Scale設定為3，如下圖所示。

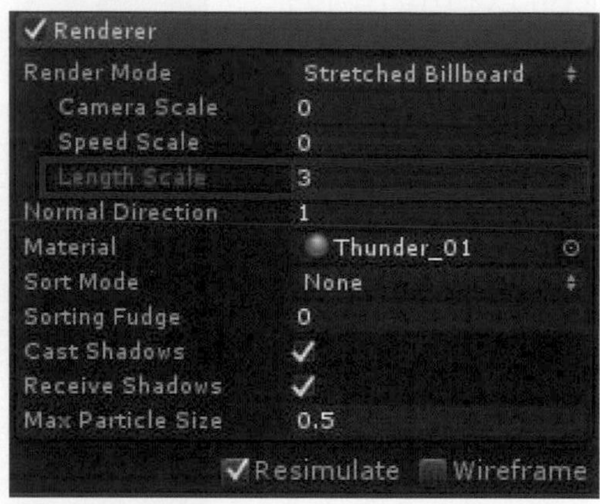

點選Shape(形狀)選項，我們在細部設定中，將Shape發射器形狀選擇為Cone，並將Angle與Radius分別設定為30與1，如下圖所示。

我們要開始調整粒子效果的參數，首先我們先在Initial(初始化)選項中，將Duration粒子持續時間設定為2.00，Start Lifetime設定為1至2，讓粒子能存活短一點，並且將Start Size設定為200至300，將粒子的尺寸設定大一些，更符合現實生活中的閃電，再將粒子的Start Speed設定為-0.01，Start Rotation設定為-60至60，讓閃電能以隨機的角度發射，並設定Start Color粒子的顏色，最後將Prewarm勾選起來，這樣一來當我們在遊戲運行初始時就已經發射粒子，如下圖所示。

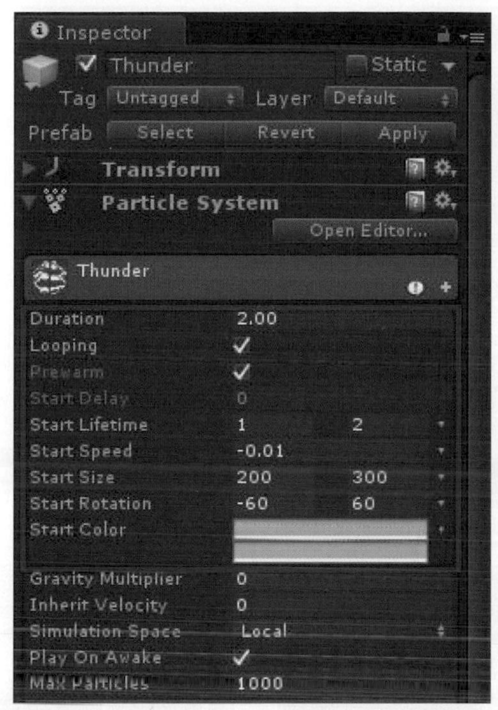

點選Emission(發射)選項，在細部設定中，點選兩次Bursts右邊的加號，在Bursts中分別設定使time在0秒與0.1秒時分別發射1個粒子，如下圖所示。

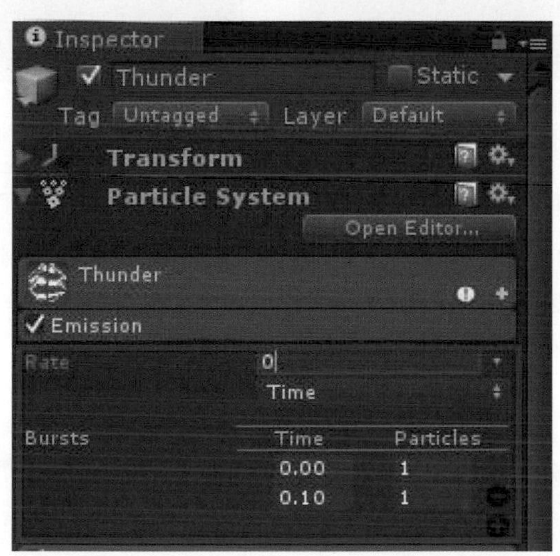

點選Color over Lifetime(生命週期顏色)選項，在細部設定中，點選Color右邊的下三角形，將閃電的顏色設定為如下圖所示。

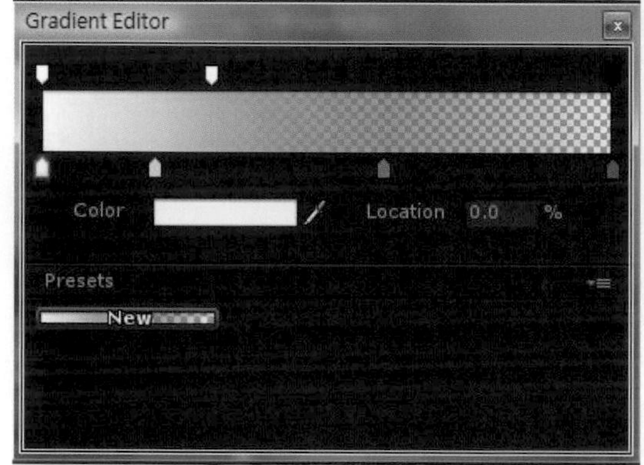

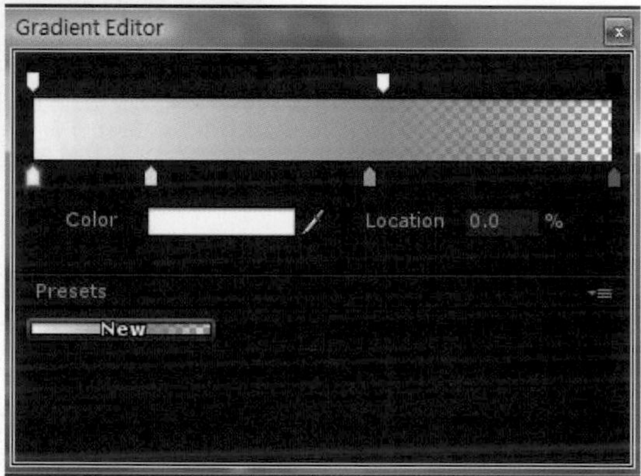

點選Texture Sheet Animation選項，在細部設定中，將Animation的類型設定爲Single Row，並將Tiles中的Y設定爲4，最後點選Frame over Time右邊的下三角形，選擇Constant，將Frame over Time設定爲0，如下圖所示。

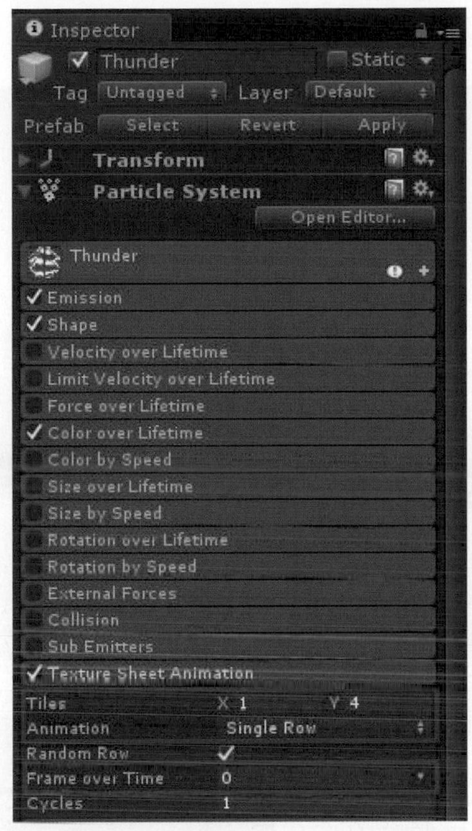

在利用工具列的移動工具，將閃電粒子特效移動至場景上適當的位置，或是在右邊的Inspector面板中展開Transform選項，在Position中將X軸設定為49.418，Y軸設定為78.612與Z軸設定為704.107，並在Rotation中將X軸設定為270度，如下圖所示。

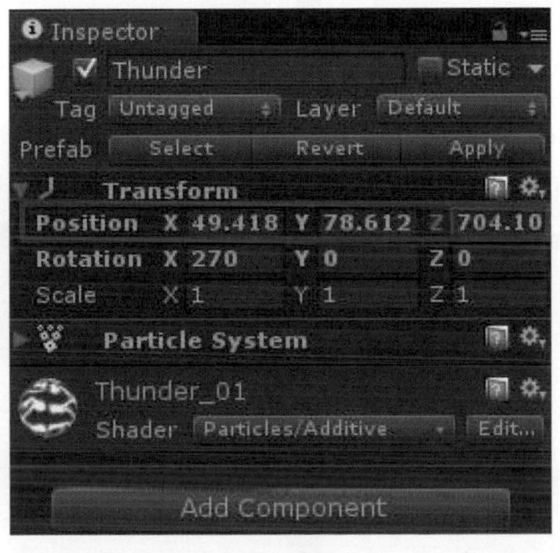

閃電的粒子特效即完成，如下圖所示。

當我們製作完的閃電粒子特效後，我們想在場景上放置多個閃電粒子特效，我們能在Hierarchy面板中，在Thunder上點選滑鼠右鍵，複製閃電粒子特效，如右圖所示。

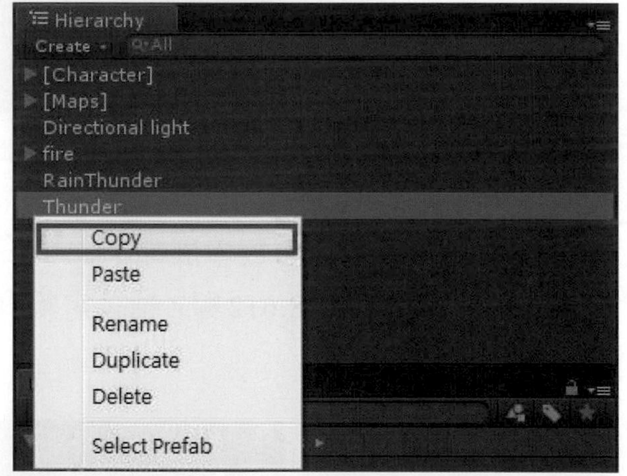

複製完成後，我們一樣在Hierarchy面板中點選滑鼠右鍵，將複製的閃電粒子特效貼上，如右圖所示。

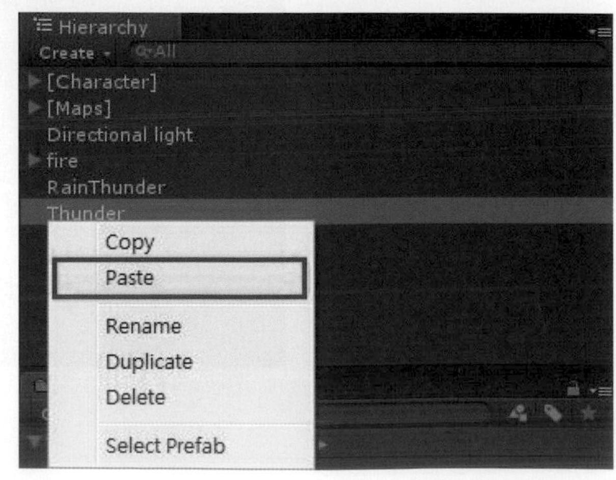

我們可以再利用Inspector面板更改閃電名稱爲Thunder02，並在Transform選項中更改粒子的位置即可，粒子的X軸設定爲478.067，Y軸設定爲68.875與Z軸設定爲442.787，並將旋轉的X軸設定爲270，如下圖所示。

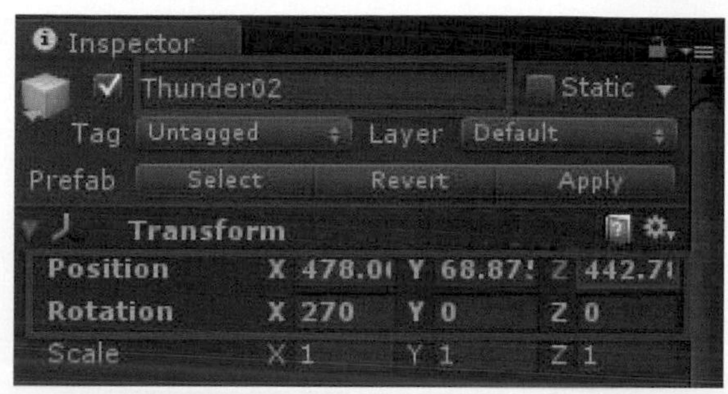

而閃電粒子特效的Particle System中的設定都是相同的，但不同的地方是我們能更改Initial(初始化)選項中的Start Delay細部設定，將Start Delay設定爲5，代表當遊戲運行初始時Thunder02的閃電粒子特效並不會啓動，而會經過5秒後粒子才會開始發射，我們可以在不同的閃電粒子特效中，設定不同的Start Delay，製作出閃電射出的不同時間差，如下圖所示。

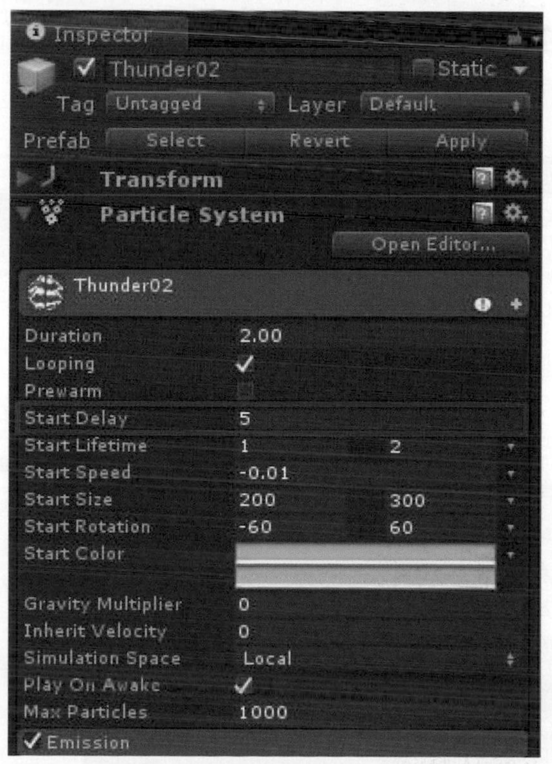

至於其他的閃電粒子特效，也可以依照一樣的方法製作出來，甚至每個閃電粒子特效都能設定成不同的顏色，使閃電的樣式更佳多樣化，以下為我們提供的閃電粒子特效位置，如下圖所示。

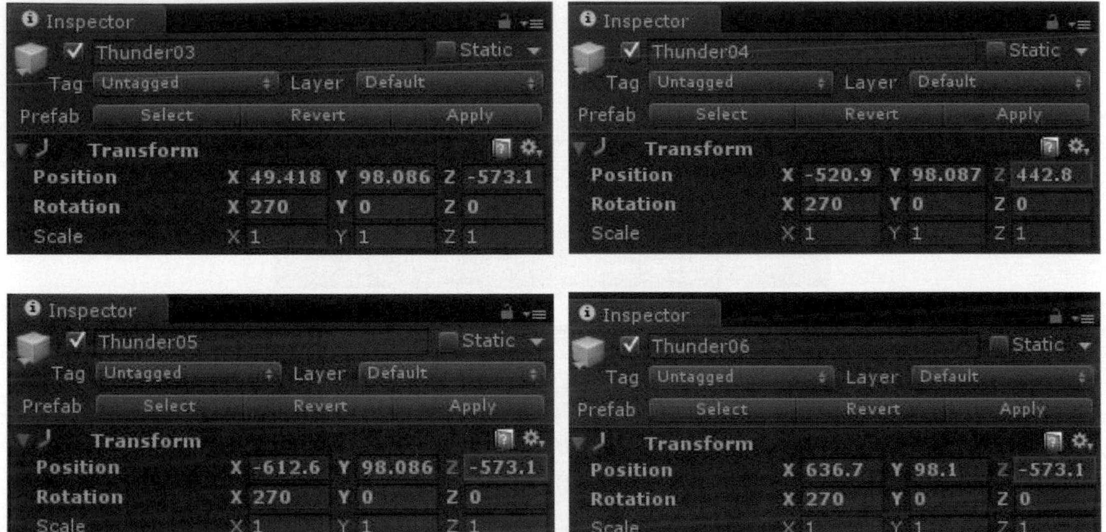

接著要開始製作第二個雨水的粒子效果，首先點擊系統選單GameObject中的Creat Other選項當中的Particle System，創建一個Shuriken粒子系統，如下圖所示。

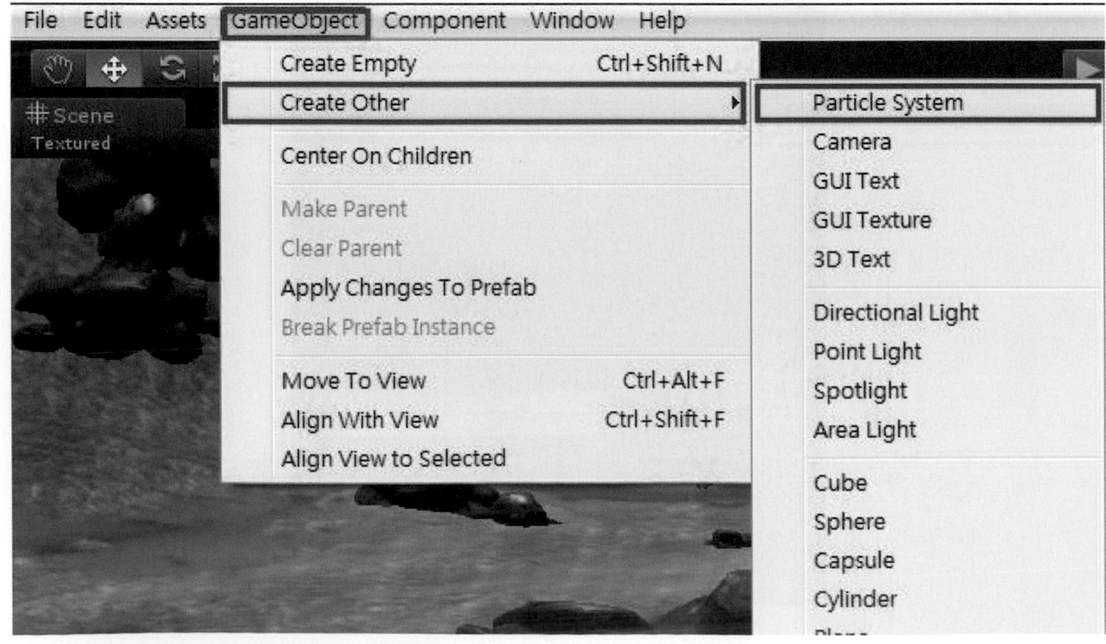

我們可以在右邊的Inspector面板上方爲新創建的Particle System命名爲Rain，如右圖所示。

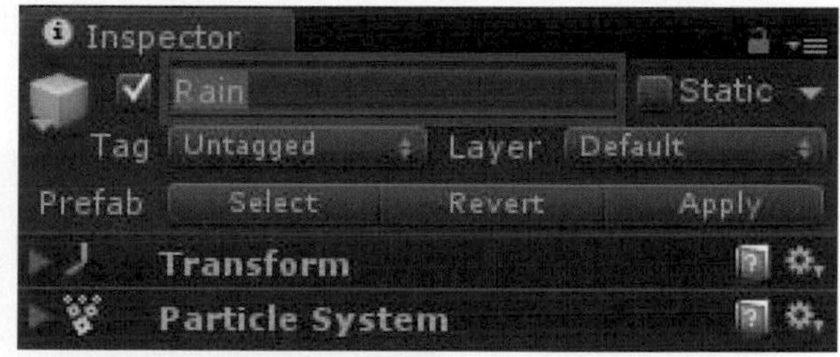

也可以在Inspector面板看見兩個可以調整的選項，分別是Transform與Particle System選項。

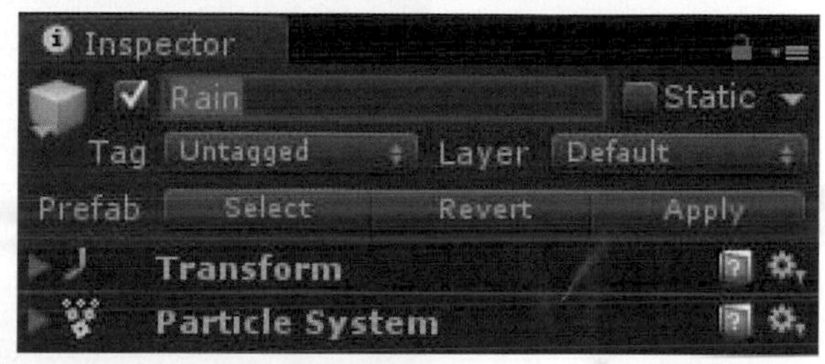

首先我們要先爲雨水的粒子效果設定好材質球，因此點選Rain，展開右邊的Inspector面板中的Renderer(粒子渲染器)選項，點選Material右邊的圓圈按鈕，選擇我們爲讀者提供的材質球Raindrop_01，並將Render Mode設定爲Stretched Billboard，如下圖所示。

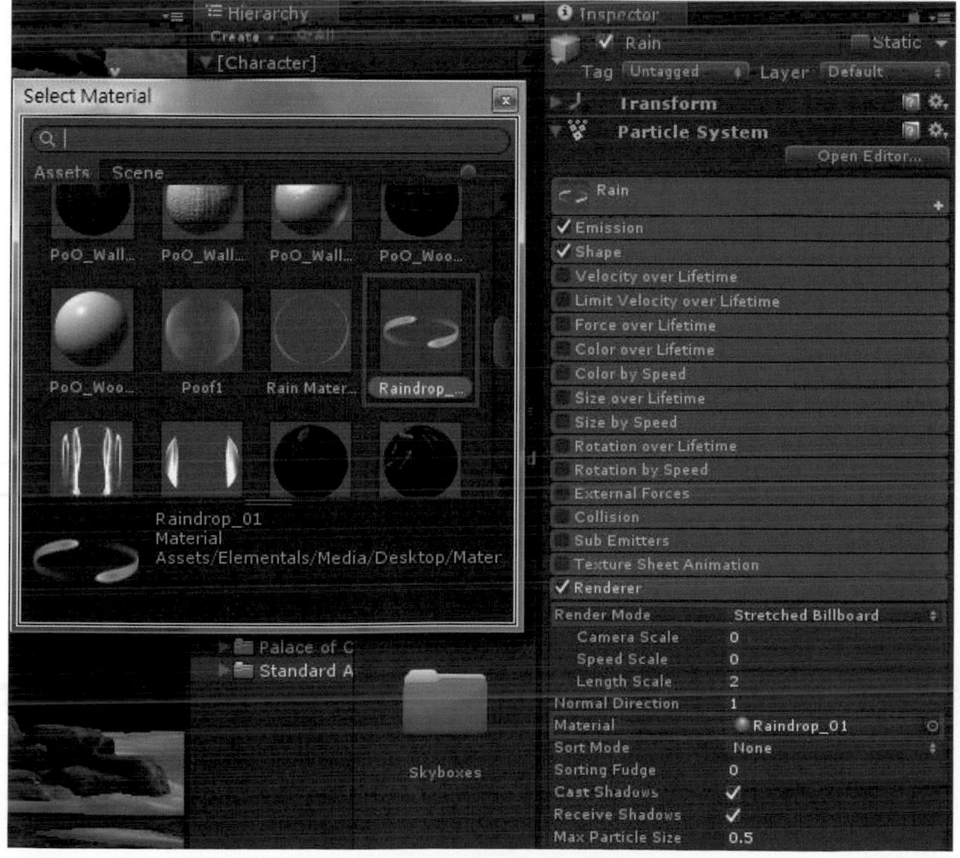

接著將Stretched Billboard模式底下的Speed Scale設定爲0.1，並將Length Scale設定爲0，如下圖所示。

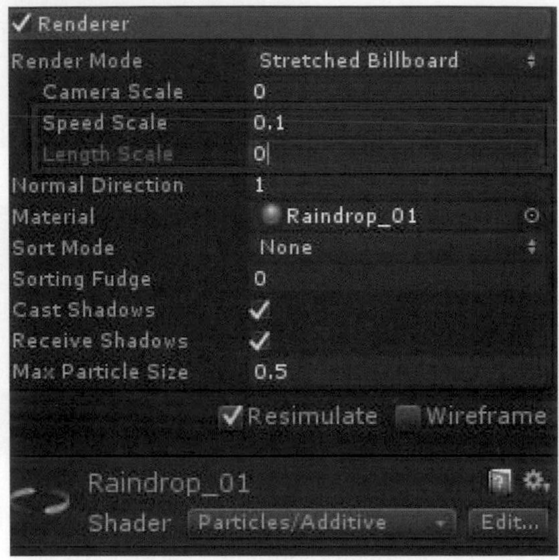

接著點選Shape(形狀)選項，我們在細部設定中，將Shape發射器形狀選擇爲Box，並將Box的X、Y與Z軸分別設定爲30、0.01與30，如下圖所示。

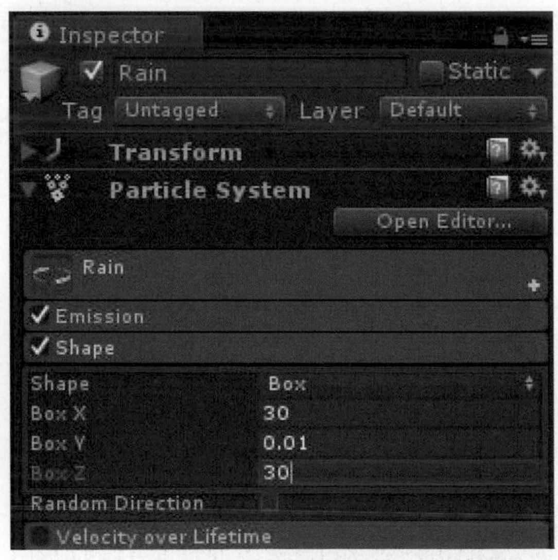

我們要開始調整粒子效果的參數，首先先在Initial(初始化)選項中，將Start Lifetime設定為5至10，並且將Start Size設定為0.1至0.3，使粒子更符合現實生活中的雨滴，再設定好粒子的Start Color，最後因為我們希望雨水並不是只是綿綿細雨而已，因此將Max Particle設定為3000，最後將Prewarm勾選起來，這樣一來，當我們在遊戲運行初始時就已經發射粒子，如下圖所示。

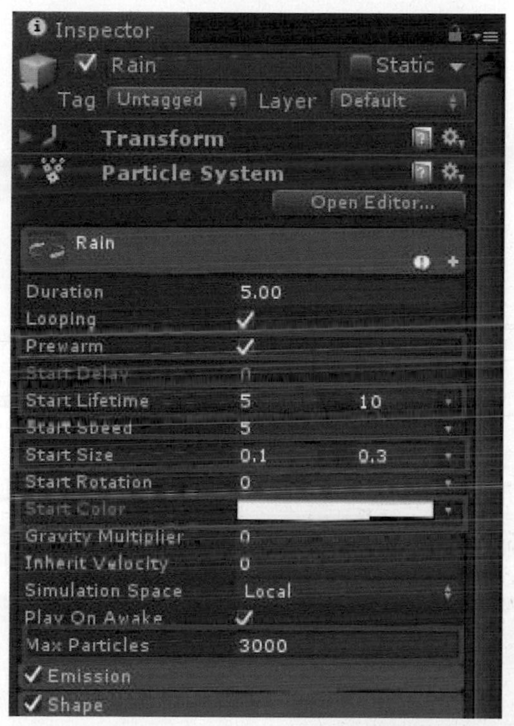

點選Emission(發射)選項，在細部設定中，將Rate設定為600，令粒子系統每秒鐘發射600個粒子，如右圖所示。

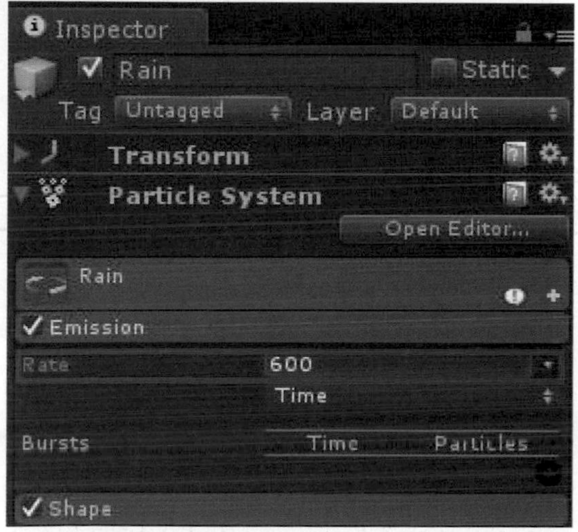

點選Velocity over Lifetime(生命週期速度)選項，在細部設定中，將Space設定為World世界坐標，並將Y的速度設定為-3至-10，讓雨水能沿著世界坐標的Y軸速度隨機移動，如下圖所示。

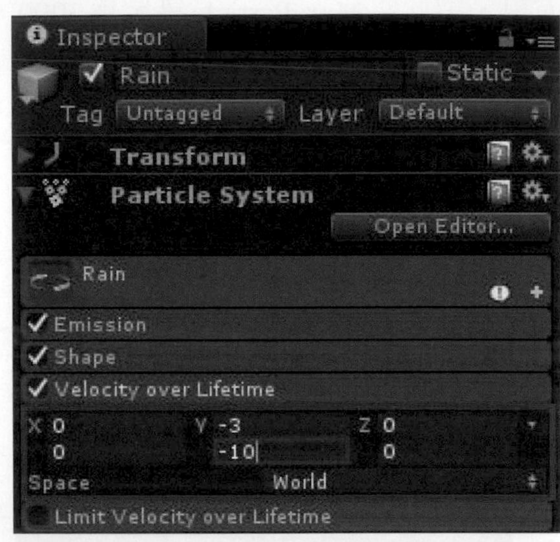

點選Color over Lifetime(生命週期顏色)選項，在細部設定中，點選Color右邊的下三角形，將雨水的顏色設定為如下圖所示。

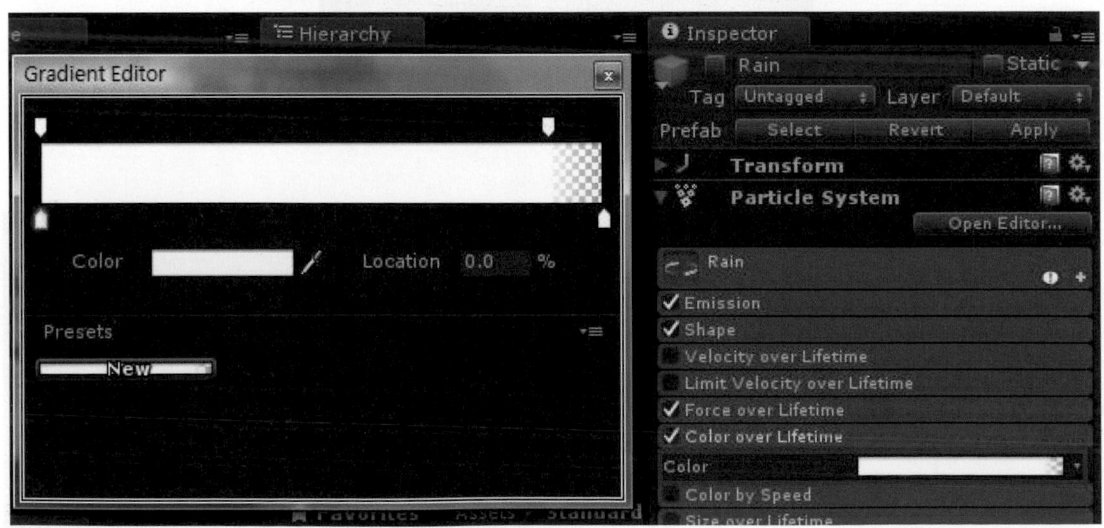

點選Colliion(碰撞)選項，在細部設定中，將碰撞的類型設定爲World世界碰撞，並將Dampen設定爲1，Bounce反彈系數設定爲0，讓粒子與物體碰撞時不會反彈，最後將Lifetime Loss設定爲1，如下圖所示。

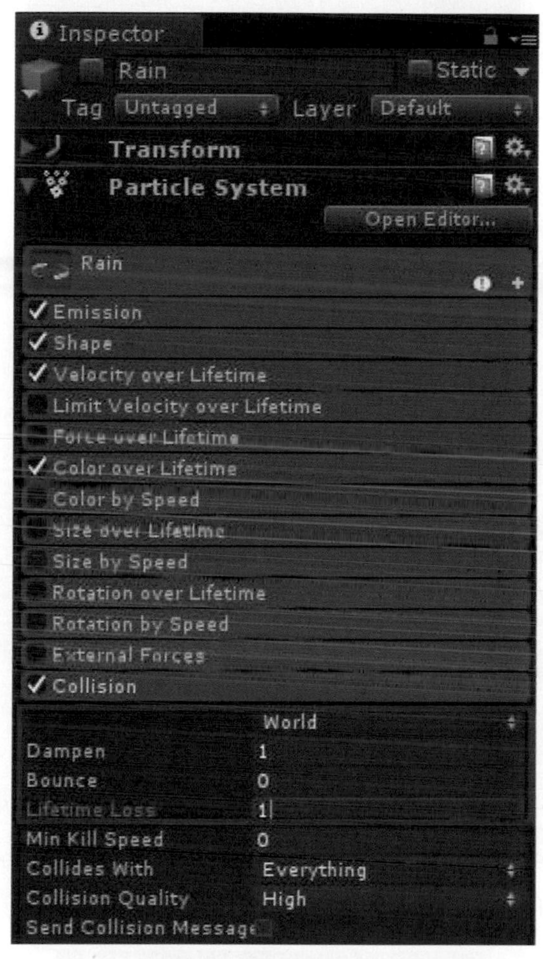

因爲我們希望當雨水粒子效果與物體進行碰撞時，會產生新的粒子，當作是碰撞時濺起的水花效果，這時，就可以利用到Sub Emitters(子發射器)選項，點選此選項，在細部設定中，點擊Collision細部設定右邊的加號，爲Rain粒子系統，添加一個子發射器，如下圖所示。

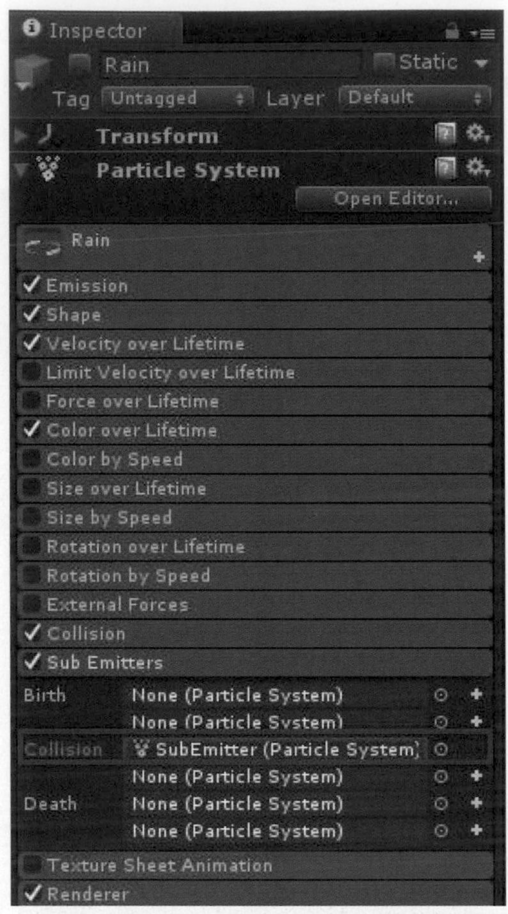

我們點選Hierachy面板中的Rain粒子系統，可以發現底下多了一個子發射器，點選此子發射器，我們可以利用右邊的Inspector面板上方將子發射器命名爲Splash，如下圖所示。

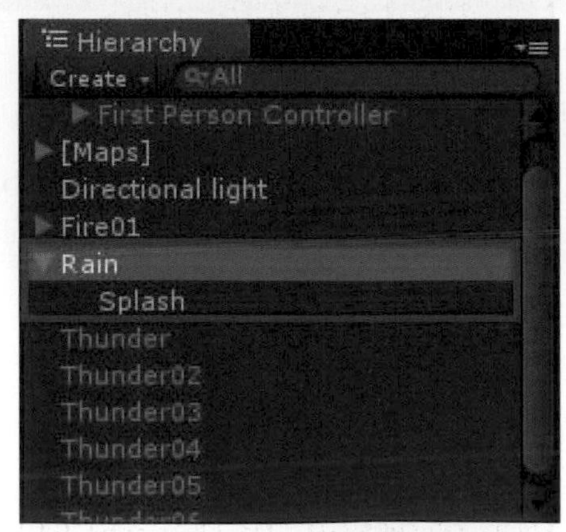

接著我們要開始調整Splash子發射器的參數設定，這部分的參數調整，可隨自己的喜好自行做調整，如下圖所示。

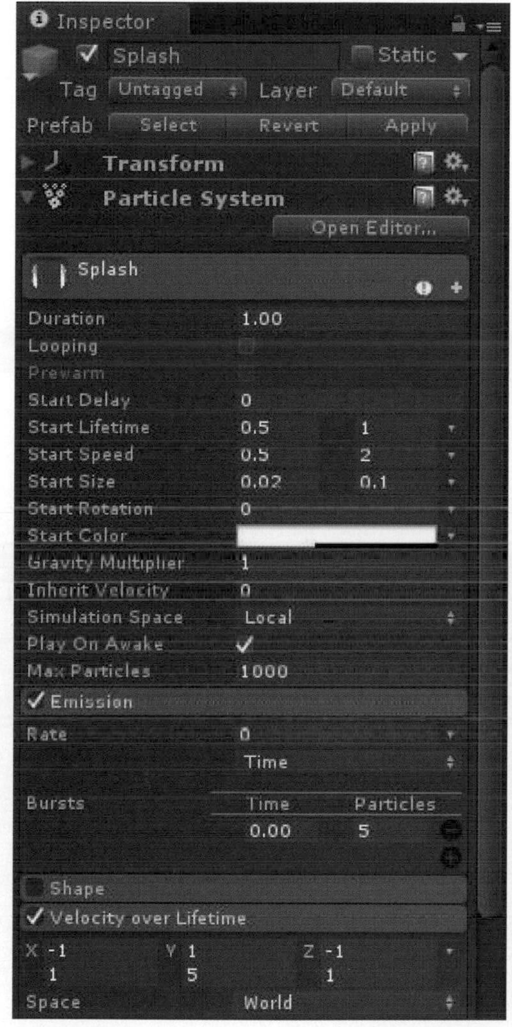

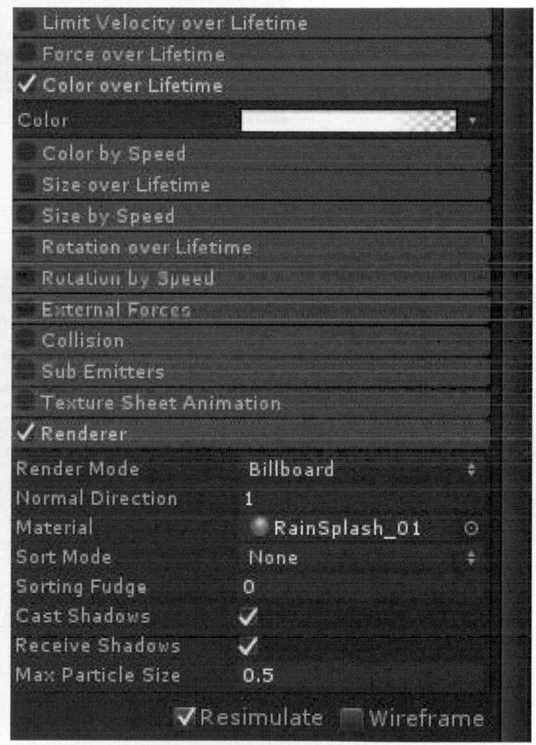

調整好Splash子發射器後，雨水粒子特效大至上的參數都設定都完成了，不過可以發現目前雨水只涵蓋了場景的一小部分，若是要將雨水覆蓋整個場景，需要耗費十分多的資源，因此在這邊我們利用了一個小方法，在左邊的Hierarchy面板中按住滑鼠左鍵，將Rain雨水的粒子特效拉至First Person Controller第一人稱控制器上，將雨水當做第一人稱控制器的子物件，如右圖所示。

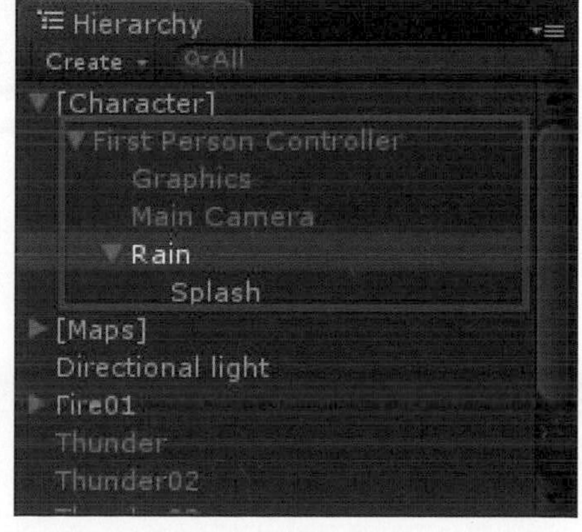

在利用左上方工具列的移動工具，將雨水粒子特效移動至場景上第一人稱控制器上方的位置，或是在右邊的Inspector面板中展開Transform選項，在Position中將X軸設定為0.709、Y軸設定為31.697與Z軸設定為-1.7567，如下圖所示。

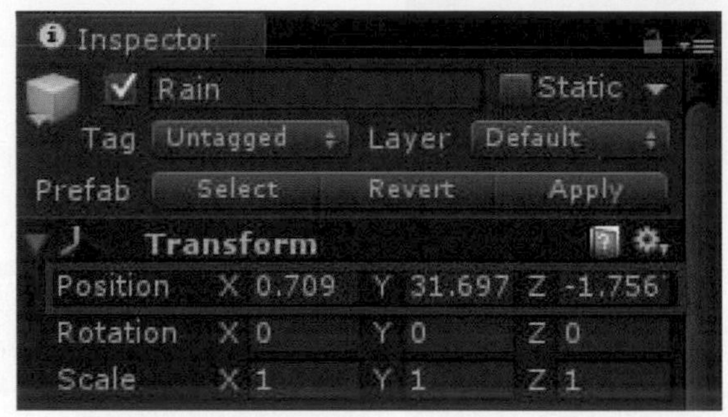

雨水的粒子特效即完成，如下圖所示。

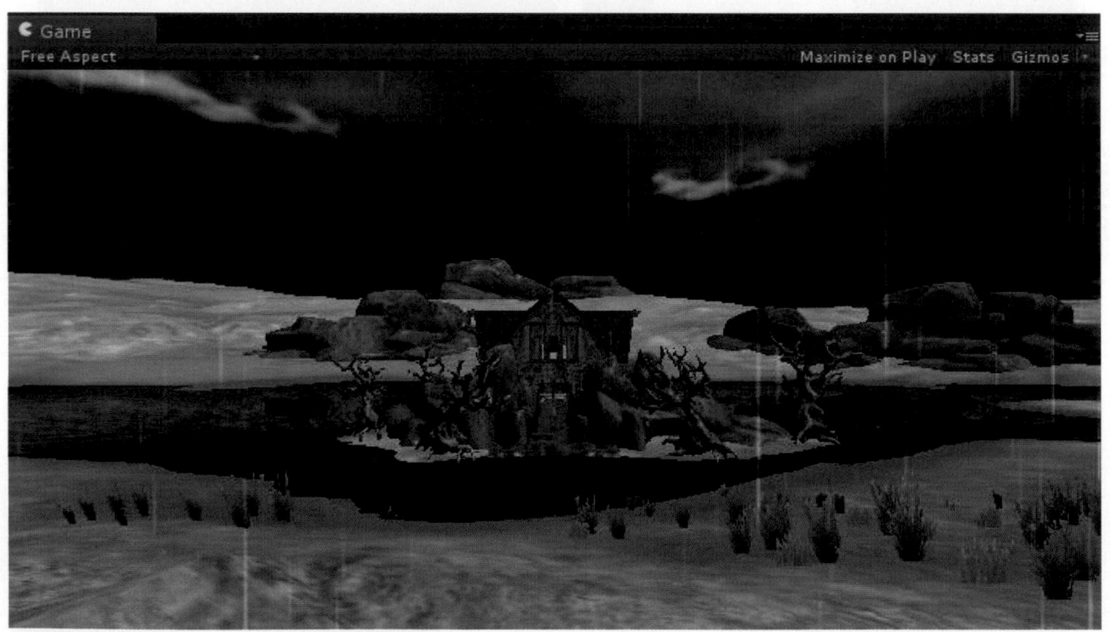

最後，我們要開始製作第三個火焰的粒子效果，首先點擊系統選單GameObject中的Creat Other選項當中的Particle System，創建一個Shuriken粒子系統，如下圖所示。

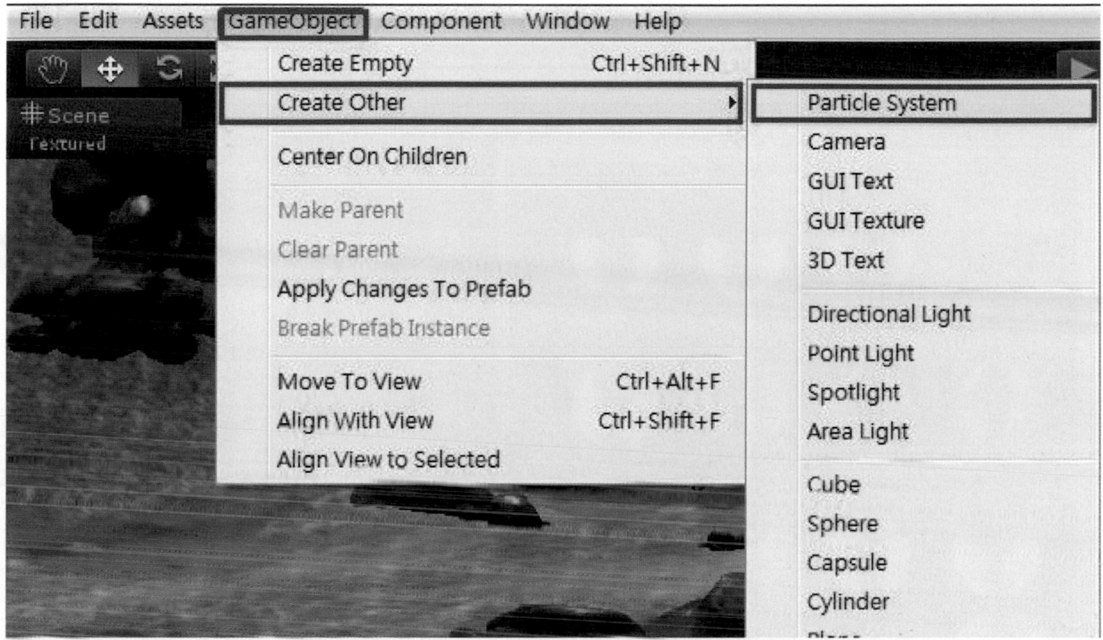

可以在右邊的Inspector面板上方爲新創建的Particle System命名爲fire，如下圖所示。

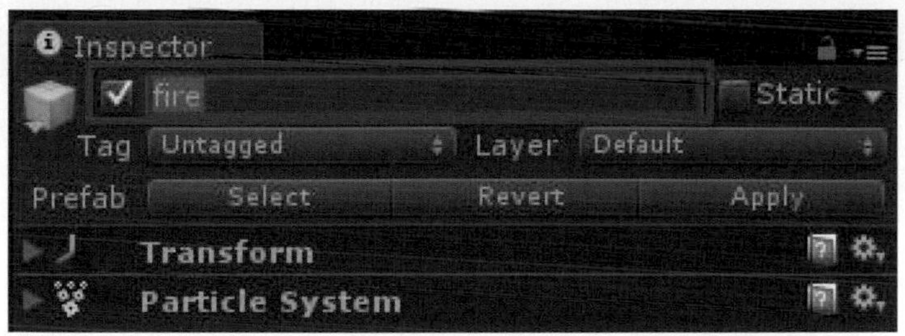

接著我們也可以在Inspector面板看見兩個可以調整的選項，分別是Transform與Particle System選項。

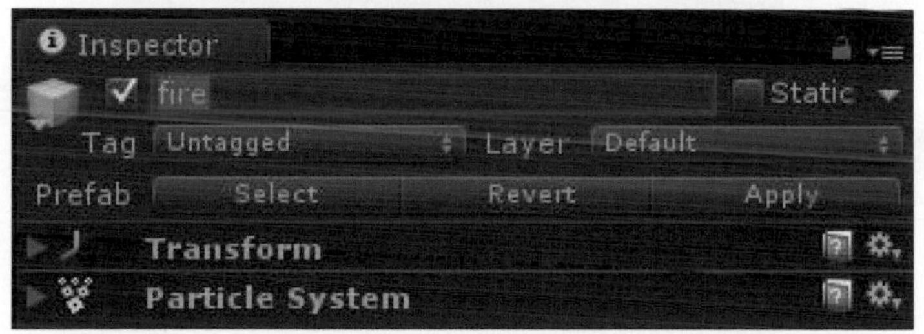

我們要先爲火焰的粒子效果設定好材質球，因此點選fire，展開右邊的Inspector面板中的Renderer(粒子渲染器)選項，點選Material右邊的圓圈按鈕，選擇我們爲讀者提供的材質球Fire_02，如下圖所示。

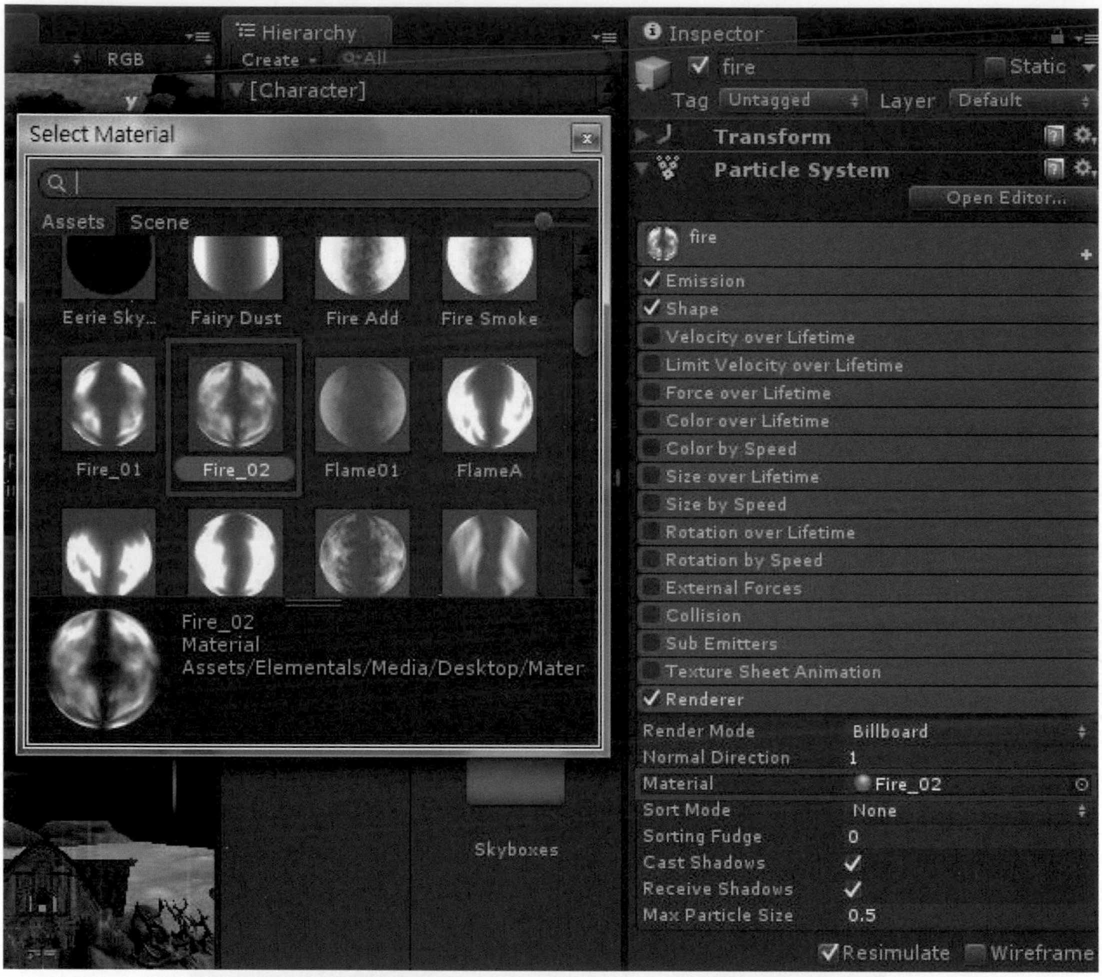

並將Render Mode設定爲Vertical Billboard，並將Sort Mode設定爲By Distance，Sorting Fudge設定爲100，如下圖所示。

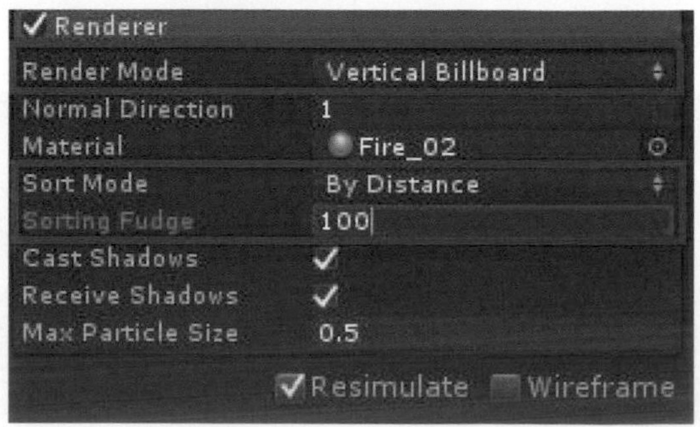

接著點選Shape(形狀)選項，因為在這邊我們不需要特別設定粒子發射器的形狀，因此點選Shape選項左邊的方塊，取消勾選此選項，如下圖所示。

我們要開始調整粒子效果的參數，首先我們先在Initial(初始化)選項中，將Duration設定為3，Start Lifetime設定為0.6至1，讓火焰能一直生成，並且將Start Size設定為5至8，粒子的Start Rotation設定為-90至90，並將Prewarm勾選起來，這樣一來，當我們在遊戲運行初始時就已經發射粒子，如下圖所示。

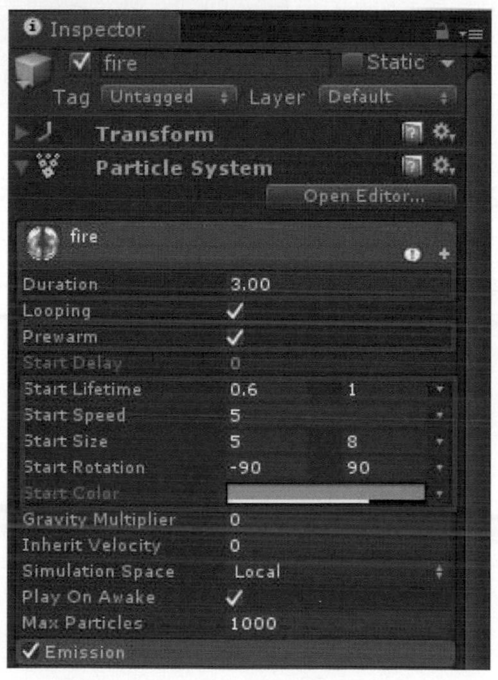

點選Emission(發射)選項，在細部設定中，將Rate設定爲24，令粒子系統每秒鐘發射24個粒子，如右圖所示。

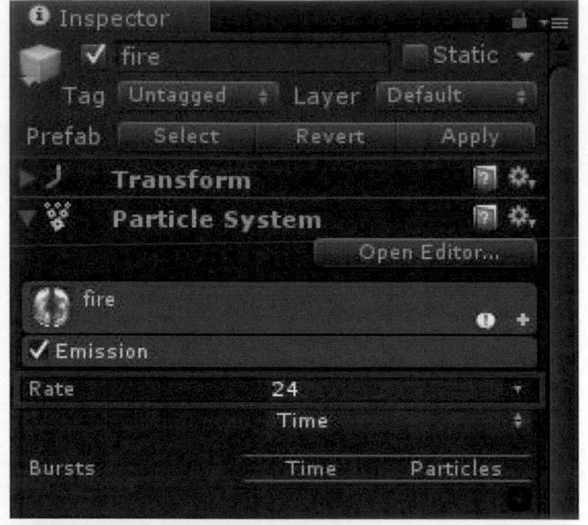

點選Velocity over Lifetime(生命週期速度)選項，在細部設定中，將Space設定爲World世界坐標，並將X、Y與Z的速度分別設定 爲-0.5至0.5、1至4與-0.5至0.5，讓火焰能沿著世界坐標隨機的速度做移動，如右圖所示。

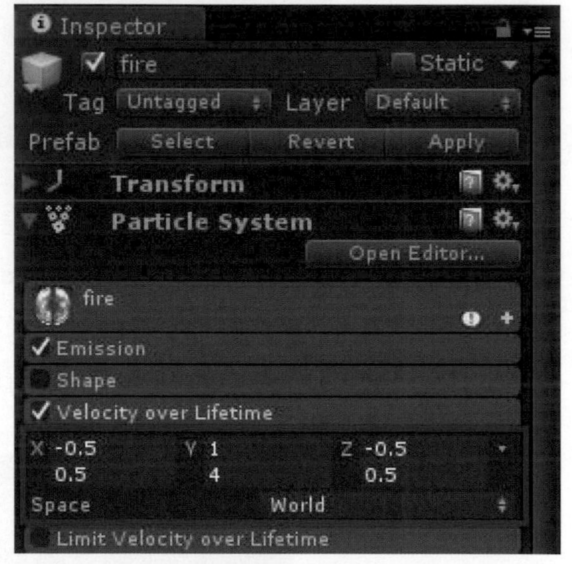

點選Force over Life time(生命週期作用力)選項，在細部設定中，將Space設定爲World世界坐標，並點選XYZ右邊的下三角形，選擇Curve，將火焰的XYZ曲線圖設定爲如下圖所示。

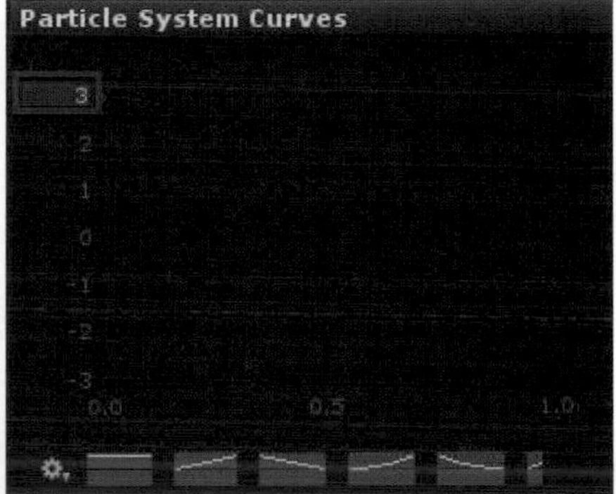

點選Color over Lifetime(生命週期顏色)選項，在細部設定中，點選Color右邊的下三角形，將火焰的顏色設定爲如下圖所示。

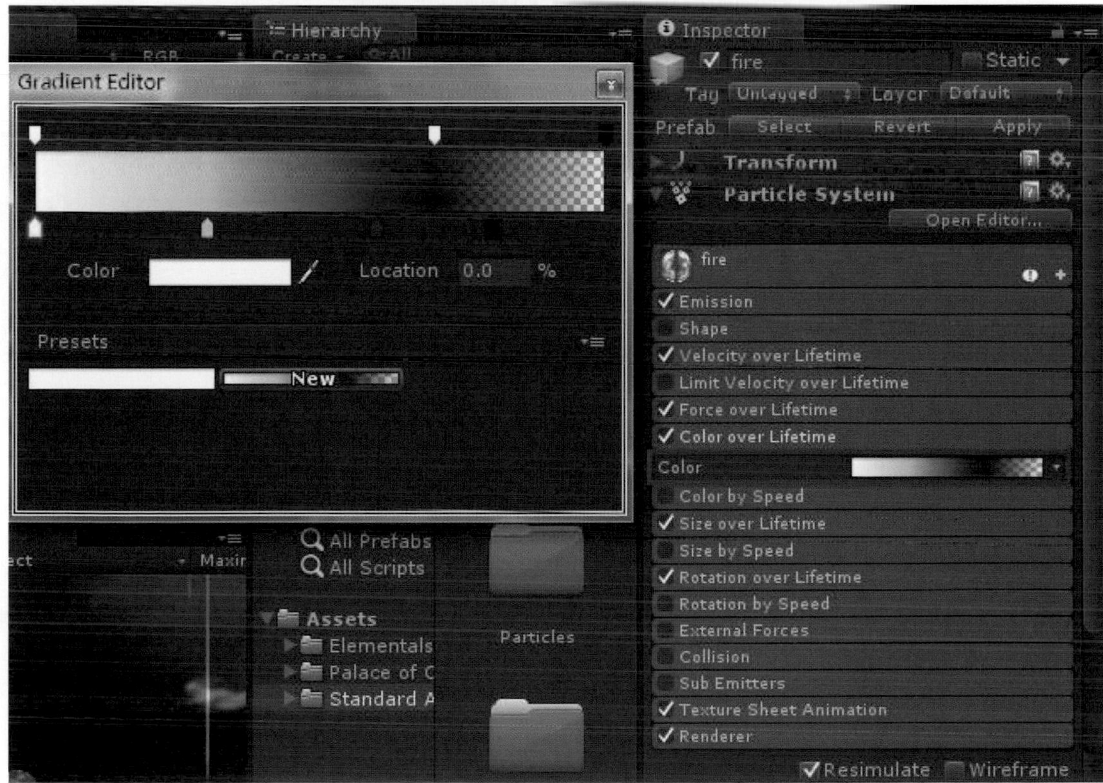

點選Size over Lifetime(生命週期粒子大小)選項，在細部設定中，點選Size右邊的下三角形，選擇Random Between Two Curves，將火焰的尺寸曲線圖設定為如下圖所示。

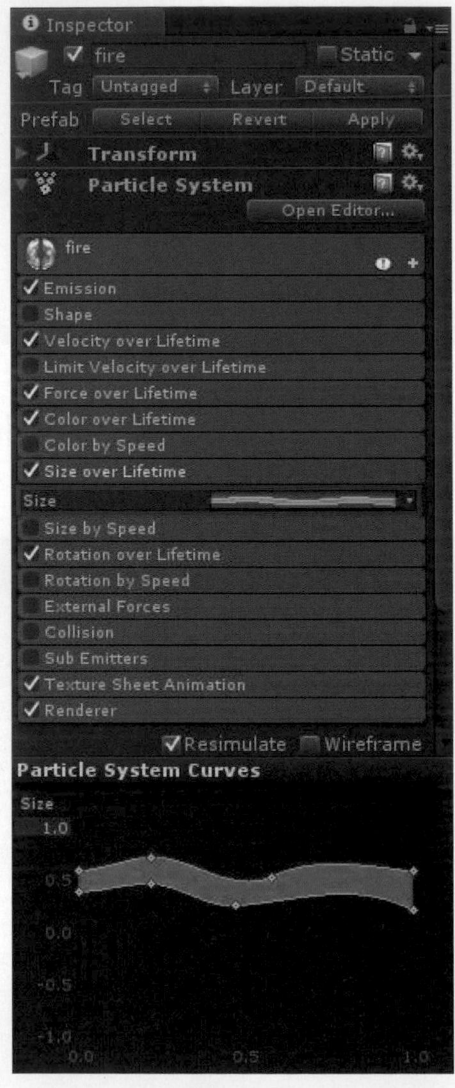

點選Rotation over Lifetime(生命週期粒子旋轉)選項，在細部設定中，點選Angular Velocity右邊的下三角形，選擇Random Between Two Constants，將火焰的Angular Velocity設定為-90至90，如右圖所示。

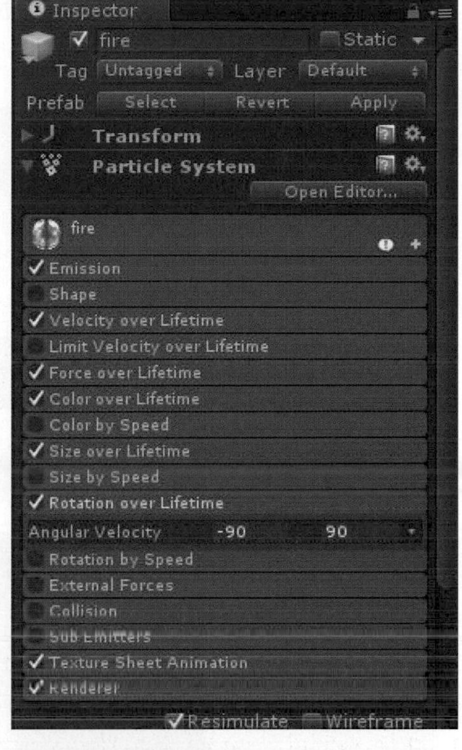

點選Texture Sheet Animation選項，在細部設定中，將Animation的類型設定為Whole Sheet，並將Tiles中的X與Y都設定為2，如右圖所示。

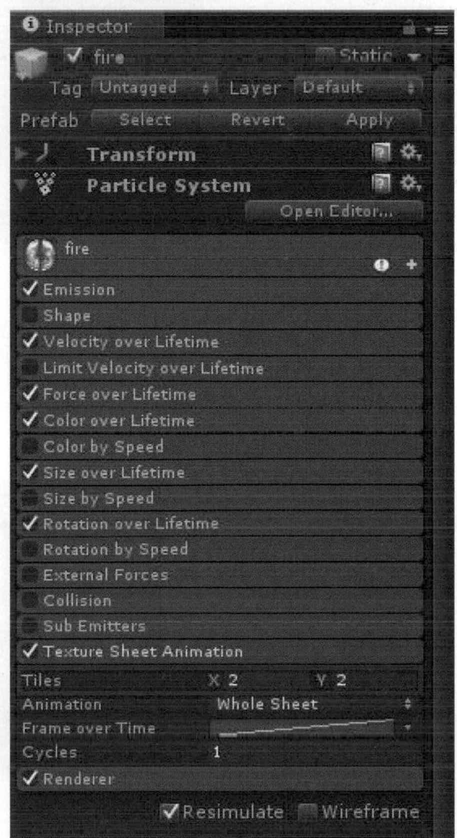

最後在右邊的Inspector面板中展開Transform選項，在Position中將X軸設定為-6.047、Y軸設定為-8.493與Z軸設定為-77.447，如下圖所示。

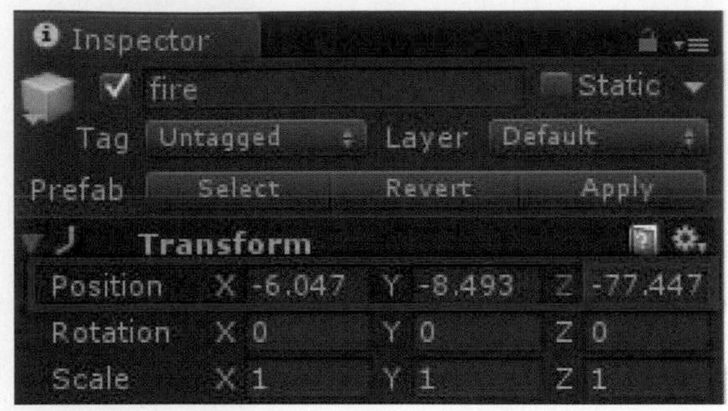

火焰的粒子特效即完成，如下圖所示。

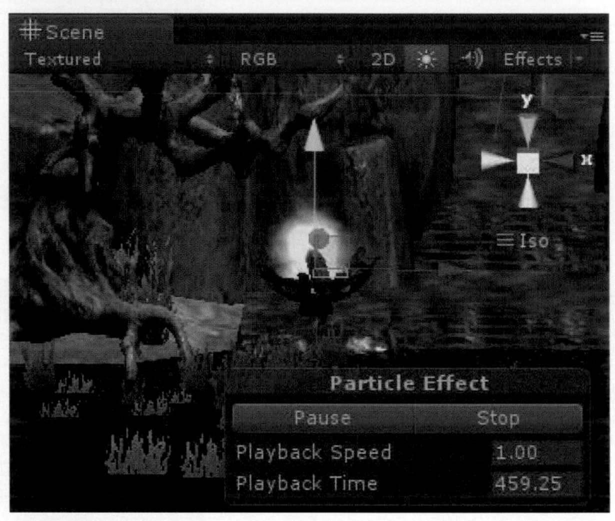

最後，我們再點選Hierarchy中的Fire，利用滑鼠右鍵在場景中複製多個製作完成火焰的粒子特效，再利用Inspector面板更改火焰名稱與位置即可，如下圖所示。

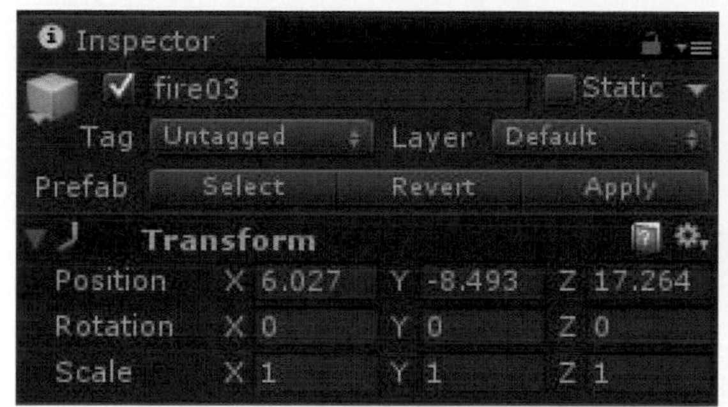

步驟三、匯入音頻並為場景添加音效

本範例在資料夾中爲讀者準備好了一個音頻，如下圖所示。

首先，先點擊系統選單Assets中的Import New Assets，選擇要匯入的音頻RainThunder，會發現這個音頻會被匯入至Assets資料夾中，如下圖所示。

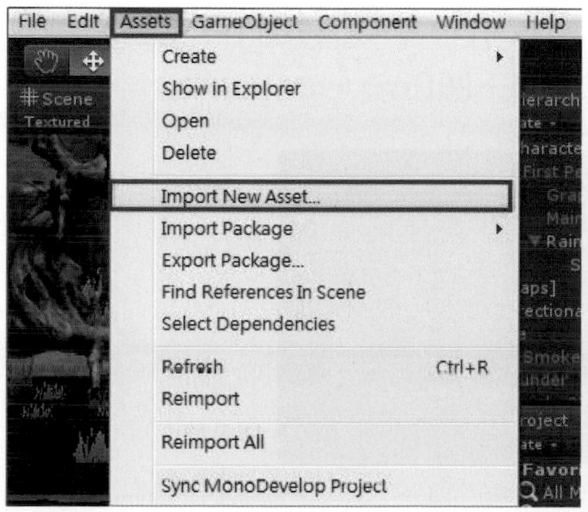

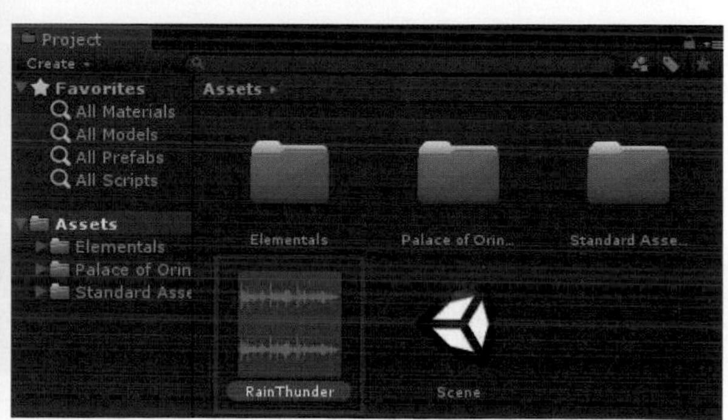

接著我們要將音頻添加至場景上，因此首先點選Assets資料夾中我們匯入的RainThunder音頻，接著再利用滑鼠右鍵將音頻拖曳至Hierarchy面板中，這樣一來我們就將音頻添加至場景上了，如下圖所示。

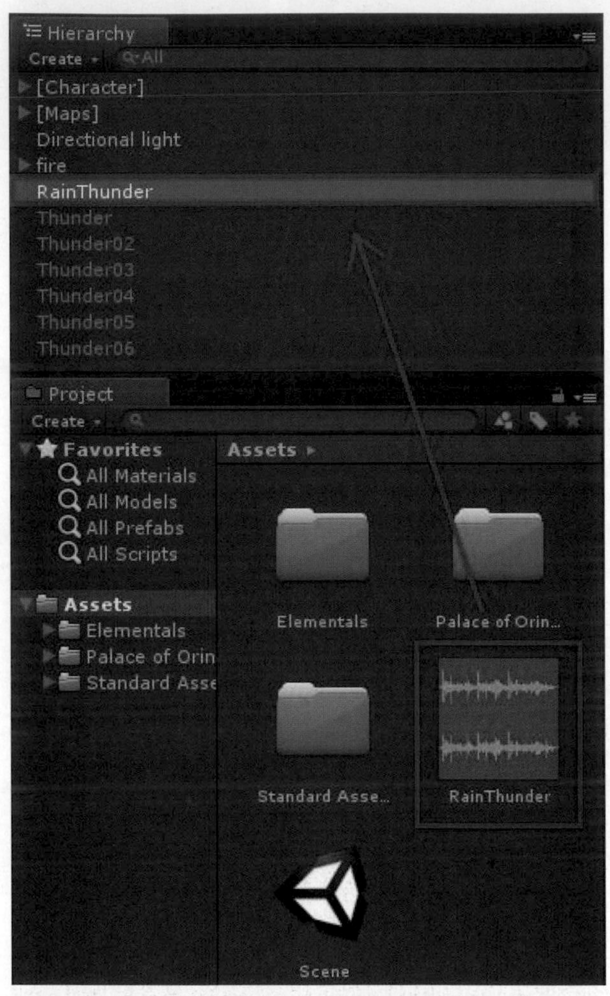

添加成功後，可以在右邊的Inspector面板中看見兩個我們可以調整的選項，分別是Transform與Audio Source選項，如下圖所示。

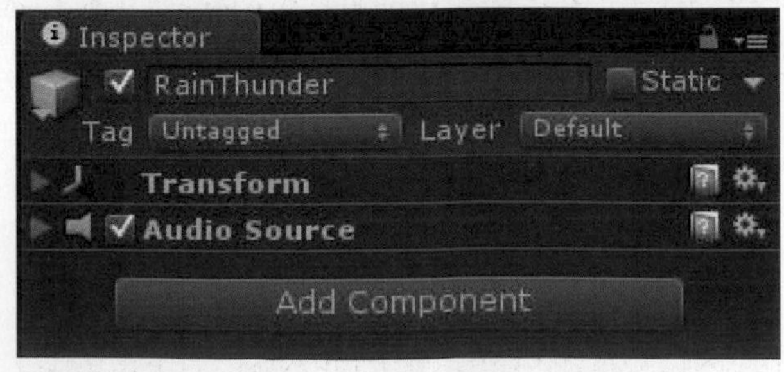

點選Transform選項，在Position中將Z軸設定為-30。

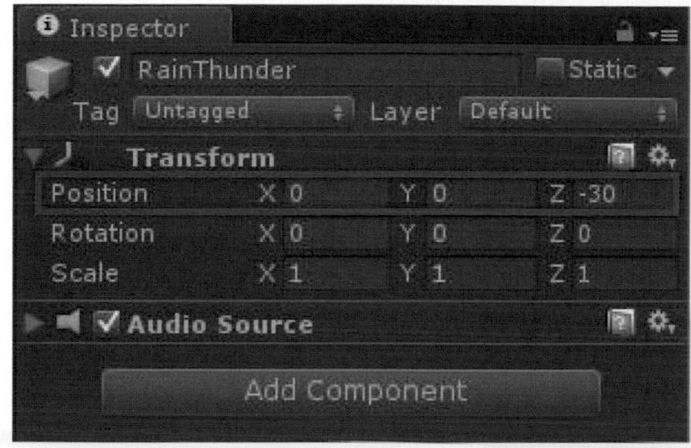

點選Audio Source選項，勾選Loop選項，讓音頻能不斷的重複播放，如下圖所示。

接著展開3D Sound Settings選項，首先先將Max Distance設定爲500，再將Min Distance設定爲25，如下圖所示。

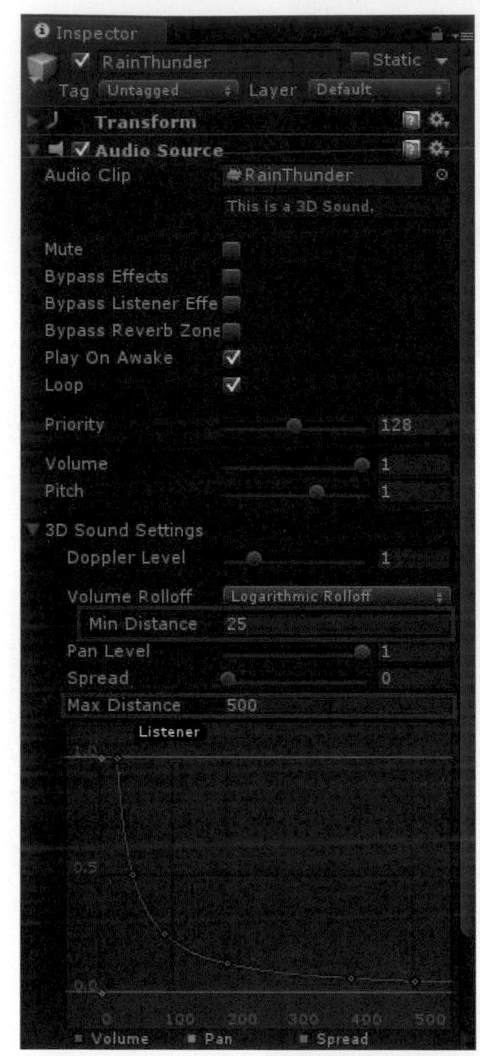

接著可以利用滑鼠右鍵在曲線上添加Key，或是利用鍵盤上的Delete鍵將多餘的Key刪除，將曲線製作出當我們走進建築物內，雨聲與雷聲將會變小，而走出建築物後，雨聲與雷聲將會變大的效果，如下圖所示。

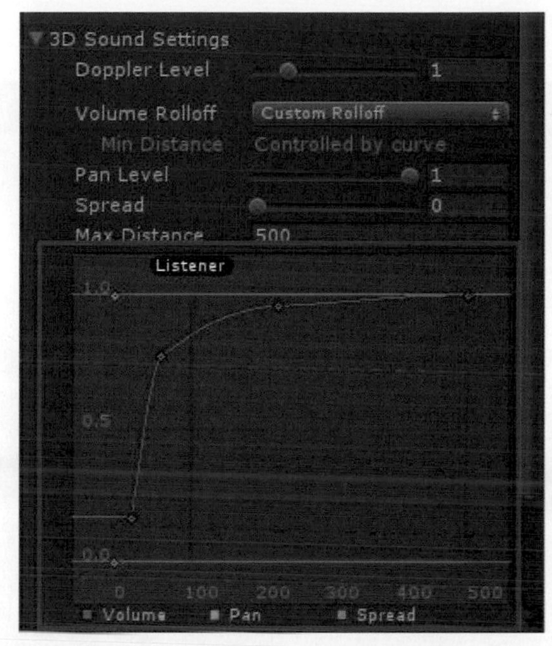

這樣一來，我們的音頻就設定完成了，如下圖所示。

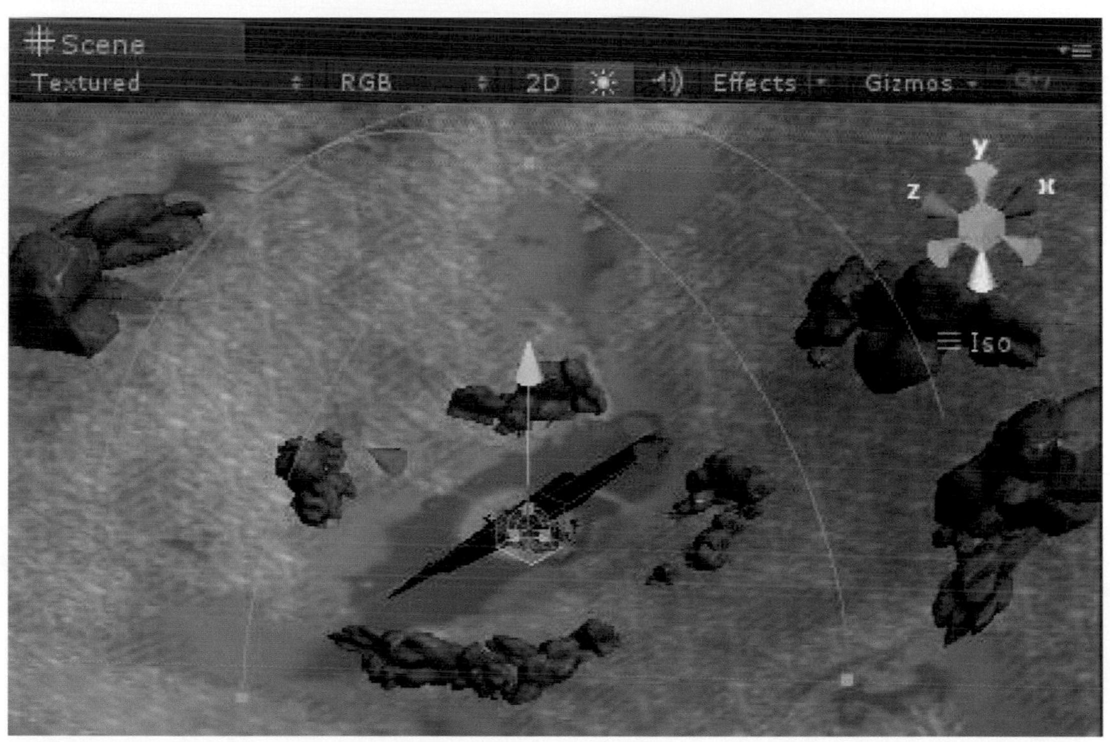

本範例即完成。

UNITY

07

靜態場景光照效果的強化技術

作品簡介

在本範例中，我們提供一個墓園場景，在墓園場景中，可以看到雨水從昏暗的夜空中傾盆而下滴落到地面上，白色濃密的煙霧充斥著整個墓園，使得氣氛更顯得陰森，而在場景中也有放置一些火光，我們會在此場景中放上一些不同顏色點光源，營造出不同的燈光效果，由於燈光較耗效能，因此我們利用光照貼圖技術烘焙整個場景，製作出真實但卻又不生硬的光影效果。最後，我們會匯入Image Effects(圖像特效)資料包，替場景中的攝影機加上圖像特效，使整個墓園場景更接近於真實世界中的效果。

✦ 重點一：光照貼圖技術。

✦ 重點二：後期屏幕渲染特效。

重點一 光照貼圖技術

Lightmapping(光照貼圖技術)是一種增強靜態場景光照效果的技術，它可以通過較少的性能消耗使得靜態場景看上去更眞實、豐富且更具立體感。在Unity中使用Lightmapping(光照貼圖技術)非常方便，利用簡單的操作就可以製作出平滑、眞實但卻又不生硬的光影效果。接下來我們就來介紹如何使用Lightmapping(光照貼圖技術)，首先開啓Unity，我們試著利用幾個方塊來組合成一個簡單的場景，在系統選單選擇GameObject的Create Other，尋找 Cube選項，如下圖所示。

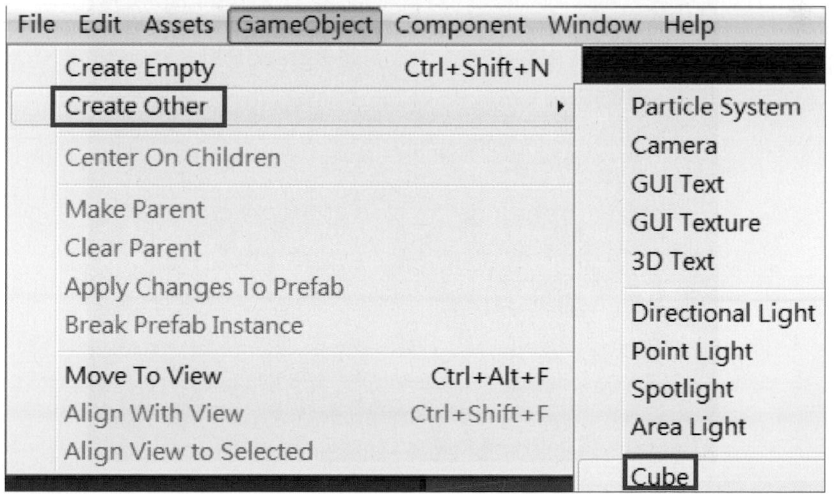

按下Cube之後，我們可以看到在Scene中已經創造了一個方塊，場景上所有的東西都會顯示在Hierarchy視窗中，目前我們的場景放了一個名爲Cube的方塊，以及一台名爲Main Camera的攝影機，如下圖所示。

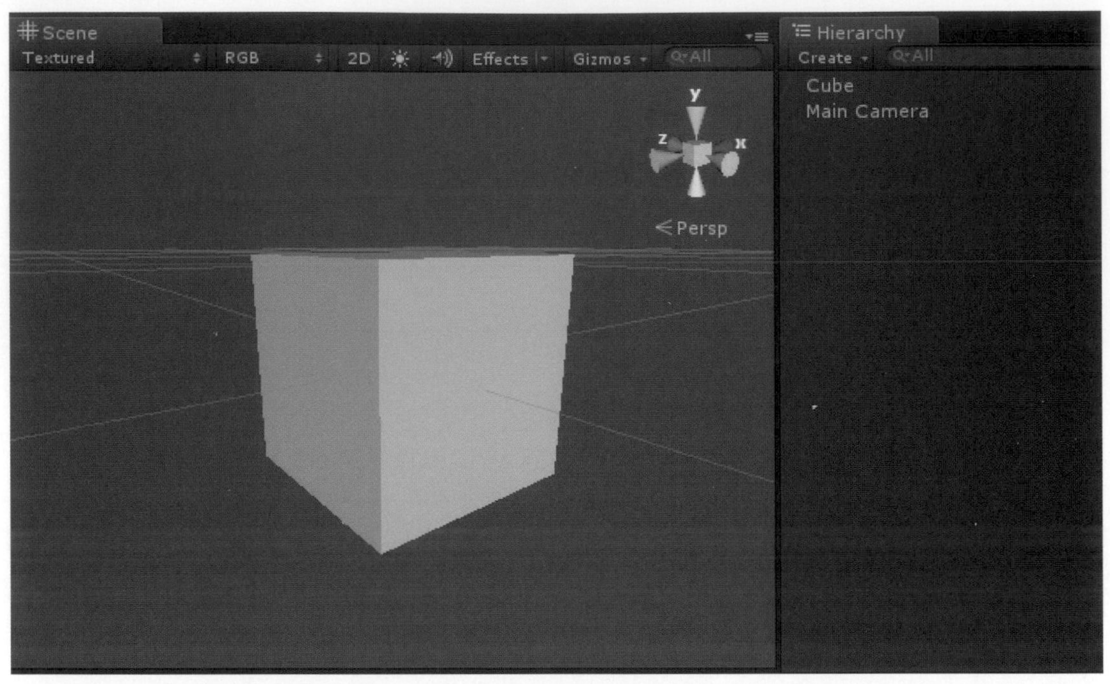

在右方的Inspector視窗中，我們可以在Position的部分設定方塊的位置，Rotation設定方塊的旋轉角度，Scale設定方塊的縮放大小，如下圖所示，利用這些設定，我們可以製作出不同大小的方塊。

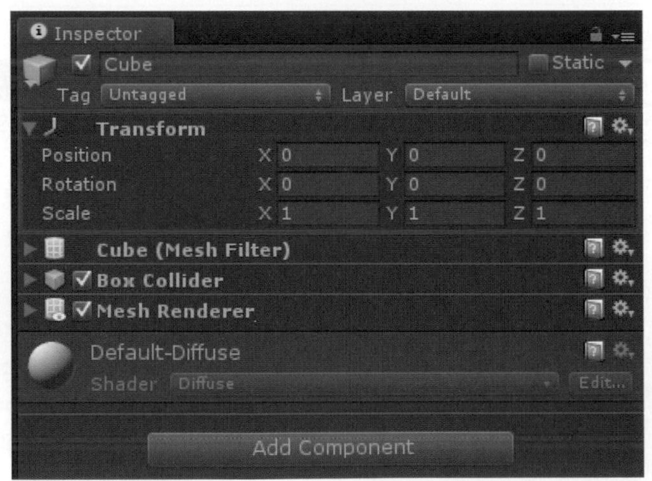

我們可以先替創造出來的方塊加上材質，在系統選單選擇Assets的Create，尋找 Meterial 選項，創造一個材質球，如下圖所示。

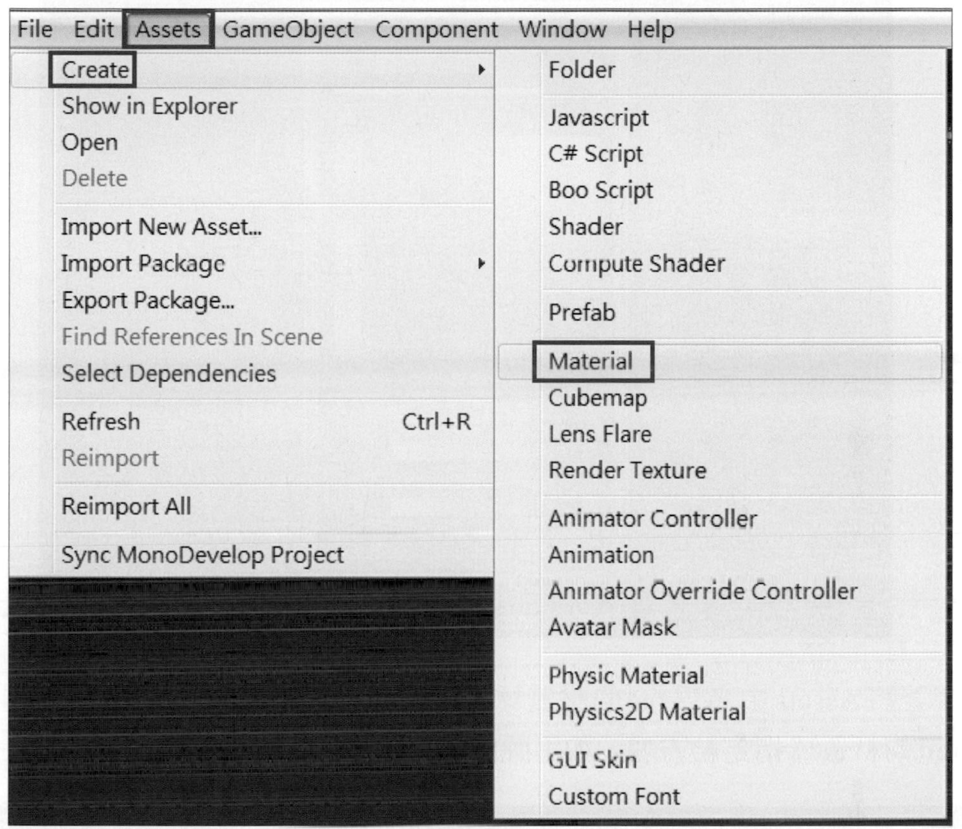

按下Meterial後，可以在底下的Project視窗中看到我們所建立的材質球，並將這個材質球命名為red，如此我們便創造出一個名為red的材質球，如下圖所示。

在右方的Inspector視窗中按下右邊的顏色面板，會出現一個調色盤，提供我們選擇材質球的顏色，如下圖所示。

接著將Assets中名爲red的材質球拖曳至場景中的方塊上，如此我們便將名爲red的材質球指定給方塊，如下圖所示。

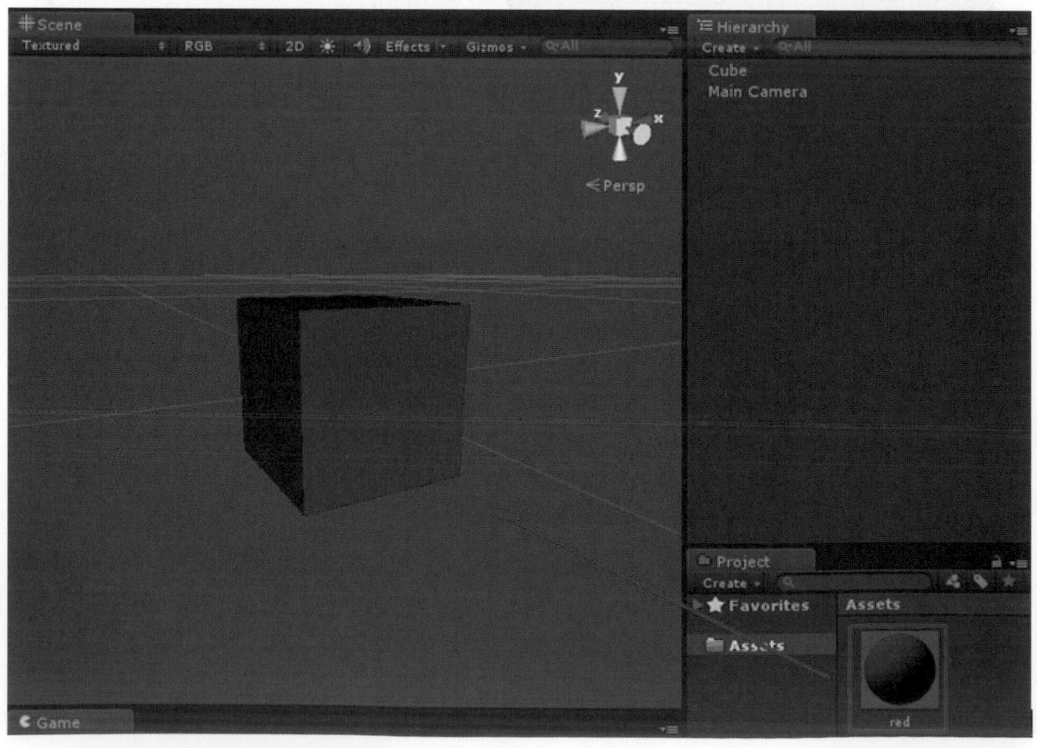

根據上述的方式我們可以創造出一個簡單的場景，場景中有五個方塊，分別為Cube(blue)、Cube(white)、Cube(yellow)、Cube(red)、以及Cube(green)，在材質球的部分創造了五個材質球分別為blue、green、red、white以及yellow並將其指定給相對應的方塊。

每個方塊的位置及縮放大小都不相同，Cube(blue)的Position為(-1.5，0.35，0)，Scale為(0.4，0.6，3)；Cube(white)的Position為(0，0，0)，Scale為(5，0.1，5)；Cube(yellow)的Position為(0，0.9，0)，Scale為(3，0.1，0.5)；Cube(red)的Position為(-0.2，0.3，0)，Scale為(0.5，0.5，1)；Cube(green)的Position為(1，0.45，-0.1)，Scale為(0.8，0.8，0.5)，如下圖所示。

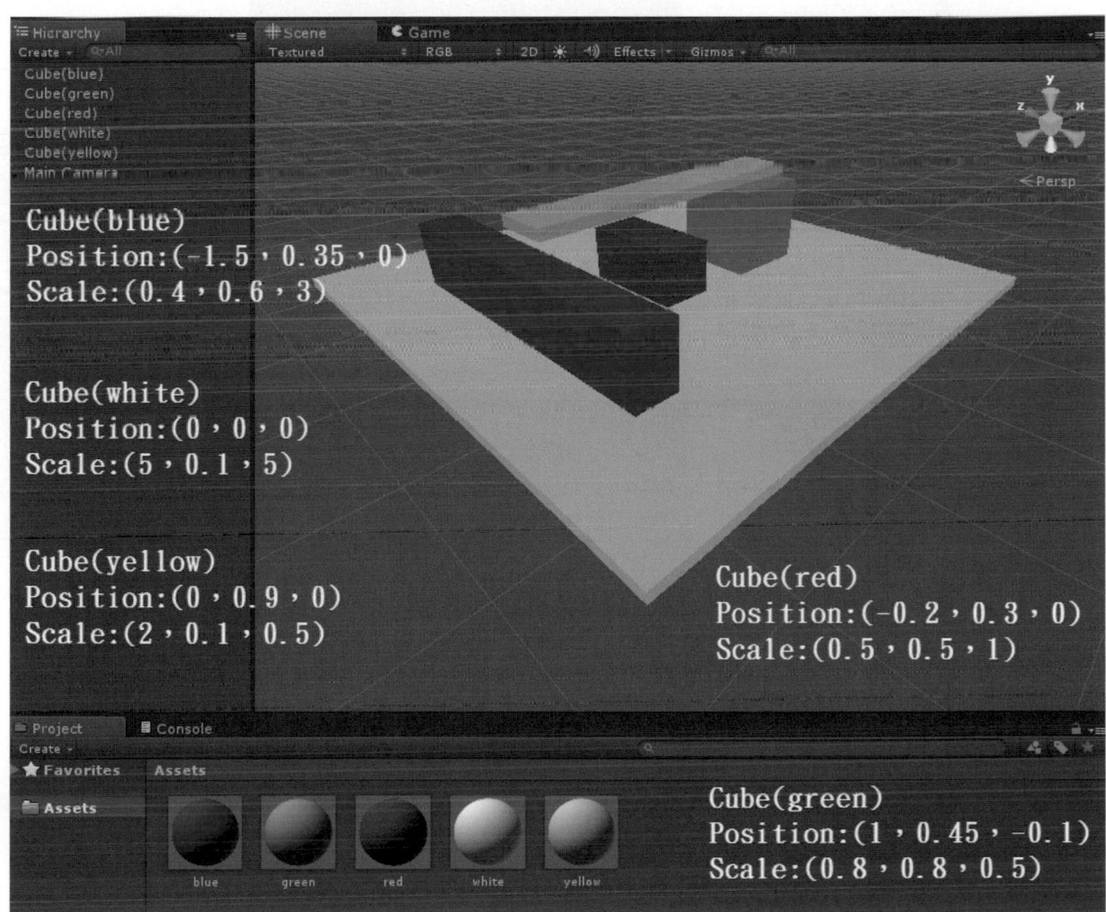

這時我們可以看到場景中的顏色過於黯淡，可以先在場景上加上一盞平行光源，在系統選單選擇GameObject的Create Other，尋找Directional Light選項，如右圖所示。

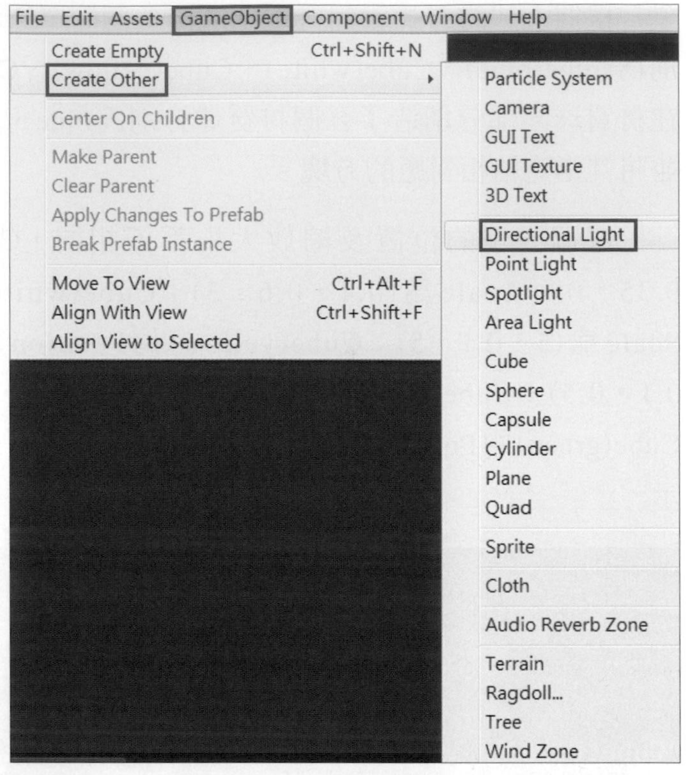

將平行光源放置在場景中(0，2，0)的位置，如此簡單的場景布置便完成了，如下圖所示。

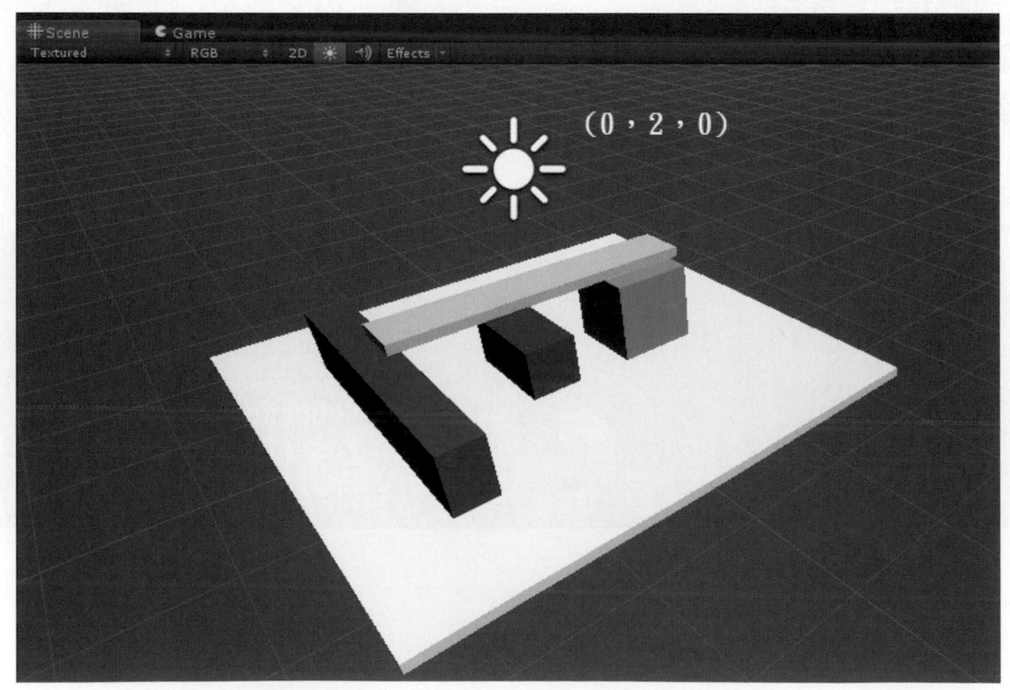

在烘焙場景之前，我們需要知道哪些物件爲靜態物件，將場景中所有的方塊選取起來，在Inspector面板中找到Static，勾選Static左邊的方框，這表示我們將這些方塊設定爲靜態物件，這些靜態物件會參與光照貼圖的烘焙，如下圖所示。

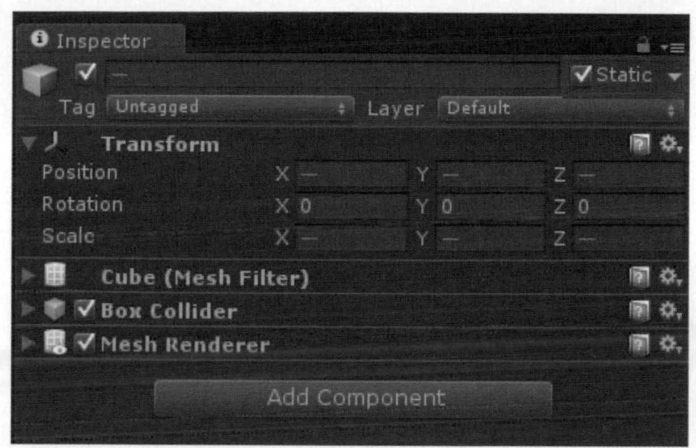

接著，我們要開始設定Lightmapping(光照貼圖技術)，在系統選單選擇Window的Lightmapping，如下圖所示。

File Edit Assets GameObject Component Window Help

Next Window Ctrl+Tab
Previous Window Ctrl+Shift+Tab
Layouts
Scene Ctrl+1
Game Ctrl+2
Inspector Ctrl+3
Hierarchy Ctrl+4
Project Ctrl+5
Animation Ctrl+6
Profiler Ctrl+7
Asset Store Ctrl+9
Version Control Ctrl+0
Animator
Sprite Editor
Sprite Packer (Developer Preview)
Lightmapping
Occlusion Culling
Navigation
Console Ctrl+Shift+C

按下Lightmapping後會彈出Lightmapping的視窗，在此視窗中又分別有三個子視窗，分別爲Object、Bake以及Maps，如下圖所示。

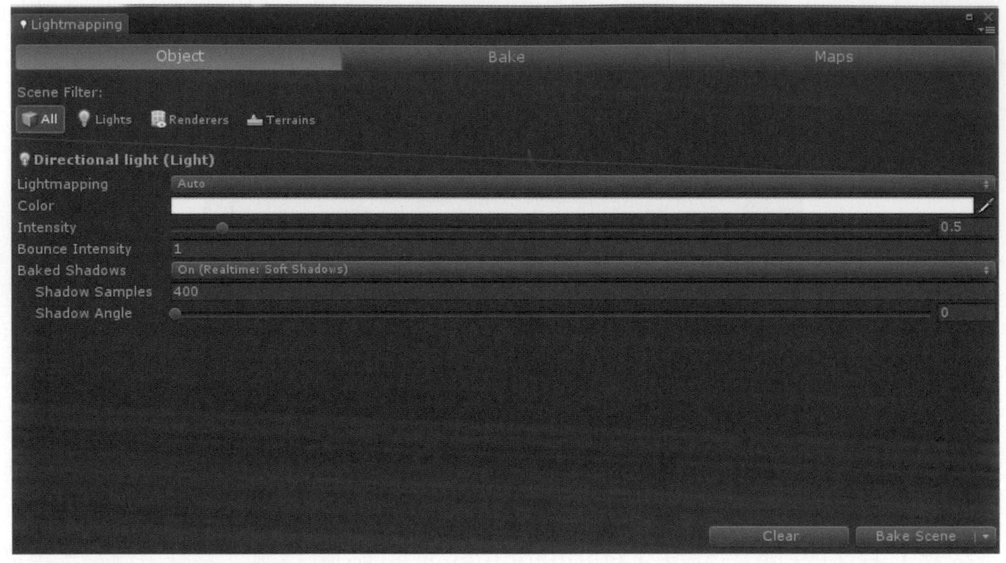

選擇場景上的Directional Light，在Lightmapping視窗中的Object視窗可以設定參數，包含Lightmapping(光照貼圖技術)、Color(光源顏色)、Intensity(光線強度)、Bounce Intensity(光線反射強度)、Baked Shadows(烘焙陰影)、Shadow Samples(陰影採樣數)以及Shadow Angle(陰影角度)共七項，如下圖所示。

其參數設定解說依序如下：

- **Lightmapping**：有三個選項可以選擇，分別爲RealtimeOnly、Auto以及BakedOnly。
- **Color**：爲光源顏色。
- **Intensity**：爲光線強度。
- **Bounce Intensity**：爲光線反射強度。
- **Baked Shadows**：爲烘焙陰影，有三種類型可以選擇，分別爲Off、On(Realtime:Hard Shadows)以及On(Realtime:Soft Shadows)，這使我們的場景上能夠產生影子的效果，在此我們選擇On(Realtime:Soft Shadows)。
- **Shadow Samples**：爲陰影採樣數，採樣數越多生成陰影的品質越好。
- **Shadow Angle**：爲光線衍射範圍角度。

有關在Lightmapping視窗中的Bake視窗設定參數，其參數包含Mode(映射方法)、Quality(質量)、Bounces(光線反射次數)、Sky Light Color(天空光顏色)、Sky Light Intensity(天空光強度)、Bounces Boost(加強間接光照)、Bounces Intensity(倍增值)、Final Gather Rays(最終聚集光線)、Interpolation(插值)、Interpolation Points(插值采光點個數)、Ambient Occlusion(環境光遮蔽)、LOD Surface Distance(最大世界空間距離)、Lock Atlas(鎖定圖集)、Resolution(分辨率)以及Padding(烘焙圖距離)共十六項，如下圖所示。

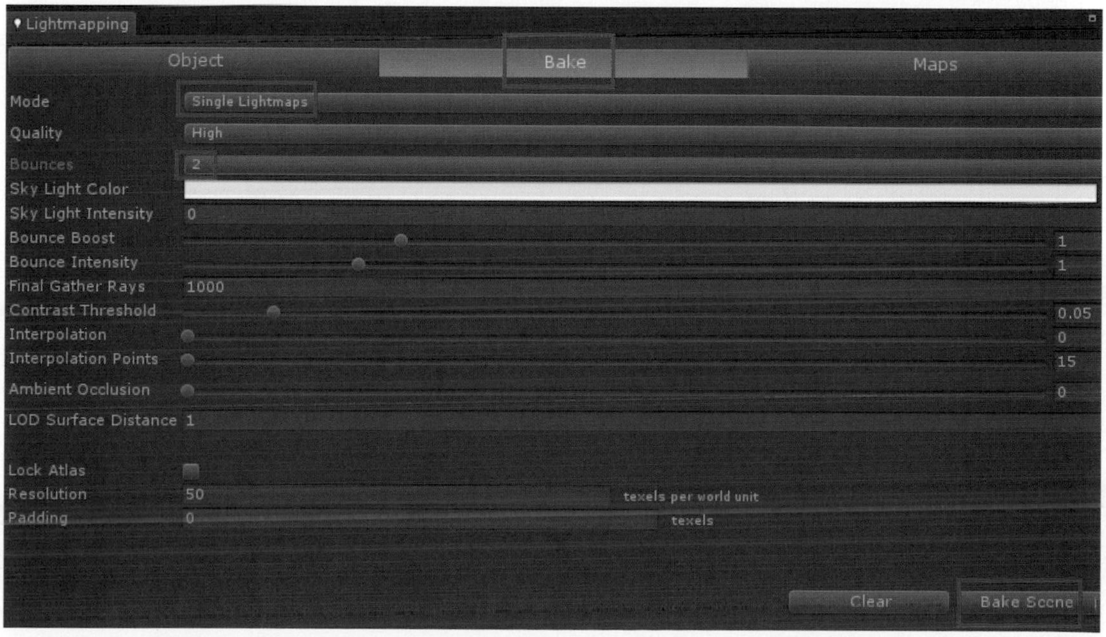

參數解說依序如下：

- **Mode：** 爲映射方法，提供三種類型，分別爲Single Lightmaps、Dual Lightmaps以及Directional Lightmaps，這部分之後會再做詳細介紹，在此我們選擇Single Lightmaps。
- **Quality：** 爲生成光照貼圖的質量。
- **Bounces：** 爲光線反射次數，次數越多，反射越均勻，在此我們選擇2。
- **Sky Light Color：** 爲天空光顏色。
- **Sky Light Intensity：** 爲天空光強度，該值爲0時，則天空色無效。
- **Bounces Boost：** 爲加強間接光照，用來增加間接反射的光照量，從而延續一些反射光照的範圍。
- **Bounces Intensity：** 爲反射光線強度的倍增值。
- **Final Gather Rays：** 爲光照圖中每一個單元採光點用來採集光線時所發出的射線數量，數量越大，採光質量越好。
- **Interpolation：** 爲控制採光點顏色的插值方式，0爲線性插值，1爲梯度插值。
- **Interpolation Points：** 爲插值的採光點個數，個數越多，結果越平滑，但過多的數量也可能會把一些細節模糊掉。
- **Ambient Occlusion：** 爲環境光遮蔽效果。
- **LOD Surface Distance：** 用於從高模到低模計算光照圖的最大世界空間距離，類似於從高模到低模來生成法線貼圖的過程。
- **Lock Atlas：** 勾選此選項的話，會將所有物體所用的光照圖區域鎖定。
- **Resolution：** 爲光照圖分辨率，勾選視圖窗口右下角Lightmap Display面板的ShowResolution選項可以顯示單位大小。
- **Padding：** 爲不同物體的烘焙圖的距離。

有關在Lightmapping視窗中的Maps視窗參數有Light Probes、Array Size以及Compressed共三項，如下圖所示，而烘焙完場景後會出現最底下的兩張圖片，此兩張圖片爲烘焙完成的場景貼圖。

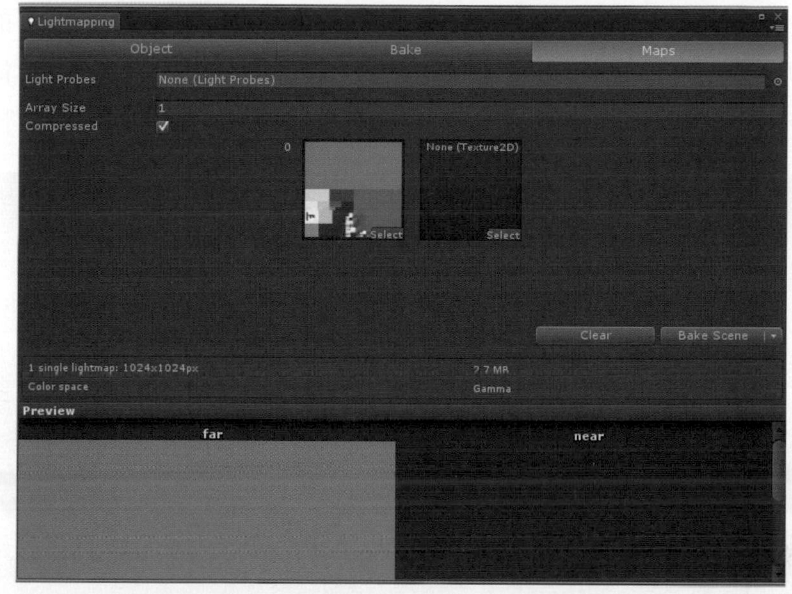

- **Light Probes**：若是場景中有設定Light Probes，Unity將會自動做連結。
- **Array Size**：爲Lightmaps array的尺寸。
- **Compressed**：爲是否壓縮Lightmap。

設定好參數後，最後再按下最下方的Bake Scene，等待一段時間後，回到場景上便可以看到烘焙完成的效果，如下圖所示。

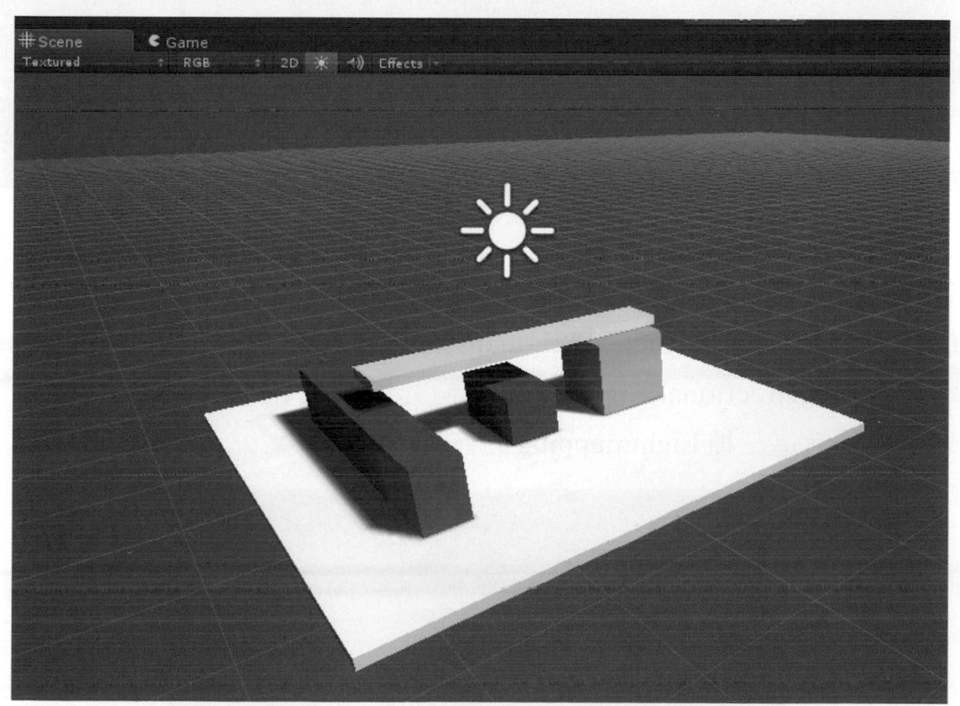

如果我們利用較複雜的場景來進行烘焙，讀者可以更看出烘焙的效果，在下面場景中我們有樹及推車的影子，由於是晚上的場景，影子不可能太明顯，我們可以發現烘焙完後的影子較未烘焙前更接近於晚上的效果，如下圖所示。

（未烘焙效果）

（烘焙效果）

有關在Lightmapping視窗中的Bake視窗其中的Mode參數部分，提供三種烘焙的映射方式，包含Single Lightmaps(單一光照貼圖)、Dual Lightmaps(雙光照貼圖)以及Directional Lightmaps(定向光照貼圖)，如下圖所示，我們接下來就來比較看看這三種Lightmapping的方式。

Single Lightmaps(單一光照貼圖)是一種簡單的Lightmapping方式，對性能及空間的消耗相對較小，它可以很好地表現靜態場景的的光影效果，但不能夠表現出凹凸貼圖的效果，因爲凹凸貼圖要在即時光源的照射下才會產生反應，效果如下圖所示。

Dual Lightmaps(雙光照貼圖)可以在比較大的遊戲場景中表現較多的光影細節，希望多些即時光影，使動態物體和靜態物景的光影融合更爲協調，它會將渲染區分爲即時和非即時區域，並且烘焙遠近兩種貼圖，離攝影機遠的部分爲靜態光照區域，不會表現出太多的細節，如下圖所示。

Directional Lightmaps(定向光照貼圖)可以使靜態物體在利用光照貼圖進行光照的同時混合即時的Bump\Spec映射的效果，豐富整個場景的光影細節，讓場景更加地生動逼眞，與Dual Lightmaps(雙光照貼圖)的區別爲Directional Lightmaps(定向光照貼圖)是作用於整個場景不受距離的限制，在沒有即時光源下也會產生即時Bump\Spec映射，如下圖所示。

使用Single Lightmaps雖然烘焙的等待時間比較短，但若是場景中有凹凸貼圖，則無法顯現出其凹凸效果，反之，Dual Lightmaps(雙光照貼圖)與Directional Lightmaps(定向光照貼圖)則能夠呈現，但烘焙的等待時間較耗時，Dual Lightmaps(雙光照貼圖)在離鏡頭近的部分會顯示出凹凸效果，較遠的部分則不會顯示出凹凸效果，Directional Lightmaps(定向光照貼圖)則是不管遠近都能夠顯示出凹凸效果。

儘管Lightmapping已經爲遊戲場景中的靜態物件帶來眞實的光影，但Lightmapping不能將同樣的效果作用到動態物件上，因此，動態物件不能很好地融合在靜態場景中，它的光影會顯得較爲突兀，Light Probes的原理是在場景空間放置一些採樣點，收集周圍的明暗信息，然後對動態物件鄰近的幾個採樣點進行插值運算，並將插值結果作用在動態物件上，插值運算並不會耗費太多的性能，實現動態遊戲對象和靜態場景的即時融合效果。

要如何設定Light Probese呢？在系統選單選擇GameObject的Create Other，尋找Sphere選項，如下圖所示，在場景中建立一個球體物件。

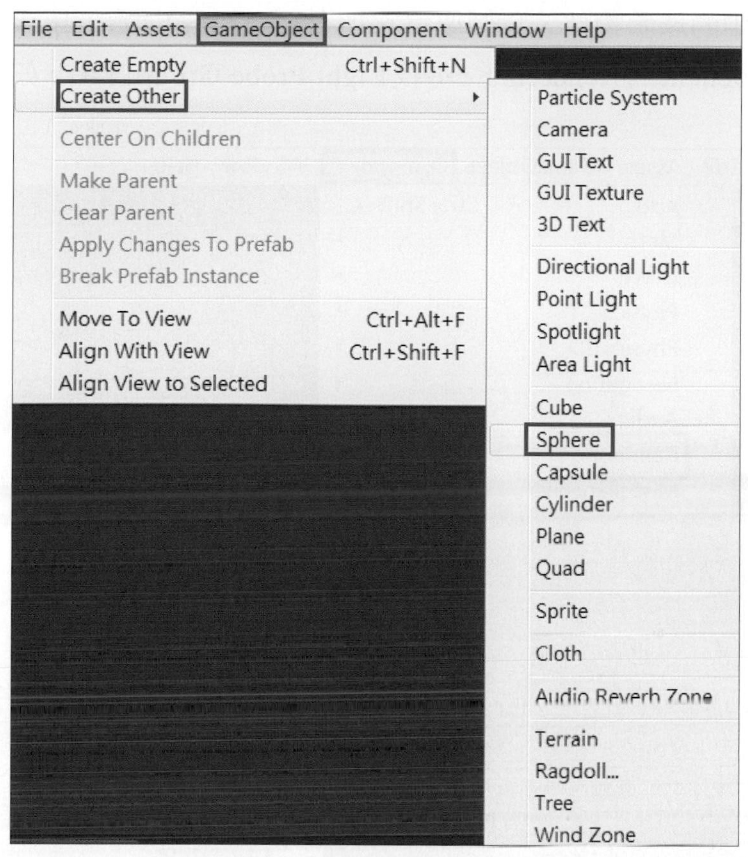

將所創造出來的球體模型放置在(0，0.15，-1)的位置，並將其縮放爲(0.2，0.2，0.2)，如下圖所示。

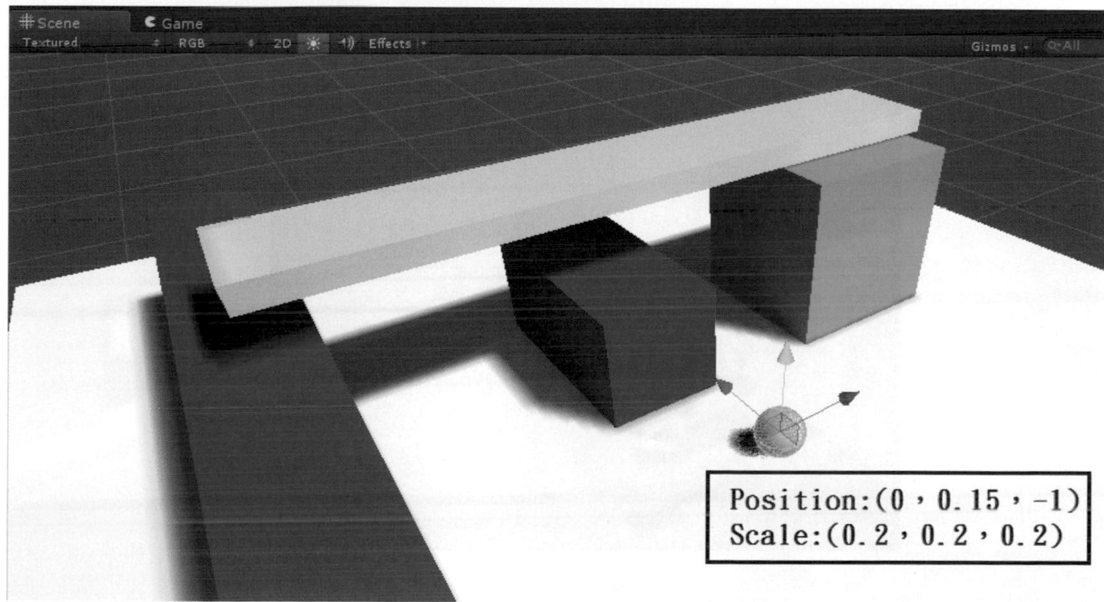

選擇場景中的球體物件，我們要爲它加上Light Probe Group組件，在系統選單選擇Component的Rendering，尋找Light Probe Group選項，如下圖所示。

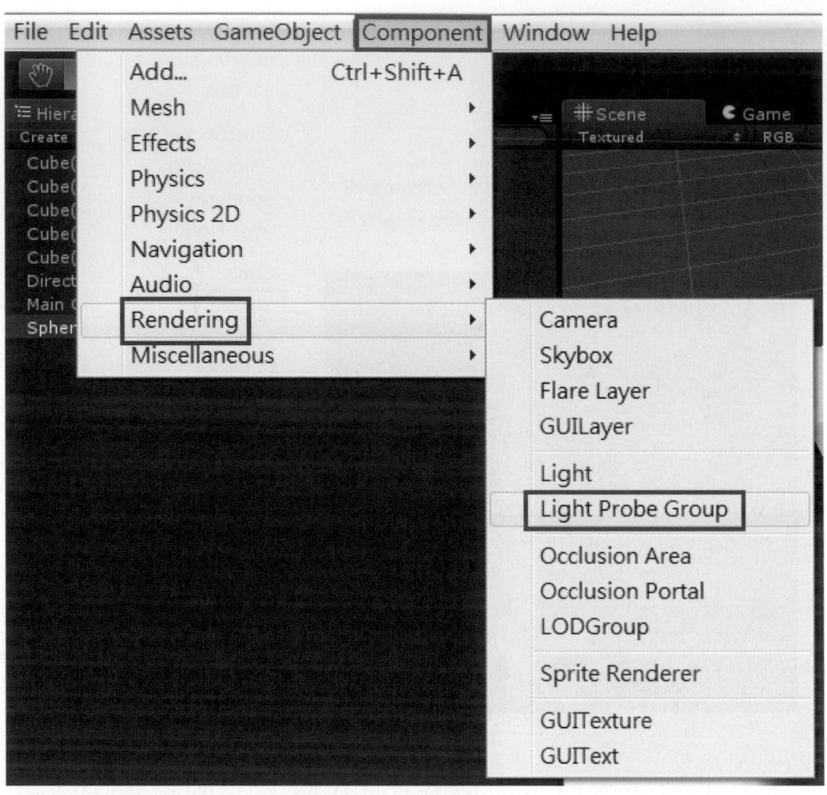

爲其加上Light Probe Group後，我們可以在Inspector面板中看到Light Probe Group的屬性，如下圖所示。

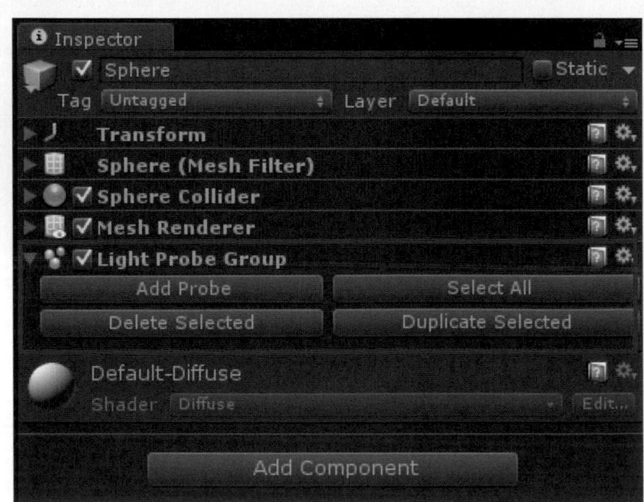

接著按下Light Probe Group中的Add Probe按鈕，如下圖所示。

按下Add Probe按鈕後會在場景中看到一個藍色的圓球，如下圖所示，我們可以利用移動工具移動這個藍色的圓球。

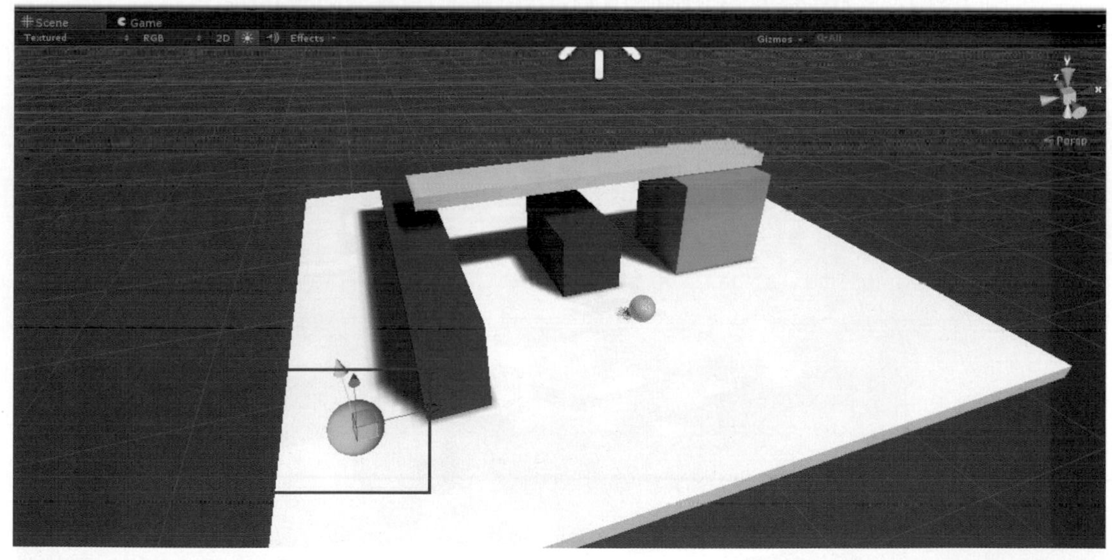

再來利用Light Probe Group中的Select All及Duplicate Select這兩個按鈕來複製藍色的圓球，Duplicate Select爲複製，Select All爲選擇全部的圓球，如下圖所示。

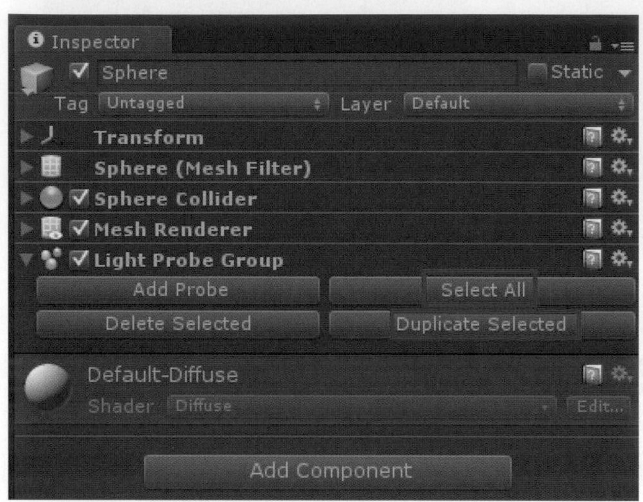

利用上述的兩個按鈕，我們將場景中的圓球布置成如下圖所示。

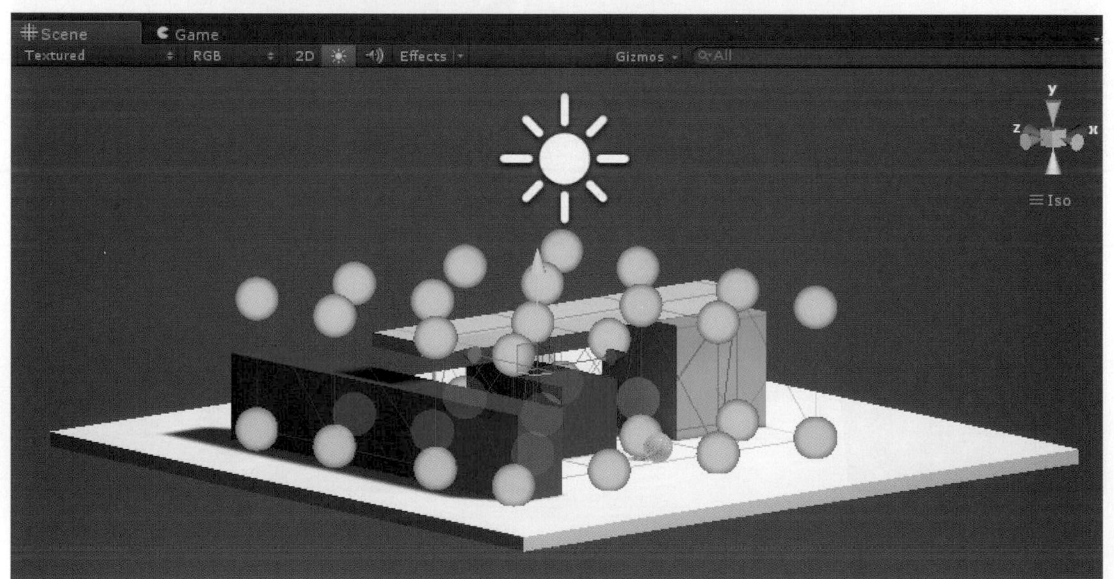

利用之前方法，將圓球也一起設定爲靜態物件，並將場景再次進行烘焙，最後在場景中創造一個動態的球體物件，勾選Use Light Probes，如下圖所示。

移動此球體物件，會發現其陰影處也會對這個球體物件有影響，如下圖所示。

重點二 後期屏幕渲染特效

Image Effects(圖像特效)主要應用在攝影機上，可以為遊戲畫面帶來豐富的視覺效果，使遊戲畫面更具藝術感和個性。在Unity中，大部分的特效都是混合使用，通過搭配不同的特效就能夠創造出更完美的遊戲畫面效果，如下圖所示，相同的遊戲場景，利用不同的圖像特效，我們可以營造出白天或是黃昏效果的遊戲場景。

(白天效果)

(黃昏效果)

如何設定Image Effects(圖像特效)呢？在系統選單選擇Assets的Import Package尋找Image Effects(Pro Only)選項，將這個資料包匯入到專案中，如下圖所示。

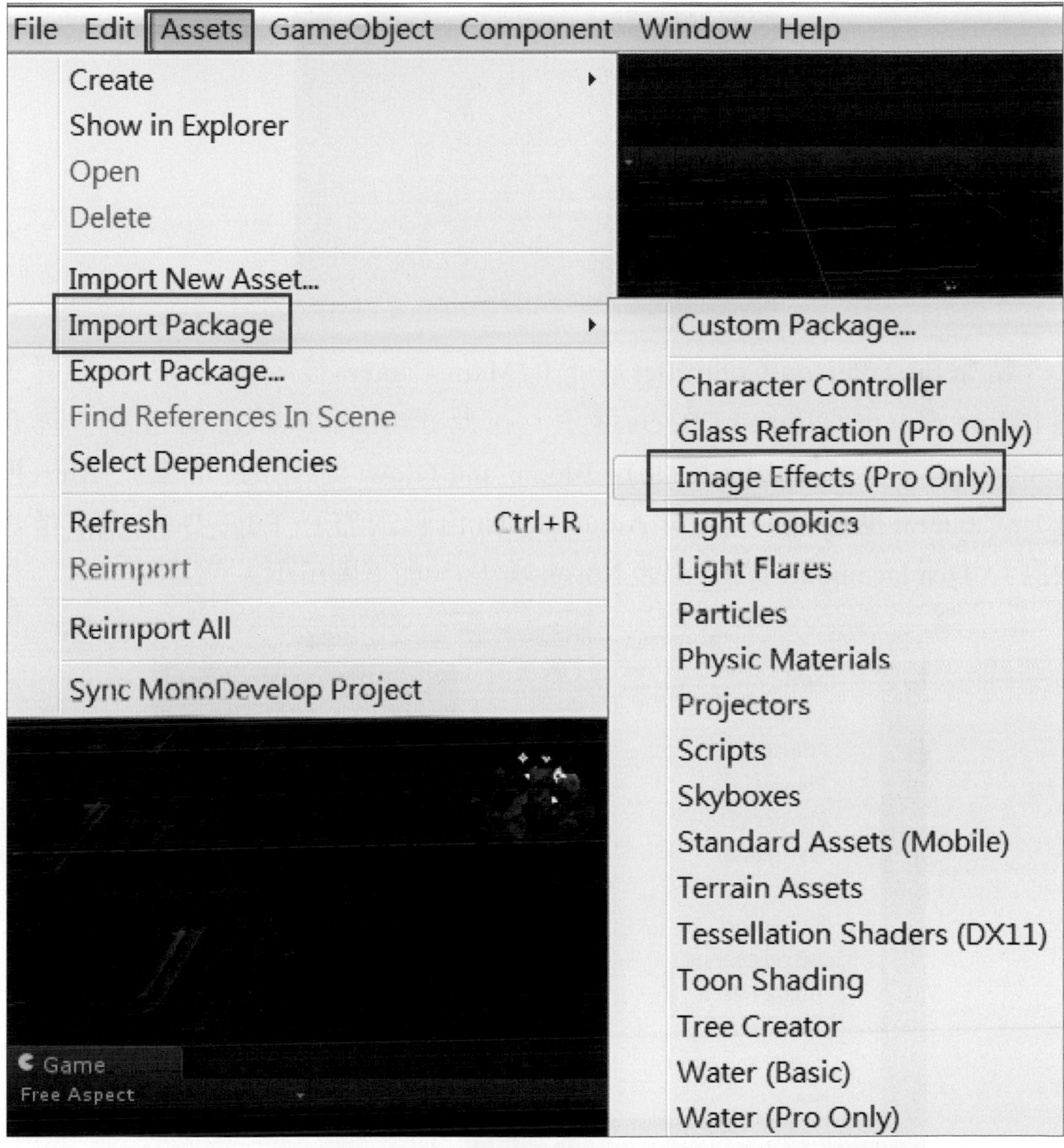

若遊戲場景中有放置第一人稱控制器，則我們需要點擊First Person Controller底下的Main Camera，如下圖所示，我們要將Image Effects(圖像特效)添加在此攝影機上。

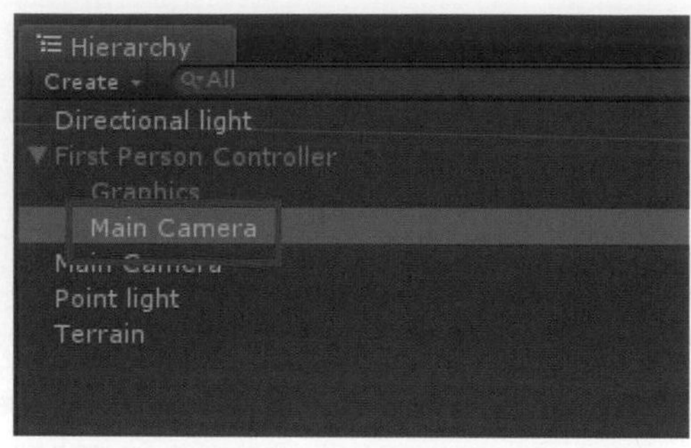

點擊First Person Controller底下的Main Camera後，接著在系統選單選擇Component的Image Effects選項，在此選項底下有九個選項，包含Rendering(渲染)、Other(其他)、Bloom and Glow(泛光和光暈)、Blur(模糊)、Camera(攝影機)、Color Adjustments(色彩調整)、Edge Detection(邊緣檢測)、Displacement(替換)以及Noise(噪波)，如下圖所示。

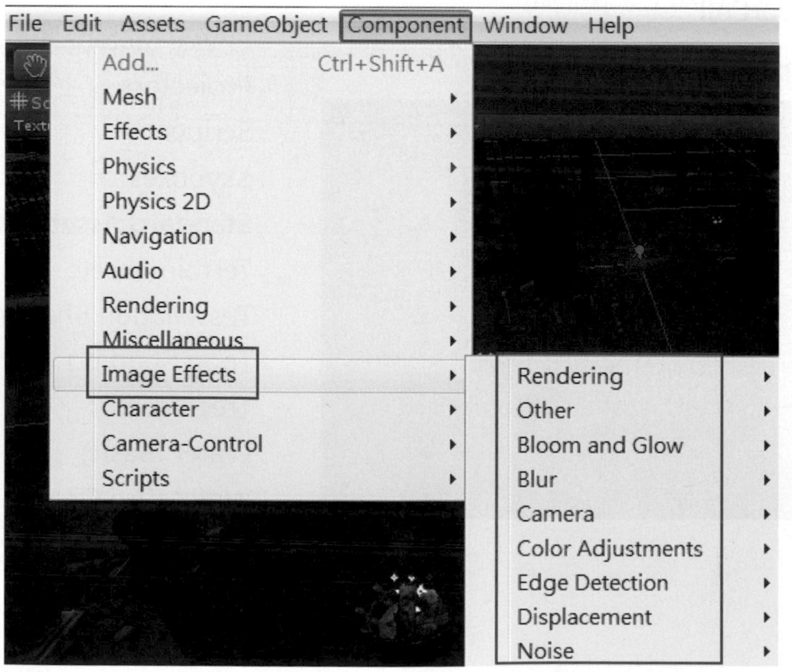

我們先探討其中的Rendering、Other以及Color Adjustments三項，有關Rendering包含Screen Space Ambient Obscurance、Global Fog、Screen Space Ambient Occlusion以及Sun Shafts共四項，如下圖所示。

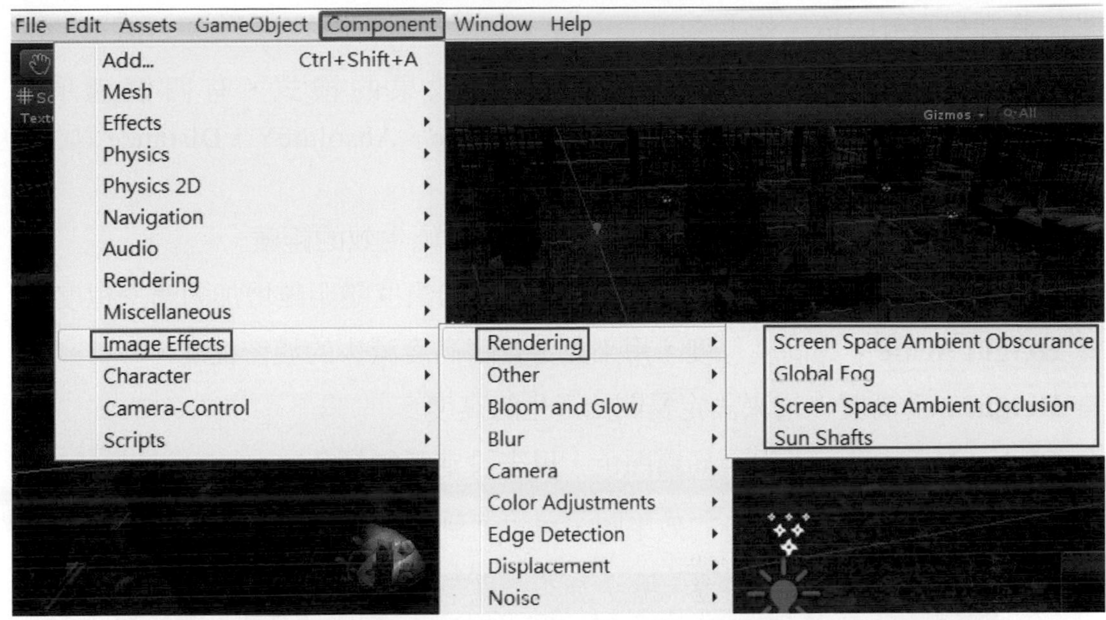

我們主要介紹其中的Global Fog，Global Fog爲全局霧特效，用來創造複雜且眞實的霧效果。爲攝影機加上此特效後在Inspector視窗中會出現Global Fog (Script)面板，底下我們可以調整其參數，如下圖所示。

詳細參數解說依序如下：

- **Fog Mode**：爲霧效模式，用來指定霧效果的模式，有四個選項可以選擇，包含AbsoluteYAndDistance、AbsoluteY、Distance以及RelativeYAndDistance。
- **Start Distance**：爲開始距離，用來設定霧開始生效的距離。
- **Global Density**：爲全局密度，用來設定霧的濃度隨距離增加的濃密程度。
- **Height Scale**：爲高度尺度，用來設定霧隨高度減少的濃密程度。
- **Height**：爲高度，用來設定霧開始產生的高度。
- **Global Fog Color**：爲全局霧顏色，用來設定霧的顏色。

下圖爲添加Global Fog的效果圖，可以看到遊戲場景中有霧的效果。

有關Other包含Antialiasing以及Screen Overlay兩項，如下圖所示。

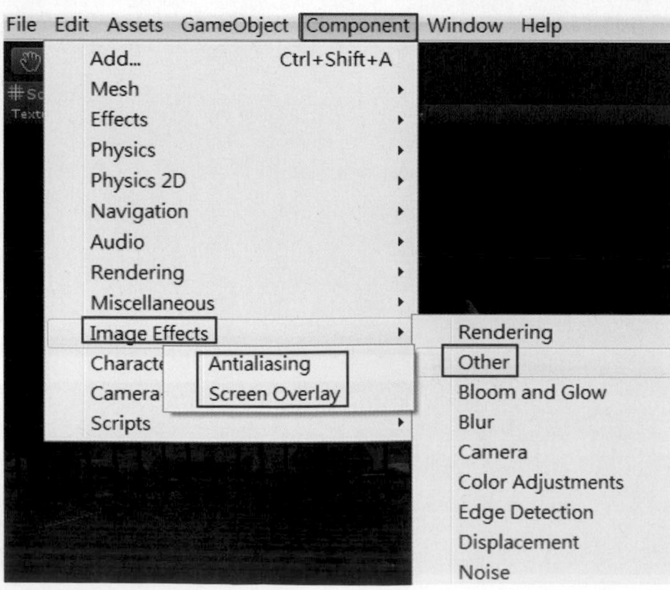

我們主要介紹其中的Screen Overlay，Screen Overlay爲屏幕疊加，此特效是利用一種算法將遊戲畫面與紋理進行混合，創造自訂義效果。爲攝影機加上此特效後，在Inspector視窗中會出現Screen Overlay(Script)面板，底下我們可以調整其參數，如下圖所示。

詳細參數解說依序如下：

- **Blend Mode**：爲混合模式，用來指定混合的計算方法。
- **Intensity**：爲強度，用來控制疊加紋理覆蓋在遊戲畫面的強度及透明度。
- **Texture**：爲紋理，點擊右方圓圈圖示可以指定疊加的圖片紋理。

下圖爲添加Screen Overlay的效果圖。

在Color Adjustments中 包 含Color Correction(Curves，Saturation)、Color Correction(Ramp)、Color Correction(3D Lookup Texture)、Contrast Enhance(Unsharp Mask)、Contrast Stretch、Grayscale、Sepia Tone以 及Tonemapping共八項，如下圖所示。

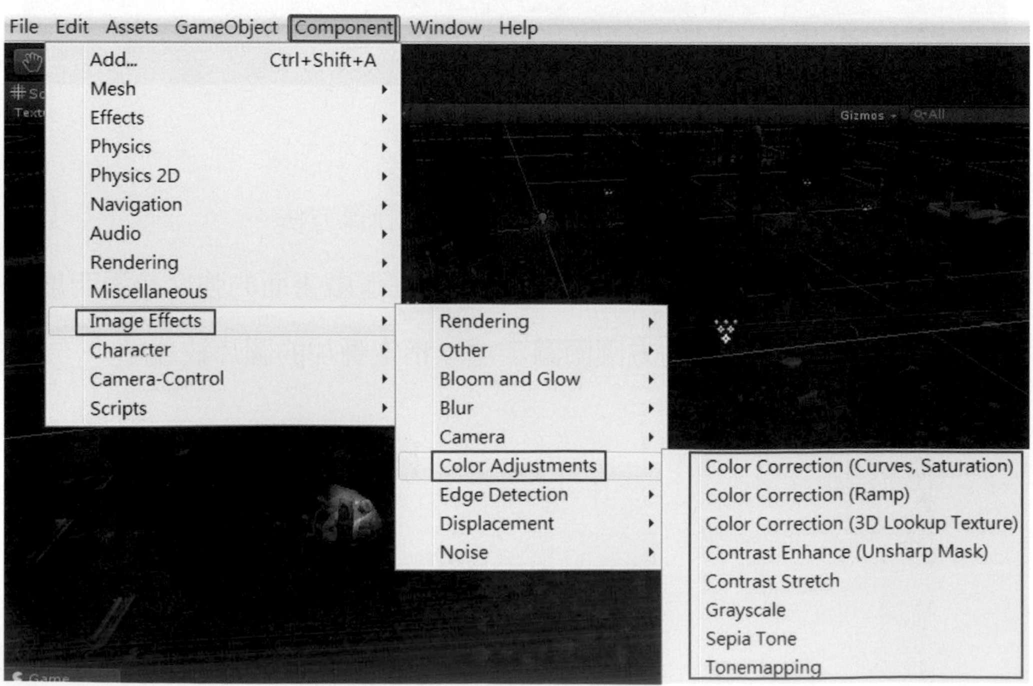

我們主要介紹其中的Tonemapping，Tonemapping為色調映射，用來模擬人眼適應環境明暗交替的效果。為攝影機加上此特效後在Inspector視窗中會出現Tonemapping (Script)面板，底下我們可以調整其參數，如下圖所示，需注意的是該特效只有在Camera啓用HDR模式時才能正常使用。

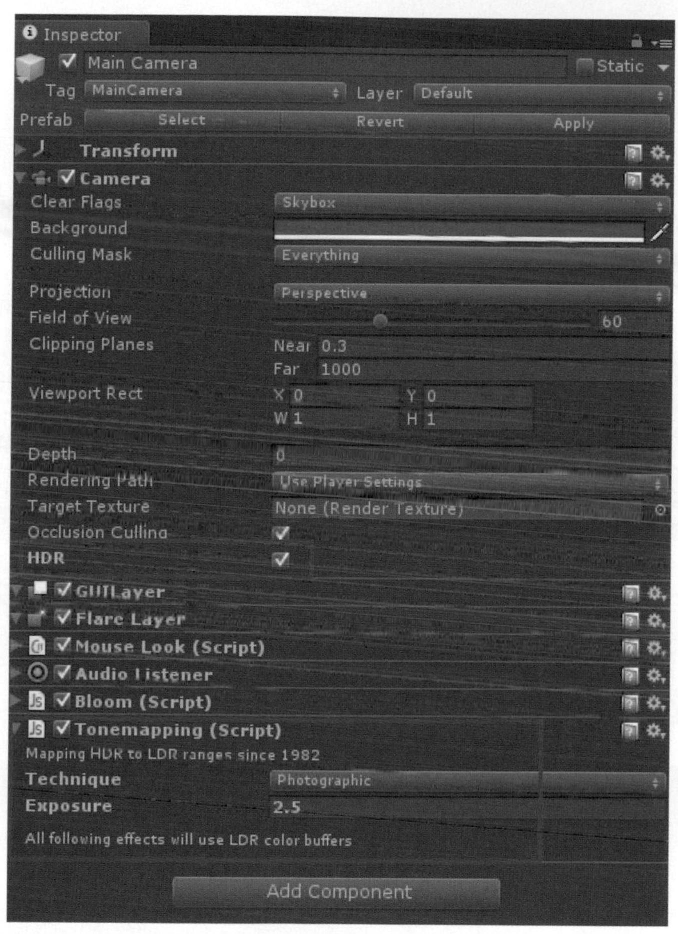

參數解說依序如下：

- **Technique**：為用來指定色調映射的計算方法，即如何將高動態光照渲染產生的高範圍光照度映射至顯示設備能顯示的低範圍內，有七項可供選擇，分別為SimpleReinhard、UserCurve、Hable、Photographic、OptimizedHejiDawson、AdaptiveReinhard以及AdaptiveReinhardAutoWhite。
- **Exposure**：為曝光度，用於模擬曝光的程度。

下圖爲添加Tonemapping的效果圖。

最後，我們來比較有添加圖像特效和沒有添加圖像特效時的效果，可以發現到，無添加圖像特效時的畫面較單調，加上一些圖像特效後，會使整個場景看起來更有恐怖的效果，如下圖所示。

(無添加圖像特效)

(添加Global Fog、Tonemapping以及Screen Overlay)

範例實作與詳細解說

本範例我們將藉由以下三個步驟來完成簡述如下：

- **步驟一：**遊戲場景的佈置。
- **步驟二：**對遊戲場景使用光照貼圖技術。
- **步驟三：**爲第一人稱控制器添加圖像特效。

步驟一、遊戲場景的佈置

我們提供一個Lesson07的資料夾，資料夾中有兩個子資料夾，分別爲Lesson07(practice)以及Lesson07(finish)，如下圖所示。

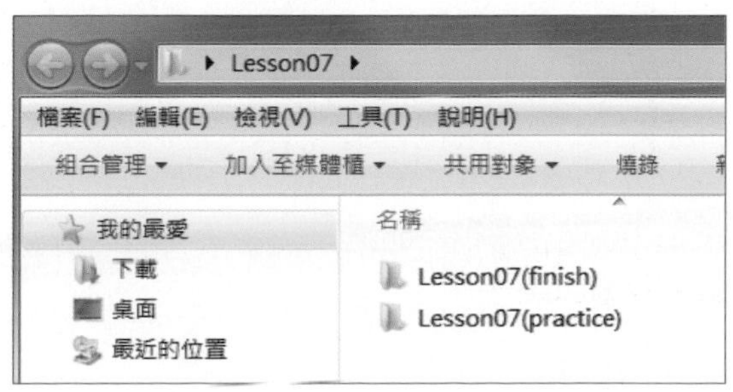

開啓Unity，會彈出一個Unity Project Wizard視窗，在此視窗中我們可以選擇要開啓的專案，點擊下方的Open Other按鈕，如下圖所示。

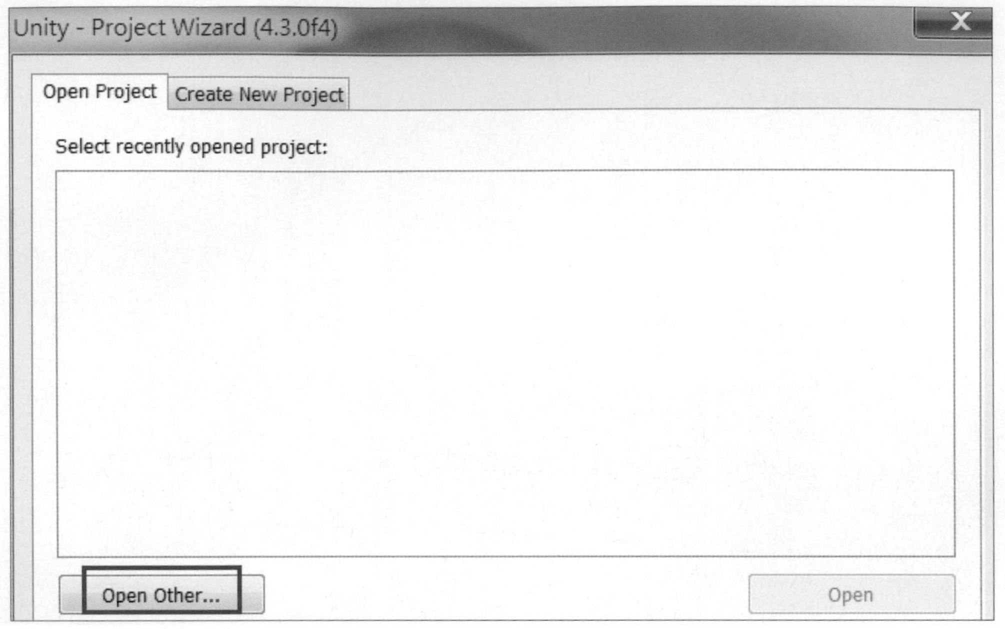

點擊Open Other按鈕後，找到Lesson07中名為Lesson07(practice)的資料夾，點擊下方的選擇資料夾按鈕，如此便開啓名為Lesson07(practice)的專案，如下圖所示。

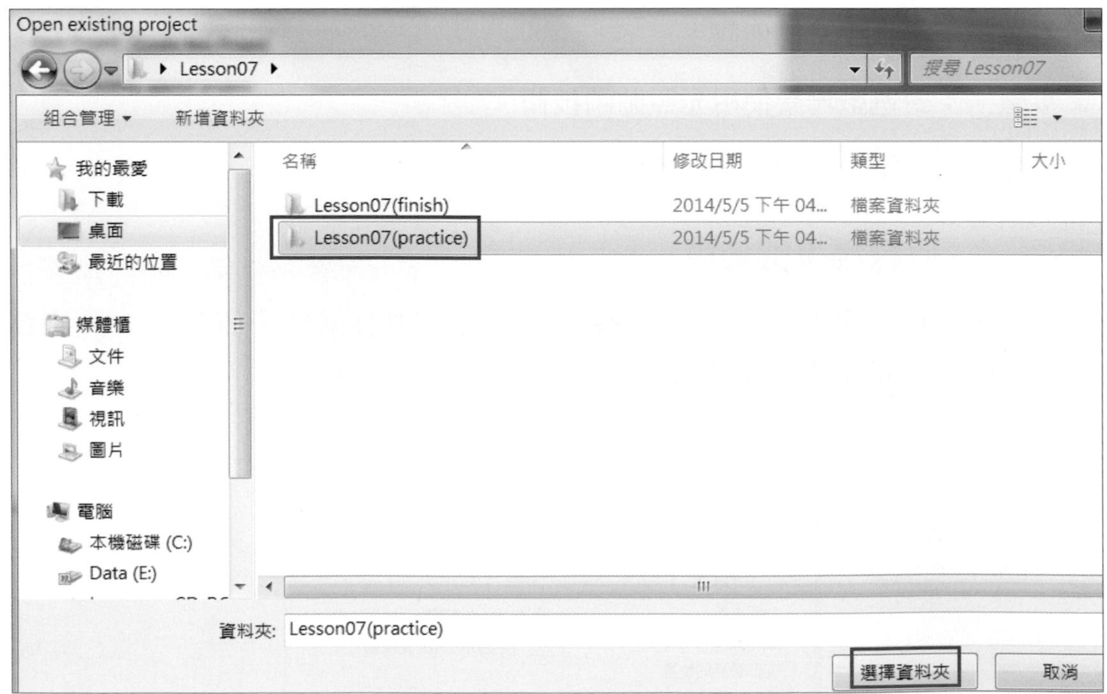

開啓名爲Lesson07(practice)的練習檔後，到Project視窗中，點擊Assets中名爲Scene的圖示，開啓名爲Scene的場景，如下圖所示。

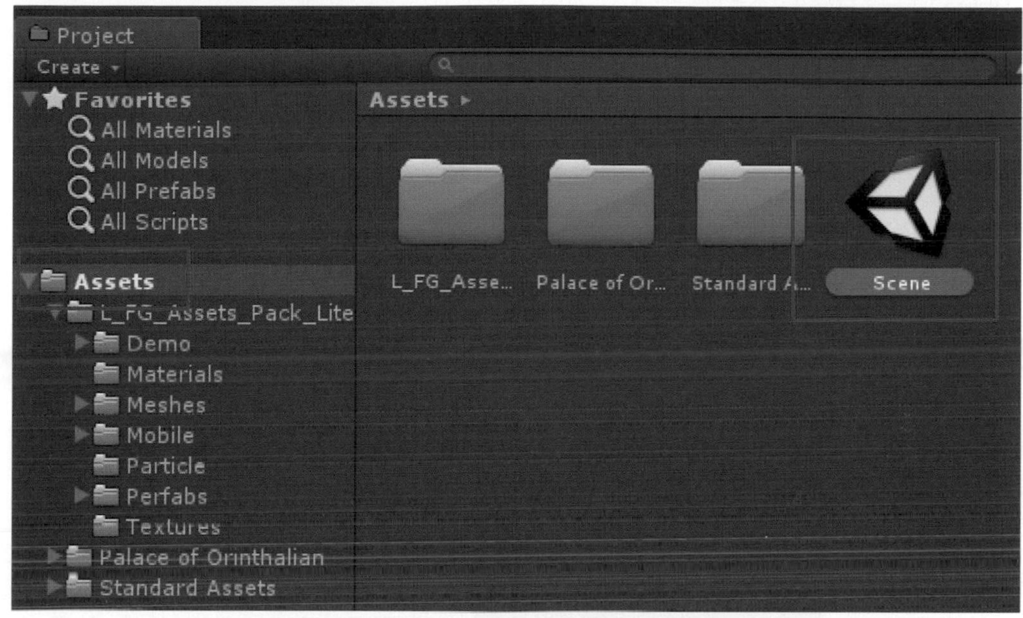

我們可以從Hierarchy視窗中看到目前場景中的物件，包含一個利用地形編輯器製作而成的地形，放置一個平行光源照亮整個遊戲場景，攝影機、粒子特效以及場景中的所有物件，如下圖所示。

接著，我們開始來設定天空盒以及第一人稱控制器，在系統選單選擇Assets的Import Package，尋找Character Controller以及Skyboxes選項，先將這二個資料包分別匯入到專案中，如下圖所示。

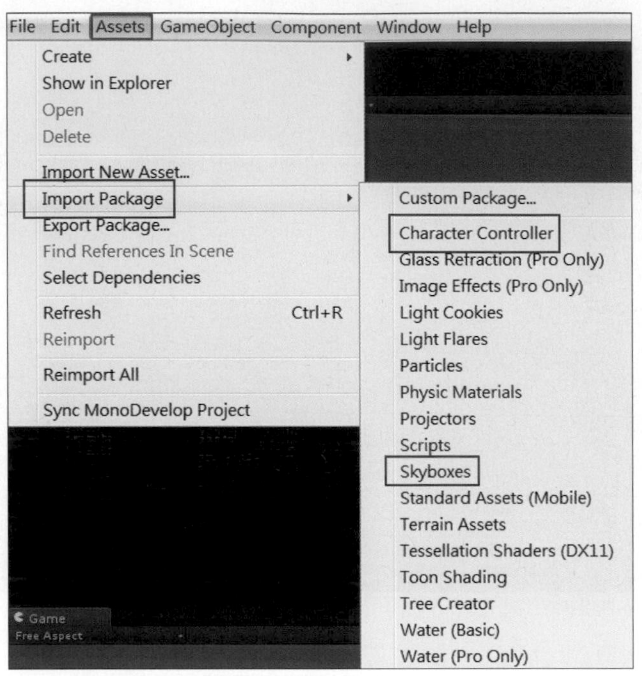

首先，利用天空盒製作出夜晚的天空，在系統選單選擇Edit的Render Settings，如右圖所示。

點擊Inspector視窗中Skybox Material右邊的圓形圖示，如下圖所示。

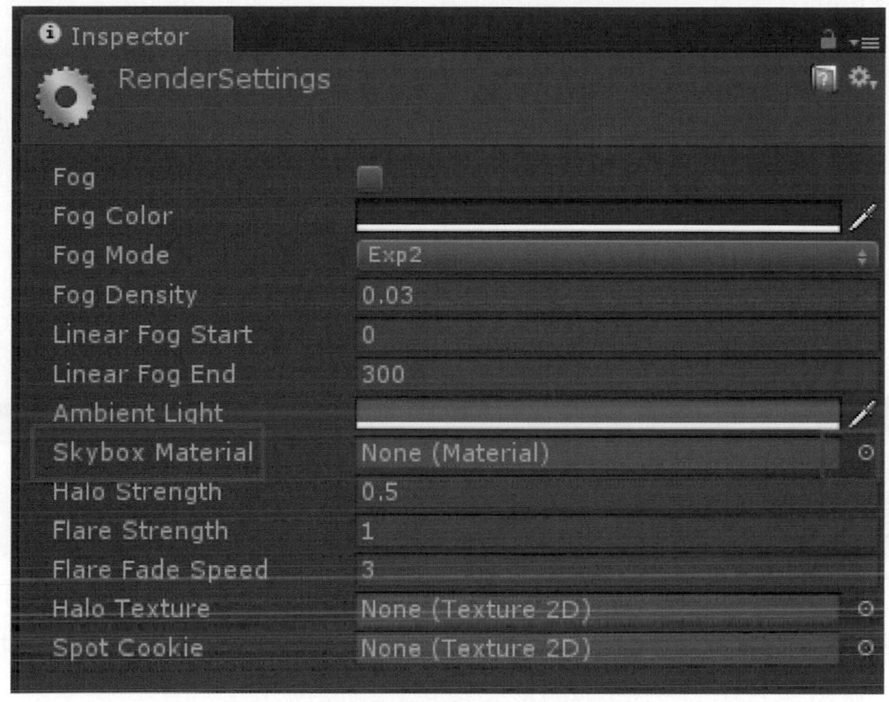

按下圓形圖示後會彈出一個名爲Select Material視窗，在此視窗中選擇名爲StarryNight Skybox的材質球，如下圖所示。

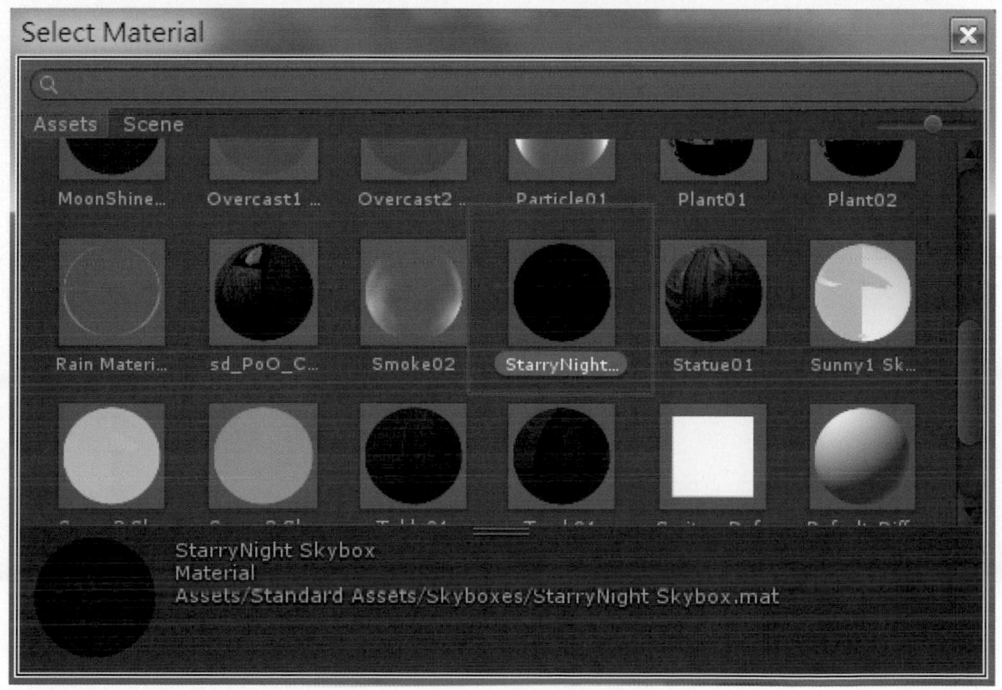

如此天空的設定便完成了。

在Project視窗裡找到Character Controllers中的First Person Controller，將其拖曳至遊戲場景中(1，1，-47)的位置，如下圖所示。

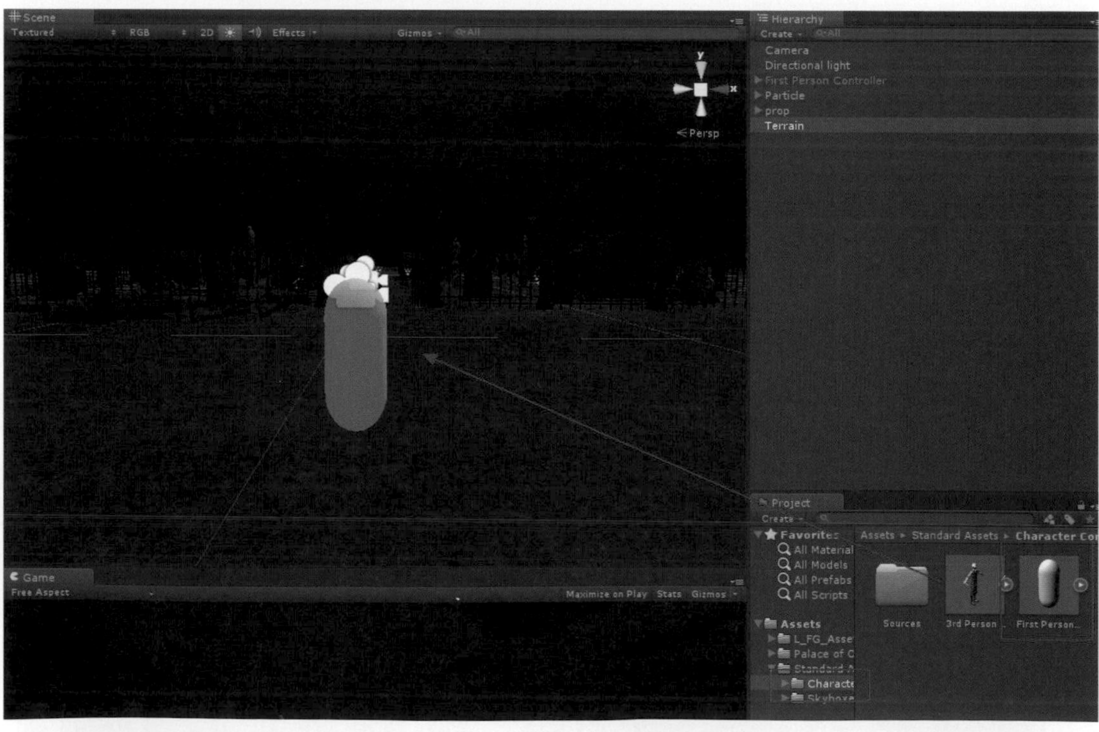

再來，我們要在攝影機上加上下雨的特效，點擊Project視窗底下Particle中的Rain，按住滑鼠左鍵將Rain雨水的粒子特效拖曳至First Person Controller第一人稱控制器上，將雨水當做第一人稱控制器的子物件，如下圖所示。

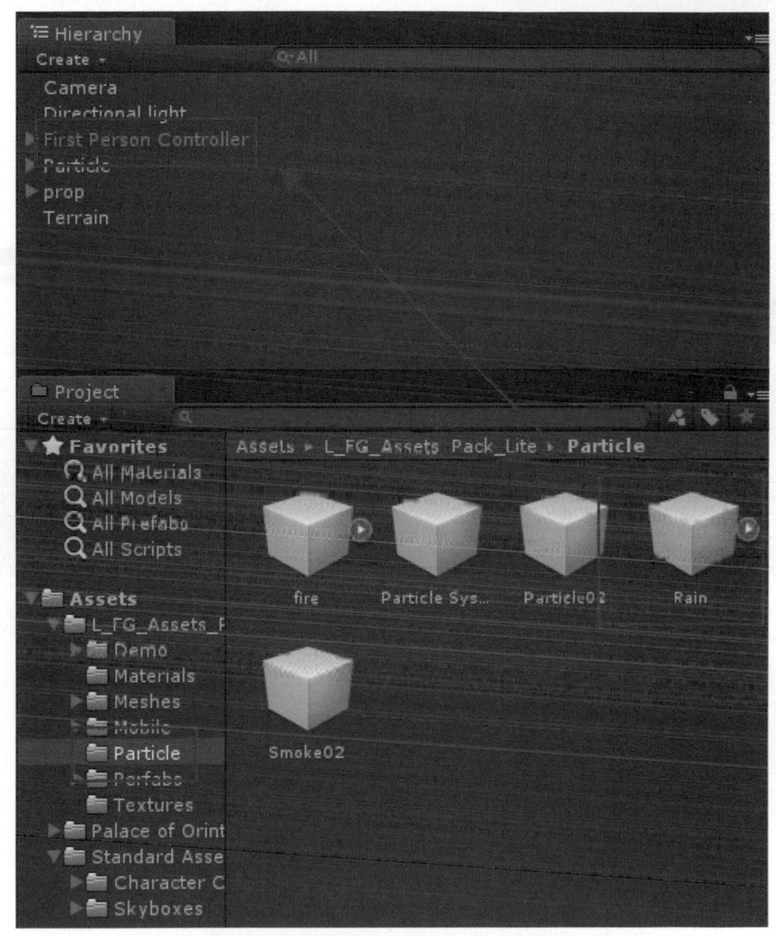

完成後，Hierarchy視窗中First Person Controller底下則會出現Rain的子物件，如下圖所示。

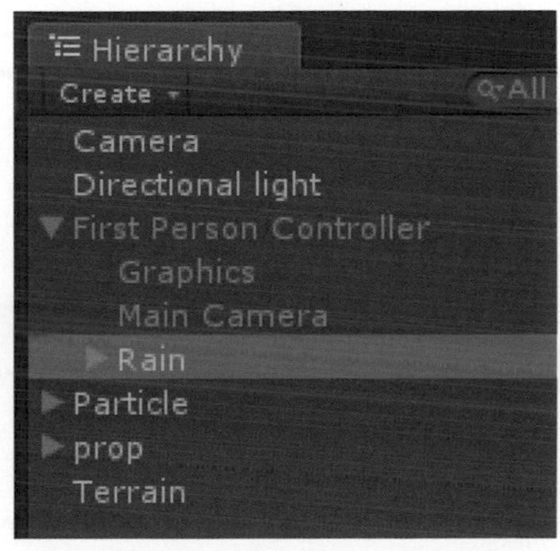

將Hierarchy視窗中的Camera刪除，並點擊First Person Controller底下的Rain，將此特效的Y軸設定爲2.2，如下圖所示。

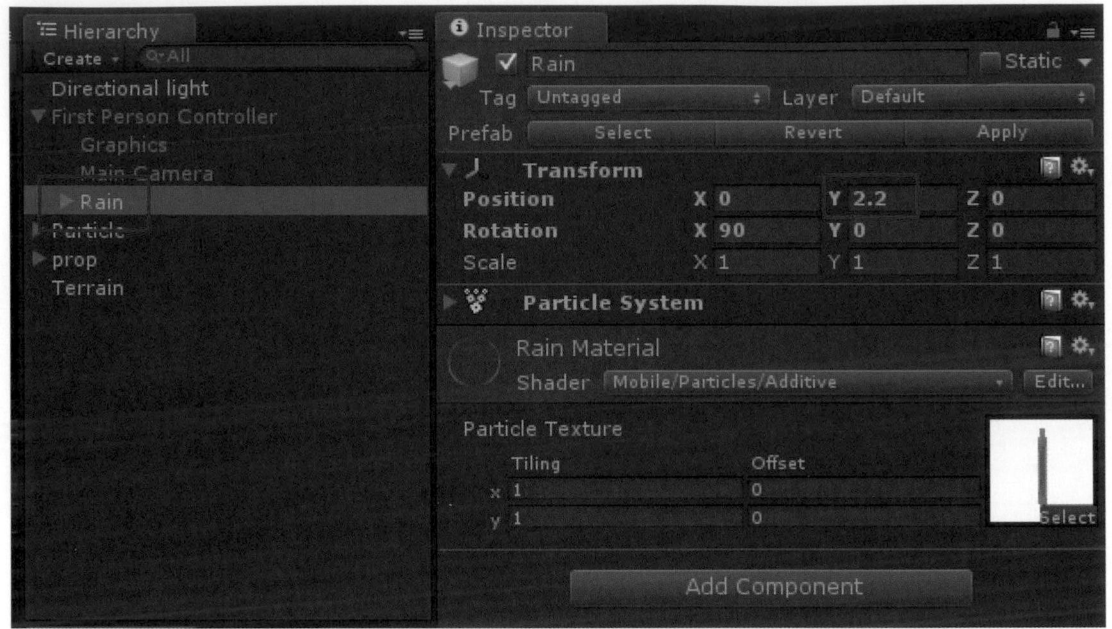

我們需要創造一些光源，使遊戲場景擁有不同風貌的效果，在系統選單選擇GameObject的Create Other，尋找Point Light選項，在遊戲場景中創造一個點光源，如下圖所示。

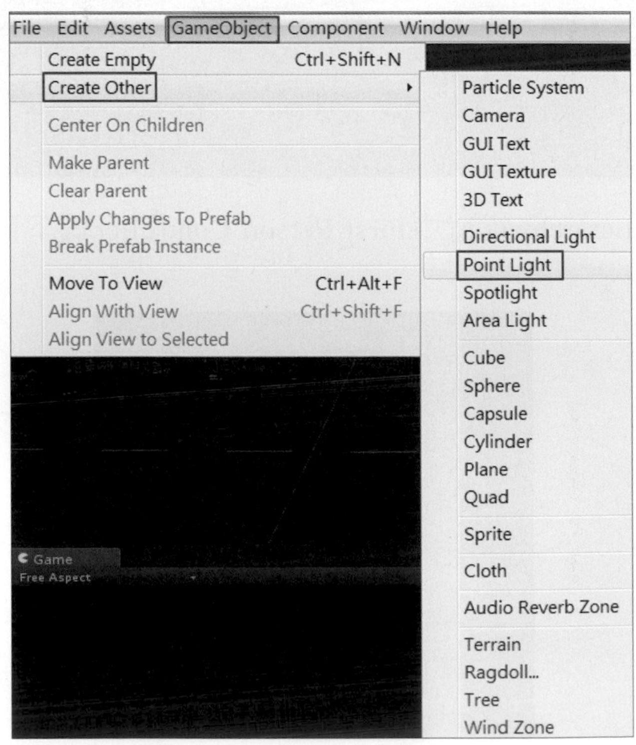

如此我們便能夠在遊戲場景中創造一個點光源，我們可以設定Inspector視窗中的Position數值，將燈光放置在適當的位置，如下圖所示。

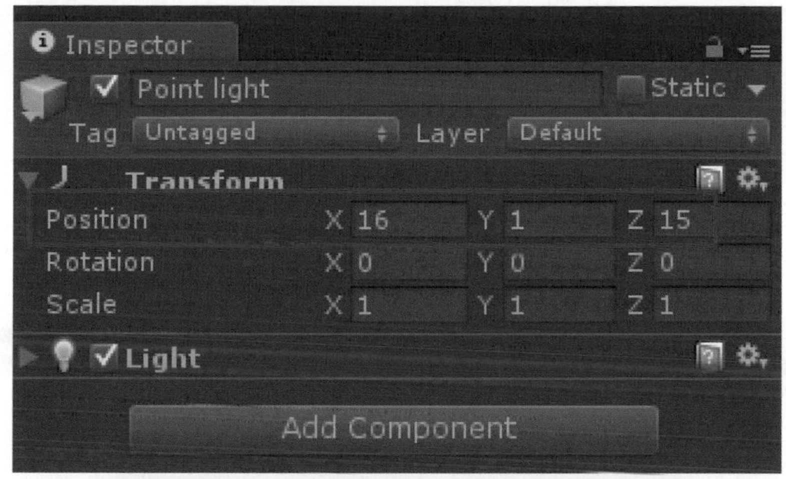

遊戲場景中我們放入了五盞點光源，分別在(0，0.5，0)、(0.3，1.4，-22)、(21，2，-25)、(20，5，-4)以及(16，1，15)這五個位置，如下圖所示。

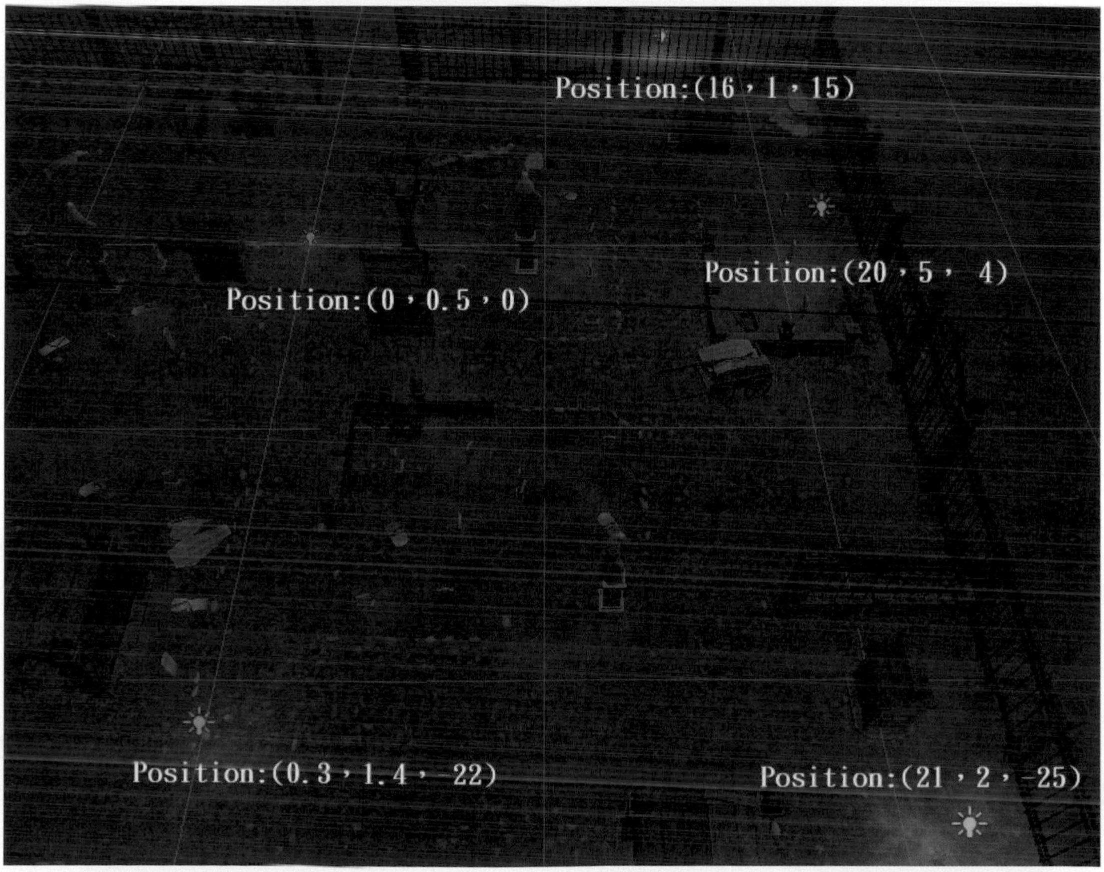

我們可以更改Inspector視窗中底下的參數部分，如下圖所示，將座標爲(0，0.5，0)點光源的Range設定爲15，Color設定爲橘色，Intensity設定爲1；座標爲(0.3，1.4，-22)點光源的Range設定爲15，Color設定爲淡藍色，Intensity設定爲0.7；座標爲(21，2，-25)點光源的Range設定爲15，Color設定爲藍綠色，Intensity設定爲0.7；座標爲(20，5，-4)點光源的Range設定爲30，Color設定爲淡藍色，Intensity設定爲0.7；座標爲(16，1，15)點光源的Range設定爲20，Color設定爲淡橘色，Intensity設定爲0.7。

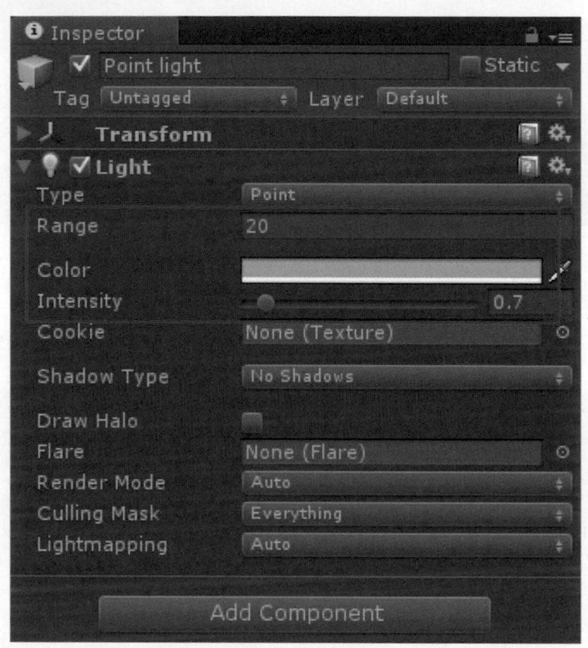

步驟二、對遊戲場景使用光照貼圖技術

接著來進行光照貼圖的設定，點擊Hierarchy視窗中的Terrain以及場景中的五個Point light，勾選Inspector視窗中的Static，通知Unity這些物件爲靜態物件，如下圖所示。

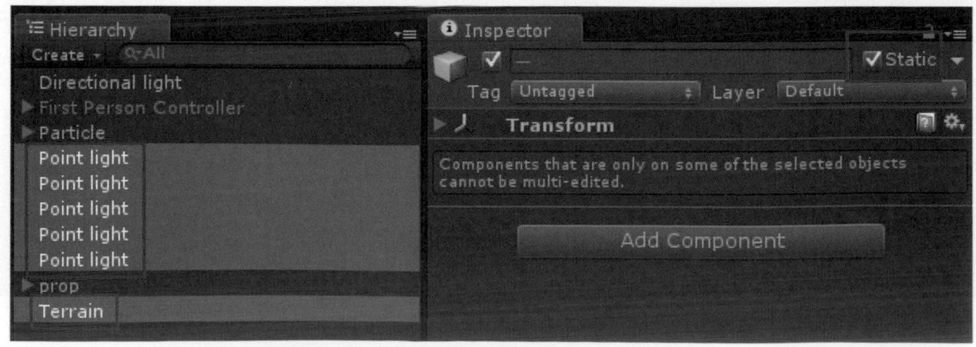

點擊Hierarchy視窗中的Directional light，在系統選單選擇Window底下的Lightmapping，如下圖所示。

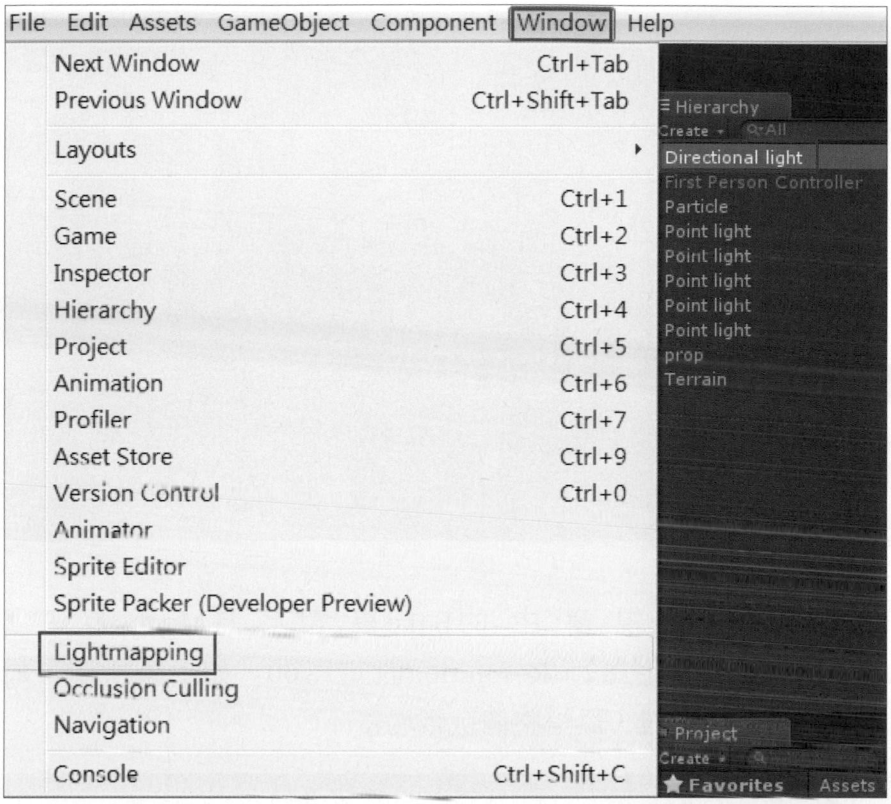

按下Window底下的Lightmapping後，會彈出Lightmapping視窗，選擇Lightmapping視窗中的Object視窗，將底下的Baked Shadows設定爲On(Realtime:Soft Shadows)，Shadow Samples設定爲400，如下圖所示。

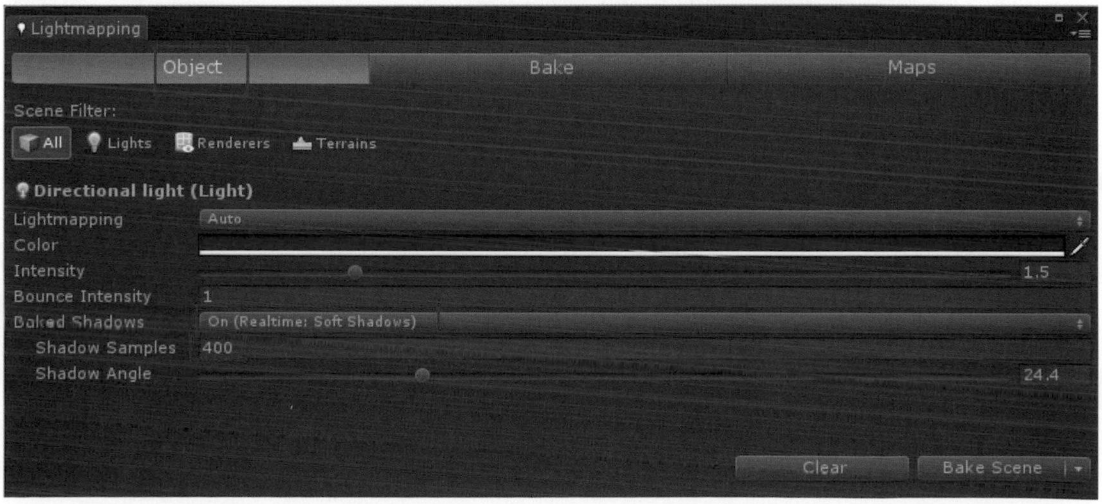

將Baked Shadows設定爲On(Realtime:Soft Shadows)後，可以看到場景上會出現影子的效果，如下圖所示，我們旋轉平行光源可以改變影子的角度。

選擇Lightmapping視窗中的Bake視窗，將Mode設定爲Single Lightmaps，Bounces設定爲2，Resolution設定爲60，如下圖所示，最後按下最底下的Bake Scene按鈕，烘焙整個遊戲場景。

Lightmapping
Object Bake Maps
Mode Single Lightmaps
Quality High
Bounces 2
Sky Light Color
Sky Light Intensity 0
Bounce Boost 1
Bounce Intensity 1
Final Gather Rays 1000
Contrast Threshold 0.05
Interpolation 0
Interpolation Points 15
Ambient Occlusion 0
LOD Surface Distance 1
Lock Atlas
Resolution 60 texels per world unit
Padding 0 texels
Clear Bake Scene

烘焙完成後如下圖所示。

步驟三、為第一人稱控制器添加圖像特效

光照貼圖設定完成後，接著我們要來替第一人稱控制器添加圖像特效。在系統選單選擇Assets的Import Package，尋找Image Effects(Pro Only)選項，將這個資料包匯入到專案中，如下圖所示。

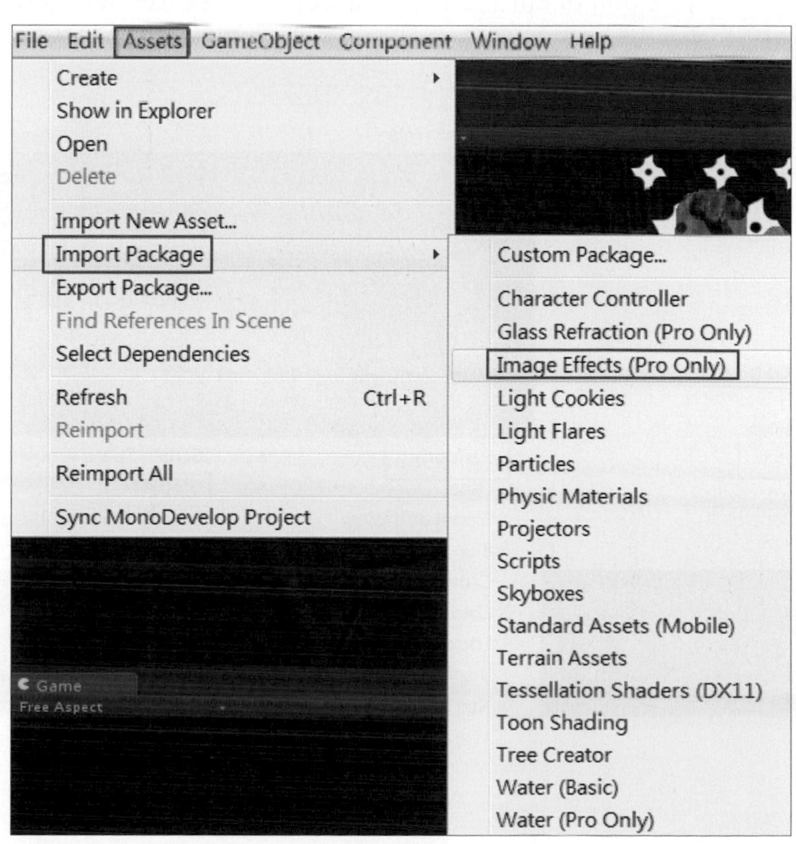

接著我們要替攝影機加上圖像特效，點擊Hierarchy視窗中的First Person Controller底下的Main Camera，我們要此攝影機上加上特效，如下圖所示。

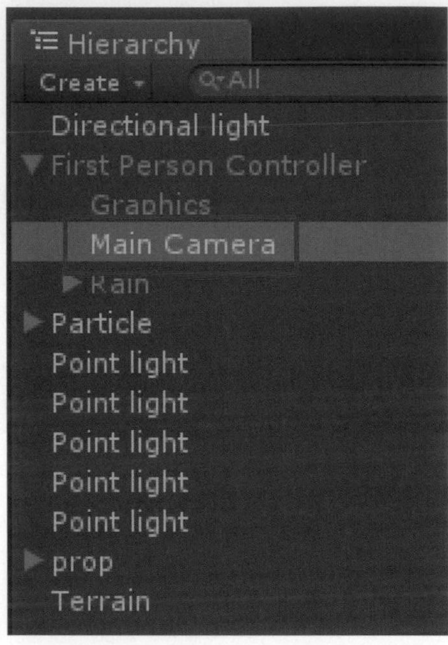

在系統選單選擇Component的Image Effects，尋找Rendering中的Global Fog，如下圖所示。

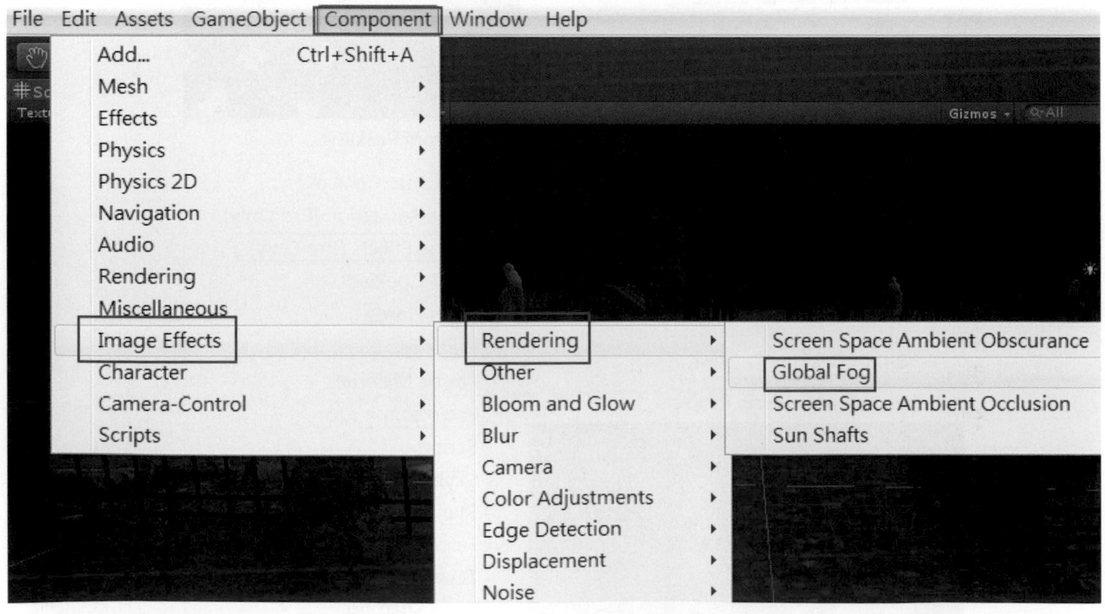

將Inspector視窗中的Global Fog (Script)面板中的Start Distance設定為20，Global Density設定為0.03，Global Fog Color設定為白色，如下圖所示

如此我們便能夠得到如下圖所示的效果。

在系統選單選擇Component的Image Effects，尋找Color Adjustments中的Tonemapping，如下圖所示。

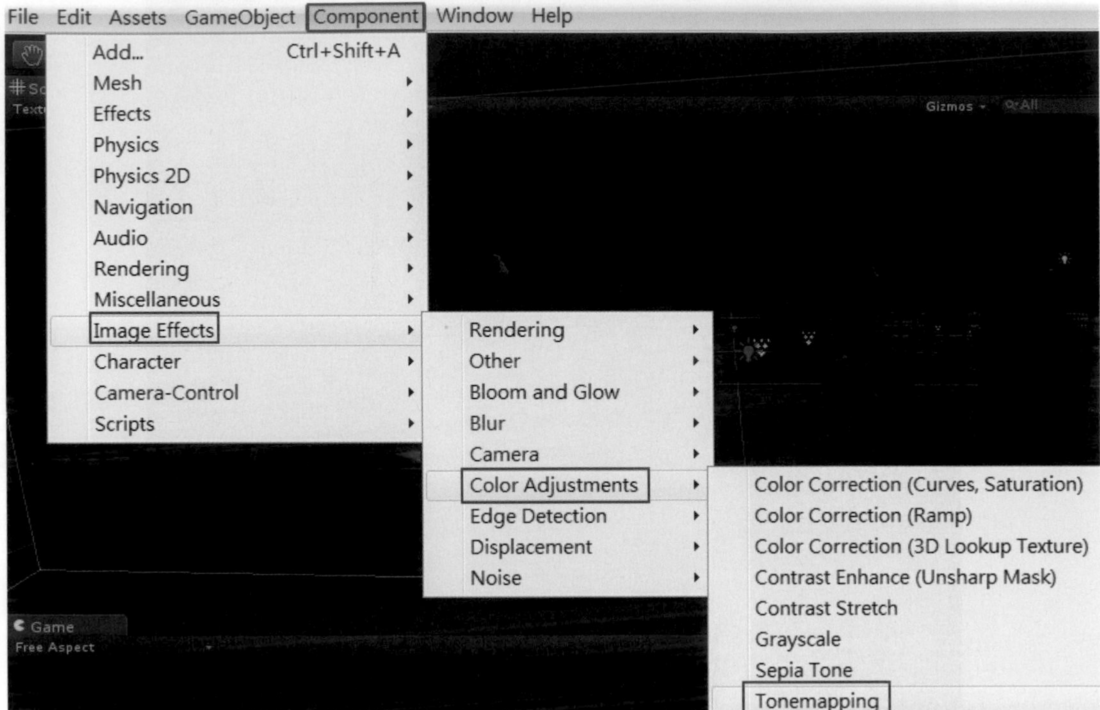

將Inspector視窗中Camera底下的HDR勾選起來，如下圖所示。

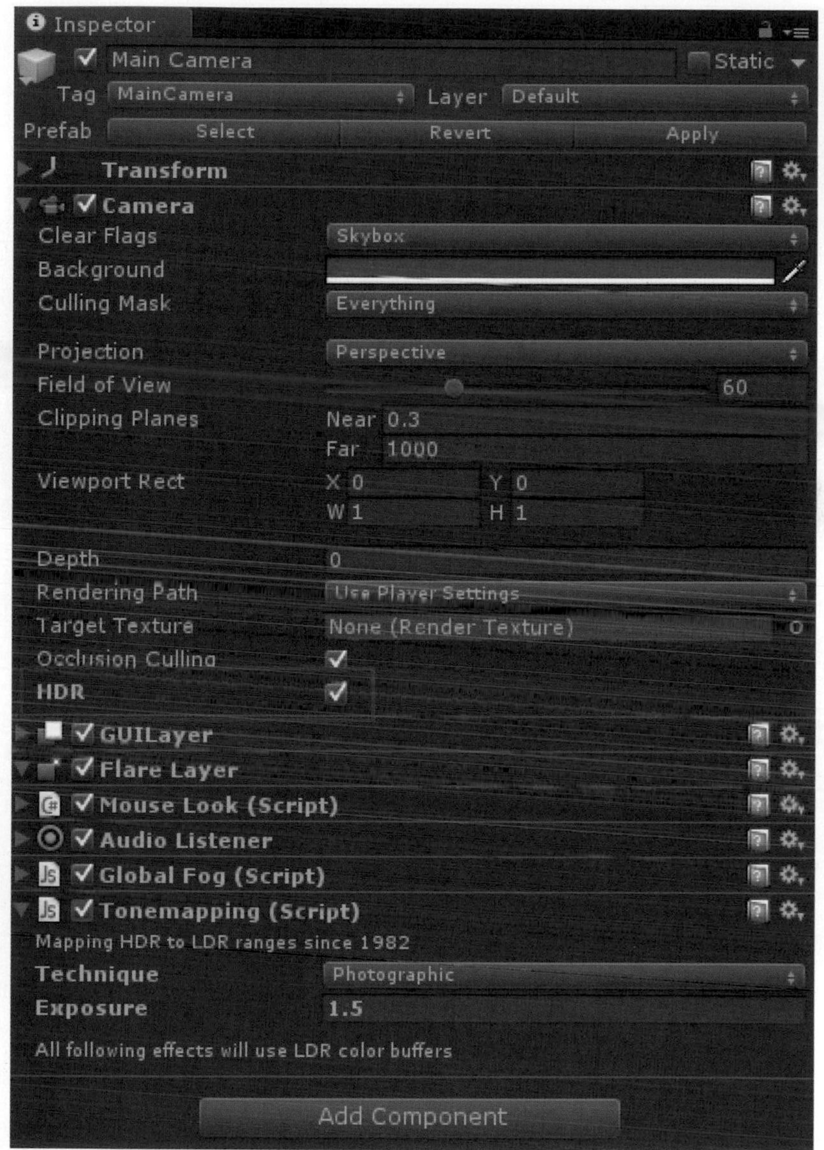

如此我們便能夠得到如下圖所示的效果。

在系統選單選擇Component的Image Effects，選擇Other中的Screen Overlay。

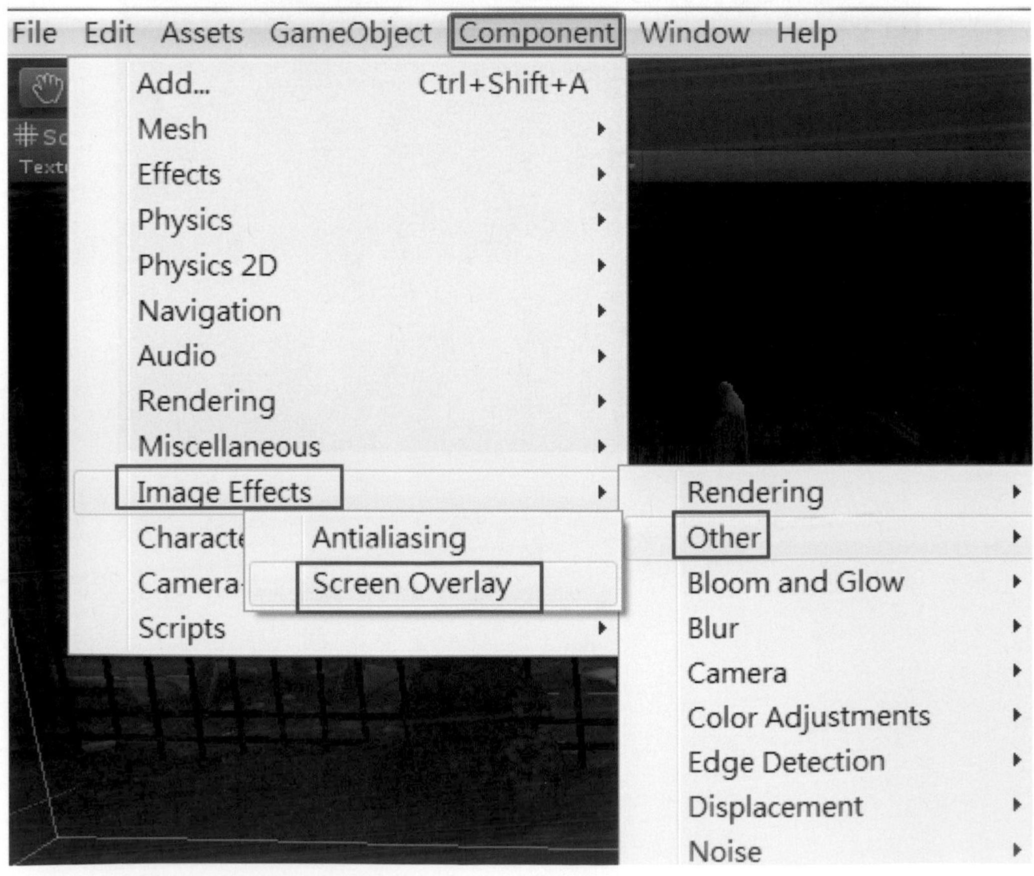

將Inspector視窗中Screen Overlay (Script)底下的Intensity設定為0.8，點選Texture右方的圓形圖示，會彈出一個Select Texture2D的視窗，在此視窗中我們選擇名為VignetteMask的圖片，如下圖所示，如此所有的設定便完成了。

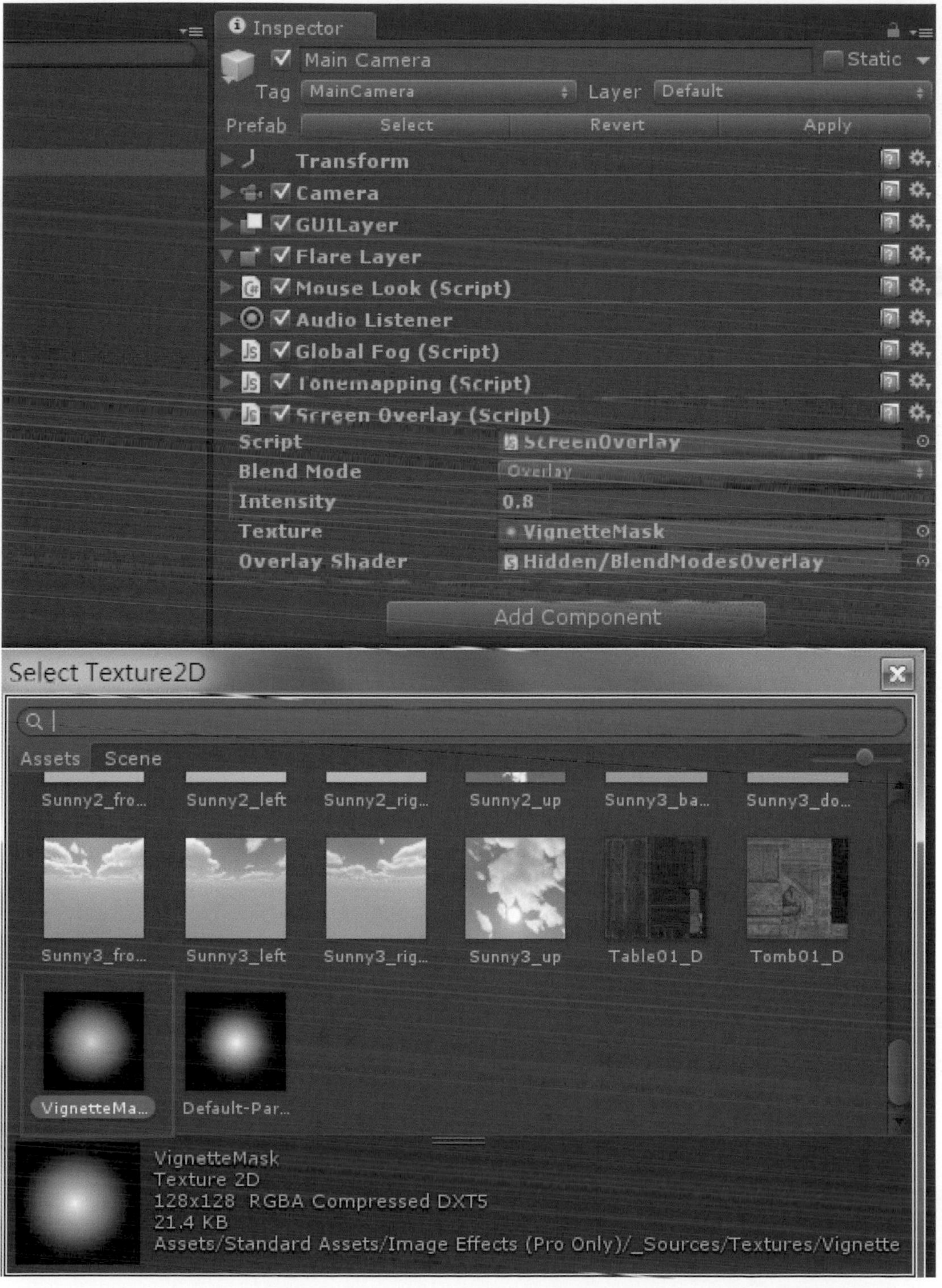

本範例完成如下。

UNITY

08

遊戲角色導入與動畫系統應用

作品簡介

在前幾個範例介紹了一些Unity的基本功能，這些功能大部分都是用來佈置遊戲場景，建立整個遊戲基本的外貌，並使用各種功能加以美化，完成了一個基本的遊戲世界，但若是只擁有場景不能稱之為遊戲，所以我們需要在場景上加上一些可以由玩家操控的物體或是角色，以及會與玩家互動的物件或敵人，而這些模型可以非常輕易的匯入Unity，但若直接加入場景該模型就等於場景的一部分了，這是因為我們並沒有設置該模型可以由玩家操控或與玩家互動，也沒有給予該模型動畫，所以這一個範例我們會學到Unity所提供中非常重要的動畫系統。

動畫系統顧名思義就是可以自由地操控模型動畫的系統，若是一個模型不擁有動畫，那該模型就只類似於雕像，在遊戲中也只能達到裝飾的效果，若一個模型擁有動畫，則我們可以透過動畫系統，讓模型在我們希望的時間點播放動畫，例如：當我們按下前進按鍵時(通常是方向鍵上或是W鍵)，讓該模型播放向前行走的動畫，或是在角色死亡時播放對應的動畫，這些效果都可以透過動畫系統達到。

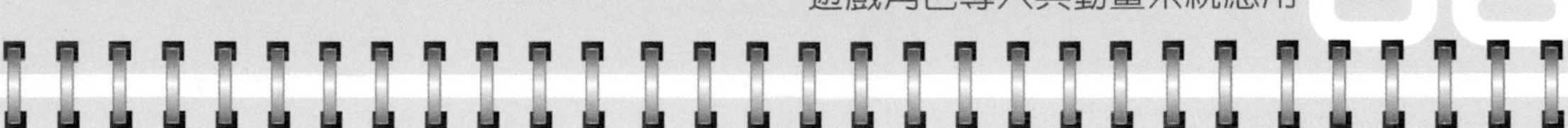

在本範例要學習的另一個重點為從Unity的資源商店下載並匯入資源，Unity的資源商店名為Asset Store，當中包含了非常豐富的資源，一般來講，當我們在製作遊戲時，都是藉由外部建模軟體設計好我們需要的模型，再經由轉換器匯入各個遊戲引擎中，但若當遊戲設計者不熟悉建模軟體，又或者是不想多花時間於建模上，則我們可以透過Asset Store下載各種我們需要的模型，除了模型外，Asset Store還提供了場景、材質、音效…等各式各樣的資源，並且擁有部分免費資源提供下載，讓設計者在取得資源時不需要額外的花費，是在製作遊戲時，可以多加利用的功能。

學習重點

- ✦ 重點一：使用Unity的資源商店Asset Store下載資源並匯入模型 。
- ✦ 重點二：利用第三人稱控制器使人物模型執行動畫並移動。

重點一　使用Unity的資源商店Asset Store下載資源並匯入模型

Unity的Asset Store是一個線上資源商店，提供了非常多樣的資源，包括模型、材質、紋理、音效、腳本、粒子效果，遊戲工具、動畫…等，除了基本資源外還有各式各樣的遊戲或系統的完整範例檔，讓大家可以更充分了解各種類型的遊戲設計架構。

開啓Asset Store的方法有很多種，簡單的方式可以通過在瀏覽器輸入官方網站的網址進入(https://www.assetstore.unity3d.com/)。

https://www.assetstore.unity3d.com

或是可以直接於Unity軟體裡系統選單的Window之中的Asset Store來開啓，也可以直接使用快捷鍵Ctrl+9來開啓，如右圖所示。

File　Edit　Assets　GameObject　Component　Window　Help

Next Window	Ctrl+Tab
Previous Window	Ctrl+Shift+Tab
Layouts	▸
Scene	Ctrl+1
Game	Ctrl+2
Inspector	Ctrl+3
Hierarchy	Ctrl+4
Project	Ctrl+5
Animation	Ctrl+6
Profiler	Ctrl+7
Asset Store	Ctrl+9
Version Control	Ctrl+0
Animator	
Sprite Editor	
Sprite Packer (Developer Preview)	
Lightmapping	
Occlusion Culling	
Navigation	
Console	Ctrl+Shift+C

使用網頁開啓Asset Store與在Unity裡開啓Asset Store擁有各自的優點，使用網頁開啓Asset Store能取得較快的讀取速度，並且可開多個分頁進行資源比較，但使用網頁開啓Asset Store在下載模型時還是會自動開啓Unity的Asset Store頁面，若是直接使用Unity開啓Asset Store則省去此一步驟，我們可以選擇自己較習慣的方式進行操作。

開啓Asset Store後，可看到頁面分爲左右兩區塊，左邊的大區塊爲資源介紹及資源圖示，下方有一些比較熱門的資源放在首頁供選擇，當我們尋找資源時，各個資源的詳細資料也會顯示在此頁面。

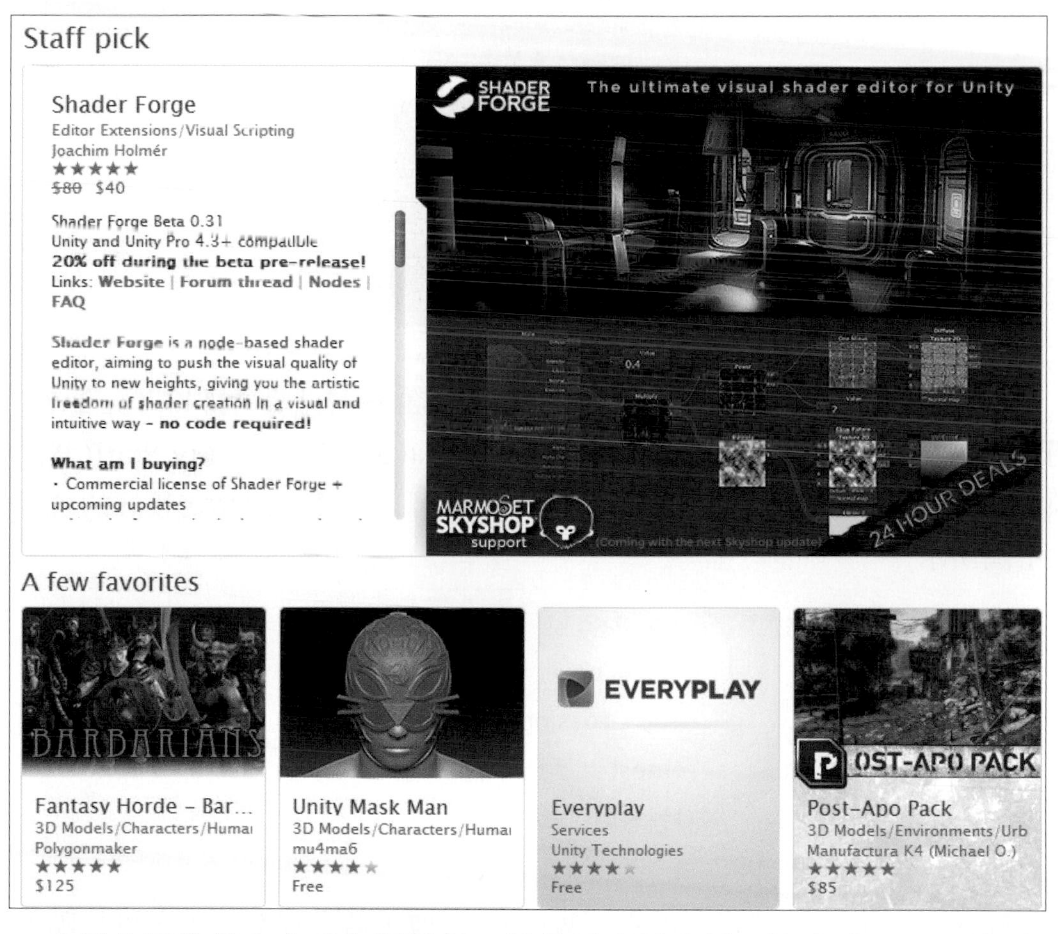

右邊的區塊最上方爲資源搜尋，接著爲資源分類，依序爲Home(首頁)、3D Models(3D模型)、Animation(動畫)、Audio(音效)、Complete Projects(完成檔)、Editor Extensions(編輯器擴充)、Particle Systems(粒子系統)、Scripting(腳本)、Services(服務)、Shaders(著色器)、Textures & Materials(紋理與材質)，每個分類之下還有更細項的子分類，我們可以依照需求找到適合使用的資源，如下圖所示。

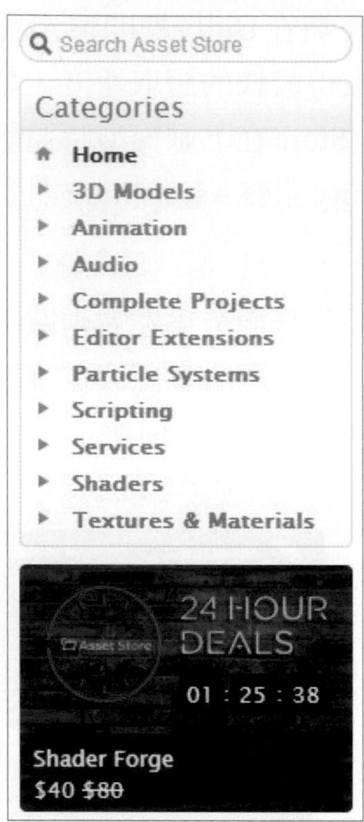

資源分類下面為資源排行，分別為Top Paid(熱門付費項目)、Top Free(熱門免費項目)、Top Grossing(營收最多)、Latest(最新項目)、My Stuff(我的資源)，我們可以經由此處尋找熱門的資源，也可以快速找到品質較好的資源，如下圖所示。

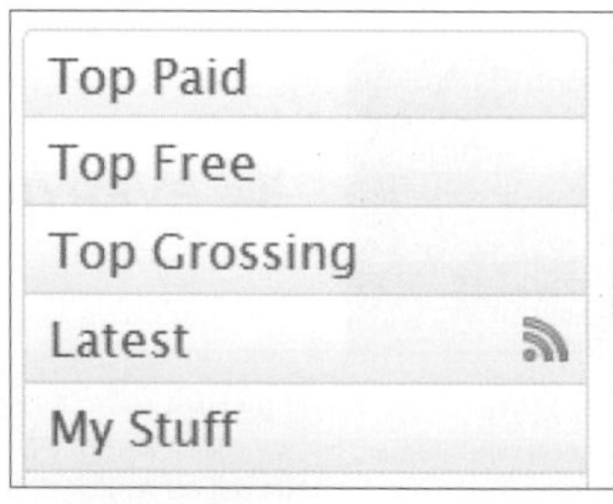

在Asset Store下載資源需要一個Unity帳號，若是沒有帳號，可以點擊右上角的Create Account創建帳號。

Create Account | Log In

輸入基本資料後，系統會寄送一封驗證E-Mail到信箱，需收取信件以開通帳號。

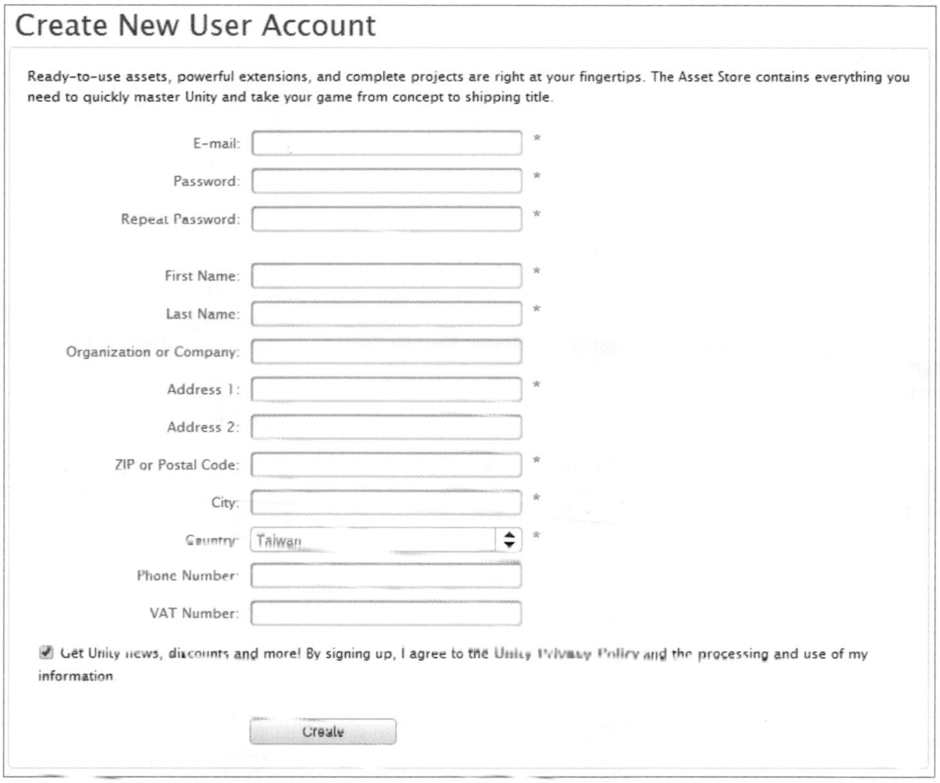

Create New User Account

Ready-to-use assets, powerful extensions, and complete projects are right at your fingertips. The Asset Store contains everything you need to quickly master Unity and take your game from concept to shipping title.

E-mail: *
Password: *
Repeat Password: *
First Name: *
Last Name: *
Organization or Company:
Address 1: *
Address 2:
ZIP or Postal Code: *
City: *
Country: Taiwan *
Phone Number:
VAT Number:

Get Unity news, discounts and more! By signing up, I agree to the Unity Privacy Policy and the processing and use of my information

Create

登入帳號後我們可以試著點擊右邊的資源分類各選項，這裡以3D Models爲例，點擊後項目下方會出現許多子項目，將此資源分類再子分類，讓大家在尋找資源時更爲方便，3D Models的子項目有，Characters、Environments、Props、Vegetation、Vehicles、Other，而每一個子項目還有可能會擁有子項目，讓分類更仔細，假如我們現在想要尋找椅子的模型，可以點選Props(道具)項目，在Props的子項目裡尋找Interior(室內)項目，如右圖所示。

Categories
Home
3D Models
Characters
Environments
Props
Appliances
Clothing
Electronics
Exterior
Food
Furniture
Industrial
Interior 246
Tools
Weapons
Other
Vegetation
Vehicles
Other

點擊之後可以在左邊畫面看到不同的室內裝置模型，尋找我們需要的椅子模型。

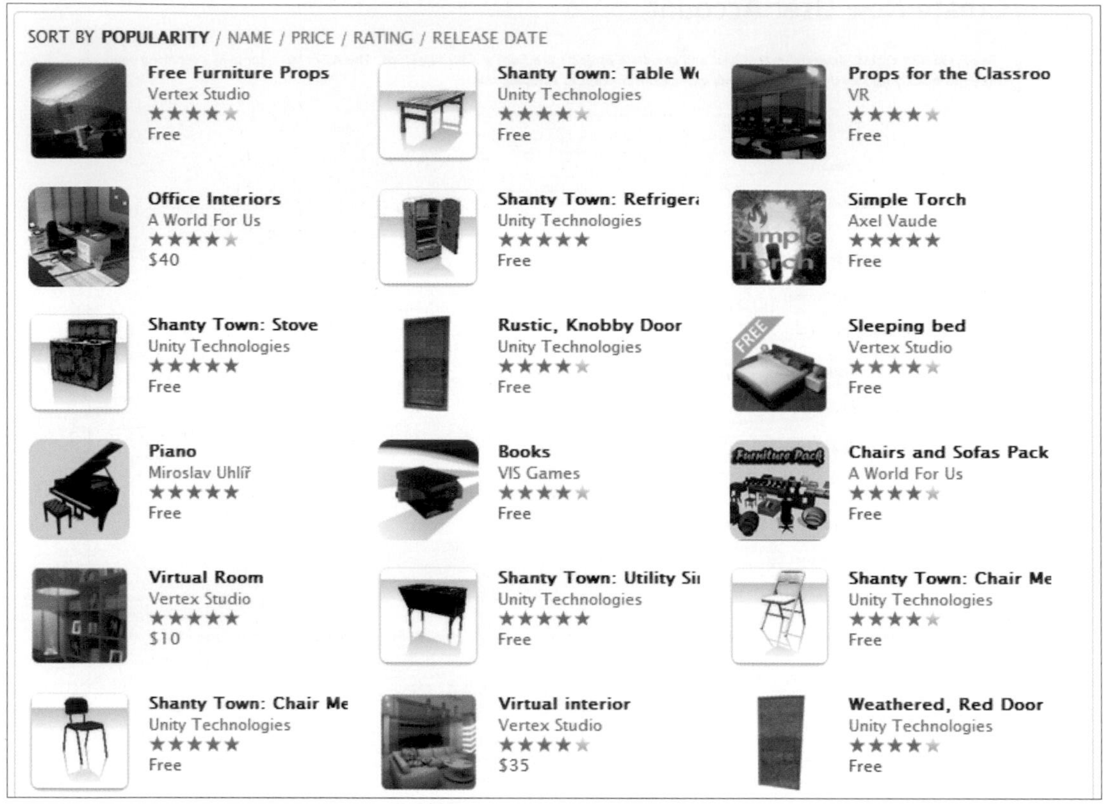

找到椅子模型之後點擊圖示或文字進入資源的詳細頁面，會看到有該模型基本的簡介及圖片，在此頁面可以查看資源的Category(分類)、Publisher(出版者)、Rating(評價)、Price(價格)、Version(版本)、Size(容量)、Requires(需求版本)，和簡單的介紹，如下圖所示。

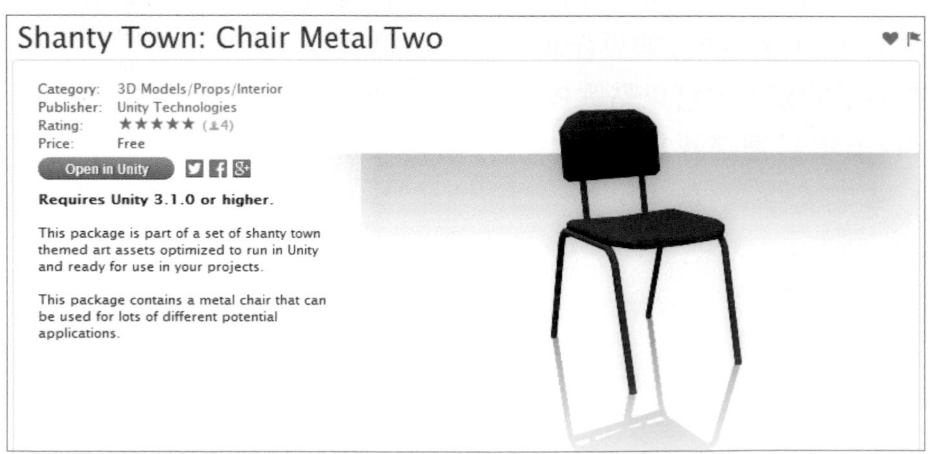

在下方的Package Contents可以觀看此資源的文件結構，裡面可能包含模型本身、貼圖，甚至是動畫、模型示範檔，我們可以尋找是否有自己需要的資源，如下圖所示。

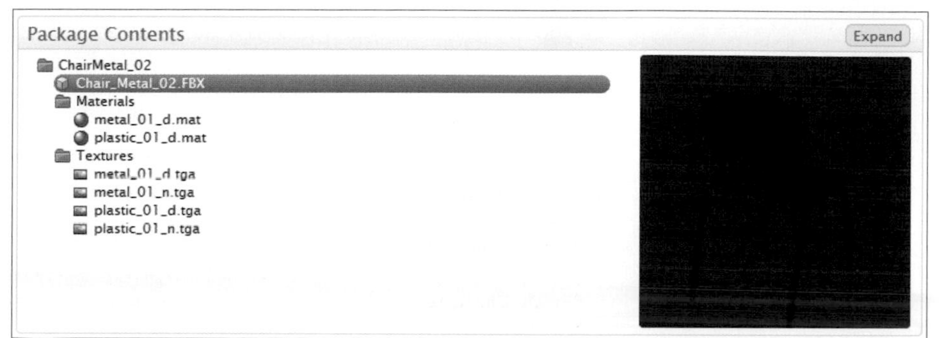

最下方會顯示推薦模型，將會根據現在選擇的模型推薦相關聯的模型連結，讓我們能快速的找到需要的模型，如下圖所示。

若是我們想要快速找到品質好且符合Unity格式的模型，可使用分類項目並配合排行榜功能，假如我們想尋找一個免費的3D人物模型，點擊分類3D Models(3D模型)，接著再點選子分類Characters(角色)，此時可看到左邊畫面出現非常多人物模型，我們點擊畫面右下方的，Top Free(熱門免費項目)，可看到在人物模型分類中的熱門項目，因爲此處資源下載次數較多，所以這些模型的品質基本上較好，我們就可以使用此功能快速尋找出我們需要的模型，如下圖所示。

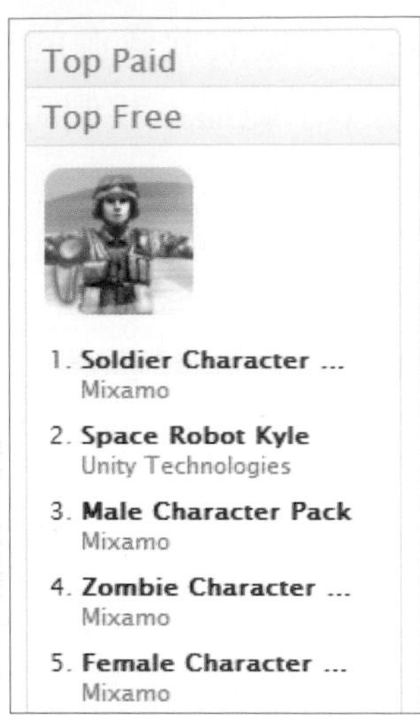

接著是匯入模型部分，若是使用外部瀏覽器開啓Asset Store，在資源購買完成後，或是我們使用的是免費資源，可以在資源介紹頁面看到有個Open in Unity按鈕，點擊後系統將會自動開啓Unity並開啓此資源介面。

開啓Unity後會看到原本寫著Open in Unity的按鈕，變爲寫著Download按鈕，如下圖所示。

按下按鈕後將會開始下載資源，當下載完成後會跳出一個Importing package視窗，在這裡我們可以選擇需要匯入的資源，通常我們會維持預設全部匯入，按下Import按鈕匯入資源，如下圖所示。

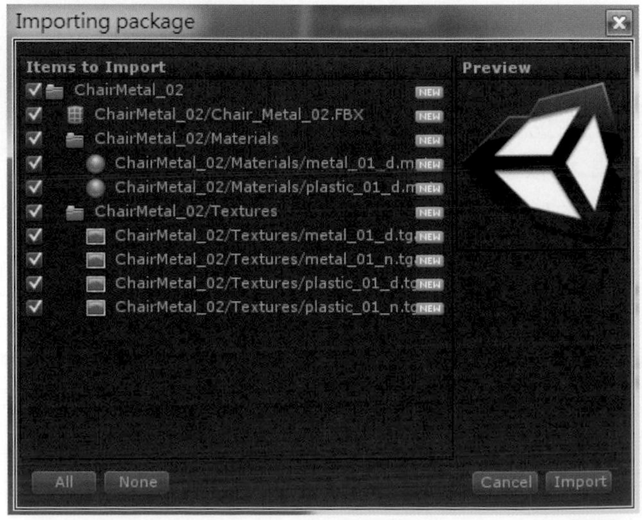

匯入後到Project視窗裡可尋找到剛剛下載的模型。

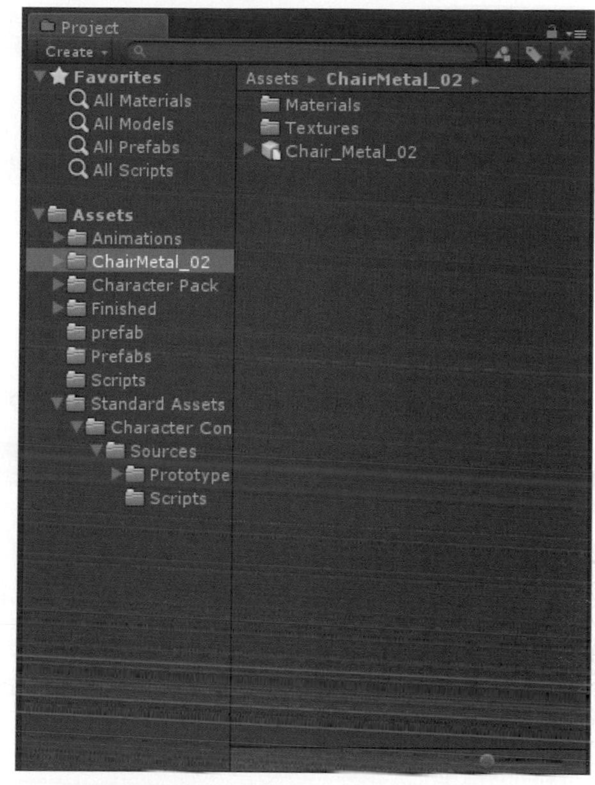

另外，我們可以點擊Asset Store最上方的 按鈕開啓頁面，此頁面會顯示Unity本身的標準資源包及用戶已下載的資源包，使用此帳號下載過的資源將會顯示在此頁面，我們可以透過點擊Import按鈕匯入各項資源。

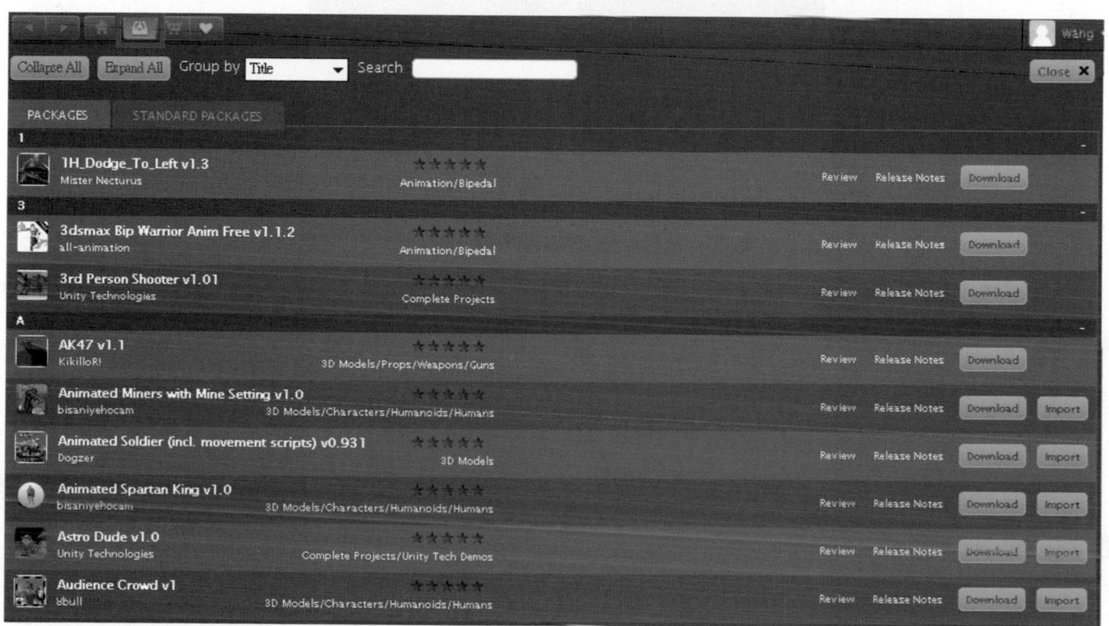

重點二 利用第三人稱控制器使人物模型執行動畫並移動

我們已經可以輕易的從網路上得到模型，接著我們可將下載下來的模型放到場景上，並幫模型加上腳本及角色控制器，讓模型能夠依照玩家的操控移動，爲了方便說明，我們將在Asset Store中下載一個模型，來示範Unity的動畫系統如何操控人物模型動畫。

開啓Asset Store並搜尋關鍵字Soldier Character Pack，將此模型下載並匯入Unity裡。

Soldier Character Pack

從網路上下載人物模型之後，可以先觀察模型是否擁有動畫，點擊模型後看到Inspector視窗，選擇Animations選項，若是該模型沒有動畫，則會看到文字顯示此模型中沒有包含動畫，很明顯的，剛剛下載的士兵模型並沒有包含動畫，如下圖所示。

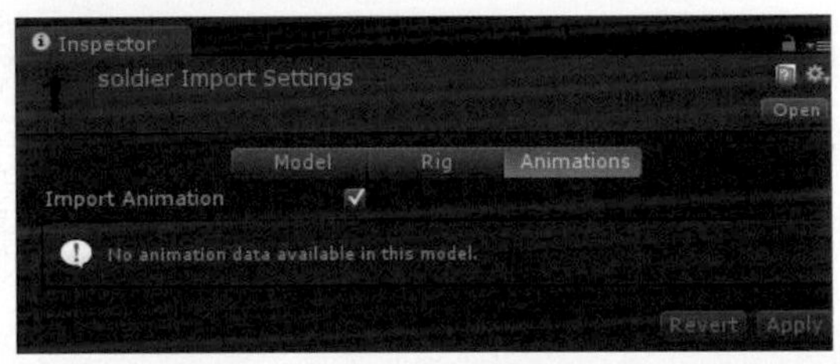

我們在這裡需要的是一個擁有動畫的模型，所以再次開啓Asset Store，並搜尋關鍵字Maze element Ice Golem，將此模型下載並匯入Unity裡。

Maze element Ice Golem

點擊模型後看到Inspector視窗，選擇Animations選項，若是模型有包含動畫，則會看到Animations選項下顯示了許多動畫資訊，我們可以在此介面設置動畫，如方向、位置、是否循環播放…等，在此我們所選擇的人物模型Maze element Ice Golem是具有動畫的模型，如下圖所示。

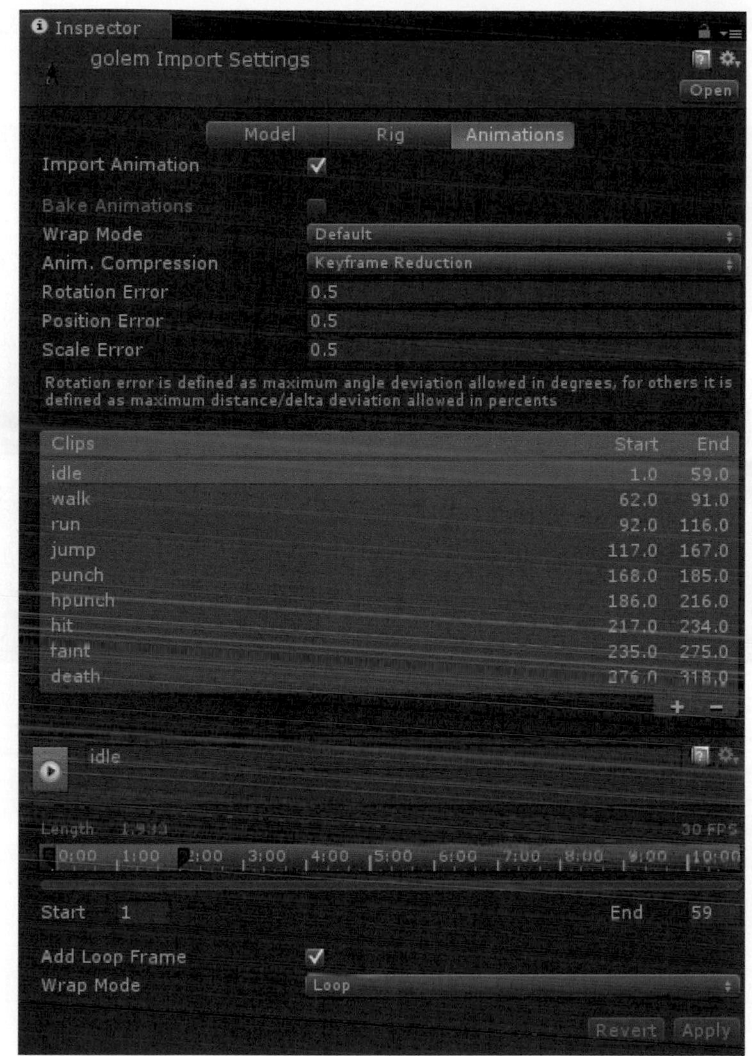

此模型的動畫參數是可以調整的，若有調整動畫參數，在調整完成後需按下Inspector視窗右下角的Apply按鈕確認設置。

Revert Apply

我們也可以在畫面右下方的Preview視窗瀏覽此動畫，並檢視調整過後的動畫屬性是否正確。

本範例要使用模型本身的動畫，我們需要將模型的動畫型態切換到傳統模式，按下Rig選項，點擊Animation Type，並選擇Legacy，接著按下Apply按鈕確認設置。

在完成基本設置後，我們可以直接將模型拖拉至場景上了，如下圖所示。

在場景上點擊剛剛匯入的模型，並看到Inspector視窗，模型本身有預設的Animation元件，此選項按鈕是被選取的狀態，當中有些選項是我們可以調整的，Animation項目是模型預設動畫，若此模型沒有設定任何動畫控制，則此模型會一直播放預設動畫。

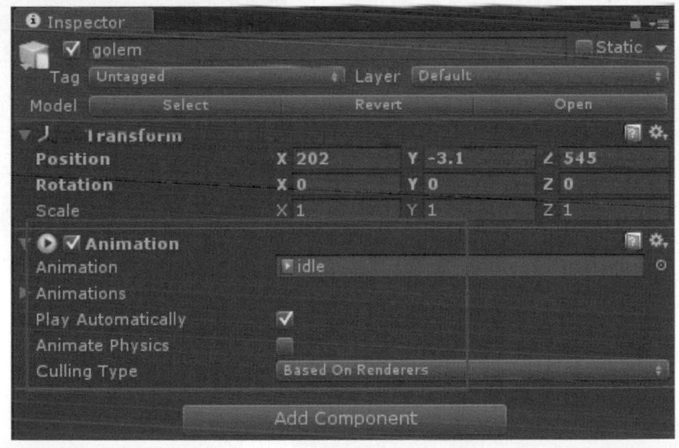

接著是Animations項目，若沒有設置好Animations的每個Element，動畫將無法流暢的切換，我們所下載的The Earthborn Troll人物模型擁有9個動畫片段，而我們等下只會使用當中的部分動作片段，其中包括idle、jump、run、walk，這四個動畫片段是我們待會需要使用到的動畫，如下圖所示。

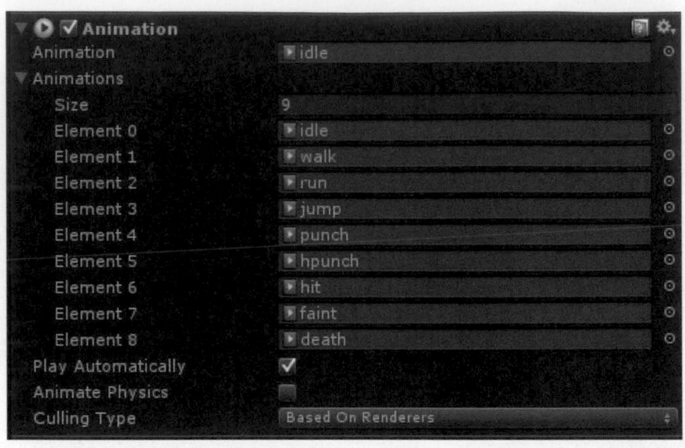

一般來講，要控制動畫的切換及角色的移動需要撰寫腳本操控，現在Unity裡提供了預設的腳本，讓我們在製作角色動畫時更有效率，我們可以使用Unity內建的第三人稱控制器腳本，使模型移動並產生動畫改變，首先我們必須先匯入腳本，在系統選單選擇Assets的Import Package，尋找Character Controller選項並點擊，如下圖所示。

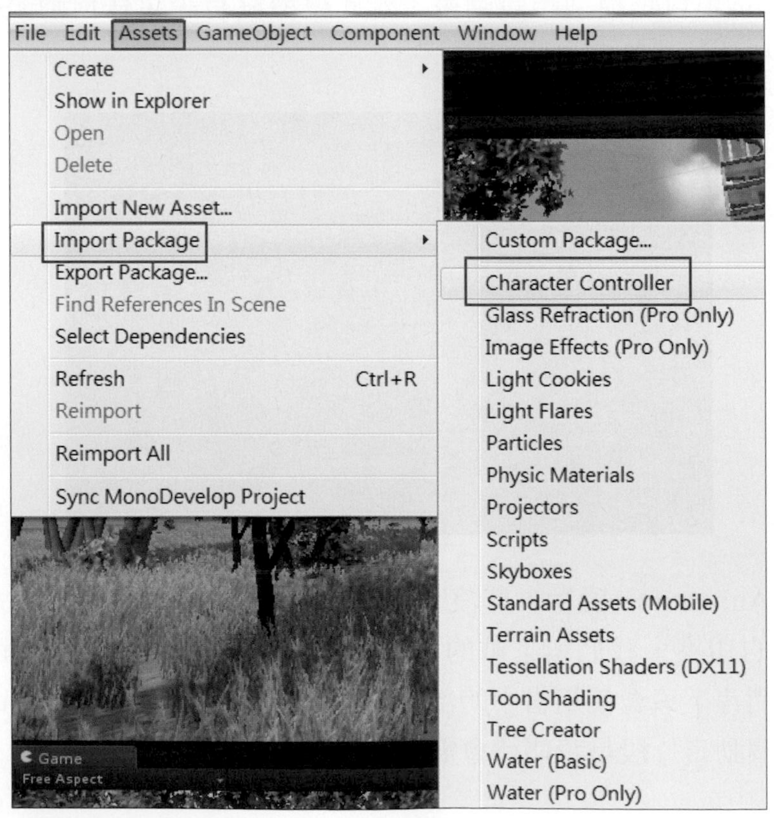

接著會跳出Importing package視窗，選擇Import匯入資源包，如下圖所示。

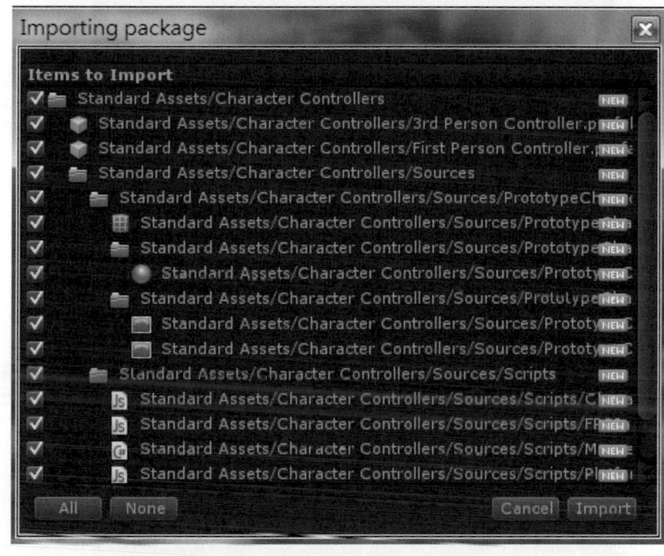

在Project視窗中尋找Standard資料夾點擊進入，接著依序進入Character Controllers、Sources、Scripts資料夾，並找到ThirdPersonController腳本。

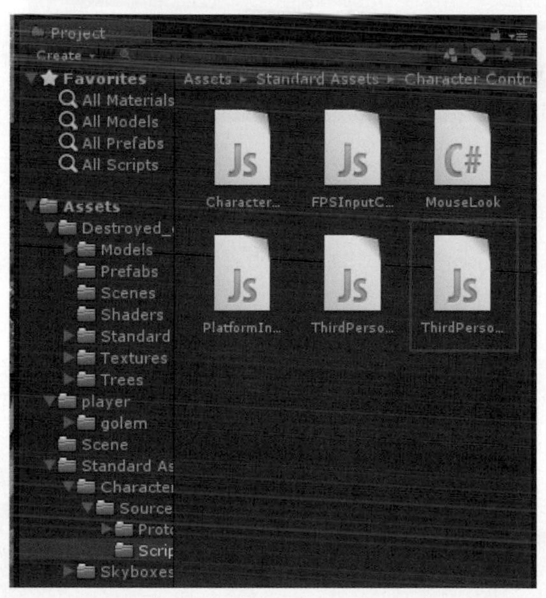

我們可以將此腳本拖拉加至Hierarchy視窗中的角色模型中，切記不要把腳本直接拖到Scene的人物模型上，這樣可能會發生腳本加至模型子物件的情形，在之後的設定也會出錯，如下圖所示。

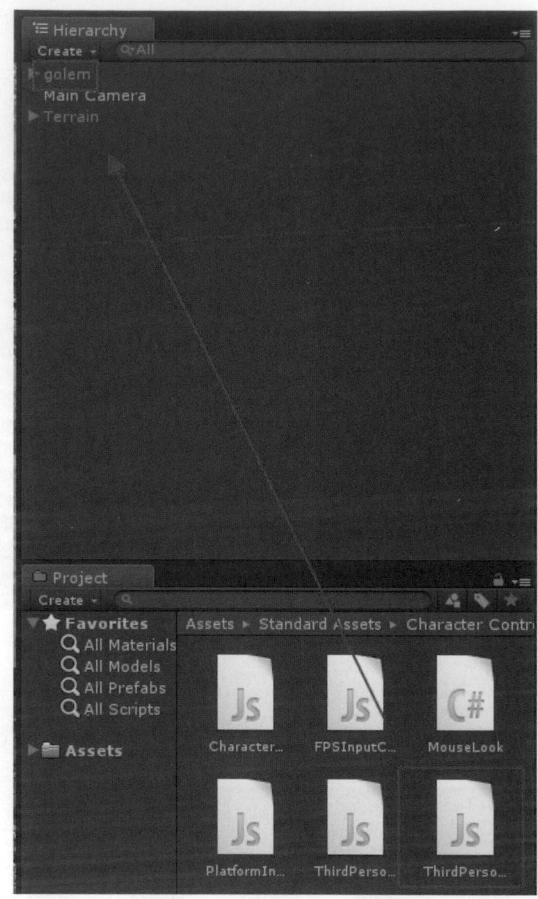

在Inspector視窗裡，會看到系統爲我們新增了兩個元件，一個爲Character Controller角色控制器元件，另一個新增的元件爲ThirdPersonController腳本元件，如下圖所示。

有關此兩個元件的功能使用我們分述如下，角色控制器元件可以產生基本的角色物理效果，是由一個膠囊體碰撞體所產生，但與膠囊體碰撞體不同的是，角色控制器並不會對施加於自身的力量做出反應，也不會作用力於其他物體，此外也有一些選項比較特殊，Slope Limit(坡度限制)可限制該碰撞只能爬上小於等於該值的坡度，Step Offset(台階高度)爲角色可走上的最高台階高度，Skin Widch(皮膚厚度)可以決定兩個碰撞器可以互相穿透的程度，若此值過大則碰撞器會產生顫抖，若此值過小則會使得角色卡住，理想的皮膚厚度設置爲碰撞體半徑(Radius)的10%，Min Move Distance(最小移動距離)爲當角色的移動距離小於該值，則角色不會移動，這是爲了防止角色產生顫抖，但大部分情況下此值爲0。

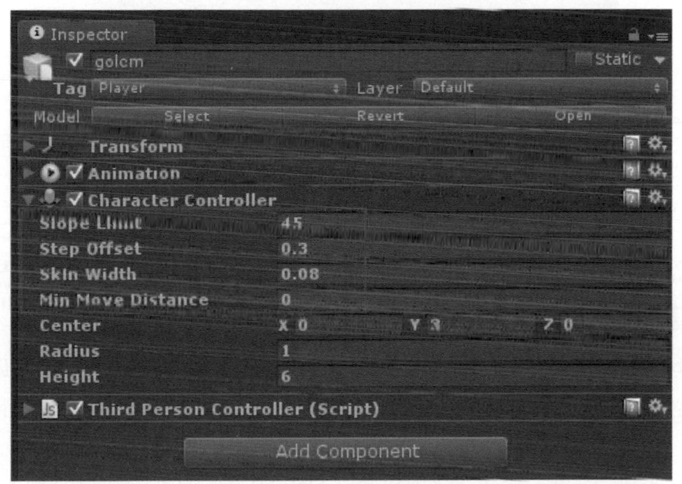

接著是膠囊體也擁有的一些選項，Center(中心)爲膠囊體的中心位置，在大部分情況下，我們會將膠囊體的中心剛好放在角色的中心，在這裡我們爲了要讓膠囊體包覆身體，所以設置Y值爲3，Radius(半徑)爲膠囊體的半徑，Height(高度)爲膠囊體的高度。

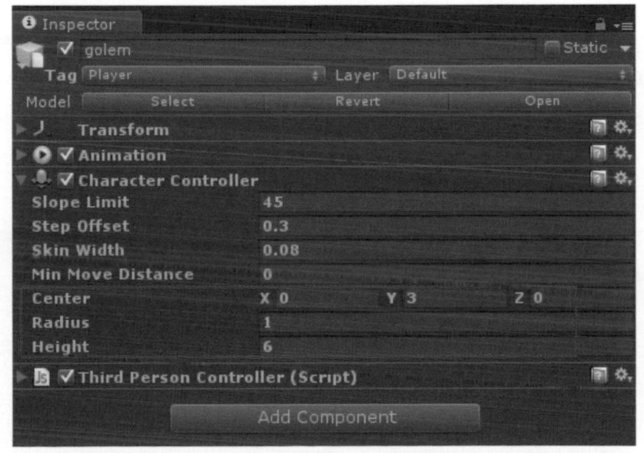

設置完成後可以看到膠囊體剛好包覆模型。

關於ThirdPersonController腳本元件，此腳本可以控制角色的移動及動作切換，但腳本只提供我們只能執行四個基本動作，分別爲Idle Animation(待機動畫)、Walk Animation (走路動畫)、Run Animation (跑步動畫)、Jump Animation (跳躍動畫)，這四個基本動畫，若想要增加其他的動畫，須自行撰寫腳本，或直接修改此腳本。

接著我們分別將模型本身自帶的動畫套用到腳本上，首先點選Idle Animation(待機動畫)，後面的圓圈，如下圖所示。

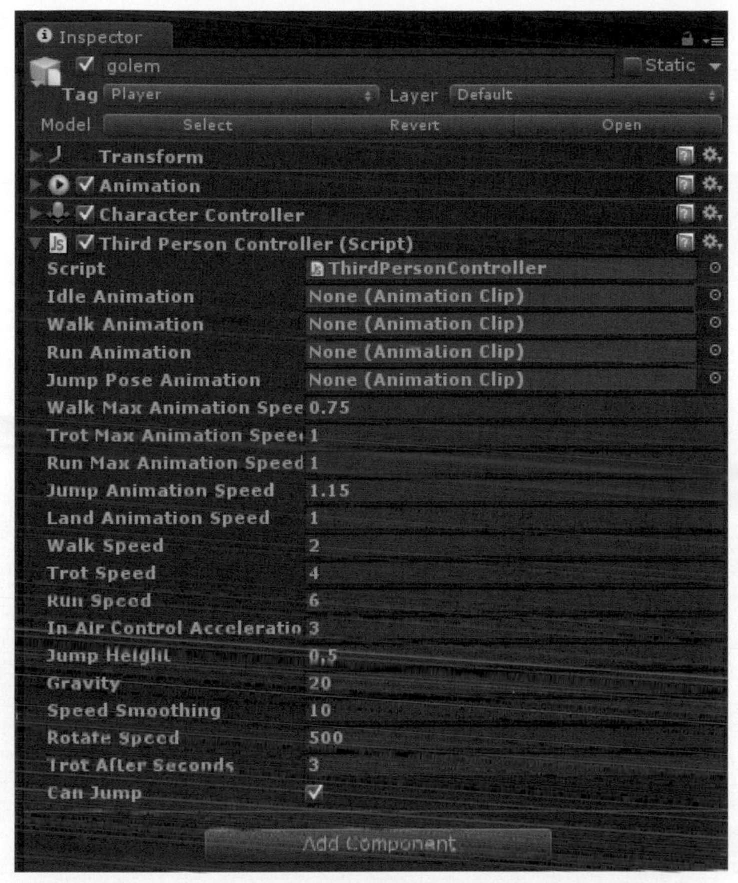

會跳出一個Select AnimationClip視窗，此時我們尋找idle待機動畫，會發現idle動畫片段可能不只一個，這是因爲我們的資料夾裡可能不只有一個角色模型，而每個模型都擁有idle動畫片段，而我們需要的是Maze element Ice Golem所擁有的待機動畫，所以可以看到最下方，若我們選取的idle動畫原始檔名稱爲golem.FBX，則此動畫片段示我們所需要的，如下圖所示。

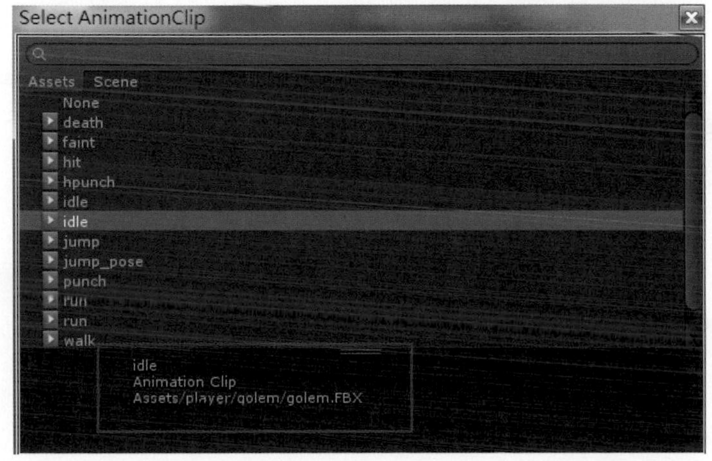

除了Idle Animation(待機動畫)以外，Walk Animation(走路動畫)、Run Animation(跑步動畫)、Jump Pose Animation(跳躍動畫)，也都需要做此設定，如下圖所示。

按下執行後，就可以以方向鍵控制角色行走了，在行走時按下Shift鍵則可以切換到跑步動畫，按下空白鍵則可以執行跳躍動畫。

若我們想讓角色移動更爲準確，或是調整爲我們理想的樣子，則可以回到ThirdPersonController腳本元件修改底下的選項，共有14個項目，分別爲walkMaxAnimationSpeed(走路動畫最大速度)、trotMaxAnimationSpeed(慢跑動畫最大速度)、runMaxAnimationSpeed(跑步動畫最大速度)、jumpAnimationSpeed(跳躍動畫最大速度)、landAnimationSpeed(著地動畫最大速度)、walkSpeed(走路速度)、trotSpeed(慢跑速度)、runSpeed(跑步速度)、inAirControlAcceleration(滯空加速度)、jumpHeight(跳躍高度)、gravity(重力)、speedSmoothing(速度平滑度)、rotateSpeed(旋轉速度)、trotAfterSeconds(切換跑步速度)。

當角色在場景中按下空白鍵，我們可以執行跳躍動作，但我們會發現角色跳躍的動作並不明顯，這是因爲腳本預設的跳躍高度對於此模型來說過於低了，所以我們可以透過修改跳躍高度數値，進而達到我們想要的跳躍效果。

點擊場景上的角色，並看到ThirdPersonController腳本元件，當中有個Jump Height參數，預設爲0.5，爲了讓效果看起來更明顯，我們將此值設爲1.5，並執行遊戲看看兩者的差異。

Jump Height=1　　　　Jump Height=1.5

除了跳躍高度之外，腳本參數還可以調整走路跑步速度、動畫播放速度、旋轉速度…等，大家可以試著調整出最適合各個模型的數値，達到最佳的移動效果。

範例實作與詳細解說

- **步驟一：**從Asset Store下載並匯入模型。
- **步驟二：**將模型拖拉至場景並檢查動畫設定。
- **步驟三：**將內建腳本套用至角色身上。

步驟一、從Asset Store下載並匯入模型

開啓本範例練習檔專案，裡面擁有一個名爲Scene的預設場景，或是可以直接利用前範例所製做出的場景。

接著我們進入系統選單Window之中的Asset Store，或是可以直接使用快捷鍵Ctrl+9來開啓Asset Store。開啓後搜尋我們在範例裡需要用到的模型，名稱爲Max Adventure Model。

Max Adventure Model

打開Red Samurai頁面後，點擊Import將其匯入Unity中。

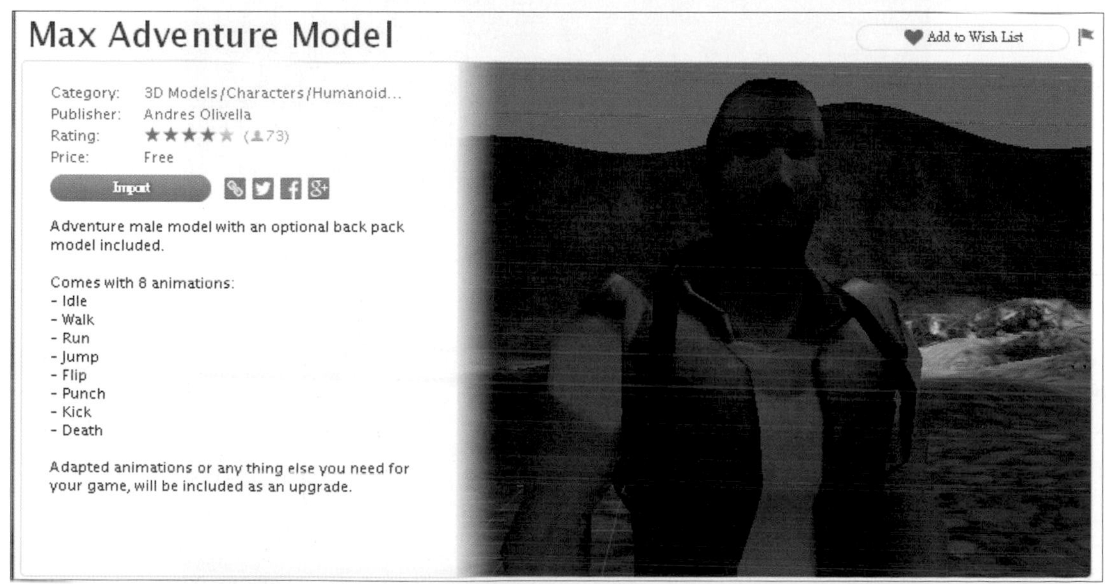

出現Importing package視窗再次點擊Import匯入，如下圖所示。

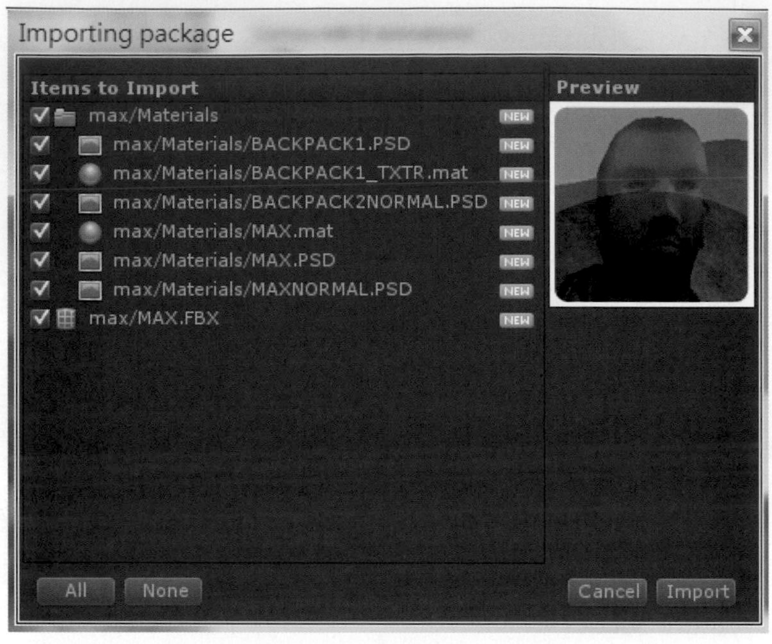

可以在Project視窗中，找到剛剛下載的max資料夾，並可以尋找資料夾名爲MAX的人物模型，如下圖所示。

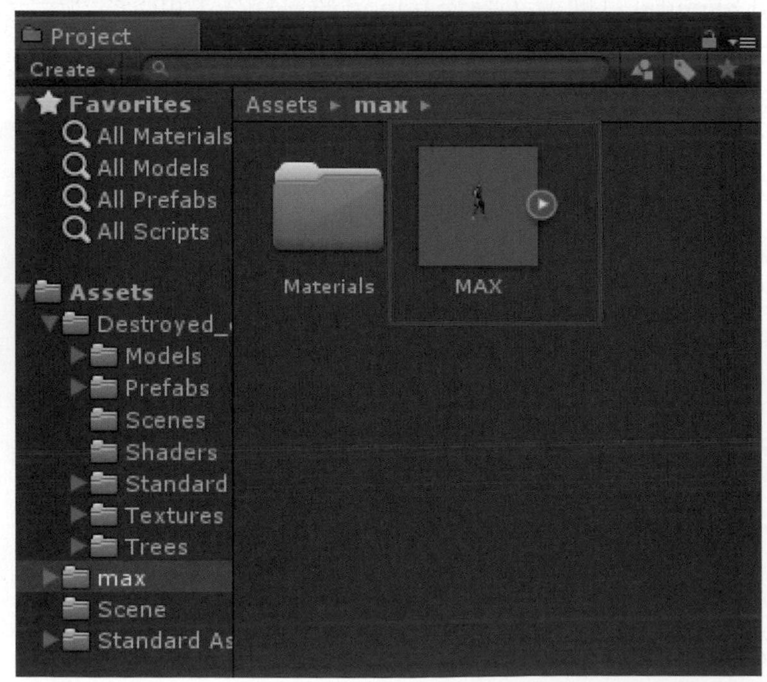

步驟二、將模型拖拉至場景並檢查動畫設定

點擊模型，並在Inspector視窗中點擊Rig選項，確認模型的動畫型態為Legacy，並將模型拖拉至場景中。

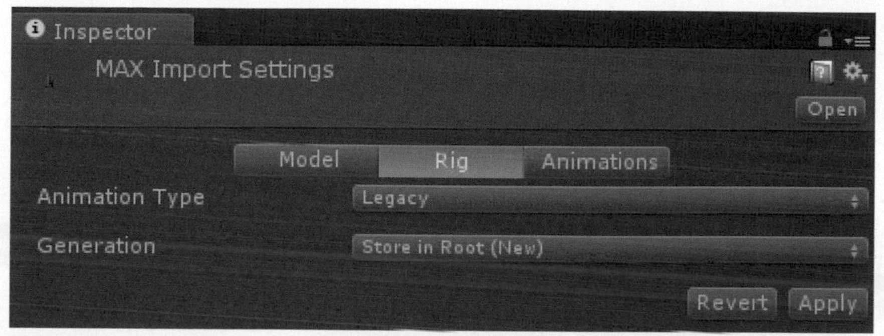

這時會發現人物模型太小，可以點擊Project視窗中名為MAX的人物模型，將Inspector視窗中的Scale Factor設定為0.03，並按下底下的Apply，如下圖所示。

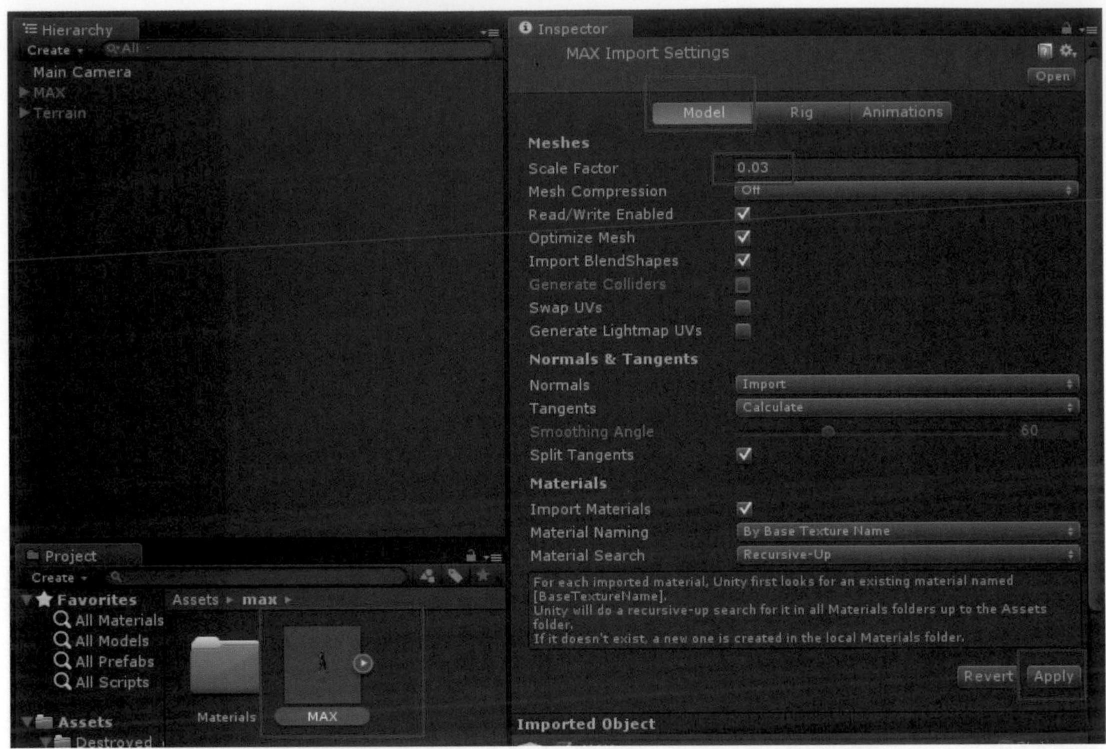

接著我們點擊模型，並觀察到模型的Animation元件的Animations子項目，發現此模型擁有8個動畫，分別是idle(待機)、walk(走路)、run(跑步)、jump(跳躍)、flip(翻轉)、punch(衝)、kick(踢)、death(死亡)且都已經設置完成了，所以我們不需要再更改此元件。

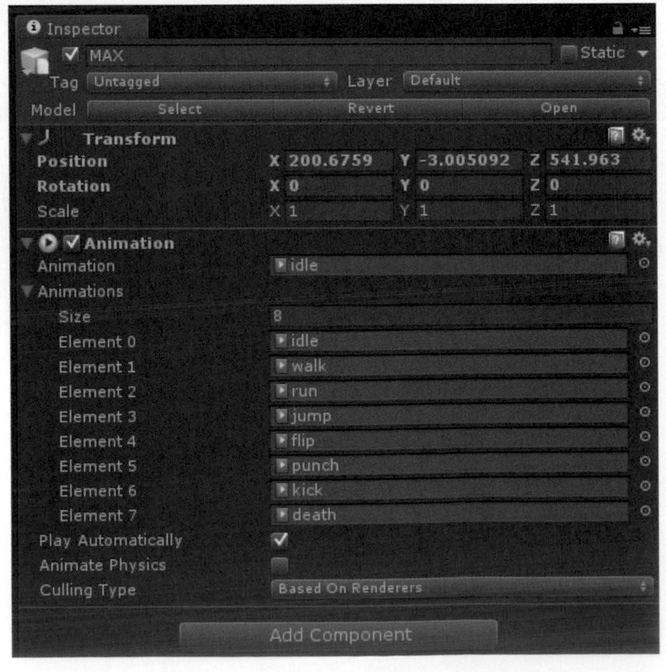

步驟三、將內建腳本套用至角色身上

接著我們需要使用Unity內建的第三人稱控制器，並使用控制器當中的腳本，使角色可以在我們的操控之下播放動畫，並在場景上執行移動動作，在系統選單選擇Assets的Import Package，尋找Character Controller選項並點擊，如下圖所示。

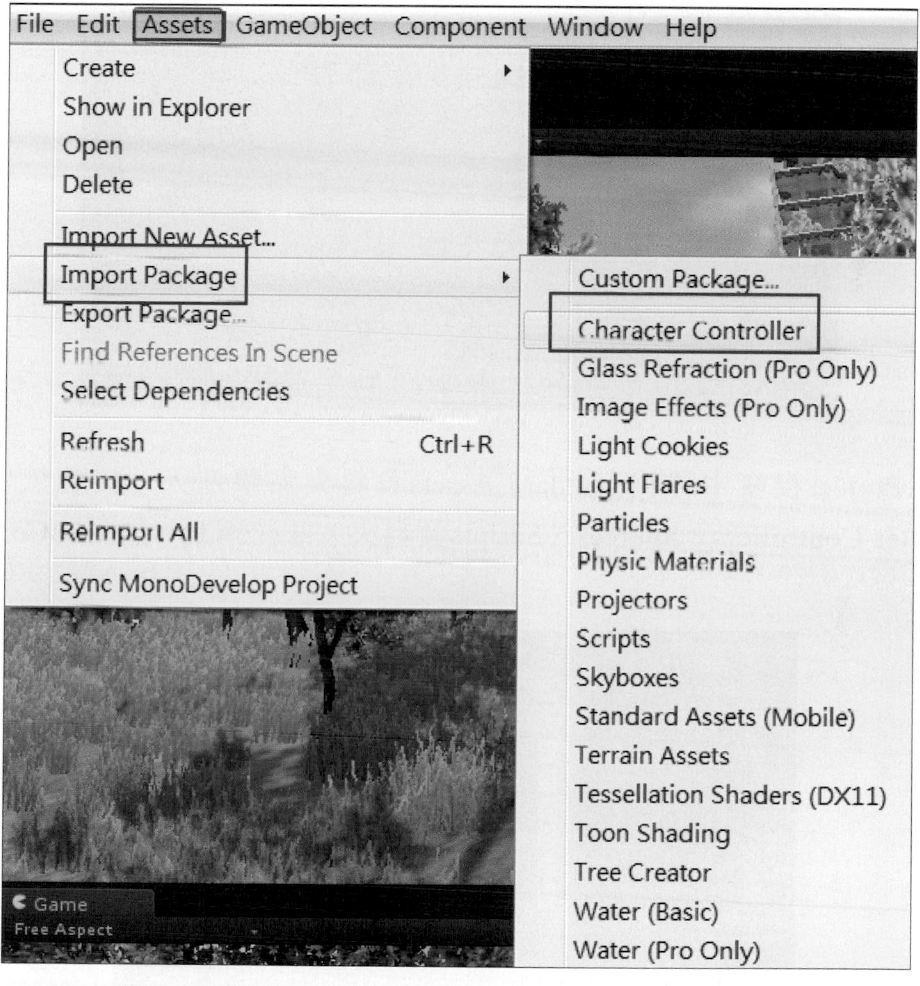

接著會跳出Importing package視窗，選擇Import匯入資源包，如下圖所示。

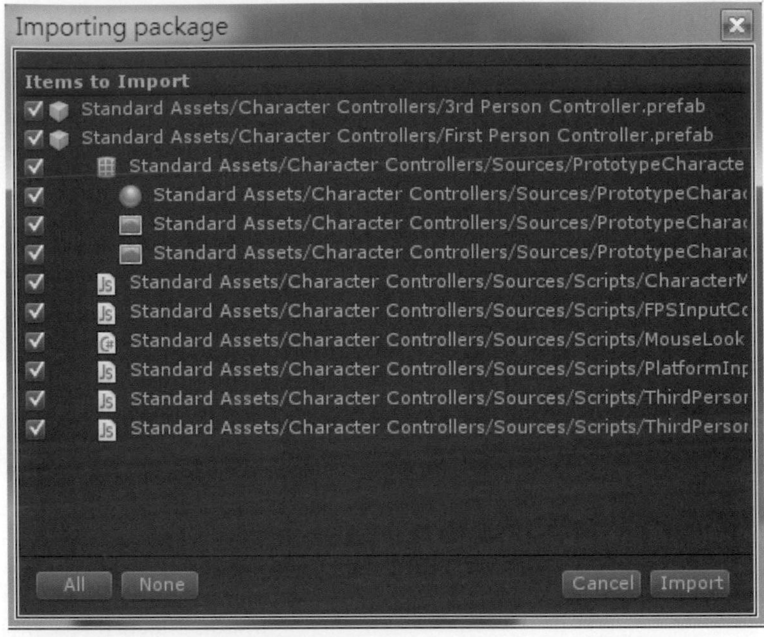

在Project視窗中尋找Standard Assets資料夾點擊進入，接著依序進入Character Controllers、Sources、Scripts資料夾，並找到ThirdPersonController腳本。

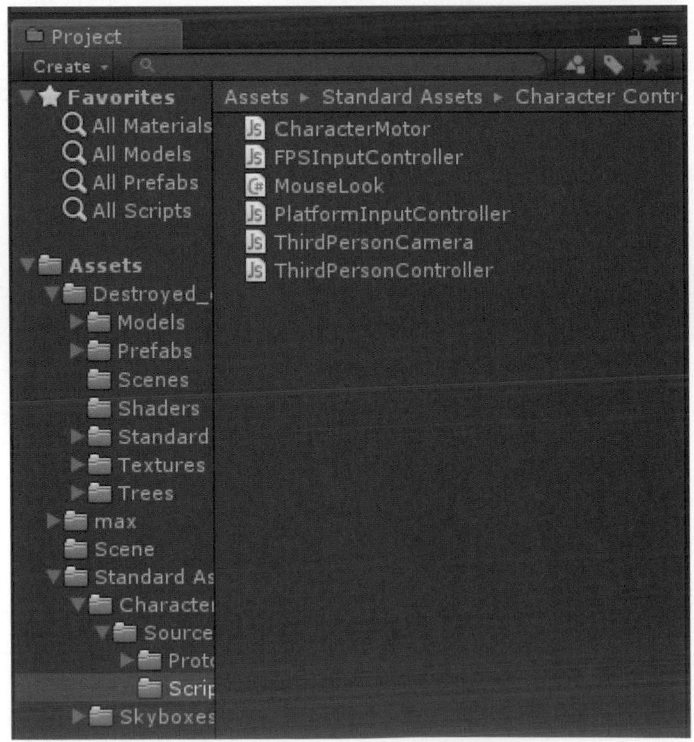

我們可以將此腳本拖拉加至Hierarchy視窗中的角色模型中，切記不要把腳本直接拖到Scene的人物模型上，這樣可能會發生腳本加至模型子物件的情形，在之後的設定也會出錯。

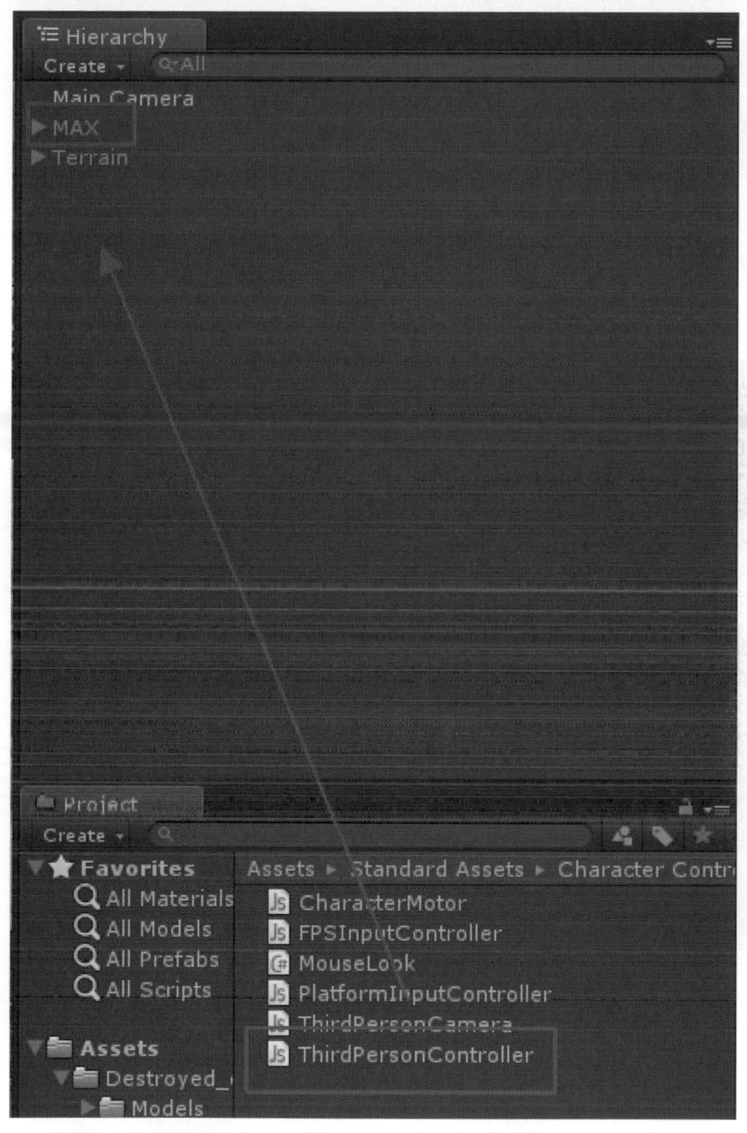

接著點擊模型，並看到在Inspector視窗裡，系統爲我們新增了兩個元件，一個爲Character Controller角色控制器元件，另一個新增的元件爲ThirdPersonController腳本元件。

修改Character Controller角色控制器元件的膠囊體中心Y值爲1，Radius爲1，Height爲6，如下圖所示。

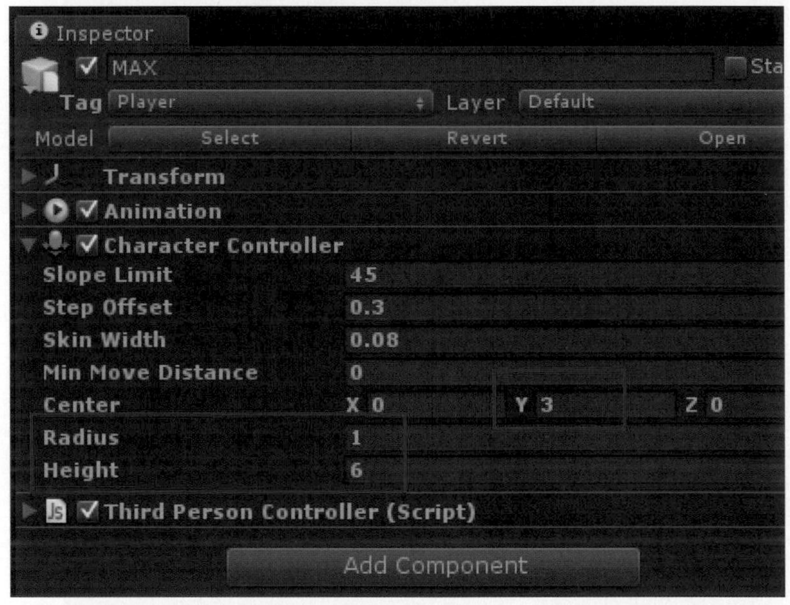

觀察場景上的模型，可以發現膠囊體剛好處於角色的中心，並且包覆著整個模型。

在ThirdPersonController第三人稱控制器腳本裡，點選Idle Animation(待機動畫)，後面的圓圈，如下圖所示。會跳出一個Select AnimationClip視窗，尋找名為MAX.FBX的idle待機動畫，如下圖所示。

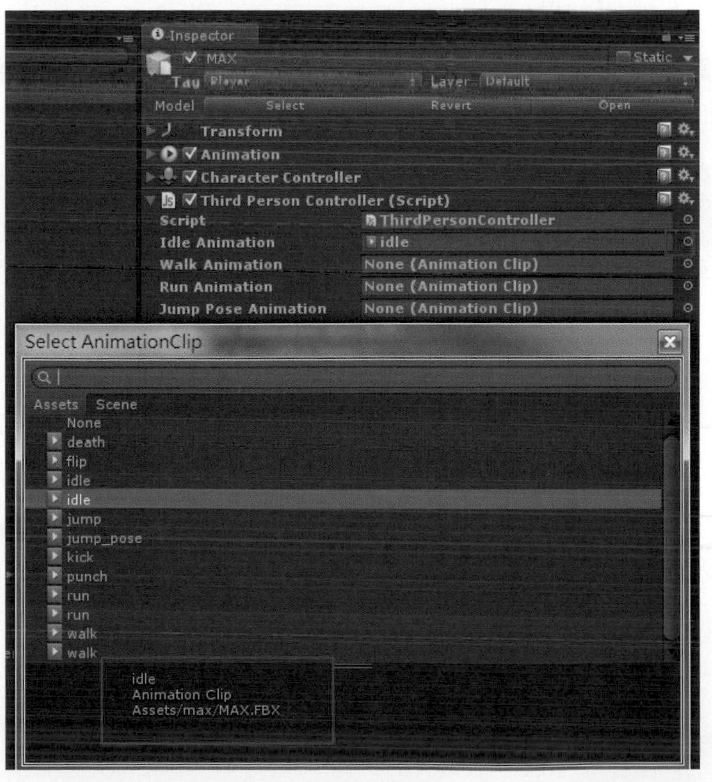

分別放入walk、run以及jump的動畫，更改底下的參數，Run Max Animation Speed為1.5、Jump Animation Speed為1.5、Walk Speed為8、Run Speed為16、Jump Height為1.5，如右圖所示。

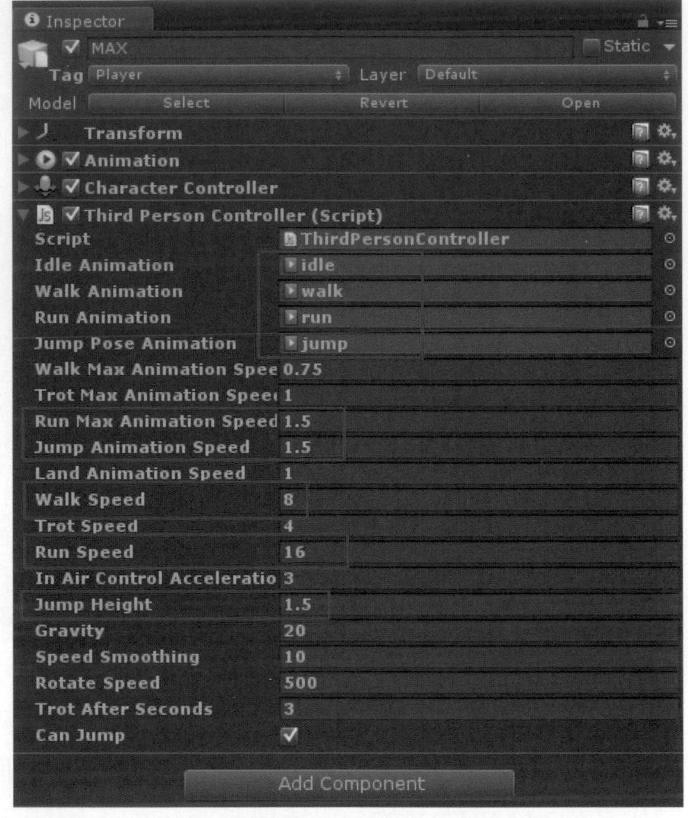

設置好第三人稱控制器腳本後按下執行遊戲，隨意按下方向鍵，我們的角色就可以自由移動了，在走路狀態下按下Shift，角色即可切換到跑步狀態，按下空白鍵角色則會執行跳躍動作。

在執行遊戲時，因爲我們鏡頭是固定的，但是角色會隨意移動，非常輕易的就會跑出鏡頭外，所以我們在這裡可以爲角色增加鏡頭的跟隨效果，在Unity中也提供了內建的腳本，我們不需要重新撰寫。

打開剛剛放置ThirdPersonController腳本的Scripts資料夾，資料夾裡有個名爲ThirdPersonCamera的腳本，我們講此腳本拖拉至角色模型中。

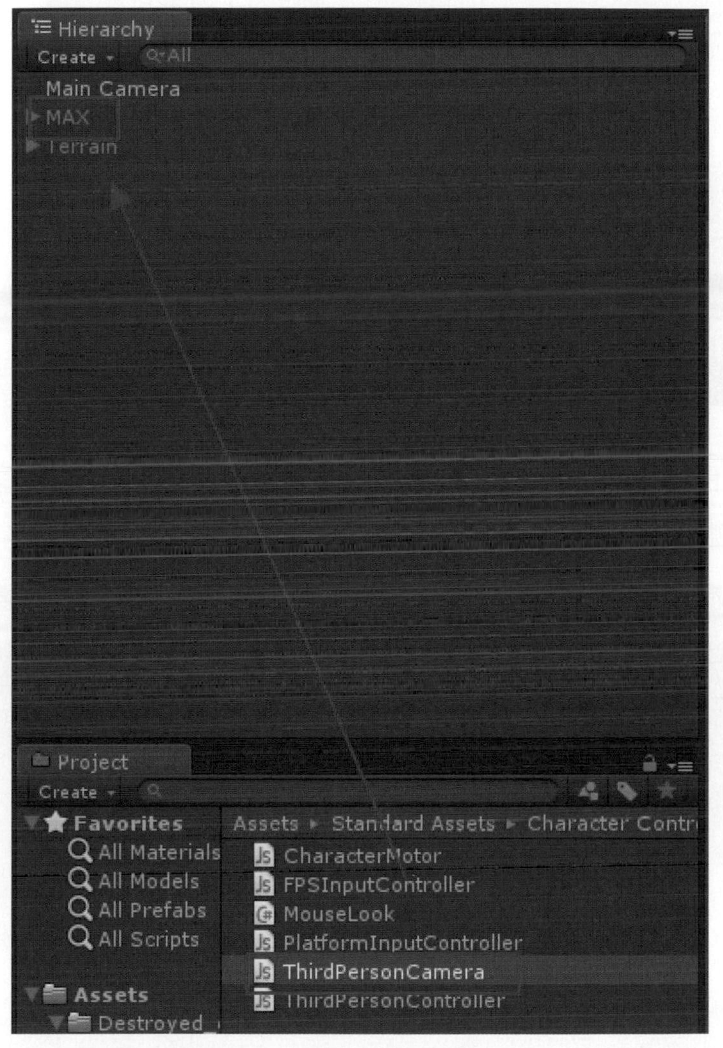

點擊角色，並看到ThirdPersonCamera腳本元件，此腳本也有一些相關參數可修改，我們將Distance參數，也就是鏡頭與角色的距離調整爲11.5，將Height參數，鏡頭高於角色模型的數値調整爲3，接著調整Angular Max Speed參數，此參數爲鏡頭旋轉的最大速度，將數値改爲150，讓角色在旋轉時，鏡頭能以比較快的速度跟隨到角色，而不會一直讓角色維持在不好操控的角度，如下圖所示。

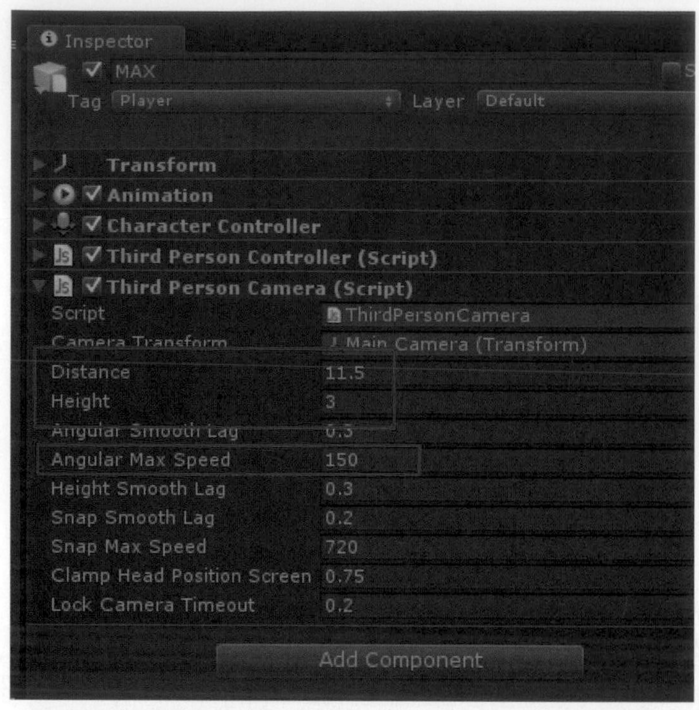

設定好ThirdPersonCamera腳本後，按下測試遊戲後，即可看到攝影機非常順暢地跟隨著角色，如下圖所示。

09

Mecanim動畫系統

作品簡介

在上一個範例裡提到了動畫系統的應用，但該動畫系統使用的前提為模型必須擁有預設的動畫，這讓我們在製作遊戲時受了許多限制，例如：使用建模軟體為擁有的模型製作動畫，若是技術尚不純熟，模型的動作也會顯得不流暢，又或者，使用Unity的Asset Store資源商店上下載的模型，此時，我們必須要尋找擁有動畫的模型，而該模型的動畫又不一定是我們需要的，例如：只有簡單的待機走路動畫，而我們卻必須要用到攻擊動畫，或是我們喜歡的模型，卻沒有擁有動畫，這些原因都會使我們在製作遊戲時無法順利的作出我們想要的畫面。

Unity在4.0版本時，推出了Mecanim動畫系統，此動畫系統讓動畫製作更為豐富與明確，對於人形模型也提供了更簡單的工作流程。Mecanim動畫系統提供了Retarget功能，此功能可以讓我們從大量的動作片段選擇動畫，並快速的套用至角色模型身上，不需要使用角色本身自帶的動畫，任何人形角色皆可套用，我們也可以將角色本身的動畫匯入至Unity中形成獨立的動作片段，或是從Asset Store下載動畫使動作片段資源更為豐富。

Mecanim動畫系統提供了另一個強大的功能，名為動畫控制器，此功能可以導入多個動作片段，並產生循環與相互切換，也可以擷取動作的運動軌跡，使角色模型沿動作方向移動，不需要再額外施加力量移動角色，動畫控制器可以輕易達成動畫混和的效果，我們可以使用少數的動作片段就產生非常多樣的動作，並可以直接在

動畫控制器裡預覽混合後的效果，下表可看到Mecanim動畫系統與Legacy(傳統)動畫系統的差別。

Mecanim動畫系統 V.S. Legacy(傳統)動畫系統

	Mecanim動畫系統	Legacy(傳統)動畫系統
事前準備	少(只需要骨架模型)	多(需骨架模型與動作動畫)
動作的狀態動畫結構	有(以圖形化介面設定動畫間的關聯)	無(需以腳本設定動畫間的關聯)
新增動作	可(直接匯入動作片段)	不可(需使用外部建模軟體增加)
動畫多樣性	多(可使用任一模型動畫)	少(只能使用自帶動畫)
動作混合	簡單(自動混合，且可調整)	複雜(使用腳本撰寫)

在這個範例裡，我們將學習Mecanim動畫系統，讓任何一個有骨架的角色模型產生動畫，並可流暢的於各個動畫間切換，且可根據我們所下達的指令產生對應的動作，在場景中自由移動。

學習重點

- 重點一：對人形骨架模型建立Avatar物件。
- 重點二：建立角色模型的狀態動畫。
- 重點三：角色模型狀態動畫的切換控制。

重點一 對人形骨架模型建立Avatar物件

在這章節的範例裡，我們會為沒有動畫的人物模型添加動畫，而任何一個人物模型在套用動畫之前，必須將模型的骨架綁定，並產生Avatar物件，使人物模型可以經由Avatar產生動作。

開啓Asset Store並搜尋關鍵字Zombie Character Pack，將此模型下載並匯入Unity裡。

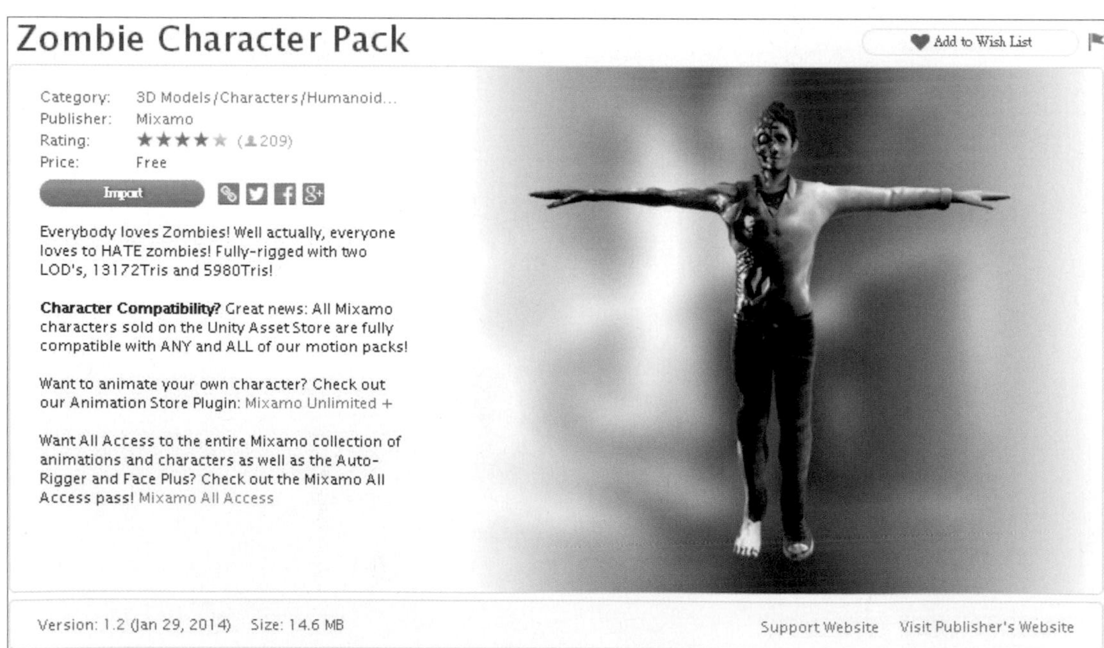

從網路上下載人物模型之後，點擊模型後看到Inspector視窗，並選擇Rig選項，可看到Animation Type選項為Legacy，此選項為傳統動畫系統，也就是我們上一範例所製作的動畫系統，如下圖所示。

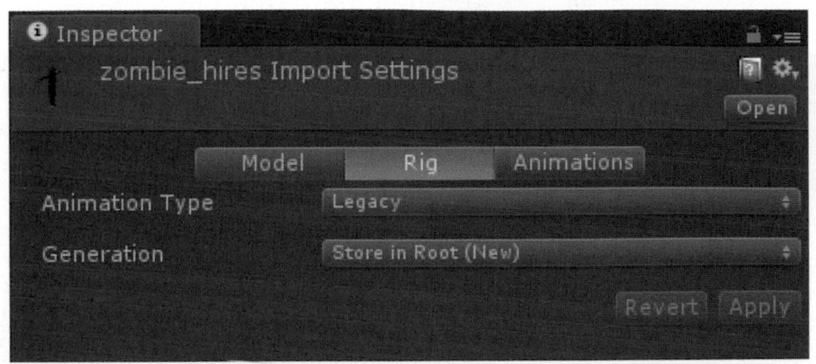

由於我們將使用Mecanim動畫系統來為模型加入動畫，所以將Animation Type選項選為Humanoid，此選項為Mecanim動畫系統的人形動畫專用選項，如下圖所示。

在兩個選項下面出現了一行提示，The avatar can be configured after settings have been applied，意思就是在按下Apply鍵後，會自動產生Avatar物件，按下後提示文字會消失，而Configure按鈕會轉變為可選擇，如下圖所示。

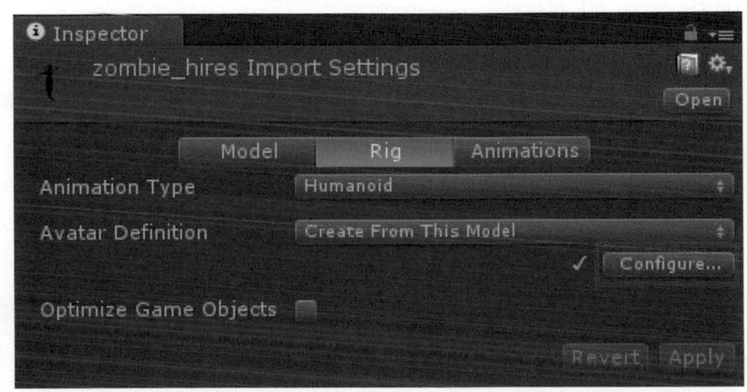

Configure按鈕前方的打勾符號表示此人物模型骨架已經綁定完成並產生Avatar物件，此時就可以直接此用此人物模型了。若是Configure按鈕前方顯示叉叉，則代表Avatar物件沒有得到正確的設置，我們需要修正Avatar物件，如下圖所示。

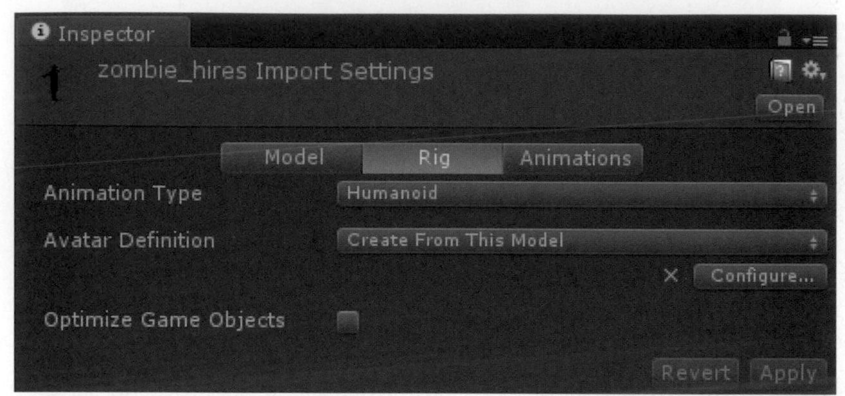

若要修正錯誤的骨架配置，要先了解Avatar面板的功能配置，才能將正確的骨架對應名稱綁在模型身上，所以，接著會來了解Avatar面板的內容，點擊Configure按鈕，將會進入到另一個場景設定骨架，此時會跳出視窗詢問是否儲存目前場景，請點擊Save，如下圖所示。

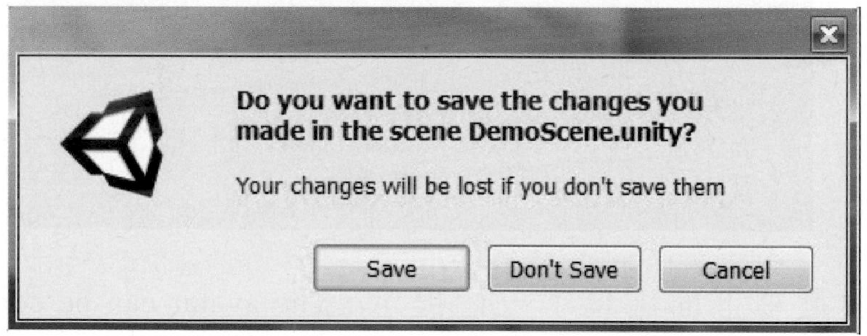

場景跳轉到Avatar設置面板，此面板將顯示出所有關節骨架訊息，及提供關節調整與修復指令，如下圖所示。

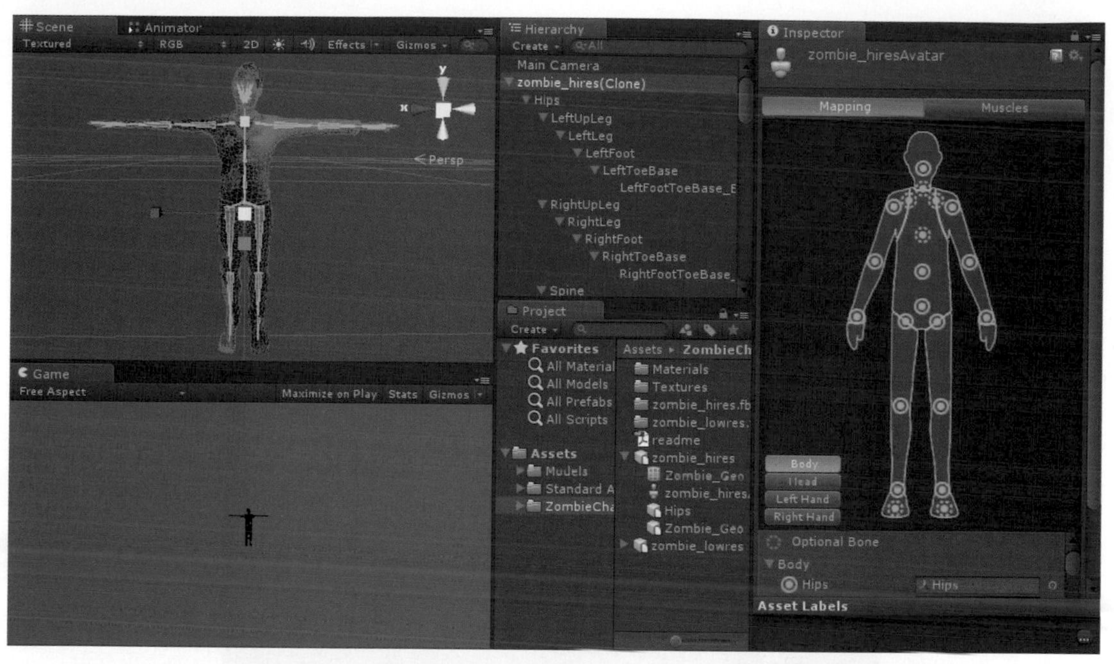

在畫面左上方的Scene視窗是由遊戲場景切換爲顯示角色關節骨架的場景。

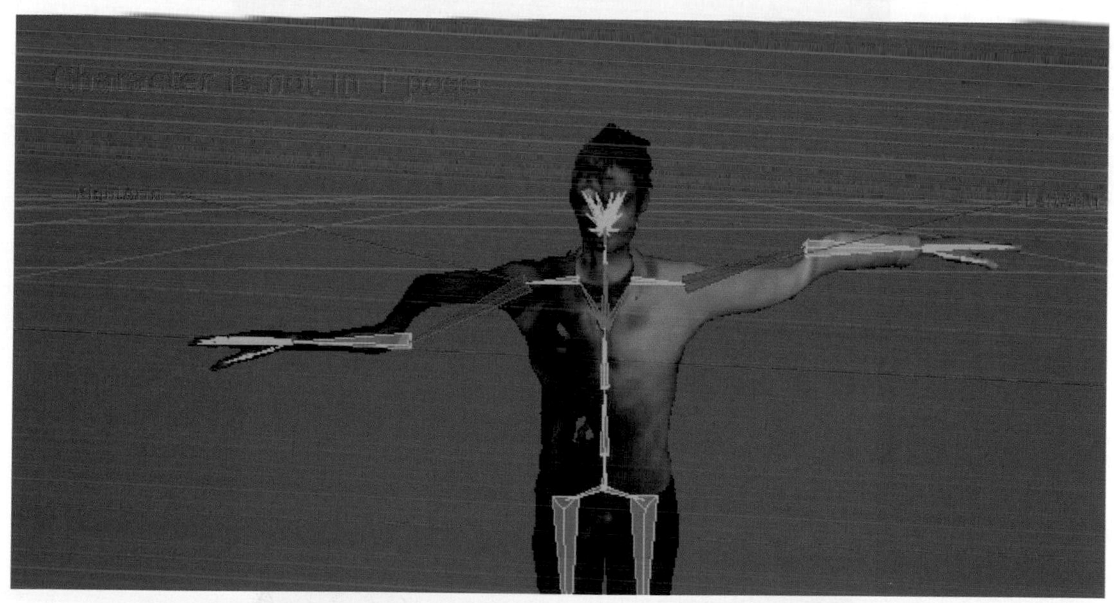

此面板可以看到角色所有的骨架配置，原本Scene面板所擁有的功能，如移動、旋轉、縮放及攝影機移動工具也依然適用，所以我們可以調整攝影機位置，細部觀察每一關節是否設置於正確位置，若連結位置正確將顯示爲綠色，連結位置錯誤將顯示爲紅色。

在畫面中間上方爲Hierarchy視窗，此視窗與一般使用場景時的相同，顯示出此場景裡的物件資訊，此處顯示出此模型每個關節及骨架資訊，我們可以明顯看出關節及骨架的階層關係，如下圖所示。

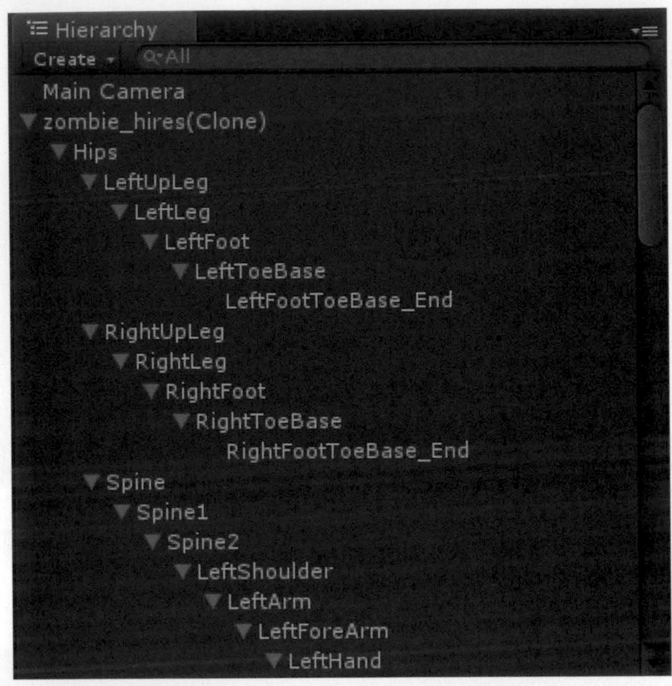

在畫面右方的Inspector視窗分爲Mapping及Muscles兩個選項，在Mapping選項時，分爲骨架配置面板及骨架名稱對應面板，上方爲骨架配置面板，如下圖所示。

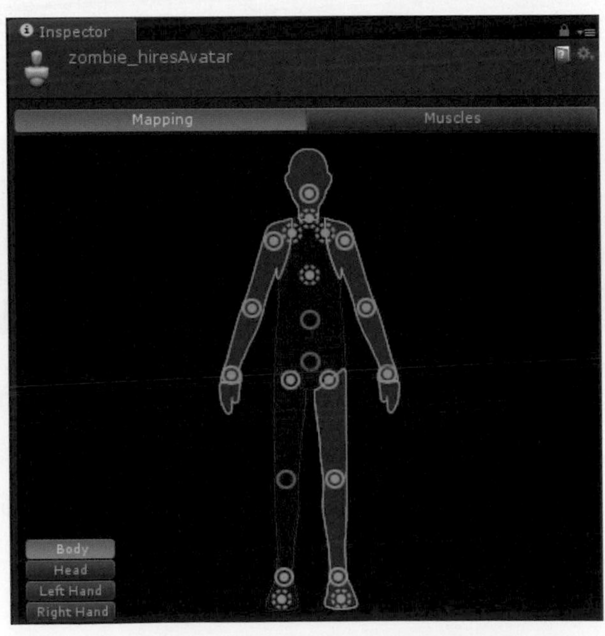

此面板顯示了角色模型所需要配置的骨架，其中，實線圓圈為必須配置的骨架，若無正確配置則無法製作出正確的Avatar物件，虛線圓圈為可選擇配置的骨架，若無配置Avatar物件依然可以使用，但若某動作片段有使用到該段骨架，則無法細膩的表現出該動作。若圓圈內為實心並顯示為綠色，則代表該段骨架配置成功，若圓圈內為實心並顯示為紅色，則代表該段骨架配置錯誤或重複配置，若圓圈內為空心並顯示為灰色，則代表該段骨架並無配置。

在骨架配置面板的左下方有四個選項，分別為角色的身體、頭部、左手、右手的細部骨架，若有實線圓圈的部分，我們務必將該骨架正確配置，如下圖所示。

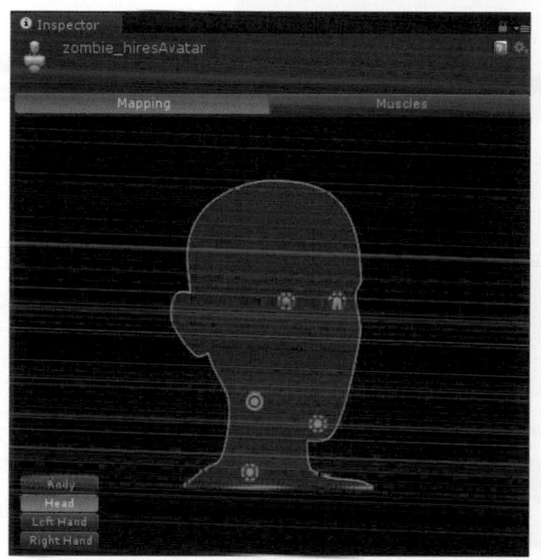

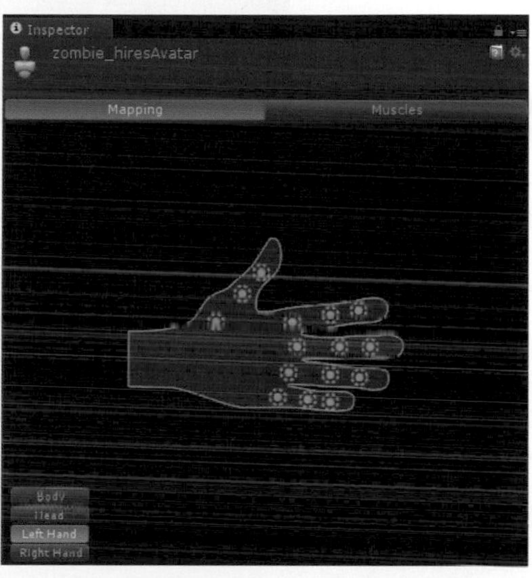

Inspector視窗在選擇Mapping選項時，下方是角色骨架名稱對應面板，顯示Avatar的各個骨架所對應的角色模型骨架，如下圖所示。

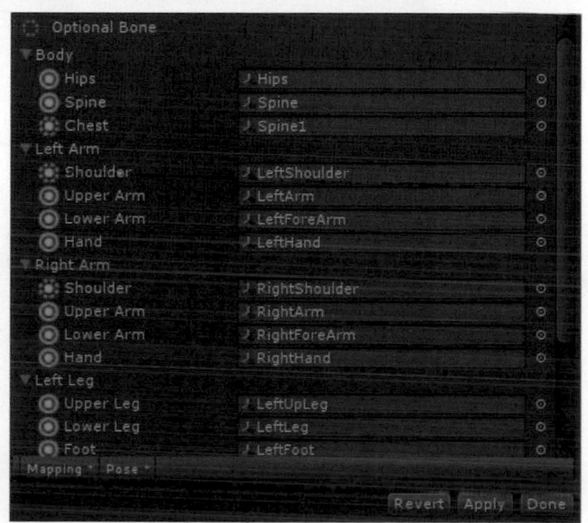

此面板的最上方顯示了系統提示，若骨架圖示爲虛線圓圈，則該骨架爲Optional Bone(可選擇骨架)，與上方面板相同，若圓圈內爲實心並顯示爲綠色，則代表該段骨架配置成功，若圓圈內爲實心並顯示爲紅色，則代表該段骨架配置錯誤或重複配置，此外該骨架下方會有紅色的錯誤提示文字，幫助我們修正問題，若圓圈內爲空心並顯示爲灰色，則代表該段骨架並無配置，當我們使用外部建模軟體製作模型時，爲了讓骨架配置快速且正確，我們應該盡量使用正確的部位名稱爲骨架命名，如脊椎命名爲Spine、右上臂命名爲RightArm，我們可以通過點擊每個骨架選項後面的圓圈，爲Avatar選取正確對應的骨架，如下圖所示。

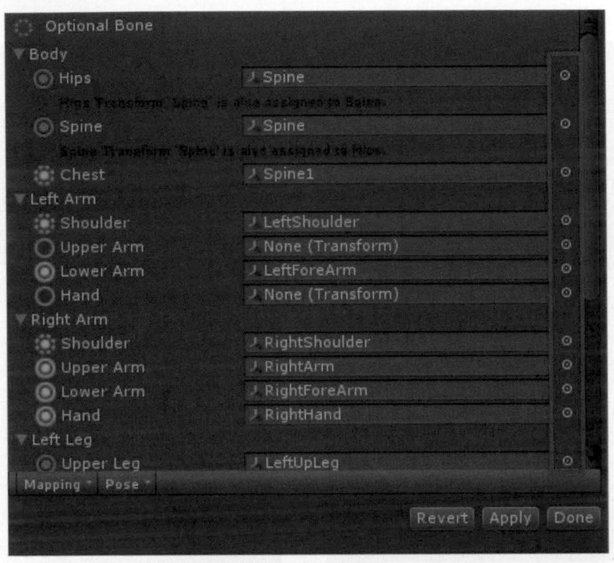

點擊骨架選項後方的圓圈後，將會跳出一個Select Transform選　項，雙擊選項爲Avatar選取正確對應的骨架，如右圖所示。

接著我們來分別介紹骨架名稱對應面板左下角的兩個選項，Mapping與Pose，如下圖所示。

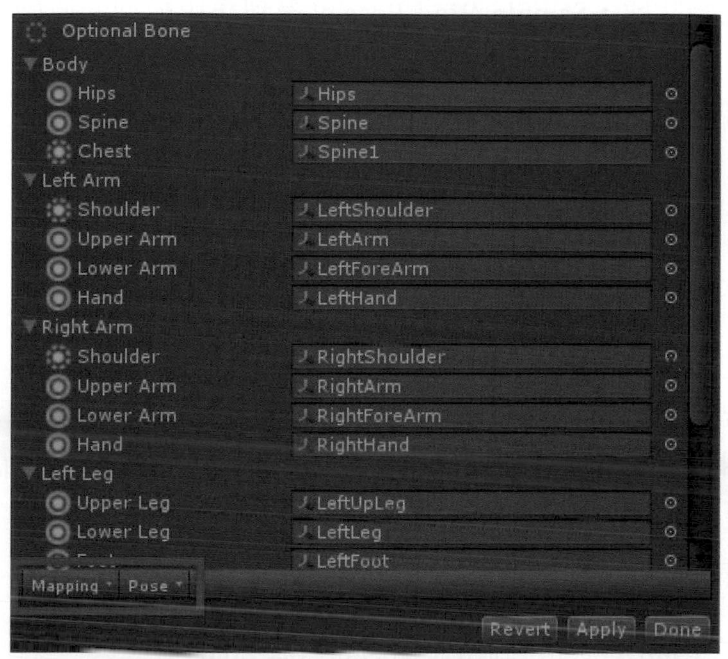

關於Mapping選項裡包含了四個子選項Clear、Automap、Load、Save，Clear可清除所有已對應完成的骨架，使模型呈現完全無骨架對應狀態，Automap可自動將各骨架設置於對應位置，省去手動選擇骨架的過程，Save選項可將角色骨架對應資訊儲存成一個Human Template File(人形模板文件)，物件的副檔名爲.ht，Load選線則可以讀取此文件資訊，若我們製作多個模型並使用同樣的骨架配置，而且系統也無法順利自動配置骨架時，可讀入此文件，讓我們在製作時省去大量時間。

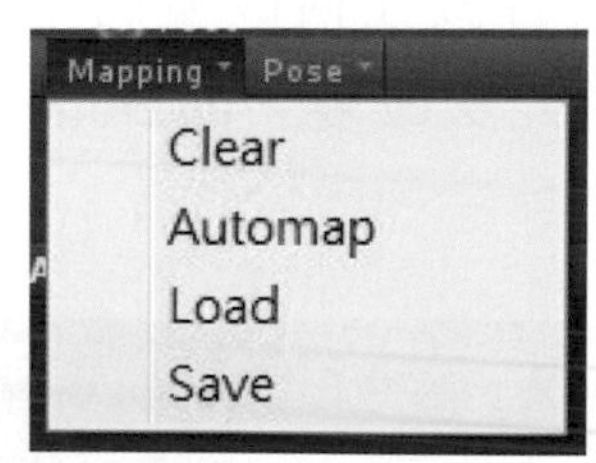

關於Pose裡包含了三個選項，Reset、Sample Bind-Pose、Enforce T-Pose，Reset選項可將角色所有骨架的移動、旋轉、縮放數值重置，讓角色回到模型最原始狀態，Sample Bind-Pose可得到角色模型的原始姿態，也就是讓此模型接近它原本的姿勢，EnforceT-Pose可讓模型強制轉為T-Pose，Avatar若要正確使用則需要將模型轉為T-Pose。

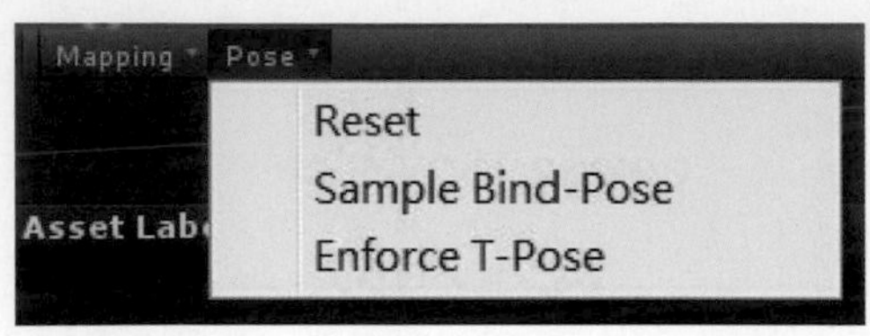

在Avatar設置面板的右方Inspector視窗中，設置好的人形骨架應該都是顯示綠色圓圈，若有紅色圓圈的出現，除了手動為該骨架選擇正確的對應骨架外，還可以使用自動設置骨架指令來修正骨架。

我們可以透過以下步驟來正確設置好模型的骨架：

1. 點擊Sample Bind-Pose(得到角色模型的原始姿態)。

2. 點擊Automap(自動將各骨架設置於對應位置)。

3. 點擊EnforceT-Pose(強制模型轉為T-Pose)

若在第二個Automap的步驟中，沒有自動將各骨架設置於對應位置，或是只有部分設置於對應位置，則我們則需要透過手動設置選擇骨架，讓Avatar面板中所有選項都顯示為綠色，再進行第三步驟，進而完成骨架的設置。

在Inspector視窗右下角有三個選項，分別是Revert、Apply、Done，Revert與Apply按鈕在有骨架有做任何改變時才可選擇，Revert可回到改變前的狀態，Apply則可以確認此次改變，而Done按鈕可確認所有改變並離開Avatar面板，如下圖所示。

在畫面右方的Inspector視窗分爲Mapping及Muscles兩個選項時，接著我們選擇Mapping選項，此選項可以使用Muscle(肌肉)來限制不同骨架的運動範圍，以及觀看骨架綁定成果，若是我們在剛剛的Mapping選項將Avatar設置完成，Mecanim則可根據他的骨架調整Muscles選項，如下圖所示。

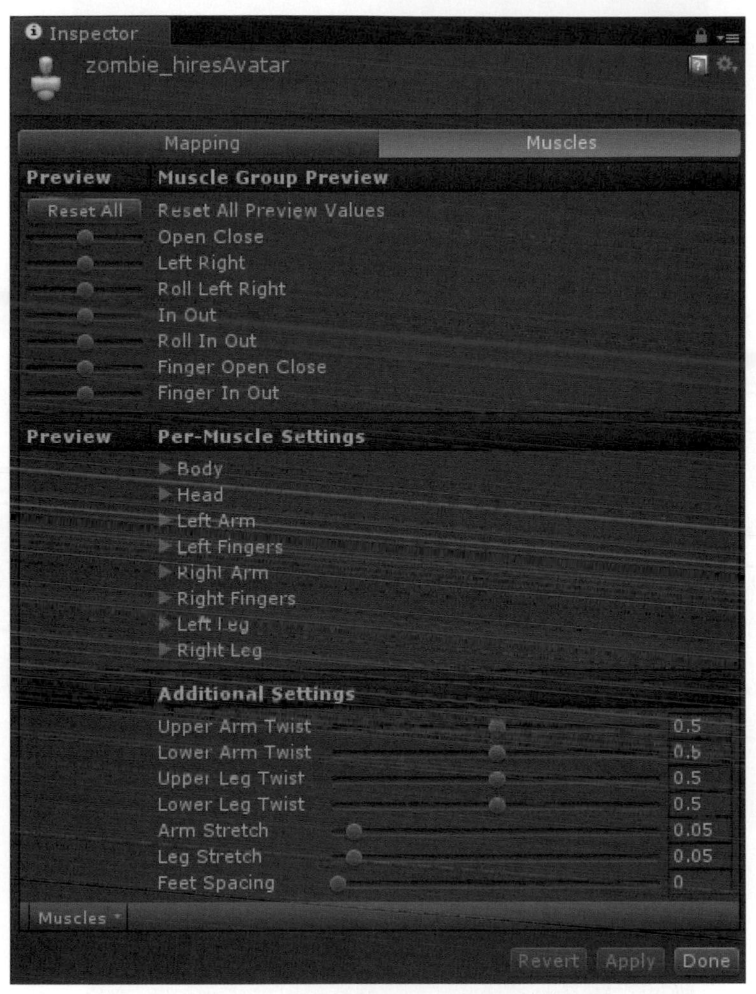

最上方爲Muscle Group Preview視窗，此視窗可藉由調整參數觀看身體各骨架關節的移動及旋轉，並可在Scene視窗觀看到移動旋轉的效果，選項包括身體的開合、扭動、旋轉，四肢的移動、旋轉，以及手指的開合與手腕的轉動，我們可隨意的調整數值，測試模型骨架姿勢可變動的最大值與最小值，如下圖所示。

Per-Muscle Setting視窗則可以細部調整每個部位可移動的距離，如身體、頭部、手臂、手指及腳，在每個部位裡又細分了多個關節，像是身體部位又分成了脊椎與胸部的前後左右及扭轉動作，每個關節我們都可以調整關節名稱前方拉條觀看關節的可運動範圍，若關節限制的運動範圍與我們需要的有落差，可以點擊關節名稱前的小三角形按鍵，就可看到此關節所限制的範圍，我們可以拉動角度限制的拉條改變最大限制範圍與最小限制範圍，如下圖所示。

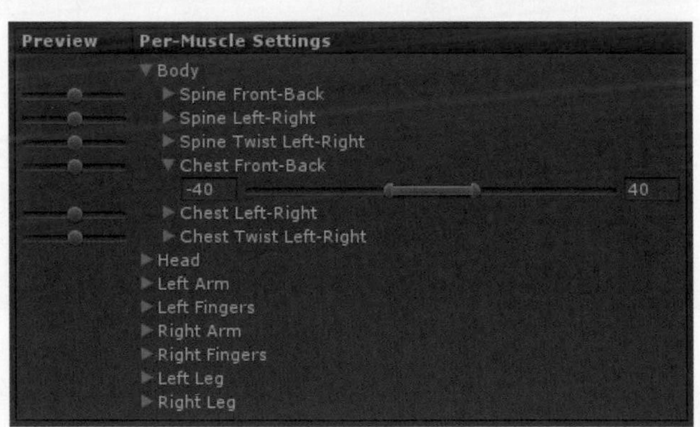

在調整關節時，也會在Scene視窗中看到此關節的可運動範圍以扇形呈現，顯示扇形的角度爲關節的可運動範圍，如下圖所示。

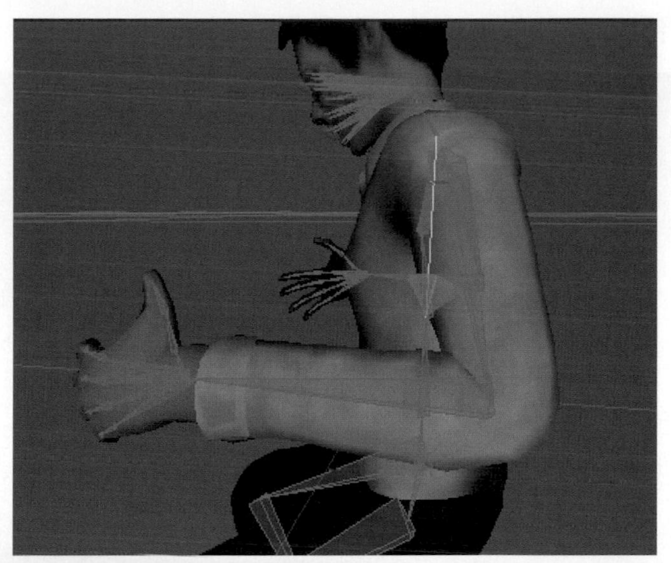

最下方的Additional Settings視窗也提供了一些附加功能，包括手臂與腳的扭動與伸展性等…，我們可以根據我們的需要做修改。

在修改完參數之後，muscles選項視窗右下方也依然擁有Revert、Apply、Done選項，我們記得按下Apply或是Done來確認參數的變化，若是更動了許多參數，想將參數改回預設值，又不想一個一個的更改已變動的參數，此時可以點擊視窗左下角的Muscles選項，其中的Reset選項，即可將所有參數改回預設值，如下圖所示。

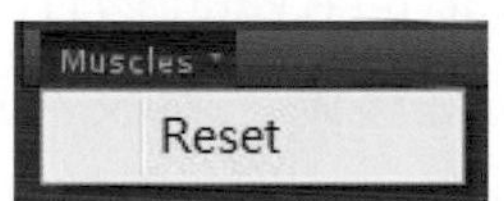

完成所有設定後，我們可以按下Done選項，離開Avatar面板，在模型的子物件內可以發現多了一個Avatar的子物件，如下圖所示。

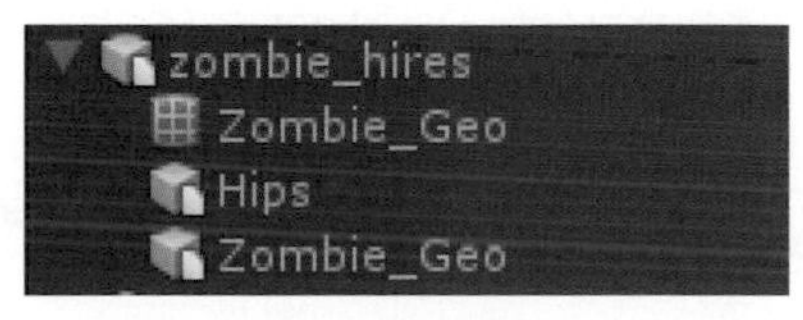

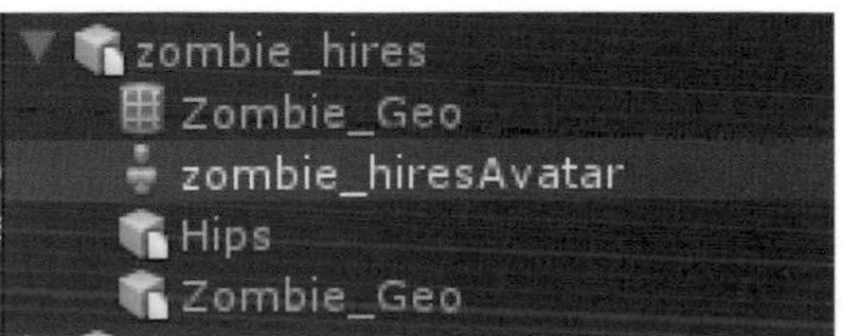

接著我們將製作好的模型拖拉至場景中。

點擊場景上的模型，並看到Inspector視窗，會發現模型預設有Animator元件，此元件的第一個參數Controller(動作控制器)爲此章節最重要的重點，將會在後面的重點詳細說明，Avatar參數由於我們剛才已經在模型中設置完成，所以會自動套用我們所設置的Avatar物件，Apply Root Motion參數是可以讓模型可以跟隨動畫的方向性移動，若沒勾選，則模型只會在原地播放動畫，不會有位移的效果，Animate Physics參數爲是否讓此模型是否擁有物理性質，最後一個Culling Mode參數，可以選擇我們的模型是否會一直播放動畫，選擇Based On Renderers選項時，當角色模型離開攝影機的視野範圍，則此角色模型會停止播放動畫，可以藉由此選項來節省我們遊戲運行時的資源，而此參數的另一個選項Always Animate則是永遠播放著動畫不停止，如下圖所示。

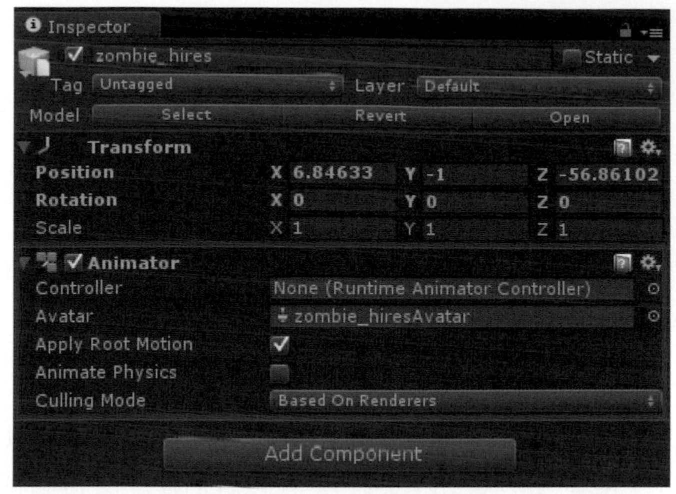

重點二 建立角色模型的狀態動畫

在每個遊戲中，角色模型一定會擁有許多的動畫，例如：會有輕微呼吸動作的待機動畫，讓角色移動的走路與跑步動畫，讓角色跳起的跳躍動畫…等。在舊版的動畫系統中，我們要使這些動畫切換與混和事件非常複雜的事情，需要撰寫許多的程式碼來達成此效果，而在Mecanim動畫系統中，提供了動畫控制器Animator Controller，動畫控制器使用了狀態動畫結構的概念，可讓我們在設定角色動畫的切換與控制時，省去繁瑣的程式碼，以更直覺的方式來達成。

角色模型的每一個動作如待機、走路、跑步、跳躍…等，都會稱之為一種狀態動畫，角色模型若想要從一個狀態動畫切換到另一個狀態動畫，則我們需要為各個狀態動畫之間限制條件，我們稱之為狀態切換條件，適當的狀態切換條件可達成許多動畫效果，如待機狀態動畫可以切換到跑步狀態動畫，但待機狀態動畫無法切換到跳躍狀態動畫，若我們想要執行跳躍狀態動畫，則需透過待機狀態動畫切換至跑步狀態動畫，再由跑步狀態動畫切換至跳躍狀態動畫，我們可以創造數個狀態動畫，並在各個狀態動畫之間給予合理的狀態切換條件，這樣就可以組成一個最簡單的狀態動畫結構了。

狀態動畫結構中的狀態動畫與狀態切換條件可以使用圖表來表示，將每個狀態動畫以方形表示，狀態切換條件則以箭頭表示，並在各個狀態動畫間加入需要切換狀態動畫的箭頭，如下圖所示。

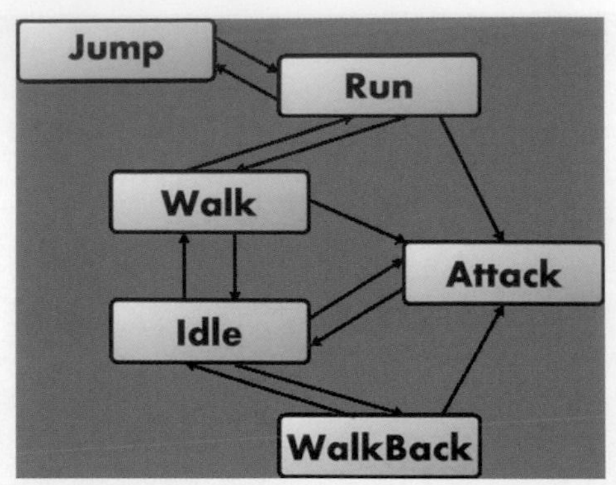

上圖可看到我們預設狀態動畫是Idle(待機)狀態動畫，可以此狀態動畫切換至Walk(走路)狀態動畫、WalkBack(後退)狀態動畫這兩個行走的狀態動畫，在Walk(走路)狀態動畫時，可以切換到Run(跑步)狀態動畫，而Jump(跳躍)狀態動畫只能在Run(跑步)狀態動畫時進行切換，並在播放結束時切換回Run(跑步)狀態動畫，最後除了Jump(跳躍)狀態動畫以外，其他每個狀態動畫都可以切換至Attack(攻擊)狀態動畫，並在攻擊完成時切換回Idle(待機)狀態動畫，這就是一個狀態動畫結構，使用狀態動畫結構圖表可以省去很多程式碼的撰寫，並可明顯看出狀態動畫結構本身的結構，讓設置出錯的機率大幅減少。

了解狀態動畫結構之後，我們開始爲人形模型來建立狀態動畫，狀態動畫的建立需要Animator Controller動畫控制器，首先創造一個動畫控制器，在Project視窗中的空白處點選右鍵，並選擇Create選項中的Animator Controller選項建立動畫控制器，如下圖所示。

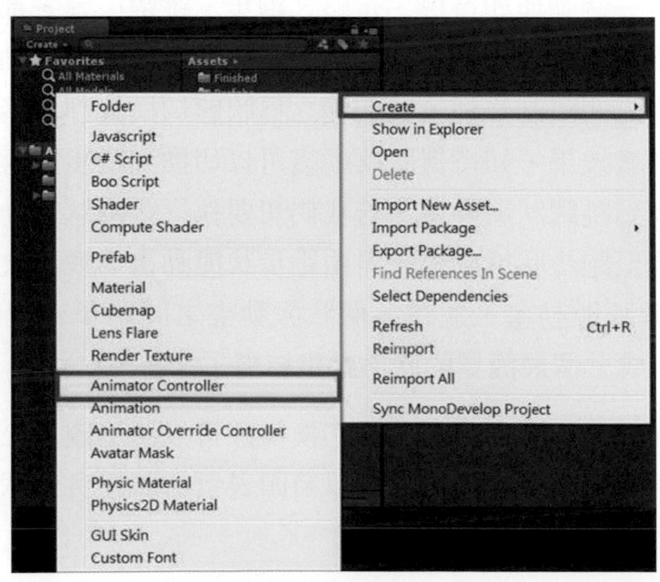

我們將此動畫控制器命名爲ZombieAnimCtrl，如右圖所示。

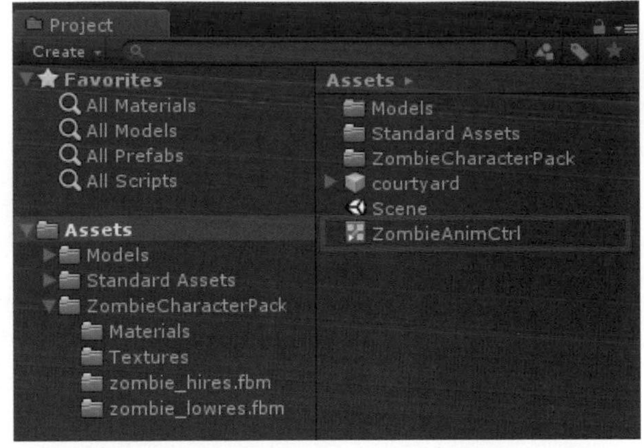

雙擊動畫控制器，將會自動開啓Animator視窗於左上角，此時擁有一個預設狀態Any State，我們將使用此視窗製作角色模型所需要的狀態動畫結構，如下圖所示。

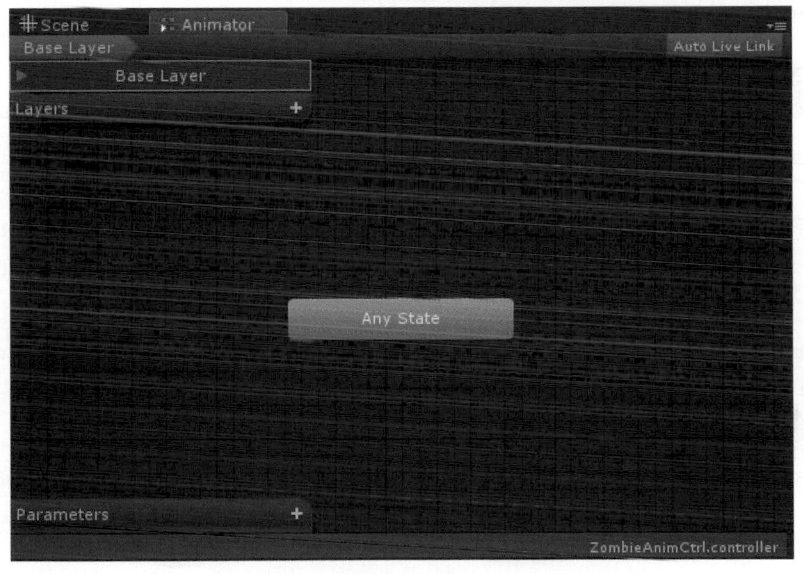

在這裡我們並不會使用到預設狀態Any State，所以我們將此狀態移至角落去，移動狀態的方法爲直接按下左鍵並拖拉，移至目標位置即可放開左鍵，接著我們將新增所需的狀態動畫，但在此之前我們需要動作片段元件，才可將這些動作片段元件設置爲狀態動畫。

動作片段元件可以從很多地方取得，方法一是我們擁有一個模型，而此模型身上也擁有動畫，則我們可以將此模型的動畫轉爲Mecanim使用的動作片段元件，方法二是在Asset Store取得動作片段元件，可按下快捷鍵Ctrl+9開啓Asset Store，並找到Animation類別，此類別有兩個分類，分別爲Bipedal(雙足動物)與Other(其他)分類，如下圖所示。

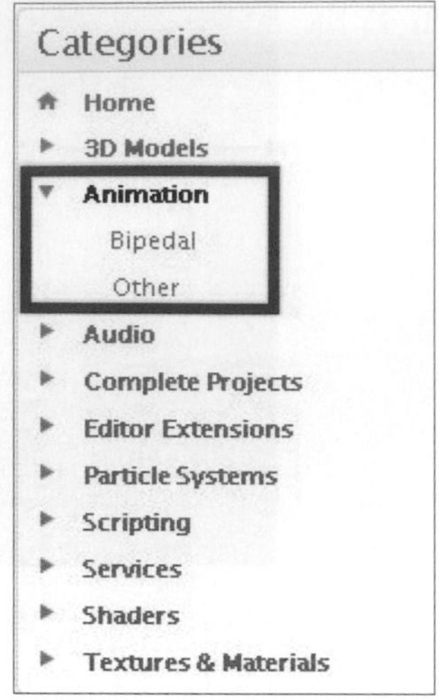

點選Bipedal(雙足動物)分類，可在左邊視窗可看到許多人形動畫，我們可以尋找需要的動畫，並下載動作片段資源，Bipedal(雙足動物)分類項目如下圖所示。

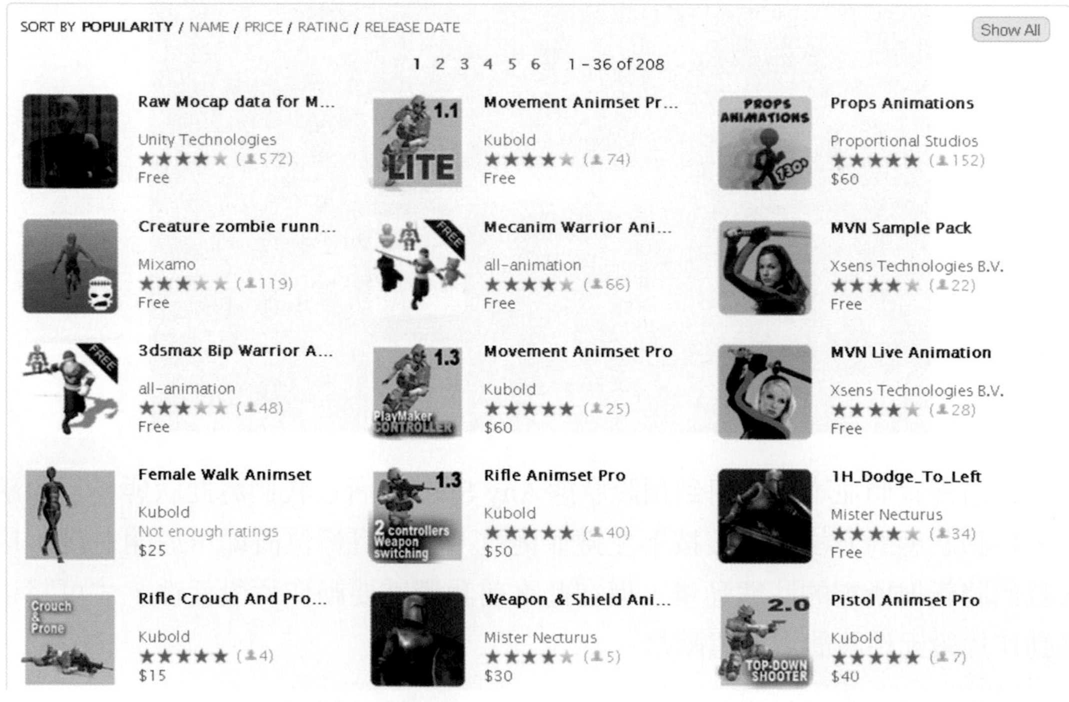

因爲我們需要許多基本動畫，若一一下載會花去不少時間，在這裡我們準備了基本動畫的包裝檔，直接匯入此包裝檔即可得到大量基本動作片段元件，點擊系統選單的Assets選項中的Import Package，並選擇Custom Package匯入自定義包裝檔，如下圖所示。

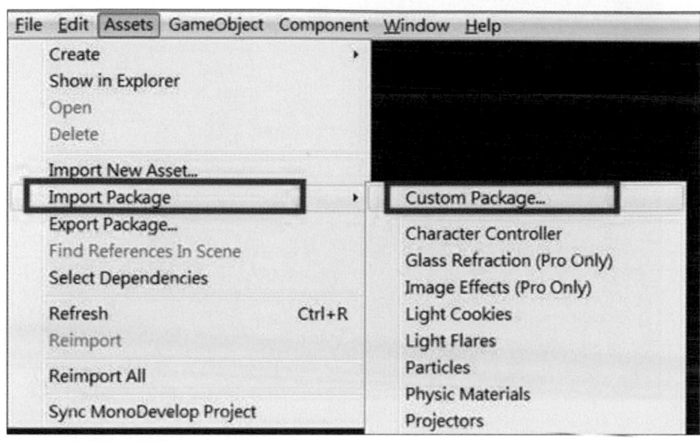

找到UnityPackage中的Animations包裝檔並開啓檔案，有關此Animations存放的路徑可在隨書光碟中找到。

此時會跳出Importing package視窗，直接點選右下角的Import按鈕將所有資源匯入，如下圖所示。

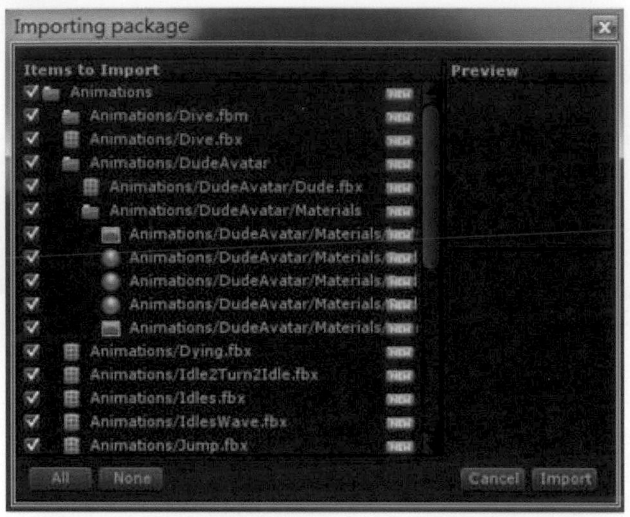

在Project視窗中開啓Animations資料夾，當中包含著許多模型，而每個模型中都擁有一個到數個不等的動作片段，就可以將此動作片段設置爲動畫控制器的狀態動畫，接著，我們就介紹如何將動作片段元件設置成狀態動畫。例如：我們需要一個Idle(待機)狀態動畫，可以在Animations資料夾中，找到名爲Idles的模型，點擊前方小三角形並搜尋此模型的子物件，當中有一個前方的小圖示爲，並且名爲Idle的物件，此物件就是我們所需要的動作片段元件，如下圖所示。

在點擊Idle動作片段元件的狀態下，我們可在Inspector視窗最底端的Preview視窗瀏覽此動作片段，如下圖所示。

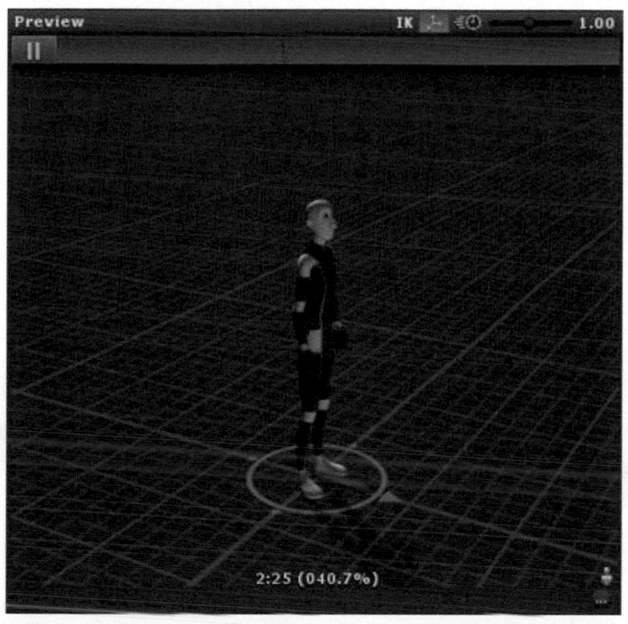

我們可以直接拖拉動畫片段元件至動畫控制器中，使此動畫片段成為我們人形模型的一個新的狀態動畫。

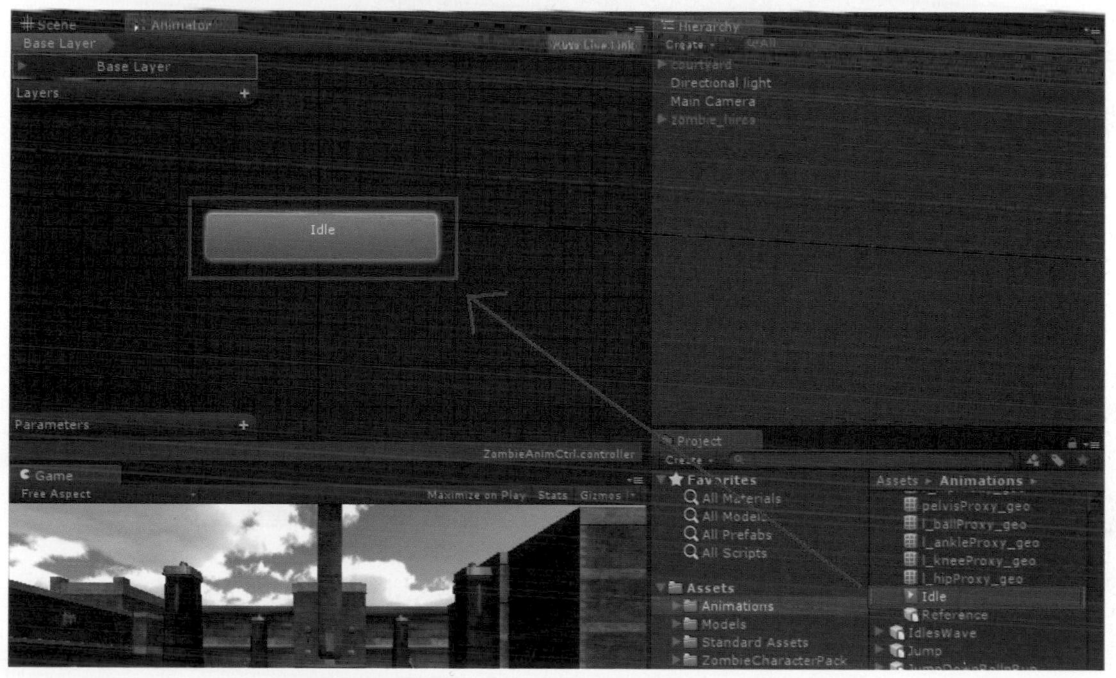

當動畫控制器裡設定了一個動畫之後，切換回Scene視窗，並選擇我們剛剛加入場景裡的角色模型，在Inspector視窗裡，Animator元件的Controller參數還未設定，我們可以爲此元件加入剛剛設置好的動畫控制器了，點選Controller參數後方的小圓圈，如下圖所示。

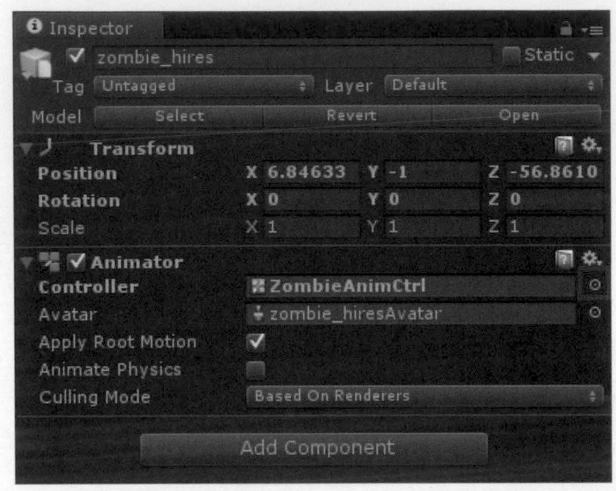

之後將會跳出一個Select RuntimeAnimatorController視窗，並選擇Assets選項，找到SoldierAnimCtrl並雙擊選擇，如下圖所示。

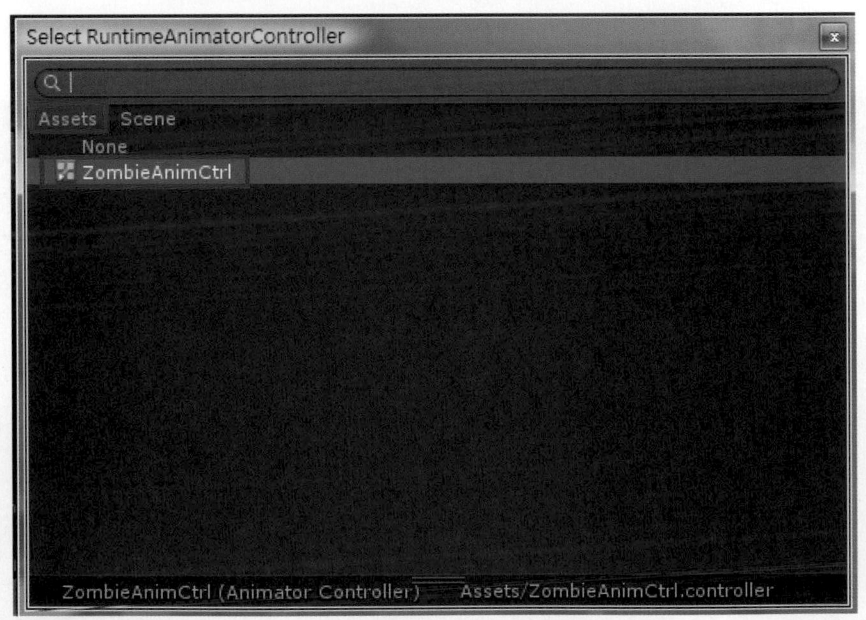

Animator元件的Controller參數後方顯示爲SoldierAnimCtrl，此即爲動畫控制器設置完成，如下圖所示。

按下遊戲執行鍵並看到Game視窗，發現角色模型執行了Idle(待機)狀態動畫，可以看到角色身體輕微的跟隨呼吸擺動，並站在原地，而不是原本的T型姿勢，此時就完整的爲模型建立一個全新的狀態動畫了。

爲模型增加狀態動畫除除了上面的方法外，還可以使用以下的方法，假設我們要再爲模型新增一個Run(跑步)狀態動畫於角色模型上，在Animator視窗中點擊右鍵，並選擇Create State中的Empty，創造一個空狀態，此時空狀態將會以New State命名，如下圖所示。

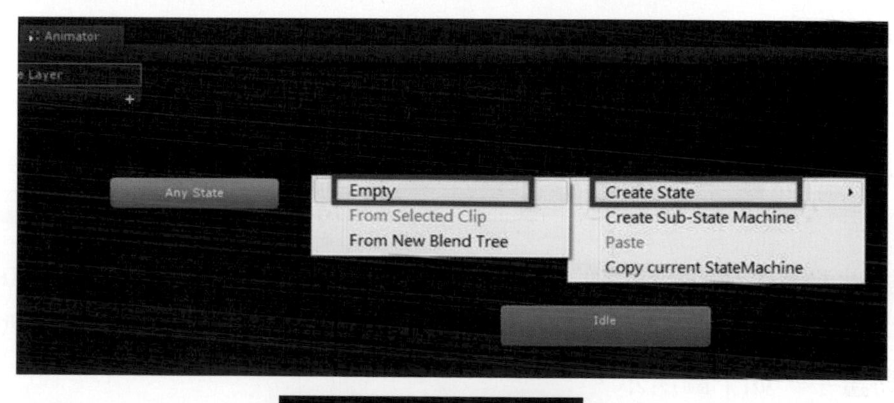

點擊此空狀態可在Inspector視窗看到此空狀態的資訊，將最上方的狀態名稱改爲Run，Speed參數爲此動畫的速度倍率，Motion參數爲此狀態所設定的動畫，Foot IK參數爲反向運動學功能，能讓角色四肢與物體連接，設定IK的過程較爲複雜，在此先不多加說明，Mirror參數可讓動畫反轉，Transitions參數爲與狀態有關聯的切換條件的資訊，如下圖所示。

我們要爲此狀態設定動畫，按下Motion參數後方的圓圈，將會跳出一個Select Motion視窗，並選擇Assets選項，找到Run動作片段並雙擊選擇，如右圖所示。

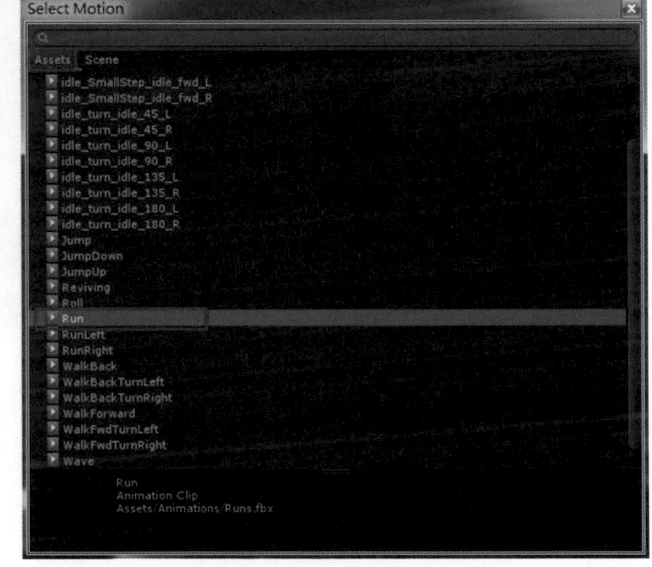

若Motion參數後方若出現剛剛選擇的動作片段，則代表設置成功。

使用此種新增狀態動畫的方式，也可以新增WalkBack(後退)與Jump(跳躍)動作片段元件，讓狀態動畫結構擁有4個狀態動畫，也就是角色模型擁有4個動作動畫了，如下圖所示。

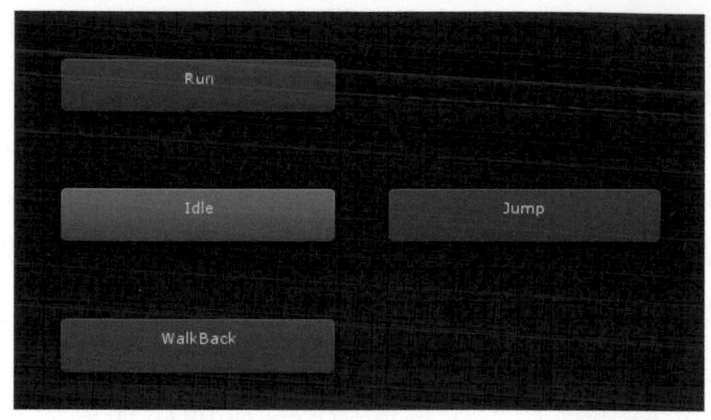

有了4個狀態動作動畫後，我們接著要來建立狀態動畫結構，首先建立Idle(待機)狀態動畫與Run(跑步)狀態動畫的切換條件，在Idle狀態動畫上點擊右鍵將會跳出選單，選擇Make Transition，如下圖所示。

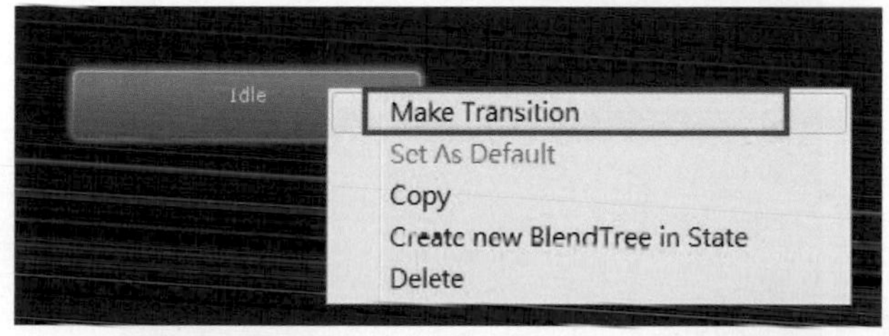

點擊後將會從Idle狀態動畫上延伸出一個箭頭，將滑鼠移置Run狀態動畫上方並點選，就設置完成Idle狀態動畫至Run狀態動畫的切換條件了，如右圖所示。

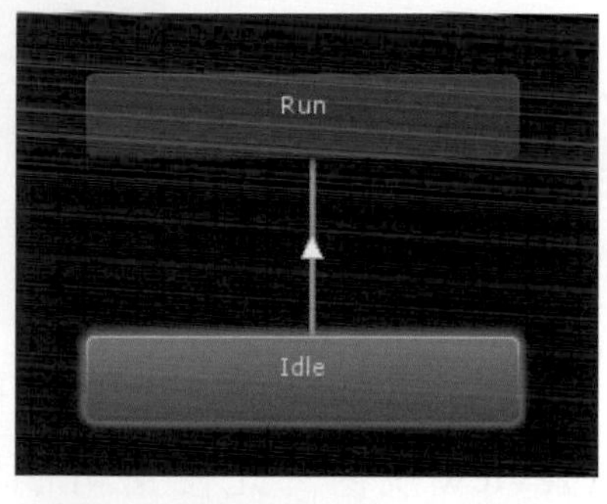

因爲箭頭是由Idle狀態動畫指向Run狀態動畫，所以此切換條件只有單向，也就是只能由Idle狀態動畫切換至Run狀態動畫，當然動畫是要可以互相切換的，所以我們在Run狀態動畫上也重複一次此動作，製作由Run狀態動畫切換至Idle狀態動畫的切換條件，如右圖所示。

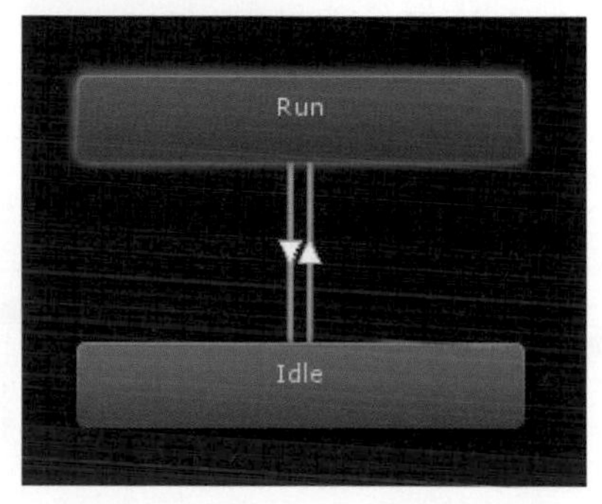

點擊Idle狀態動畫至Run狀態動畫的切換條件箭頭，可在Inspector視窗進行動畫切換的詳細設定，最上方的Transitions顯示了此切換條件是由哪個狀態動畫切換到哪個狀態動畫，Atomic選項若勾選，則在此狀態切換期間動畫是不會被中斷的，中間的圖表顯示了狀態中動畫播放的時間、長度，以及兩動畫之間的相對關係，下方的Conditions爲狀態切換所需要的條件，預設爲Exit Time，此參數的值表示動畫播放的比例，此值可以大於1，但一般來講都會維持在0到1之間，當動畫播到此數值時即開始執行切換，下圖中，此值爲0.96，則表示當Idle動畫播放至總長度的96%時開始切換至Run動畫，若此值大於1時，如2.33，則動畫會完整播放2次之後於第3次動畫的33%時開始執行切換。

在切換條件設定最下方有個Preview視窗，此視窗可瀏覽狀態切換的效果，如右圖所示。

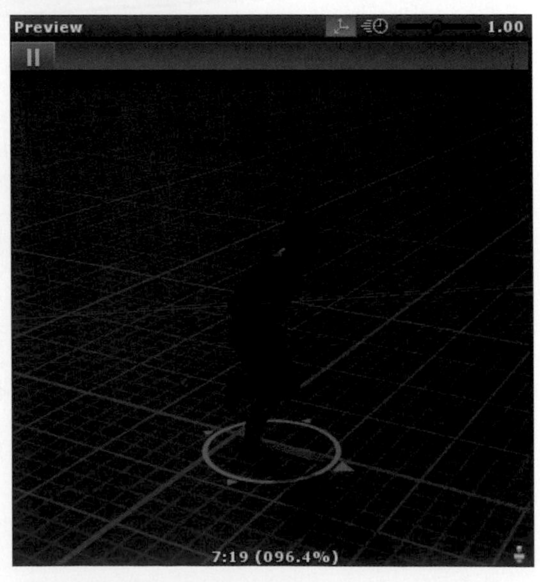

接著點擊Run狀態動畫至Idle狀態動畫的切換條件箭頭，可看到切換條件也爲Exit Time，值爲0.56，也就是當Idle狀態動畫播放96%時會切換到Run狀態動畫，Run狀態動畫播放56%時會再切換回Idle狀態動畫，形成一個動畫循環，如下圖所示。

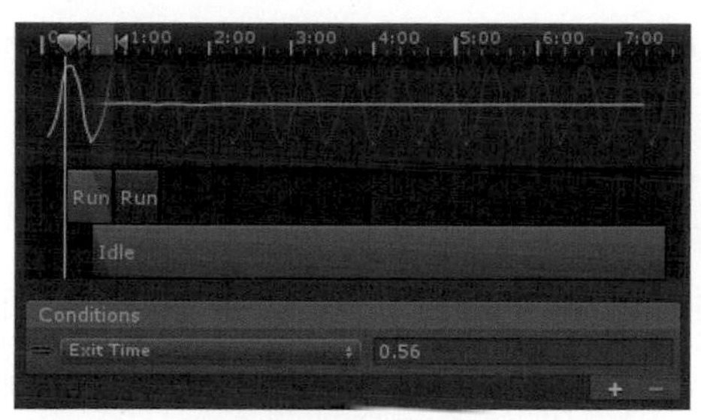

按下遊戲執行鍵並看到Game視窗，發現角色會在Idle與Run兩動畫之間來回切換，如下圖所示。

也可在遊戲執行時看到Animator視窗，可以在目前播放的狀態底端看到進度條，目前動畫所播放的進度，Idle與Run兩狀態將會輪流播放。

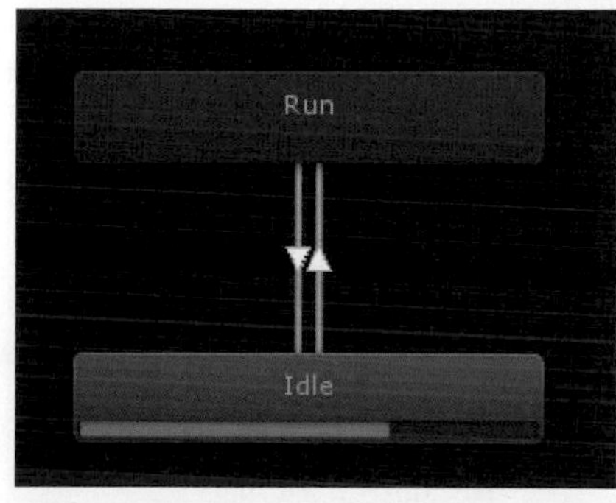

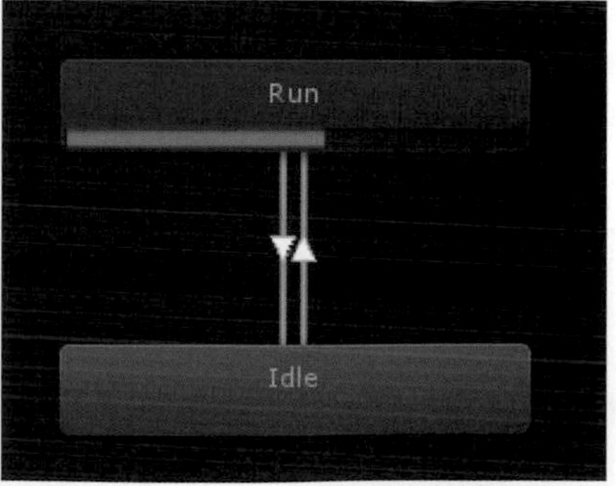

我們先不用把所有狀態動畫的切換設置好，對初學者來講，在寫好一個切換條件後，馬上撰寫控制此條件的腳本，可以使過程清晰並不易出錯，而不是寫好全部切換條件再撰寫所有腳本。

重點三　角色模型狀態動畫的切換控制

雖然兩狀態動畫之間可以互相切換了，但我們卻無法控制狀態動畫的切換時機，只能讓兩狀態動畫自動產生播放，所以接著我們要學會如何建立腳本並使用Animator Controller中的參數，適當的控制狀態動畫的切換，讓我們能自由的控制動畫播放的時機。

狀態動畫的切換主要是使用鍵盤及滑鼠，本範例利用方向鍵上與方向鍵下，控制角色模型的前後移動，而在一般軟體中都需要撰寫許多程式碼來控制按鍵操作，Unity軟體中，提供了Input系統，此系統可統整所有的輸入控制選項，讓使用輸入選項時能更快速及便利。

請在系統選單Edit中的Project Settings，點選Input開啓Input系統，在此，可以使用到內建的Vertical參數，此參數所設定的Positive Button與Negative Button分別爲方向鍵上(up)與方向鍵下(down)，正好是我們所期待的狀態動畫切換的方式，也就是Input系統當我們按下方向鍵上及方向鍵下時可以觸發Vertical參數，如下圖所示。

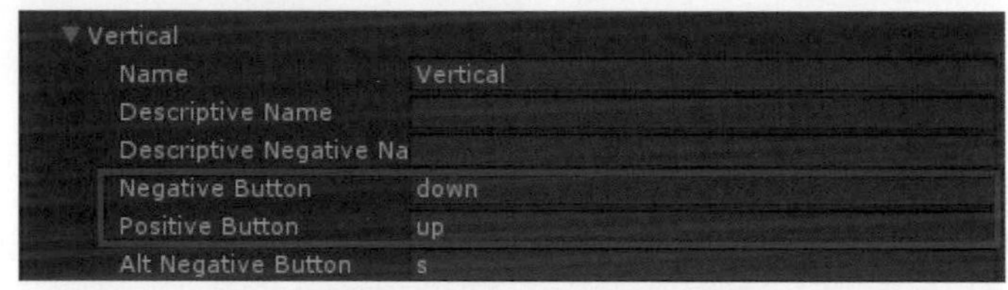

有關狀態動畫結構中狀態動畫的切換控制，分爲四種參數選項，在Animator Controller中，在Animator視窗的左下角有個Parameters參數選項，點選後方的＋號則可新增參數，如下圖所示。

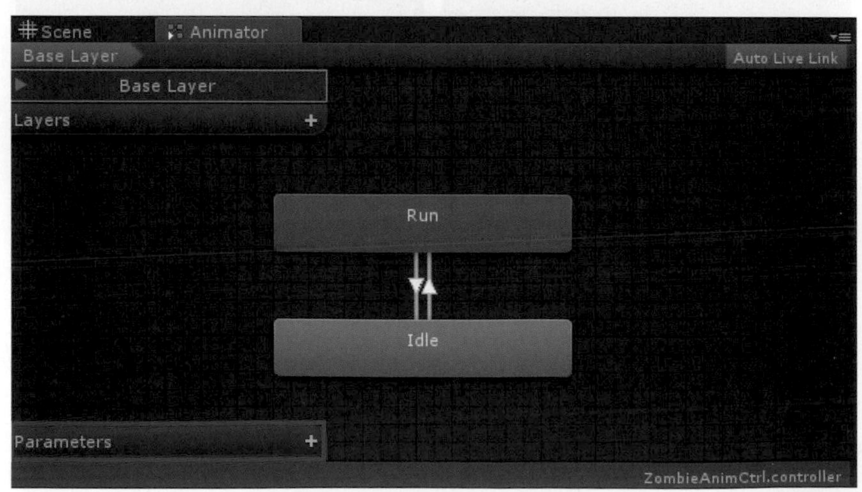

有四種參數型態。分別爲Float(浮點數)、Int(整數)、Bool(布林值)、Trigger(觸發器)，如下圖所示。

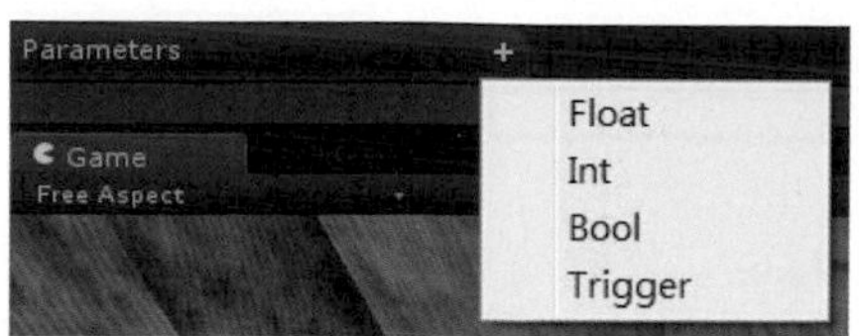

在此我們首先介紹如何使用Float(浮點數)的參數來產生狀態動畫的切換方式。新增一個Float(浮點數)參數，名稱爲Speed，如下圖所示。

點擊Idle狀態動畫至Run狀態動畫的切換條件箭頭，並看到Inspector視窗的Conditions選項，將原本的Exit Time改選爲剛剛所設置的浮點參數Speed，在浮點數參數下有兩個條件可以選，Greater(大於)與Less(小於)，在這裡我們選擇Greater(大於)，並設置數値爲0.1，如下圖所示。

此Speed參數將會使用程式碼與Input系統中的Vertical參數連動，當我們按下方向鍵上時，Speed參數值將從0漸漸變爲1，數値再增加的過程中，當值大於0.1時，因爲我們選擇的是Greater，因此會觸發切換條件，此時會由Idle狀態動畫切換至Run狀態動畫，如下圖所示。

了解使用按鍵觸發過渡條件的原理後，我們需要撰寫腳本使用Vertical參數來與Animator Controller裡的Speed參數產生連結，進而觸發過渡條件，在Project視窗中的空白處點選右鍵，並選擇Create選項中的C# Script選項建立C#腳本，並將新增的腳本命名爲SoldierScript，如下圖所示。

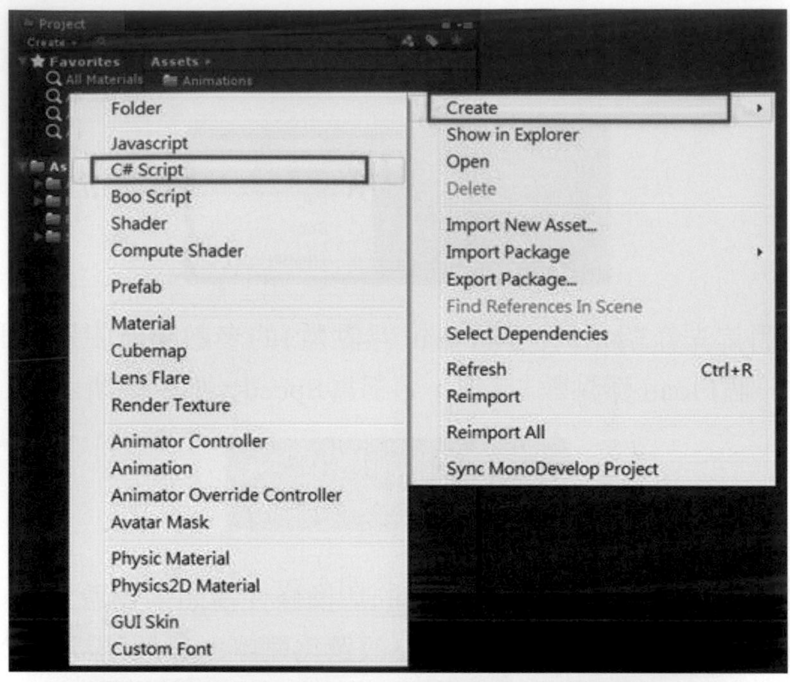

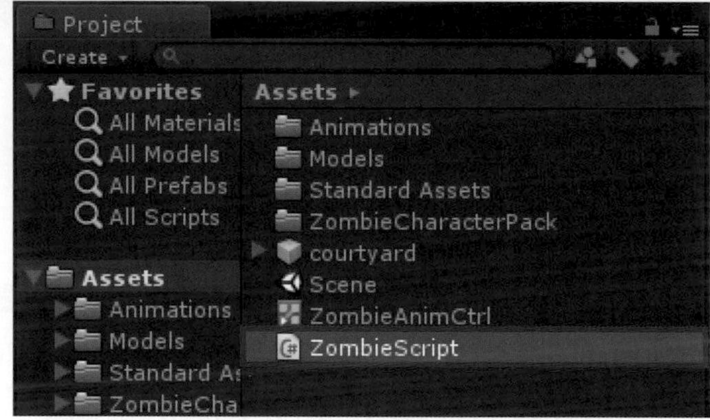

接著要將剛剛新增的ZombieScript腳本添加到士兵角色模型上，在Hierarchy視窗選取Zombie模型，接著點擊系統選單Component中的Scripts，並新增ZombieScript腳本，如下圖所示。

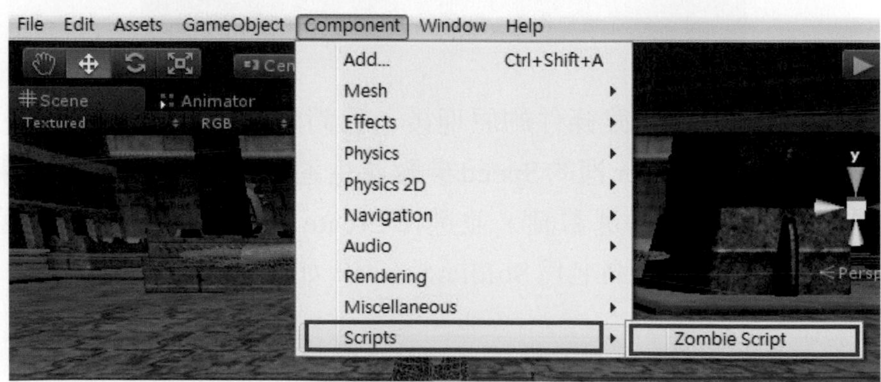

點擊之後在Inspector視窗就可看到剛剛新增的ZombieScript腳本了，如下圖所示。

接著我們再雙擊腳本開啓Assembly面板來撰寫腳本，如下圖所示。

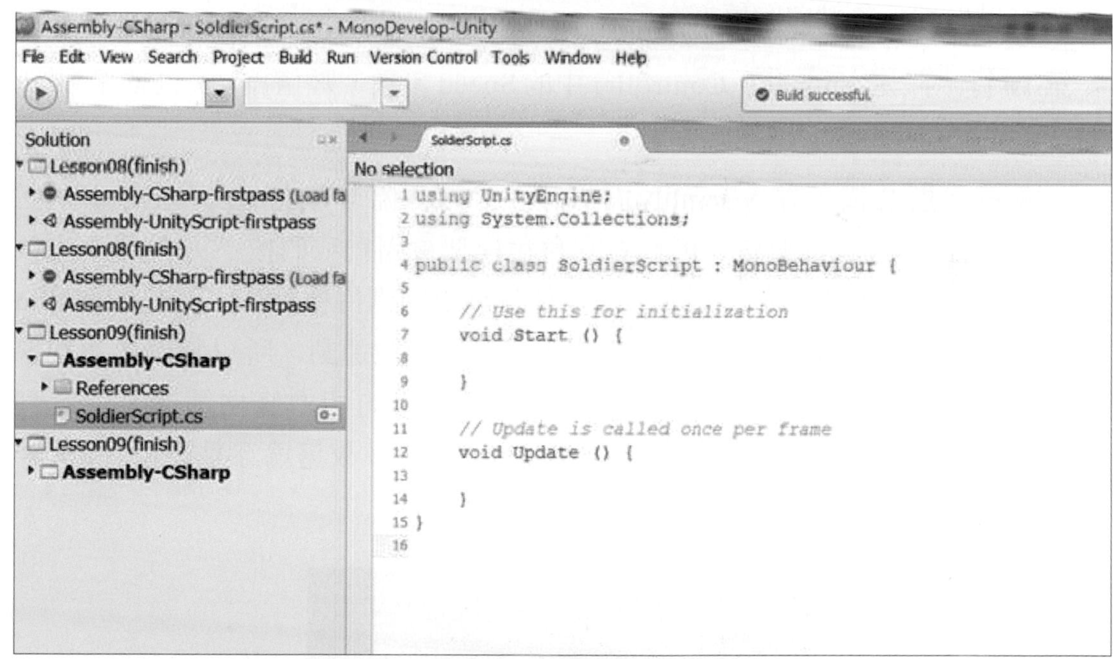

關於ZombieScript的程式內容，我們要先取得Animator元件，接著得到Input中的Vertical參數，使用此數值來設定，Animator Controller中的Speed參數，詳細指令如下圖所示。

```
1 using UnityEngine;
2 using System.Collections;
3
4 public class SoldierScript : MonoBehaviour {
5
6     private Animator anim;
7
8     void Start ()
9     {
10        anim = GetComponent<Animator>();
11    }
12
13    void Update ()
14    {
15        float v = Input.GetAxis("Vertical");
16        anim.SetFloat("Speed", v);
17    }
18 }
```

- **第6行：**新增變數anim，用來儲存Animator元件。
- **第10行：**將模型的Animator元件儲存到anim中
- **第15行：**新增浮點數v，用來得到Input中的Vertical參數，Input.GetAxis指令可以得到正負軸向的值。
- **第16行：**設定Animator Controller中的Speed參數，數值爲v，也就是Input中的Vertical參數的數值。

撰寫完指令後，在Assembly面板按下Ctrl+S儲存SoldierScript腳本，回到Unity場景中並執行遊戲，可以看到角色模型會因爲我們按下方向鍵上或執行跑步動作，但每執行完一次跑步動作卻又馬上回到待機動作，這是因爲Run狀態動畫至Idle狀態動畫的切換條件還未設置與參數連動，所以我們再次開啓Animator視窗，點選Run狀態動畫至Idle狀態動畫的切換條件箭頭，並看到Inspector視窗的Conditions選項，將原本的Exit Time改選爲浮點數Speed，條件選擇Less(小於)，並設置數值爲0.1，如下圖所示。

設置完成後可以再次執行遊戲，可以看到角色模型會根據我們所按下按鍵的時機往前移動了，並且在持續按著的狀態動畫會一直播放跑步動畫，直到我們放開按鍵，角色才會回到待機動畫。

在Vertical參數中，Input系統也預設方向鍵下為方向鍵上的反向動作，也就是其所對應的Negative Button，也就是方向鍵下被按下時也可同時得到負的Speed值，利用此負的Speed值我們就可以快速建立Idle狀態動畫與WalkBack狀態動畫的切換，在Idle狀態動畫與WalkBack狀態動畫間先使用Make Transition建立連結，於此切換條件中，我們在Conditions選項一樣使用Speed參數，由Idle狀態動畫至WalkBack狀態動畫的條件選為Less(小於)，並設置數值為-0.1，而由WalkBack狀態動畫至Idle狀態動畫的條件選為Greater(大於)，數值也設為-0.1，如此就可使角色模型在上下鍵的控制下往前與往後移動，如下圖所示。

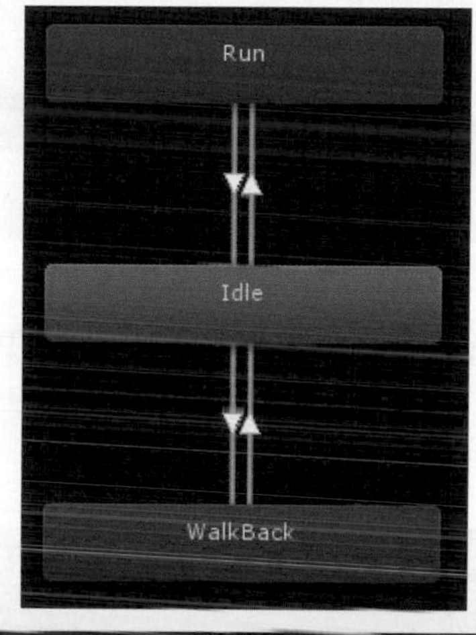

(由Idle狀態動畫至WalkBack狀態動畫的切換條件)

(由WalkBack狀態動畫至Idle狀態動畫的切換條件)

我們除了前進後退動作之外，還想讓角色執行跳躍的動作，跳躍動作與前進後退動作不同，為一次性動畫，前進與後退動作在我們按下按鍵時會持續地播放著此動畫，直到放開按鍵才停止，而一次性動畫則在按下按鍵時會播放動畫，在播放完一次之後回到播放前的動畫或是指定的其他動畫，並不會一直重複播放動畫，如跳躍、攻擊、受傷…等，都是一次性動畫，我們可以使用Bool(布林值)的參數選項來控制狀態動畫的切換，這與前面使用Float(浮點數)來控制狀態動畫的切換是不同的方式。

使用一開始建立的Jump(跳躍)狀態動畫，並與Run狀態動畫互相產生切換條件，限定只有在執行跑步動作時才可執行跳躍動作，如下圖所示。

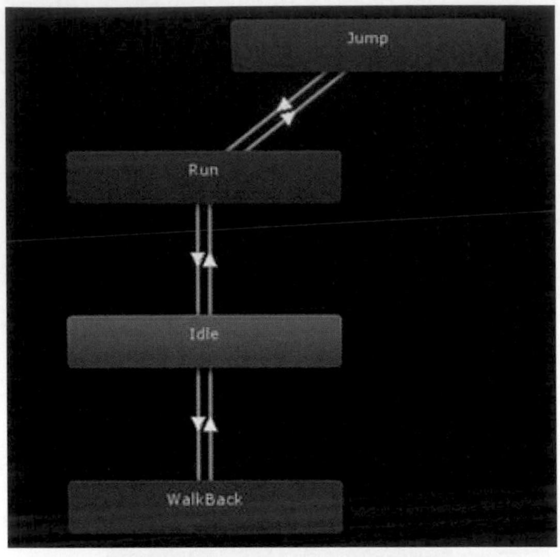

在Input系統中，此處會使用到內建的Jump參數，此參數所設定的Positive Button爲space(空白)鍵，也就是當我們按下space(空白)鍵可以觸發Jump參數。

回到Animator Controller裡新增一個參數，型態爲Bool，名稱爲Jump。

我們可設定在按下指定按鍵時開啟此布林值，進而播放此動畫，點擊Run狀態動畫至Jump狀態動畫的切換條件箭頭，並設定Conditions選項使用Jump參數，值爲true，也就是當此參數被切換成true時執行兩狀態動畫的切換，如下圖所示。

至於Jump狀態動畫至Run狀態動畫的切換條件，我們不需要做設置，保持預設值Exit Time即可，讓Jump狀態動畫播放結束時可以自動回到Run狀態動畫。

我們再次點擊SoldierScript腳本，並開啓Assembly面板撰寫程式碼，我們可以再次使用Input系統裡的參數，Jump參數可以讓我們在按下space(空白)鍵時，給予一個正值，詳細指令如下圖所示。

```
1 using UnityEngine;
2 using System.Collections;
3
4 public class SoldierScript : MonoBehaviour {
5
6     private Animator anim;
7
8     void Start ()
9     {
10         anim = GetComponent<Animator>();
11     }
12
13     void Update ()
14     {
15         float v = Input.GetAxis("Vertical");
16         bool jump = Input.GetButtonDown ("Jump");
17         anim.SetFloat("Speed", v);
18         anim.SetBool("Jump", jump);
19     }
20 }
```

- **第16行：** 新增布林值jump，用來得到Input中的Jump參數，Input.GetButtonDown指令爲若按下此鍵則傳送一個true值。
- **第18行：** 設定Animator Controller中的Jump參數，數值爲Jump，也就是Input中的Jump參數的按鍵是否按下。

撰寫完指令後，在Assembly面板按下Ctrl+S儲存SoldierScript腳本，回到Unity場景中並執行遊戲，在跑步狀態中按下space鍵則可看到模型執行跳躍動作了，此時就是利用布林值來完成狀態動畫的切換。

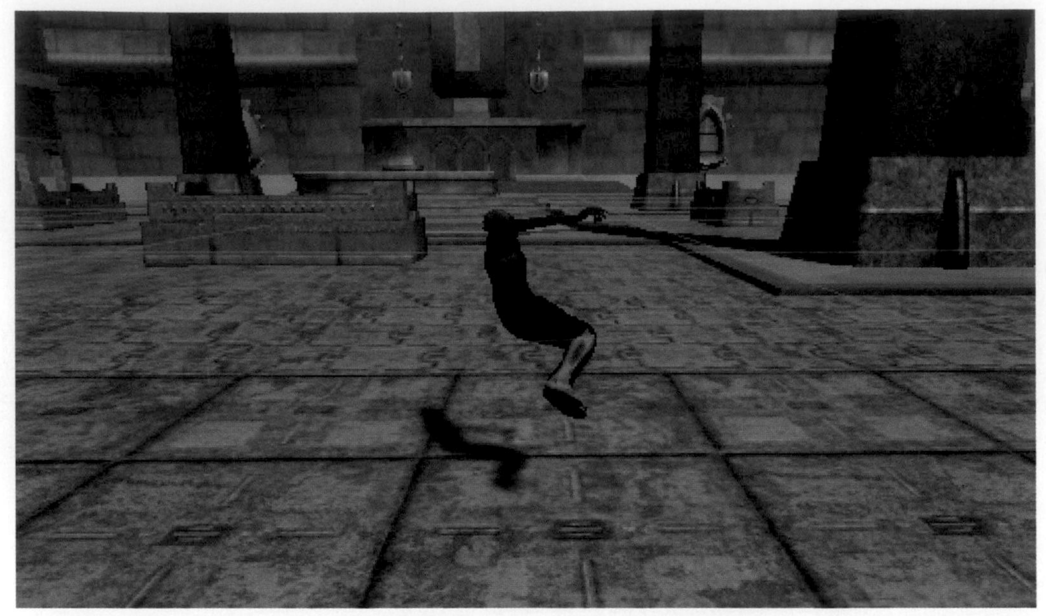

在這裡補充說明Input系統的詳細選項，開啓系統選單Edit中的Project Settings，並點選Input開啓Input系統，如下圖所示。

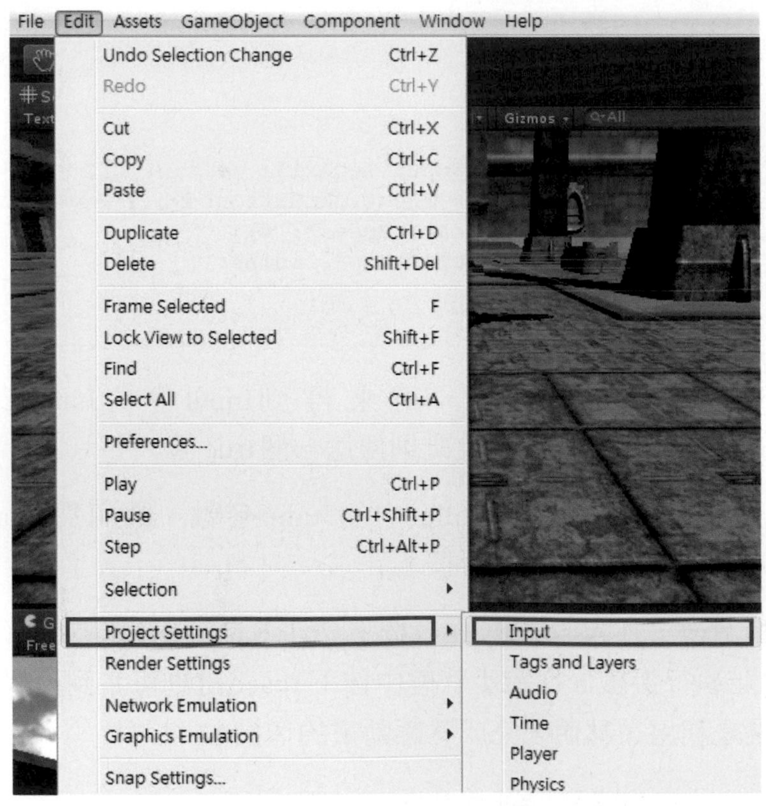

在Inspector視窗中將會看到InputManger的選單，最上方為Size參數，此為輸入選項的數量，預設為15個，當Size數量增加時，將為以最後一個選項名稱作為新的選項名稱增加在最下方，當Size數量減少時，也是從最後一個選項往上減少，這15項當中，前面的9項為鍵盤與滑鼠的輸入控制，後面的6項則為搖桿的輸入控制，如下圖所示。

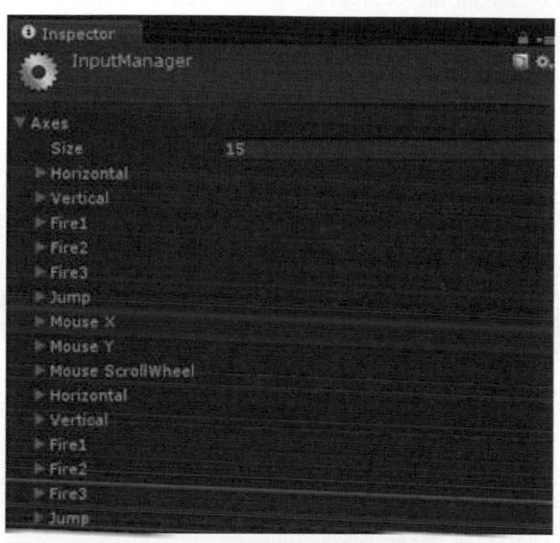

點擊選項前方的三角形，將會開啓選項的詳細設定，共有15個參數，在此以Vertical參數為例。

- **Name**：為此參數的名稱，在Vertical參數中為Vertical。
- **Descriptive Name**：為顯示在遊戲執行時正向按鈕功能的詳細定義。
- **Descriptive Negative Name**：為顯示在遊戲執行時反向按鈕功能的詳細定義。
- **Negative Button**：為反向按鈕，按下此按鈕時將會傳送一個負值，在Vertical參數中為方向鍵下。
- **Positive Button**：為正向按鈕，按下此按鈕時將會傳送一個正值，在Vertical參數中為方向鍵上。
- **Alt Negative Button**：為另一個反向按鈕，此鍵將會與Negative Button功能相同，在Vertical參數中為s鍵。
- **Alt Positive Button**：為另一個正向按鈕，此鍵將會與Positive Button功能相同，在Vertical參數中為w鍵。

- **Gravity**：爲按鍵輸入反應的速度，只有在裝置爲鍵盤與滑鼠時才可使用，在Vertical參數中值爲3。
- **Dead**：數值功能爲當此參數的正值或負值小於此值時，系統將值自動視爲0，在Vertical參數中值爲0.001。
- **Sensitivity**：值對於鍵盤輸入來講，此值越大反應時間越快，此值越小則會比較流暢，對於滑鼠來講，此值爲控制滑鼠滾輪的增減比例，在Vertical參數中值爲3。
- **Snap**：選項若勾選，當參數收到相反的值數入時，參數將立即被重置，只有在裝置爲鍵盤與滑鼠時才可使用，在Vertical參數中有勾選此選項。
- **Invert**：選項若勾選，正向按鈕將傳送負值，負向按鈕將傳送正值。
- **Type**：爲此參數所使用的裝置，分別有滑鼠或鍵盤、滑鼠滾輪與搖桿裝置，在Vertical參數中爲Key or Mouse Button。
- **Axis**：爲此參數的軸向，在Vertical參數中爲X axis。
- **Joy Num**：爲搖桿裝置所對應輸入項。

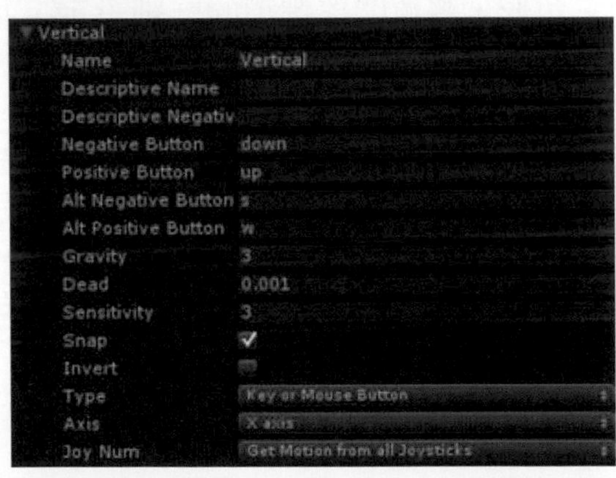

我們按下方向鍵上或w鍵時，此參數將會傳送一個正值，使參數的數值由0漸漸變成1，在按下方向鍵下或s鍵時，此參數將會傳送一個負值，使參數的數值由0漸漸變成-1，所以我們可以使用此參數值的變化來控制角色模型的動畫切換。

範例實作與詳細解說

- **步驟一：**從Asset Store下載模型並進行骨架綁定。
- **步驟二：**設置動畫控制器Animator Controller。
- **步驟三：**使用腳本控制Animator中動作的切換。

步驟一、從Asset Store下載模型並進行骨架綁定

開啓Asset Store並搜尋關鍵字Female Character Pack，將此模型下載並匯入Unity裡。

Female Character Pack

從網路上下載人物模型之後，點擊Joan模型後看到Inspector視窗，並選擇Rig選項，將Animation Type選項選爲Humanoid，並按下Apply應用設定，如下圖所示。

Configure按鈕前方的打勾符號表示此人物模型骨架已經綁定完成並產生Avatar物件，此時就可以直接此用此人物模型了。

接著我們將製作好的模型拖拉至場景中，如下圖所示。

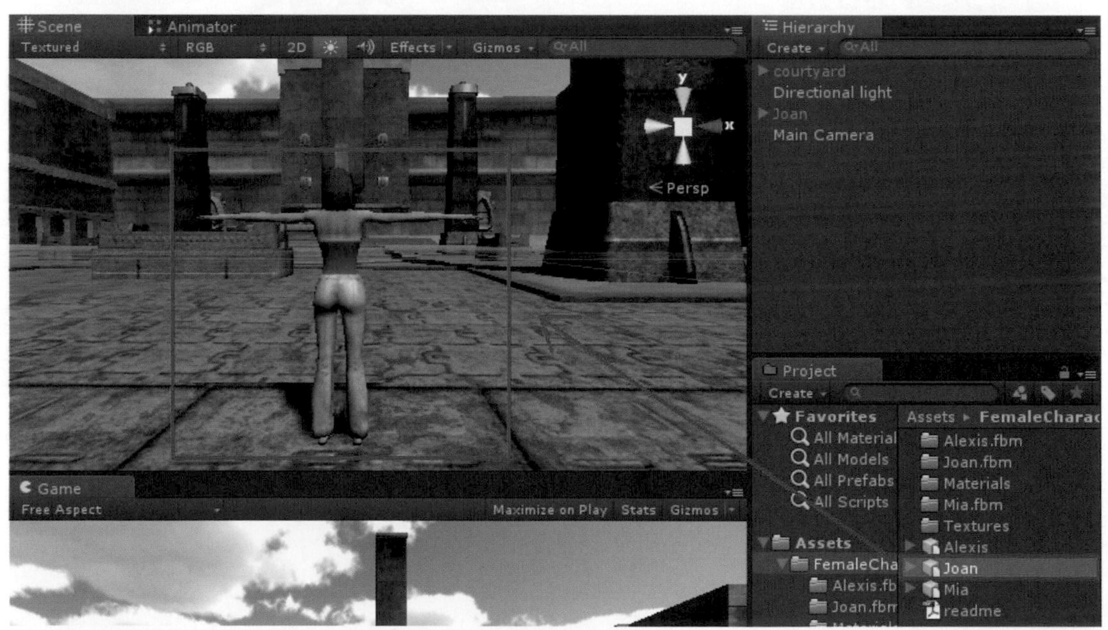

與上一範例相同，我們進到場景時會發現角色模型是暗的，所以我們需要進入到模型的子項目裡，選擇joan_Casual_Femaile_Lod_0並將Inspector視窗裡的Skinned Mesh Renderer元件裡的Use Light Probes選項打勾。

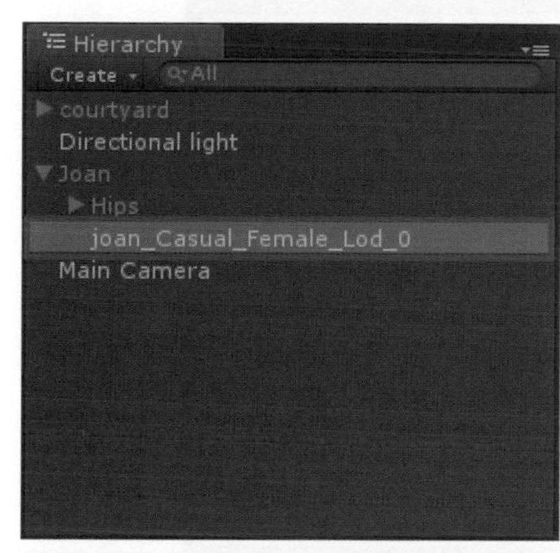

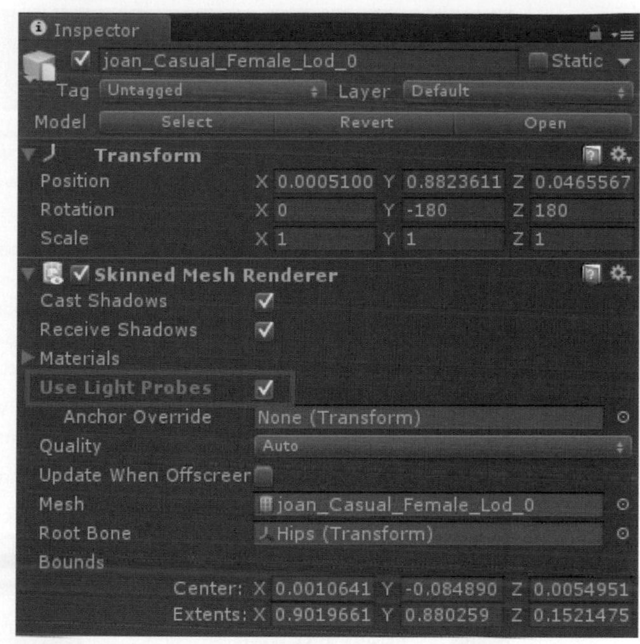

此時看到場景上的模型，可以發現角色明顯變亮了。

步驟二、設置動畫控制器Animator Controller

首先，我們先創造一個動畫控制器，在Project視窗中的空白處點選右鍵，並選擇Create選項中的Animator Controller選項建立動畫控制器，如下圖所示。

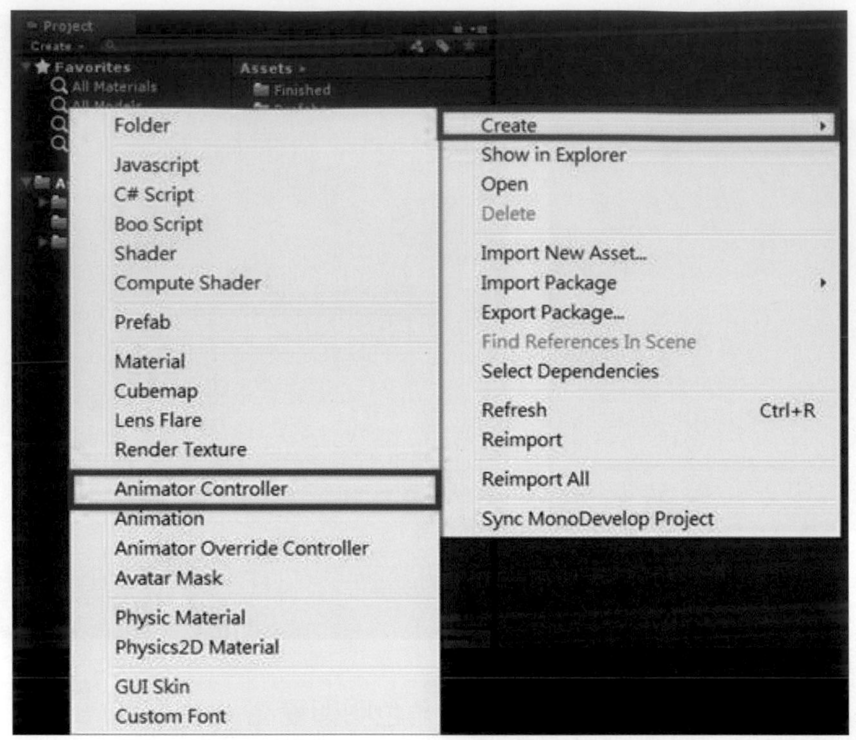

我們將此動畫控制器命名為FemaleAnimCtrl，如右圖所示。

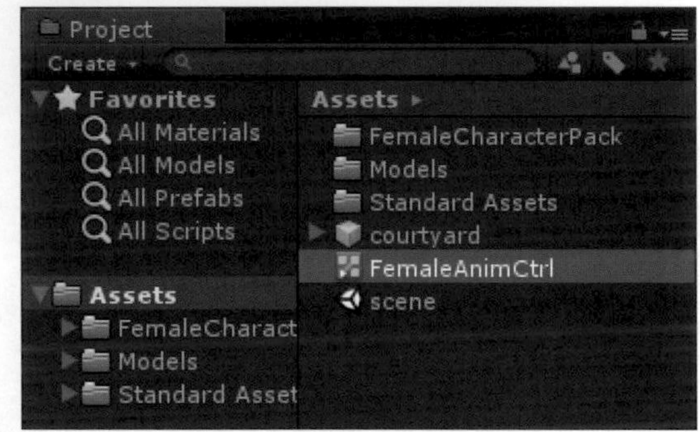

雙擊動畫控制器，將會自動開啓Animator視窗於左上角，並擁有一個預設狀態Any State，我們將使用此視窗製作角色模型所需要的狀態動畫結構，。

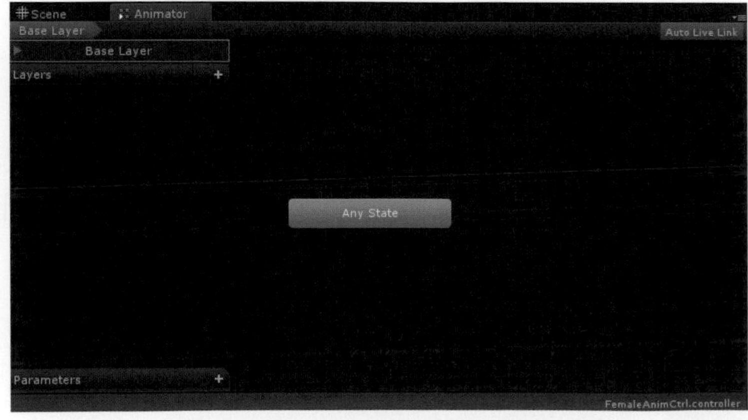

因爲我們需要一些角色的基本動畫，所以從資料夾中匯入我們所準備的動作片段包裝檔，即可得到大量基本動畫，點擊系統選單的Assets選項中的Import Package，並選擇Custom Package匯入自定義包裝檔，如下圖所示。

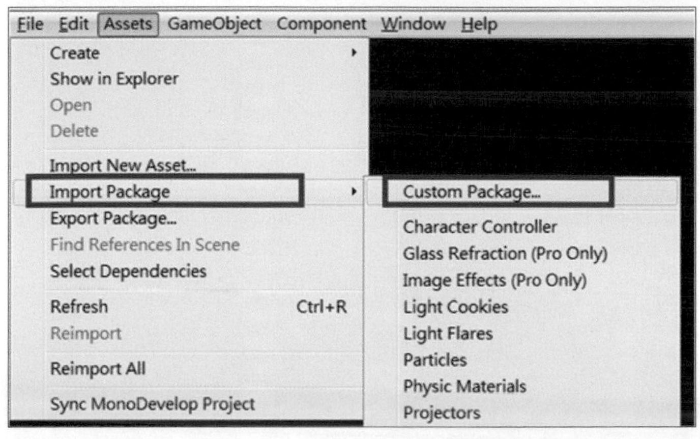

找到UnityPackage中的Animations包裝檔並開啓檔案。

此時會跳出Importing package視窗，直接點選右下角的Import按鈕將所有資源匯入，如下圖所示。

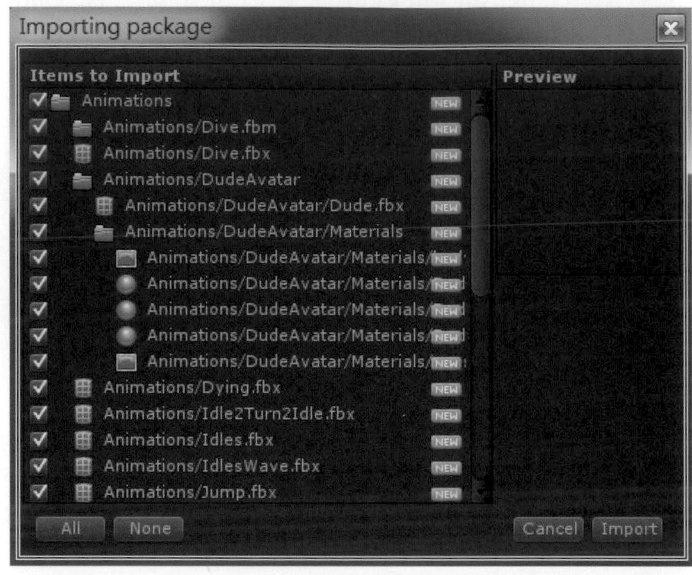

我們先將Idle動作片段拉至動畫控制器中，使此動畫片段成為一個狀態。

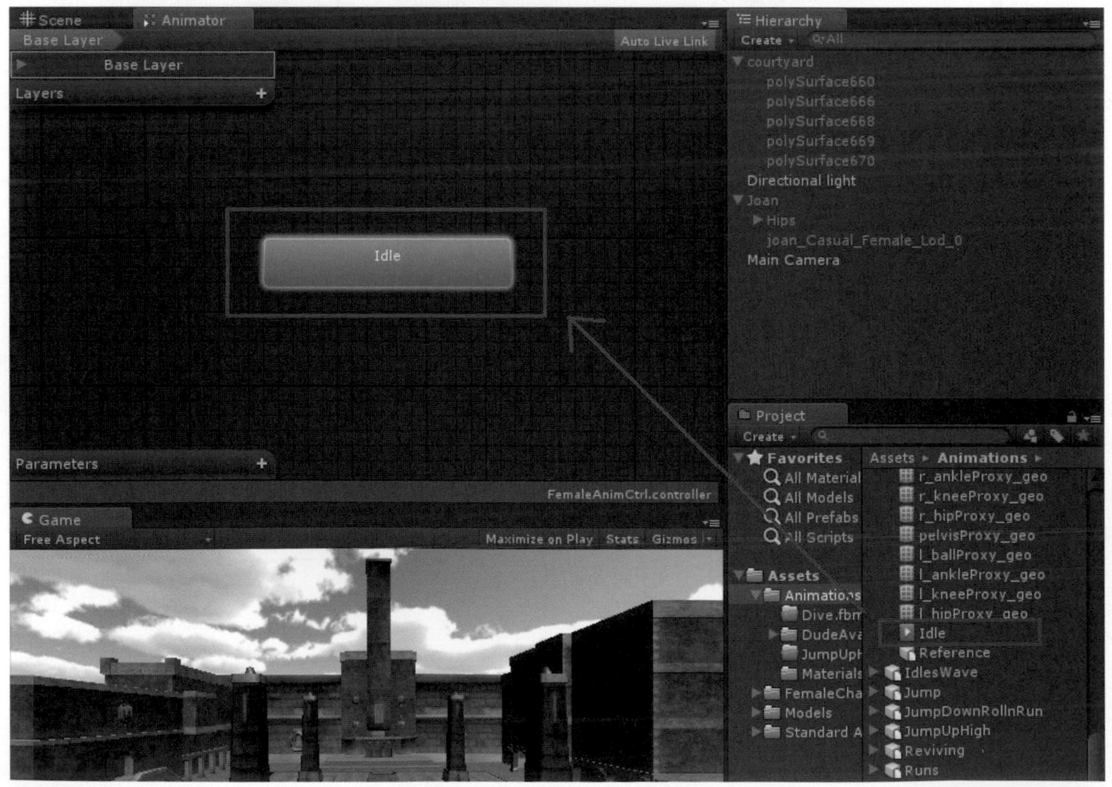

接著也把本範例會用到的WalkBack(後退)、Jump(跳躍)動作片段，都一起加進來，讓此狀態動畫結構擁有4個狀態動畫。

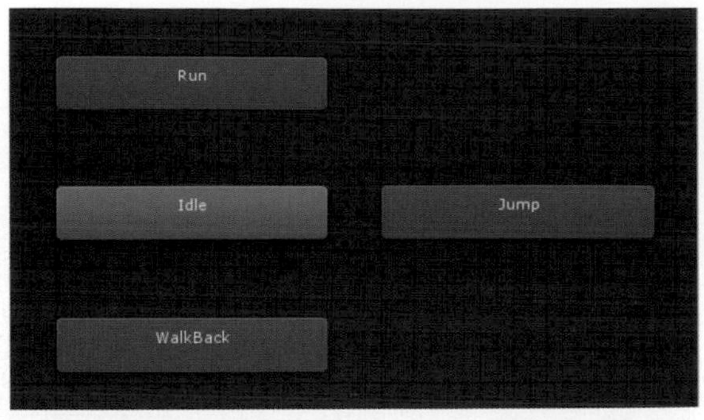

當動畫控制器裡的狀態動畫都加入之後，切換回Scene視窗，並選擇我們剛剛加入場景裡的角色模型，在Inspector視窗裡，Animator元件的Controller參數還未設定，我們可以爲此元件加入剛剛設置好的動畫控制器了，點選Controller參數後方的小圓圈，如下圖所示。

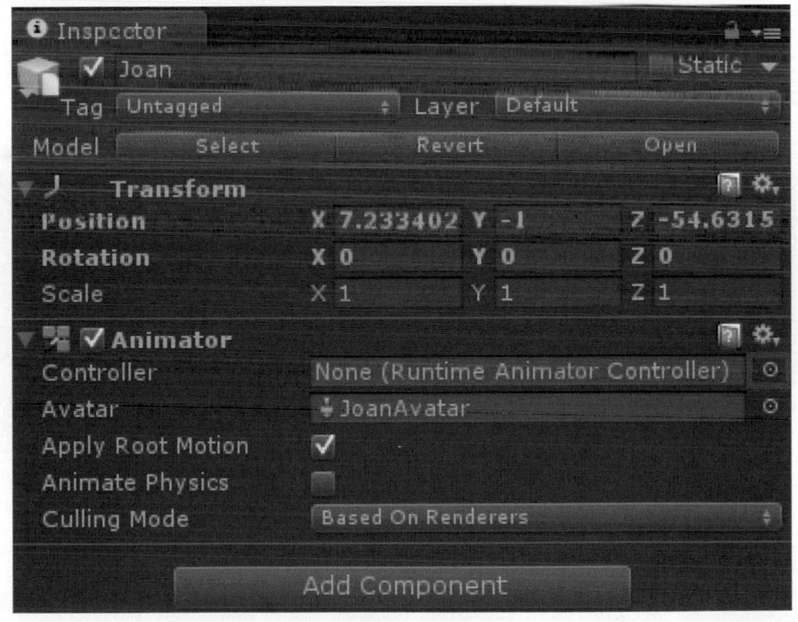

之後將會跳出一個Select RuntimeAnimatorController視窗，並選擇Assets選項，找到FemaleAnimCtrl並雙擊選擇。

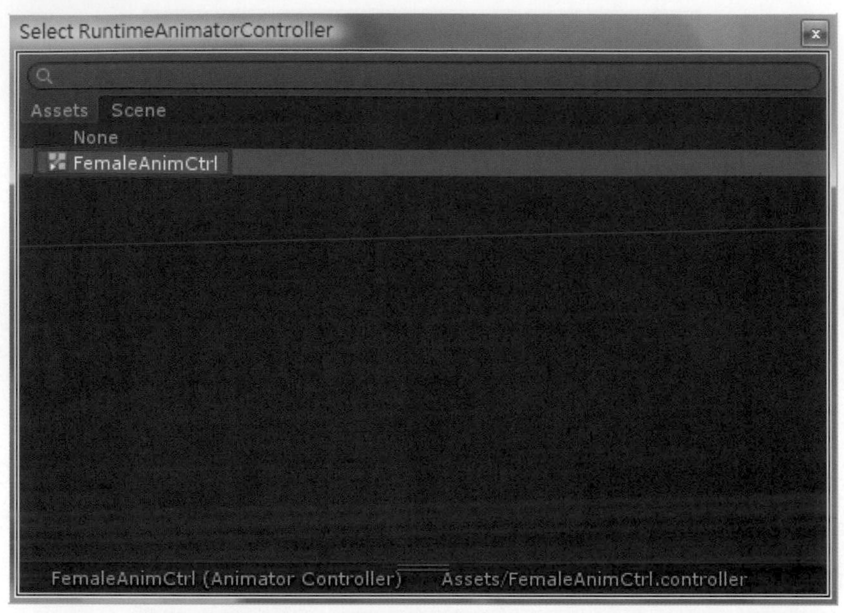

按下遊戲執行鍵並看到Game視窗，發現角色模型執行了Idle(待機)動畫，而不是原本的T型姿勢，如下圖所示。

接著我們建立狀態動畫結構上的Idle(待機)狀態動畫與Run(跑步)狀態動畫的切換條件，在Idle狀態動畫上點擊右鍵將會跳出選單，選擇Make Transition，如下圖所示。

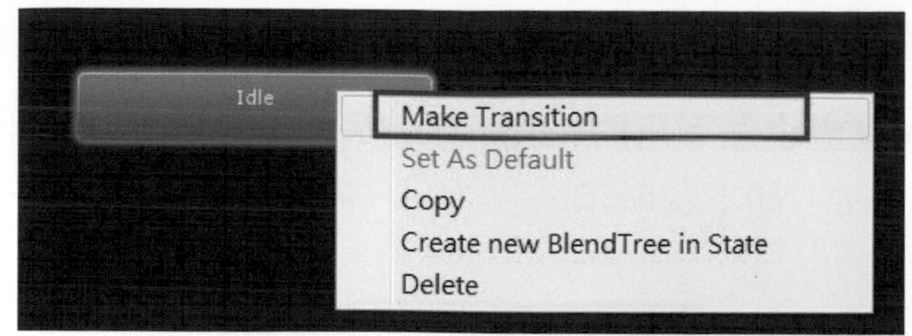

點擊後將會從Idle狀態動畫上延伸出一個箭頭，將滑鼠移置Run狀態動畫上方並點選，就設置完成Idle狀態動畫至Run狀態動畫的切換條件了，如右圖所示。

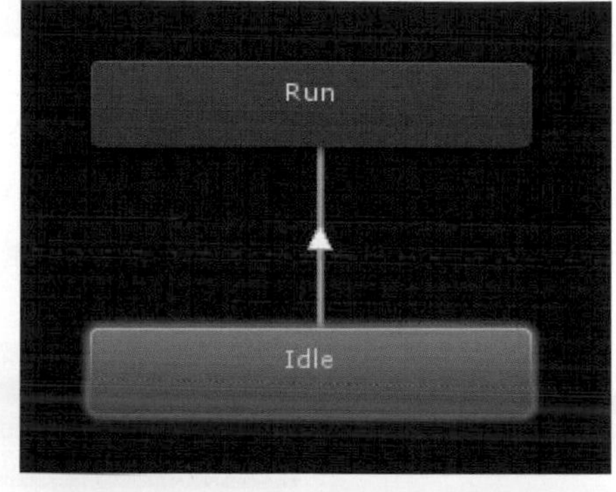

在Run狀態動畫上也重複一次此動作，製作由Run狀態動畫切換至Idle狀態動畫的切換條件，如右圖所示。

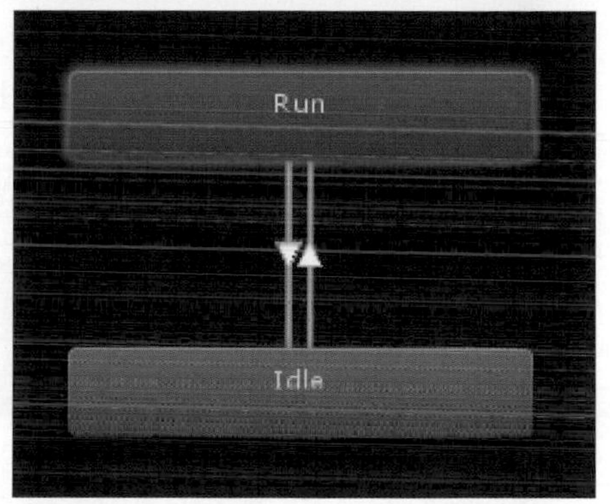

接著我們也把WalkBack狀態動畫與Idle狀態動畫互相新增切換條件，如下圖所示。

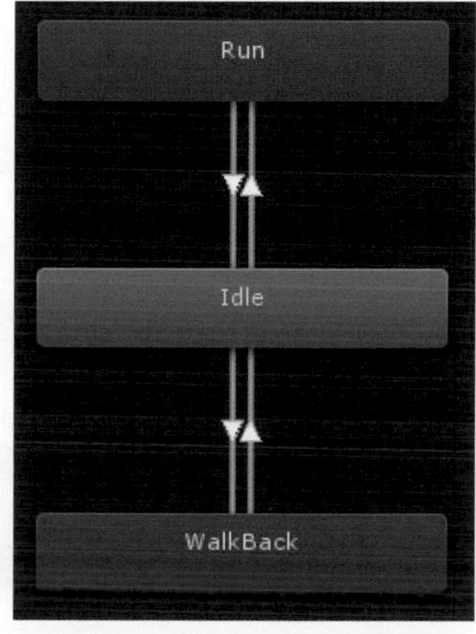

步驟三、使用腳本控制Animator中動作的切換

在Animator視窗中左下角的Parameters，按下＋號新增一個Float(浮點數)參數，名稱為Speed，如下圖所示。

點擊Idle狀態動畫至Run狀態動畫的切換條件箭頭，並看到Inspector視窗的Conditions選項，將原本的Exit Time改選為剛剛所設置的浮點數Speed，條件選擇Greater(大於)，並設置數值為0.1，如下圖所示。

接著點選Run狀態動畫至Idle狀態動畫的切換條件箭頭，將原本的Exit Time改選為浮點數Speed，條件選擇Less(小於)，並設置數值為0.1，如下圖所示。

同樣的，點選Idle狀態動畫至WalkBack狀態動畫的切換條件箭頭，將原本的Exit Time改選為浮點數Speed，條件選擇Less(小於)，並設置數值為-0.1，如下圖所示。

最後點選WalkBack狀態動畫至Idle狀態動畫的切換條件箭頭，將原本的Exit Time改選為浮點數Speed，條件選擇Greater (大於)，並設置數值為-0.1，如下圖所示。

我們需要撰寫腳本使用Input系統來改變Animator Controller裡的Speed參數，進而觸發過渡條件，在Project視窗中的空白處點選右鍵，並選擇Create選項中的C# Script選項建立C#腳本，如下圖所示。

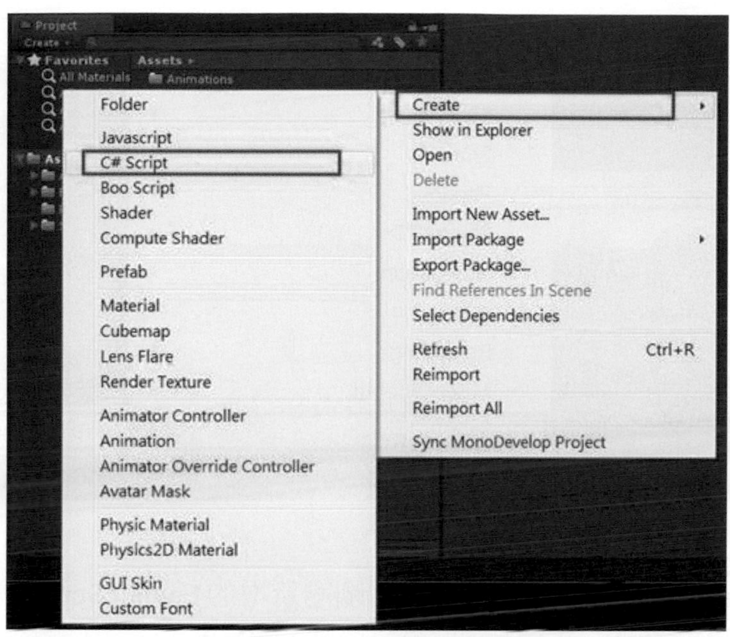

將新增的腳本命名爲FemaleScript，如下圖所示。

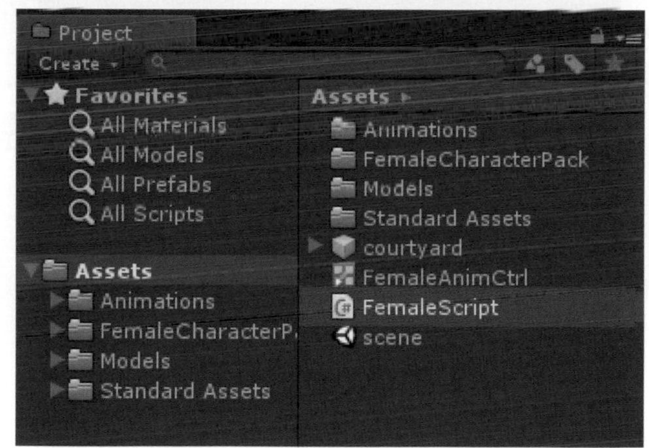

接著要將剛剛新增的FemaleScript腳本添加到角色模型上，在Hierarchy視窗選取joan角色模型，接著點擊系統選單Component中的Scripts，並新增FemaleScript腳本，如下圖所示。

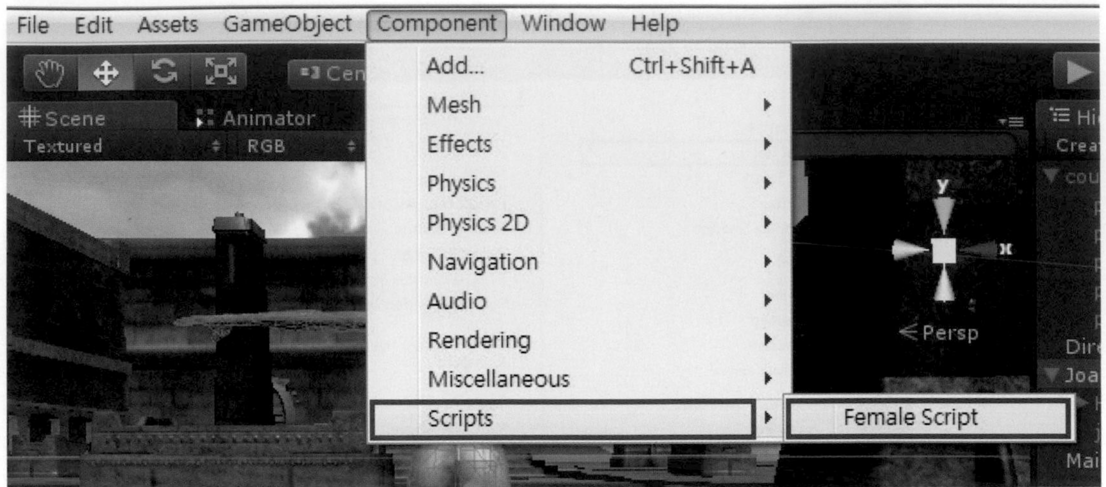

點擊之後在Inspector視窗就可看到剛剛新增的FemaleScript腳本了。

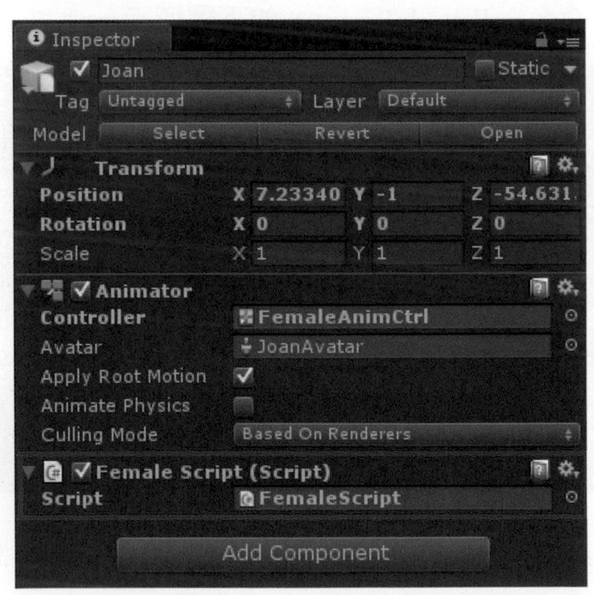

雙擊腳本開啓Assembly面板來撰寫腳本，我們要先取得Animator元件，接著得到Input中的Vertical參數，使用此數值來設定，Animator Controller中的Speed參數，詳細指令如下圖所示。

```
1 using UnityEngine;
2 using System.Collections;
3
4 public class CarlScript : MonoBehaviour {
5
6     private Animator anim;
7
8     void Start ()
9     {
10         anim = GetComponent<Animator>();
11     }
12
13     void Update ()
14     {
15         float v = Input.GetAxis("Vertical");
16         anim.SetFloat("Speed", v);
17     }
18 }
19
```

- **第6行：**新增變數anim，用來儲存Animator元件。
- **第10行：**將模型的Animator元件儲存到anim中
- **第15行：**新增浮點數v，用來得到Input中的Vertical參數，Input.GetAxis指令可以得到正負軸向的值。
- **第16行：**設定Animator Controller中的Speed參數，數值爲v，也就是Input中的Vertical參數的數值。

撰寫完指令後可以執行遊戲，會看到角色模型會根據我們所按下按鍵的時機往前與往後移動了，並且在持續按著的狀態會一直播放動畫，直到我們放開按鍵，角色才會回到待機動畫。

最後我們除了前進後退動作之外，還想讓角色執行跳躍的動作，使用一開始加入的Jump(跳躍)動作片段，並與Run狀態動畫互相產生切換條件，限定只有在執行跑步動作時才可執行跳躍動作，如下圖所示。

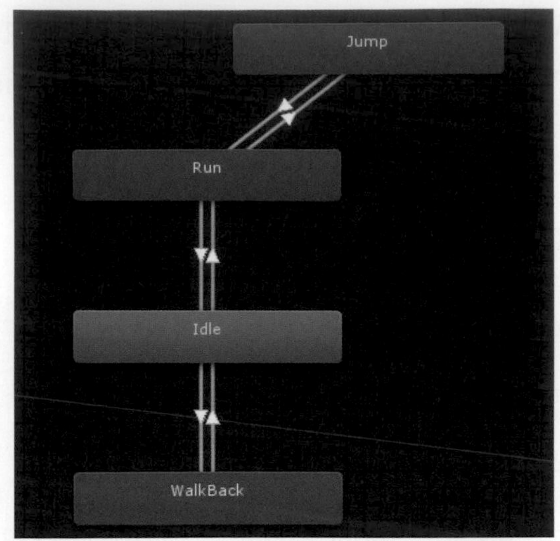

此時要在Animator Controller裡新增一個參數，型態爲Bool，名稱爲Jump。

可設定在按下指定按鍵時開啓此布林值，進而播放此動畫，點擊Run狀態動畫至Jump狀態動畫的切換條件箭頭，並設定Conditions選項使用Jump參數，値爲true，也就是當此參數被切換成true時執行兩狀態動畫的切換，如下圖所示。

至於Jump狀態動畫至Run狀態動畫的切換條件，我們不需要做設置，保持預設値Exit Time即可，讓Jump狀態動畫播放結束時可以自動回到Run狀態動畫。

我們再次點擊FemaleScript腳本，並開啓Assembly面板撰寫程式碼，我們可以再次使用Input系統裡的參數，Jump參數可以讓我們在按下space(空白)鍵時，給予一個正値，詳細指令如下圖所示。

```
1 using UnityEngine;
2 using System.Collections;
3
4 public class CarlScript : MonoBehaviour {
5
6     private Animator anim;
7
8     void Start ()
9     {
10        anim = GetComponent<Animator>();
11    }
12
13    void Update ()
14    {
15        float v = Input.GetAxis("Vertical");
16        bool jump = Input.GetButtonDown ("Jump");
17        anim.SetFloat("Speed", v);
18        anim.SetBool ("Jump", jump);
19    }
20 }
21
```

- **第16行：** 新增布林值jump，用來得到Input中的Jump參數，Input.GetButtonDown指令爲若按下此鍵則傳送一個true值。

- **第18行：** 設定Animator Controller中的Jump參數，數值爲Jump，也就是Input中的Jump參數的按鍵是否按下。

撰寫完指令後，在Assembly面板按下Ctrl+S儲存FemaleScript腳本，回到Unity場景中並執行遊戲，在跑步狀態動畫中按下space鍵則可看到模型執行跳躍動作了，如下圖所示。

我們想讓此範例與上一範例一樣有鏡頭跟隨的效果，這裡試著使用另一個方法加入跟隨腳本，選擇系統選單的Assets選項中的Import Package選項，並選擇Scripts，匯入腳本資源包，如下圖所示。

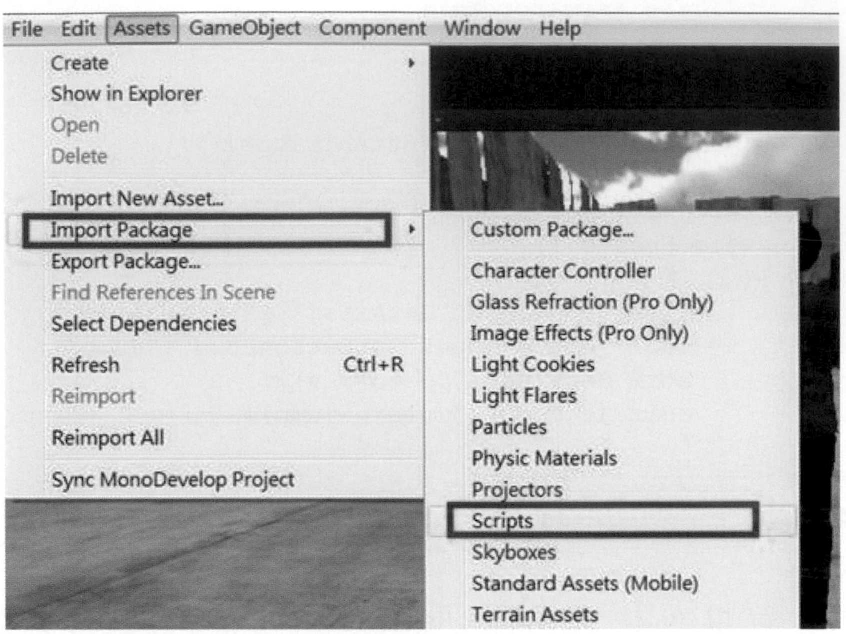

會跳出Importing package視窗，請直接按下Import全部匯入。

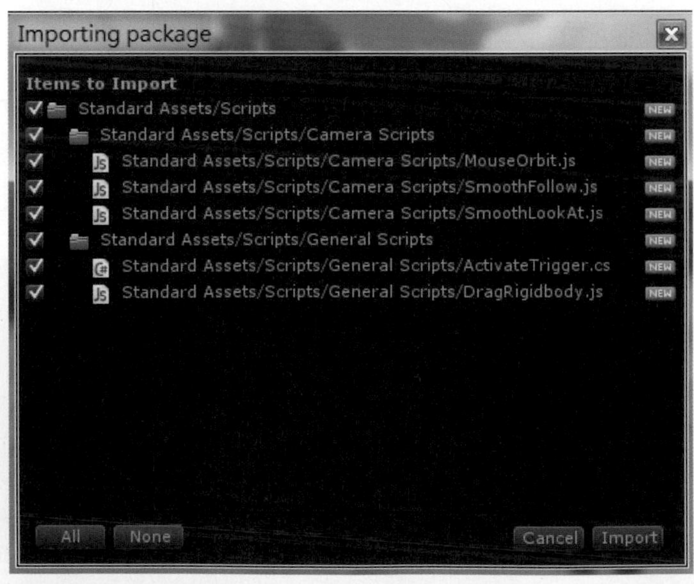

於Project視窗開啟Standard Assets資料夾中的Scripts資料夾，接著再選擇Camera Scripts資料夾，最後找到SmoothFollow腳本，如下圖所示。

與之前不一樣，我們將此腳本拖拉至場景上的Main Camera攝影機中。

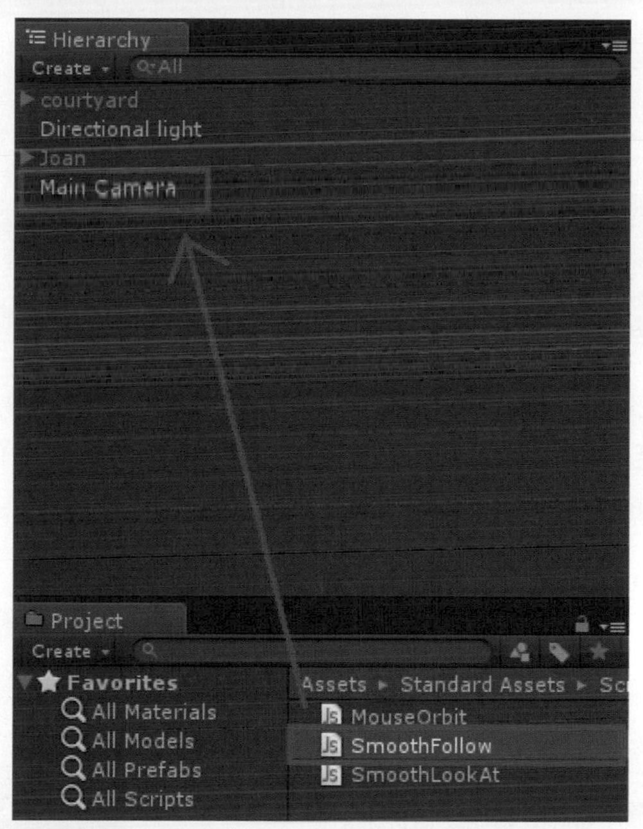

點擊Main Camera攝影機，並看到Inspector視窗，有剛剛加入的Smooth Follow (Script)元件，此腳本會使攝影機跟隨著腳本中的Target物件，在設置物件之前，我們先把Distance(距離)參數改爲3，Height(高度)改爲1，這樣攝影機就移動到角色後方距離爲3高度爲1的地方了。

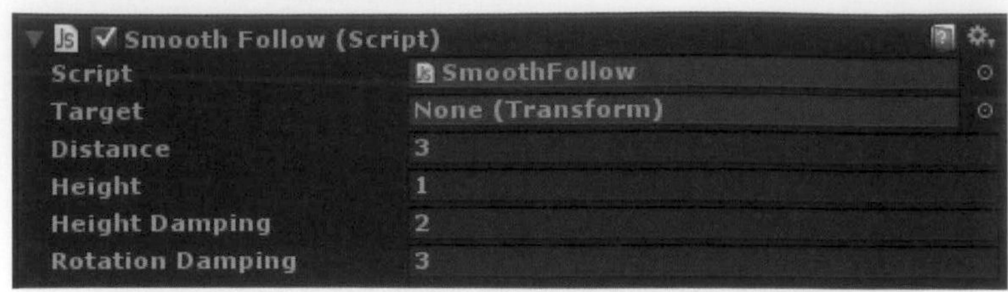

若直接將角色模型拖入Target物件中，執行遊戲後會看到攝影機照著角色模型的腳，這是因爲角色模型的原點爲(0, 0, 0)，而攝影機會自動照射目標物體的原點，如下圖所示。

爲了解決此問題，我們可以創造一個空物件，並將此空物件放在人物的中心，就可以讓攝影機完整的呈現角色模型了，選擇系統選單的GameObject選項，並點擊Create Empty，如下圖所示。

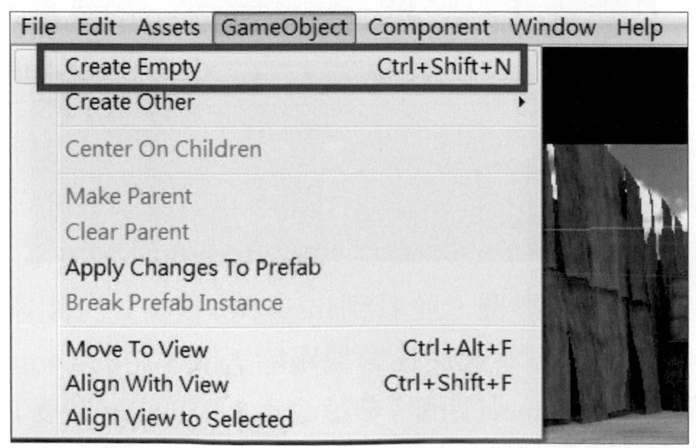

在Hierarchy視窗可以看到新的空物件GameObject，我們將他改名為CameraLookAt，如下圖所示。

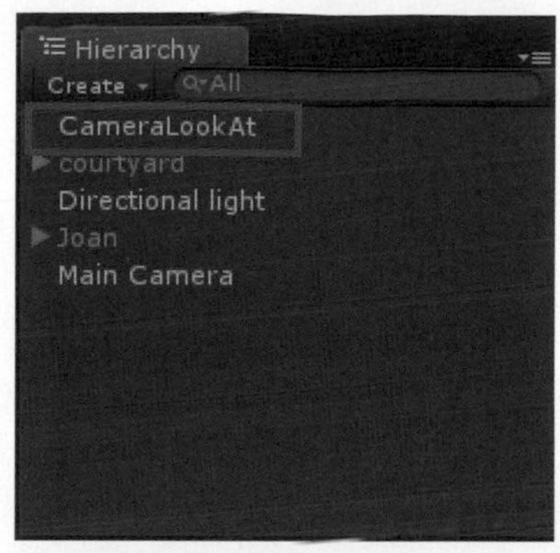

將其拖到carl角色物件上使其成為角色物件的子物件。

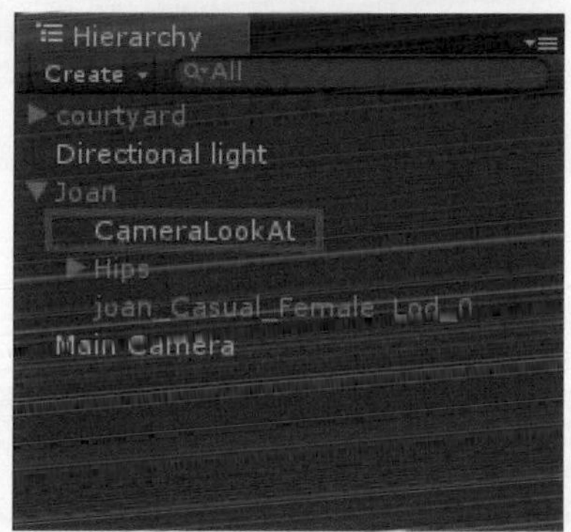

在點擊CameraLookAt物件的狀態下，看到Inspector視窗，將其位置改為(0, 1, 0)，因角色高度為2，所以在Y位置為1的地方為角色的中心點。

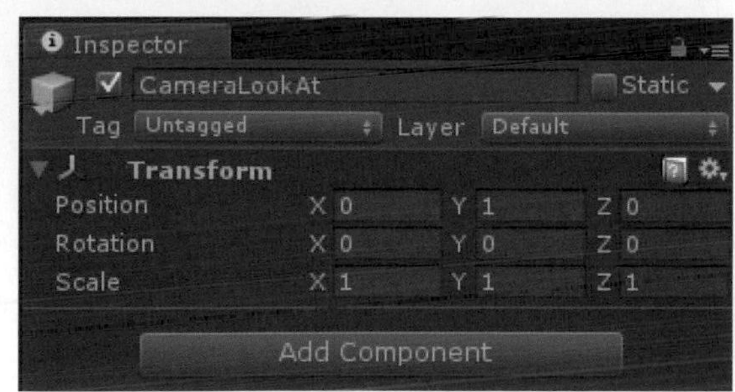

最後再將CameraLookAt物件拖拉至攝影機上的SmoothFollow腳本中的target參數，如下圖所示。

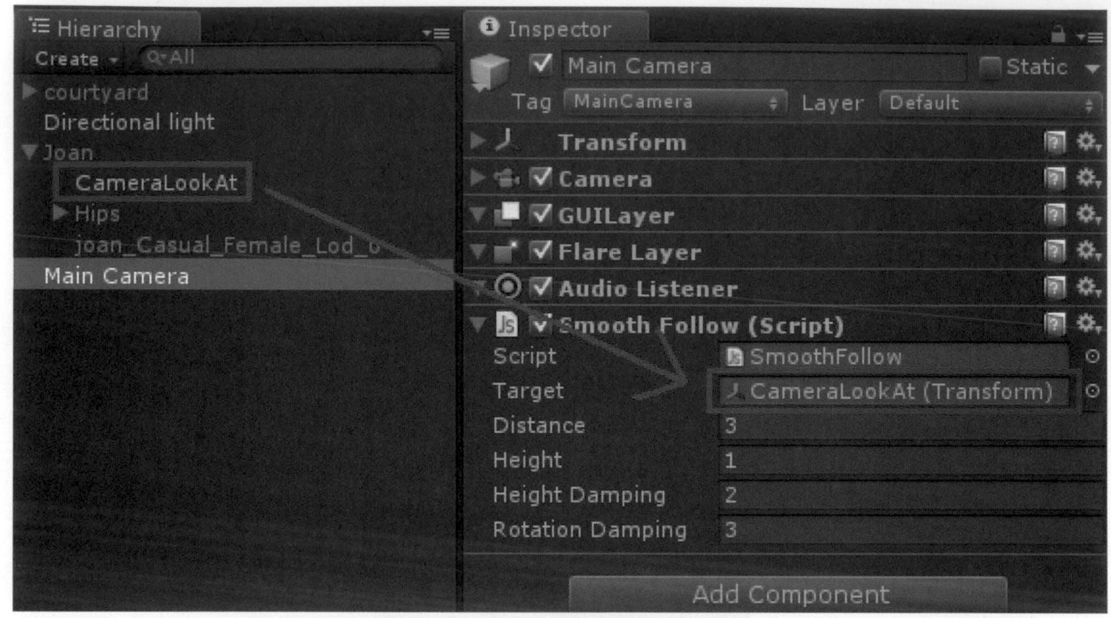

按下執行遊戲就可以看到攝影機的跟隨效果了。

在多次執行跳躍之後，會發現角色模型會漸漸地陷入地板中，這是因爲我們沒有添加角色控制器，讓角色可以與地板互動，就不會產生穿透的效果了，在選擇角色模型的狀態下點擊系統選單Component中的Physics，並選擇Character Controller選項，如下圖所示。

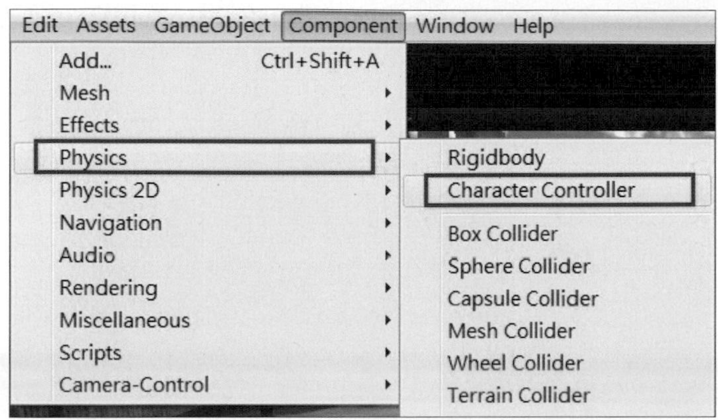

在Inspector視窗會看到新增了一個Character Controller元件，將此元件的Center參數的Y值改爲1，並將Radius的值改爲0.4，如下圖所示。

在Scene視窗裡會看到角色模型被膠囊體包圍著，即為完成設置，此時再次按下執行遊戲鍵角色模型就不會陷入地板了，如下圖所示。

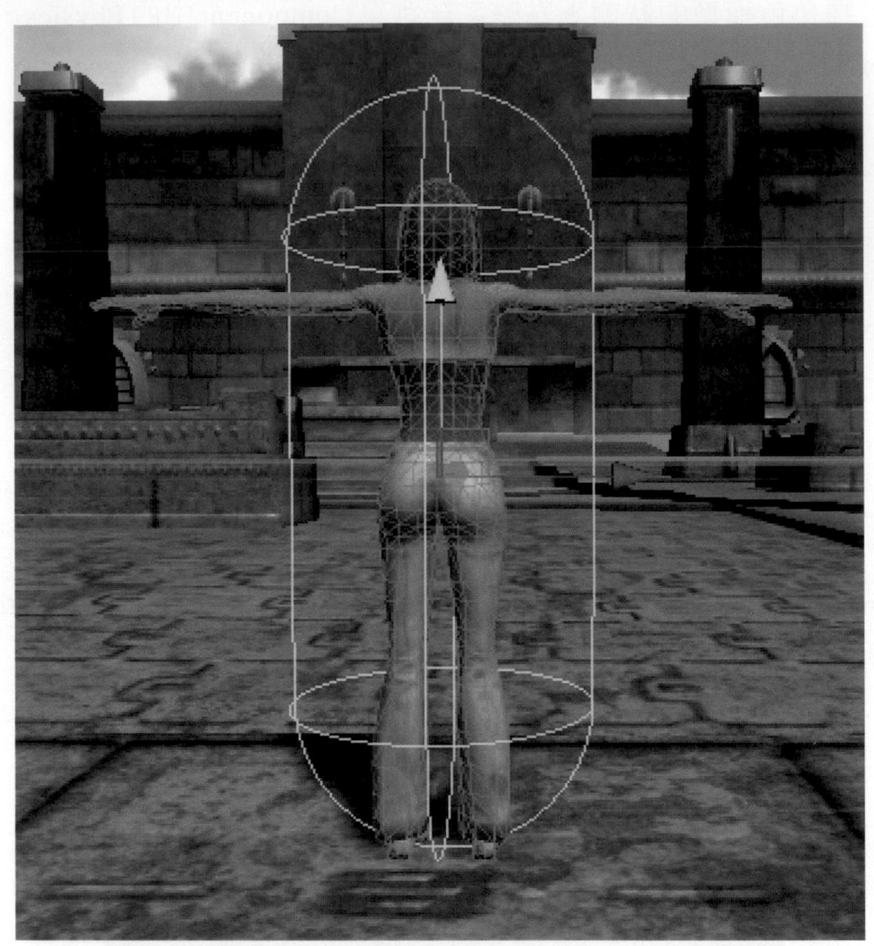

10

Mecanim動畫系統進階應用

作品簡介

在上一範例中，我們可以使角色模型執行各種狀態動畫的切換，例如：前進、後退及跳躍動畫，但只有前進後退動畫是無法使角色模型在場景上流暢活動，所以此範例要探討狀態動畫Blend Tree(混合樹)的應用，Blend Tree可以讓原本只有向前的跑步動畫，成為擁有向前、向前左轉、向前右轉三個跑步動畫的複合動畫，使我們角色模型能在場景上產生流暢的轉彎移動效果。

在許多軟體中，要使角色模型轉彎通常會直接旋轉模型，讓模型在播放前進動畫時，可以朝各個方向前進，在Unity中，我們也可以使用旋轉達成角色模型的轉彎效果，但為了達到更真實的效果，我們會使用左轉彎及右轉彎的動畫，在轉彎時身體會向左或向右傾斜，並且搭配原本的跑步動畫，讓角色的轉彎效果更好。

除了轉彎之外，本範例還要介紹動畫控制器的另一個功能，就是Layer(層)的應用，Layer可以讓身體的某一個部位執行特定動畫，也就是角色模型的每一個部位，並非一定要在同一時間播放同一個動畫，例如某個Layer是使用雙腳跑步同時兩手前後擺動的狀態動畫，而另外一個Layer是使用兩腳站立但是雙手揮舞的狀態動畫，當這兩個Layer同時使用時，我們可以做出角色模型雙腳跑步而雙手揮舞的複合狀態動畫，因此使用多個Layer可以使角色模型從基本狀態動畫中組合成更多不同的狀態動畫。

學習重點

- ✦ 重點一：使用混合樹製作複合狀態動畫。
- ✦ 重點二：使用Layer來組合角色模型的狀態動畫。

重點一 使用混合樹製作複合狀態動畫

在上一範例我們講到狀態切換的概念，也就是由一個狀態動畫切換到另一個狀態動畫，在本範例要說明狀態混合的概念，我們會在混合樹(Blend Tree)裡放置多個狀態動畫，根據玩家給的指令，讓各個類似的狀態動畫有不同的播放比例，此混合樹就為一個複合狀態動畫，在此我們要將跑步的狀態動畫跟向左跑及向右跑的動作成為一個複合狀態動畫。

在Project視窗中開啓Animations資料夾，首先我們需要一個Idle(待機)狀態動畫，可以在Animations資料夾中，找到名為Idles的模型，點擊前方小三角形並搜尋此模型的子物件，當中有一個前方的小圖示為，並且名為Idle的物件，此物件就是我們所需要的動作片段元件，如下圖所示。

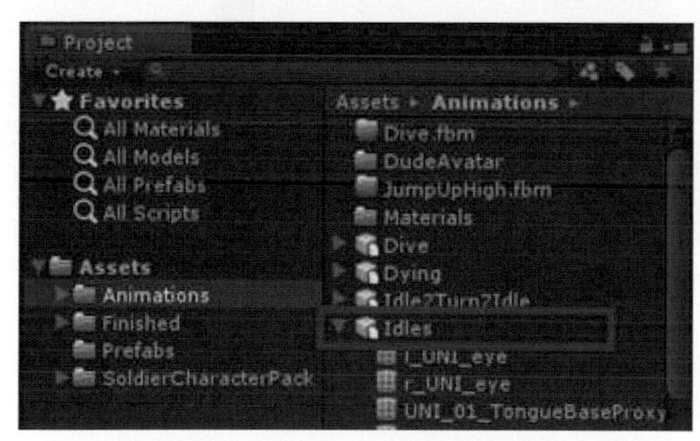

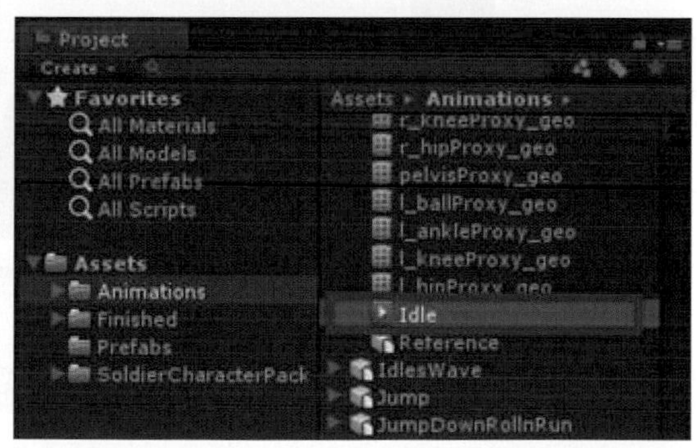

我們可以直接拖拉動畫片段元件至動畫控制器中，使此動畫片段成為我們人形模型的一個新的狀態動畫，如下圖所示。

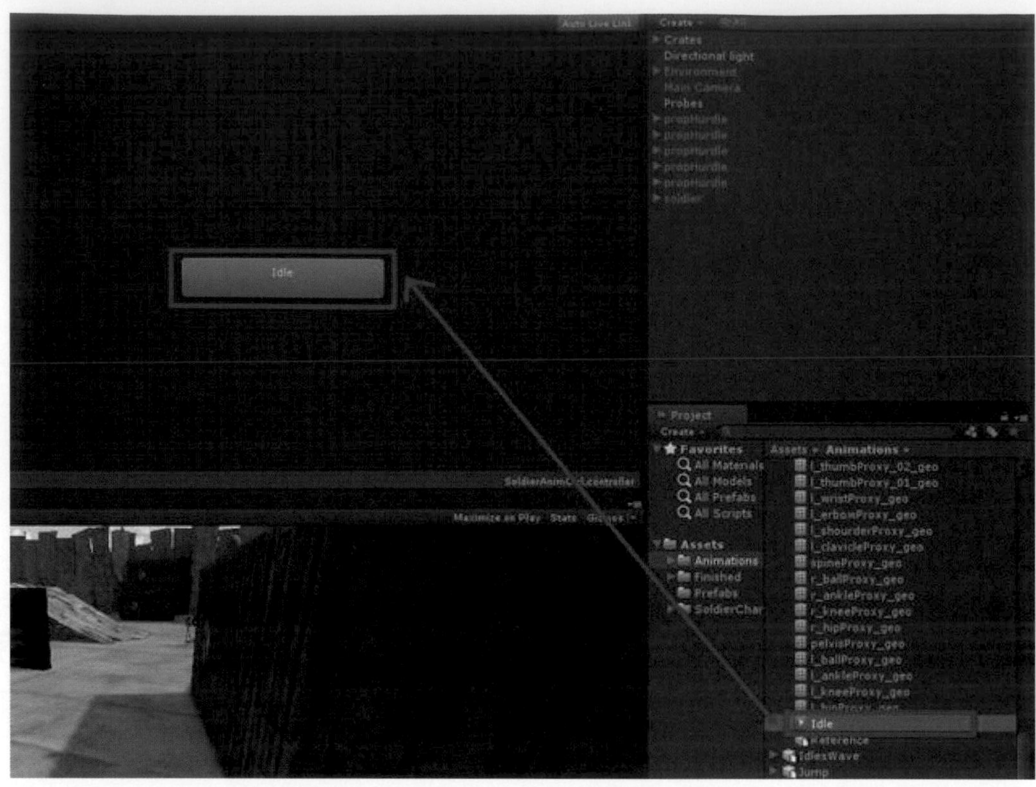

　　接著我們需要創造一個混合樹，並點擊右鍵，並選擇Create State中的From New Blend Tree，創造出的混合樹預設名稱為Blend Tree，如下圖所示。

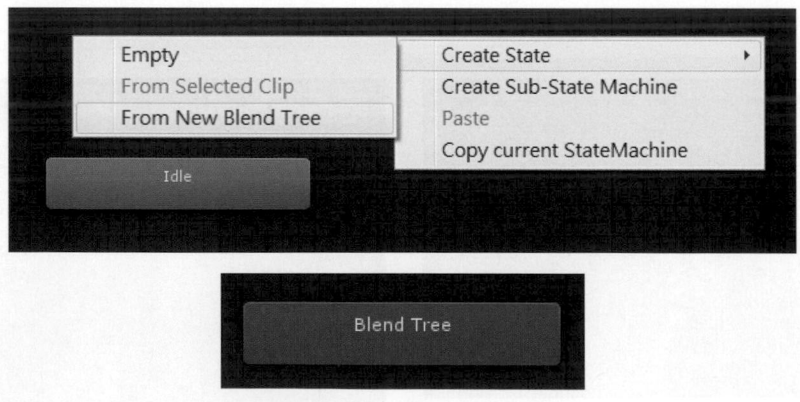

　　在點擊Blend Tree混合樹的狀態下看到Inspector視窗，此視窗與選取一般狀態時相同，將名稱改名為Run，如下圖所示。

建立Run狀態動畫與Idle狀態動畫的切換箭頭，方法為在Idle狀態動畫上點擊右鍵將會跳出選單，選擇Make Transition，如下圖所示。

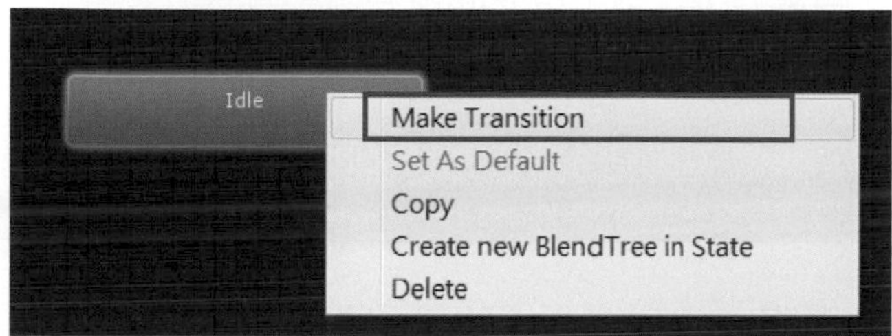

點擊後將會從Idle狀態動畫上延伸出一個箭頭，將滑鼠移置Run狀態動畫上方並點選，就設置完成Idle狀態動畫至Run狀態動畫的切換條件了，如右圖所示。

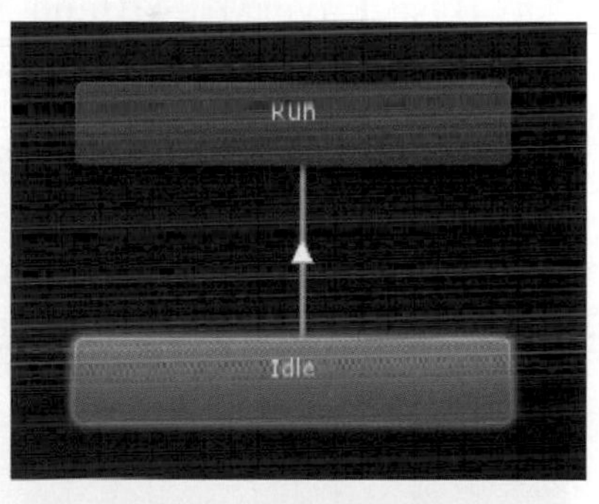

Run狀態動畫至Idle狀態動畫也執行相同的步驟，如右圖所示。

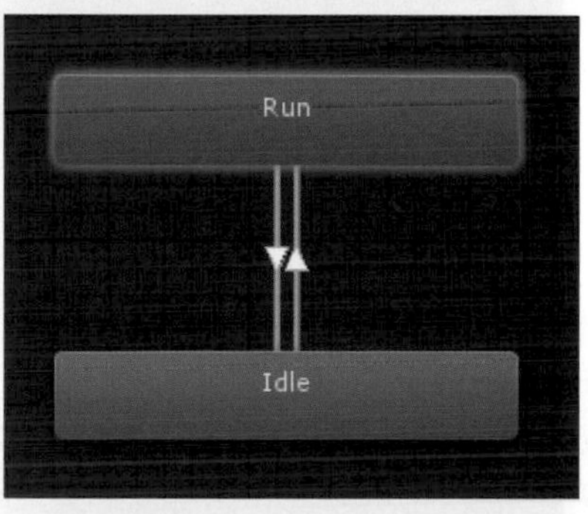

接著新增一個Float(浮點數)參數，名稱為Speed。

點擊Idle狀態動畫至Run狀態動畫的切換條件箭頭，並看到Inspector視窗的Conditions選項，將原本的Exit Time改選爲剛剛所設置的浮點參數Speed，選擇Greater(大於)，並設置數値爲0.1，如下圖所示。

接著選擇Run狀態動畫至Idle狀態動畫的切換條件箭頭，並看到Inspector視窗的Conditions選項，將原本的Exit Time改選爲浮點數Speed，條件選擇Less(小於)，並設置數値爲0.1，如下圖所示。

雙擊Run混合樹將會進到混合樹的設定視窗，在左上角可以看到目前的位置於Base Layer中的Blend Tree，在中間也可以看到Blend Tree混合樹並帶有一個Speed參數値，如下圖所示。

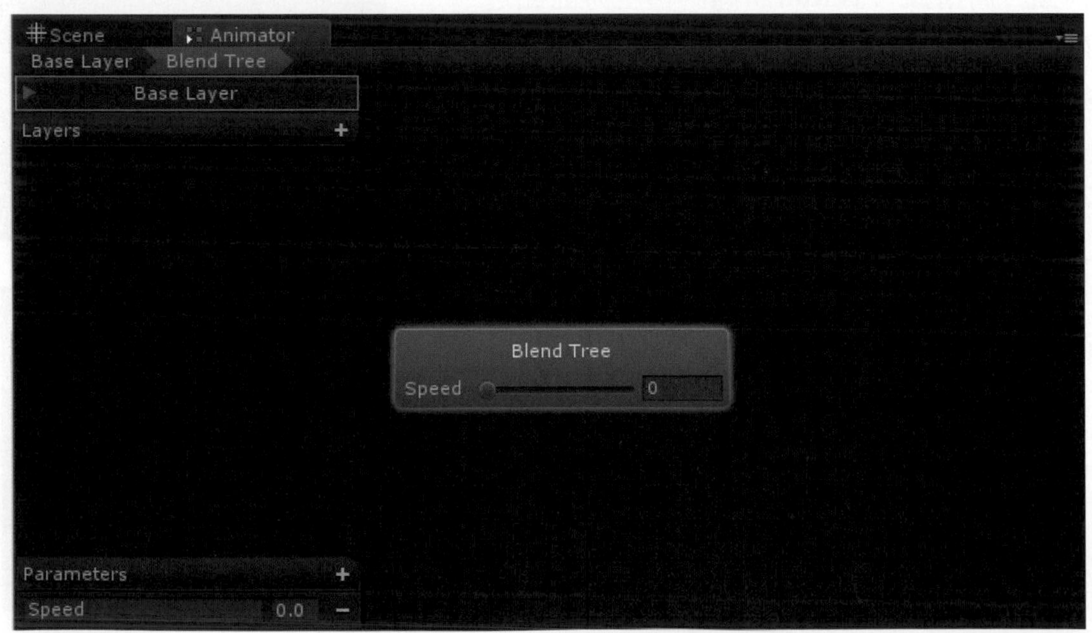

因爲混合樹的內外部名稱是沒有共通的，所以我們點擊Blend Tree混合樹並看到Inspector視窗，將混合樹名字更改爲Run，此時除了混合樹名稱會變更外，左上角的位置名稱也會更改爲Run，如下圖所示。

我們需要在此混合樹內加入左轉跑步、向前跑步、右轉跑步三個動作片段元件，加入的方法是在點選Run混合樹的情況下看到Inspector視窗，下方有個Motion視窗，此視窗可以加入多個動作片段元件，點擊右下角的＋號，我們可以選擇要加入空的狀態動畫或是在加入子Blend Tree，在此我們選擇Add Motion Field選項加入空的狀態動畫，如下圖所示。

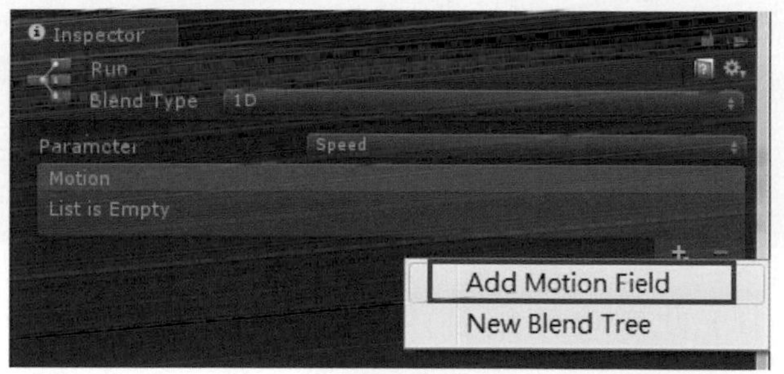

連續執行三次Add Motion Field選項，讓Run混合樹擁有三個空的狀態動畫，如右圖所示。

於Project視窗的Animations資料夾尋找到我們需要的動作片段並一一將其加入，點擊Runs模型，裡面擁有RunLeft、RunRight以及Run三個動作片段元件，先將RunLeft動作片段元件拖拉至最上方的空狀態動畫，接著將Run動作片段元件拖拉至中間的空狀態動畫，最後將RunRight動作片段元件拖拉至下方的空狀態動畫，這裡要注意動作片段元件的順序不能錯誤，如下圖所示。

看到Animator視窗也會發現Run混合樹多了三個子狀態動畫。

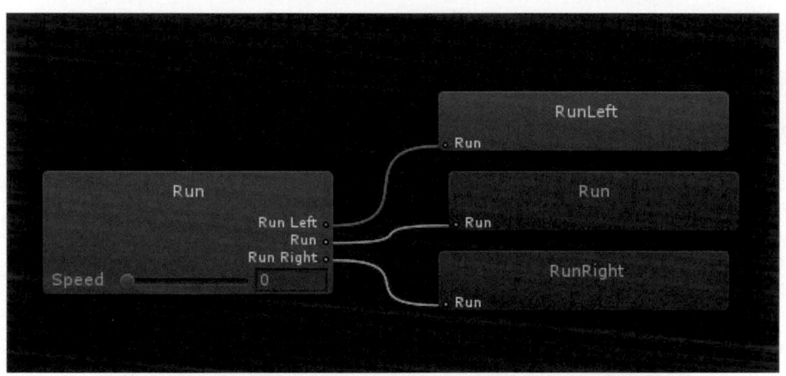

在Input系統中，此處會使用到內建的Horizontal參數，此參數所設定的Positive Button與Negative Button分別為方向鍵左(left)與方向鍵右(Right)，也就是當我們按下方向鍵左及方向鍵右時可以觸發Horizontal參數，如下圖所示。

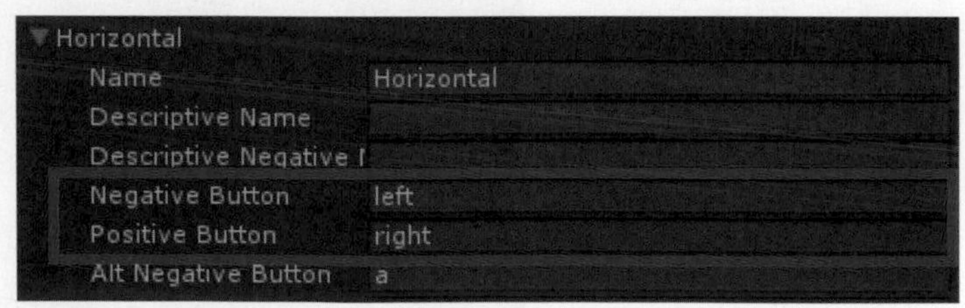

再次看到Inspector視窗，我們要將混合區間從0到1更改成-1到1，使其符合Horizontal參數的區間，點擊混合區間圖示的左下角，將0改爲-1，如下圖所示。

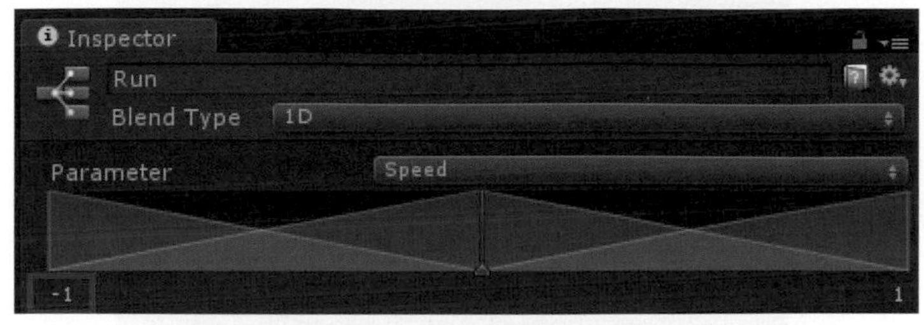

我們將給予此混合樹一個Direction參數，讓混合樹依照此參數播放不同比例的狀態動畫，因爲混合區間爲-1到1，所以當參數爲-1時，將完全播放RunLeft狀態動畫，當參數由-1慢慢接近0時，RunLeft狀態動畫比例將慢慢減少，而Run狀態動畫的比例將慢慢增加，直到0時將完全播放Run狀態動畫，當參數又由0慢慢接近1時，Run狀態動畫比例將慢慢減少，而RunRight狀態動畫的比例將慢慢增加，直到1時將完全播放RunRigh狀態動畫。

接著就來新增這個參數，點選Animator左下角的Paramaters新增Float(浮點數)參數，名稱爲Direction，如下圖所示。

在點擊Run狀態樹的狀態下看到Inspector視窗，將Parameter參數選項改選爲Direction，如下圖所示。

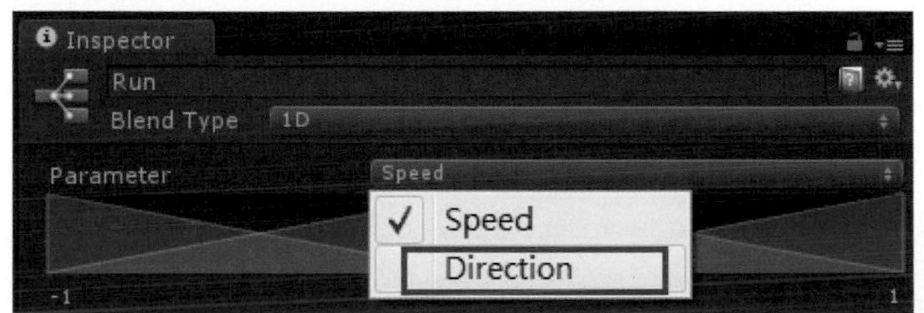

我們也可以在Inspector視窗下方的Preview視窗觀看動畫的混合情形，如下圖所示。

在Preview視窗播放動畫時，可以左右拖動Run狀態樹下方的參數拉條，可瀏覽狀態混合的效果，觀察狀態混合是否流暢，如右圖所示。

按下Animator左上角的Base Layer，可以回到原本的狀態動畫結構圖，如右圖所示。

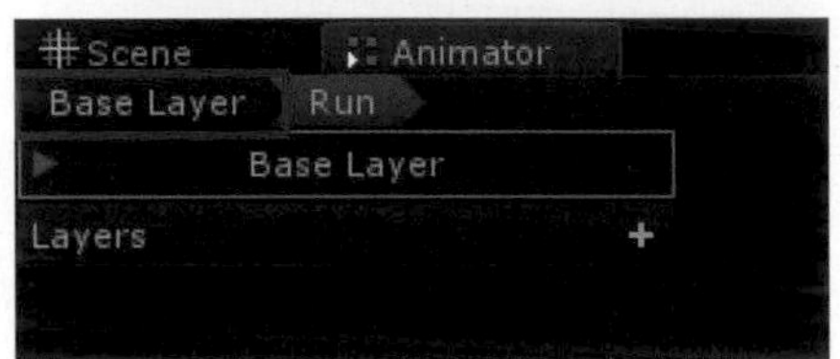

點擊SoldierScript腳本，並開啓Assembly面板撰寫程式碼，我們可以使用Input系統裡的Horizontal參數，給予Animator Controller裡的Direction參數一個值，並達到左右轉彎的效果，詳細指令如下圖所示。

```
using UnityEngine;
using System.Collections;

public class SoldierScript : MonoBehaviour {

    private Animator anim;

    void Start ()
    {
        anim = GetComponent<Animator>();
    }

    void Update ()
    {
        float v = Input.GetAxis("Vertical");
        float h = Input.GetAxis ("Horizontal");
        anim.SetFloat("Speed", v);
        anim.SetFloat("Direction", h);
    }
}

```

- **第6行**：新增變數anim，用來儲存Animator元件。
- **第10行**：將模型的Animator元件儲存到anim中。
- **第15行**：新增浮點數v，用來得到Input中的Vertical參數，Input.GetAxis指令可以得到正負軸向的值。
- **第16行**：新增浮點數h，用來得到Input中的Horizontal參數，Input.GetAxis指令可以得到正負軸向的值。
- **第17行**：設定Animator Controller中的Speed參數，數值爲v，也就是Input中的Vertical參數的數值。
- **第18行**：設定Animator Controller中的Direction參數，數值爲h，也就是Input中的Horizontal參數的數值。

撰寫完指令後，在Assembly面板按下Ctrl+S儲存SoldierScript腳本，回到Unity場景中並執行遊戲，可以看到角色模型可以順利的左右轉彎了，並且在轉彎時會播放身體微微傾斜的動畫，如下圖所示。

重點二 使用Layer來組合角色模型的狀態動畫

當角色模型已經可以流暢的在場景上奔跑了，並且在轉彎上都不會遇到問題，我們是否可以爲角色模型加入額外的狀態動畫，如攻擊，揮手…等，而且執行這些動畫的時候，又不希望目前播放的跑步或是待機狀態動畫會被中斷，也就是想要在播放跑步與待機狀態動畫時，同時可以播放揮手動畫，此時我們就需要用到Animator中的Layer來達成此效果。

在此，我們先說明Layer的基本觀念，Animator創建出來後，一開始會有一個預設Base Layer，我們的人物模型會完全遵照著Base Layer中的狀態動畫結構播放動畫，假設我們的Base Layer是擁有待機與跑步的狀態動畫結構，如下圖所示。

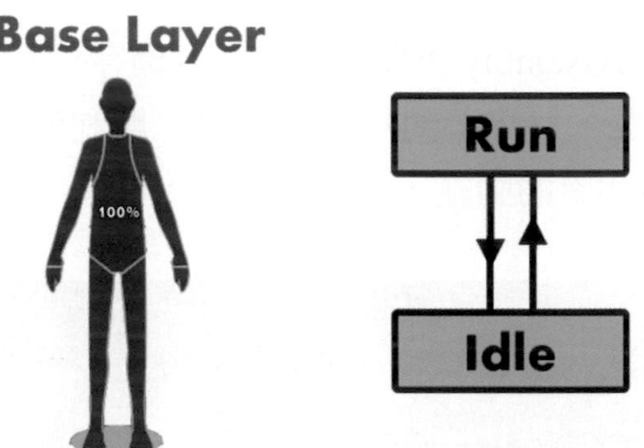

接著我們新增一個新的Layer，名稱爲Right Arm Layer，在此Layer加入Wave(揮手)狀態動畫，而此Layer有只擁有Wave(揮手)一個狀態動畫，除了Base Layer以外，新增的Layer有許多參數可以調整，其中有個Weight(權重)參數，若此參數爲0時，則此Layer的所有狀態動畫將不會影響到Base Layer的狀態動畫結構，我們先將新增的Right Arm Layer的權重設爲0，如下圖所示。

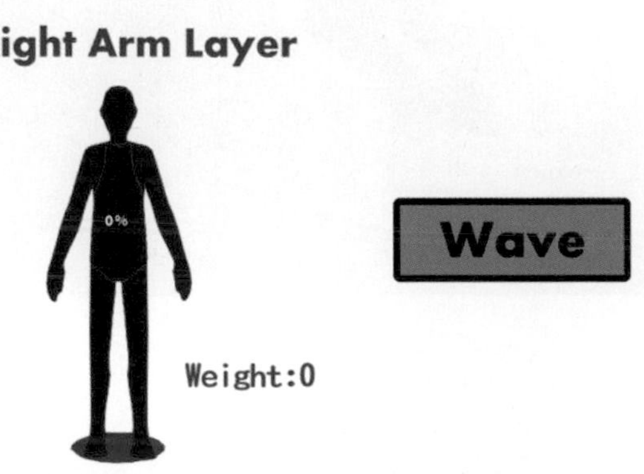

反過來，若是我們將此Right Arm Layer的Weight參數調整至1，此時人物模型會播放此Layer的狀態動畫，也就是播放揮手動作，在這同時Base Layer的權重比例將會自動變成0，因此將不會播放原本的待機與跑步狀態動畫。

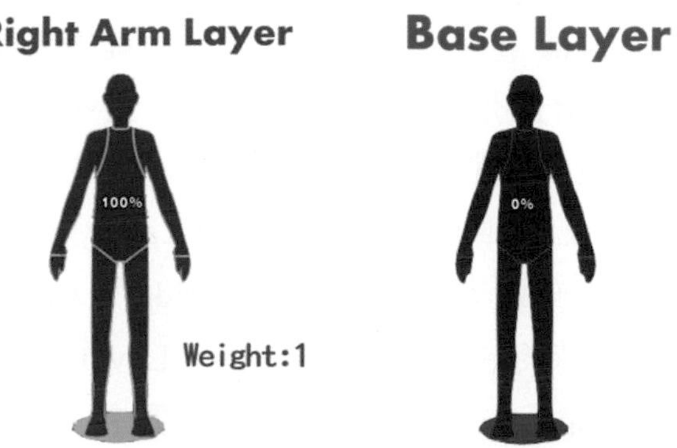

若是我們想要在可以播放Base Layer中的待機及跑步動畫的情況下，也會播放Right Arm Layer中的揮手動畫，我們可以使用Avatar Mask元件，將Right Arm Layer所播放的狀態動畫限制在右手，此時Right Arm Layer雖然權重爲1，但只有右手的動畫會套用到角色模型上，而其他沒有被Avatar Mask限制的部位，則爲視爲權重爲0，此時可發現Base Layer中除了右手外，其他的部位都會播放原本所擁有的狀態動畫，如下圖所示。

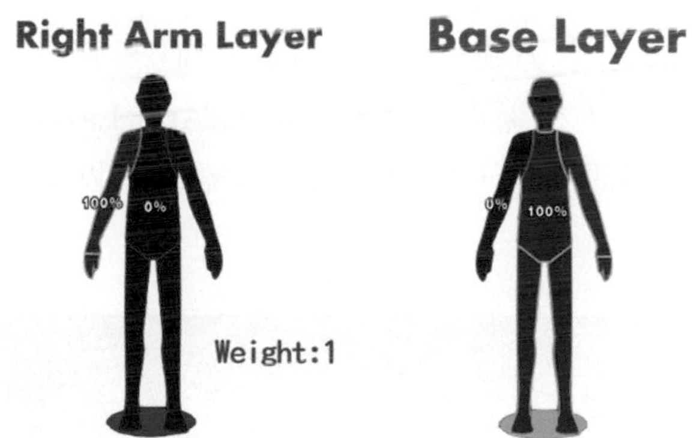

我們了解Layer的動作播放概念後，來實際操作看看。開啓Animator視窗，可在左上角看到Base Layer，這爲此Animator的基礎層，在沒有新增Layer前，我們所有的狀態動畫都是在此Base Layer上建立的，接著我們可以創造數個新的Layer來達成動畫覆蓋的效果，點選Layers後方的＋號來新增Layer，如下圖所示。

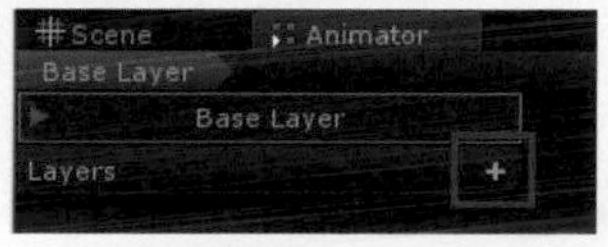

可以看到Base Layer下方多出一個New Layer，並且此Layer擁有許多參數，我們先將Layer的Name參數命名爲Right Arm Layer，因爲待會要使用此Layer控制角色模型的右手，新增參數後會出現Right Arm Layer設定面板，面板中有六個參數分別是Weight、Mask、Blending、Sync、Timing、IK Pass。Weight參數爲此Layer的權重，用來調整此Layer裡面動畫所應用在角色模型身上的比例，當Weight值是0時，角色模型完全不受此Layer動畫影響；Weight值是1，則爲角色模型將會完整播放此Layer中的動畫。Mask參數中可以給予一個AvatarMask物件，使系統控制此Layer只播放角色模型身體某一部分的動畫。Blending參數有兩個選項Override與Additive，選擇Override時，此Layer在播放動畫時將會完全覆蓋掉Base Layer中相同部位的動畫，選擇Additive時，則會與Base Layer中相同部位的動畫進行相加運算後顯示。Sync、Timing、IK Pass參數本範例並不會使用，所以暫不說明，如下圖所示。

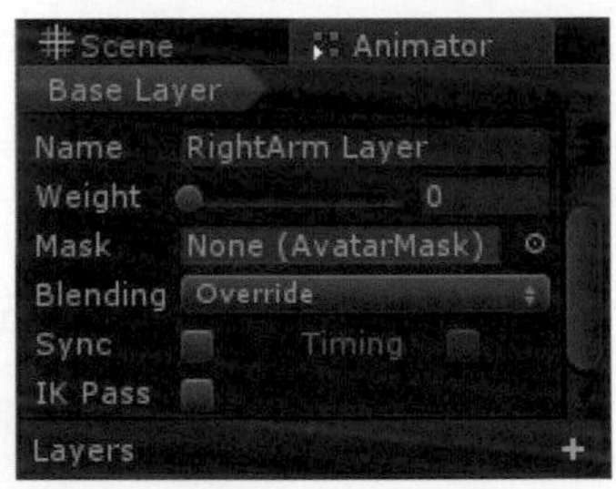

點選此Layer，於左上方確認目前所在位置，若我們有確實點選到RightArm Layer，則左上方標籤也會變更爲RightArm Layer，而Animator視窗畫面也會變成Layer的預設狀態，整個畫面上只擁有一個Any State狀態動畫，如下圖所示。

我們需要在這個狀態上新增所需要的揮手動畫，在Project視窗中開啓Animations資料夾，並找到IdleWave模型，將裡面的動作片段拖拉至Animatior，使其成爲一個狀態動畫，如下圖所示。

我們將此Layer的Weight參數調至1，讓此Animator完全播放此動畫，如下圖所示。

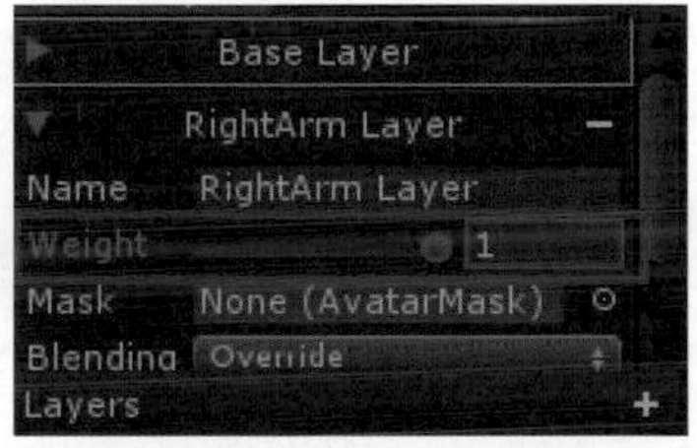

此時按下遊戲執行按鈕，可看到角色模型持續的播放揮手動畫。

我們試著按下方向鍵，發現之前設置的跑步後退及跳躍動畫全都無法播放了，這是因爲新增的Right Arm Layer之中的揮手狀態動畫，已經完全覆蓋掉Base Layer的所有狀態動畫了，但我們想要的是讓兩個Layer的動畫都可以一起播放，這時就需要使用到AvatarMask了。

在Project視窗內點擊右鍵，選擇Create中的Avatar Mask新增元件，如下圖所示。

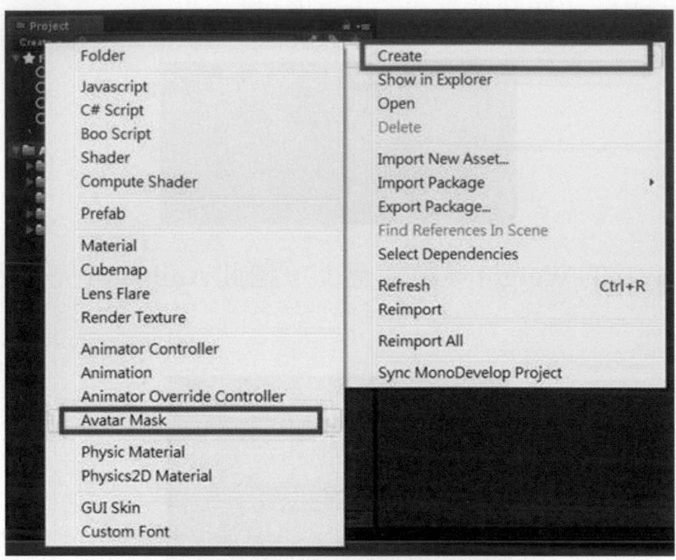

將此元件命名爲RightArmMask，如下圖所示。

在點擊RightArmMask元件的情況下看到Inspector視窗，裡面擁有兩個選項Humanoid與Transform，打開Humanoid選項，可看到類似於Avatar的人形圖示，除了右手以外的部位，我們都將它點擊成紅色，其他選項維持預設即可，如右圖所示。

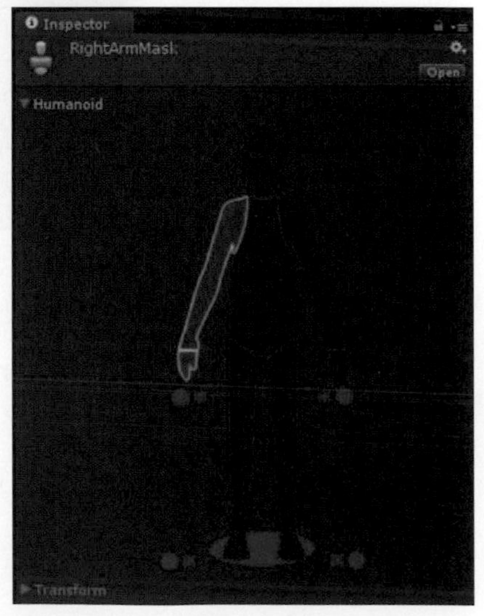

此時回到Animator視窗，並選擇RightArm Layer中的Mask參數後方的小圓圈，如下圖所示。

此將會跳出Select AvatarMask視窗，我們選擇剛剛所新增的RightArmMask元件，如下圖所示。

可再次按下遊戲執行按鈕，就會發現揮手動畫可以與原本Base Layer裡的所有動畫同時存在了。

接著我們並不想讓揮手動畫從頭到尾都一直播放，而是在我們需要此動畫時才播放即可，所以我們可以稍加設定Right Arm Layer的狀態動畫結構，回到Animator視窗，在Right Arm Layer中點擊右鍵，選擇Caeate State中的Empty，新增一個空的狀態動畫，如下圖所示。

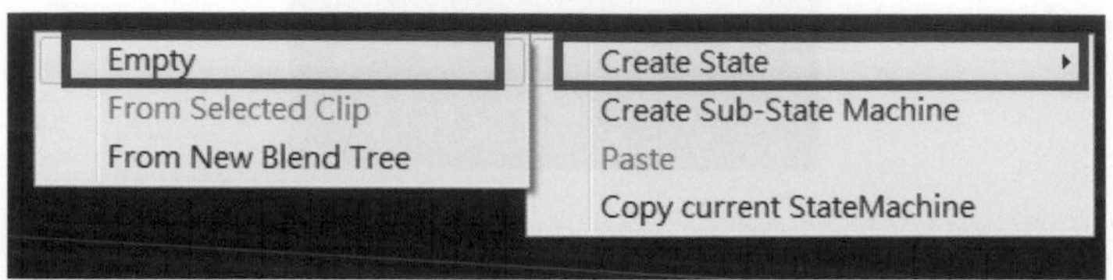

將此狀態動畫命名爲Empty State，也就是此狀態動畫中不會包含有任何動作片段元件，如下圖所示。

我們可以使Right Arm Layer在遊戲開始時播放Empty State狀態動畫，因爲此狀態動畫是空的，所以並不會影響到Base Layer裡的狀態動畫播放，而在需要揮手動畫的時後，再使用狀態切換將Empty State狀態動畫切換至Wave狀態動畫，因此我們先將Empty State設爲Right Arm Layer的預設狀態動畫，此時在Empty State上點選右鍵，並選擇Set As Default，如下圖所示。

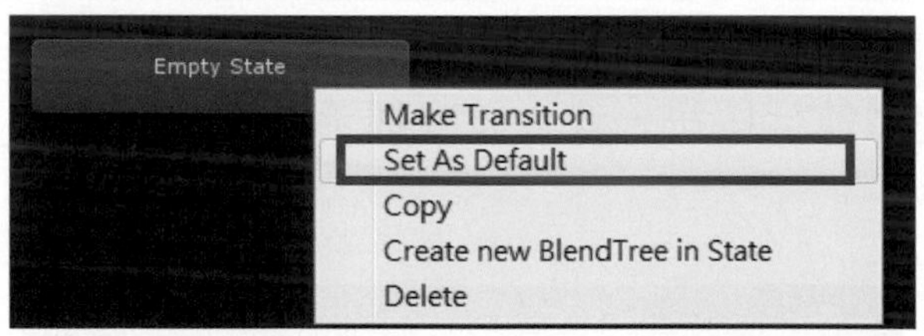

接著再次點選右鍵，選擇Make Transition，建立兩個狀態動畫之間的切換條件箭頭，如下圖所示。

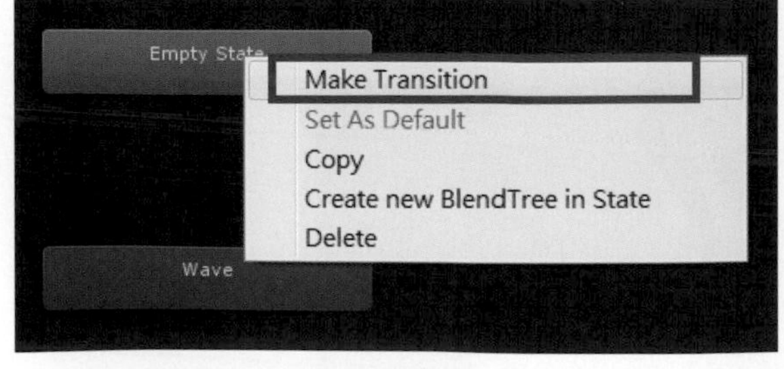

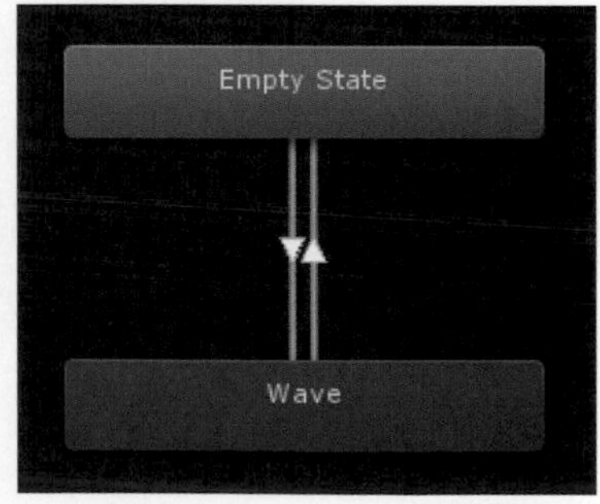

如同之前建立狀態動畫切換的方法，我們也要新增一個參數來控制兩個狀態動畫間的切換，點選Parameters右上方的＋號，新增Bool參數，並將此參數命名為Wave，如下圖所示。

點擊Empty State狀態動畫至Wave狀態動畫的切換條件箭頭，並設定Conditions選項使用Wave參數，值為true，也就是當此參數被切換成true時將會播放揮手動畫，如下圖所示。

點擊Wave狀態動畫至Empty State狀態動畫的切換條件箭頭，並設定Conditions選項使用Wave參數，值為false，也就是當此參數被切換成false時將會停止播放揮手動畫，如下圖所示。

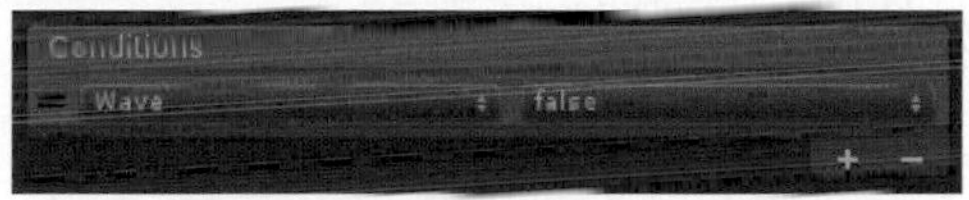

點擊SoldierScript腳本，並開啓Assembly面板撰寫程式碼，我們可以再次使用Input系統裡的參數，Fire2參數可以讓我們在按下滑鼠右鍵時，給予一個正值，詳細指令如下圖所示。

```
using UnityEngine;
using System.Collections;

public class SoldierScript : MonoBehaviour {

    private Animator anim;

    void Start ()
    {
        anim = GetComponent<Animator>();
    }

    void Update ()
    {
        float v = Input.GetAxis("Vertical");
        float h = Input.GetAxis ("Horizontal");
        anim.SetFloat("Speed", v);
        anim.SetFloat("Direction", h);

        if (Input.GetButtonDown ("Fire2"))
        {
            anim.SetBool("Wave", !anim.GetBool("Wave") );
        }
    }
}
```

- **第20行：**if判斷式中接收Input中的Fire2參數，當此值爲true時，則會執行判斷式中的內容，Input.GetButtonDown指令爲若按下此鍵則傳送一個true值。

- **第22行：**若我們按下滑鼠右鍵，則會設定Animator裡的Wave參數爲原本Wave參數值的相反，也就是true變爲false，false變爲true。

撰寫完指令後，在Assembly面板按下Ctrl+S儲存SoldierScript腳本，回到Unity場景中並執行遊戲，當我們按下滑鼠右鍵時，角色模型會持續播放揮手動畫，且並不影響前進後退及跳躍動作，當我們再次按下滑鼠右鍵時，則揮手動畫將會停止播放。

範例實作與詳細解說

- **步驟一：**建立動畫控制器並設置所有狀態動畫。
- **步驟二：**新增Layer並加入動作片段元件。
- **步驟三：**加入Avatar Mask與修改腳本。
- **步驟四：**使用混合樹執行複合狀態動畫。

步驟一、建立動畫控制器並設置所有狀態動畫

首先打開Lesson10(practice)練習檔，並開啓Scene場景，此練習檔中包含了人物模型，此模型已先加入場景中，並在攝影機上加入跟隨主角腳本，此外練習檔還提供了大量的動作片段，接著進入到時做的部分，我們先創造一個動畫控制器，在Project視窗中的空白處點選右鍵，並選擇Create選項中的Animator Controller選項建立動畫控制器，如下圖所示。

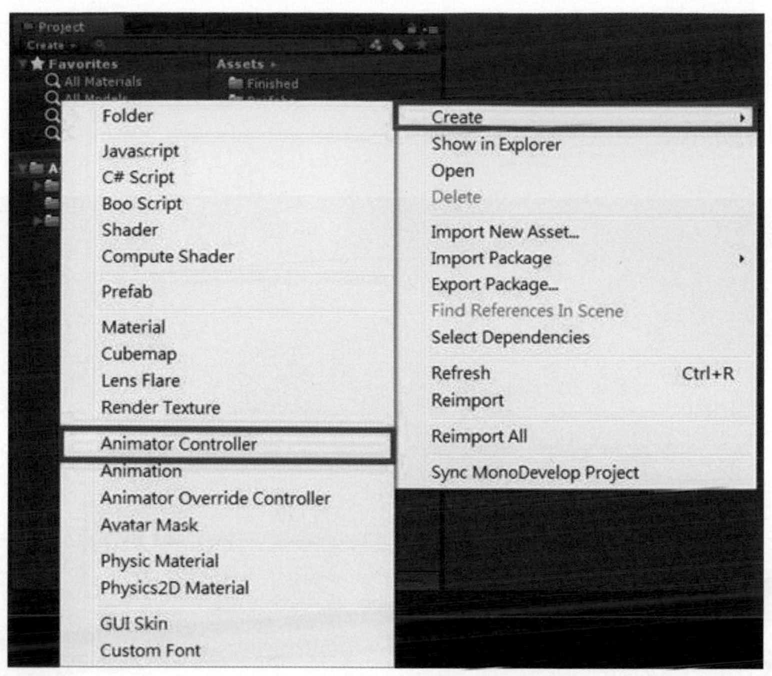

我們將此動畫控制器命名爲CarlAnimCtrl，如下圖所示。

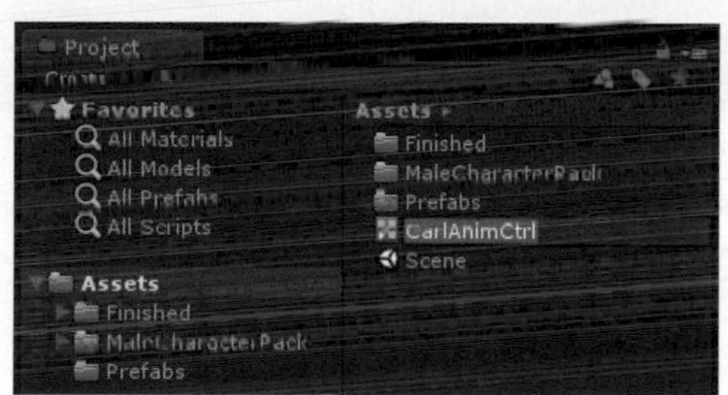

雙擊動畫控制器，將會自動開啓Animator視窗於左上角，並擁有一個預設狀態Any State，我們將使用此視窗製作角色模型所需要的狀態動畫結構。

我們先打開Animations資料夾裡的Idles模型，點選模型前方的小三小型，之中有一個Idle動作片段將其拉至動畫控制器中，使此動畫片段成為一個狀態，如下圖所示。

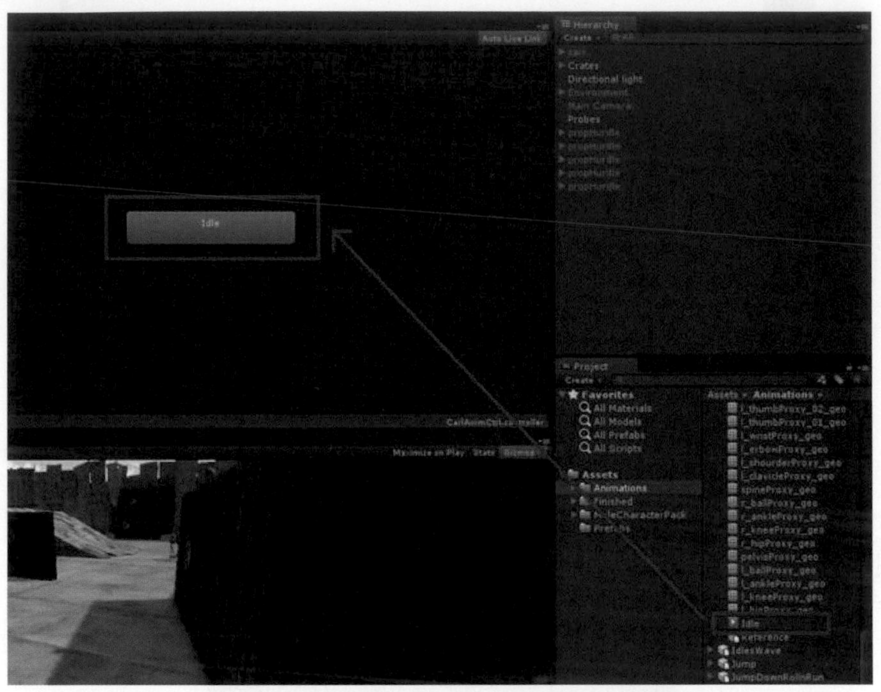

當動畫控制器裡的Idle狀態動畫加入之後，切換回Scene視窗，並選擇場景裡的角色模型，在Inspector視窗裡，Animator元件的Controller參數還未設定，我們可以為此元件加入剛剛設置好的動畫控制器了，點選Controller參數後方的小圓圈，如下圖所示。

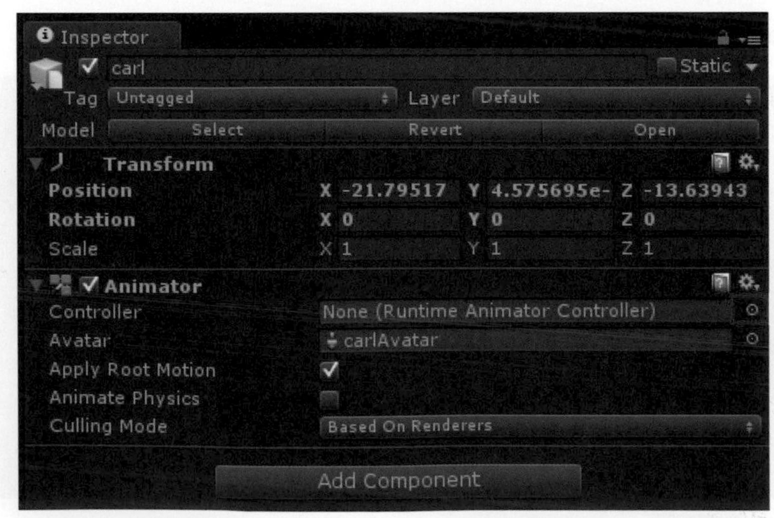

之後將會跳出一個Select RuntimeAnimatorController視窗，並選擇Assets選項，找到CarlAnimCtrl並雙擊選擇，如下圖所示。

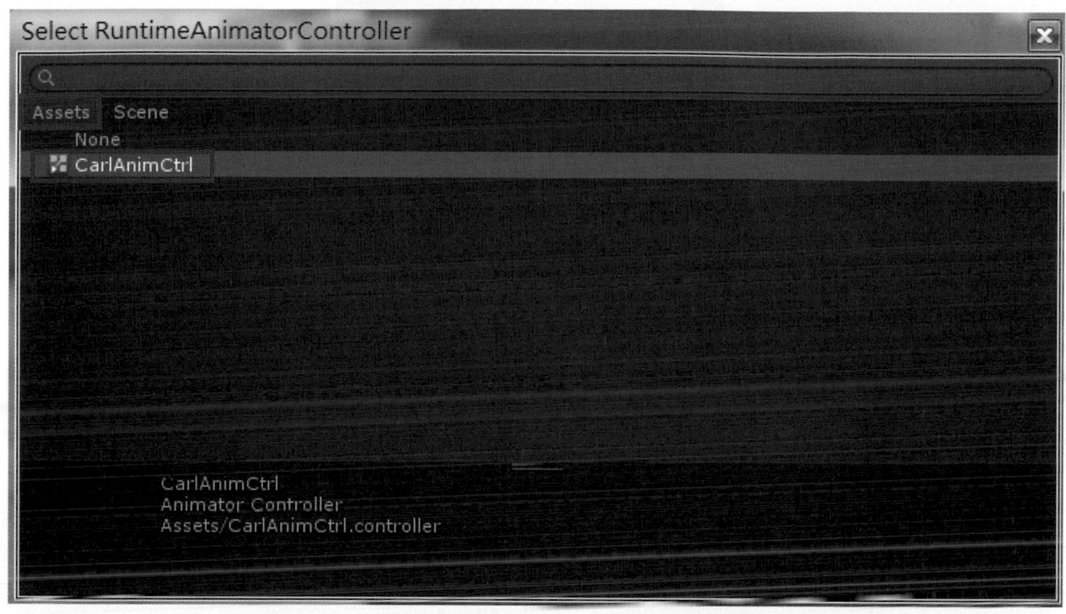

接著回到Animator視窗來創造跑步的複合狀態動畫，在畫面上點擊右鍵，並選擇Create State中的From New Blend Tree，創造出的混合樹預設名稱爲Blend Tree，並將名稱改名爲Run，如下圖所示。

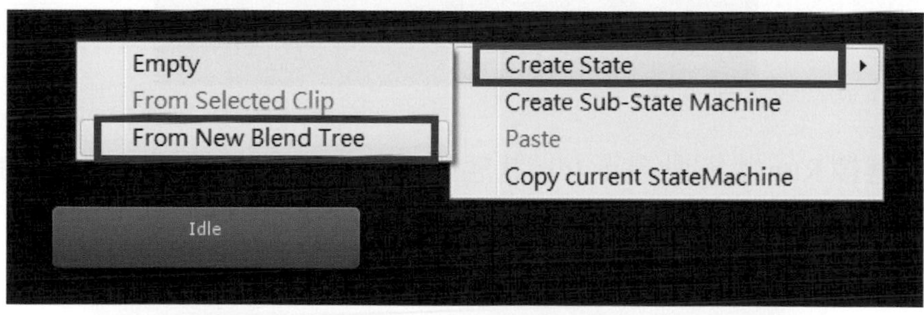

建立Run狀態動畫與Idle狀態動畫的切換箭頭，如下圖所示。

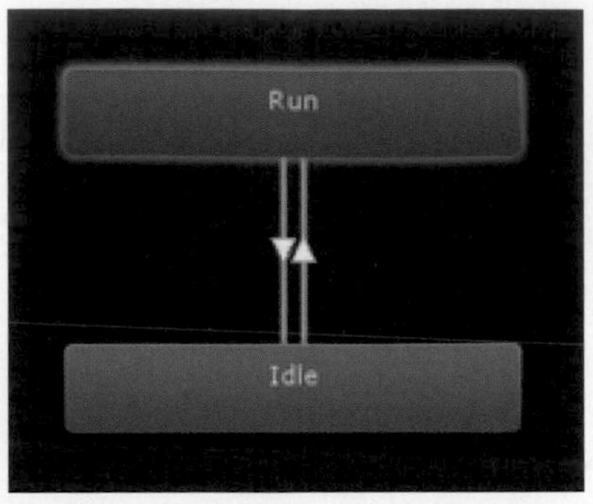

接著新增一個參數，點選Parameters右上方的＋號，新增float參數，並將此參數命名爲Speed，如下圖所示。

點擊Idle狀態動畫至Run狀態動畫的切換條件箭頭，並看到Inspector視窗的Conditions選項，將原本的Exit Time改選爲剛剛所設置的浮點參數Speed，選擇Greater(大於)，並設置數値爲0.1，如下圖所示。

接著選擇Run狀態動畫至Idle狀態動畫的切換條件箭頭，並看到Inspector視窗的Conditions選項，將原本的Exit Time改選爲浮點數Speed，條件選擇Less(小於)，並設置數値爲0.1，如下圖所示。

雙擊Run 混合樹將會進到混合樹的設定視窗，將內部混合樹名字也更改爲Run，此時除了混合樹名稱會變更外，左上角的位置名稱也會更改爲Run，如下圖所示。

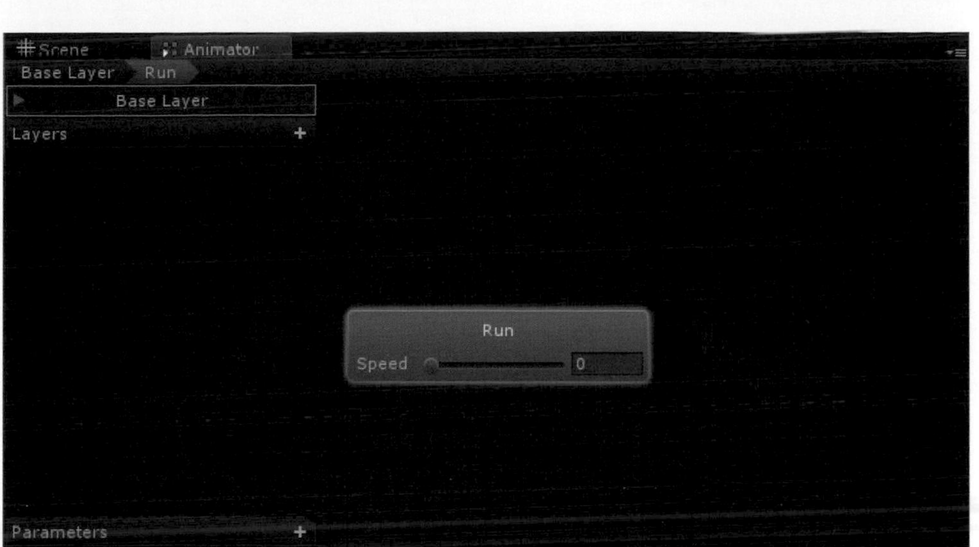

我們需要在此混合樹內加入左轉跑步、向前跑步、右轉跑步三個動作片段元件，加入的方法是在點選Run混合樹的情況下看到Inspector視窗，下方有個Motion視窗，此視窗可以加入多個動作片段元件，點擊右下角的＋號，我們可以選擇要加入空的狀態動畫或是在加入子Blend Tree，在此我們選擇Add Motion Field選項加入空的狀態動畫，如下圖所示。

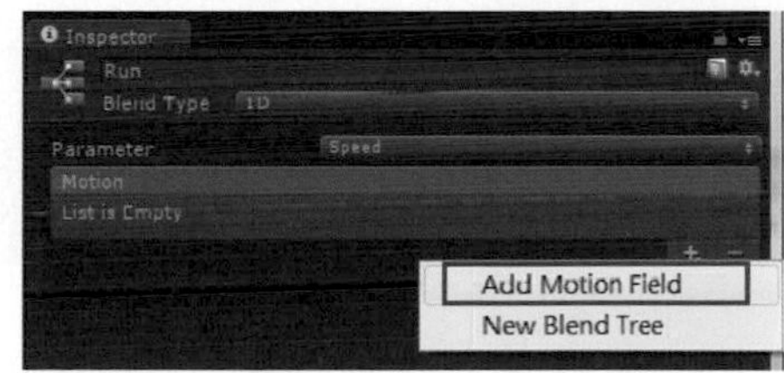

連續執行三次Add Motion Field選項，讓Run混合樹擁有三個空的狀態動畫，如下圖所示。

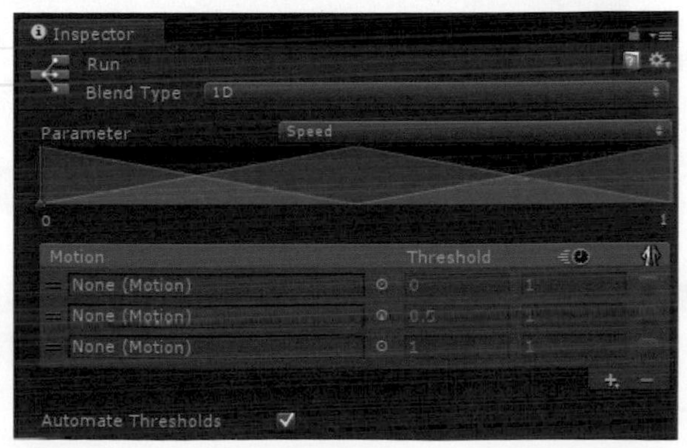

於Project視窗的Animations資料夾尋找到我們需要的動作片段並一一將其加入，點擊Runs模型，裡面擁有RunLeft、RunRight以及Run三個動作片段元件，先將RunLeft動作片段元件拖拉至最上方的空狀態動畫，接著將Run動作片段元件拖拉至中間的空狀態動畫，最後將RunRight動作片段元件拖拉至下方的空狀態動畫，這裡要注意動作片段元件的順序不能錯誤，如下圖所示。

看到Animator視窗也會發現Run混合樹多了三個子狀態動畫。

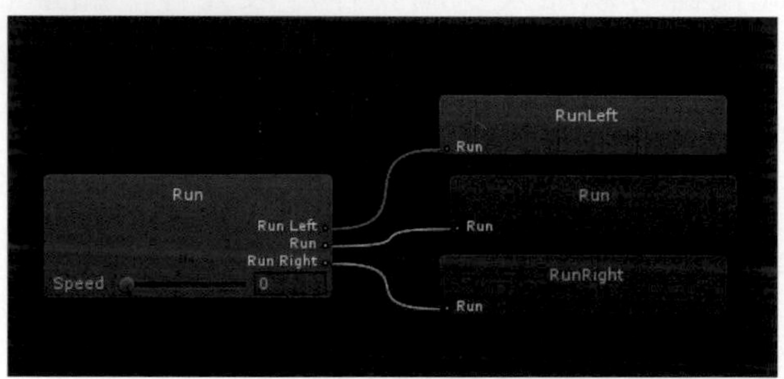

在Input系統中，此處會使用到內建的Horizontal參數，此參數所設定的Positive Button與Negative Button分別爲方向鍵左(left)與方向鍵右(right)，也就是當我們按下方向鍵左及方向鍵右時可以觸發Horizontal參數，如下圖所示。

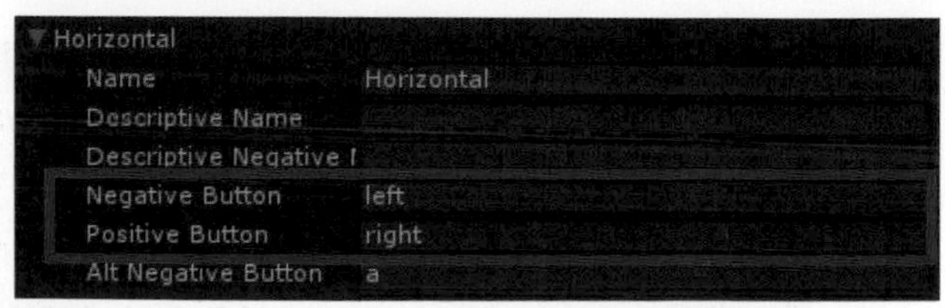

在點擊Run狀態樹的狀態下看到Inspector視窗，我們要將混合區間從0到1更改成-1到1，使其符合Horizontal參數的區間，點擊混合區間圖示的左下角，將0改爲-1，如下圖所示。

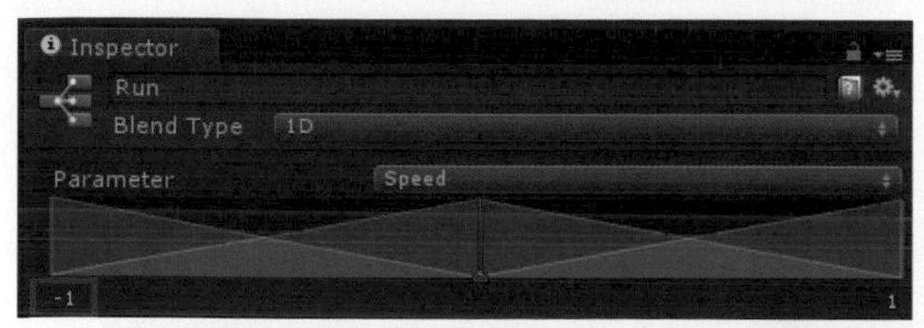

接著新增一個新的參數，點選Animator左下角的Paramaters新增Float(浮點數)參數，名稱爲Direction，如右圖所示。

再回到Inspector視窗，將Parameter參數選項改選爲Direction，如右圖所示。

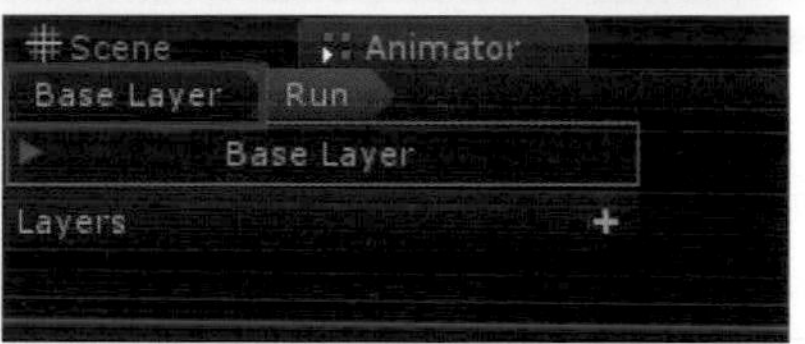

按下Animator左上角的Base Layer，可以回到原本的狀態動畫結構圖，如右圖所示。

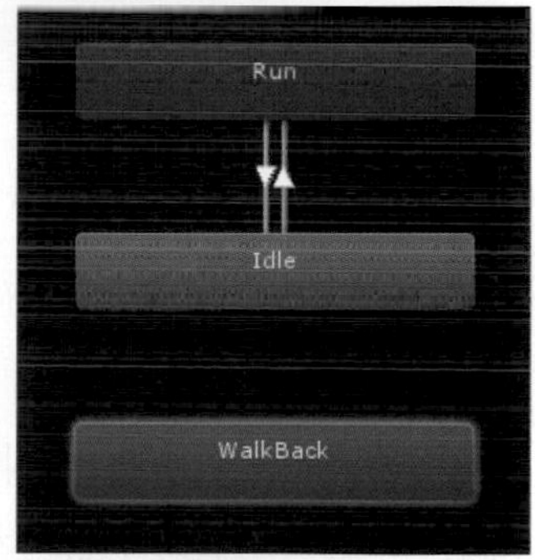

接著我們再新增一個後退的混合樹，名稱爲WalkBack，方法都與Run混合樹相同，如右圖所示。

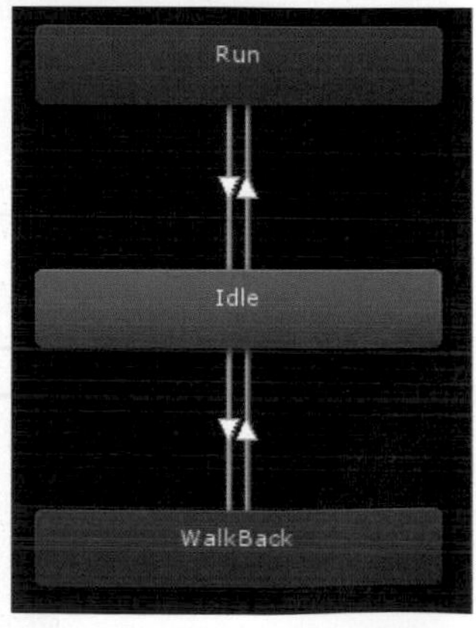

接著我們也把WalkBack混合樹與Idle狀態動畫互相新增切換條件，如右圖所示。

（由Idle狀態動畫至WalkBack混合樹的切換條件）

（由WalkBack混合樹至Idle狀態動畫的切換條件）

雙擊WalkBack 混合樹進到混合樹的設定視窗，將內部混合樹名字也更改爲WalkBack如下圖所示。

我們需要在此混合樹內加入左轉後退、直線後退、右轉後退三個動作片段元件，於Inspector視窗下方的Motion視窗，加入三個空的狀態動畫，如右圖所示。

於Project視窗的Animations資料夾尋找到我們需要的動作片段並一一將其加入，點擊WalkBack模型，裡面擁有WalkBack動作片段元件，將其拖拉至中間的空狀態動畫，接著點擊WalkBackTurn模型，裡面擁有WalkBackTurnRight及WalkBackTurnLeft兩個動作片段元件，將WalkBackTurnLeft動作片段元件拖拉至最上方的空狀態動畫，將WalkBackTurnRight動作片段元件拖拉至最下方的空狀態動畫，這裡要注意動作片段元件的順序不能錯誤，如下圖所示。

接著將混合區間從0到1更改成-1到1，使其符合Horizontal參數的區間，點擊混合區間圖示的左下角，將0改爲-1，並將Parameter參數選項改選爲Direction，如下圖所示。

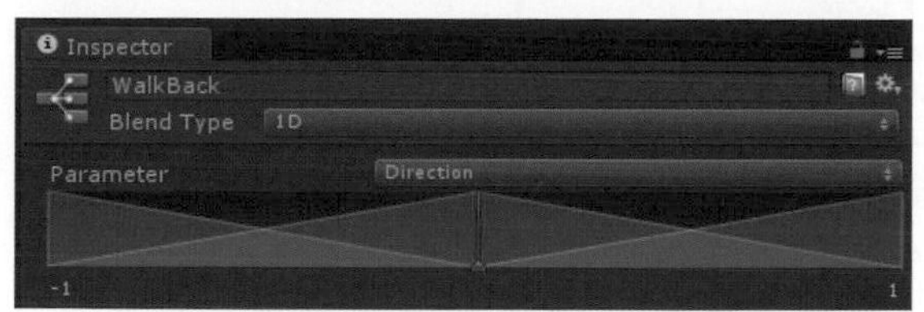

回到Base Layer，新增Jump狀態動畫，並新增Run混合樹與Jump狀態動畫間的切換條件，此時先在Animator Controller中心新增一個Bool變數Jump，接著調整Run混合樹至Jump狀態動畫的切換條件，Jump狀態動畫至Run混合樹的切換條件則維持預設即可，如下圖所示。

（由Run混合樹至Jump狀態動畫的切換條件）

這就是由Idle狀態動畫、Run混合樹、WalkBack混合樹、Jump狀態動畫所製作成的狀態動畫結構，如下圖所示。

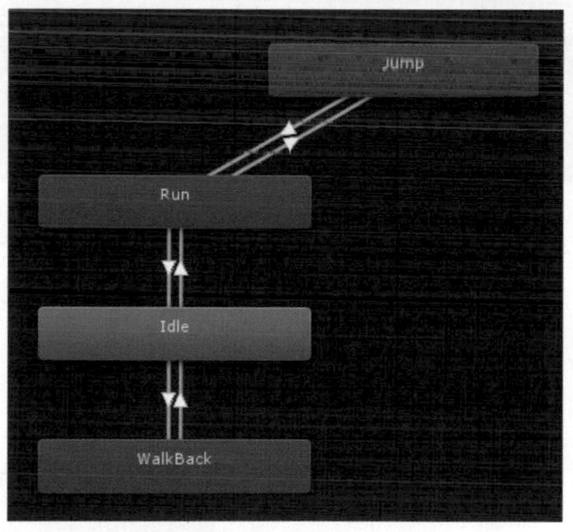

我們需要撰寫腳本使用Input系統來改變Animator Controller裡的Speed參數，進而觸發過渡條件，在Project視窗中的空白處點選右鍵，並選擇Create選項中的C# Script選項建立C#腳本，如下圖所示。

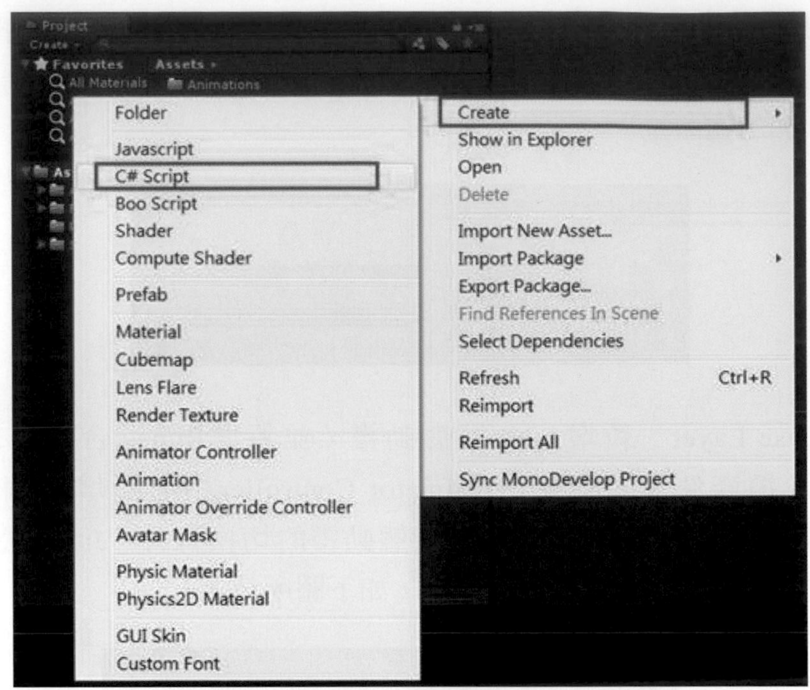

將新增的腳本命名爲CarlScript，如下圖所示。

接著要將剛剛新增的CarlScript腳本添加到角色模型上，在Hierarchy視窗選取carl角色模型，接著點擊系統選單Component中的Scripts，並新增CarlScript腳本，如下圖所示。

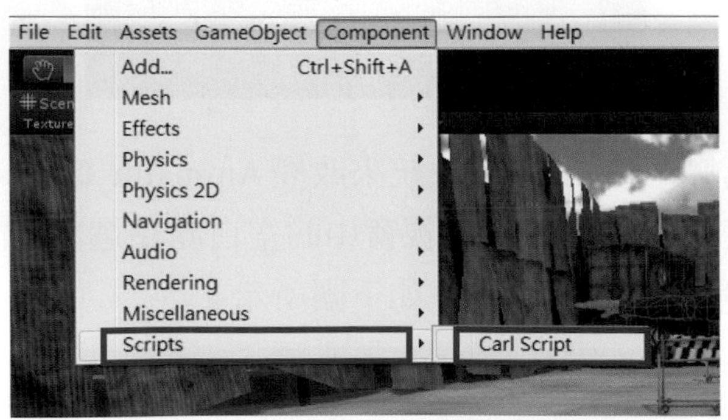

點擊之後在Inspector視窗就可看到剛剛新增的CarlScript腳本了，如下圖所示。

點擊CarlScript腳本，並開啓Assembly面板撰寫程式碼，詳細指令如下圖所示。

```
1 using UnityEngine;
2 using System.Collections;
3
4 public class CarlScript : MonoBehaviour {
5
6     private Animator anim;
7
8     void Start ()
9     {
10        anim = GetComponent<Animator>();
11    }
12
13    void Update ()
14    {
15        float v = Input.GetAxis("Vertical");
16        float h = Input.GetAxis("Horizontal");
17        bool jump = Input.GetButtonDown ("Jump");
18        anim.SetFloat("Speed", v);
19        anim.SetFloat("Direction", h);
20        anim.SetBool ("Jump", jump);
21    }
22 }
```

- **第6行：**新增變數anim，用來儲存Animator元件。
- **第10行：**將模型的Animator元件儲存到anim中
- **第15行：**新增浮點數v，用來得到Input中的Vertical參數，Input.GetAxis指令可以得到正負軸向的值。

- **第16行：**新增浮點數h，用來得到Input中的Horizontal參數，Input.GetAxis指令可以得到正負軸向的值。
- **第17行：**新增布林值jump，用來得到Input中的Jump參數，Input.GetButtonDown指令爲若按下此鍵則傳送一個true值。
- **第18行：**設定Animator Controller中的Speed參數，數值爲v，也就是Input中的Vertical參數的數值。
- **第19行：**設定Animator Controller中的Direction參數，數值爲h，也就是Input中的Horizontal參數的數值。
- **第20行：**設定Animator Controller中的Jump參數，數值爲Jump，也就是Input中的Jump參數的按鍵是否按下。

撰寫完指令後，在Assembly面板按下Ctrl+S儲存CarlScript腳本，回到Unity場景中並執行遊戲，可以看到角色模型可以順利的左右轉彎了，並且在轉彎時會播放身體微微傾斜的動畫，如下圖所示。

開啓Input系統並選擇Horizontal參數，取消選擇Snap參數，此參數會在得到反項數值時，將值歸零在開始往反向增加，藉此讓角色移動變得流暢，如下圖所示。

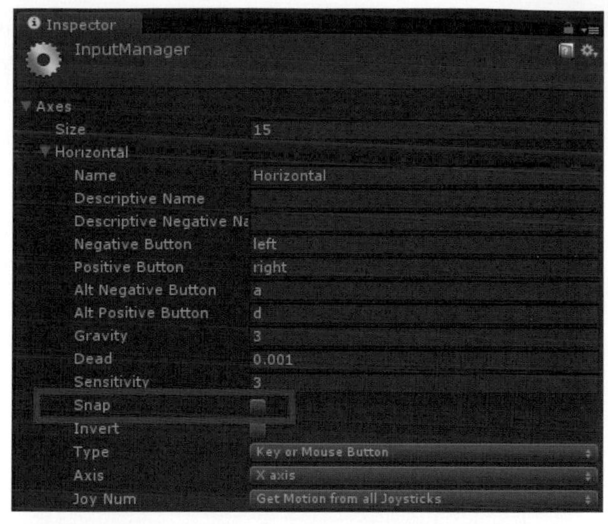

再次執行遊戲，就可以看到角色模型的左右轉彎切換變得流暢了。

步驟二、新增Layer並加入動作片段元件

開啓Animator視窗，可在左上角看到Base Layer，這爲此Animator的基礎層，點選Layers後方的＋號來新增Layer，如下圖所示。

我們可以看到Base Layer下方多出一個New Layer，將Layer的Name參數命名為RightArm Layer，因為我們待會要使用此Layer控制角色模型的右手，如下圖所示。

在RightArm Layer中，Animator視窗畫面只擁有一個Any State狀態動畫，如下圖所示。

我們需要在這個狀態上新增我們所需要的揮手動畫，在Project視窗中開啓Animations資料夾，並找到IdleWave模型，將裡面的Wave動作片段拖拉至Animatior，使其成為一個狀態動畫，如下圖所示。

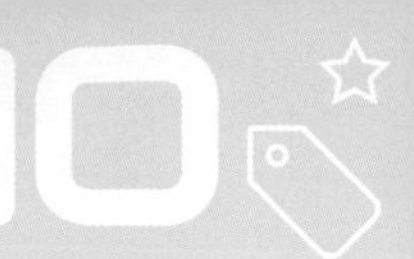

我們將此Layer的Weight參數調至1，讓此Animator完全播放此動畫，如右圖所示。

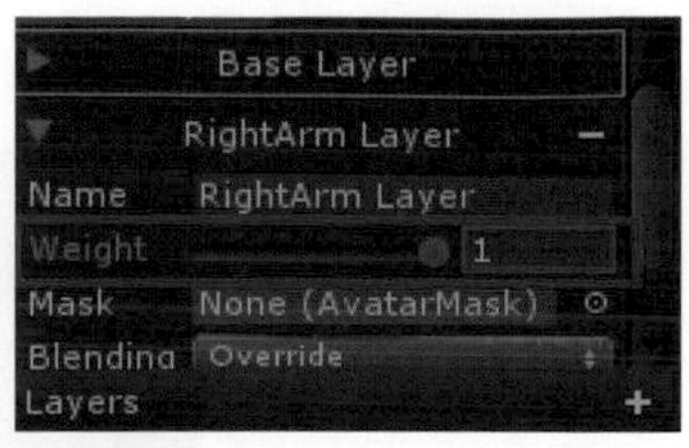

此時按下遊戲執行按鈕，可看到角色模型持續的播放揮手動畫。

接著我們新增一個Avatar Mask，將RightArm Layer中角色動作限制在手部，在Project視窗內點擊右鍵，選擇Create中的Avatar Mask新增元件，如下圖所示。

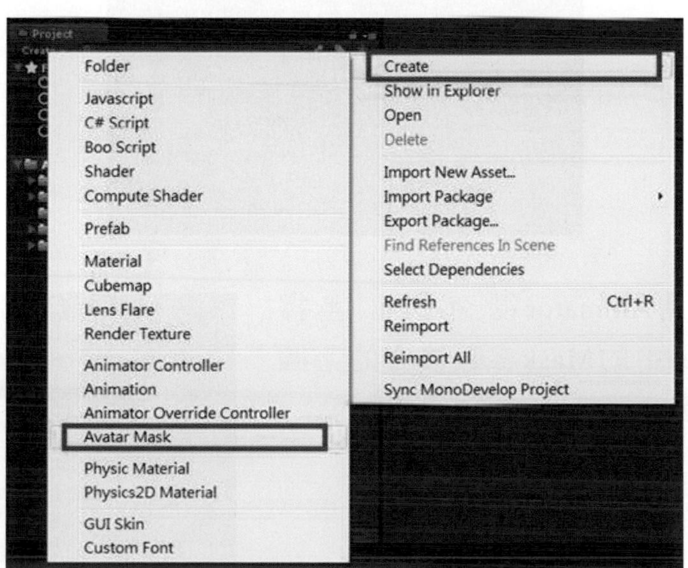

將此元件命名爲RightArmMask，如下圖所示。

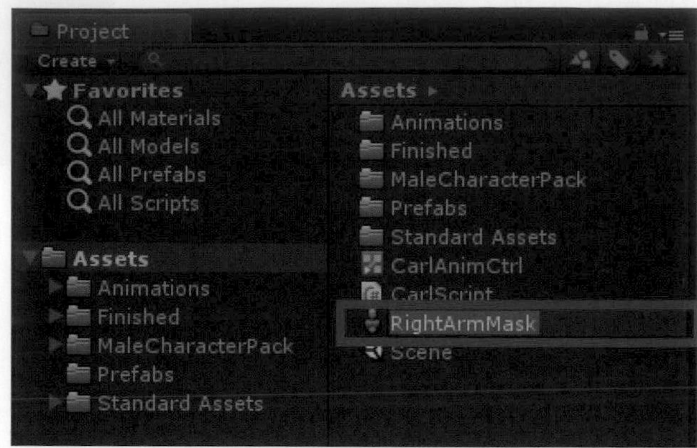

在點擊RightArmMask元件的情況下看到Inspector視窗，打開Humanoid選項,，除了右手以外的部位，我們都將它點擊成紅色，其他選項維持預設即可，如下圖所示。

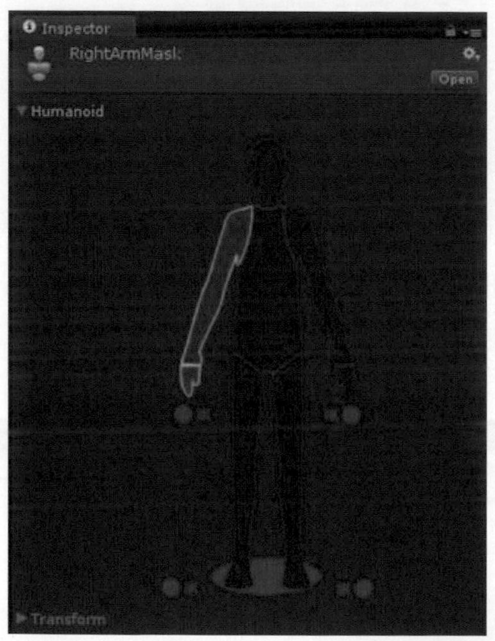

此時回到Animator視窗，並選擇RightArm Layer中的Mask參數後方的小圓圈，如右圖所示。

此時將會跳出Select AvatarMask視窗，我們選擇剛剛所新增的RightArmMask元件，如下圖所示。

此時可再次按下遊戲執行按鈕，就會發現揮手動畫可以與原本Base Layer裡的所有動畫同時存在了。

但是我們並不想讓揮手動畫從頭到尾都一直播放，而是在我們需要此動畫時在播放即可，所以回到Animator視窗，在RightArm Layer中點擊右鍵，選擇Caeate State中的Empty，新增一個空的狀態動畫，如下圖所示。

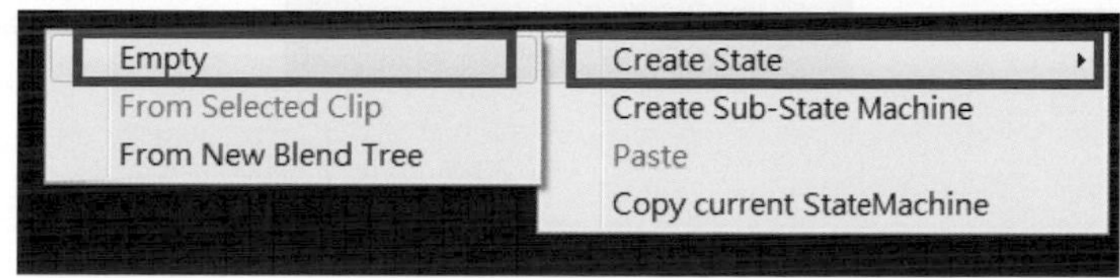

將此狀態動畫命名為Empty State，也就是此狀態動畫中不會包含有任何動作片段元件，如下圖所示。

我們先將Empty State設為RightArm Layer的預設狀態動畫，在Empty State上點選右鍵，並選擇Set As Default，如下圖所示。

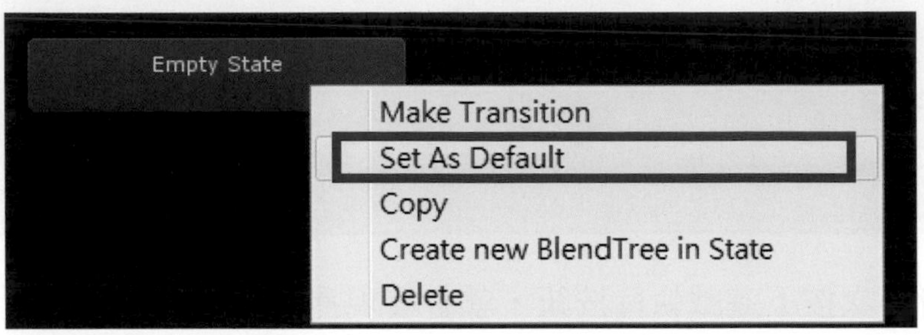

接著再次點選右鍵，選擇Make Transition，建立兩個狀態動畫之間的切換條件箭頭，如下圖所示。

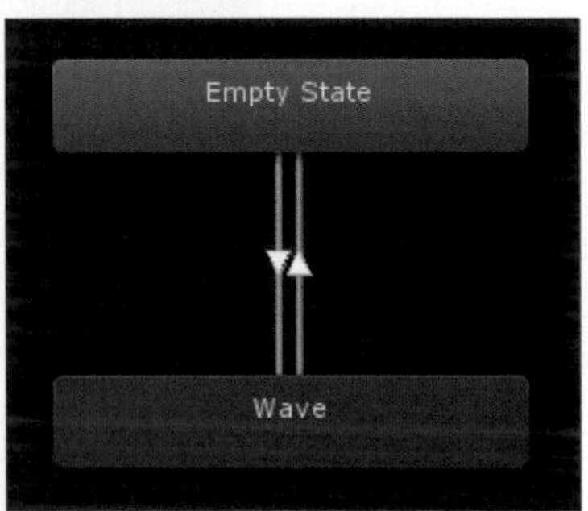

接著新增一個參數來控制兩個狀態動畫間的切換，點選Parameters右上方的＋號，新增Bool參數，並將此參數命名為Wave，如下圖所示。

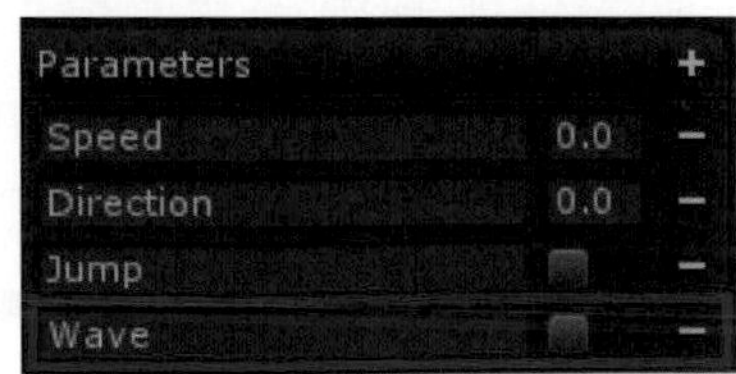

點擊Empty State狀態動畫至Wave狀態動畫的切換條件箭頭，並設定Conditions選項使用Wave參數，值爲true，也就是當此參數被切換成true時將會播放揮手動畫，如下圖所示。

點擊Wave狀態動畫至Empty State狀態動畫的切換條件箭頭，並設定Conditions選項使用Wave參數，値爲false，也就是當此參數被切換成false時將會停止播放揮手動畫，如下圖所示。

點擊CarlScript腳本，並開啓Assembly面板撰寫程式碼，我們可以再次使用Input系統裡的參數，Fire2參數可以讓我們在按下滑鼠右鍵時，給予一個正值，詳細指令如下圖所示。

```
using UnityEngine;
using System.Collections;

public class CarlScript : MonoBehaviour {

    private Animator anim;

    void Start ()
    {
        anim = GetComponent<Animator>();
    }

    void Update ()
    {
        float v = Input.GetAxis("Vertical");
        float h = Input.GetAxis("Horizontal");
        bool jump = Input.GetButtonDown ("Jump");
        anim.SetFloat("Speed", v);
        anim.SetFloat("Direction", h);
        anim.SetBool ("Jump", jump);

        if (Input.GetButtonDown ("Fire2"))
        {
            anim.SetBool ("Wave", !anim.GetBool( "Wave" ));
        }
    }
}
```

- **第22行**：if判斷式中接收Input中的Fire2參數，當此值為true時，則會執行判斷式中的內容，Input.GetButtonDown指令為若按下此鍵則傳送一個true值。
- **第24行**：若我們按下滑鼠右鍵，則會設定Animator裡的Wave參數為原本Wave參數值的相反，也就是true變為false，false變為true。

撰寫完指令後，在Assembly面板按下Ctrl+S儲存SoldierScript腳本，回到Unity場景中並執行遊戲，當我們按下滑鼠右鍵時，角色模型會持續播放揮手動畫，且並不影響前進後退及跳躍動作，當我們再次按下滑鼠右鍵時，則揮手動畫將會停止播放。

導航網格路徑搜尋

作品簡介

NavMesh導航網格是Unity用來實現動態物體在3D遊戲中自動搜尋路徑的一種技術，需先在遊戲場景中鋪設導航網格，並在導航物體上添加Nav Mesh Agent(導航組件)，導航時，Unity會藉由場景上的導航網格為基礎計算出最直接的路徑，讓導航物體沿著路徑避開障礙物到達目的地。作品中以山坡地為場景，場景中高的起伏的地形與巨大的石橋都會鋪上導航網格，並設計2種使用導航網格搜尋路徑的角色，分別是由玩家操控的樵夫父親與在山上迷路的樵夫兒子，玩家操控的樵夫父親身上帶有第三人稱視角控制的攝影機，可以帶著玩家在場景中尋找迷路的兒子，而兒子會在場景中隨機走動來尋找父親，當玩家操控的樵夫父親接近兒子時，兒子便會追著父親移動避免再次走丟。

學習重點

- 重點一：使用導航網格搜尋路徑。
- 重點二：第三人稱視角控制。
- 重點三：如何運用導航網格建立在特定範圍內隨機走動的角色。

重點一 使用導航網格搜尋路徑

使用導航網格搜尋路徑的重點我們可以分成3個要項來討論，分別是如何在場景中鋪設導航網格、Nav Mesh Agent導航組件及利用Java Script偵測滑鼠點擊位置來設置移動目標點。

關於第一個要項，使用導航網格來尋找路徑必需先在遊戲場景上鋪設導航網格，鋪設對象爲場景中的靜態物件(Bridge、Rock01、Rock02與Terrain)，選取它們後點擊Inspector視窗右上角Static文字右方的下三角按鈕，並勾選Navigation Static選項，這麼一來Unity就能在這些對象上產生導航網格。

關於導航網格的鋪設參數，我們可以點選系統選單中的Window選項中的Navigation選項，開啓Navigation視窗，Navigation視窗中分成3種面板，分別是Object面板、Bake面板與Layers面板。

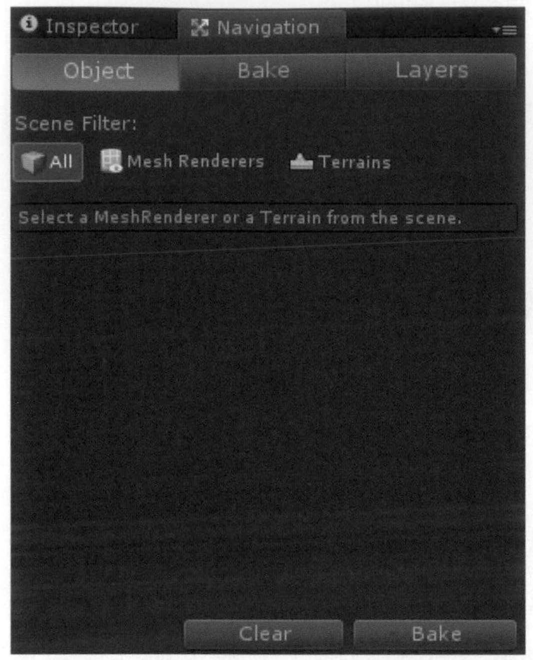

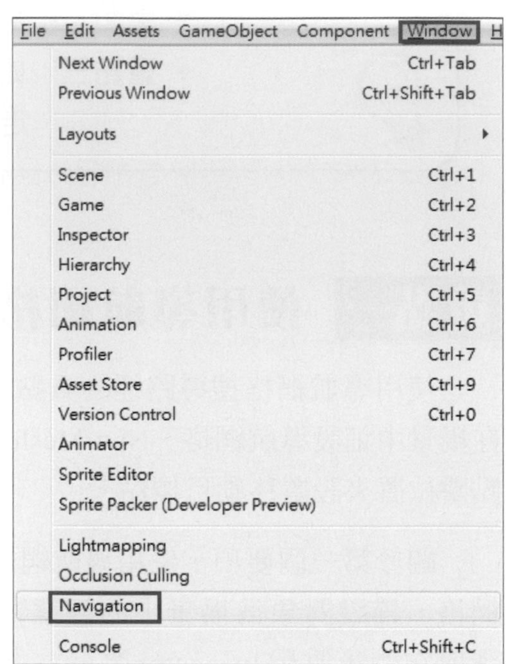

關於Object面板

若在場景中選取物件時，Object面板中會有4個選項，分別是Scene Filter (場景過濾器)、Navigation Static (靜態導航)、OffMeshLink Generation (捷徑區塊)及Navigation Layer (導航層)，如下圖所示。

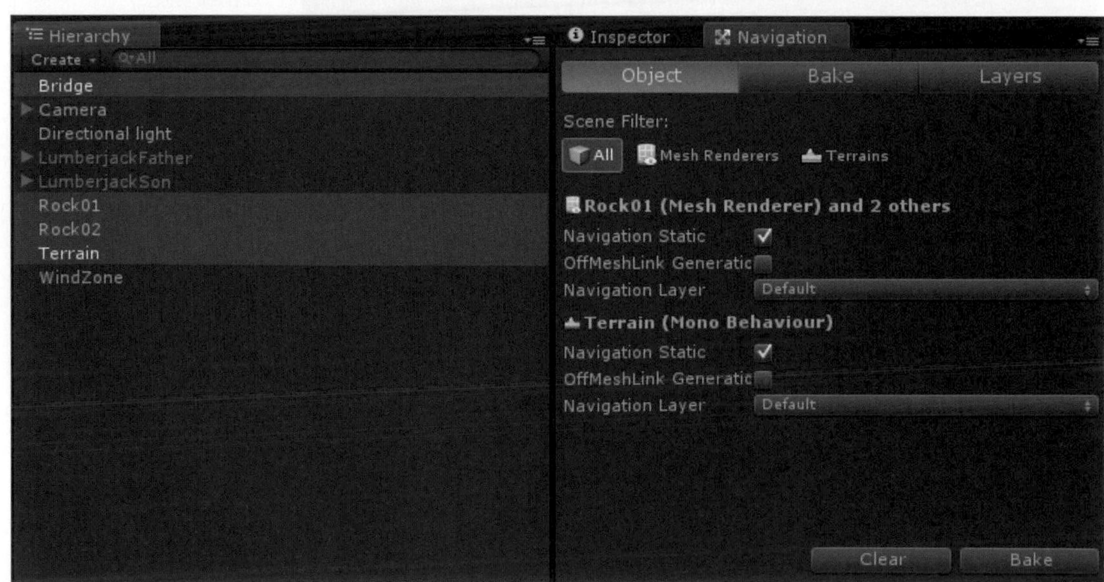

我們可以在Scene Filter選項中過濾鋪設導航網格的對象，Mesh Renderer(網格渲染物件)只要物件上帶有Mesh Renderer組件都會被過濾出來，Mesh Renderer組件選項如下圖所示。

若勾選Cast Shadows可以使該物件投射出陰影；Receive Shadows則是決定是否接收其他物件投射出來的陰影；而Materials可以設定物件的材質；Use Light Probes選項可決定是否啓用光探測器。

而Terrains(地形物件)則會過濾出使用Terrains系統製作出來的地形物件，也就是前面範例地形編輯器所建立的地形物件，在本範例中我們同時使用到Mesh Renderer(網格渲染物件)及Terrains，所以可以選擇All選項。Navigation Static選項則是將我們選取的物件加入這次鋪設導航網格的對象。而在OffMeshLink Generation選項可以依據之後介紹的Bake面板中設定的Drop Height(可落下高度)與Jump Distance(可跳躍距離)參數，在分離的導航網格中產生捷徑。Navigation Layer選項可選擇所要產生導航網格層，可以在Layers面板中新增不同的導航網格層，一般預設的情況下會有Default、Not Walkable與Jump三種導航網格。

關於Bake面板

Bake面板中有10個參數選項，分別是Radius(半徑)、Height(高度)、Max Slope(最大坡度)、Step Height(台階高度)、Drop Height(落下高度)、Jump Distance(跳躍距離)、Min Region Area(最小區域面積)、Width Inaccuracy(寬度誤差百分比)、Height Inaccuracy(高度誤差百分比)及Height mesh(高度網格)，如下圖所示。

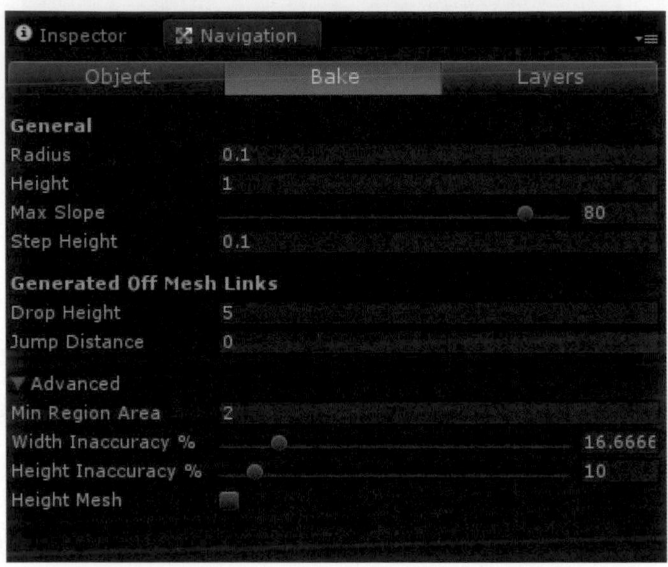

Radius參數在不可通行的物件周圍的預留的半徑距離，將關係到使用導航系統移動的物件所能移動的區塊大小。如下圖中當Radius=0.5時，樹幹周圍沒有鋪設導航網格的區域會小於當Radius=1.5，所以可以藉由設定Radius的大小來決定導航物件移動時所能靠近障礙物的最近距離，分別如下圖所示。

Radius=0.5

Radius=1.5

Height參數爲淨空高度，若要產生導航網格的對象上方有其它相同物件，如果相差高度小於此參數，則下方的區塊則無法產生導航網格。如下圖中，當Height=0.5時，地面與石橋的高度差大於0.5單位就能產生導航網格，但樵夫的身高爲1個單位，當他通過石橋下時，會頭部會穿入石橋中，但只要將Height參數調整到1以上就能避免穿入的現象，分別如下圖所示。

Height =0.5

Height =1.2

Max Slope參數爲鋪設對象的最大斜坡斜度，值介於0～90。而Step Height參數爲鋪設台階高度，若台階高度差小與此參數，則導航網格區域視爲連接，此參數必須小於Height參數。下圖中的石階高度差爲2，所以導航網格就會在石階落差高度小於2的地方產生導航網格，分別如下圖所示。

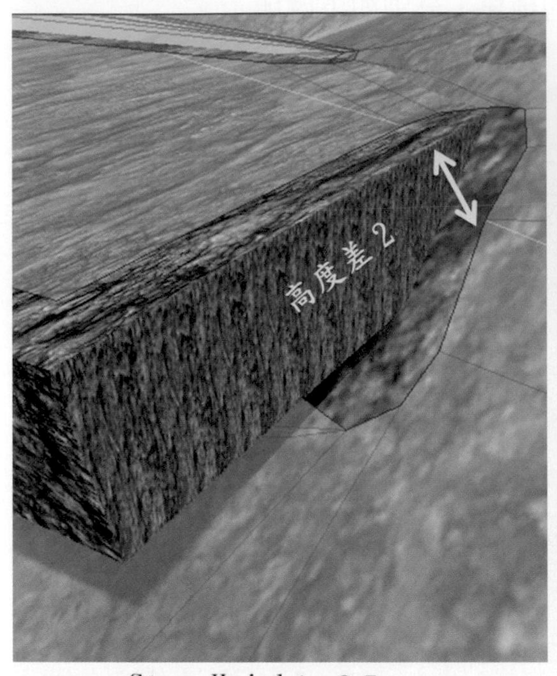

Step Height =0.5

Step Height =2

Drop Height參數爲最大落下高度，若相鄰的導航網格表面高度差低於此參數，將會產生連接捷徑。下圖中Drop Height=1，所以當平台間高度差小於等於1都會產生通道捷徑，如右圖所示。

Jump Distance爲最大跳躍距離，若相鄰的導航網格表面水平距離低於此參數，將會產生連接捷徑。下圖中Jump Distance=1，所以當平台間距離小於等於1都會產生通道捷徑，如右圖所示。

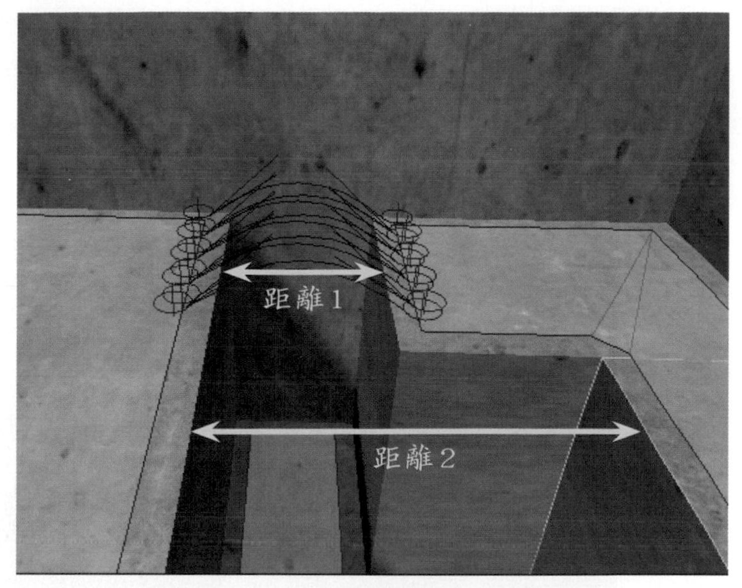

Jump Distance=1

Min Region Area爲最小鋪設面積，若舖設對象面積小於此參數，則不產生導航網格。而Width Inaccuracy及Height Inaccuracy參數爲容許的最大寬度及高度誤差百分比，值越小導航網格越精細，但鋪設時所花的時間也會比較久。Height mesh選項用來決定是否儲存原始高度資訊，若勾選將對性能與儲存空間產生影響。

關於Layers面板

Layers面板中能爲導航網格分層鋪設，前3層爲Unity預設的Default、Not Walk able及Jump，剩下的29層可供使用者自行命名使用，而Cost參數越大，則角色在上面行走時越流暢，如右圖所示。

Inspector | Navigation
Object | Bake | Layers

Built-in Layer 0	
Name	Default
Cost	1
Built-in Layer 1	
Name	Not Walkable
Cost	1
Built-in Layer 2	
Name	Jump
Cost	2
User Layer 0	
Name	a
Cost	1
User Layer 1	
Name	b
Cost	1
User Layer 2	
User Layer 3	
User Layer 4	
User Layer 5	
User Layer 6	
User Layer 7	
User Layer 8	
User Layer 9	
User Layer 10	

透過導航網格分層可以限制移動的角色所能行徑的路徑，下圖中鋪設了3種不同層別的導航網格，每層之間會以不同的顏色表示，而該層導航網格是否能行走，取決於移動物件添加的Nav Mesh Agent導航物件上的NavMesh Walkable選項。

設置完選項與參數後，只要按下Navigation視窗右下方的Bake按鈕，就可以在場景上產生導航網格，若想清除導航網格只需按下Clear按鈕即可，按鈕如右圖所示。

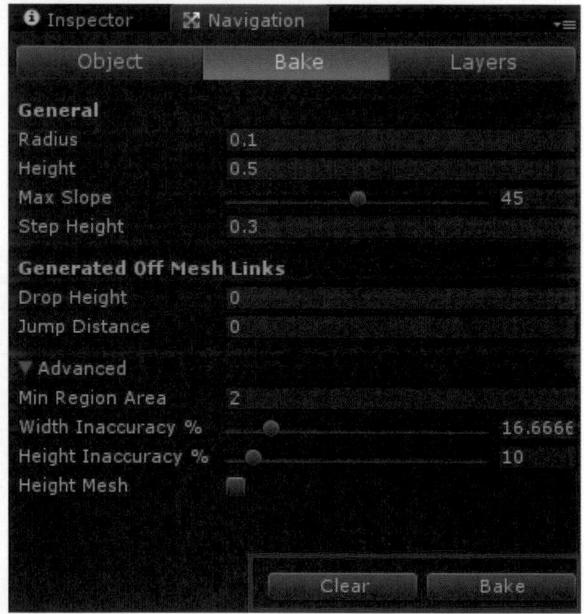

關於第二個要項，鋪設好導航網格我們想要在導航網格上移動物件，需在物件上添加Nav Mesh Agent導航組件，選擇物件後點擊系統選單Component，選擇Navigation中的Nav Mesh Agent選項，這麼一來就能在Inspector視窗中設定Nav Mesh Agent導航組件的選項與參數。

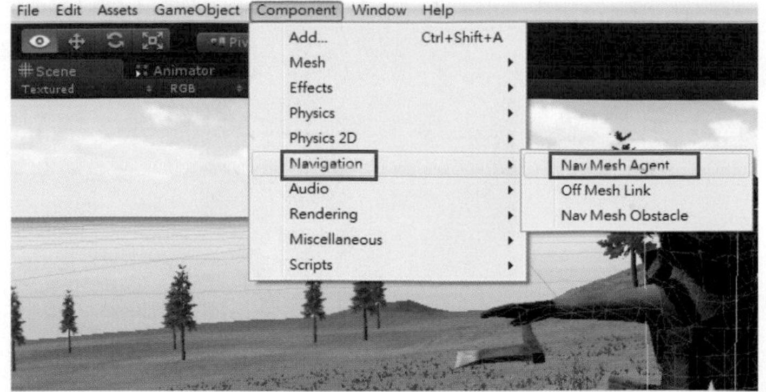

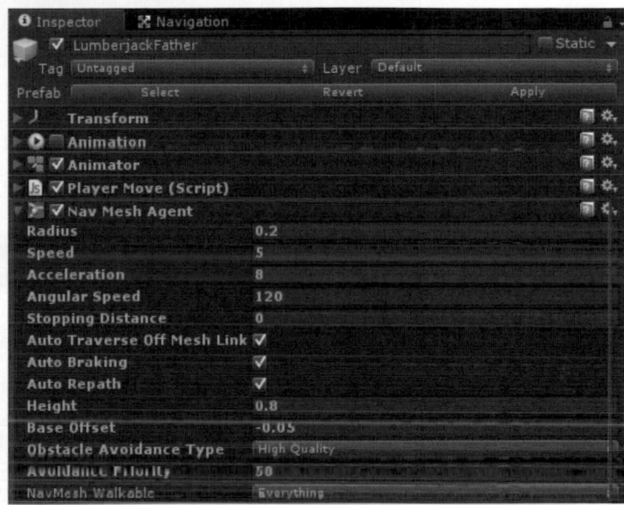

Nav Mesh Agent導航組件中的選項與參數共有13個，分別是Radius(半徑)、Speed(速度)、Acceleration(加速度)、Angular Speed(角速度)、Stopping Distance(停止距離)、Auto Traverse Off Mesh Link(自動通過Off Mesh捷徑)、Auto Braking(自動停止)、Auto Repath(自動重新尋找路徑)、Hight(高度)、BaseOffset(基本偏移)、Obstacle Avoidance Type(障礙躲避等級)、Avoidance Priority(躲避優先等級)及NavMesh Walkable(可行走導航網格)，如下圖所示。

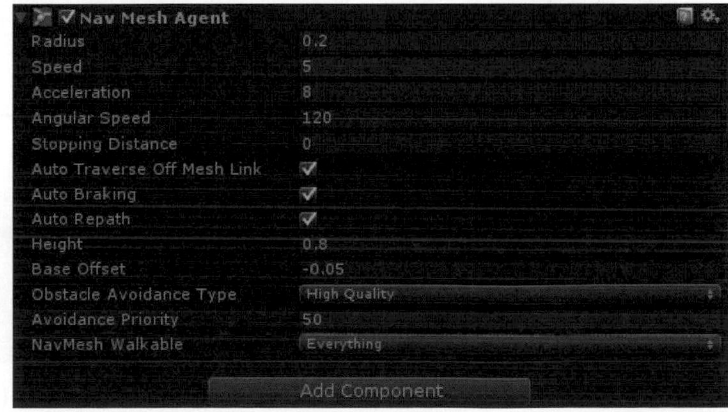

Radius為添加了Nav Mesh Agent導航組件的物件碰撞圓柱半徑，如右圖綠色圓柱。

Speed、Acceleration及Angular Speed為導航物件的最大移動速度、最大加速度及最大角速度(度/秒)。而當導航物件距離目標位置小於Stopping Distance隨即停止移動。若勾選Auto Traverse Off Mesh Link，則導航物件會自動通過連接捷徑。若勾選Auto Braking，則當導航物件到達目標位置時，將自動停止移動。勾選Auto Repath，當行進間若路徑中斷，將自動重新搜尋路徑。Height為碰撞圓柱高度。BaseOffset為碰撞圓柱與實際模型物件的垂直偏移量。由於在鋪設導航網格時，Bake面板的Height參數影響導航網格與鋪設對象的服貼程度，Height參數越小越貼近實體，下圖中導航網格與路面有0.12的高度差，如果碰撞幾何體的BaseOffset=0會讓樵夫浮在空中，為了避免這種狀況，我們可以調整BaseOffset為-0.12，讓樵夫模型往下偏移。

BaseOffset=0

BaseOffset=-0.12

Obstacle Avoidance Type選項為障礙物躲避的表現等級，等級越高躲避效果越好。Avoidance Priority參數為躲避優先等級，值高會自動躲避值低的物件。在NavMesh Walkable選項中能指定物件可行走的導航網格層類型。

關於第三的要項，設置好導航網格及Nav Mesh Agent導航物件後，若要將滑鼠點擊位置設定為角色搜尋路徑的目標點，則要在角色上撰寫腳本，這裡我們使用Java Script，讓滑鼠從2D平面中點擊3D的遊戲場景時，能將2D平面的點位置轉換成3D空間位置，此3D空間位置將會是我們移動時的目標點(playerTarget)，接著使用指令destination讓角色沿著導航網格搜尋的路徑移動到目標點。

關於將滑鼠點擊的2D位置轉化到3D場景中，是使用從攝影機所在的位置朝著滑鼠點擊時的方向發射一條射線，再紀錄射線與場景地形碰撞時的位置來得到導航時的目標位置，相關指令介紹如下：

```
var ray = Camera.main.ScreenPointToRay(Input.mousePosition)；
```

新增變數ray為從攝影機位置發射的射線，射線的投射方向會依照滑鼠所點擊3D空間位置。

```
var hit: RaycastHit；
```

新增變數hit用來儲存場景上射線與物件的碰撞資訊。

```
Physics.Raycast(ray, hit)；
```

用來判斷射線ray是否有碰到物件，若有碰到物件則回傳true，並且將碰撞資訊提供給hit。

```
playerTarget = hit.point；
```

將ray射線與物件碰撞的位置(hit.point)存進變數playerTarget作爲目標點。

```
playerNav.destination = playerTarget；
```

命令玩家角色(playerNav)沿著導航網格搜尋的路徑移動到目標點(playerTarget)。

以上這些重要指令，我們將會在後面的實作有更詳細的解說。

重點二 第三人稱視角控制

當角色能依照滑鼠點擊的位置自動尋路後，我們希望遊戲中的主攝影機能跟著角色到處移動，並且能使用滑鼠控制拍攝的視角，所以我們將爲遊戲設計第三人稱視角控制的方法。

所謂的第三人稱視角控制是讓攝影機拍攝中心永遠對著所操控的角色物件，同時我們可以使用滑鼠右鍵帶動攝影機在角色周圍環繞移動，使玩家可以從各角度觀看角色周圍的環境資訊，如下圖所示。

關於第三人稱攝影機的環繞拍攝行為，可以想像一顆球體，球心的位置站著我們要拍攝著主角，而攝影機將會在此球體的球表面任意移動，且鏡頭永遠面相球心拍攝，所以要讓攝影機能在球表面移動便是最大的關鍵，所以我們希望在球心的位置新增一個空物件(有實際位置座標的物件，但沒有形體)，並將此空物件當作攝影機的父物件，作為子物件的攝影機將會受到父物件的旋轉影響而跟著轉動，且此轉動為以父物件為中心，所以轉動球心位置上的空物件就能帶動攝影機在球表面移動，建立方法如下。

首先新增一個空物件，點選系統選單GameObject，選擇Create Empty，如下圖所示。

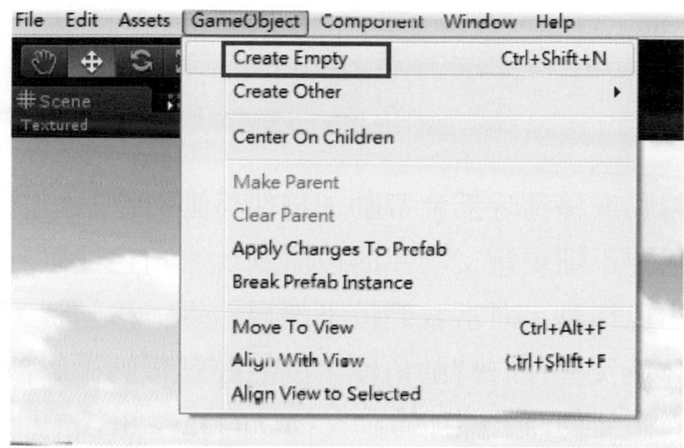

接著到Hierarchy視窗中將主攝影機Main Camera拖曳到GameObject底下，使GameObject成為父物件Main Camera為子物件，如下圖所示。

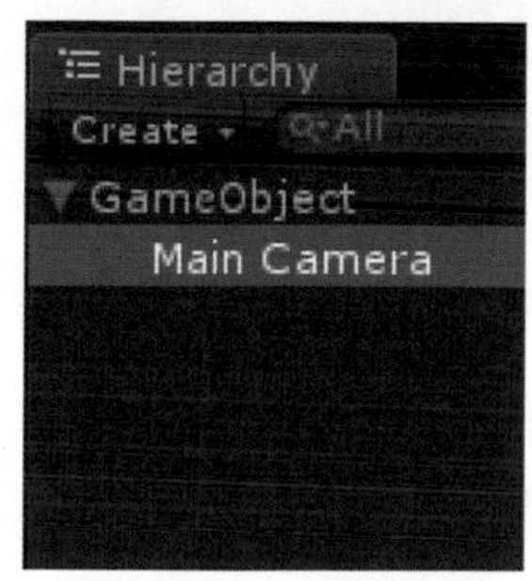

接著將主攝影機(Main Camera)位置調整到與父物件的相對位置(0,4,-4)，角度(40,0,0)，此時父物件的位置會在攝影機拍攝的畫面中間，如下圖所示。

由於父物件轉動或移動時都會帶動子物件移動與轉動(以父物件為中心)，這麼一來，我們只要不斷更新父物件的位置到玩家角色位置，當角色移動時就能讓攝影機隨著角色移動，而當我們按下滑鼠右鍵並移動時，我們只要依照滑鼠的位置變化換算成父物件的轉動角度，就能輕鬆帶動攝影機以角色為中心環繞拍攝，所以我們在父物件上添加轉動父物件的Java Script，相關指令如下：

```
transform.position=player.transform.position;
```

將帶有此Script的物件移動到玩家角色(player)的位置上。

```
Input.mousePosition;
```

取得滑鼠當前所在的位置。

```
Transform.Rotate(x,y,z, 座標空間);
```

依照座標空間對帶有此Script的物件依照參數x,y,z改變角度，座標空間分為Space.World(世界座標)與Space.Self(自身座標)。

重點三 如何運用導航網格建立在特定範圍內隨機走動的角色

關於讓角色使用導航網格在特定範圍內走動，除了要鋪設導航網格與在角色添加Nav Mesh Agent導航組件外，還要另外添加Java Script讓角色在特定範圍內走動，Script中撰寫每經過4秒我們就在場景地形的上方的隨機位置投射出射線，並取得射線與地形碰撞的位置作爲隨機走動角色的目標點，執行流程如下圖所示。

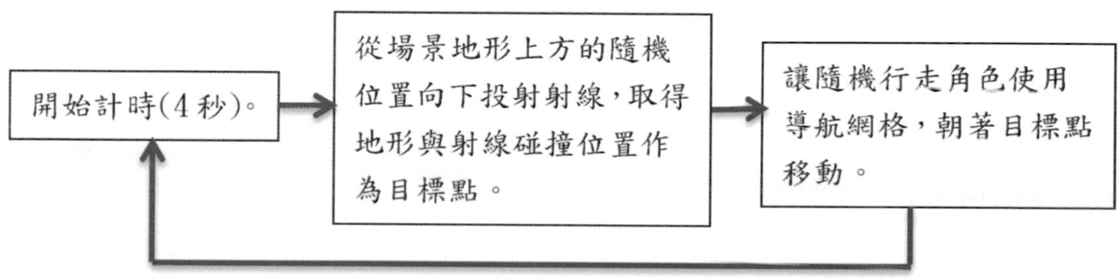

藉由每4秒產生一次目標點，使角色不斷的朝著目標點移動，如下圖所示。

範圍隨機行走模式相關指令介紹：

Time. deltaTime：

上個影格所花的時間。我們會使用變數n來累加每個影格所花的時間：n=n+Time. deltaTime; 當n大於4重新將n歸0重新累加，並且使用亂數取出射線的發射位置。

```
Random.Range(參數a, 參數b)；
```

在參數a與參數b之間隨機取一整數，包含a,b。例如我們要在xz平面上隨機取點，x範圍-5 ～ 5，z範圍-5 ～ 5的區域內取點，方法如下：

```
x=Random.Range(-5,5);
```

```
z=Random.Range(-5,5);
```

將x及z將作爲投射射線的x與z位置，投射點的y位置將取決於地形的最大高度位置，由於是向下投射射線所以投射點必須高於地形來確保射線能跟地形產生碰撞。

```
var hit : RaycastHit；
```

新增變數hit，用來儲存射線與地形碰撞時的相關資訊。

```
Physics.Raycast ( 投射射線位置, 投射方向, hit )；
```

根據給的投射射線位置及投射方向來產生射線，當此射線與地形發生碰撞時，將碰撞資訊存於事先新增的hit變數中，而射線的碰撞位置可以用hit.point的方式取得。

```
Nav.destination = hit.point；
```

使添加Nav Mesh Agent導航物件的角色(Nav)，沿著導航網格搜尋的路徑移動到射線的碰撞位置hit.point。

關於跟隨模式是讓隨機行走的角色，當發現玩家控制的角色時會朝著玩家衝過去，這時我們只要對隨機行走的角色添加的Java Script與Nav Mesh Agent導航組件進行修改即可。

首先在Java Script的部分，我們使用玩家操控的角色與隨機行走角色之間的距離作爲是否要從隨機行走模式切換到跟隨模式的判斷，當距離過近，只要改變隨機行走角色的移動目標從射線碰撞的hit.point換成爲玩家控制的角色位置即可讓進入跟隨模式的角色跟著玩家控制的角色來移動，如下圖所示。

跟隨模式相關指令介紹：

```
Vector3.Distance(位置A, 位置B)；
Vector3.DIstancec 會回傳所給的兩個位置間的距離。
Nav.destination = player.transform.position；
```

在隨機行走的模式中我們是讓隨機行走角色(Nav)朝著射線與地形的碰撞位置hit.point移動，而在跟隨模式中我們將移動的目標位置改爲玩家操控的角色位置(player.transform.position)。

但是我們可以發現如果只將跟隨模式的角色的移動目標設定為player的位置，會因為彼此的碰撞圓柱產生碰撞，使得跟隨模式下的角色無法到達player的位置以至於不斷奔跑，如下圖。

這時我們要在進入跟隨模式的角色身上修改Nav Mesh Agent導航組件的Stopping Distance參數，使跟隨模式下的角色與player位置距離小於Stopping Distance參數時就會停止移動，如下圖所示。

範例實作與詳細解說

本範例我們將藉由以下步驟來完成，簡述如下：

- **步驟一：**鋪設導航網格及樵夫父親添加Nav Mesh Agent導航組件。
- **步驟二：**樵夫父親添加Java Script偵測點擊位置並設置目標點。
- **步驟三：**建立第三人稱視角設定。
- **步驟四：**建立具有隨機行走與跟隨兩種移動模式樵夫兒子。

由於此章節中的重點將放在導航網格的運用上，所以關於樵夫父親的待機、跑步及轉身等相關動畫設置，實作中將直接使用Asset Store中Unity官方提供的Mecanim Example Scenes範例中，取得的Locomotion動畫控制器及控制動畫的Agent腳本，且已先行將Locomotion動畫控制器及控制動畫的Agent腳本匯入練習檔專案中，提供讀者在實作時使用，若讀者想進一步了解Unity的Mecanim動畫系統，在先前的章節中我們有更爲詳細的介紹。

步驟一、鋪設導航網格及樵夫父親添加Nav Mesh Agent導航組件

首先，我們要先在場景中鋪設導航網格，開啓光碟中的練習檔專案Lesson11(practice)並開啓裡面的場景Scene，場景中已經先建造好一個山坡地形，地形中走一座石橋與兩顆石頭，在鋪設導航網格之前我們要先選取這些鋪設對象，在Hicrarchy視窗中選取Bridge、Rock01、Rock02與Terrain，再到Inspector視窗點擊右上角Static右方的下三角按鈕，並勾選Navigation Static選項，這麼一來Unity就會將這些物件當作鋪設導航網格的對象，如下圖所示。

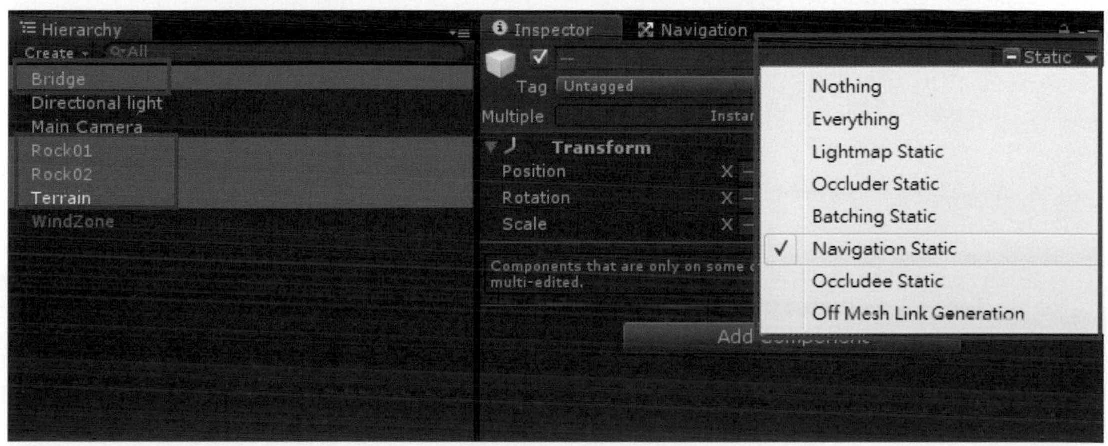

接下來我們要設定導航網格的鋪設參數，可以點選系統選單Window，選擇Navigation選項，開啓Navigation視窗，如下圖所示。

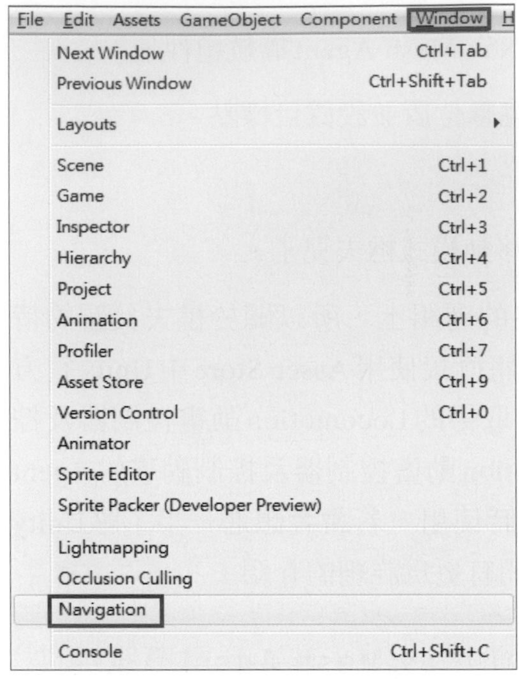

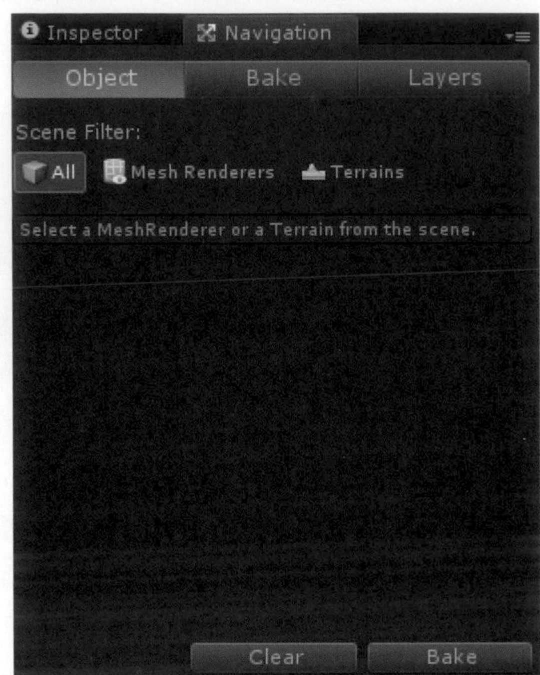

在Hierarchy視窗中，選取Bridge、Rock01、Rock02與Terrain，再到Navigation視窗中的Object面板裡Scene Filter(場景過濾器)選擇All，並勾選Navigation Static(靜態導航)，而Navigation Layer(導航層)選擇Default，如下圖所示。

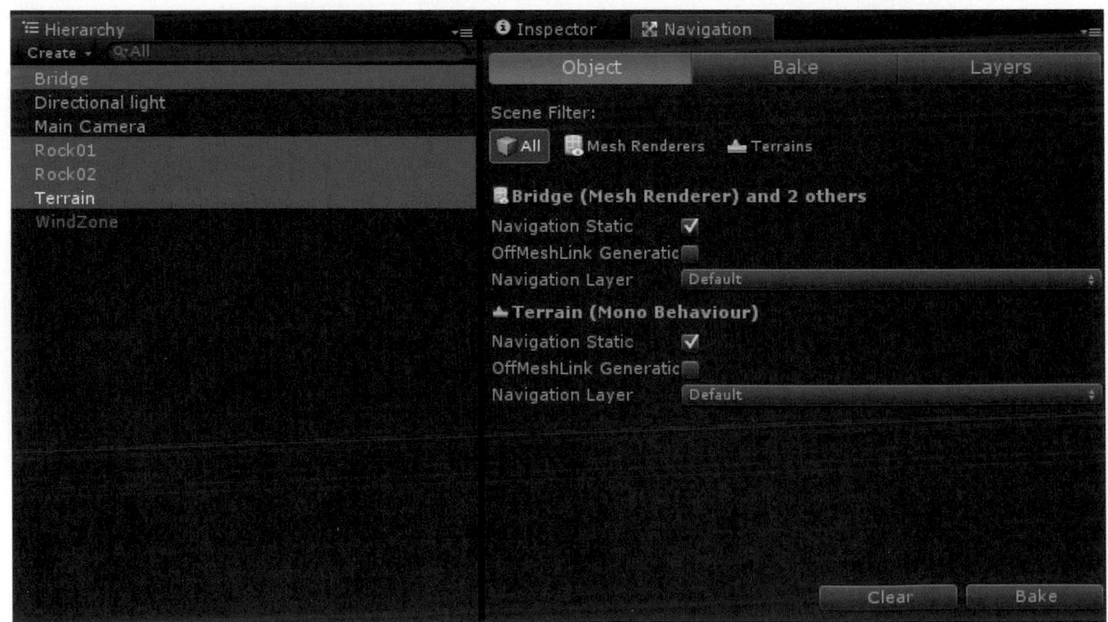

接著到在Navigation視窗中的Bake面板調整參數Radius=0.5，使得不可通行的物件周圍0.5個單位內不鋪設導航網格；Height=1.2，使得鋪設對象上方要有1.2單位的淨空高度才可鋪設；Step Height=0.4，在地形高度落差小於0.4單位時，形成階梯，如下圖所示。

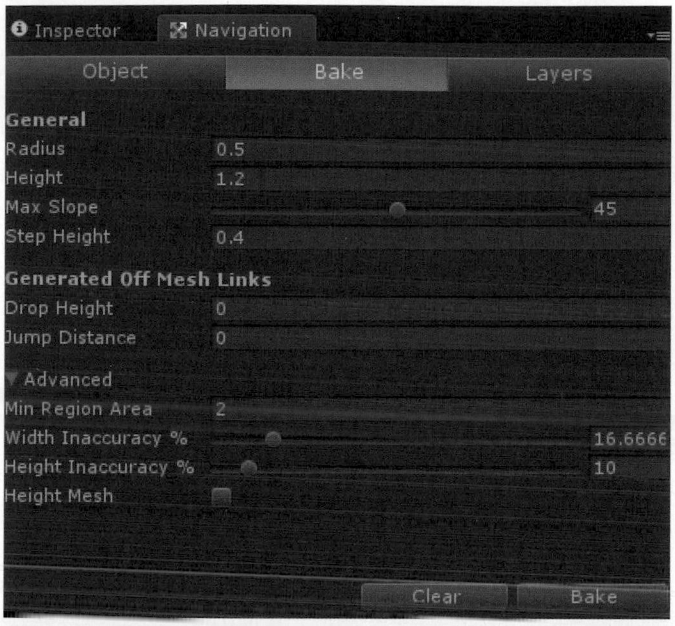

按下Navigation視窗中右下方的Bake按鈕，如下圖所示。

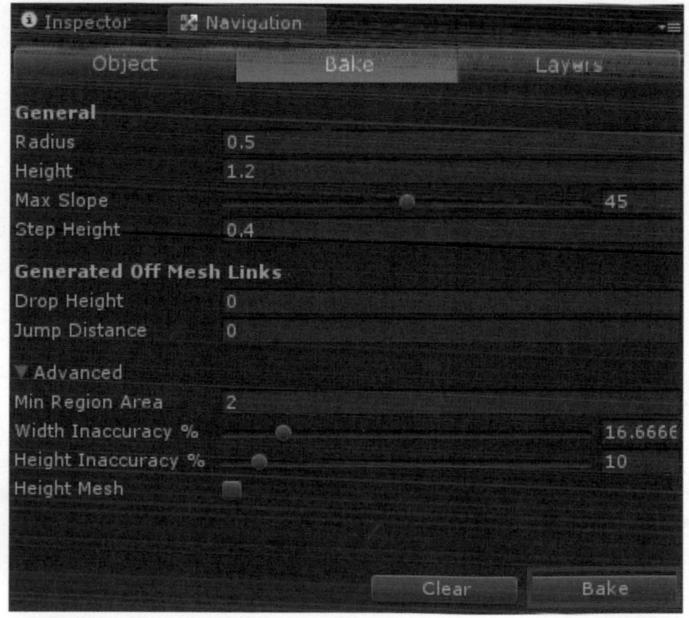

Unity便會開始鋪設導航網格，此步驟需要一段時間等待鋪設，完成後我們能在Scene視窗中看到鋪設導航網格的場景，如下圖所示。

接著我們要將玩家控制的樵夫父親(LumberjackFather)放置到遊戲場景中，到Project視窗中的Assets資料夾中找到樵夫父親(LumberjackFather)，把他拖曳到Scene視窗中，並調整位置到(0,0,0)的位置上，如下圖所示。

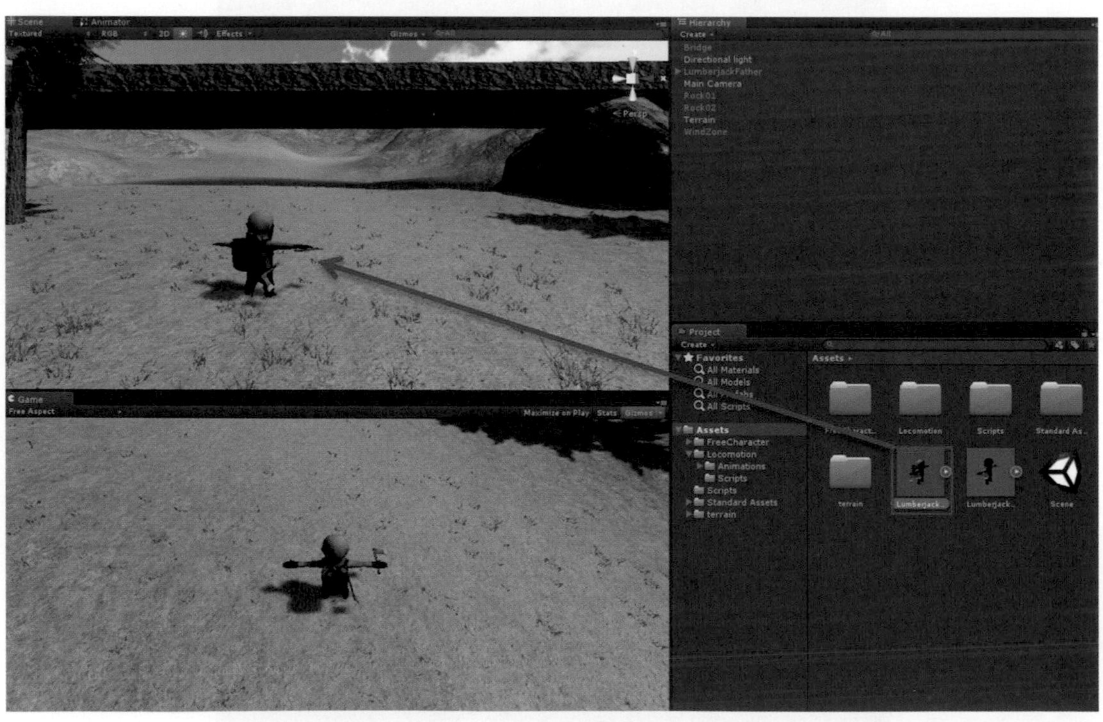

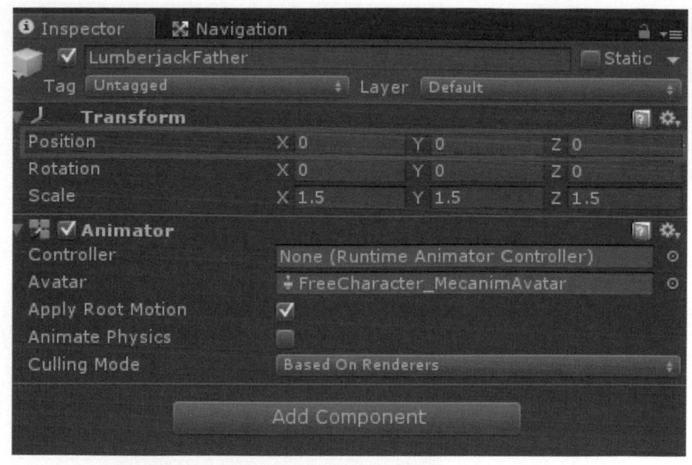

接著我們要在樵夫父親(LumberjackFather)身上添加Nav Mesh Agent導航組件，首先選擇場景中的樵夫父親(LumberjackFather)後點擊系統選單Component，選擇Navigation中的Nav Mesh Agent選項，這麼一來就能在Inspector視窗中設定Nav Mesh Agent導航組件的選項與參數，如下圖所示。

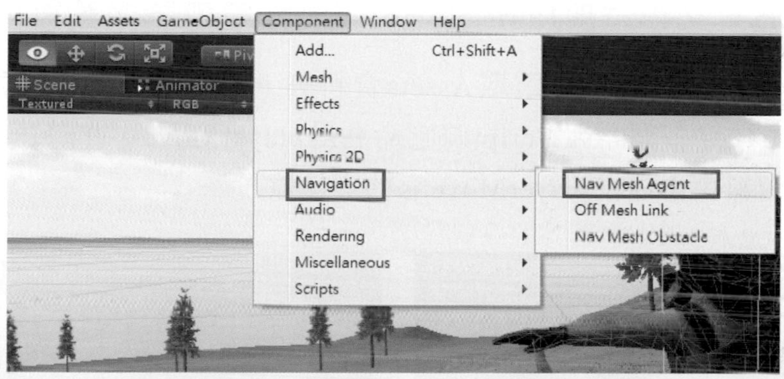

接著在Inspector視窗的Nav Mesh Agent中修改以下參數，分別設置Radius=0.2、Speed=5、Height=1及Base Offset=-0.12，如此就調整好物件的碰撞圓柱半徑、最大移動速度、碰撞圓柱的高度及圓柱與角色間的Y軸偏移量，如右圖所示。

步驟二、樵夫父親添加Java Script偵測點擊位置並設置目標點

首先要到Project視窗中選取Assets資料夾，並點擊Project視窗左上角的Create選項，建立一個Java Script將它命名爲playerMove，此時Project資料夾中的Assets資料夾會建立playerMove.js的文件檔。

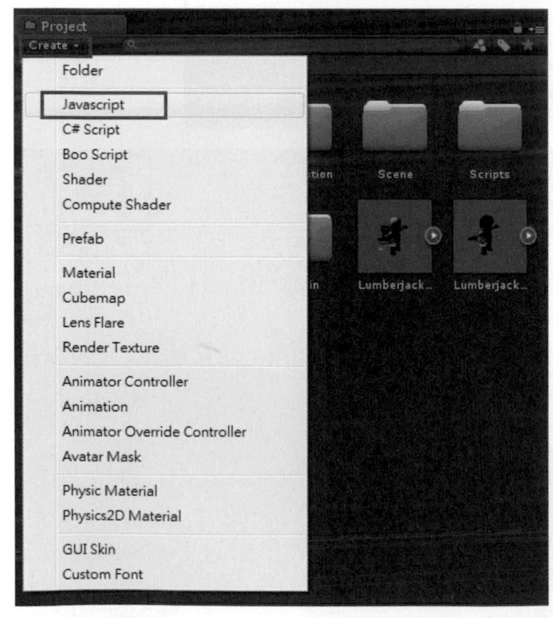

接著要將剛剛新增的playerMove添加到樵夫父親(LumberjackFather)身上，選取場景上的LumberjackFather後點擊系統選單Component，選擇Scripts中選擇新增的playerMove檔案，如下圖所示。

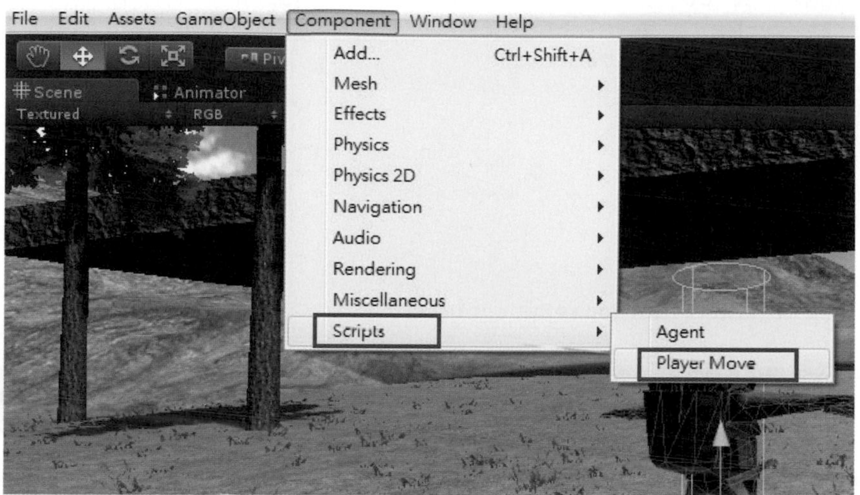

接著在LumberjackFather的Inspector視窗中會出現playerMove(Script)，接著雙擊playerMove(Script)裡的Script選項中的playerMove腳本，如此就可以開啓Assembly面板來撰寫程式，如下圖所示。

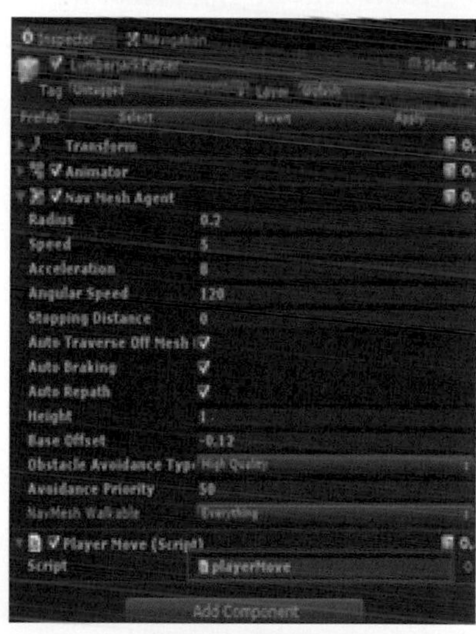

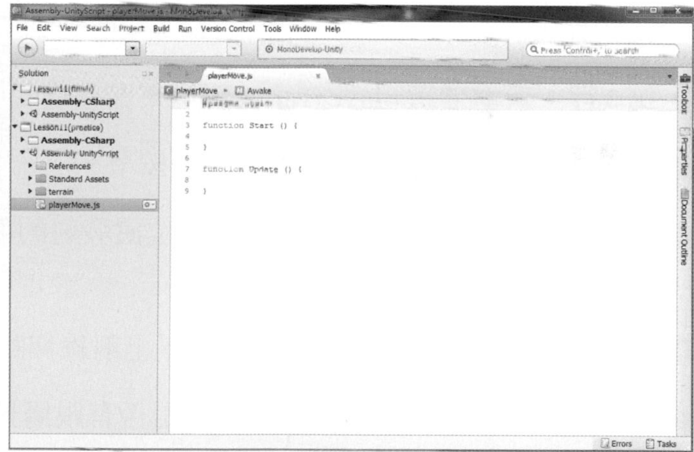

關於playerMove的程式內容為，偵測滑鼠點擊位置，並設置樵夫父親(LumberjackFather)搜尋路徑的目標位置，詳細指令如下圖所示。

```
1   #pragma strict
2   var playerNav : NavMeshAgent;
3   var playerTarget : Vector3;
4   function Start ()
5   {
6
7   }
8
9   function Update ()
10  {
11      if ( Input.GetMouseButtonDown(0) )
12      {
13          var ray = Camera.main.ScreenPointToRay(Input.mousePosition);
14          var hit: RaycastHit;
15          if ( Physics.Raycast(ray, hit))
16          {
17              playerTarget = hit.point;
18          }
19          playerNav.destination = playerTarget;
20      }
21  }
```

- **第2行：**新增變數playerNav，用來儲存添加Nav Mesh Agent導航組件的角色物件。
- **第3行：**新增變數playerTarget，用來儲存空間中移動時的目標點位置。
- **第11行：**使用if判斷滑鼠左鍵是否按下。
- **第13行：**新增變數ray為從攝影機位置發射的射線，射線的投射方向會依照滑鼠所點擊3D空間位置。
- **第14行：**新增變數hit用來儲存場景上射線與物件的碰撞資訊。
- **第15行：**使用if來判斷，射線ray是否有跟場景上的物件發生碰撞。
- **第17行：**更新playerTarget位置座標為射線與物件碰撞的點位置。
- **第19行：**設置使用導航網格移動的playerNav樵夫父親的目標點位置為playerTarget。

撰寫完指令後，在Assembly面板按下Ctrl+S儲存playerMove腳本，再回到Unity場景中樵夫父親(LumberjackFather)的Inspector視窗中可以找到添加的playerMove腳本與所需要的變數資訊，將Hierarchy視窗中的LumberjackFather樵夫父親物件拖曳到playerMove腳本中的變數playerNav來提供playerMove腳本使用，如下圖所示。

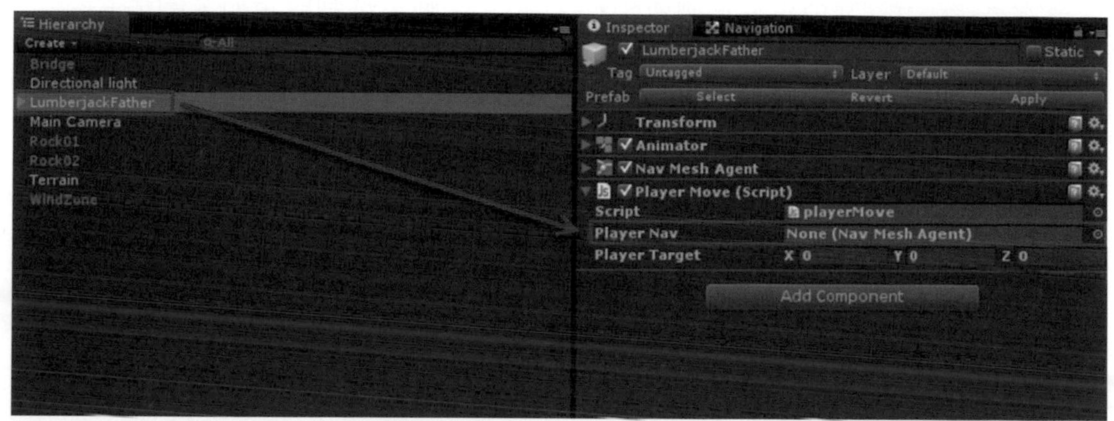

如此我們可以先測試此結果，點擊Unity上方的Play按鈕，此時在Game視窗中點擊道路，可以發現我們的樵夫父親(LumberjackFather)可以移動到滑鼠點擊位置，如下圖所示。

若我們要讓樵夫父親(LumberjackFather)播放動作動畫，這時我們可以選取樵夫父親(LumberjackFather)，再到Inspector視窗選擇Animator中的Controller選項，點擊選項旁的圓圈，接著會出現Select RuntimeAnimatorController視窗，並選擇Assets選項，選擇我們事先從Unity官方的Mecanim Example Scenes範例中取得的動畫控制器Locomotion，如此就會在Controller選項出現我們要的Locomotion動畫控制器，如下圖所示。

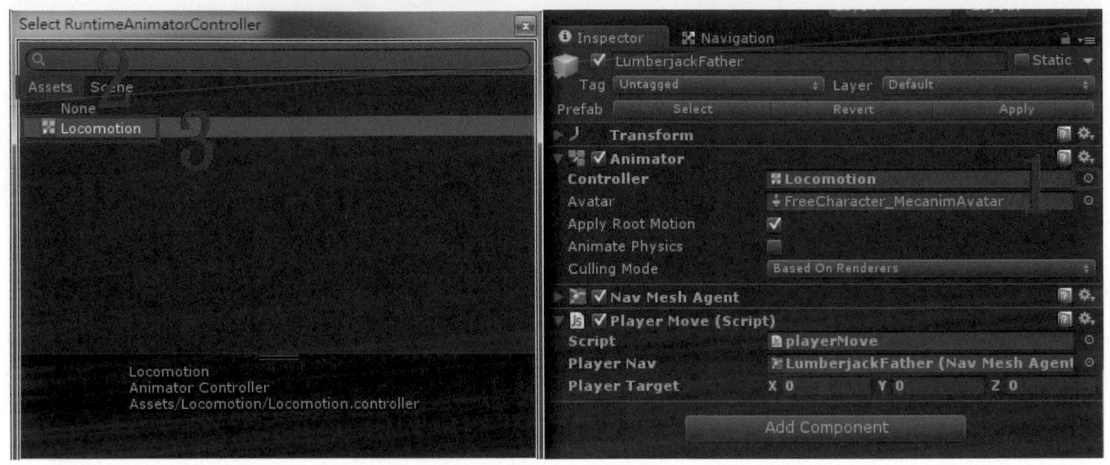

在此動畫控制器Locomotion是使用前面的章節中所提到的Mecanim動畫系統所製作的，使用滑鼠雙擊Locomotion可以開啓Animator視窗，點進Locomotion動畫混合樹，看見動畫混合樹分成Idle(原地待機)、TurnOnSpot(原地轉動)、WalkRun(走路與跑步)、PlantNTurnLeft(大角度左轉)及PlantNTurnRight(大角度右轉)，如下圖所示。

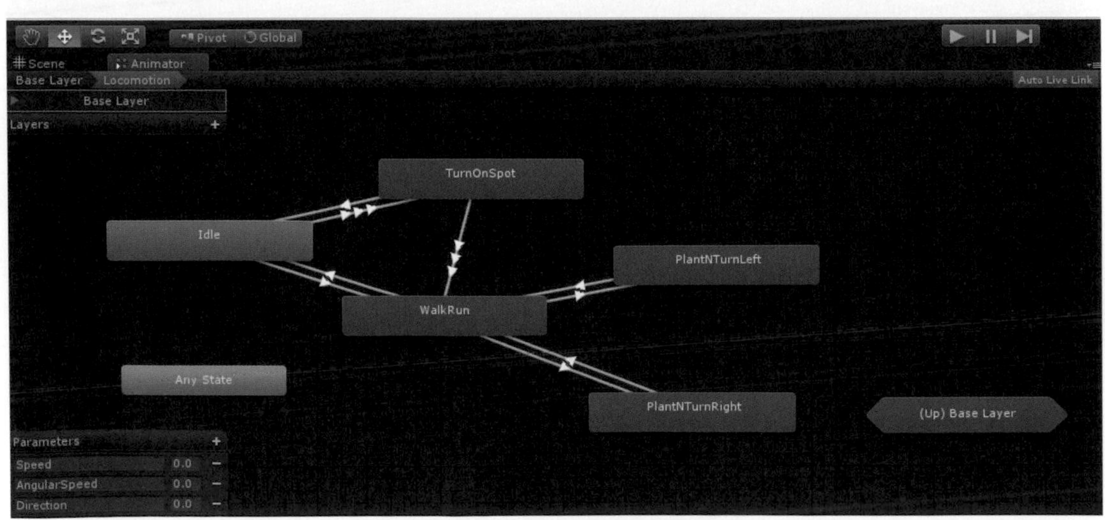

除了添加動畫控制器Locomotion之外，我們還需要使用程式腳本來控制動畫間的切換，在樵夫父親(LumberjackFather)身上添加事先從Unity官方的Mecanim Example Scenes範例中取得的動畫控制Agent腳本，即可讓樵夫父親在場景中播放待機、移動與轉身動畫，關於添加腳本方式，首先選取場景上的樵夫父親(LumberjackFather)，並點選系統選單Component，找到Script選項中的Agent腳本，如下圖所示。

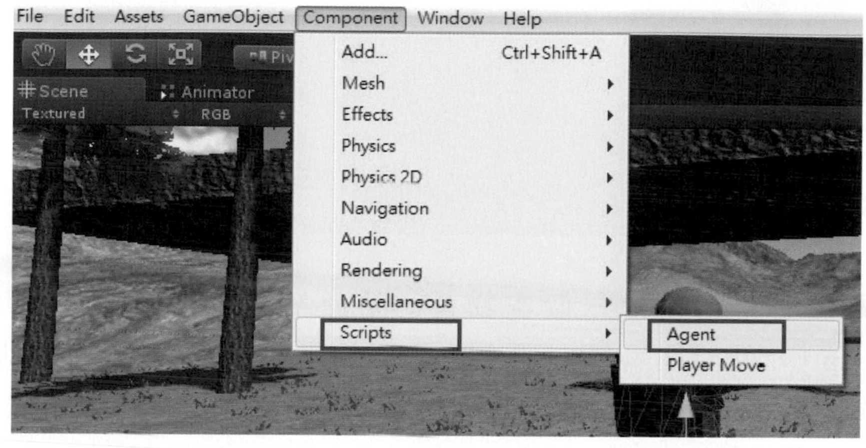

如此我們就可以先測試此結果，點擊Unity上方的Play按鈕，可以發現當樵夫父親(LumberjackFather)在遊戲中，待機、移動與轉身時都會執行對應的動作，如下圖所示。

步驟三、建立第三人稱視角設定

首先在場景上新增一個空物件，點選系統選單GameObject，選擇Create Empty，就能在場景上建立一個空物件(GameObject)，再到空物件(GameObject)的Inspector視窗中將它重新命名爲Camera，並將位置設置到(0,0,0)，如下圖所示。

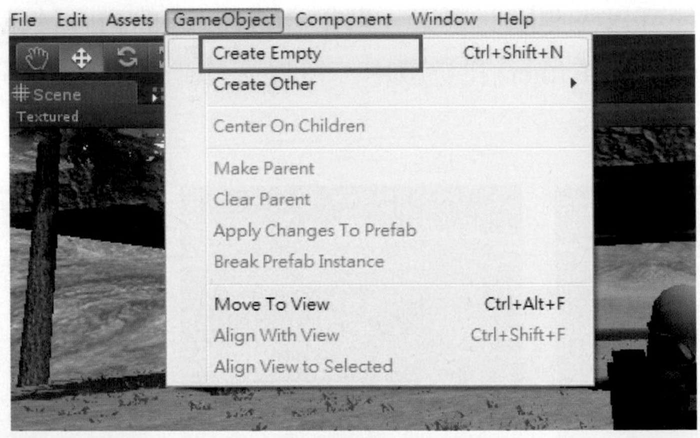

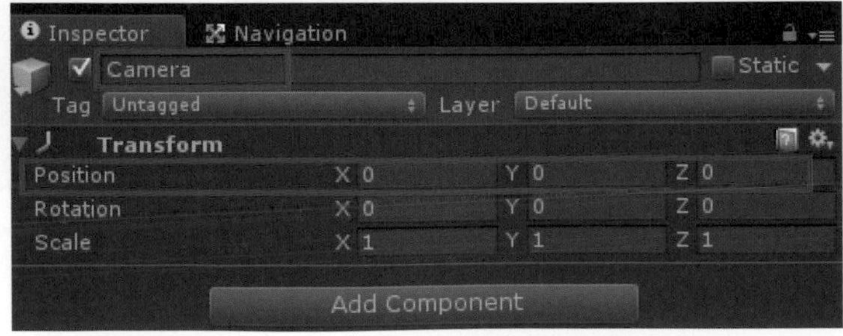

之後將場景上的主攝影機(Main Camera)拖曳到Camera空物件底下，形成父子物件，並將主攝影機(Main Camera)位置調整到與父物件的相對位置(0,4,-4)，角度(40,0,0)。

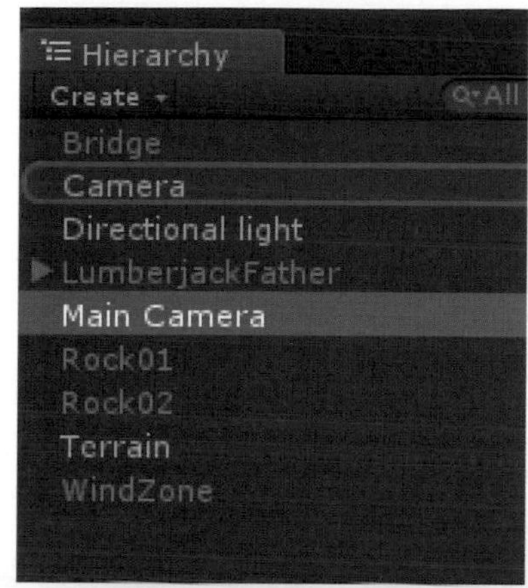

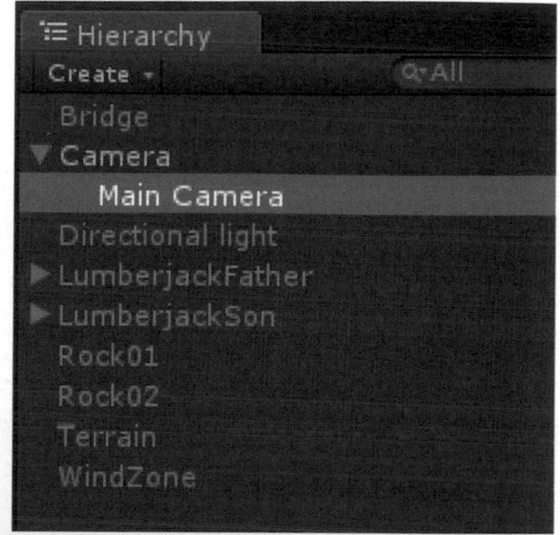

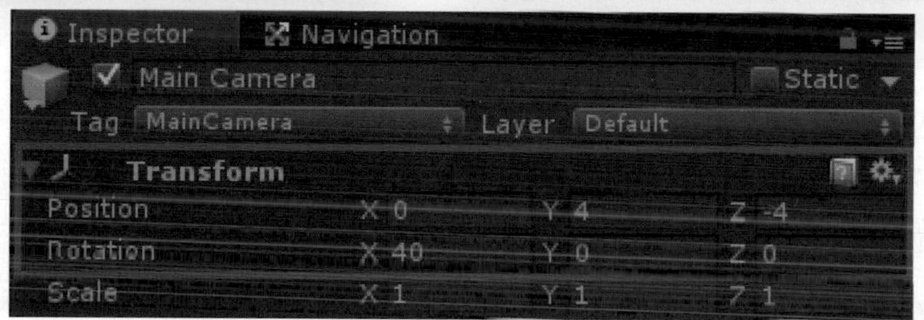

接著到Project視窗中選取Assets資料夾，並點擊Project視窗左上角的Create選項，建立一個Java Script將它命名為Camera，此時Project資料夾中的Assets資料夾會建立Camera.js的文件檔。

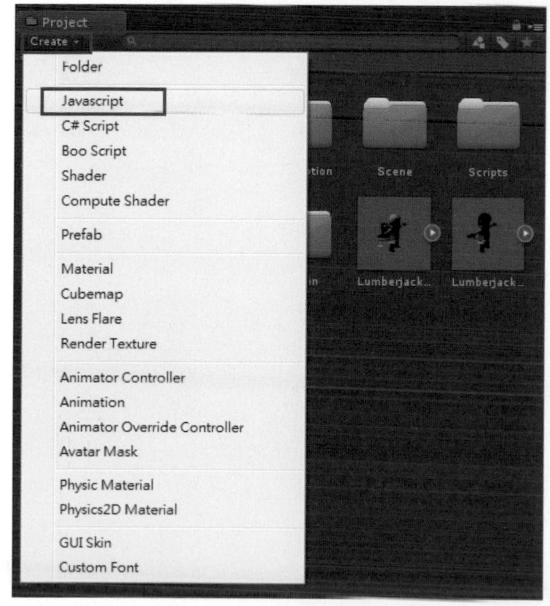

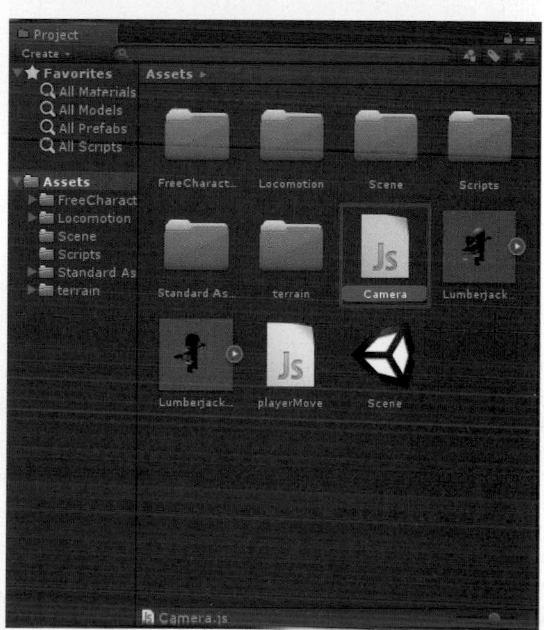

接著要將剛剛新增的Camera腳本添加到攝影機(Main Camera)的父物件(Camera)上，選取父物件(Camera)後點擊系統選單Component，選擇Scripts選項中選擇新增的Camera腳本，如下圖所示。

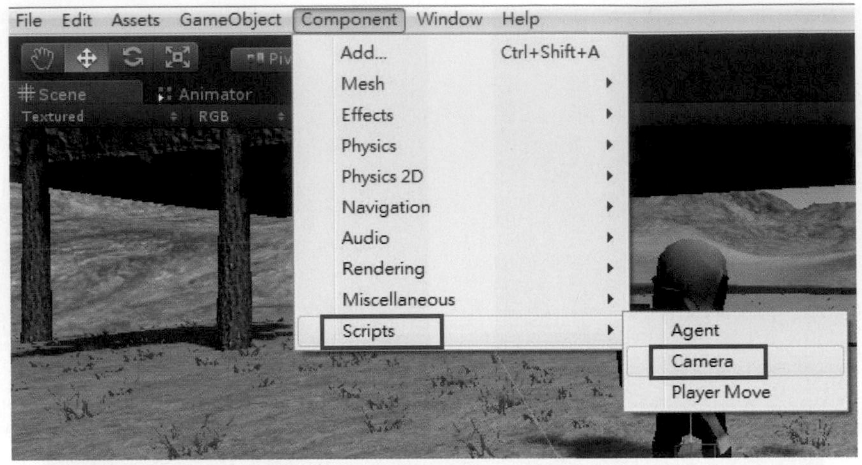

在Camera的Inspector視窗中會出現Camera (Script)，接著點擊新增的Camera (Script)裡的Script選項中的Camera腳本，如此就可以開啓Assembly面板來撰寫程式，如下圖所示。

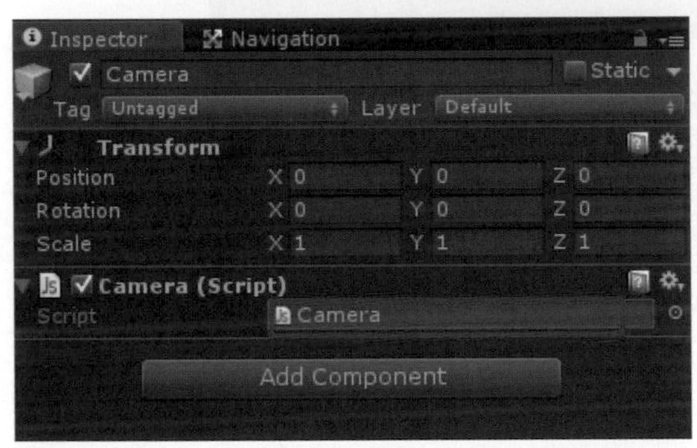

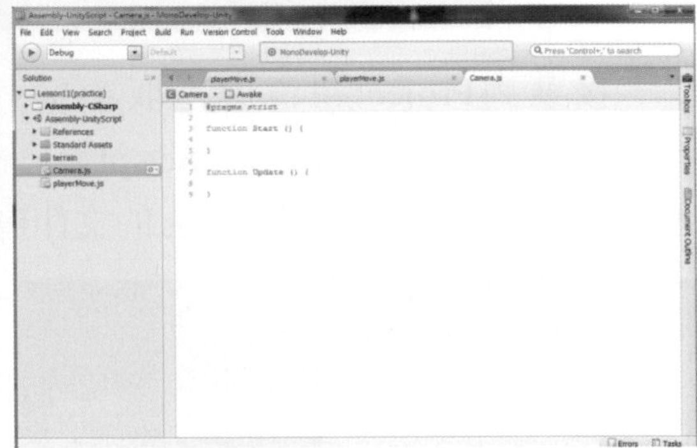

關於Camera腳本撰寫的程式內容爲，偵測滑鼠點擊與移動距離，並依照滑鼠的移動來旋轉父物件(Camera)，詳細指令如下圖所示。

```
1  #pragma strict
2  var player:GameObject;
3  var mouseX:float;
4  var mouseY:float;
5  var mouseMoveX:float;
6  var mouseMoveY:float;
7  var rotate:boolean;
8
9  function Start ()
10 {
11
12 }
13
14 function Update ()
15 {
16     if ( Input.GetMouseButtonDown( 1 ) )
17     {
18         mouseX = Input.mousePosition.x;
19         mouseY = Input.mousePosition.y;
20         rotate = true;
21     }
22     if ( rotate == true )
23     {
24         mouseMoveX = Input.mousePosition.x - mouseX;
25         mouseMoveY = Input.mousePosition.y - mouseY;
26         mouseX = Input.mousePosition.x;
27         mouseY = Input.mousePosition.y;
28         transform.Rotate( 0, mouseMoveX/8, 0, Space.World );
29         transform.Rotate( -mouseMoveY/8, 0, 0, Space.Self );
30     }
31
32     if ( Input.GetMouseButtonUp( 1 ) )
33     {
34         rotate = false;
35     }
36     transform.position = player.transform.position;
37 }
38
```

- **第2行：**新增變數player爲玩家操控的樵夫父親。
- **第3～4行：**新增變數mouseX與mouseY爲滑鼠的位置座標。

- **第5～6行：**新增變數mouseMoveX與mouseMoveY爲滑鼠每個影格間的位置變化。
- **第7行：**新增變數rotate爲布林值，用來判斷現在是否要選轉攝影機的父物件。
- **第16～21行：**當滑鼠右鍵被按下，更新mouseX與mouseY爲滑鼠所在的最新位置，並將rotate改爲true。
- **第22～25行：**當rotate爲true時直接取得滑鼠的目前位置(Input.mousePosition.x, Input.mousePosition.y)，減去上個影格所存取的滑鼠位置(mouseX,mouseY)，並將位移的結果存入(mouseMoveX,mouseMoveY)。
- **第26～27行：**更新變數mouseX與mouseY爲滑鼠目前位置，作爲下個影格的參考位置。
- **第28～29行：**根據得到的滑鼠位移mouseMoveX與mouseMoveY分別對世界座標Y軸轉動與自身座標X軸轉動。
- **第32～35行：**當滑鼠右鍵彈起時，將變數rotate的布林值改成false。
- **第36行：**將攝影機父物件的位置更新到Target物件的位置上。

撰寫完Camera腳本後，在Assembly面板按下Ctrl+S儲存Camera腳本，再回到Unity場景中選擇父物件(Camera)，從Inspector視窗中可以找到添加的Camera腳本與所需要的變數資訊，將Hierarchy視窗中的樵夫父親(LumberjackFather)拖曳到Camera腳本中的變數player來提供Camera腳本使用，如下圖所示。

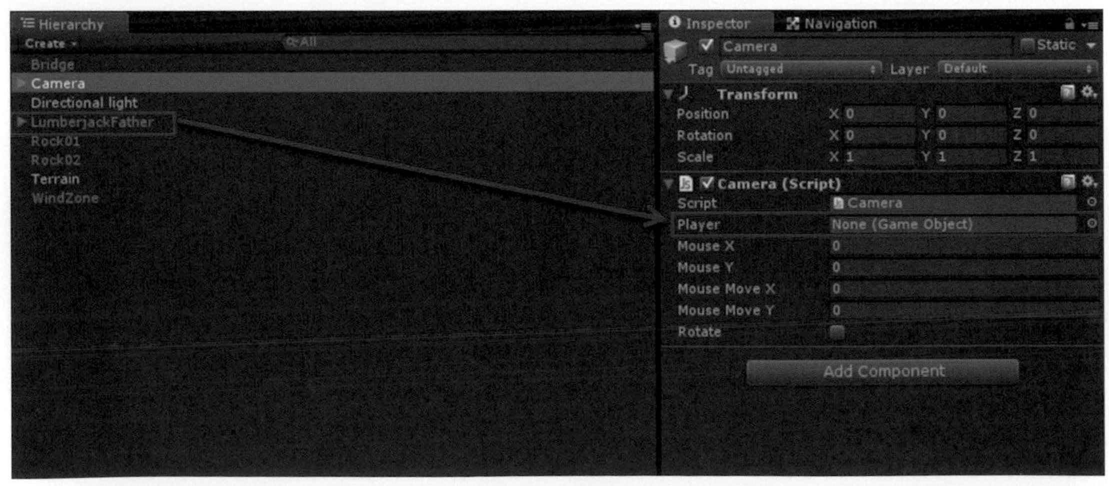

如此我們就可以先測試此結果，點擊Unity上方的Play按鈕，當樵夫父親(LumberjackFather)移動時，攝影機會自動跟隨移動，而按下滑鼠右鍵並移動滑鼠，便能改變遊戲中玩家觀看的視角，如下圖所示。

步驟四、建立具有隨機行走與跟隨兩種移動模式樵夫兒子

首先我們要將樵夫兒子(LumberjackSon)，放置到遊戲場景中，到Project視窗中的Assets資料夾中找到樵夫兒子(LumberjackSon)，並將他拖曳到Scene視窗中，並調整位置到(29,7.5,28)的位置上，如下圖所示。

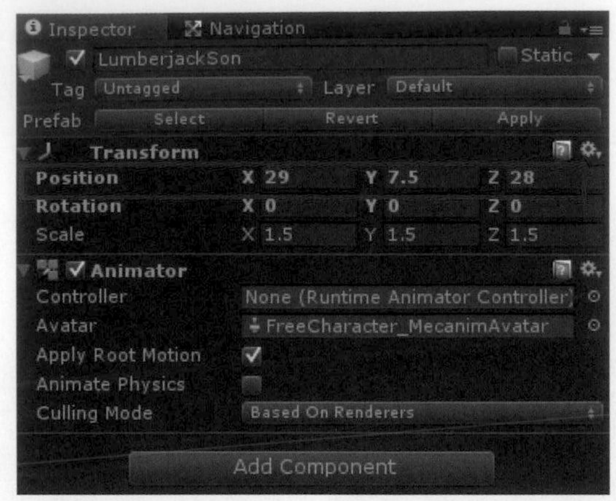

接著，我們要在樵夫兒子(LumberjackSon)身上添加Nav Mesh Agent導航組件，首先選擇場景中的樵夫兒子(LumberjackSon)後點擊系統選單Component，選擇Navigation中的Nav Mesh Agent選項，這麼一來就能在Inspector視窗中設定Nav Mesh Agent導航組件的選項與參數，如下圖所示。

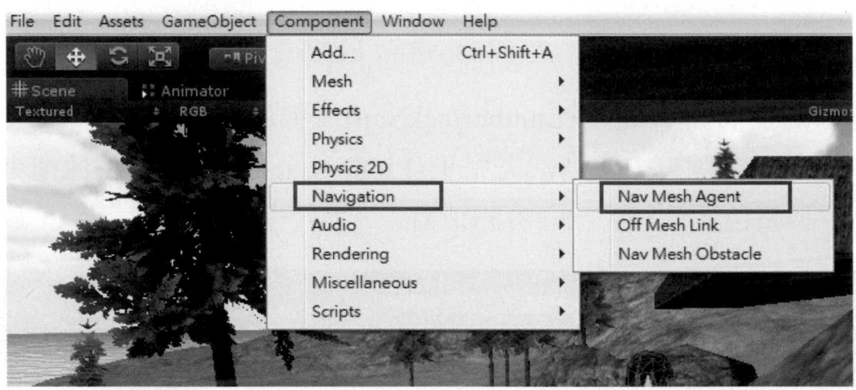

在Inspector視窗的Nav Mesh Agent中修改以下參數，分別設置Radius=0.2、Stopping Distance=1.5、Height=1及Base Offset=-0.12，如此就設置好物件的碰撞圓柱半徑、停止距離、碰撞圓柱的高度及圓柱與角色間的Y軸偏移量，如下圖所示。

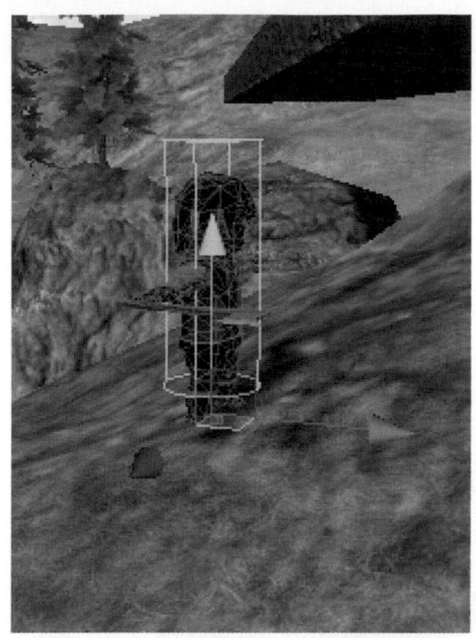

到Project視窗中選取Assets資料夾，並點擊Project視窗左上角的Create選項，建立一個Java Script將它命名為sonMove，此時Project資料夾中的Assets資料夾會建立sonMove.js的文件檔。

接著要將剛剛新增的sonMove腳本添加到場頭上的樵夫兒子(LumberjackSon)上，選取樵夫兒子(LumberjackSon)後點擊系統選單Component，選擇Scripts選項中選擇新增的sonMove腳本，如下圖所示。

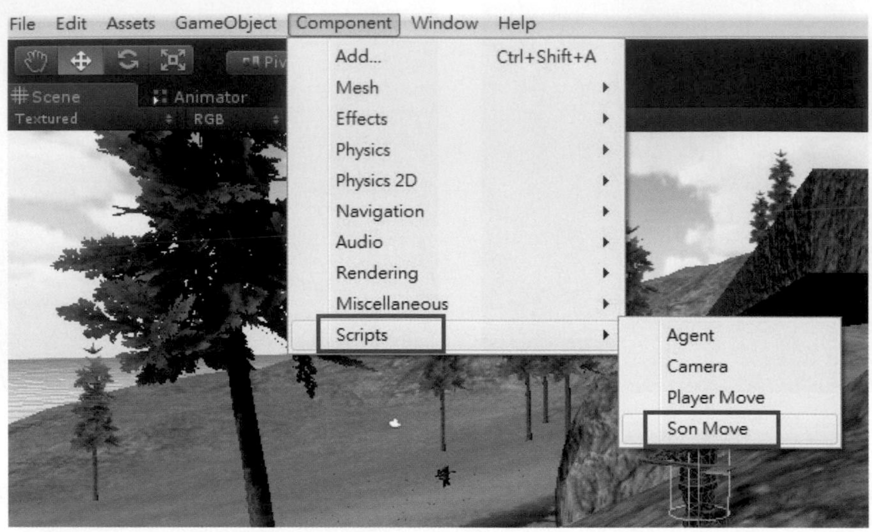

接著在LumberjackSon的Inspector視窗中會出現sonMove (Script)，接著雙擊新增的sonMove (Script)裡的Script選項中的sonMove腳本，如此就可以開啓Assembly面板來撰寫程式，如下圖所示。

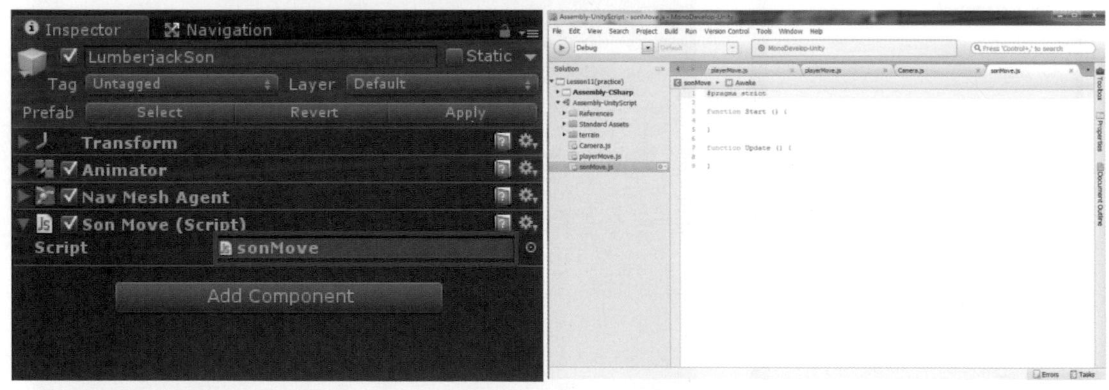

關於sonMove的程式內容爲，樵夫兒子(LumberjackSon)取得目標位置方式，且偵測樵夫父親(LumberjackFather)是否在附近，若玩家操控的樵夫父親(LumberjackFather)過於接近則樵夫兒子(LumberjackSon)，則樵夫兒子(LumberjackSon)將以樵夫父親(LumberjackFather)爲跟隨目標，並且增加移動速度，詳細指令如下圖所示。

```
1   #pragma strict
2   var x:int;
3   var z:int;
4   var Target:Vector3;
5   var sonNav:NavMeshAgent;
6   var n:float;
7   var player:GameObject;
8   var son:GameObject;
9   var dist:float;
10
11  function Start ()
12  {
13
14  }
15
16  function Update ()
17  {
18      n = n + Time.smoothDeltaTime;
19      if ( n > 4 )
20      {
21          n = 0;
22          x = Random.Range( -150, 150);
23          z = Random.Range( -50, 100);
24          var hit : RaycastHit;
25          if( Physics.Raycast ( Vector3(x,120,z), Vector3.down, hit )){
26              Target = hit.point;
27          }
28      }
29      dist = Vector3.Distance( player.transform.position, son.transform.position );
30      if ( dist < 8)
31      {
32          Target = player.transform.position;
33          sonNav.speed = 5;
34      }
35      else
36      {
37          sonNav.speed = 2;
38      }
39      sonNav.destination = Target;
40  }
```

- **第2行：**新增變數x，用來儲存亂數取點的x位置。
- **第3行：**新增變數z，用來儲存亂數取點的z位置。
- **第4行：**新增變數Target，用來儲存樵夫兒子移動的目標位置。
- **第5行：**新增變數sonNav，用來表示添加的Nav Mesh Agent導航組件的物件。
- **第6行：**新增變數n為浮點數。
- **第7行：**新增變數player，用來表示LumberjackFather物件。
- **第8行：**新增變數son，用來表示LumberjackSon物件。

- **第9行：** 新增變數dist爲樵夫父親(LumberjackFather)與樵夫兒子(LumberjackSon)之間的距離。
- **第18行：** 讓n累加每個影格間的時間。
- **第19～23行：** 若當n>4，則將n歸0，並且在範圍內隨機取出2個亂數，並存進變數x與z之中作爲範圍內隨機目標點的X與Z軸位置，下圖爲由上往下拍攝全場景，紅色方塊內的區域爲xz平面的隨機取點的範圍。

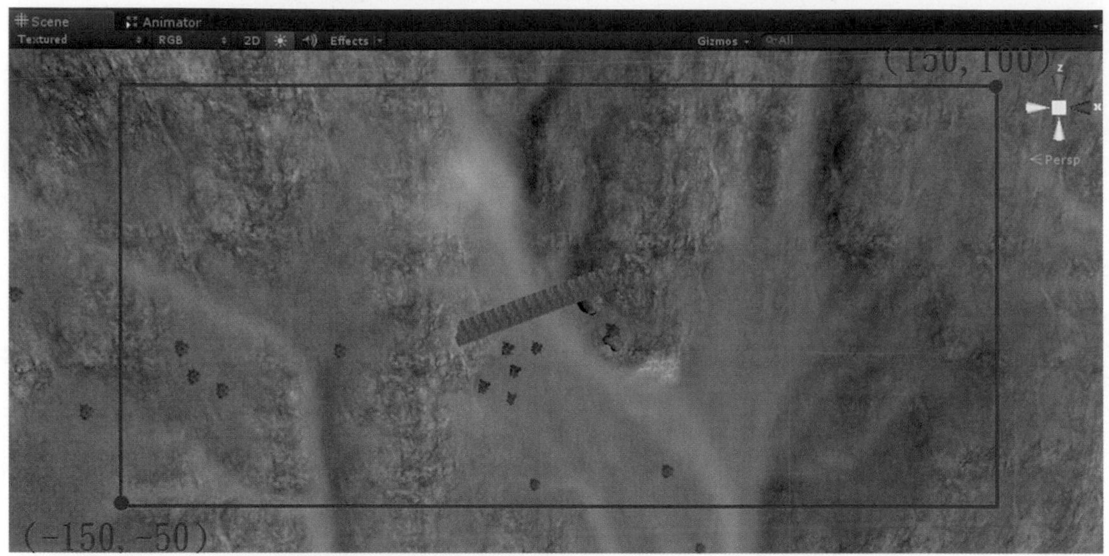

- **第24行：** 新增變數hit，用來儲存射線與地形的碰撞資訊。
- **第25行：** 由於場景中地形最高點的Y位置約爲108，所以我們將射線的投射點設爲(x,120,y)，向負Y軸投射射線，使射線與地形產生碰撞，並將碰撞資訊存於hit變數中。
- **第26行：** 將射線與地形碰撞的位置hit.point存進Target變數中。
- **第29行：** 計算樵夫父親與樵夫兒子之間的距離爲dist。
- **第30～34行：** 若dist小於8，則將Target位置改爲樵夫父親的所在位置。並且提高樵夫兒子的最大移動速度至5。
- **第35～38行：** 若dist大於等於8，則將樵夫兒子的最大移動速度設置爲2。
- **第39行：** 設置使用導航網格移動的樵夫兒子導航物件的目標點位置設置爲Target。

撰寫完sonMove腳本後，在Assembly面板按下Ctrl+S儲存sonMove腳本，再回到Unity場景中選擇樵夫兒子(LumberjackSon)，從Inspector視窗中可以找到添加的sonMove腳本與所需要的變數資訊，並將Hierarchy視窗中的樵夫兒子(LumberjackSon)拖曳到sonMove腳本中的變數sonNav與變數son，樵夫父親(LumberjackFather)拖曳到腳本中的變數player來提供sonMove腳本使用，如下圖所示。

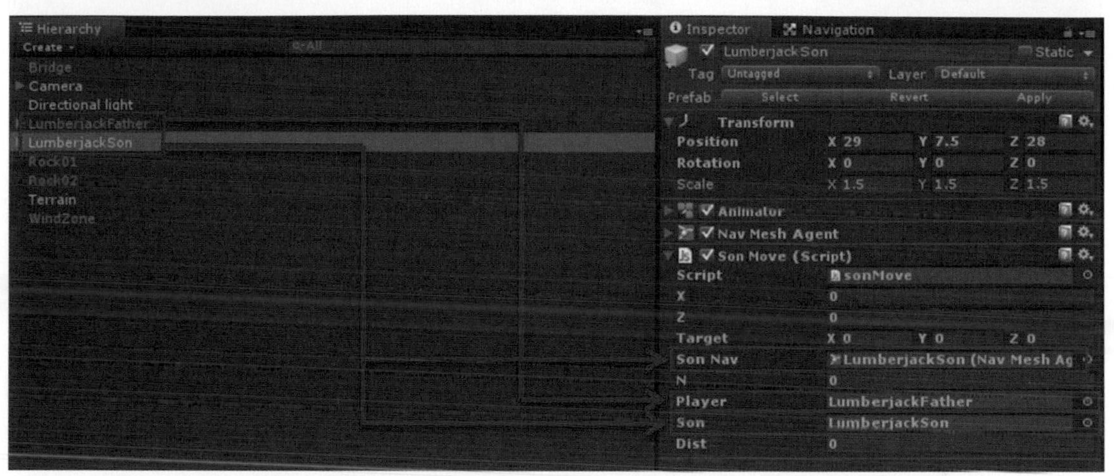

如此一來，當運行遊戲後的4秒內，會因爲Target位置預設爲(0,0,0)，所以樵夫兒子(LumberjackSon)會先朝著(0,0,0)移動，4秒後便會前往隨機取出的新位置。

關於樵夫兒子的動作設置跟樵夫父親一樣，我們選取樵夫兒子(LumberjackSon)，首先在Inspector視窗選擇Animator中的Controller選項，點擊選項旁的圓圈，接著會出現Select RuntimeAnimatorController視窗，並選擇Assets選項，選擇我們事先從Unity官方的Mecanim Example Scenes範例中取得的動畫控制器Locomotion，如此就會在Controller選項出現我們要的Locomotion動畫控制器，如下圖所示。

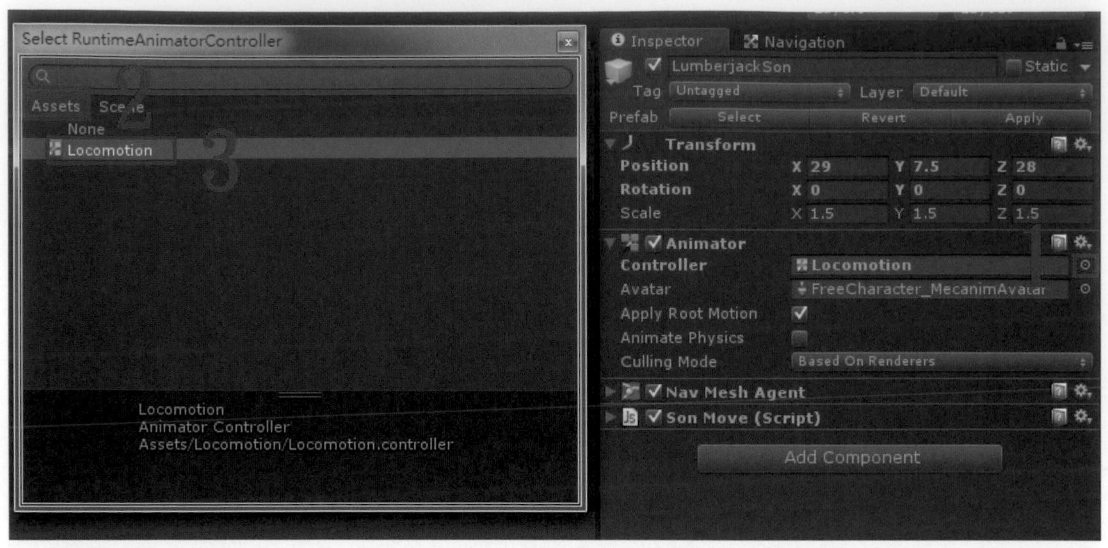

除了添加動畫控制器Locomotion之外，我們同樣要使用程式腳本來控制動畫間的切換，在樵夫兒子(LumberjackSon)身上添加事先從Unity官方的Mecanim Example Scenes範例中取得的動畫控制Agent腳本，即可讓樵夫兒子在場景中播放待機、移動與轉身動畫，關於添加腳本方式，首先選取我們的樵夫兒子(LumberjackSon)，並點選系統選單Component，找到Script選項中的Agent腳本，如下圖所示。

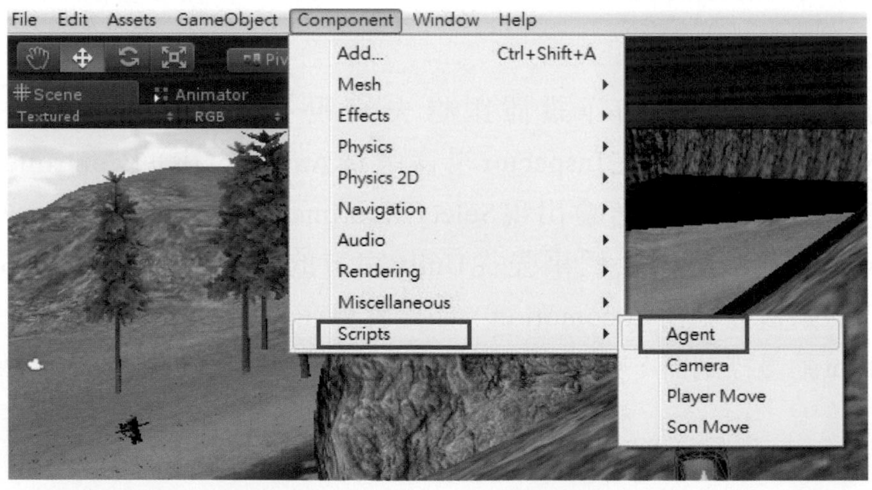

這麼一來我們就完成此章節的作品了，可以點擊Unity上方的Play按鈕測試結果，可以發現樵夫兒子(LumberjackSon)會自動在場景上隨機走動，而且當發現樵夫父親(LumberjackFather)靠近時，會開始跟隨在樵夫父親(LumberjackFather)後方，如下圖所示。

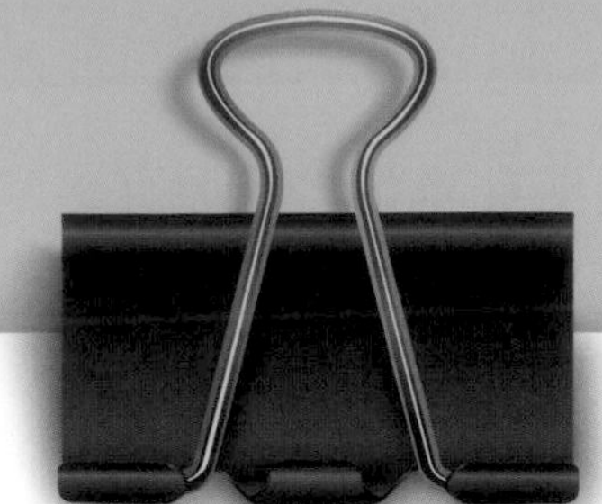

12

導航網格進階功能應用

作品簡介

在作品中，我們將讓小熊及大熊在場景上的紅光方塊與綠光方塊間來回移動，當小熊及大熊從紅光方塊出發前往綠光方塊時，首先會遇到4座橋梁，這4座橋當中有2座為木橋，2座為石橋，而我們的小熊只能走木橋，大熊則只能走石橋，且每座橋後方皆有個路障，每2～5秒間，路障便會自動升起或落下來阻擋小熊與大熊，通過橋樑後可以藉由橘色的傳送陣將小熊與大熊傳送到綠光方塊所在的平台，到達綠光方塊後，小熊及大熊則會從場景兩旁的大階梯跳回到紅光方塊所在的平台，在作品中我們將會介紹，如何使用捷徑來完成各個平台間的移動，以及如何限制小熊與大熊所能行走的橋樑與路障的設置。

學習重點

✦ 重點一：使用Off Mesh Link在分離的導航網格間建立捷徑。

✦ 重點二：鋪設多層導航網格來限制角色移動路徑。

✦ 重點三：建立Nav Mesh Obstacle障礙物件。

重點一 使用Off Mesh Link在分離的導航網格間建立捷徑

在遊戲場景中鋪設導航網格時，會因爲場景物體的擺放與地形的設置讓導航網格分成許多分離的區塊，使得角色無法通過，這時我們就可以在這些分離的導航網格間建立捷徑，提供角色通行，如下圖所示。

捷徑可分爲兩種，第一種爲OffMeshLink Generation(捷徑區塊)，此捷徑適合在高低差小或相鄰不遠的導航網格間使用。而另一種是在場景的物件上添加Off Mesh Link組件，並設置兩個物件的位置作爲捷徑的起點與終點，此捷徑可以在導航網格上的任意處產生。

關於OffMeshLink Generation通常用於兩個較爲接近的平台，例如左下圖是因爲場景高度落差而產生的兩個導航區塊，右下圖則是因爲相鄰但不相連的兩個導航區塊。

若要在有高度落差的導航網格間建立捷徑，可以選擇較高的平台後，到Navigation視窗的Object面板中勾選OffMeshLink Generation選項，再到Bake面板中調整Drop Height(最大落下高度)，例如範例中的高度差爲2單位，我們可以將Drop Height參數修改爲2(或大於2)，在按下Navigation視窗右下角的Bake按鈕，這麼一來就能在較高的導航網格周圍產生捷徑通往較低的導航網格，注意這些捷徑只能由高往下單方向通行，如下圖所示。

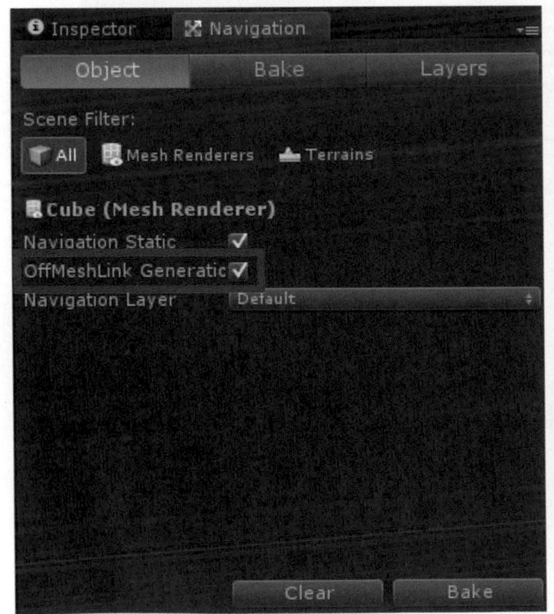

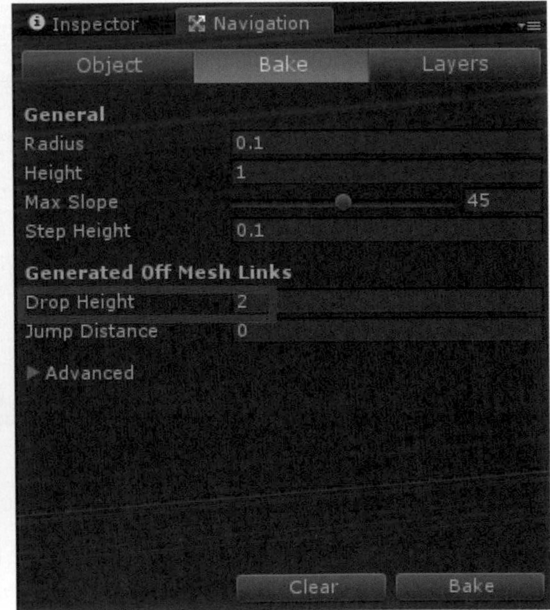

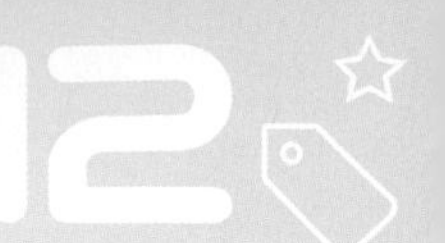

若是要在相鄰的導航網格間建立捷徑，我們可以選擇兩平台後，再到Navigation視窗的Object面板中勾選OffMeshLink Generation選項，再到Bake面板中調整Jump Distance(最大跳躍距離)，例如範例中平台間的距離為2單位，可以將Jump Distance參數修改為2(或大於2)，在按下Navigation視窗右下角的Bake按鈕，這麼一來，就能在相鄰的平台間產生捷徑，這些捷徑可雙向通行，如下圖所示。

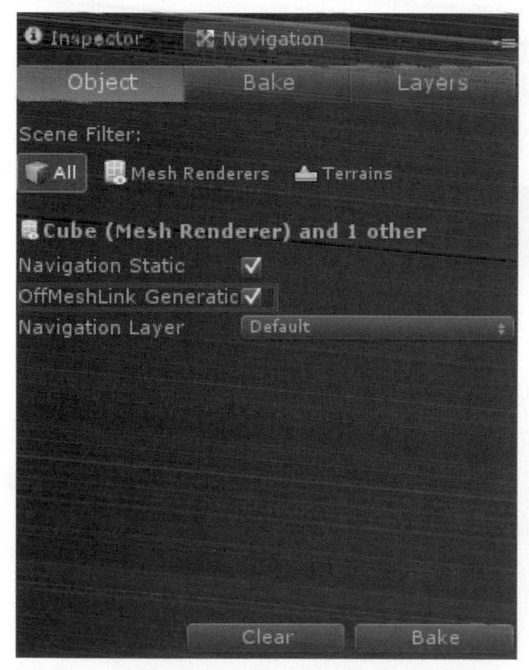

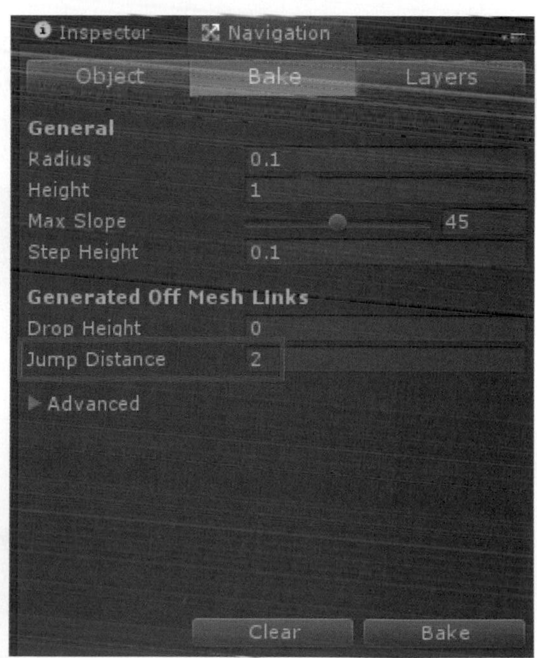

關於使用Off Mesh Link組件來建立捷徑，相較於上述的OffMeshLink Generation(捷徑區塊)在設置上較爲自由，因爲若導航網格間距離太遠而增加OffMeshLink Generation (捷徑區塊)的 Drop Height(最大落下高度)及Jump Distance(最大跳躍距離)參數，反而會使得場景上地形擺設失去意義，而使用Off Mesh Link組件來建立捷徑，便可以在導航網格上的任意位置上建立捷徑，不用受場景地形影響，建立方法如下。

首先我們要在導航網格上擺放兩個物件作爲路徑的起點與終點，爲了方便觀察我們使用兩個正方體做爲起點物件及終點物件，並將它們分別命名爲Start Cube與End Cube，如下圖所示。

接著在場景上選取Start Cube並點選系統選單的Component中的Navigation選項，選擇Off Mesh Link，就能在Start Cube上添加Off Mesh Link組件，如下圖所示。

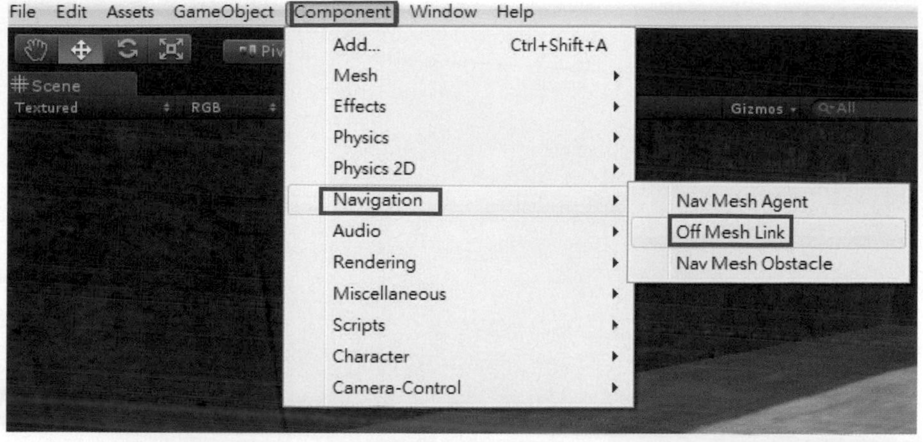

添加Off Mesh Link組件後，我們到Start Cube的Inspector視窗中可以看到Off Mesh Link組件所能修改的參數與選項，如下圖所示。

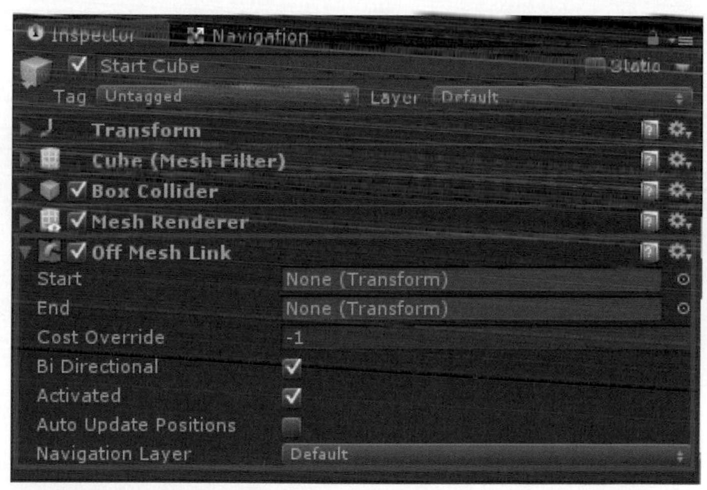

Off Mesh Link組件共有7個參數選項，分別是Start(起點)、End(終點)、Cost Override(開銷成本)、Bi Directional(雙向通行)、Activated(啓用)、Auto Update Position(即時更新位置)及Navigation Layer(可使用的導航層)。

Start與End是用來到捷徑的起點與終點，我們可以將新增的Start Cube與End Cube，分別將它們從Hierarchy視窗中拖曳到Inspector視窗中的Start與End參數，如下圖所示。

若成功建立捷徑，我們可以在場景上看到連接的線條，若沒出現，可能是方塊中心不夠貼近導航網格，只要調整一下位置即可，如下圖所示。

而Cost Override參數爲正數時，若值越大，則計算處理路徑請求的開銷成本越大，-1爲預設開銷成本。若勾選Bi Directional代表此捷徑允許雙向通行，若沒勾選則只能從起點到終點的單向通行。而透過勾選Activated來決定是否啓用此捷徑。Auto Update Position若被勾選，則在遊戲運行中Start Cube或End Cube位置產生變化，捷徑的起點與終點也會同時改變。Navigation Layer可以選擇捷徑所能通過的導航網格層，關於導航網格分層，我們會在下個重點做詳細介紹。

設置完Off Mesh Link組件後，我們可以移動Start Cube與End Cube到任意的導航網格上，皆可產生捷徑，如下圖所示。

重點二 鋪設多層導航網格來限制角色移動路徑

鋪設多層的導航網格可以用來限制導航物件的移動路徑，像是在下圖中，我們的主角小熊想透過橋樑上的導航網格抵達對面的平台，一般來說小熊會自動找出較短的路徑來移動，但若在橋上鋪設不同的航網格層，我們就能指定小熊通過的橋樑，如下圖所示。

關於多層導航網格的鋪設方式，首先我們要先在場景鋪設一層導航網格，選取兩平台與兩座橋後，點選系統選單Window選項中的Navigation選項便能開啓Navigation視窗，如下圖所示。

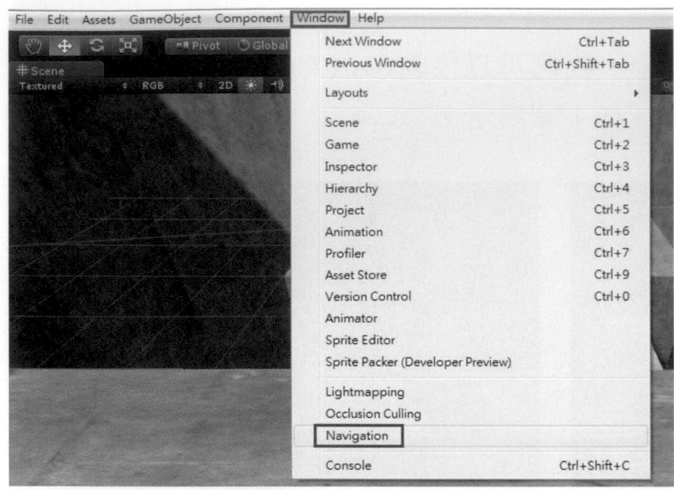

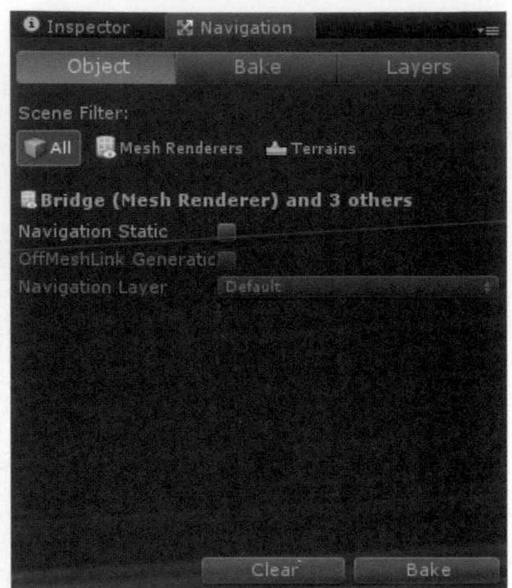

在Navigation視窗中的Object面板中勾選Navigation Static選項，使得被選取的物件設定成鋪設對象，並將所要鋪設的導航層種類選擇預設層Default，接著按下Bake按鈕即可在場景上鋪設一層預設的導航網格層，如下圖所示。

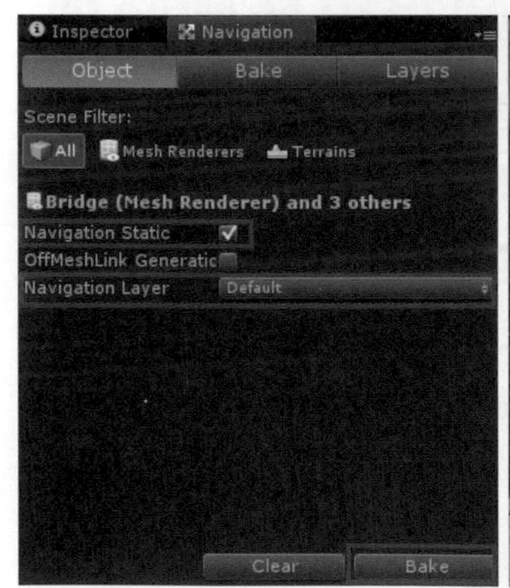

鋪設完預設的Default導航層後，我們準備在左邊橋樑上鋪設不同層的導航網格，選取左邊的橋樑後回到Navigation視窗，並切換到Layers面板，我們可以看到3層系統預設的導航層以及29層可供使用者設定的導航層，我們剛剛鋪設的Default層，就是使用了Built-in Layer 0的Default來鋪設的，如下圖所示。

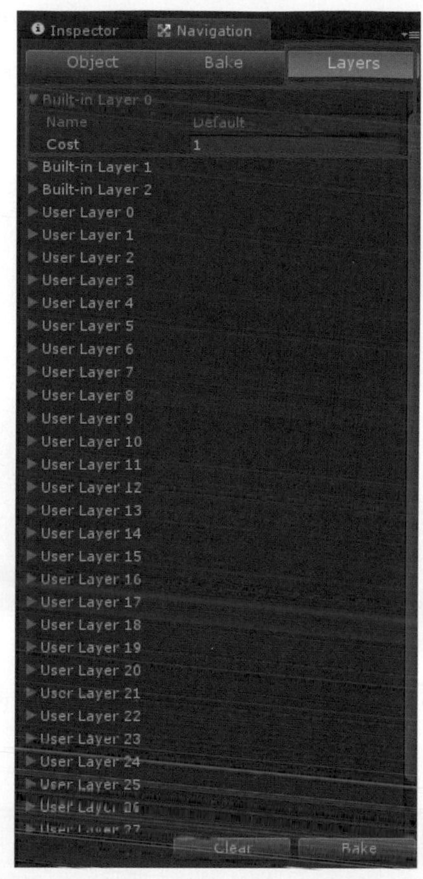

我們可以點開User Layer 0，並自己設定該層的名稱與Cost，Cost參數越大，則角色在上面行走時越流暢，在這裡我們將該層命名為Left Bridge及設置Cost參數為1，如下圖所示。

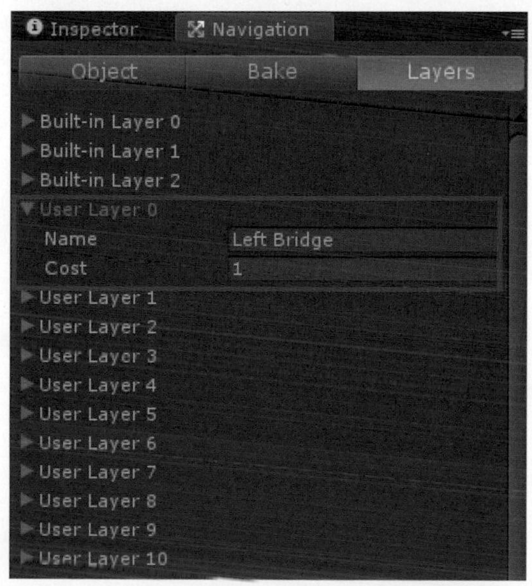

接著回到Navigation視窗的Object面板中，修改Navigation Layer將鋪設的導航層設定爲Left Bridge，在按下Bake就能在左邊的橋上鋪設自訂的導航層Left Bridge，如下圖所示。

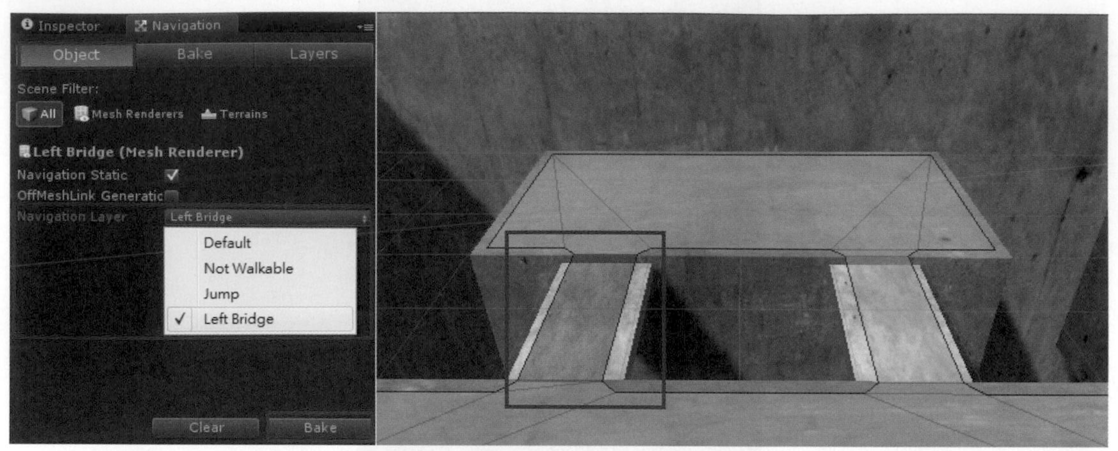

重複上述步驟，我們也可以在右邊的橋樑上，鋪設導航層Right Bridge，如下圖所示。

鋪設完多層導航網格後，若我們要指定小熊行走的橋梁我們必須先了解在上個章節中我們介紹了導航小熊(TeddyBear)時所設置Nav Mesh Agent導航組件中的13個參數，分別爲Radius(半徑)、Speed(速度)、Acceleration(加速度)、Angular Speed(角速度)、Stopping Distance(停止距離)、Auto Traverse Off Mesh Link(自動通過Off Mesh捷徑)、Auto Braking(自動停止)、Auto Repath(自動重新尋找路徑)、Hight(高度)、BaseOffset(基本偏移)、Obstacle Avoidance Type(障礙躲避等級)、Avoidance Priority(躲避優先等級)及NavMesh Walkable(可行走導航網格)，如下圖所示。

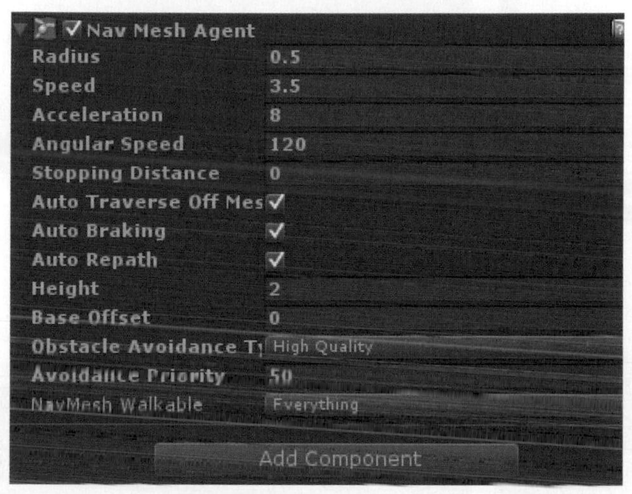

Nav Mesh Agent導航組件中的NavMesh Walkable(可行走導航網格)選項，正是用來指定小熊(TeddyBear)所能行走的導航層，我們剛剛在場景上總共鋪設了3種導航層，分別是平台上的Default導航層、左邊橋上的Left Bridge導航層及右邊橋上的Right Bridge導航層，若我們想讓小熊通過時使用左邊的橋樑，我們就可以將小熊(TeddyBear)身上的Nav Mesh Agent導航組件中的NavMesh Walkable(可行走導航網格)選項勾選Default層及Left Bridge導航層，如此小熊(TeddyBear)就不能行走右邊橋上的Right Bridge導航層，同樣若我們只勾選Default導航層及Right Bridge導航層，則小熊(TeddyBear)就不能行走左邊橋上的Left Bridge導航層，如下圖所示。

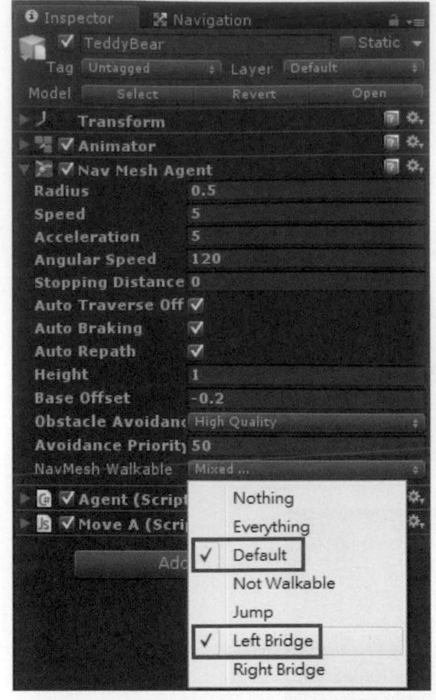
Inspector
Navigation
TeddyBear
Static
Tag Untagged
Layer Default
Model Select Revert Open
Transform
Animator
Nav Mesh Agent
Radius 0.5
Speed 5
Acceleration 5
Angular Speed 120
Stopping Distance 0
Auto Traverse Off
Auto Braking
Auto Repath
Height 1
Base Offset -0.2
Obstacle Avoidanc High Quality
Avoidance Priority 50
NavMesh Walkable Mixed ...
Agent (Script
Move A (Scri
Nothing
Everything
Default
Not Walkable
Jump
Left Bridge
Right Bridge

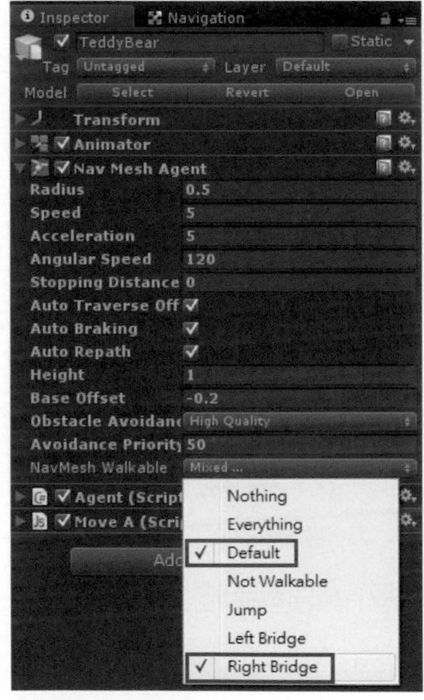
Inspector
Navigation
TeddyBear
Static
Tag Untagged
Layer Default
Model Select Revert Open
Transform
Animator
Nav Mesh Agent
Radius 0.5
Speed 5
Acceleration 5
Angular Speed 120
Stopping Distance 0
Auto Traverse Off
Auto Braking
Auto Repath
Height 1
Base Offset -0.2
Obstacle Avoidanc High Quality
Avoidance Priority 50
NavMesh Walkable Mixed ...
Agent (Script
Move A (Scri
Nothing
Everything
Default
Not Walkable
Jump
Left Bridge
Right Bridge

重點三 建立Nav Mesh Obstacle障礙物件

在上個重點中，雖然多層導航網格可以限制橋的通行，若遊戲場景中包含很多橋的時候，那麼就需要爲每一座橋鋪設一層導航網格，但Unity中最多只能分32層導航網格，所以Unity設計了一個解決方案就是Nav Mesh Obstacle組件，例如上個重點中所使用的橋樑，我們建立了添加Nav Mesh Obstacle組件的障礙物，便能阻斷橋上的導航網格，使其無法通行(如右圖所示)。

但若不想阻斷導航網格，我們也可以設置碰撞圓柱，使其與小熊身上的Nav Mesh Agent碰撞圓柱產生碰撞，我們可以從下圖中看出若沒有阻斷導航網格，原本搜尋的路徑依然存在，所以小熊會持續奔跑但過不去，若是阻斷導航網格，障礙物的碰撞圓柱雖無法發揮作用，但小熊會因搜尋路徑失敗而站著發呆，同樣過不去。

使用碰撞圓柱

阻斷導航網格

關於Nav Mesh Obstacle組件添加方式，首先選取障礙物，接著點選系統選單Component中的Navugation選項，選擇Nav Mesh Obstacle組件，即可在障礙物的Inspector視窗中找到Nav Mesh Obstacle組件的參數選項，如下圖所示。

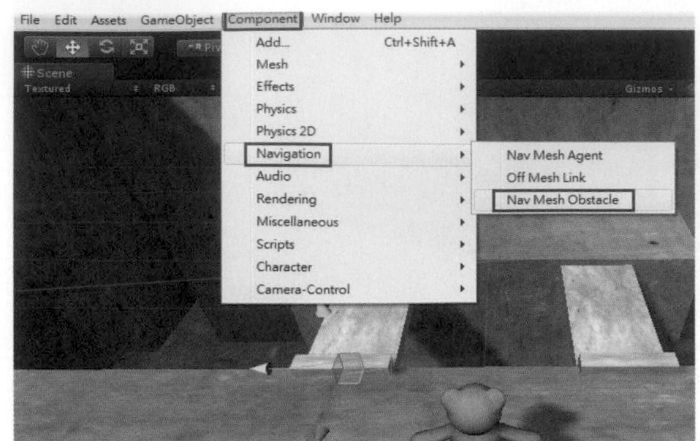

關於Nav Mesh Obstacle組件共有4個參數選項，分別為Radius（半徑）、Height(高度)、Move Threshold(移動門檻)及Carve(分割)，如下圖所示。

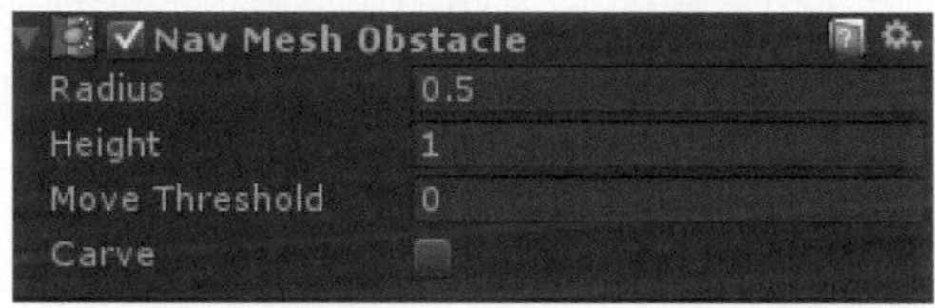

Radius為障礙物的碰撞圓柱半徑，半徑越大小熊越早被擋下，如下圖所示。

Radius=0.5

Radius=1

Height爲碰撞圓柱的高度，而Move Threshold(移動門檻)則是障礙物移動時是否要馬上重新切割導航網格的判斷標準，當障礙物移動距離達到Move Threshold(移動門檻)，則Unity將會在新的位置上重新切開導航網格，如下圖中，橋的距離爲2，障礙物上的Move Threshold參數爲2，這麼一來障礙物就必須移動2單位才能重新切割導航網格。

障礙物起始位置

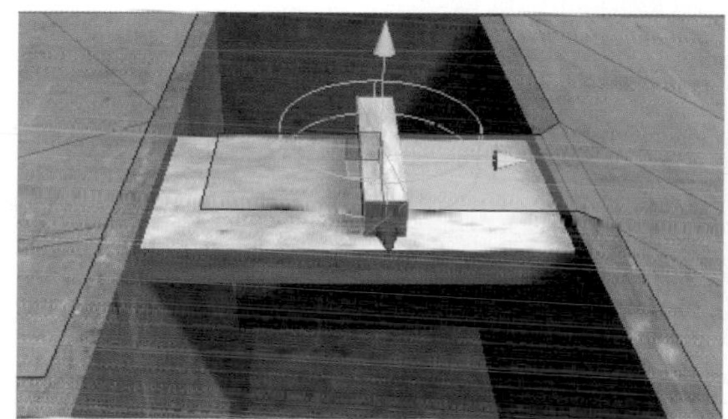

往右移動1單位

往右移動2單位

Carve選項是用來決定是否切割導航網格，若勾選則表示切割導航網格，且碰撞圓柱無效；若不勾選，則無法切割導航網格，但可使用碰撞圓柱，如下圖所示。

使用碰撞圓柱

阻斷導航網格

由於添加Nav Mesh Obstacle組件的障礙物，若離導航網格太遠將無法切割導航網格，所以在作品中我們會使用JavaScript腳本來控制路障的升降來決定是否阻斷橋上的路徑，如下圖所示。

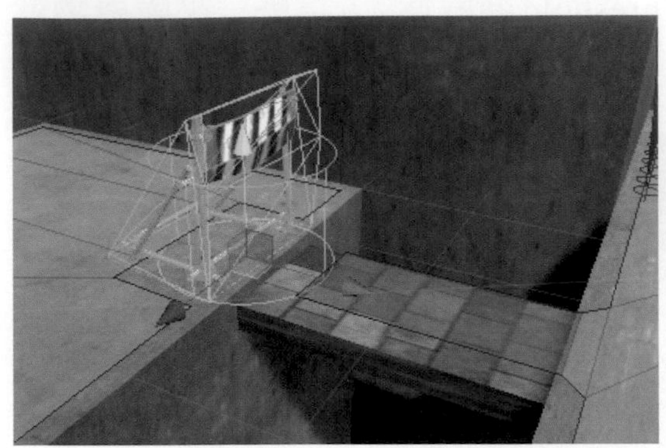

路障控制相關指令

Random.Range(參數a, 參數b)：

在參數a與參數b之間隨機取一整數，包含a,b。主要是用來決定幾秒後路障上升或下降。

Time. deltaTime;

上個影格所花的時間。我們會使用變數n來累加每個影格所花的時間：n=n+Time. deltaTime，藉由時間n的累加，可以用來判斷升降路障的時間是否到了。

transform.Translate(參數x, 參數y, 參數z);

用來移動物件的位置，每執行一次，帶有指令的物件便會根據參數x,y,z來產生位置上的變化。

範例實作與詳細解說

本範例我們將藉由以下步驟來完成簡述如下：

- **步驟一：**設置小熊及大熊的導航移動模式。
- **步驟二：**建立Off Mesh Link 捷徑通過分離的導航網格。
- **步驟三：**多層導航網格限制行走的橋梁。
- **步驟四：**使用Nav Mesh Obstacle阻斷導航網格。

由於此章節中的重點將放在導航網格的運用上，所以關於主角小熊的待機、跑步及轉身等相關動畫設置，實作中將直接使用Asset Store中Unity官方提供的Mecanim Example Scenes範例中，取得的Locomotion動畫控制器及控制動畫的Agent腳本，且已先行將Locomotion動畫控制器及控制動畫的Agent腳本匯入練習檔專案中，提供讀者在實作時使用，若讀者想進一步了解Unity的Mecanim動畫系統，在先前的章節中我們有更爲詳細的介紹。

步驟一、設置小熊及大熊的導航移動方式

開啓光碟中的練習檔專案Lesson12(practice)並開啓裡面的場景Scene，場景中可以看到許多高低不同的平台及4座橋梁，其中2座爲石橋，2座爲木橋，首先我們要在場景上先鋪設一層導航網格提供小熊與大熊導航移動使用，點選系統選單Window選項中的Navigation來開啓Navigation視窗，如下圖所示。

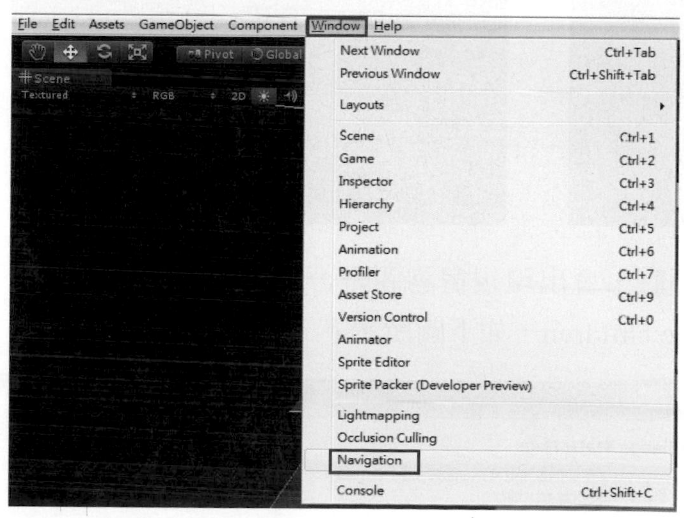

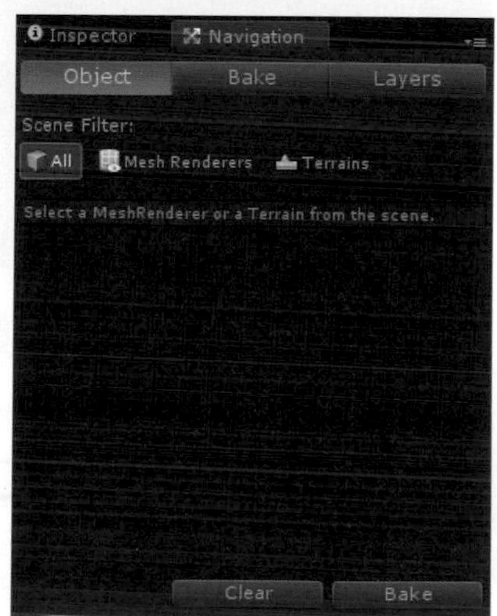

在Navigation視窗中選擇Bake面板，設定鋪設導航網格的相關參數，此時設定Radius(半徑)爲0.1、Height(高度)爲0.2及Step Height (階梯高度)爲0.1，如右圖所示。

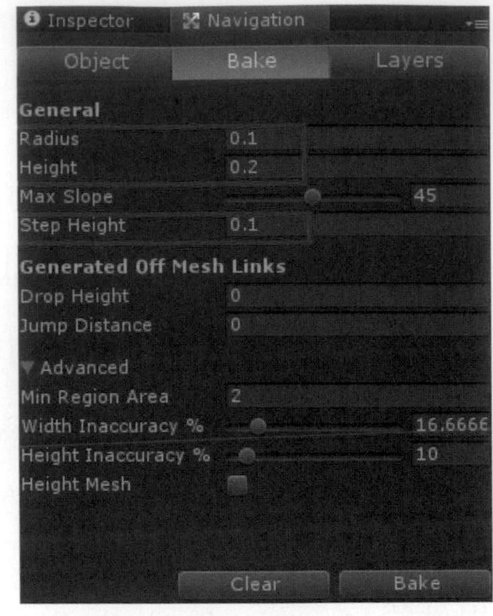

接著到Hierarchy視窗中選取場景上需要鋪設導航網格的對象，BridgeStone(石橋)2座、BridgeWood(木橋)2座及Cube(平台)，並在Navigation視窗的Object面板中勾選Navigation Static選項，將選取的物件設置爲導航網格可鋪設的對象，如下圖所示。

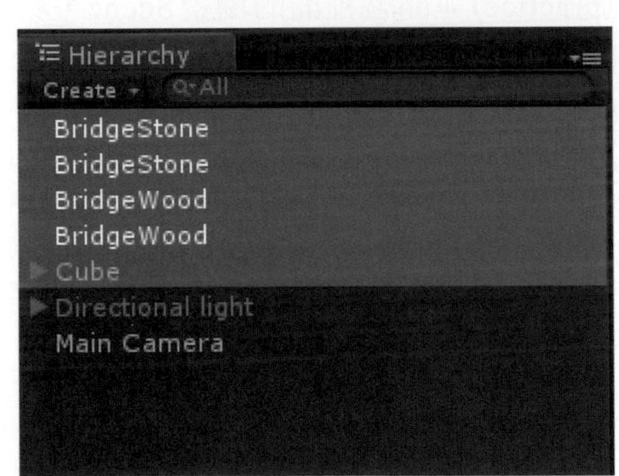

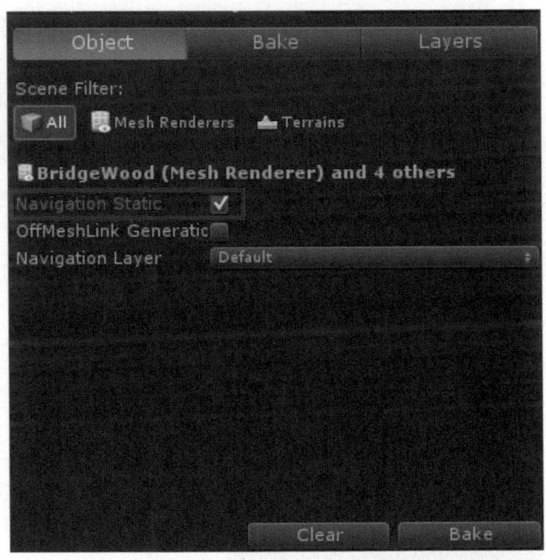

勾選Navigation Static選項時，會出現視窗詢問是否將物件底下子物件也一併更改，我們選擇Yes,change children，如下圖所示。

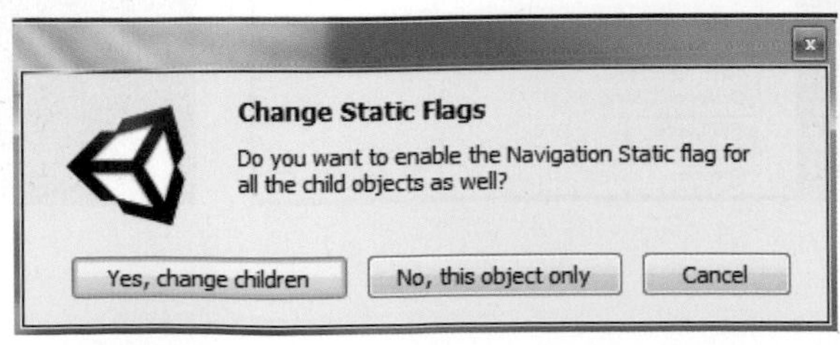

最後按下Navigation視窗右下方的Bake按鈕，即可在場景上鋪設一層導航網格，如下圖所示。

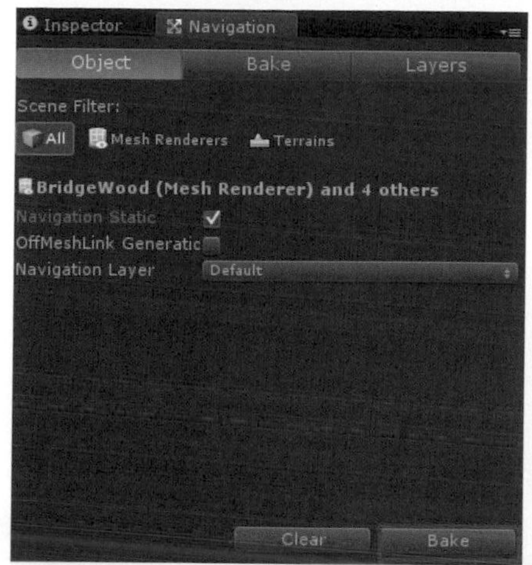

鋪設完導航網格後，我們要將小熊(TeddyBear)與大熊(Teddy)放到場景中。到Project視窗中的Assets資料夾中找到小熊(TeddyBear)與大熊(Teddy)，並分別將它們拖曳到場景中，並各自調整位置，小熊(TeddyBear)位置為(5,0,0)、大熊(Teddy)位置為(5,0,0)，如下圖所示。

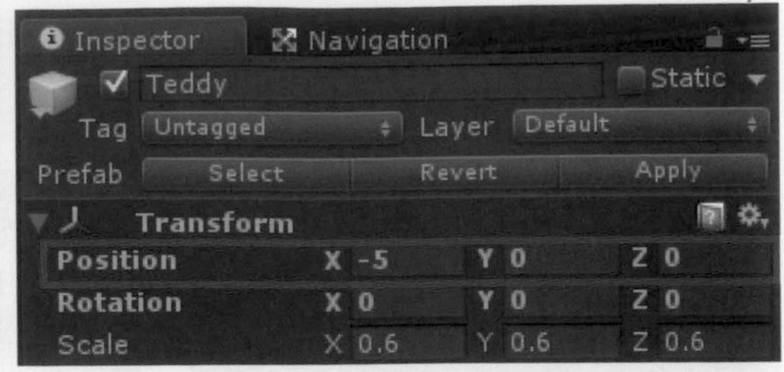

我們要在小熊(TeddyBear)與大熊(Teddy)身上添加Nav Mesh Agent導航組件，使它們能在導航網格上移動。此時在Hierarchy視窗中選取場景上的小熊(TeddyBear)及大熊(Teddy)，如右圖所示。

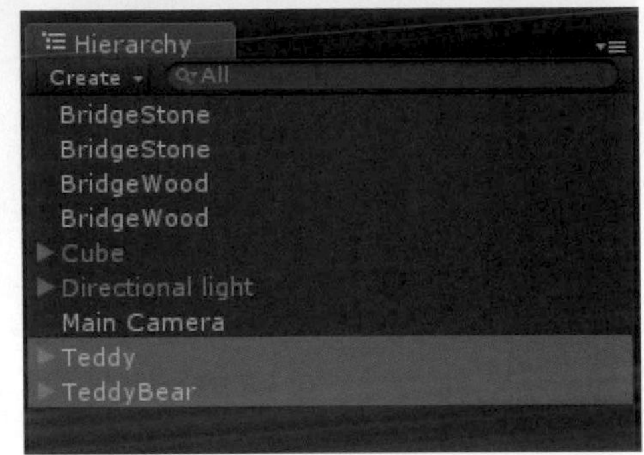

選取小熊(TeddyBear)及大熊(Teddy)後，點擊系統選單Component中的Navigation選項，選擇次選項Nav Mesh Agent導航組件，如此就能在小熊(TeddyBear)及大熊(Teddy)身上添加Nav Mesh Agent導航組件，我們可以在它們的Inspector視窗中修改Nav Mesh Agent導航組件的參數設定，由於小熊(TeddyBear)及大熊(Teddy)的移動時的動畫混合了走路與跑步，若移動速度大於1.5則走路狀態動畫播放比例遞減，跑步狀態動畫播放比例遞增，若移動速度小於5.5則走路狀態動畫播放比例遞增，跑步狀態動畫播放比例遞減，這裡我們調整Speed(最大移動速度)為5，讓小熊(TeddyBear)及大熊(Teddy)跑步的狀態動畫播放比例多於走路，如下圖所示。

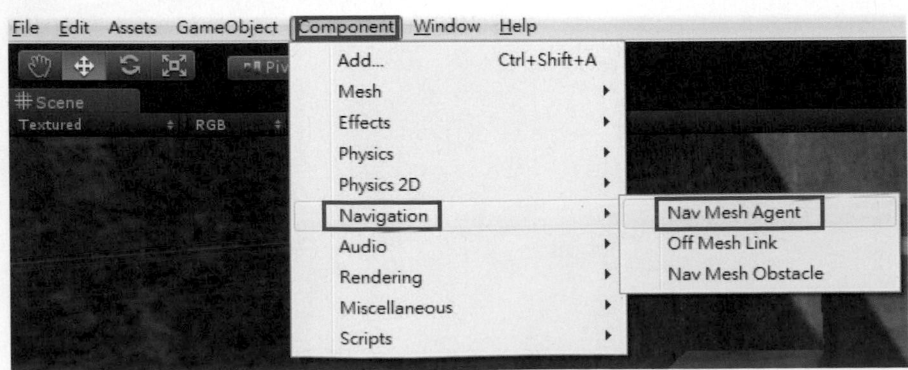

接著我們要在場景上擺設2個發光的旋轉方塊作爲小熊(TeddyBear)及大熊(Teddy)折返跑動的兩個目標。此時到Project視窗的Assets資料夾中找到紅光方塊(GoalRed)與綠光方塊(GoalGreen)，將它們分別拖曳到場景中，並設置紅光方塊(GoalRed)的位置爲(0,1,0)、綠光方塊(GoalGreen)的位置爲(0,1,-12.5)也就是場景中最低的平台，如下圖所示。

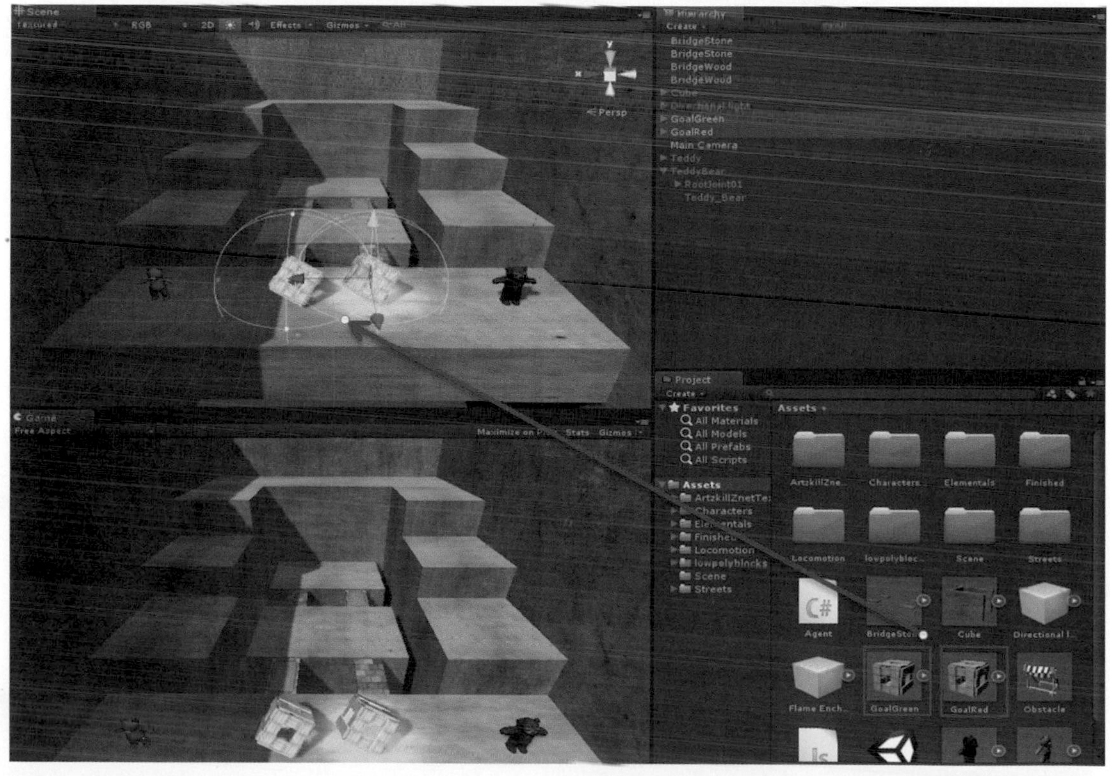

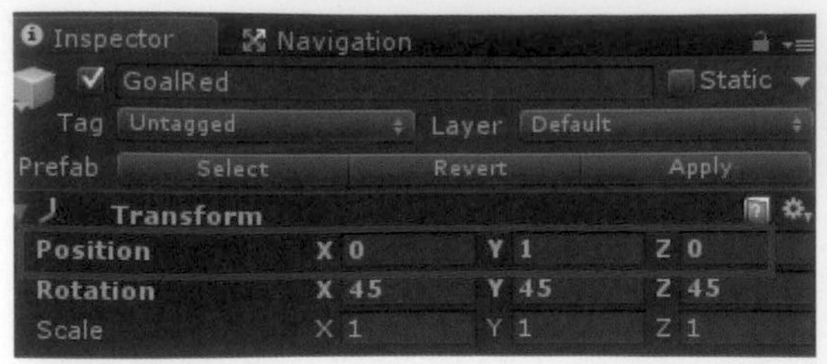

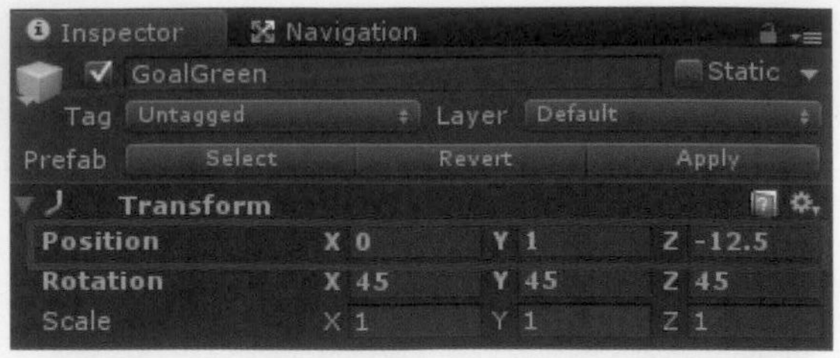

點擊Unity上方的Play按鈕，運行遊戲時會發現這2個發光方塊會原地旋轉，這是因爲方塊上已經事先添加的旋轉腳本，在方塊的Inspector視窗中可以找到Rotate(Script)，這是一個JavaScript腳本，滑鼠左鍵雙擊Rotate(Script)中的Script選項Rotate，即可在Assembly面板中開啓Rotate腳本，如下圖所示。

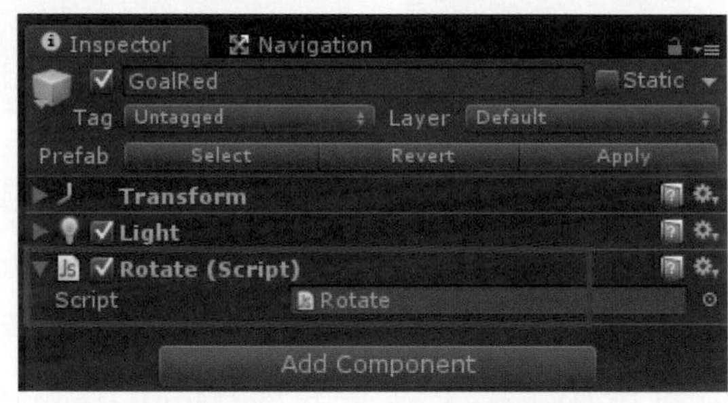

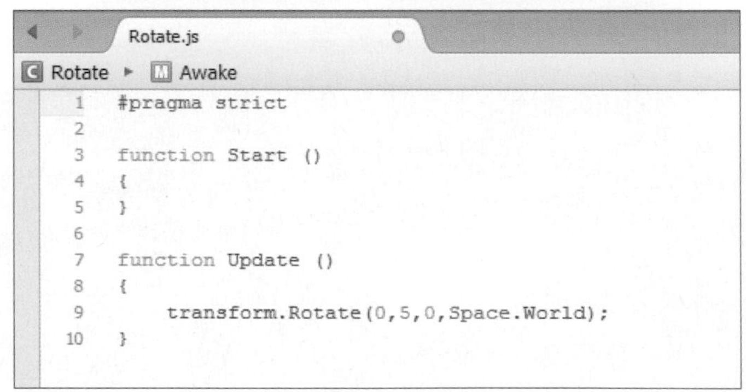

Rotate腳本中只有1個指令，就是第9行的旋轉指令，讓添加此Rotate腳本的物件依照世界座標的Y軸方向旋轉5度，由於此行指令是添加在function Update()中，所以物件將以每影格5度的速度持續旋轉，如果讀者想要改變方塊旋轉的速度，可以改5這個數値。

設置完兩個旋轉發光方塊，我們要回到小熊及大熊身上添加導航腳本，使其在兩發光方塊間折返跑動，首先要到Project視窗中選取Assets資料夾，並點擊Project視窗左上角的Create選項，建立一個Java Script將它命名爲Move，此時Project資料夾中的Assets資料夾會建立Move.js的文件檔。

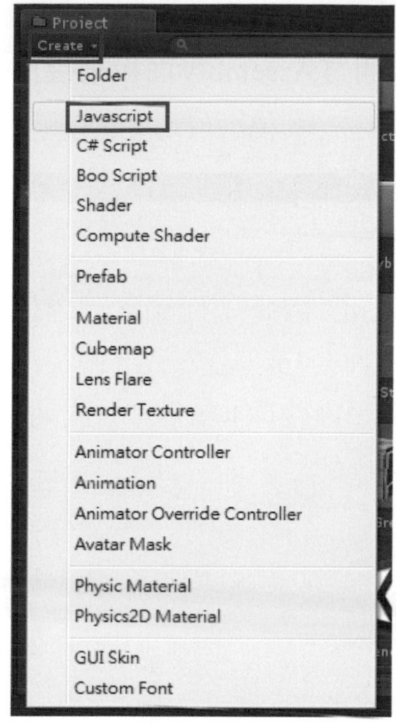

接著要將剛剛新增的Move添加到小熊(TeddyBear)身上，此時選取小熊(TeddyBear)後點擊系統選單Component，選擇Scripts中選擇新增的Move檔案，如下圖所示。

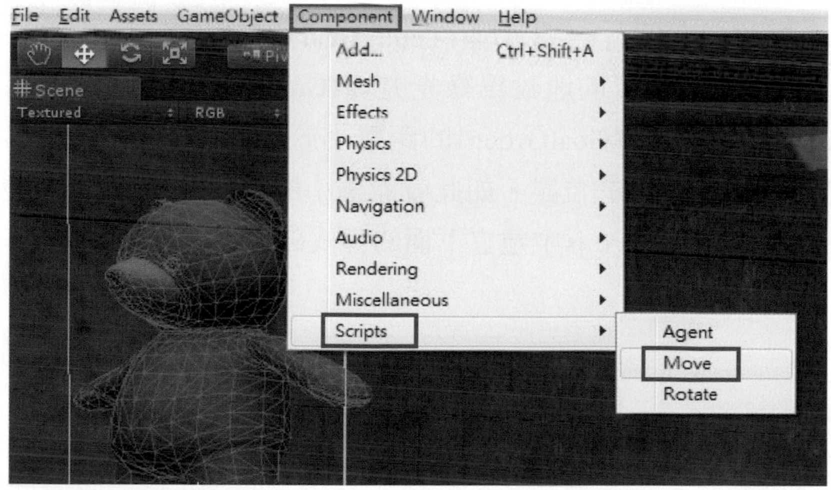

接著在Inspector視窗中會出現Move (Script)，接著點擊新增的Move (Script)裡的Script選項中的Move腳本，如此就可以開啓Assembly面板來撰寫程式，如下圖所示。

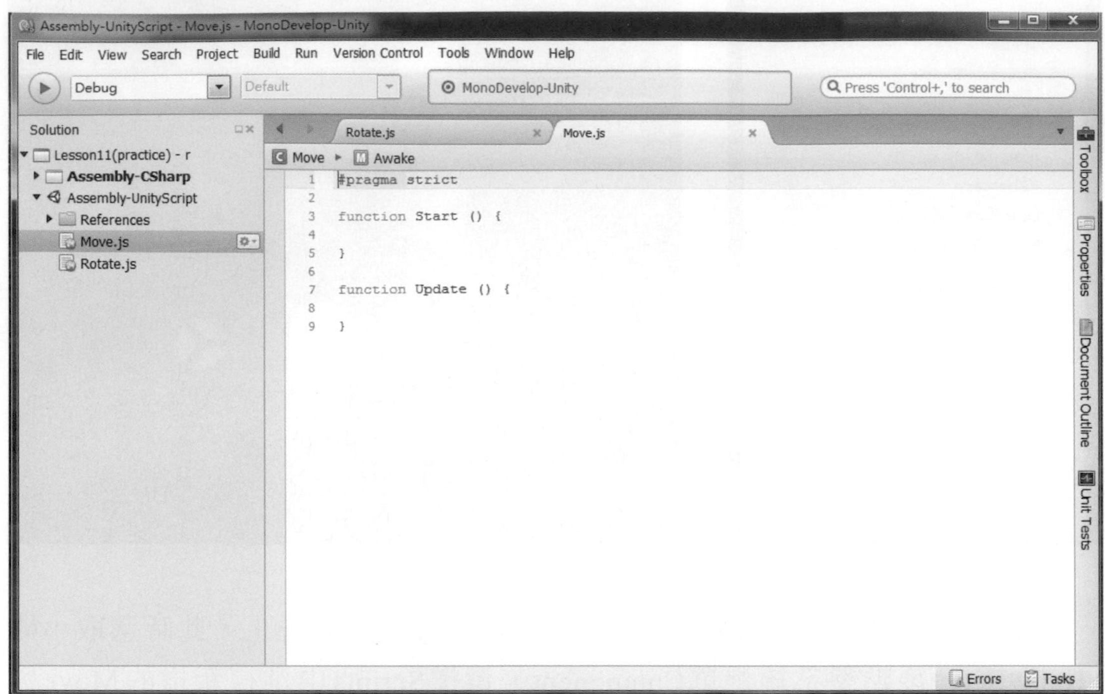

關於Move腳本的程式內容爲，一開始以紅光方塊(GoalRed)的位置爲目的地導航小熊(TeddyBear)，當小熊(TeddyBear)與紅光方塊(GoalRed)的距離小於1單位時，將導航目的地改爲綠光方塊(GoalGreen)的位置，同樣當小熊(TeddyBear)與綠光方塊(GoalGreen)的距離小於1單位時，再次將導航目的地改爲紅光方塊(GoalRed)的位置，如此就能讓小熊(TeddyBear)在兩發光方塊間來回移動，請讀者在Move.js中建立下面的程式碼，如下圖所示。

```
1  #pragma strict
2  var Agent :NavMeshAgent;
3  var GoalRed:GameObject;
4  var GoalGreen:GameObject;
5  var Target:Vector3;
6
7  function Start ()
8  {
9      Target = GoalRed.transform.position;
10 }
11
12 function Update ()
13 {
14     if( Vector3.Distance( Agent.transform.position, Target ) < 1  )
15     {
16         if( Target == GoalRed.transform.position )
17         {
18             Target = GoalGreen.transform.position;
19         }
20         else
21         {
22             Target = GoalRed.transform.position;
23         }
24     }
25     Agent.destination = Target;
26 }
```

- **第2行：**新增變數Agent用來儲存導航物件。
- **第3行：**新增變數GoalRed用來儲存紅光方塊。
- **第4行：**新增變數GoalGreen用來儲存綠光方塊。
- **第5行：**新增變數Target用來儲存導航目的地位置。
- **第9行：**將導航目的地位置Target，設置爲GoalRed的所在位置。
- **第14行：**偵測Agent導航物件與目的地位置Target間得距離小於1時，執行16～24行。
- **第16～19行：**當導航目的地位置Target等於GoalRed的所在位置時，將導航目的地位置Target，重新設置爲GoalGreen的所在位置。
- **第20～23行：**當導航目的地位置Target不等於GoalRed的所在位置時，將導航目的地位置Target，重新設置爲GoalRed的所在位置。
- **第25行：**將Agent導航物件的目的地位置設爲Target位置。

撰寫完Move.js中的程式碼後，在Assembly面板按下Ctrl+S儲存Move腳本，再回到Unity場景中選擇小熊(TeddyBear)，從Inspector視窗中可以找到添加的Move腳本與所需要的變數資訊，將Hierarchy視窗中的小熊(TeddyBear)拖曳到Move腳本中的變數Agent，同樣的紅光方塊(GoalRed)及綠光方塊(GoalGreen)也拖曳到Move腳本中的變數GoalRed及GoalGree提供腳本使用，如下圖所示。

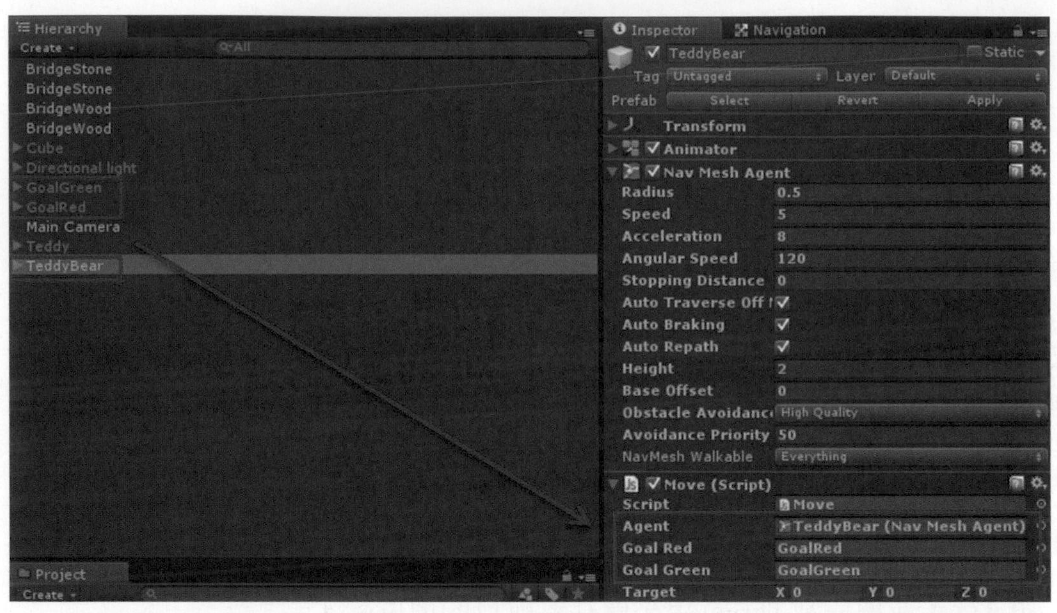

重複上述步驟，將同一份Move腳本也添加到大熊身上，只有在最後拖曳導航物件到Agent變數時，是要選擇大熊(Teddy)，如下圖所示。

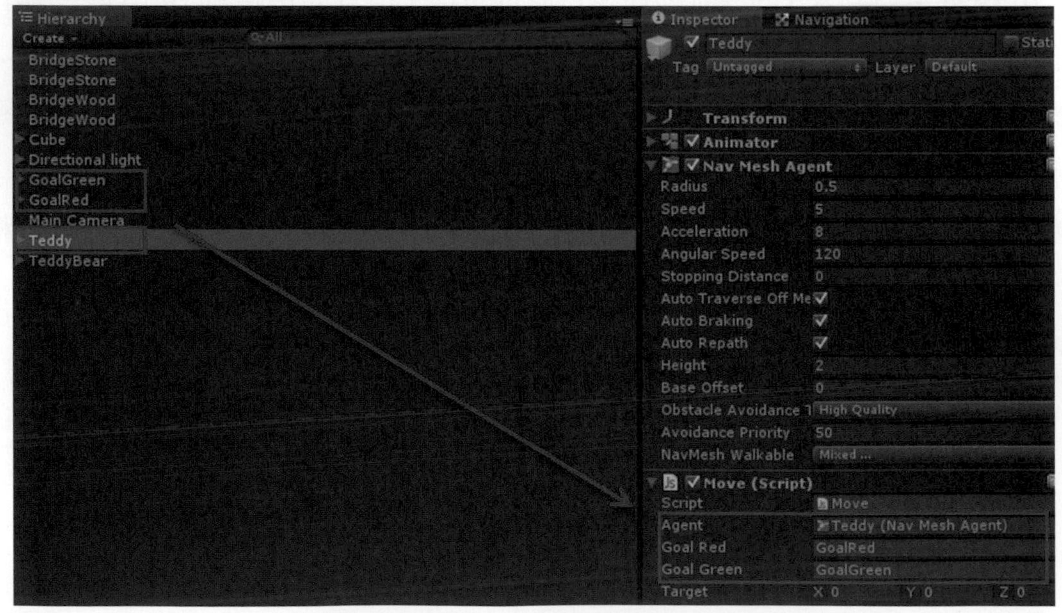

如此小熊(TeddyBear)與大熊(Teddy)都添加完Move腳本，點擊Unity上方的Play按鈕，運行遊戲時可以發現，小熊(TeddyBear)與大熊(Teddy)會使用導航網格在兩發光方塊間來回移動，但沒有播放小熊(TeddyBear)與大熊(Teddy)的動作動畫，如右圖所示。

若要讓小熊(TeddyBear)及大熊(Teddy)播放動作動畫，我們要先做兩個設定，第一個設定是同時選取小熊(TeddyBear) 及大熊(Teddy)，再到Inspector視窗選擇Animator中的Controller選項，點擊選項旁的圓圈，接著會出現Select RuntimeAnimatorController視窗，並選擇Assets選項，選擇我們事先從Unity官方的Mecanim Example Scenes範例中取得的動畫控制器Locomotion，如此就會在Controller選項出現我們要的Locomotion動畫控制器，如下圖所示。

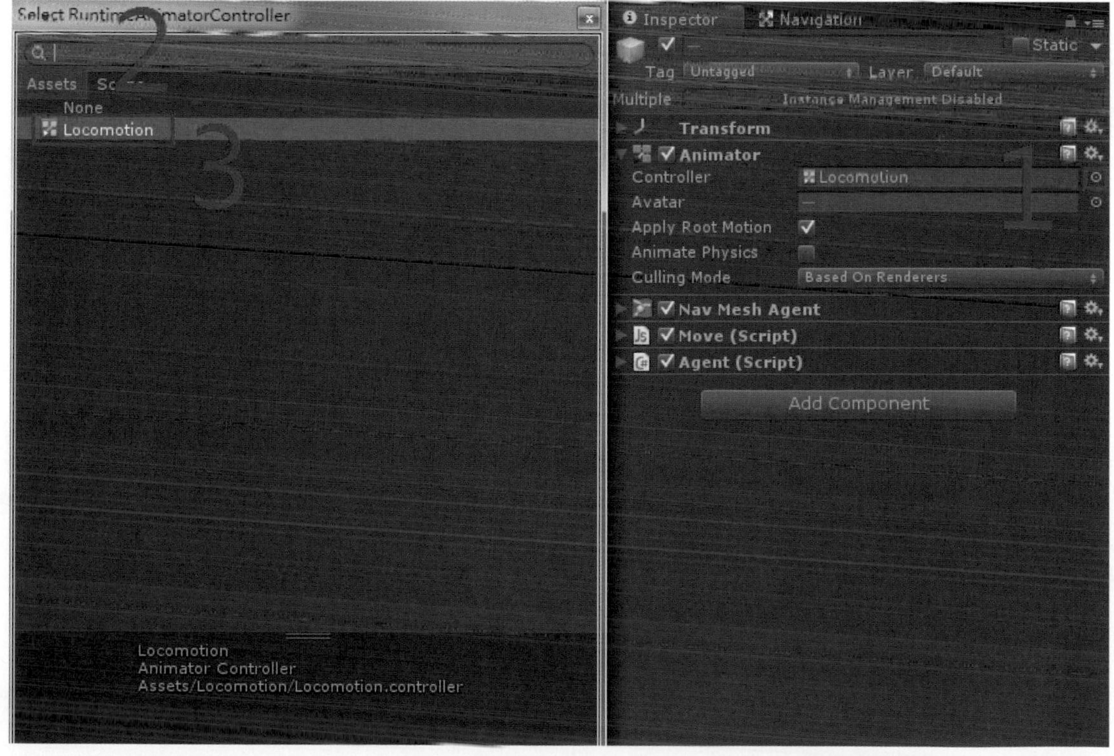

在此動畫控制器Locomotion是使用前面的章節中所提到的Mecanim動畫系統所製作的，若想要知道其內容，可使用滑鼠雙擊Locomotion開啓Animator視窗，點進Locomotion動畫混合樹，看見動畫混合樹分成Idle(原地待機)、TurnOnSpot(原地轉動)、WalkRun(走路與跑步)、PlantNTurnLeft(大角度左轉)及PlantNTurnRight(大角度右轉)，如下圖所示。

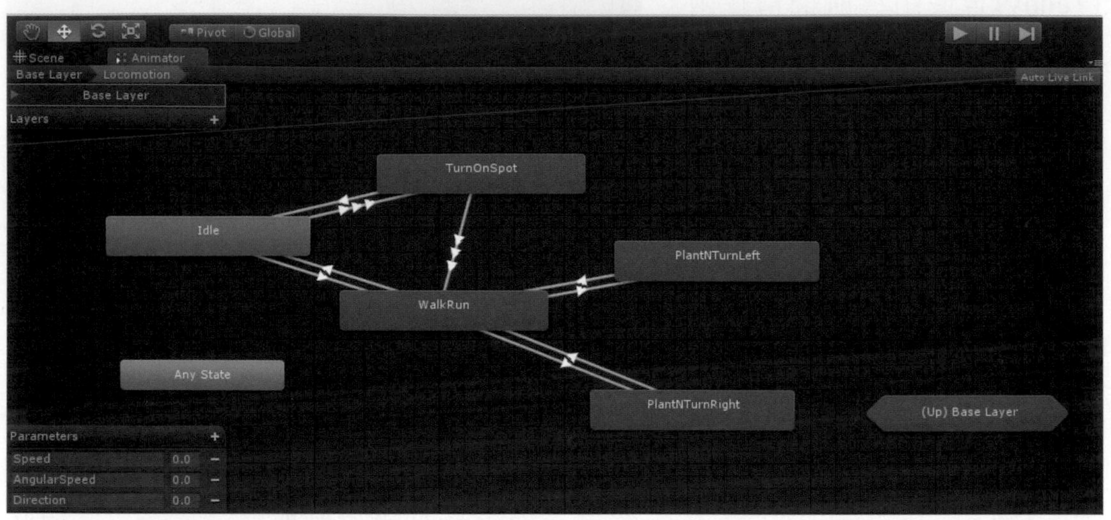

第二個設定，我們要使用程式腳本來控制動畫間的切換，在小熊(TeddyBear)及大熊(Teddy)身上添加事先從Unity官方的Mecanim Example Scenes範例中取得的動畫控制Agent腳本，即可讓小熊在場景中播放待機、移動與轉身動畫，關於添加腳本方式，首先選取我們的小熊(TeddyBear)及大熊(Teddy)，並點選系統選單Component，找到Script選項中的Agent腳本，如下圖所示。

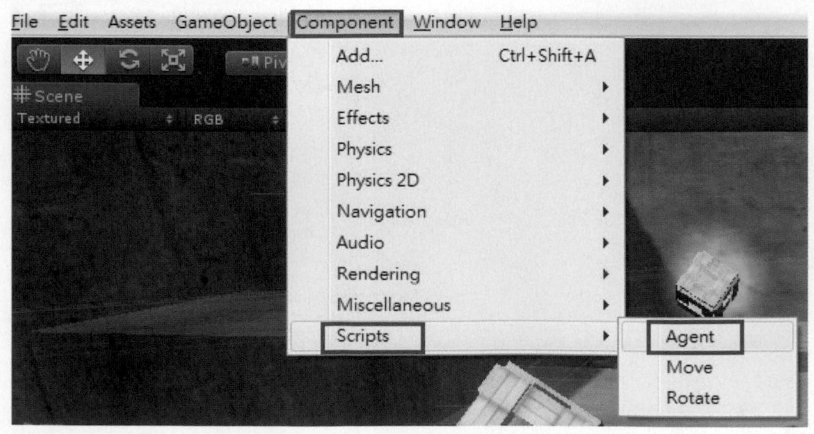

如此我們就可以先測試此結果，點擊Unity上方的Play按鈕，可以發現當小熊(TeddyBear)及大熊(Teddy)在遊戲中，待機、移動與轉身時都會執行對應的動作，並且使用導航網格在兩發光方塊間來回移動，如下圖所示。

步驟二、建立Off Mesh Link 捷徑通過分離的導航網格

我們將場景上的綠光方塊(GoalGreen)位置移動到(0,6,-17)放置到上方的平台，點擊Unity上方的Play按鈕運行遊戲，可以發現小熊(TeddyBear)與大熊(Teddy)會因爲導航網格的中斷而無法到達綠光方塊，困在綠光方塊下方的平台如下圖所示。

若想要讓小熊(TeddyBear)與大熊(Teddy)到達上方的平台，我們可以使用Off Mesh Link組件建立捷徑，首先我們必須在場景上放置兩個物件，作爲捷徑的起點與終點，可以到Project視窗中的Assets資料夾中找到添加了火焰粒子特效的物件Flame Enchant，將Flame Enchant從Project視窗拖曳到場景上，並設置位置到(0,0,-12)，作爲捷徑的起點，如下圖所示。

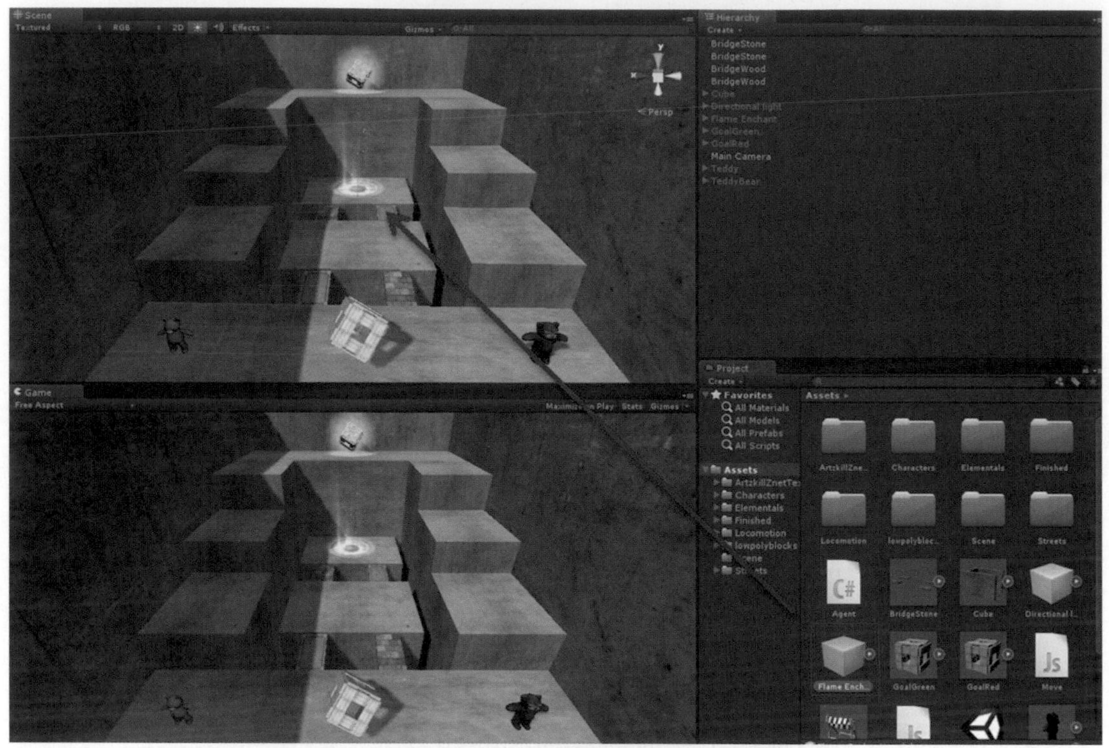

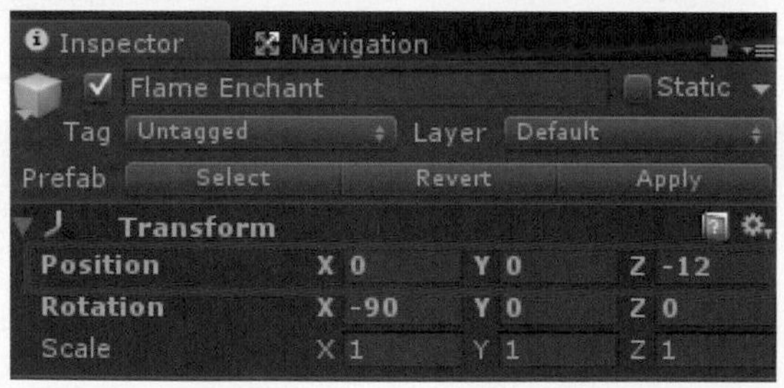

接著建立捷徑終點，選擇系統選單GameObject中的Create Empty選項，在場景中建立一個沒有形體的空物件，但在Inspector視窗中可以看見空物件在場景上的位置資訊，我們在Inspector視窗中將空物件重新命名爲Link End Point，並調整位置到(0,5,-14.2)，也就是將它放到上方平台的邊緣處，讓它作爲捷徑的終點，如下圖所示。

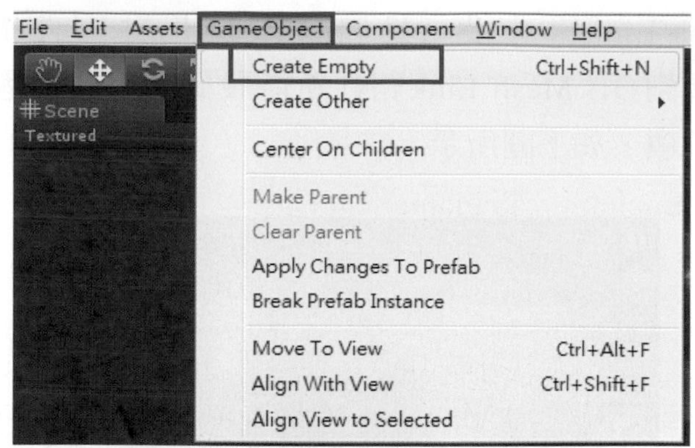

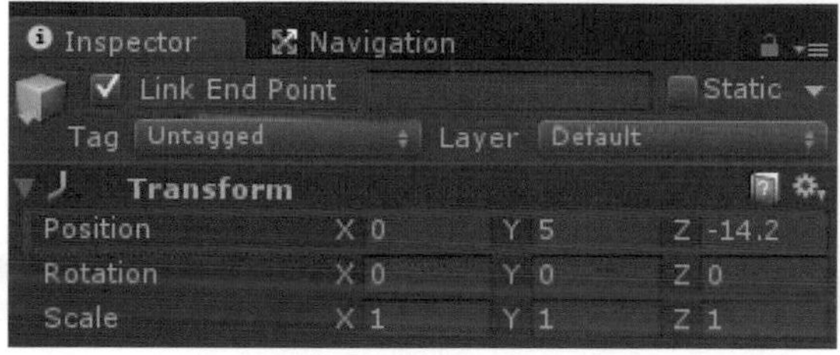

設置完起點物件(Flame Enchant)與終點物件(Link End Point)，接著我們要在起點物件(Flame Enchant)上添加Off Mesh Link組件。因此選取起點物件(Flame Enchant)後，再點選系統選單Component選項中的Navigation，選擇次選項Off Mesh Link，如下圖所示。

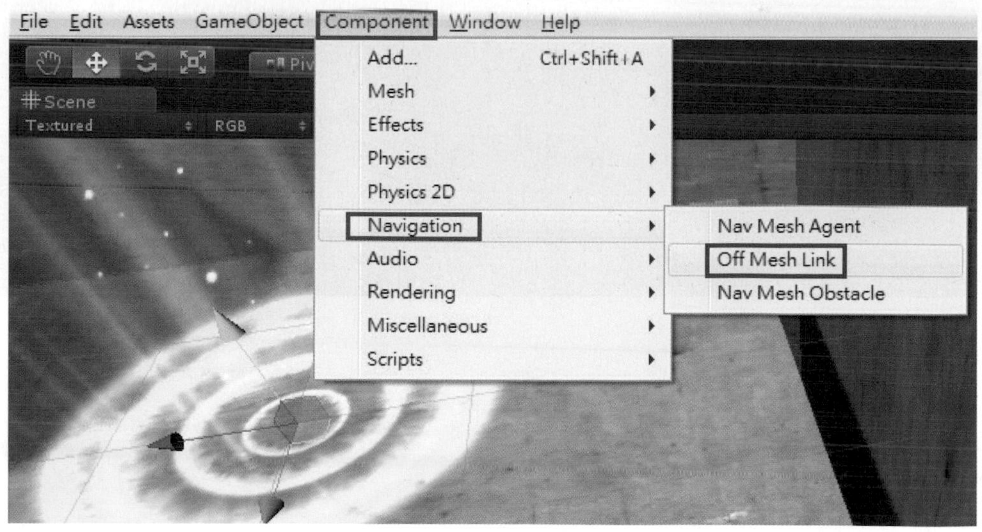

添加Off Mesh Link組件後，我們可以在起點物件(Flame Enchant)的Inspector視窗中看到Off Mesh Link組件所能設置的參數與選項，主要是要設置Start及End的選項，如下圖所示。

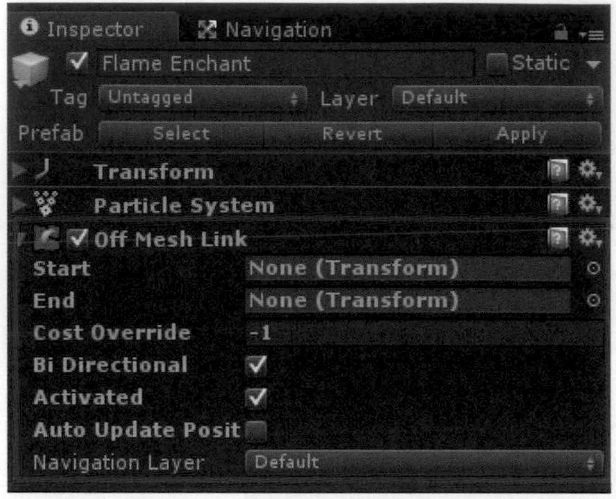

接著將Hierarchy視窗中的起點物件(Flame Enchant)拖曳到Off Mesh Link組件上的Start選項中，此時起點物件(Flame Enchant)的位置將作爲捷徑起點的位置，再將終點物件(Link End Point)拖曳到Off Mesh Link組件上的End選項中，使其位置作爲捷徑終點的位置，如下圖所示。

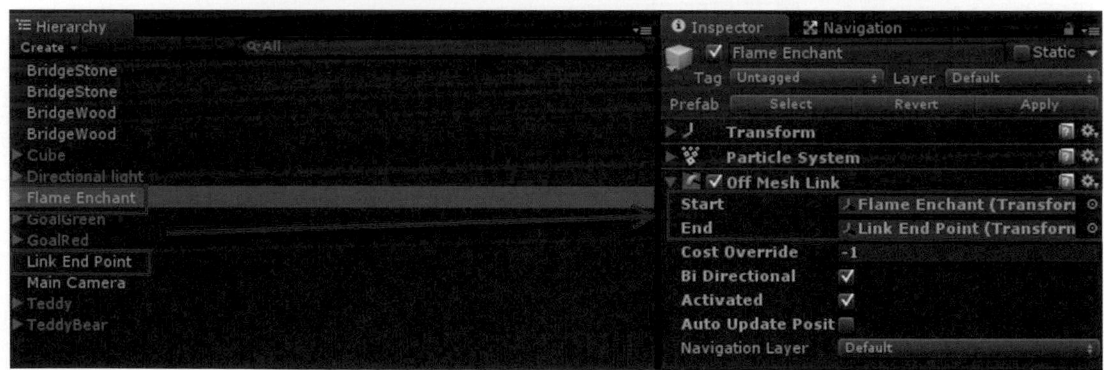

如此就將捷徑建立成功，我們可以開啓Navigation視窗，就可以在場景上看到捷徑線段，如下圖所示。

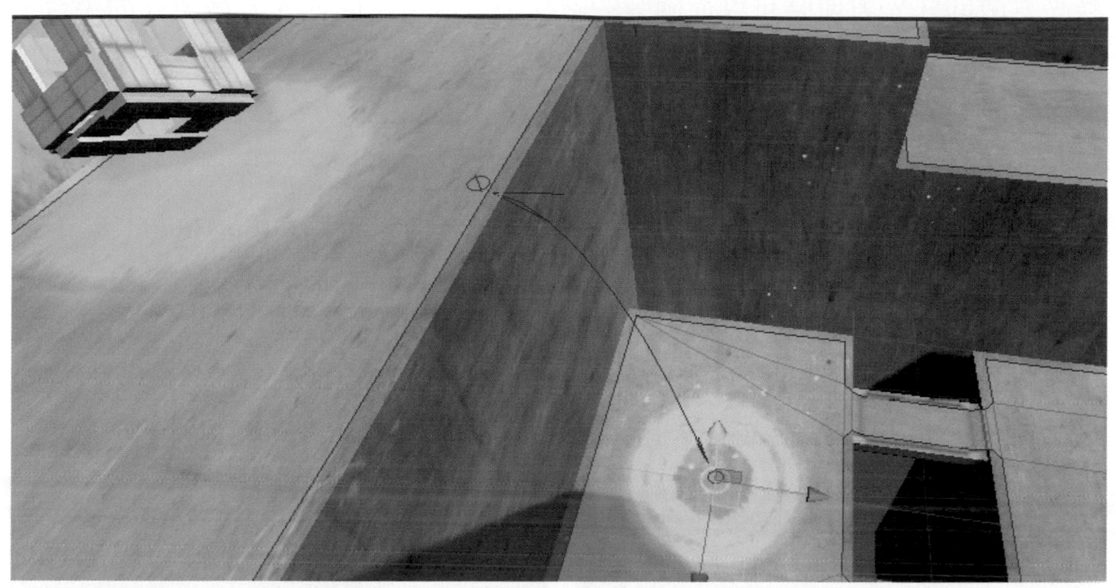

點擊Unity上方的Play按鈕運行遊戲，我們可以發現小熊(TeddyBear)與大熊(Teddy)皆可通過捷徑上下移動，我們建立一個雙向的捷徑，如下圖所示。

上面建立的是兩點間的捷徑，若要建立由上往下的區域型捷徑，我們可以使用以下的方法。也就是說，如果我們希望小熊(TeddyBear)與大熊(Teddy)從綠光方塊回紅光方塊時可以從兩旁的階梯平台慢慢跳回紅光方塊所在的平台，原本因爲導航網格的分離，小熊(TeddyBear)與大熊(Teddy)是無法在這些高低平台間移動的。

我們使用OffMeshLink Generation(捷徑區塊)在兩旁高度差小於2單位的平台建立捷徑，開啓Navigation視窗中的Bake面板，將Drop Height(落下高度)設爲2，因爲原先平台之間的落差是不大於2。再到Hierarchy視窗中選擇Cube(平台物件)，同時到Navigation視窗的Object面板中勾選OffMeshLink Generation選項，勾選時會出現視窗詢問是否將所選物件底下的子物件一同設定爲OffMeshLink Generation，選擇Yes,change children，如下圖所示。

Inspector Navigation
Object Bake Layers
General
Radius 0.1
Height 0.2
Max Slope 45
Step Height 0.1
Generated Off Mesh Links
Drop Height 2
Jump Distance 0
Advanced
Min Region Area 2
Width Inaccuracy % 16.6666
Height Inaccuracy % 10
Height Mesh

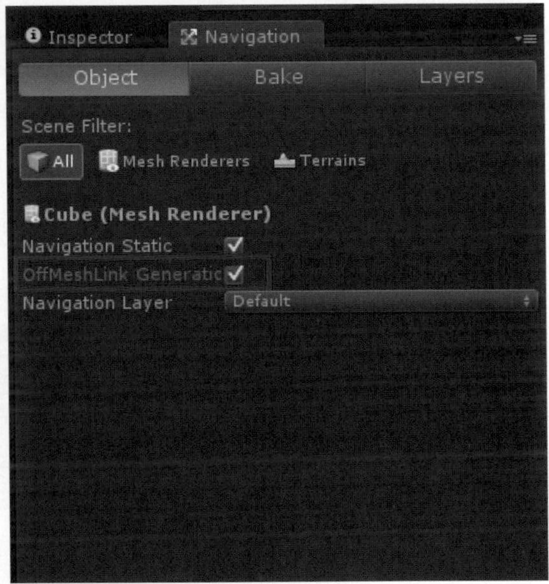

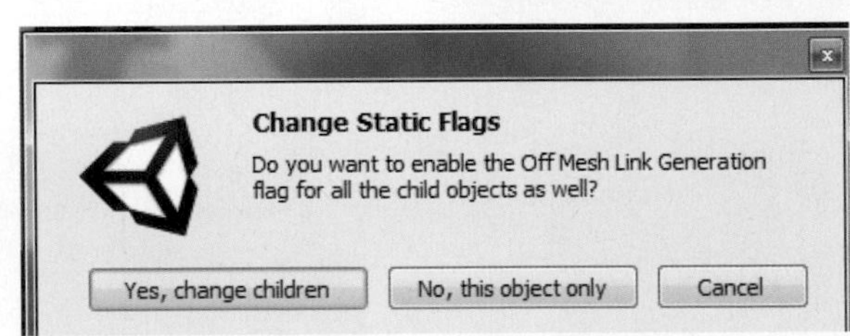

最後按下Navigation視窗右下角的Bake按鈕，使得因地形高度落差而分離的導航網格中，若高度差小於2單位的導航網格間建立OffMeshLink Generation(捷徑區塊)，如此也就建立平台之間捷徑，此捷徑只能由高處往下通行，如下圖所示。

點擊Unity上方的Play按鈕運行遊戲，我們可以發現當小熊(TeddyBear)與大熊(Teddy)前往綠光方塊時會藉由添加火焰粒子特效上的Off Mesh Link組件建立的捷徑通往上方的平台，而當小熊(TeddyBear)與大熊(Teddy)要返回紅光方塊時會使用兩旁使用OffMeshLink Generation(捷徑區塊)所建立的捷徑慢慢回到起始平台，如下圖所示。

步驟三、多層導航網格限制行走的橋梁

在場景上的4座橋梁中，其中2座爲木橋，另外2座爲石橋，我們希望透過多層導航網格的設置來限制小熊(TeddyBear)及大熊(Teddy)所能行走的橋樑，首先我們到Navigation視窗中選擇Layer面板，並在User Layer 0與User Layer 1新增2類導航網格，TeddyBear層與Teddy層，如下圖所示。

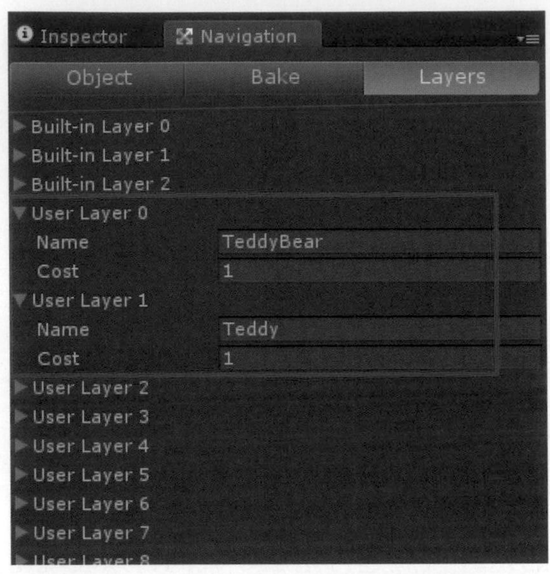

我們希望小熊(TeddyBear)能走木橋，而不走石橋，所以我們首先選取場景上的2座木橋後，回到Navigation視窗的Object面板，到Navigation Layer選項中，把原本鋪設的預設層(Default)改爲我們剛剛新增的TeddyBear層，再按下右下方的Bake按鈕，就能在木橋上鋪設不同種類的導航網格，如下圖所示。

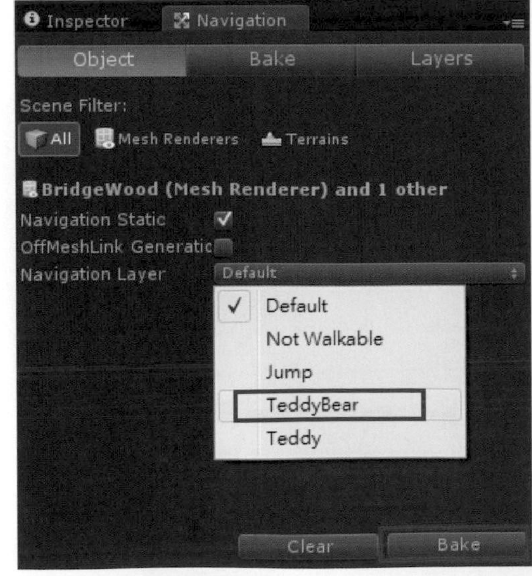

重複上述的動作，在兩座石橋上鋪設名為Teddy的導航網格，不同種類的導航網格，Unity將會用不同顏色標示出來，如右圖所示。

在橋梁設鋪設完不同種類的導航網格層後，我們要到小熊(TeddyBear)及大熊(Teddy)身上的Nav Mesh Agent導航組件中的NavMesh Walkable選項，勾選各自所能走的導航網格層，將小熊(TeddyBear)設定成無法行走於石橋上，因此取消勾選Teddy導航層。而大熊(Teddy)設定成無法行走於木橋上，所以取消勾選TeddyBear導航層，如下圖所示。

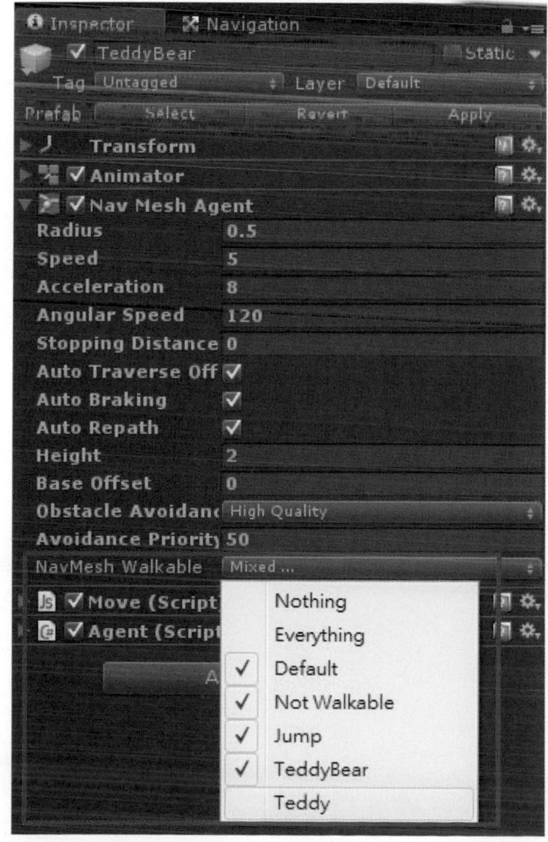

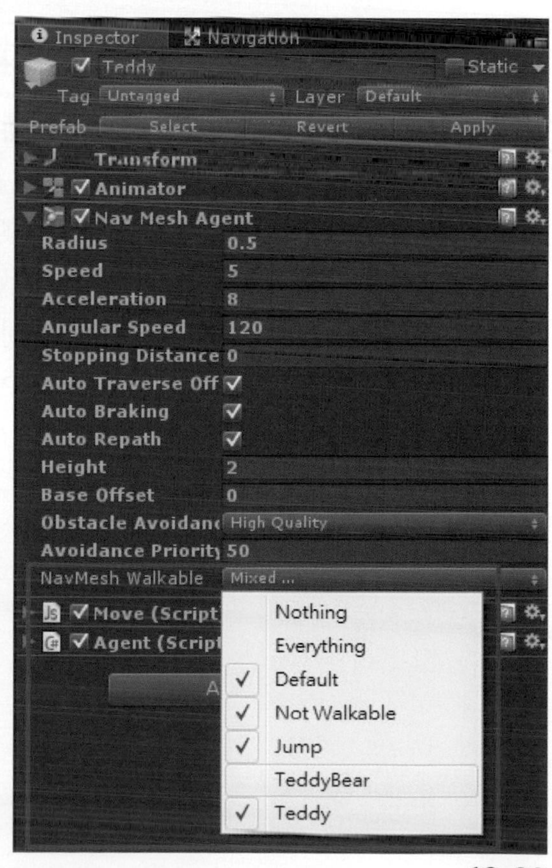

點擊Unity上方的Play按鈕運行遊戲，可以發現小熊(TeddyBear)及大熊(Teddy)雖然有同樣的目的地，但會因爲導航層種類的行走限制，而產生之前不同的路徑，如下圖所示。

步驟四、使用Nav Mesh Obstacle阻斷導航網格

雖然多層導航網格可以限制橋的通行，若遊戲場景中包含很多橋的時候，那麼就需要爲每一座橋鋪設一層導航網格，但Unity中最多只能分32層導航網格，所以Unity設計了一個解決方案就是使用Nav Mesh Obstacle組件來建立障礙物。在場景4座橋梁的後方，我們要使用Nav Mesh Obstacle組件來建立路障，並且使用JavaScript腳本控制路障升降來阻擋小熊(TeddyBear)及大熊(Teddy)是否能通過橋梁。首先到Project視窗的Assets資料夾中，將路障Obstacle模型拖曳到場景上，並擺設在(-1.5,0,-4.2)的位置上，如下圖所示。

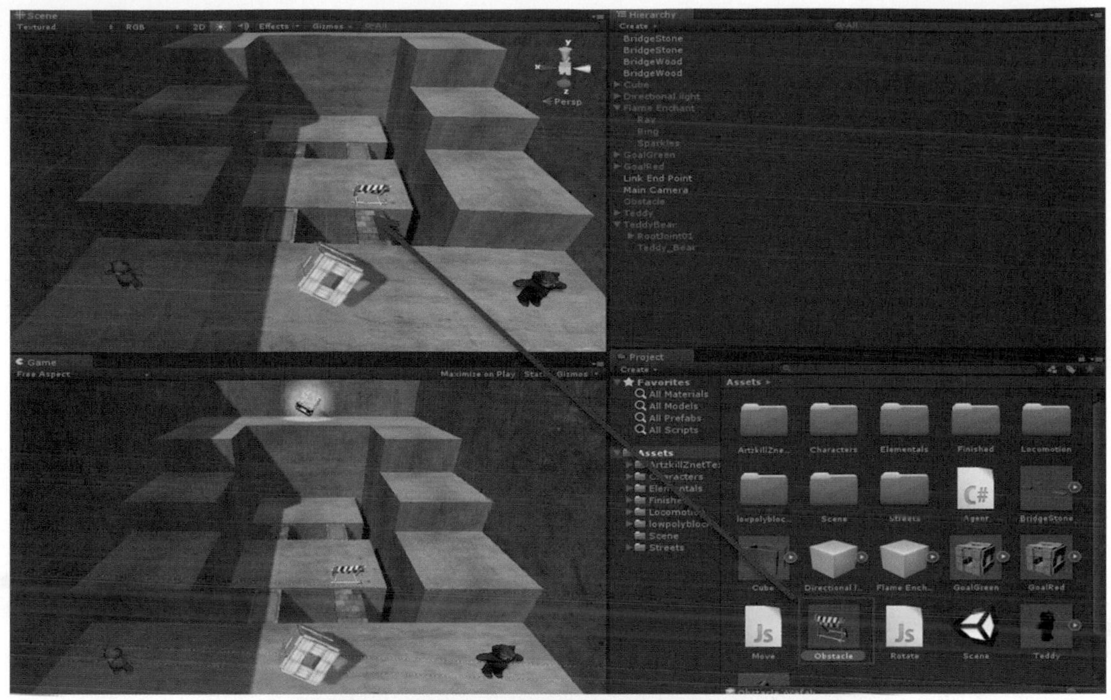

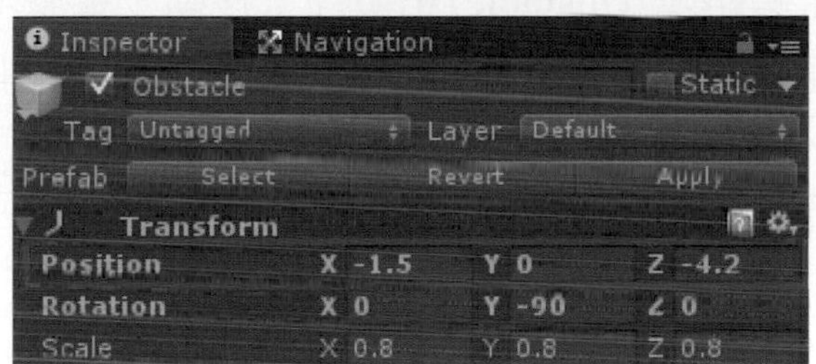

接著在路障(Obstacle)身上添加Nav Mesh Obstacle組件，點選系統選單Component選項中的Navigation，並選擇次選項Nav Mesh Obstacle選項，如下圖所示。

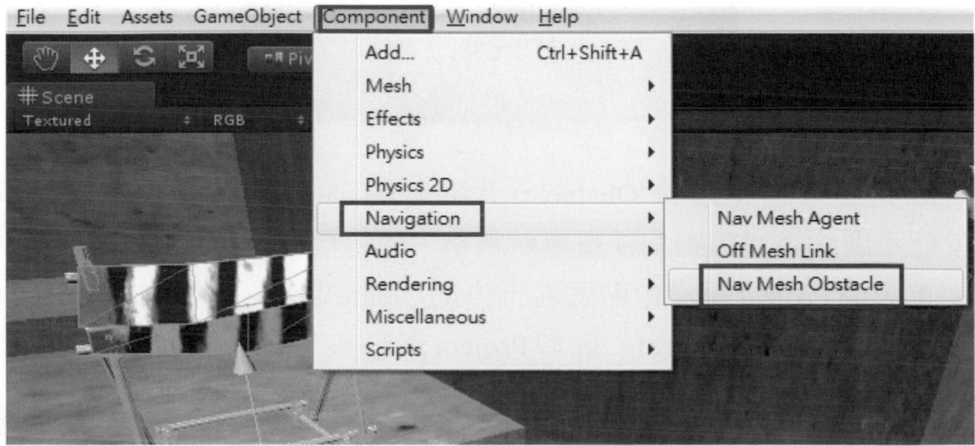

添加完Nav Mesh Obstacle組件，我們可以在路障(Obstacle)的Inspector視窗中調整Nav Mesh Obstacle組件的參數與選項，我們勾選Carve(分割)，使路障(Obstacle)將其周圍的導航網格切割開來，如下圖所示。

我們可以試著將路障(Obstacle)稍微往下移動，會發現當路障(Obstacle)中心離導航網格太遠就會恢復成原本相連的導航網格，如下圖所示。

所以我們可以在路障(Obstacle)上添加JavaScript腳本，來控制路障升降，就能不斷的重複阻斷與恢復導航網格，使得橋梁有時能通過，有時會被阻擋。首先到Project視窗中點選右上方的Create選項，建立一個Java Script將它命名爲ObstacleControl，此時Project資料夾中的Assets資料夾會建立ObstacleControl.js的文件檔。

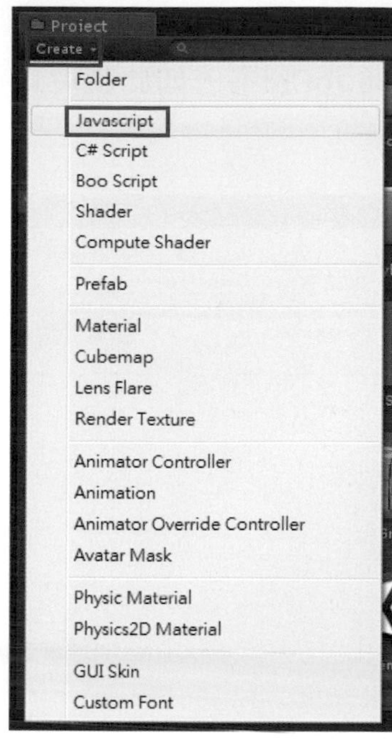

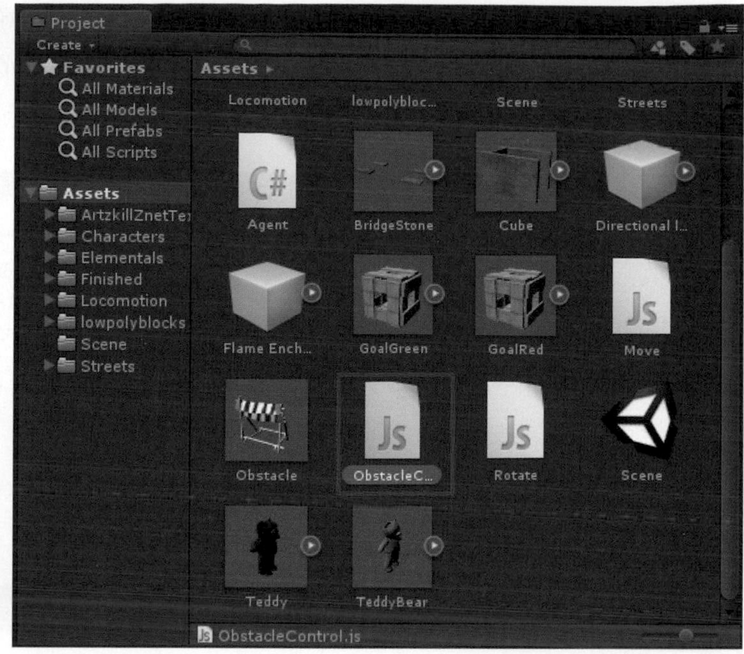

接著要將剛剛新增的ObstacleControl添加到路障(Obstacle)身上，選取路障 (Obstacle)後點擊系統選單Component，選擇Scripts中選擇新增的ObstacleControl檔案，如下圖所示。

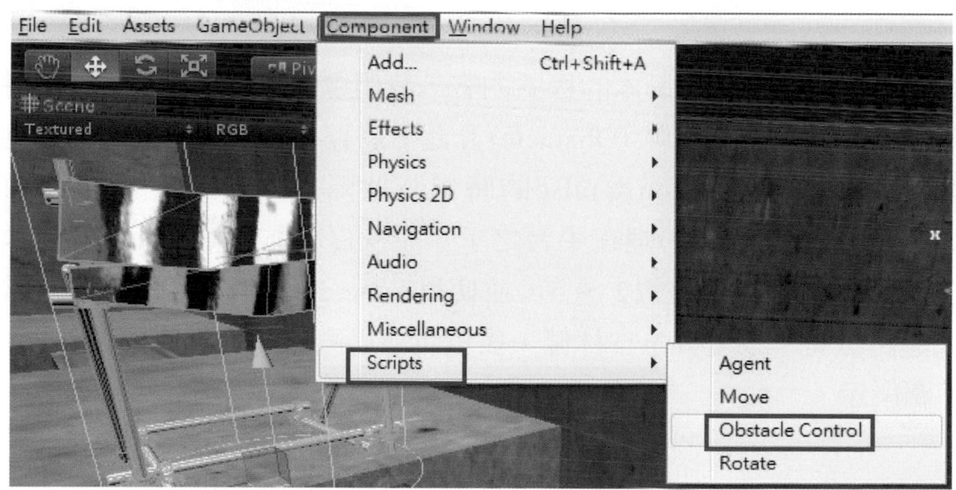

接著在Inspector視窗中會出現ObstacleControl (Script)，點擊新增的ObstacleControl (Script)裡的Script選項中的ObstacleControl腳本，如此就可以開啓Assembly面板來撰寫程式，如下圖所示。

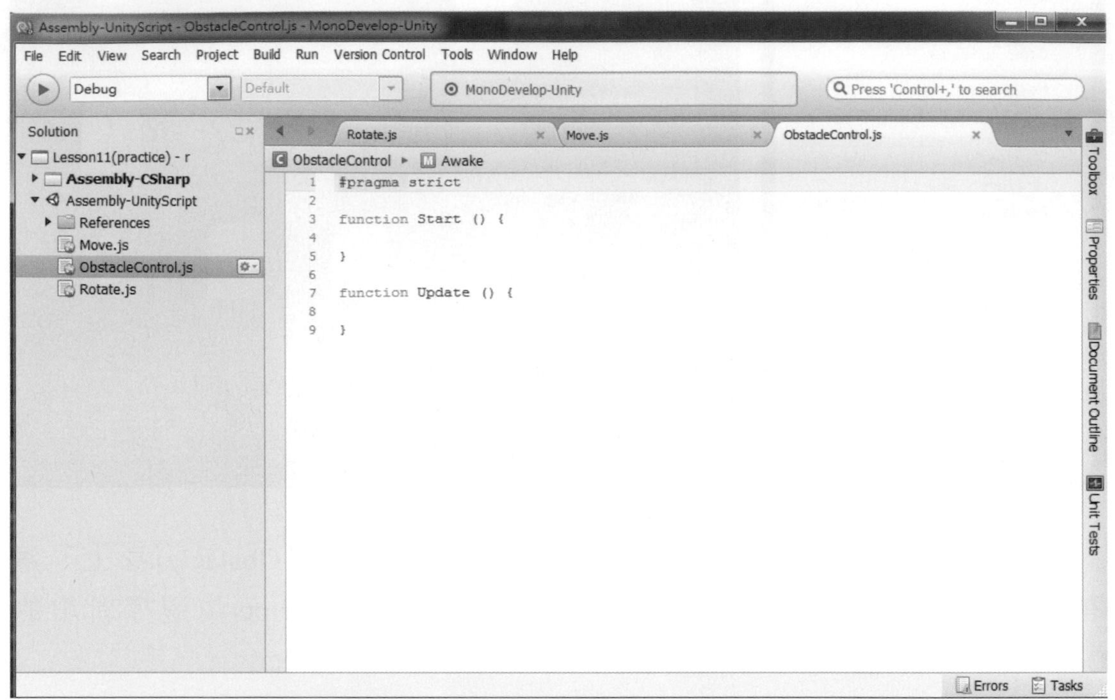

關於ObstacleControl腳本的程式內容，我們會新增一變數stop爲布林値，當stop爲true的時候將路障 (Obstacle)升起，將路障 (Obstacle)的Y軸位置設爲0阻斷導航網格，當stop爲false的時候將路障 (Obstacle)下降到Y軸位置爲-1.2，使路障 (Obstacle)埋在平台之下，並恢復導航網格，而stop變數的切換取決於使用亂數產生整數2～5，並使用Time.deltaTime累加時間，當時間秒數超過路數時，改變stop布林値，並重新取得亂數與累加時間歸0，詳細指令如下圖所示。

```
#pragma strict
var obstacle:GameObject;
var n:float;
var random:int;
var stop:boolean;

function Start () {
    random = Random.Range( 2, 5);
}

function Update () {
    n=n+Time.deltaTime;
    if( n > random )
    {
        n = 0;
        random = Random.Range( 2, 5);
        if( stop )
        {
            stop = false;
        }
        else
        {
            stop = true;
        }
    }

    if( stop  )
    {
        if( obstacle.transform.position.y < 0 )
        {
            obstacle.transform.Translate(0,0.02,0);
        }
        else
        {
            obstacle.transform.position.y = 0 ;
        }
    }
    else
    {
        if( obstacle.transform.position.y > -1.2 )
        {
            obstacle.transform.Translate(0,-0.02,0);
        }
        else
        {
            obstacle.transform.position.y = -1.2;
        }
    }
}
```

- **第2行：**新增物件變數obstacle用來儲存路障物件。
- **第3行：**新增浮點數變數n用來累加時間。
- **第4行：**新增整數變數random用來儲存每次路障升降產生的等待時間秒數。
- **第5行：**新增布林變數stop用來決定路上上升或下降。
- **第8行：**使用random儲存產生的亂數，亂數可能為2、3、4或5。
- **第12行：**使用n不斷累加每個影隔間的時間差Time.deltaTime。
- **第13行：**當時間n大於亂數random，執行15～23行。
- **第15～23：**將n歸0，並重新取得一次亂數random，且若當前stop布林值為true，則將它改為false；若不為true，則將它改為true。
- **第27行：**若stop布林值為true，則執行29～36行；若為false，則執行39～48行。
- **第29～36行：**若物件obstacle的Y位置小於0，則obstacle的Y位置，每影格上升0.02單位；若obstacle的Y位置不小於0，則obstacle的Y位置為0。
- **第39～48行：**若物件obstacle的Y位置大於-1.2，則obstacle的Y位置，每影格下降0.02單位；若obstacle的Y位置不大於-1.2，則obstacle的Y位置為-1.2。

撰寫完指令後，在Assembly面板按下Ctrl+S儲存ObstacleControl腳本，再回到Unity場景中選擇路障(Obstacle)，從Inspector視窗中可以找到添加的ObstacleControl腳本與所需要的變數資訊，將Hierarchy視窗中的路障(Obstacle)拖曳到ObstacleControl腳本中的變數obstacle，提供腳本使用，如下圖所示。

點擊Unity上方的Play按鈕運行遊戲，即可發現路障(Obstacle)一開始會下降，因爲stop布林值預設爲false，經過2～5秒路障(Obstacle)就會再度升起，同樣2～5秒又下降不斷循環，如下圖所示。

最後選取路障(Obstacle)後，按下Ctrl+D複製3次，將相同的路障各自擺放到位置(-1.5,0,-4.2)、(1.5,0,-4.2) 、(-1.5,0,-10.2)及(1.5,0,-10.2)，可以觀察到橋梁後4個路障有時升起，有上降下，而當升起時此橋梁將無法同過，要等路障再度降下即可通過，如此就完成本章節的作品了，如下圖所示。

UNITY

13

遊戲場景中的物理世界 I

作品簡介

Unity軟體中的物理引擎部分，可以使我們模擬真實物體的碰撞運動，從本範例中，我們可以看到場景中有豬的造型球、西洋棋與西洋棋盤，當西洋棋盤因為承受西洋棋與自身重量而從桌上傾倒至地上，而櫃子上的造型球沿著櫃子上的木板滾動與其它的造型球產生兩兩之間互相碰撞最後一同掉落到地面的真實模擬畫面。

在場景中，棋盤屬於立方體、西洋棋是膠囊體與造型球屬於球體，因為是棋盤是斜擺放在桌上，而棋盤上方有著西洋棋重量，而形成棋盤傾斜使上方的西洋棋會從棋盤上滑落，掉落的西洋棋到地板後又會彼此碰撞，而在櫃子上方有九顆的造型球，滾落的九顆造型球彈性係數不盡相同，在彈跳過程中會再與地板上的西洋棋盤產生碰撞。

在範例中，我們要了解物體的種類並依據特性來對物體加以分類，當需要不同的物理特性時給予物體不同的物理屬性。在Unity中，處理碰撞運動的物理屬性主要有Rigidbody(剛體)與Collider(碰撞體)，物體可以只具有單一屬性也可以同時具有Rigidbody(剛體)和Collider(碰撞體)兩種屬性，並不會互相衝突。

第二個部分我們要針對Rigidbody(剛體)和Collider(碰撞體)的物理參數設置來作探討，即使是類似的幾何物體因物理屬性以及設置不同的參數，也會有不同的物理效果。

最後我們將會藉由實作來將生活中常見的幾種幾何物體，擺放在場景中，每樣物體之間的物理屬性參數會有不同的設置，來呈現出極為真實的畫面效果，如下圖所示。

學習重點

✦ 重點一：Unity物理引擎介紹。

✦ 重點二：物體的物理屬性。

重點一 Unity物理引擎介紹

Unity的物理引擎，包含了物理世界以及物體的物理屬性兩個方向，物體的物理屬性又區分了六個種類，分別為Rigidbody(剛體)屬性、Controller(控制器)屬性、Collider(碰撞體)屬性、Joint(連結)屬性、Cloth(布料)屬性和Constant Force(恆定力)屬性。我們需要對物理世界中物體的屬性作適當的參數配置才能完成一個完整的真實物理世界，例如：不同物體從掉落到互相碰撞後反彈、或是很多互相連結著的物體，門與牆、摩天輪、橋面等等，以及人物角色的毛髮和身上的衣服變得柔軟，或是將角色變成一個布娃娃等，使用Unity的物理引擎都能夠完成。以下介紹物理世界以及物體的物理屬性簡述。

在Unity的物理引擎可分為2D物理以及3D物理兩種，兩種都是可以自由設置的，製造出無重力空間也是可行的，2D及3D的參數設置上大同小異，我們在此以3D的物理設置為例，設置的位置在，上排系統選單的「Edit」中，在「Project Settings」裡的子選項「Physics」。如右圖所示。

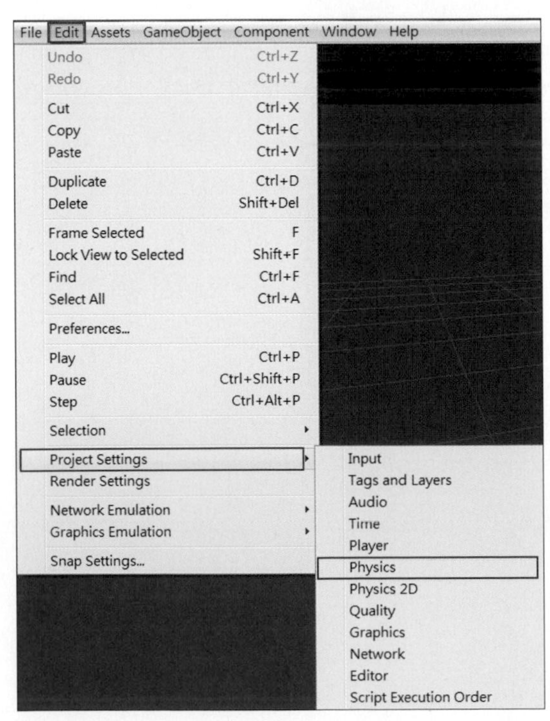

我們點開「Physics」選項，可以在視窗右方找到一個名稱爲「Inspector」的編輯器視窗，如下圖所示。

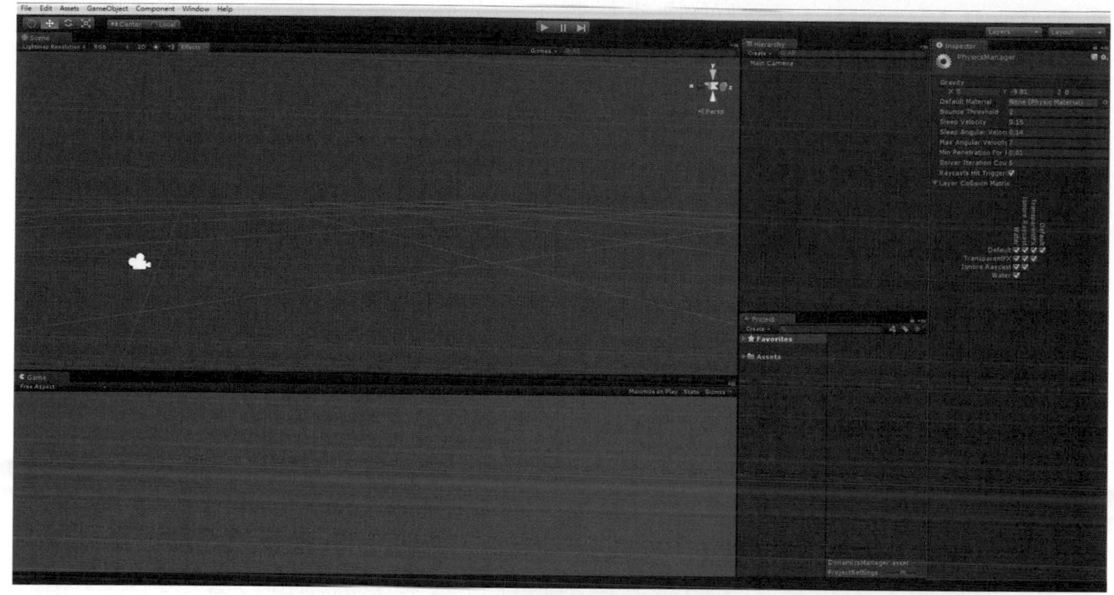

「Inspector」的編輯器視窗內包含了遊戲場景的3D物理參數設置，參數共有10項，分別是Gravity、Default Material、Bounce Threshold、Sleep Velocity、Sleep Angular Velocity、Max Angular Velocity、Min Penetration For Penalty、Solver Iteration Count、Raycasts Hit Triggers、Layer Collision Matrix。詳細設置圖及參數如右圖所示。

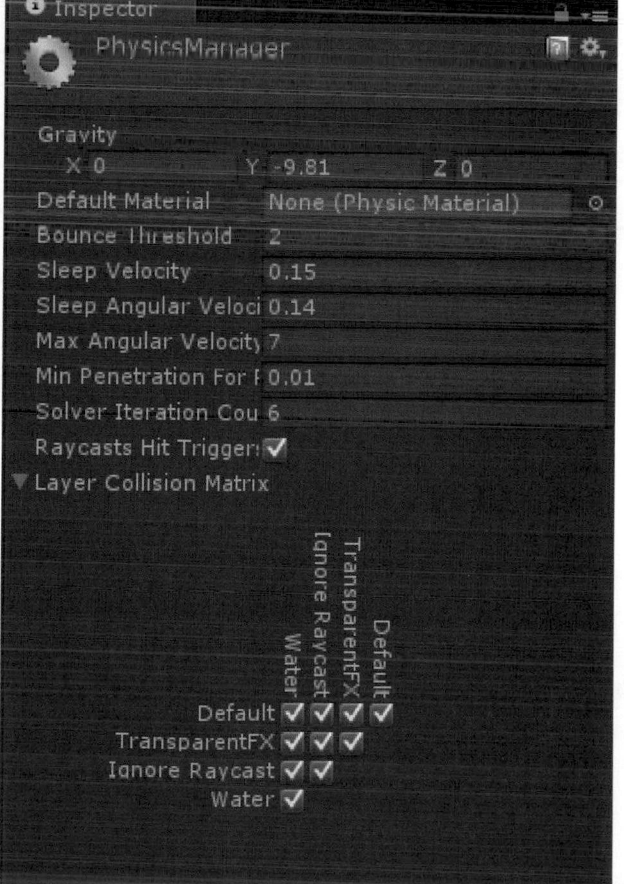

- **Gravity**：遊戲場景中的重力設置，預設X爲0、Y爲-9.81、Z爲0，代表是一向下9.81的重力。
- **Default Material**：預設的物理材質，預設爲None，場景中無物理材質的Collider，會設置爲此預設物理材質。
- **Bounce Threshold**：兩個碰撞體的相對速度低於此值，不會產生反彈。這個值也用於減少抖動，因此不建議此值設置極低。預設值爲2。
- **Sleep Velocity**：低於此線性速度值的物體會進入休眠狀態。預設值爲0.15。
- **Sleep Angular Velocity**：低於此角速度值的物體會進入休眠狀態，預設值爲0.14。
- **Max Angular Velocity**：限制Rigidbody的最大角速度值，可以避免旋轉時數值的不穩定，預設值爲7。
- **Min Penetration For Penalty**：在碰撞檢測將兩物體分開前，兩物體可以穿透的最小值，單位爲米，值越高會導致穿透越多，不過可以減少抖動。預設值爲0.01。
- **Solver Iteration Count**：決定關節連結的計算精度，一般設置爲7即可適用大多數情況，預設值爲6。
- **Raycasts Hit Triggers**：勾選爲啓用，當射線命中碰撞體時會回傳一個命中消息，不勾選爲關閉，射線命中碰撞體時不回傳。預設爲勾選。
- **Layer Collision Matrix**：定義層碰撞檢測系統的行爲。以左上角第一個勾選的爲例，代表的是Default層級的物體與Water層級的物體會產生碰撞，取消勾選的話則這兩個層級的物體不發生碰撞。預設值爲全選。

對物理世界的設置完成後，接下來我們來介紹物體共六種的物理屬性，Rigidbody(剛體)屬性、Controller(控制器)屬性、Collider(碰撞體)屬性、Joint(連結)屬性、Cloth(布料)屬性和Constant Force(恆定力)屬性。對這些物理屬性有基本的認識能讓我們更清楚瞭解添加不同物理屬性的原因，以及不同物理屬性的各種運動作用，對後續我們物理世界的完成將會有很大的幫助。

- **Rigidbody(剛體)屬性：**可以使物體在物理世界的控制下來運動，可以接受外力運動如眞實世界一般，所有物體只有添加了Rigidbody屬性才能受到重力的影響、透過腳本來對物體施力以及和其他物體發生互動的運算等等。

- **Controller(控制器)屬性：**主要使用於第三人稱或是第一人稱遊戲主角的控制。

- **Collider(碰撞體)屬性：**通常與Rigidbody屬性一起添加，若兩個剛體相撞，兩者都有添加Collider屬性物理引擎才會計算碰撞，否則會穿透過去。包含了Box Collider、Sphere Collider、Capsule Collider、Mesh Collider、Wheel Collider、Terrain Collider六種。

- **Joint(連結)屬性：**由兩個剛體組成，連結會對物體進行約束，模擬出眞實的物理效果如門、橋面等等。包含了Hinge Joint、Fixed Joint、Spring Joint、Character Joint、Configurable Joint五種。

- **Cloth(布料)屬性：**可以在一個網格上模擬類似布料的行爲狀態，包含角色的衣服頭髮等等。

- **Constant Force(恆定力)屬性：**是一種替剛體快速添加恆定力的屬性，適用於類似火箭等發射出來的對象，起初沒有很大的速度，但卻是在不斷的加速情況下使用。

重點二 物體的物理屬性

針對物體的物理屬性中主要的Rigidbody(剛體)屬性和Collider(碰撞體)屬性我們詳加介紹，我們先以「物體是否會受重力影響」來對物體進行分類，可以將物體分爲三種類別，分別爲只具有Rigidbody(剛體)屬性的物體，會受重力影響；只具有Collider(碰撞體)屬性的物體，不受重力影響；或是同時具有Rigidbody(剛體)屬性與Collider(碰撞體)屬性的物體，會受重力影響。

有關第一類只具有Rigidbody(剛體)屬性的物體，只受重力影響但不會產生碰撞，我們可以對這類物體施力。這類型的物體我們通常用在子彈等物體的設置或是場景的特效等等，在這範例中我們沒有設置到只具有Rigidbody(剛體)屬性的物體，這類型物體遇到其他三種類型的物體都會維持著本身的狀態，不會因此而改變。

有關第二類只具有Collider(碰撞體)屬性的物體，不受重力影響且會產生碰撞。這類型的物體我們通常使用在場景的設置上，例如地板、牆、屋頂、房子等固定式的物體，在這範例中我們的場景中的牆壁，地板、天花板、架子以及櫃子等等，都是這類型的物體，當產生碰撞時這類型的物體本身不會發生狀態上的改變，但會讓其他具有剛體的物體產生改變。

有關第三類同時具有Rigidbody(剛體)屬性與Collider(碰撞體)屬性的物體，會受到重力的影響也會產生碰撞，這類型的物體我們會最常使用到。例如範例中的籃球、骰子、棍棒、藥丸等等，除了會受到重力的影響外，相互之間也會互相碰撞。

這三種類別的物體我們可以用下面表格表示。

具有屬性 / 物理影響	具Rigidbody屬性	具Collider屬性	同時具有Rigidbody和Collider屬性
是否受重力作用	受重力作用	不受重力作用	受重力作用

這三種物體的交互作用會因爲屬性不同，而產生不同的交互作用，這三種不同類型物體之間產生交互作用的情況整理如下表。

具有屬性 / 對應情況	具Rigidbody屬性	具Collider屬性	同時具有Rigidbody和Collider屬性
具Rigidbody屬性	互相穿透	互相穿透	互相穿透
具Collider屬性	互相穿透	維持原狀	產生碰撞反應
同時具有Rigidbody和Collider屬性	互相穿透	產生碰撞反應	產生碰撞反應

我們假設在超級瑪利遊戲中將破碎的水管設爲具有Rigidbody(剛體)屬性；金幣、地面以及磚塊設爲具有Collider(碰撞體)屬性，擺放在場景中；主角及敵人設爲具有Rigidbody(剛體)和Collider(碰撞體)屬性，會移動跳躍以及互相碰撞。當我們施力使破碎後的水管運動，因爲破碎水管只具有Rigidbody(剛體)屬性，和一樣只具有Rigidbody(剛體)屬性的破碎水管接觸時，會互相穿透維持原本的運動狀態，不會改變原本運動方式。假如破碎的水管接觸到只具有Collider(碰撞體)屬性的金幣或是磚塊，還是會維持原本的運動狀態並穿透過金幣及磚塊。破碎的水管在飛行中接觸到主角或是敵人，還是會穿透過去維持原本飛行狀態不會產生改變。地面與磚塊是具有Collider(碰撞體)屬性所組成的，接觸到只具有Collider(碰撞體)屬性的地面與磚塊，會維持原狀同時不會有碰撞產生，因此擺放在場景上我們可以組合成各種形狀。在場景上旋轉，具有Collider(碰撞體)屬性的金幣與主角接觸時，可以產生碰撞反應，利用碰撞檢測可以在碰撞後消失在場景中。當主角或敵人與地面接觸時，主角及敵人受重力影響後會與地面產生碰撞反應，且可產生跳躍的碰撞反應。主角與敵人同時具有Rigidbody(剛體)和Collider(碰撞體)屬性，因此當主角與敵人互相接觸時，彼此的碰撞反應，主角可以將敵人踢飛或是踩扁，踩扁後也可以產生反彈力將主角彈開。如下圖所示。

了解物體的物理屬性後我們如何添加這些物理屬性，讓物體受場景中的物理世界反應。關於新增Rigidbody(剛體)屬性，首先點選要新增Rigidbody(剛體)屬性的物體，在上方系統選單中，點選上方系統選單中的「Component」，選擇「Physics」中的子選項「Rigidbody」，如下圖所示。

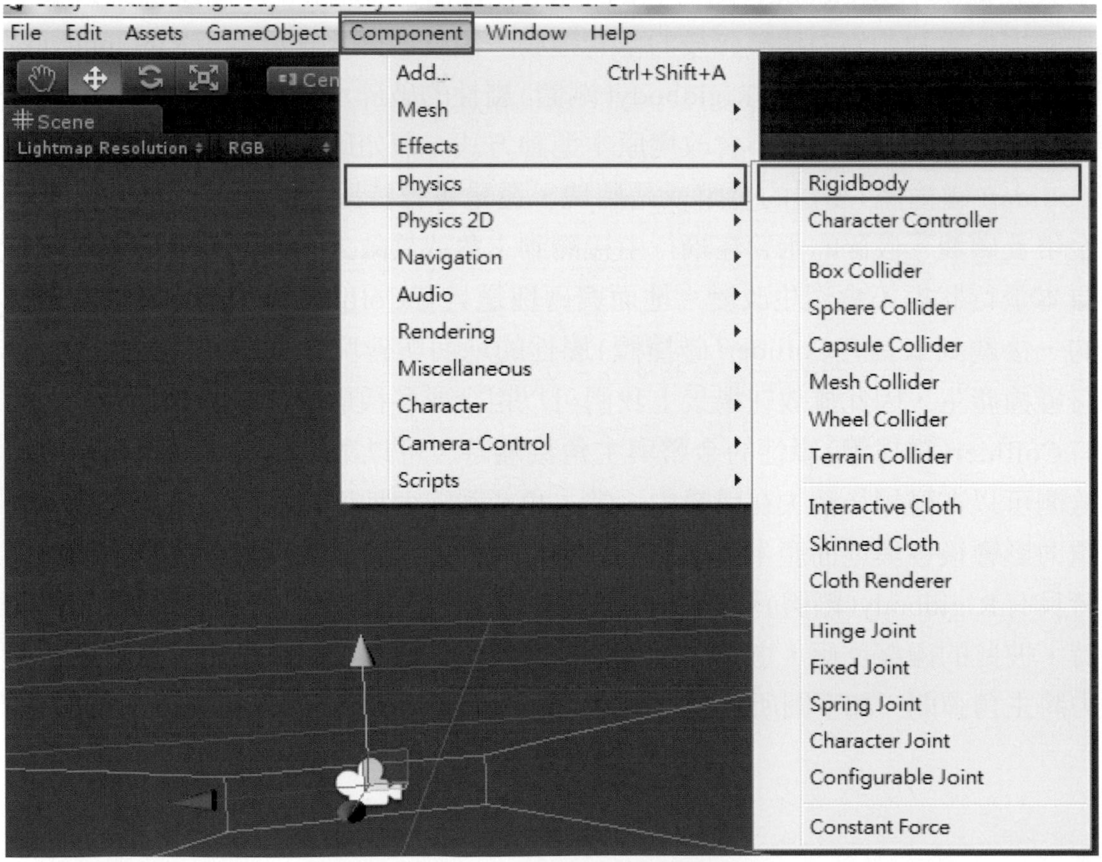

File Edit Assets GameObject Component Window Help
Scene
Lightmap Resolution RGB
Add... Ctrl+Shift+A
Mesh
Effects
Physics
Physics 2D
Navigation
Audio
Rendering
Miscellaneous
Character
Camera-Control
Scripts
Rigidbody
Character Controller
Box Collider
Sphere Collider
Capsule Collider
Mesh Collider
Wheel Collider
Terrain Collider
Interactive Cloth
Skinned Cloth
Cloth Renderer
Hinge Joint
Fixed Joint
Spring Joint
Character Joint
Configurable Joint
Constant Force

點選後，會在視窗右方出現一個名稱爲「Inspector」的編輯器視窗，會新增一個子選項爲Rigidbody的參數設置，如下圖所示。

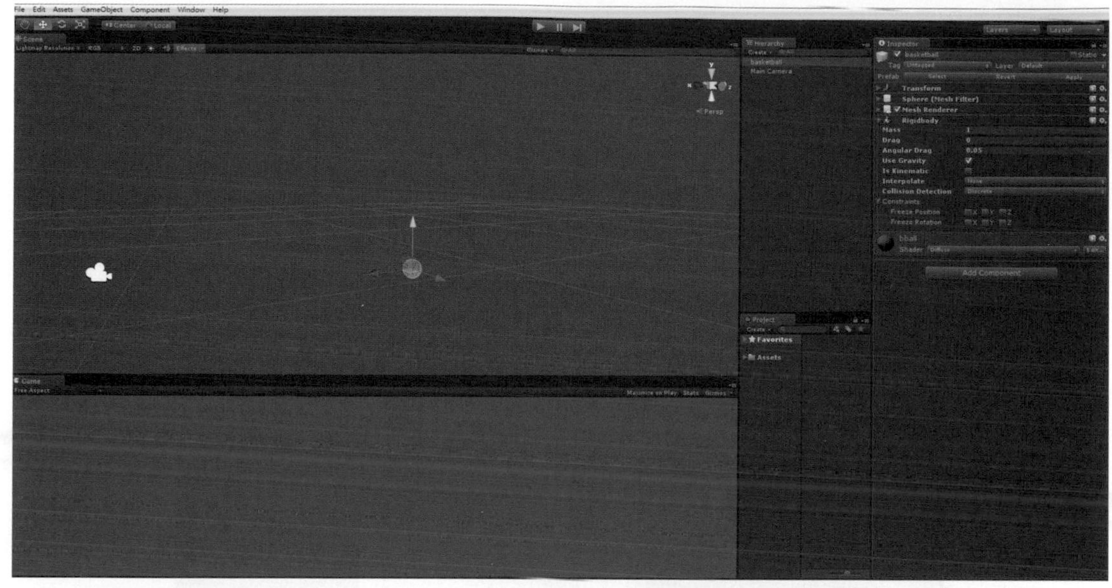

這個視窗包含了物體的Rigidbody(剛體)屬性參數設置，共有8項，分別 是Mass、Drag、Angular Drag、Use Gravity、Is Kinematic、Interpolate、Collision Detection、Constraints。詳細設置圖及參數如下圖所示。

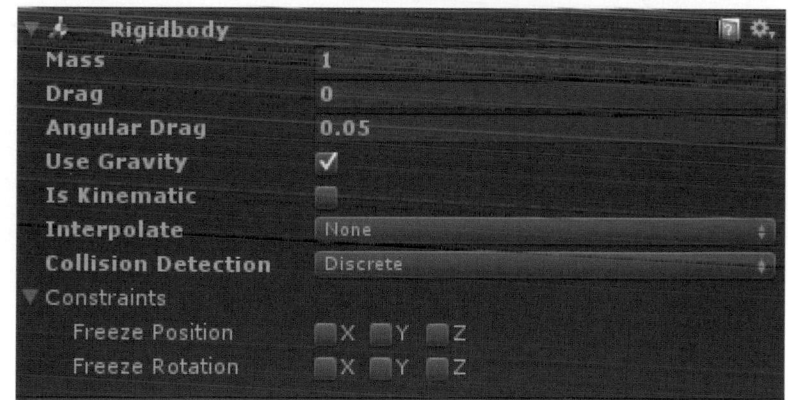

- **Mass**：物體的質量，建議與其他物體質量的差異大於或小於100倍。預設值爲1。

- **Drag**：當受力移動時物體受到的空氣阻力。預設值爲0，表示沒有阻力。

- **Angular Drag**：當受扭力旋轉時物體受到的空氣阻力。預設值爲0.05。

- **Use Gravity**：勾選，則物體受到重力影響。預設值為勾選。
- **Is Kinematic**：勾選，則物體不受物理引擎影響，只能通過變換位置或角度來操作。
- **Interpolate**：用來控制場景中的物體會抖動的情況，有三個選項，分別為None代表不應用、Interpolate代表用上一個影格來平滑這個影格、Extrapolate代表預估下一影格來平滑這次影格，預設值為None，選項如下圖所示。

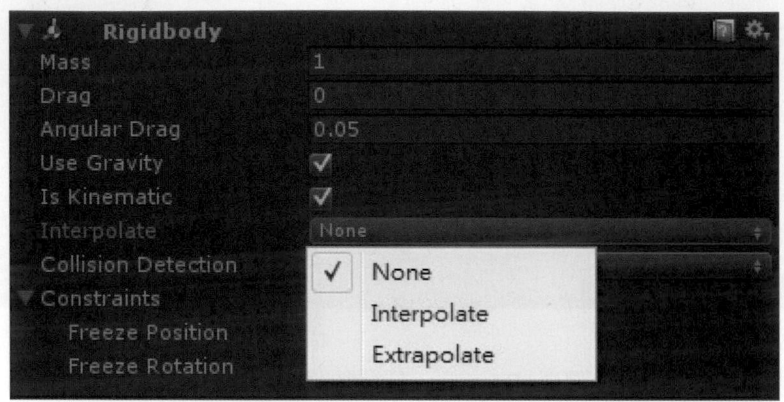

- **Collision Detection**：用於避免高速物體穿過其他物體，卻未發生碰撞的情形，有三個選項，分別為Discrete適用於一般情況、Continuous適用於連續碰撞的情況、Continuous Dynamic適用於高速物體。選項如下圖所示。

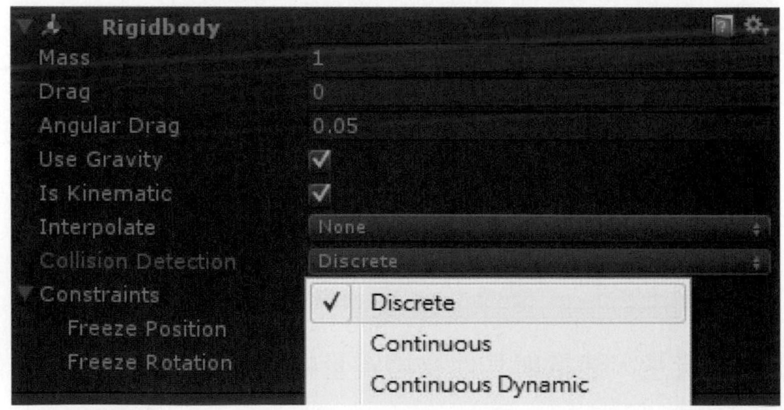

- **Constraints**：對剛體運動的約束，Freeze Position選項，勾選的話代表在XYZ軸的移動無效、Freeze Rotation選項，勾選的話代表沿XYZ軸的旋轉無效。

關於新增Collider(碰撞體)屬性的設置，首先點選要新增Collider(碰撞體)屬性的物體，在上方系統選單中，點選「Component」，選擇「Physics」中的子選項可以看到Collider(碰撞體)屬性的設置，在Unity中，3D有提供六種Collider(碰撞體)，分別爲Box Collider(立方體碰撞體)、Sphere Collider(球體碰撞體)、Capsule Collider(膠囊體碰撞體)、Mesh Collider(網格碰撞體)、Wheel Collider(車輪碰撞體)、Terrain Collider(地形碰撞體)共六項。如下圖所示。

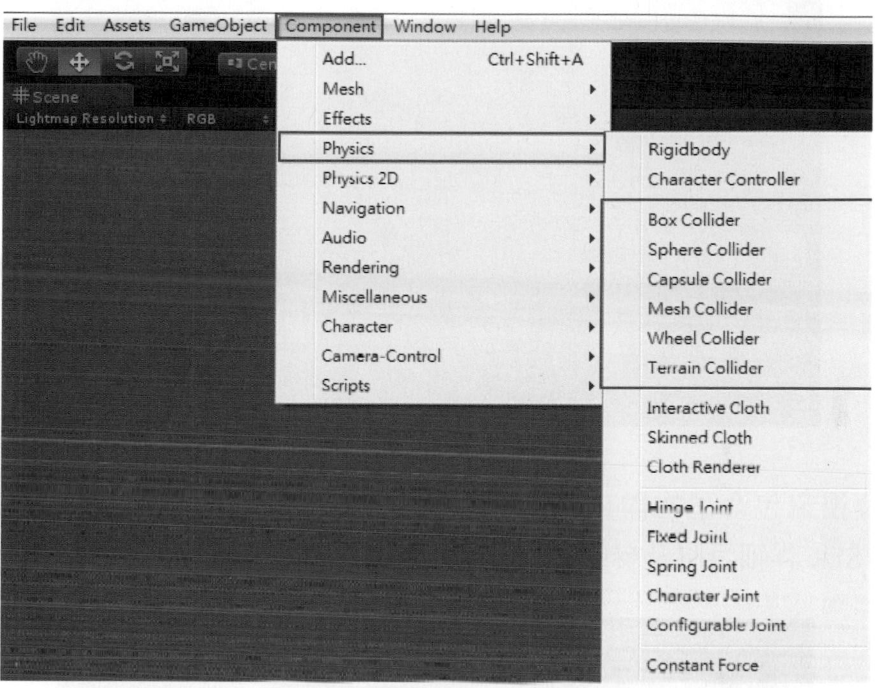

在此我們只先討論前四項的碰撞體，Box Collider，最適合用在立方體上，例如骰子，如下圖所示。

新增Box Collider後，可以在視窗右方「Inspector」的編輯器視窗找到Box Collider選項，如下圖所示。

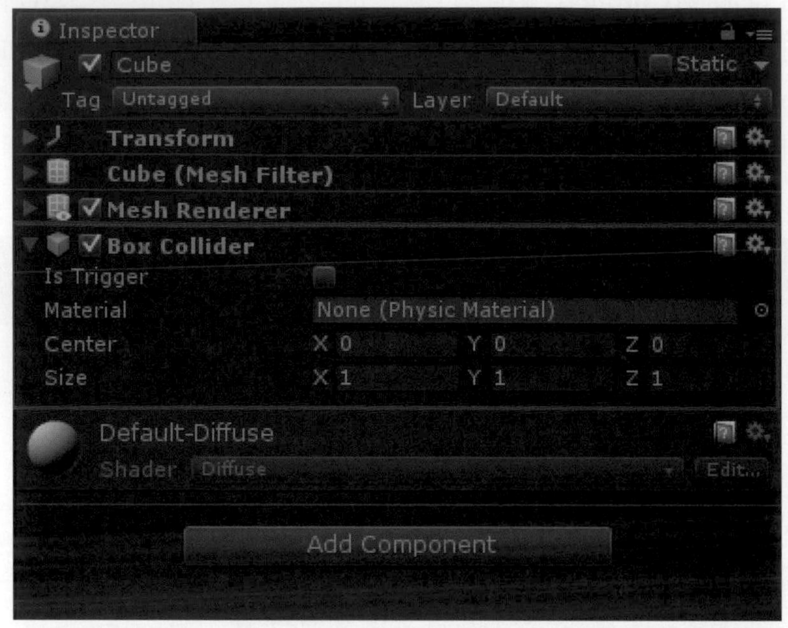

這個視窗包含了物體Box Collider的設置，包含了Is Trigger、Material、Center、Size詳細設置及參數如下。

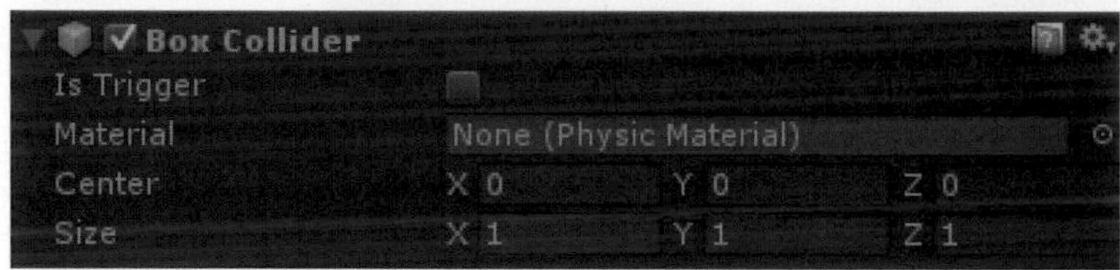

- **Is Trigger**：是否啟用觸發器，勾選為啟用，預設為不勾選。
- **Material**：物體的碰撞材質。預設為None。
- **Center**：碰撞器中心，座標為Local Space。預設值為物體的原點。
- **Size**：碰撞器的大小。預設值X為1、Y為1、Z為1。

Sphere Collider，最適合用在球體上，例如球類、籃球，如下圖所示。

新增Sphere Collider後，可以在視窗右方「Inspector」的編輯器視窗找到Sphere Collider選項，如下圖所示。

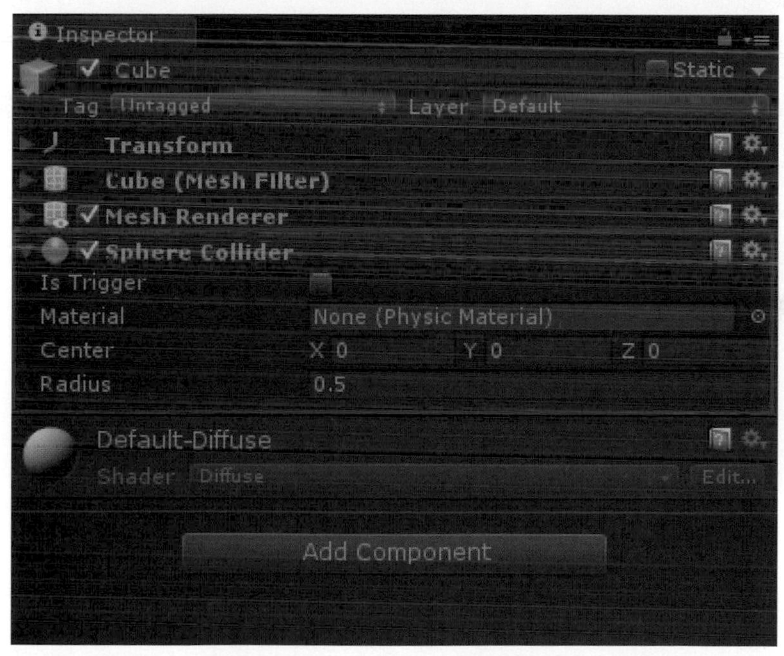

這個視窗包含了物體Sphere Collider的設置，包含了Is Trigger、Material、Center、Radius，詳細設置及參數如下。

- **Is Trigger**：是否啓用觸發器，勾選爲啓用，預設爲不勾選。

- **Material**：物體的碰撞材質。預設為None。
- **Center**：碰撞器中心，座標為Local Space。預設值為物體的原點。
- **Radius**：碰撞器的半徑。預設值為0.5。

Capsule Collider，最適合用在膠囊體上，例如藥丸，如下圖所示。

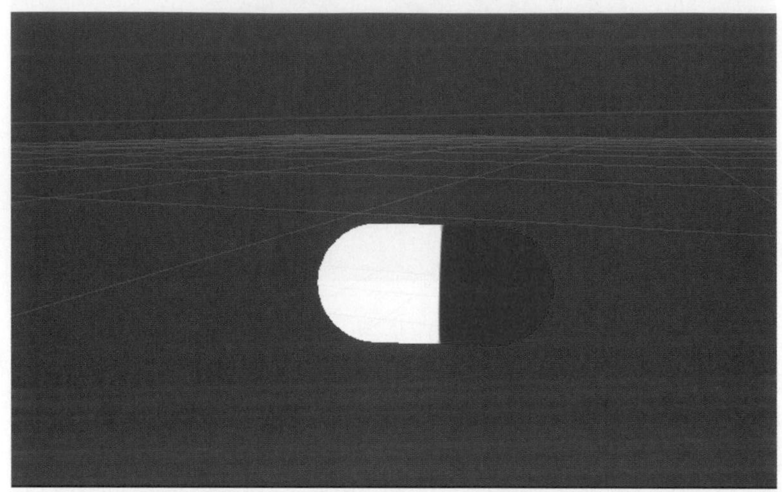

新增Capsule Collider後，可以在視窗右方「Inspector」的編輯器視窗找到Capsule Collider選項，如下圖所示。

這個視窗包含了物體Capsule Collider的設置，包含了Is Trigger、Material、Center、Radius、Height、Direction，詳細設置及參數如下。

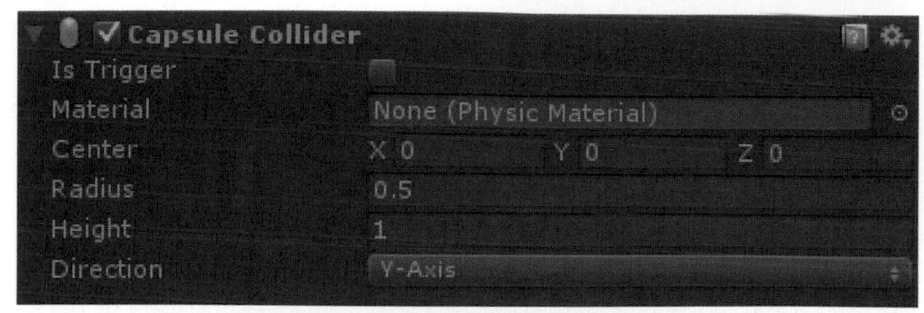

- **Is Trigger**：是否啓用觸發器，勾選爲啓用，預設爲不勾選。
- **Material**：物體的碰撞材質。預設爲None。
- **Center**：碰撞器中心，座標爲Local Space。預設值爲物體的原點。
- **Radius**：碰撞器的半徑。預設值爲0.5。
- **Height**：碰撞體的高度。預設值爲1。
- **Direction**：碰撞體的方向，有X-Axis、Y-Axis、Z-Axis。預設爲Y-Axis。

Mesh Collider，最適合用在不規則模型上，例如置物架等等，如下圖所示。

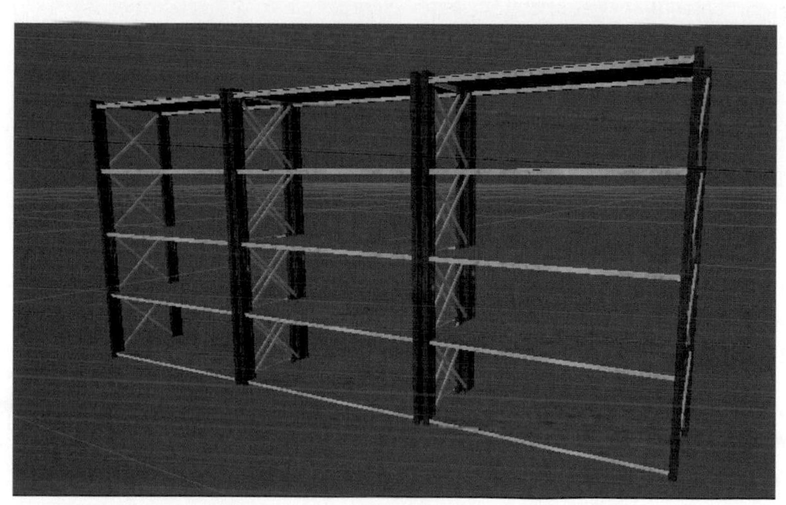

新增Mesh Collider後，可以在視窗右方「Inspector」的編輯器視窗找到Mesh Collider選項，如下圖所示。

這個視窗包含了物體Mesh Collider的設置，包含了Is Trigger、Material、Convex、Smooth Sphere Collision、Mesh，詳細設置及參數如下。

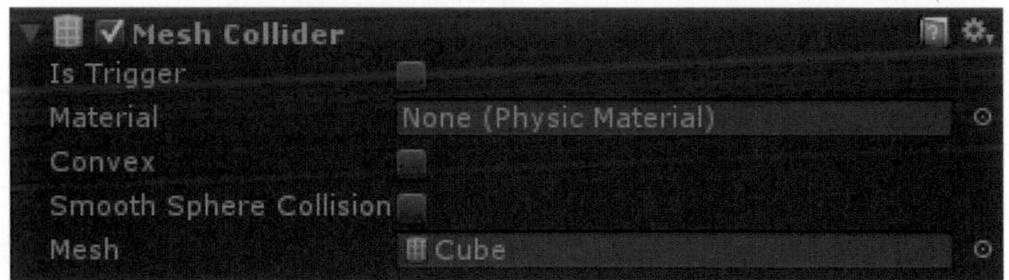

- **Is Trigger**：是否啓用觸發器，勾選爲啓用，預設爲不勾選。
- **Material**：物體的碰撞材質。預設爲None。
- **Convex**：勾選的話會與其他Mesh Collider發生碰撞。預設值爲不勾選。
- **Smooth Sphere Collision**：勾選的話碰撞會變得平滑，建議在平滑表面上勾選。預設值爲不勾選。
- **Mesh**：獲取對象的網格並作爲此物體的碰撞體。

在前面所有Collider(碰撞體)屬性中的Material選項其預設值都是None，所以我們要建立不同的Physic Material(物理材質)的參數設定，再將此設定套用到不同Collider(碰撞體)屬性中的Material選項中，如此就可以模擬出各種不同的碰撞現象。

在此我們介紹兩種Physic Material的設置，如何建立Physic Material(物理材質)，可以點選上方系統選單中的「Asset」選項，選擇「Create」中的子選項，建立物理材質爲「Physic Material」，如下圖所示。

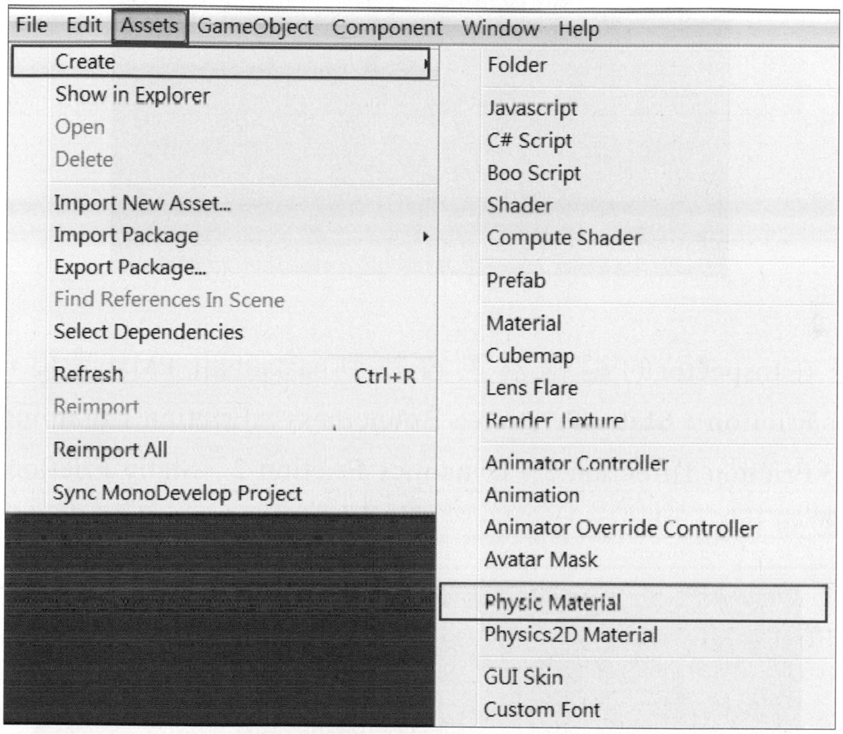

點選「Physic Material」，會在Project視窗中出現一個新的Physic Material(物理材質)，我們可以在這對此命名，來區分我們對不同物體所設置不同的Physic Material(物理材質)，下圖以basketball的Physic Material(物理材質)爲例，我們希望建立一個像籃球一樣會彈跳的碰撞體，我們命名爲basketball_PMat。

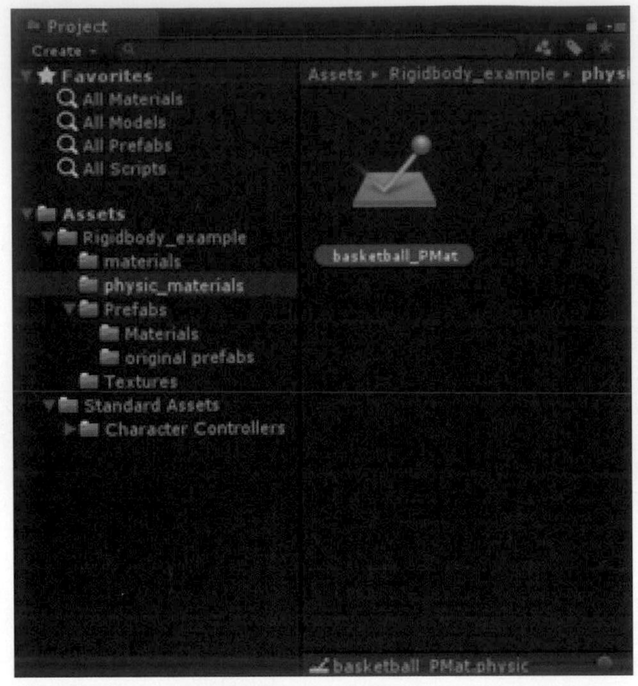

接著在Inspector的編輯器視窗找到basketball_PMat選項，包含了Dynamics Friction、Static Friction、Bounciness、Friction Combine、Bounce Combine、Friction Direction 2、Dynamics Friction 2、Static Friction 2，詳細設置及參數如下。

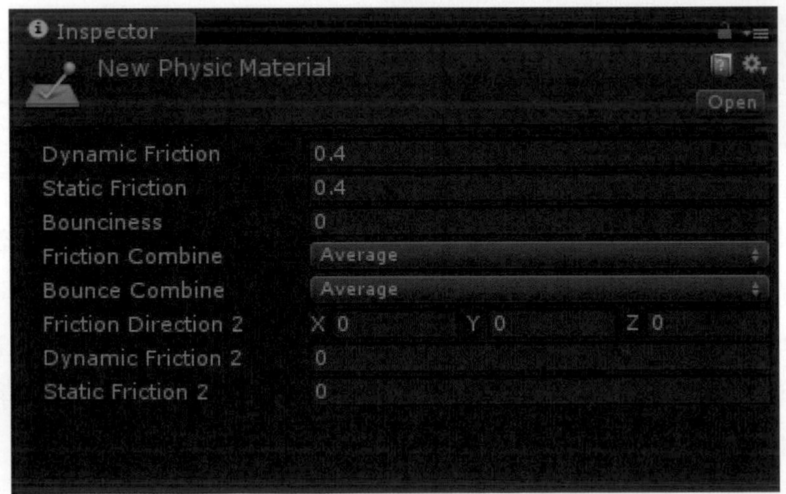

- **Dynamics Friction**：值越小摩擦力越小，介於0到1之間。
- **Static Friction**：值越小摩擦力越小，介於0到Infinity之間。通常比動摩擦力大。

- **Bounciness：**介於0到1之間。值爲1時會越彈越高。
- **Friction Combine：**設置當兩物體接觸時所採用的計算法。有四個選項分別爲Average、Minimum、Multiply、Maximum，預設爲Average，如下圖所示。

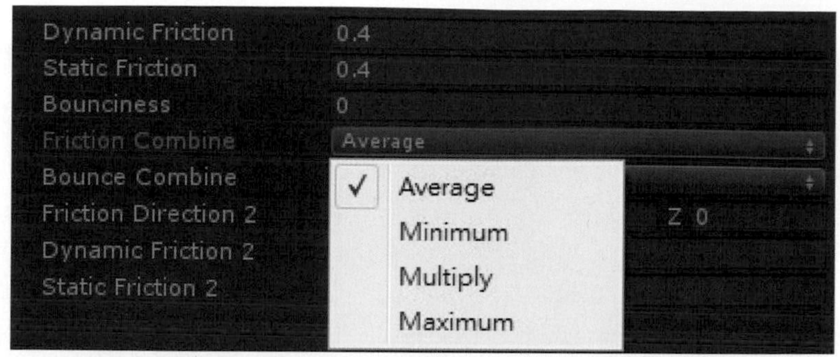

- **Bounce Combine：**設置當兩物體接觸時所採用的計算法。有四個選項分別爲Average、Minimum、Multiply、Maximum，預設爲Average，如下圖所示。

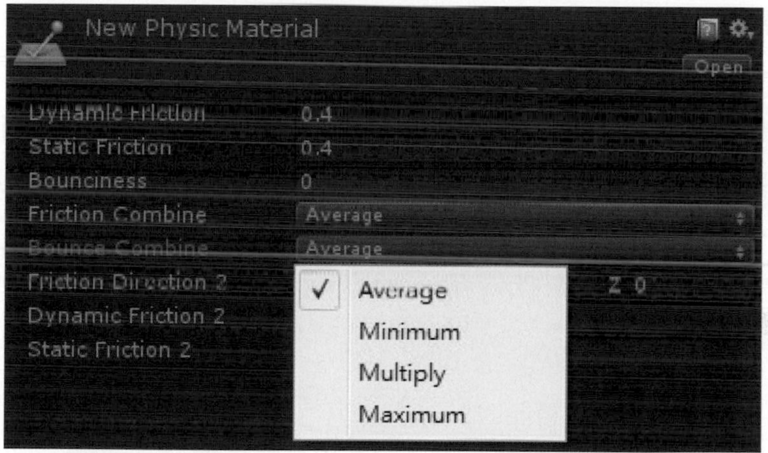

- **Friction Direction 2：**如果向量值不爲0，則Dynamics Friction 2和Static Friction 2才會生效。
- **Dynamics Friction 2：**Friction Direction 2生效後，則會有一動摩擦力沿Friction Direction 2的方向產生。介於0到1之間。
- **Static Friction 2：**Friction Direction 2生效後，則會有一靜摩擦力沿Friction Direction 2的方向產生。介於0到Infinity之間。

建立了Physic Material後，我們要將Physic Material(物理材質)套用到已經設置好Collider(碰撞體)屬性的物體上，點選具有Collider(碰撞體)屬性的物體，在Inspector的編輯器視窗找到Material選項，將None更改成剛剛建立的basketball_PMat，以basketball爲例，套用後如下圖所示。

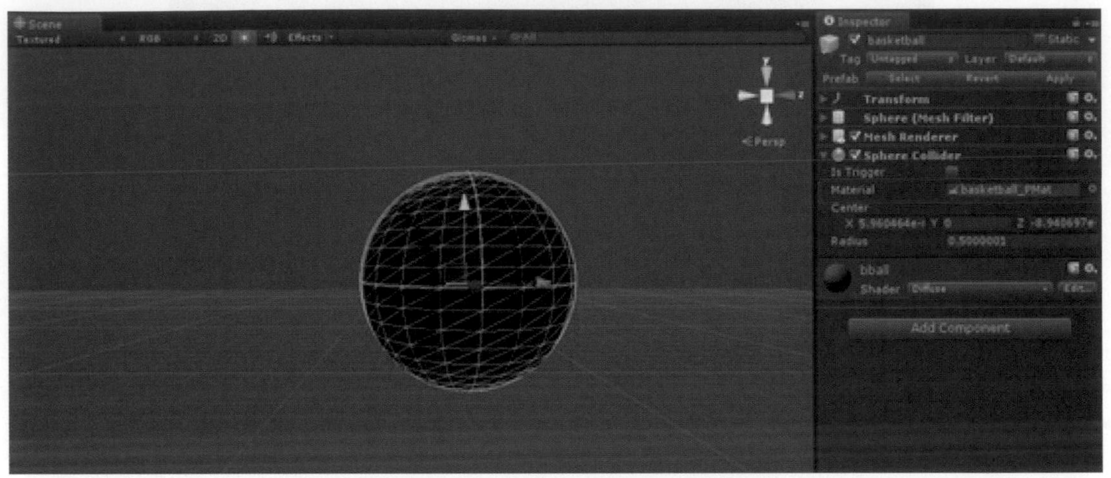

接著我們新增第二個Physic Material，下圖爲dice的Physic Material(物理材質)，我們希望建立一個像骰子一樣彈跳不那麼大，摩擦力相較basketball大一些的碰撞體，我們命名爲dice_PMat。

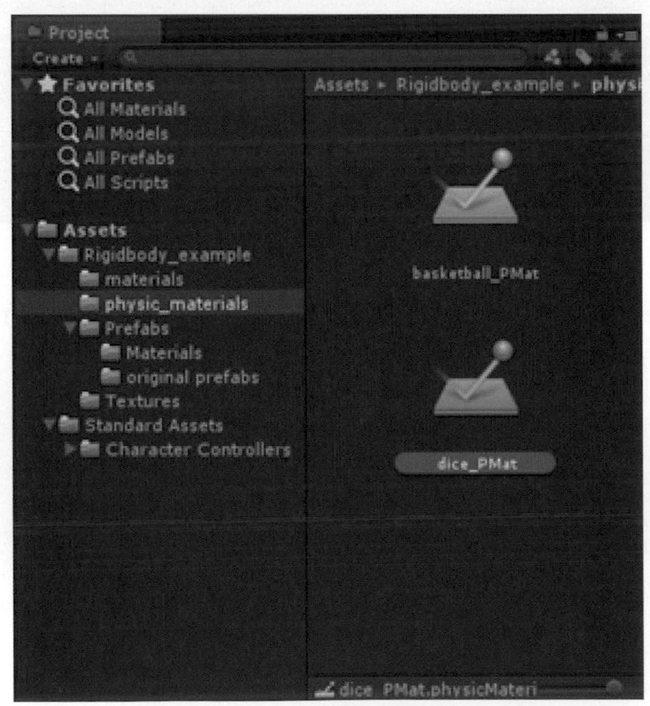

建立好dice_PMat後設置其參數，詳細設置如下圖所示。

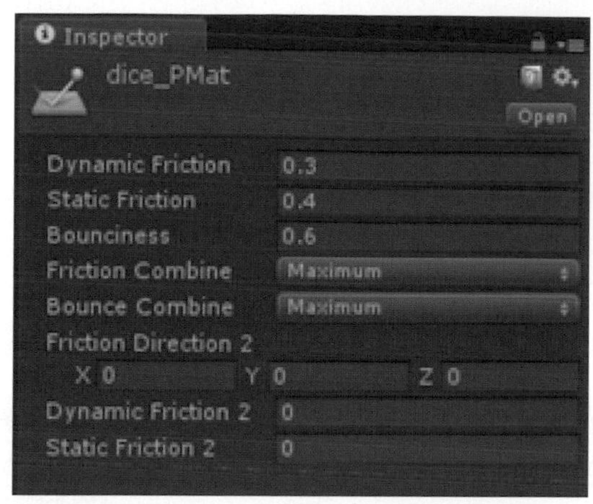

設置完成後，點選具有Collider(碰撞體)屬性的dice，我們要將Physic Material(物理材質)套用到已經設置好Collider(碰撞體)屬性的dice上，點選dice後，在Inspector的編輯器視窗找到Material選項，將None更改成剛剛建立的dice_PMat，套用後如下圖所示。

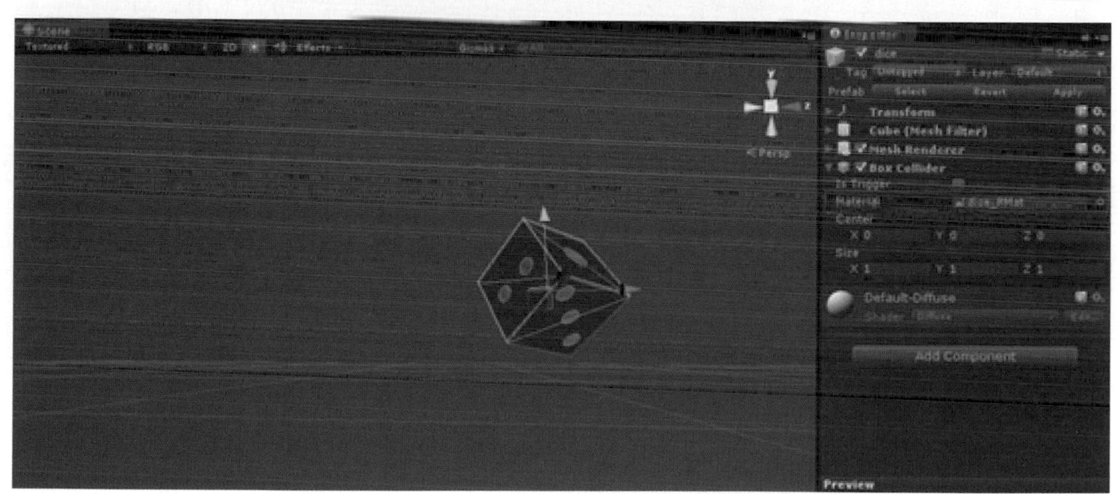

完成設置後，basketball和dice會有不同的物理碰撞效果，設置Rigidbody(剛體)屬性和Collider(碰撞體)屬性，我們就能完成豐富的物理世界。

範例實作與詳細解說

本範例我們將藉由以下步驟來完成簡述如下：

- **步驟一：**將豬的造型球、西洋棋與西洋棋盤擺放置場景上。
- **步驟二：**造型球、西洋棋與西洋棋盤個別新增Rigidbody、Collider屬性和Physics Material。

步驟一、將豬的造型球、西洋棋與西洋棋盤擺放置場景上

開啓Lesson13資料夾中的Lesson13(practice)練習檔專案，裡面有一個名稱爲Scene的預設場景，場景以及場景中的基本擺設已經完成。

首先我們現在Project視窗選擇Model資料夾裡的Pig資料夾，後我們再分別 將Pig(blue)、Pig(green)、Pig(orange)、Pig(purple)、Pig(red)與Pig(yellow)拖拉至場景中，如下圖所示。

拖拉至場景後，點選Hierarchy視窗中的豬，並在Inspector視窗中將Transform組件裡的Position參數、Rotation參數與Scale參數，將各隻豬的位置更改如下圖所示表的位置。

		X	Y	Z
Pig(blue)	Position	19.38344	9.986631	4.377579
	Rotation	270	20.69096	0
	Scale	2	2	2
Pig(green)	Position	17.88227	9.986631	2.443996
	Rotation	270	334.458	0
	Scale	2	2	2
Pig(orange)	Position	16.58397	10.92284	3.377579
	Rotation	292.9875	0	0
	Scale	2	2	2
Pig(purple)	Position	13.83132	9.986631	4.414207
	Rotation	283.019	180	180
	Scale	2	2	2

		X	Y	Z
Pig(red)	Position	12.04053	9.986631	2.319279
	Rotation	309.6983	135.2676	177.6406
	Scale	2	2	2
Pig(yellow)	Position	10.60744	9.986631	2.601642
	Rotation	298.4198	21.03052	41.08313
	Scale	2	2	2

而後再複製3隻豬並使用位於Project視窗中Materials資料夾裡的Mat01、Mat03、Mat05的材質，以拖拉方式分別將3隻豬的材質做更動，最後再將使用Mat01的豬命名爲Pig(Y_Mosaics)、使用Mat03的豬命名爲pig(Stripe)與使用Mat05的豬命名爲pig(B_Mosaics)，名子更改完成後再將位置更改爲如下表格所示的位置。

		X	Y	Z
pig(B_Mosaics)	Position	17.84044	9.343587	4.467691
	Rotation	298.4198	21.03052	41.08313
	Scale	2	2	2
pig(Stripe)	Position	15.71229	8.914541	1.990088
	Rotation	292.9875	0	0
	Scale	2	2	2
pig(Y_Mosaics)	Position	12.31628	8.279907	3.697641
	Rotation	283.019	180	180
	Scale	2	2	2

我們點選系統選單的GameObject的Create Other中的Cube，創建完成後點選Hierarchy視窗中的Cube，並在Inspector視窗中將Cube命名爲Chessboard與及將Transform組件裡的Position參數、Rotation參數與Scale參數，更改爲如下圖所示。

		X	Y	Z
Chessboard	Position	4.513852	5.772058	6.607748
	Rotation	0	308.6407	0
	Scale	5	0.05	5

最後再使用位於Project視窗中Materials資料夾裡的Mat04，以拖拉方式拉至Chessboard上即可，最後成果會如下圖所示。

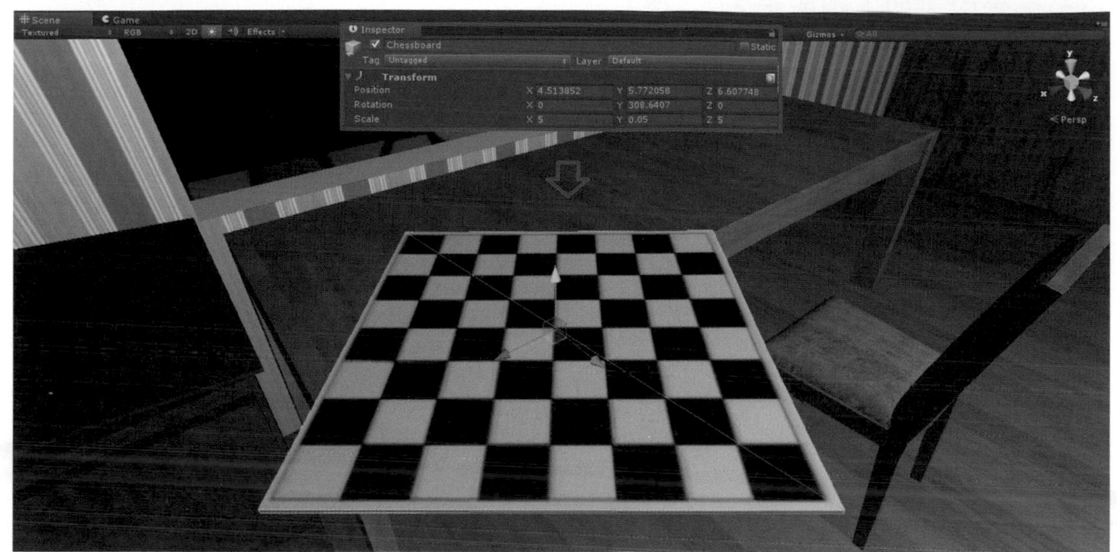

完成西洋棋盤後，我們現在Project視窗選擇Model資料夾裡的chess資料夾，後我們再分別將bishop、castle、king、knight、queen與soldier_white拖拉至場景中，如下圖所示。

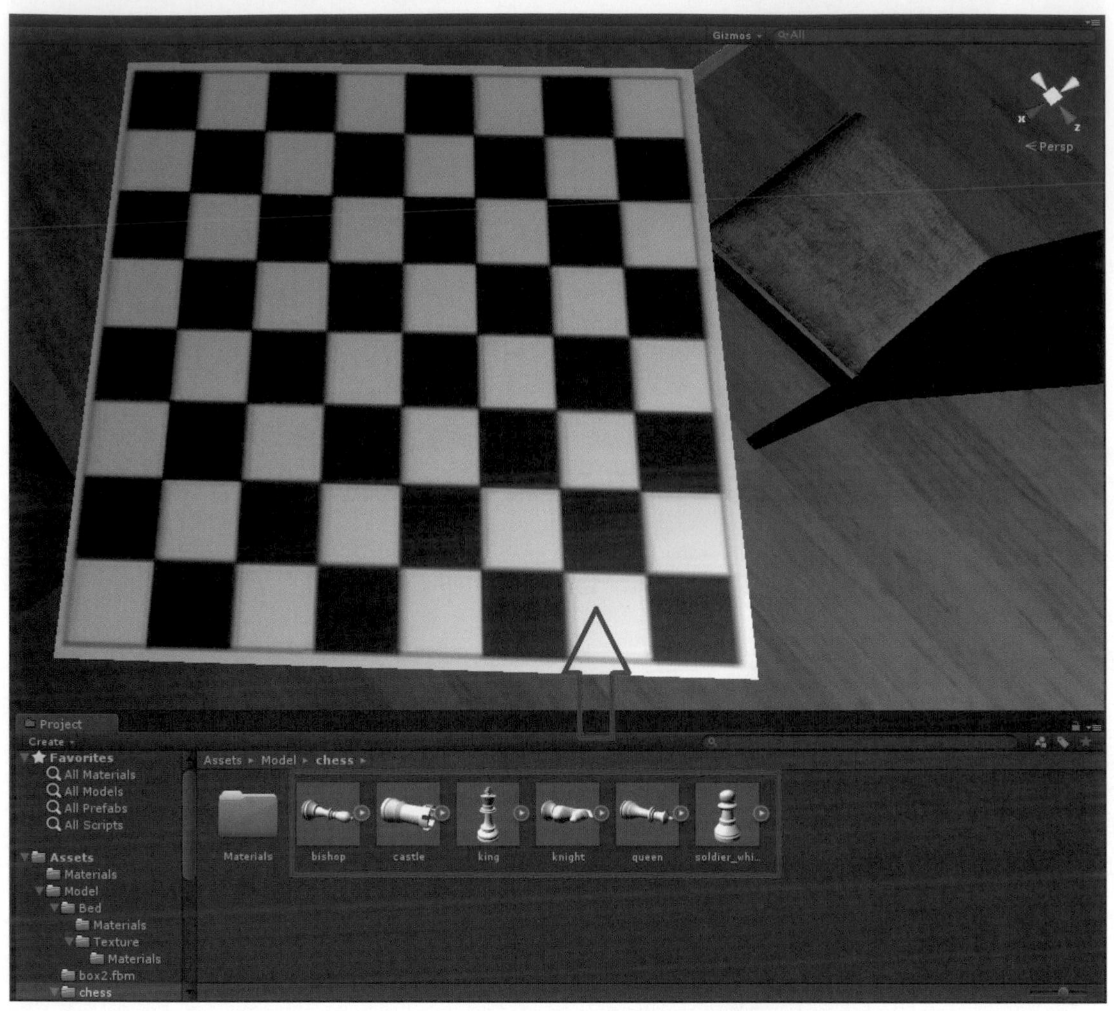

拉至場景後會發現每個棋子大小都不一樣，所以我們先將各個棋子都先縮小至適當的大小，點選Hierarchy視窗中的bishop，並在Inspector視窗中將Transform組件裡的Scale參數的X、Y、Z皆調整爲0.1138284，以相同的做法把castle的Scale參數的X、Y、Z皆調整爲0.5、king的Scale參數的X、Y、Z皆調整爲0.2、knight的Scale參數的X、Y、Z皆調整爲0.1294311、queen的Scale參數的X、Y、Z皆調整爲0.2與soldier_white的Scale參數的X、Y、Z皆調整爲0.2553077，調整後會有如下圖所示。

由於我們知道一副完整的西洋棋有2陣營而每個陣營中又各有1個國王、1個皇后、2個主教、2個騎士、2個城堡與8個小兵，所以點選Hierarchy視窗中的西洋棋先個別複製及貼上（國王=king、皇后=queen、主教=bishop、騎士=knight、城堡=castle、小兵=soldier_white），複製完成後會是如下圖所示。

複製完成後，我們要來移動我們的西洋棋，移動方式有兩個，第一個是使用工具列的移動工具來移動，第2個是點選Hierarchy視窗中的西洋棋，並在Inspector視窗中將Transform組件裡的X、Y、Z參數。如果要讓西洋棋的位置與本範例相同的情形下，請使用第2個方式;反之則使用第1個方式。

使用第一個方式的人，如果要調整西洋棋的位置，點選位於工具列的位移工具，後在Scene視窗中調整代表X軸的紅色箭頭、Y軸的綠色箭頭和Z軸的藍色箭頭，如下圖所示。

如果要調整西洋棋的方向，點選位於工具列的旋轉工具，後在Scene視窗中調整代表X軸方向的紅色箭頭、Y軸方向的綠色箭頭和Z軸方向的藍色箭頭，如下圖所示。

使用第二個方式的人，如果要調整西洋棋的位置，點選Hierarchy視窗中的西洋棋，並在Inspector視窗中將Transform組件裡的Position參數與Rotation參數即可，各西洋棋位置如下表所列。

		X	Y	Z
國王(=king)	Position	6.035281	5.810895	8.034734
	Rotation	0	38.64069	0
	Position	2.995024	5.810895	5.148067
	Rotation	0	38.64069	0
皇后(=queen)	Position	5.634511	5.810895	8.422087
	Rotation	270	128.6407	0
	Position	3.513812	5.810895	4.800355
	Rotation	270	128.6407	0
主教(=bishop)	Position	6.487302	5.810895	7.710695
	Rotation	270	308.6407	0
	Position	5.179513	5.810895	8.796762
	Rotation	270	308.6407	0
	Position	3.934066	5.810895	4.43467
	Rotation	270	128.6407	0
	Position	2.62628	5.810895	5.520731
	Rotation	270	128.6407	0
騎士(=knight)	Position	6.980662	5.810895	7.381565
	Rotation	270	128.6407	0
	Position	4.771444	5.810895	9.147738
	Rotation	270	128.6407	0
	Position	4.427428	5.810895	4.105546
	Rotation	270	308.6407	0
	Position	2.21815	5.81095	5.871709
	Rotation	270	308.6407	0

		X	Y	Z
城堡(=castle)	Position	7.412077	5.810895	6.883011
	Rotation	270	128.6407	0
	Position	4.153955	5.810895	9.474285
	Rotation	270	128.6407	0
	Position	4.85884	5.810895	3.60699
	Rotation	270	308.6407	0
	Position	1.600723	5.810895	6.198255
	Rotation	270	308.6407	0
小兵 (=soldier_white)	Rotation	0	308.6407	0
	Position	6.975338	5.810895	6.530101
		6.564185	5.810895	6.858798
		6.115295	5.810895	7.21766
		5.629747	5.810895	7.605836
		5.19738	5.810895	7.956805
		4.746532	5.810895	8.311926
		4.29169	5.810895	8.675552
		3.827734	5.810895	9.046465
		5.185338	5.810895	4.208771
		4.774183	5.810895	4.537466
		4.325295	5.810895	4.896336
		3.839743	5.810895	5.28451
		3.400733	5.810895	5.635472
		2.956528	5.810895	5.990599
		2.501687	5.810895	6.354222
		2.037732	5.810895	6.725129
小兵(=soldier_white)的Rotation參數都相同，故只寫一組參數數據。				

當我們使用完兩者其中之一的方式後，西洋棋的位置擺放好後的位置如下圖所示。

位置擺放完成後，使用位於Project視窗中Materials資料夾裡的Mat01與Mat05，來將我們的西洋棋上材質，材質添加完成後，會如下圖所示。

步驟二、造型球、西洋棋與西洋棋盤個別新增Rigidbody、Collider屬性和Physics Material

點選在Hierarchy視窗中的Pig(blue)物件，如下圖所示。

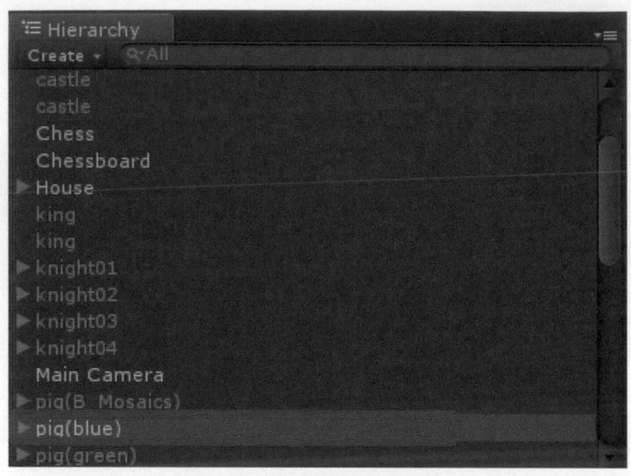

在系統選單Component中，點選Physics的Rigidbody，替Pig(blue)加上剛體，如下圖所示。

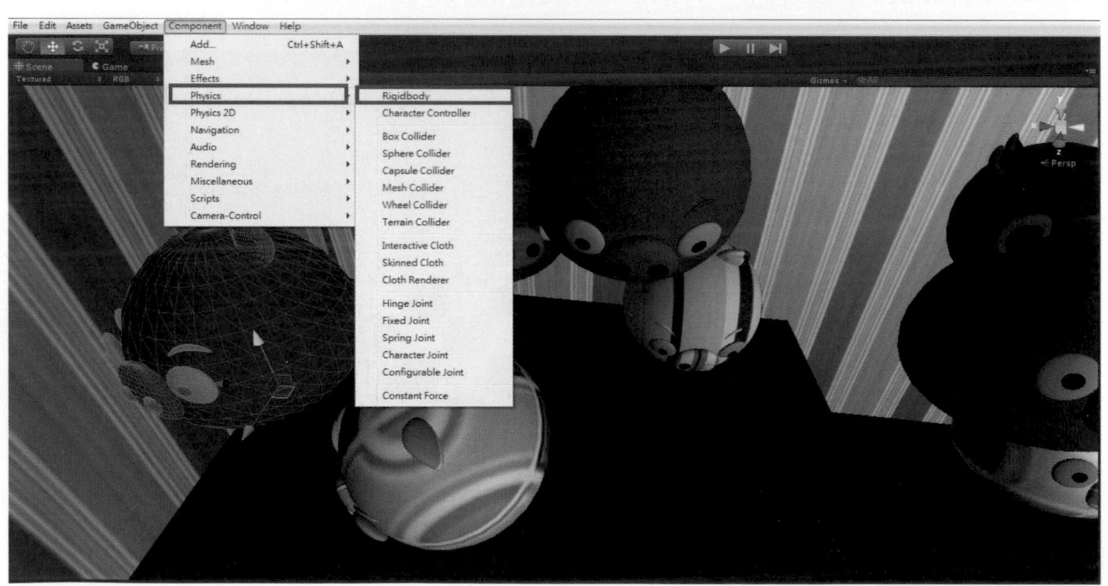

並在Inspector視窗更改Rigidbody屬性，Mass值改爲1，Drag值改爲0，Angular Drag值改爲0.5，如下圖所示。

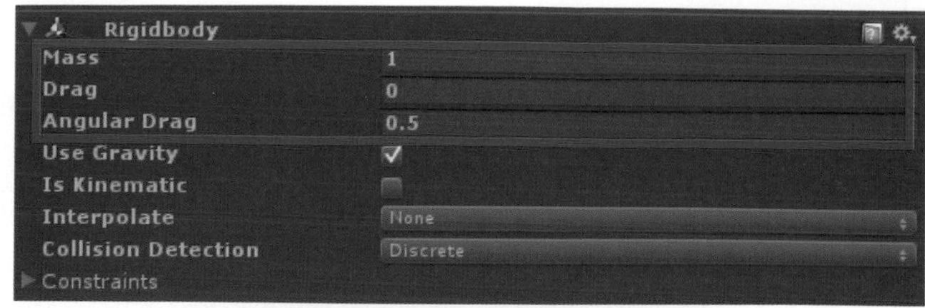

一樣在系統選單Component中，點選Physics的Sphere Collider，替豬加上碰撞體，如下圖所示。

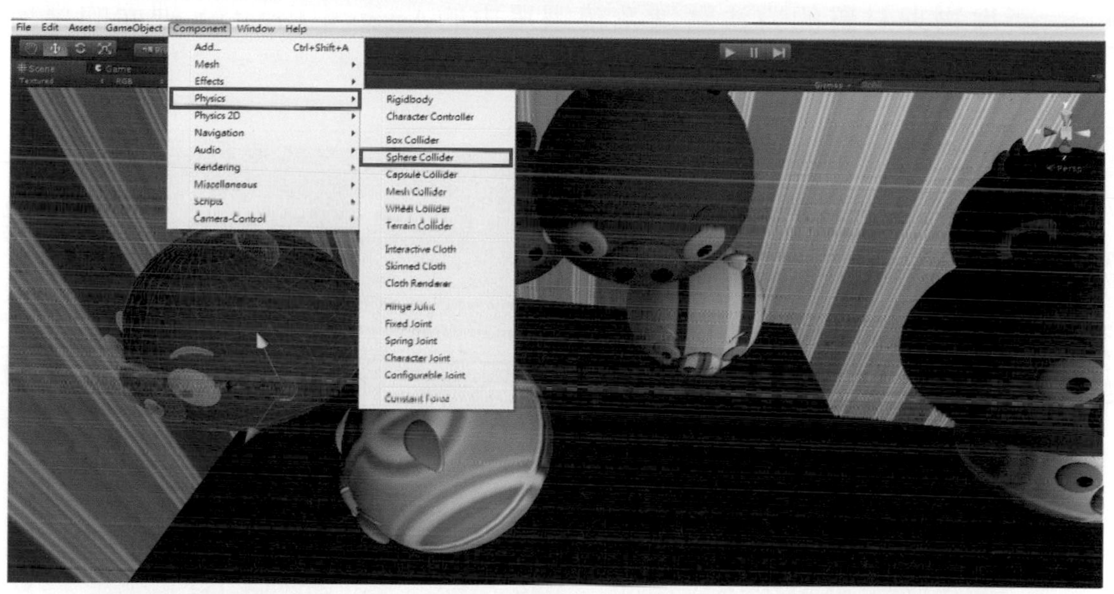

由於我們的豬不是完全是球體，所以碰撞體的中心位置與半徑還須調整過，在Inspector視窗更改Sphere Collider屬性，Center值的X改爲0、Y改爲0、Z改爲0.34，Radius值改爲0.34，如下圖所示。

最後再將每隻豬都依相同方式增加Rigidbody與Collider。

在Project視窗中，Assets資料夾中Material資料夾中新增1個Physic Material，如下圖所示。

新增物理材質的方法點選系統選單中的Assets中Create，裡面的選項Physic Material，如下圖所示。

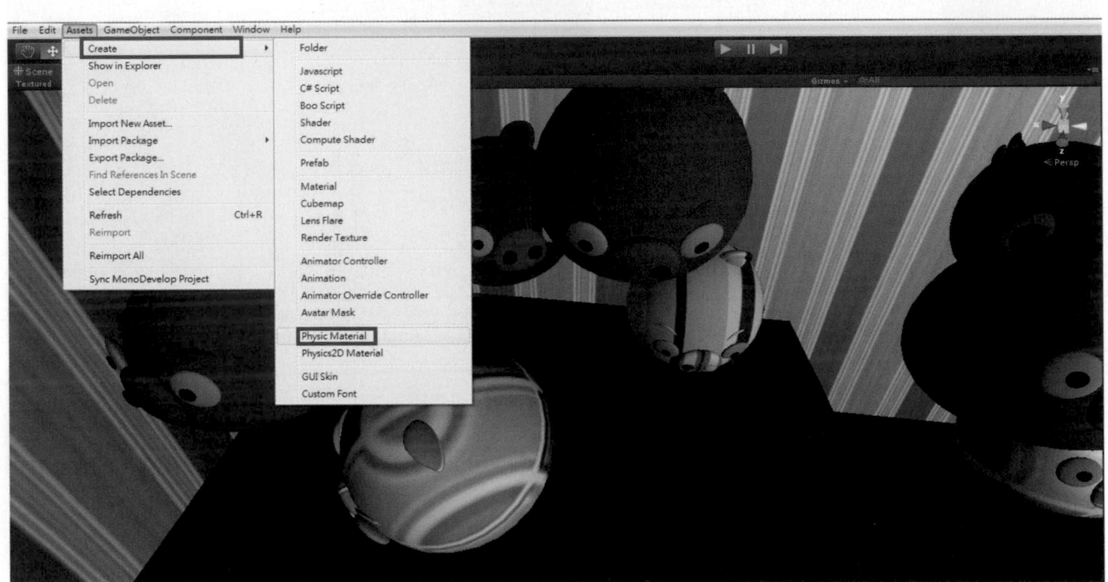

新增好後在physic_materials資料夾就會出現一個新的物理材質，將物理材質名稱命名爲Pig_PMat，如下圖所示。

點選Pig_PMat，在Inspector視窗中，編輯Pig_PMat的參數，Dynamic Friction改爲0.1、Static Friction改爲0.1、Bounciness改爲0.8、Friction Combine和Bounce Combine改爲Maximum，如下圖所示。

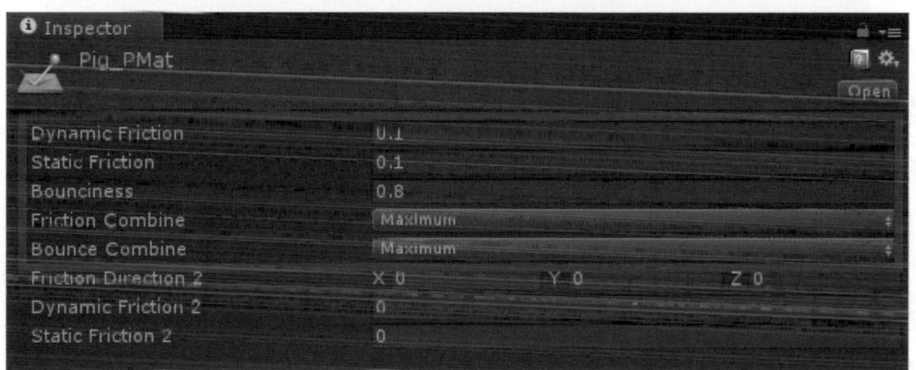

物理材質建立好之後，點選Hierarchy視窗中Pig(blue)物件，並在Inspector視窗Sphere Collider屬性中的Material選擇Pig_PMat，如下圖所示。

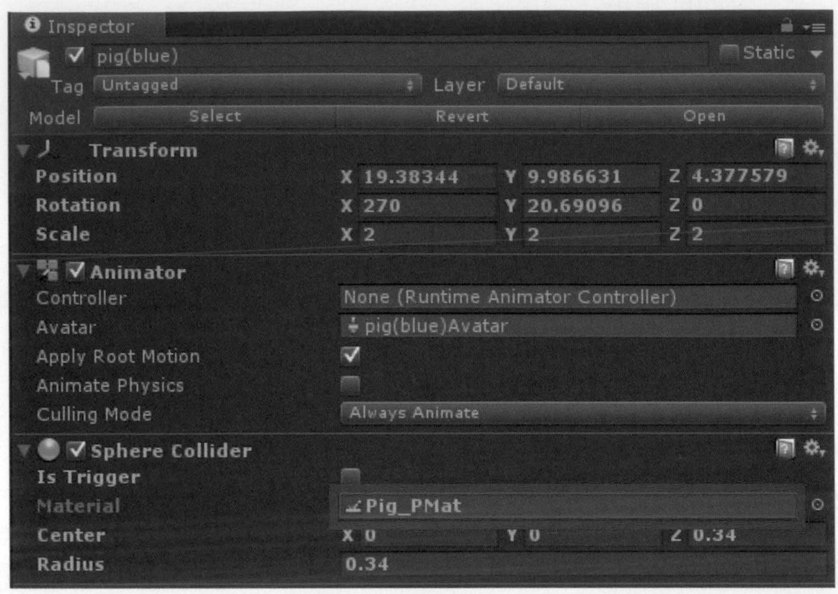

再依相同方式新增2個Physic Material分別命名為Pig01_PMat與Pig02_PMat，新增完成後分別更改Pig01_PMat與Pig02_PMat的參數，Pig02_PMat的Bounciness參數改為0.3、Pig01_PMat的Bounciness參數改為0.5，最後依相同方式將Pig02_PMat套入Pig(Y_Mosaics)、pig(yellow)與pig(green)、Pig01_PMat套入Pig(B_Mosaics)、pig(orange)與pig(Stripe)與及Pig_PMat套入Pig(blue)、pig(purple)與pig(red)上。

接下來就是重複的動作對剩下的物件新增Rigidbody、Collider屬性和Physics Material。接下來是西洋棋，在Hierarchy視窗中，點選所有的bishop物件，如右圖所示。

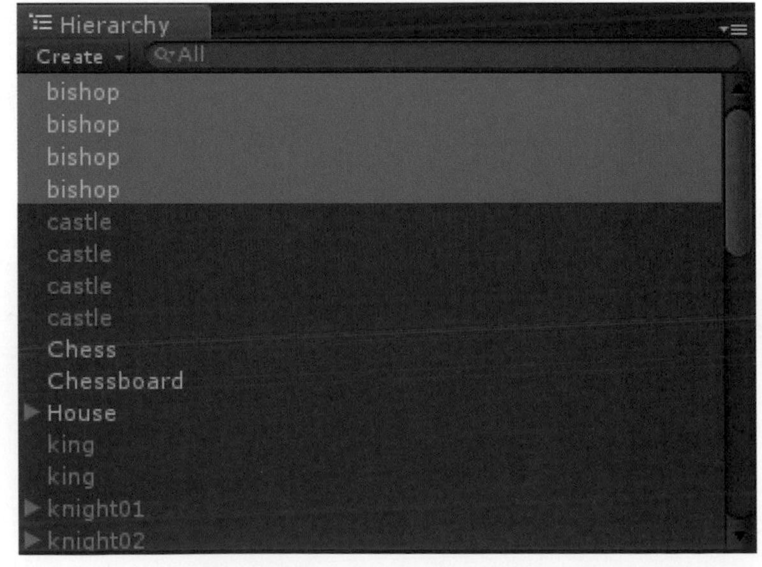

同樣的替這些bishop加上Rigidbody和Capsule Collider，並把Rigidbody屬性，Mass值改爲0.4，Drag值改爲0.4，Angular Drag值改爲0.5;Sphere Collider屬性，Center值的X改爲0、Y改爲0、Z改爲3.5，Radius值改爲1.7，Height值改爲7，Direction值改爲Z-Axis，如下圖所示。

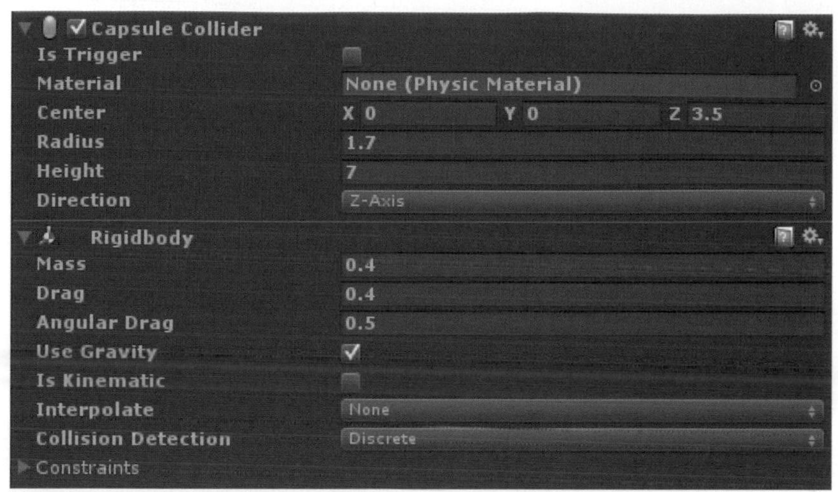

在Hierarchy視窗中，點選所有的Castle物件，如下圖所示。

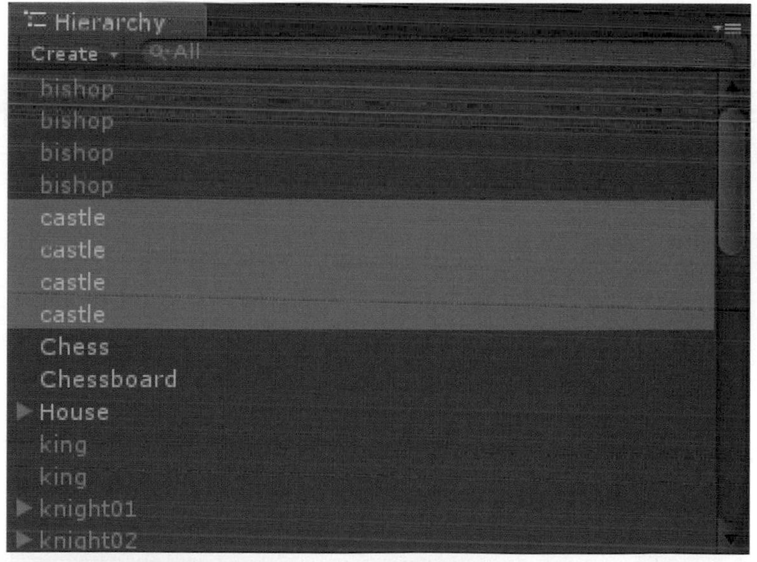

同樣的替這些Castle加上Rigidbody和Capsule Collider，並把Rigidbody屬性，Mass值改爲0.4，Drag值改爲0.4，Angular Drag值改爲0.5;Sphere Collider屬性，Center值的X改爲0、Y改爲-0.02、Z改爲0.7101228，Radius值改爲0.38，Height值改爲1.59，Direction值改爲Z-Axis，如下圖所示。

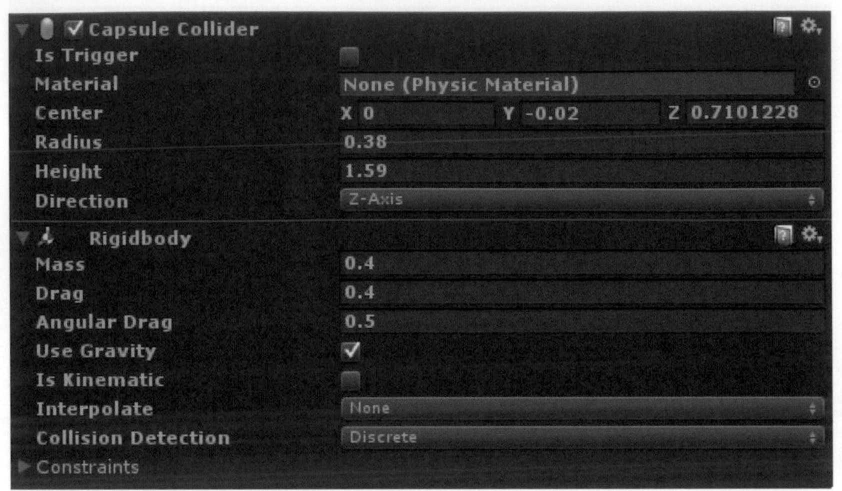

在Hierarchy視窗中，點選所有的king物件，如下圖所示。

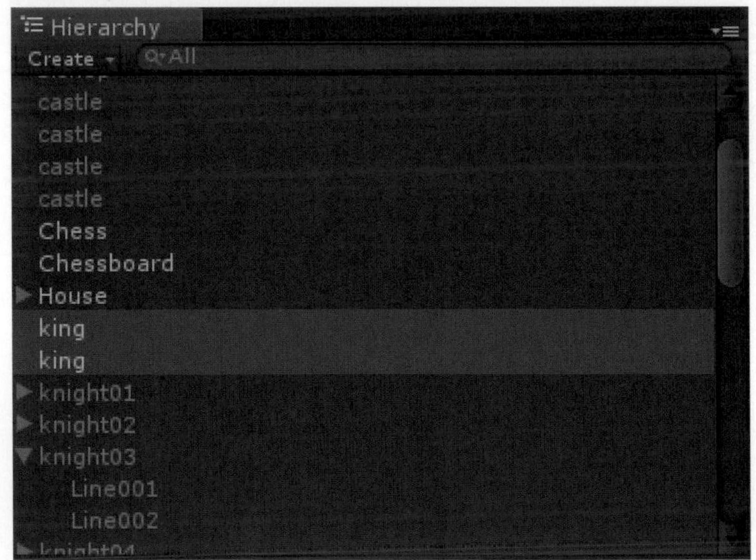

同樣的替這些king加上Rigidbody和Capsule Collider，並把Rigidbody屬性，Mass值改爲0.4，Drag值改爲0.4，Angular Drag值改爲0.5;Sphere Collider屬性，Center值的X改爲0、Y改爲2.205599、Z改爲0，Radius值改爲1.010152，Height值改爲4.427223，Direction值改爲Y-Axis，如下圖所示。

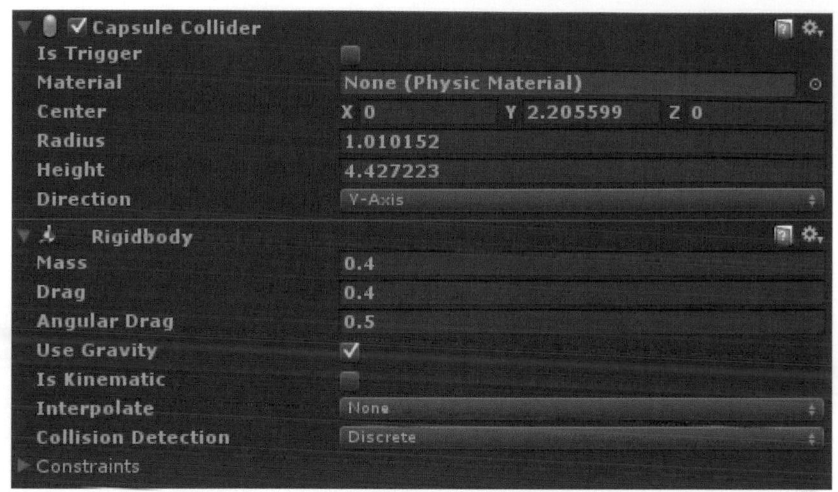

在Hierarchy視窗中，點選所有的knight物件，如下圖所示。

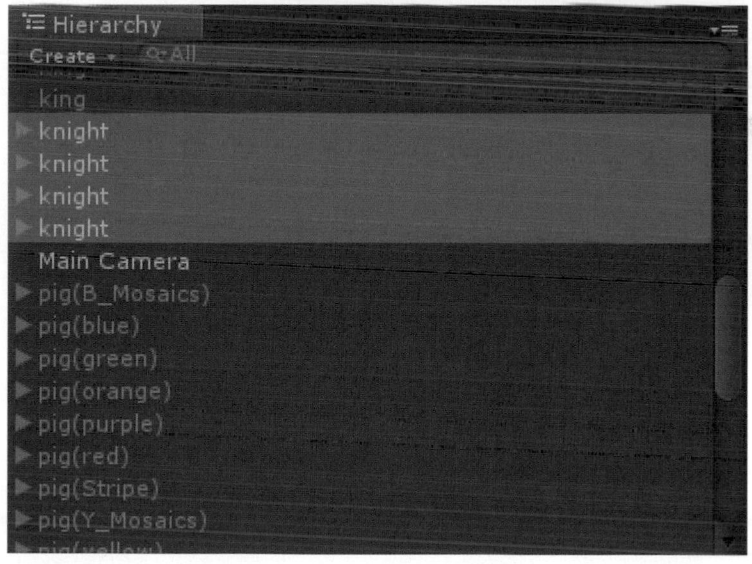

同樣的替這些knight加上Rigidbody和Capsule Collider，並把Rigidbody屬性，Mass值改爲0.4，Drag值改爲0.4，Angular Drag值改爲0.5;Sphere Collider屬性，Center值的X改爲0、Y改爲0、Z改爲2.98，Radius值改爲1.17，Height值改爲6，Direction值改爲Z-Axis，如下圖所示。

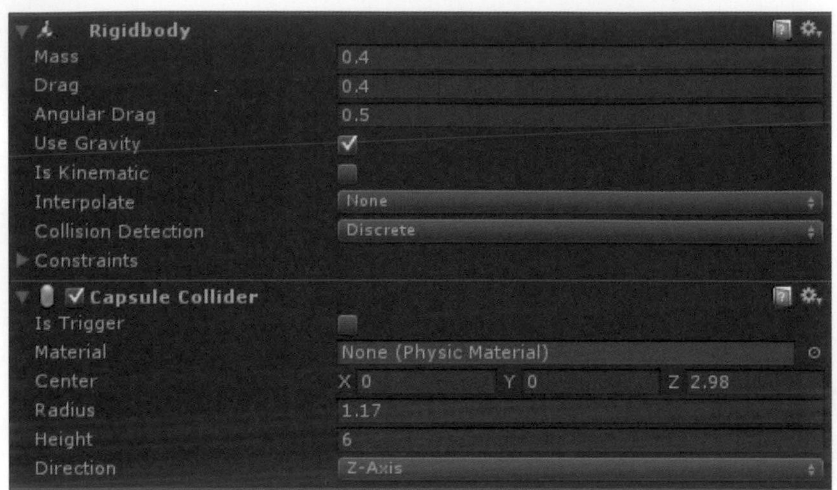

在Hierarchy視窗中，點選所有的queen物件，如下圖所示。

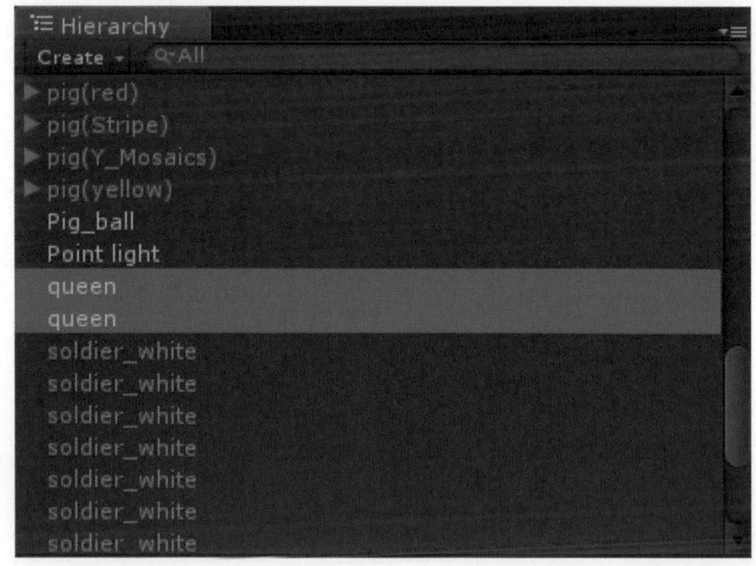

同樣的替這些queen加上Rigidbody和Capsule Collider，並把Rigidbody屬性，Mass值改爲0.4，Drag值改爲0.4，Angular Drag值改爲0.5;Sphere Collider屬性，Center值的X改爲0、Y改爲0、Z改爲1.8，Radius值改爲0.9，Height值改爲3.6，Direction值改爲Z-Axis，如下圖所示。

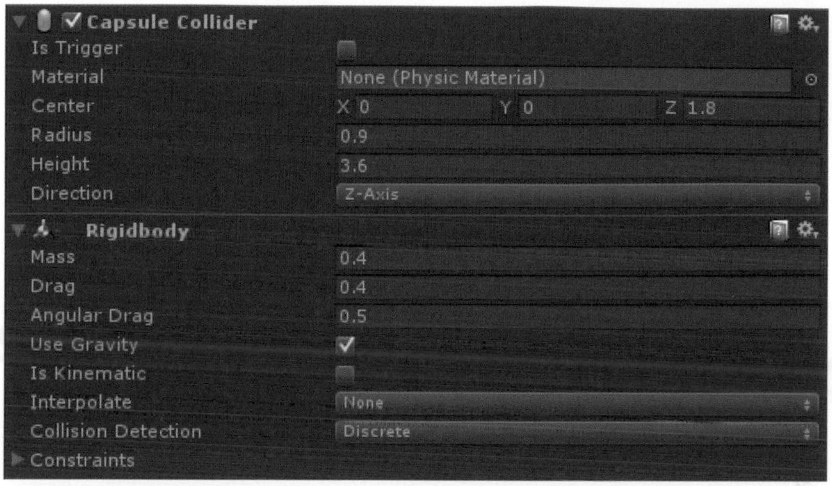

在Hierarchy視窗中，點選所有的soldier_White物件，如下圖所示。

同樣的替這些soldier_White加上Rigidbody和Capsule Collider，並把Rigidbody屬性，Mass值改爲0.4，Drag值改爲0.4，Angular Drag值改爲0.5;Sphere Collider屬性，Center值的X改爲0、Y改爲1、Z改爲0，Radius值改爲0.6138619，Height值改爲2.11873，Direction值改爲Y-Axis，如下圖所示。

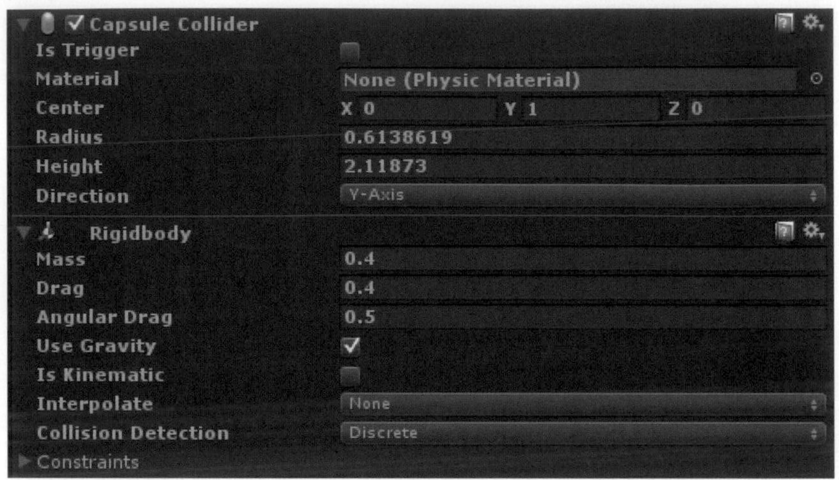

在Assets資料夾中Assets資料夾中Material資料夾中新增1個Physic Material命名爲Chess_PMat，並在Inspector視窗中，編輯Chess_PMat的參數，Dynamic Friction改爲0.4、Static Friction改爲0.4、Bounciness改爲0.5、Friction Combine和Bounce Combine改爲Maximum，如下圖所示。

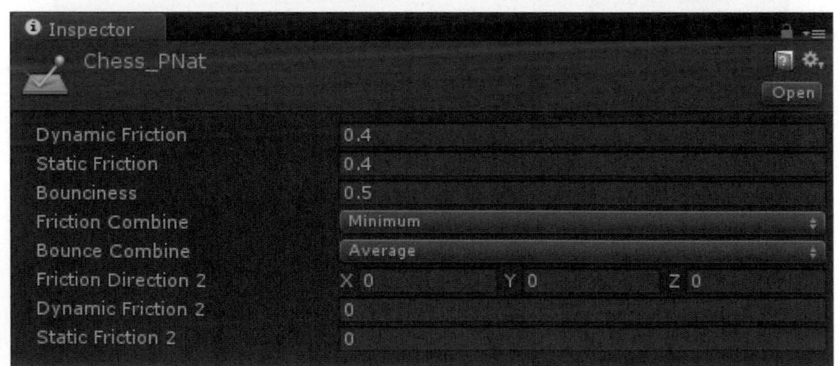

一樣在Hierarchy視窗中，點選全部的西洋棋物件，並在Inspector視窗Capsule Collider屬性中的Material選擇Chess_PMat，如下圖所示。

Capsule Collider
Is Trigger
Material　Chess_PNat
Center　X 0　Y 0　Z 3.5
Radius　1.7
Height　7
Direction　Z-Axis

最後是西洋棋盤，在Hierarchy視窗中，點選Chessboard物件，如下圖所示。

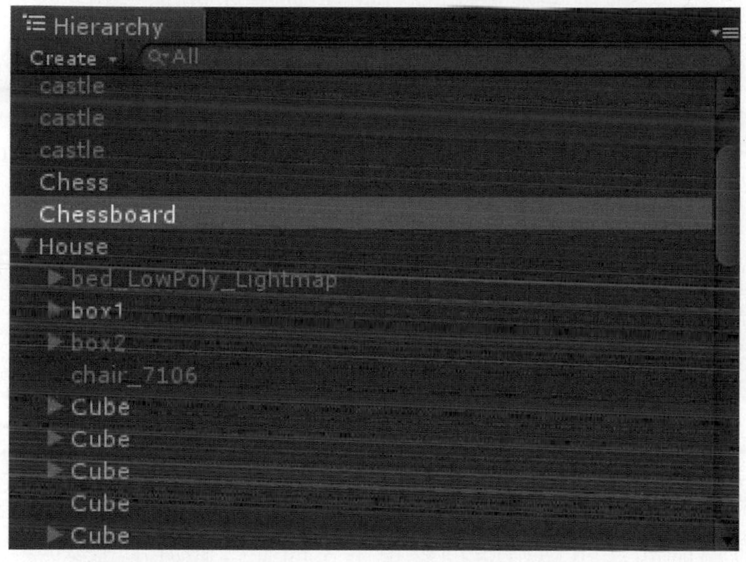

同樣的替Chessboard加上Rigidbody和Box Collider，並把Rigidbody屬性，Mass值改為10，Drag值改為0.5，Angular Drag值改為0.5，如下圖所示。

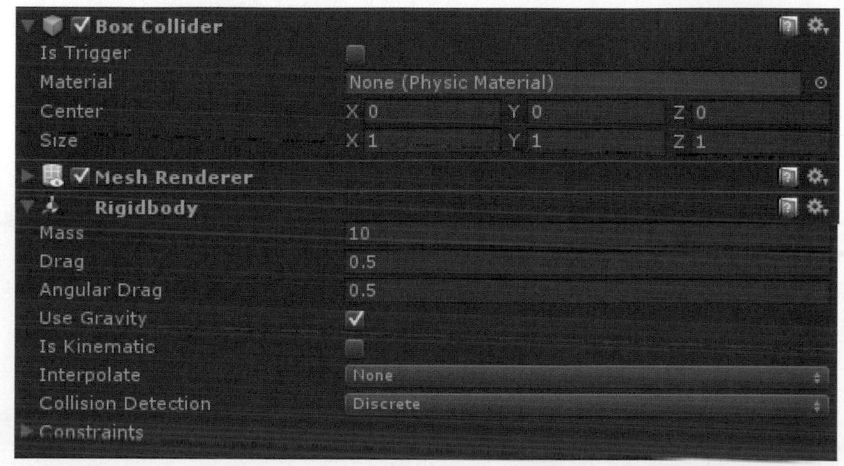

在Assets資料夾中Assets資料夾中Material資料夾中新增1個Physic Material命名爲Chessboard_PMat，並在Inspector視窗中，編輯Chessboard_PMat的參數，Dynamic Friction改爲0.5、Static Friction改爲6、Bounciness改爲0.3、Friction Combine和Bounce Combine改爲Maximum，如下圖所示。

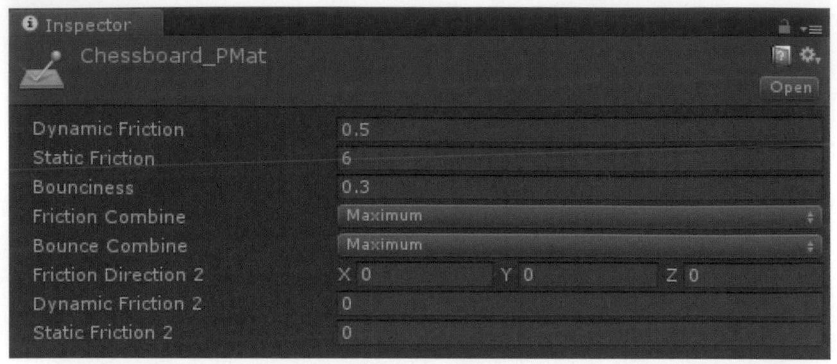

一樣在Hierarchy視窗中，點選Chessboard物件，並在Inspector視窗Box Collider屬性中的Material選擇Chessboard_PMat，如下圖所示。

這樣就完成我們這次的範例檔了，可以按下執行看執行結果，櫃子上的豬造型球因爲彈性不盡相同，因此彈跳高度不相同;西洋棋盤因爲受西洋棋的重力影響，導致整個西洋棋與棋盤掉落桌下，而彈性較好的紫色豬造型球彈落櫃子與桌子後又與西洋棋盤造成互相碰撞;而最先掉落地上的西洋棋在掉落地面後又會彼此碰撞，如下圖所示。

國家圖書館出版品預行編目(CIP)資料

Unity 跨平臺全方位遊戲開發進階寶典 / 黃新峰・
汪筠捷・黃鈴祐 編著. -- 初版. -- 新北市 :
全華圖書, 2014.10 面 ; 公分
ISBN 978-957-21-9671-7(平裝附範例光碟)
1.電腦遊戲 2.電腦程式設計

312.8 103019651

Unity 跨平台全方位遊戲開發進階寶典

(附範例光碟)

作者 / 黃新峰・汪筠捷・黃鈴祐
執行編輯 / 周映君
發行人 / 陳本源
出版者 / 全華圖書股份有限公司
郵政帳號 / 0100836-1 號
印刷者 / 宏懋打字印刷股份有限公司
圖書編號 / 06263007
初版一刷 / 2014 年 11 月
定價 / 新台幣 780 元
ISBN / 978-957-21-9671-7
全華圖書 / www.chwa.com.tw
全華網路書店 Open Tech / www.opentech.com.tw
若您對書籍內容、排版印刷有任何問題，歡迎來信指導 book@chwa.com.tw

臺北總公司(北區營業處)
地址：23671 新北市土城區忠義路 21 號
電話：(02) 2262-5666
傳真：(02) 6637-3695、6637-3696

中區營業處
地址：40256 臺中市南區樹義一巷 26 號
電話：(04) 2261-8485
傳真：(04) 3600-9806

南區營業處
地址：80769 高雄市三民區應安街 12 號
電話：(07) 381-1377
傳真：(07) 862-5562

全華網路書店 www.opentech.com.tw
E-mail: service@chwa.com.tw

行銷企劃部　收

23671
新北市土城區忠義路21號
全華圖書股份有限公司

讀者回函卡

填寫日期：　/　/

姓名：________ 生日：西元____年____月____日 性別：□男 □女

電話：(　)________ 傳真：(　)________ 手機：________

e-mail：(必填)________

註：數字零，請用 Φ 表示，數字 1 與英文 L 請另註明並書寫端正，謝謝。

通訊處：□□□□□________

學歷：□博士 □碩士 □大學 □專科 □高中・職

職業：□工程師 □教師 □學生 □軍・公 □其他

學校 / 公司：________ 科系 / 部門：________

・需求書類：

□ A. 電子 □ B. 電機 □ C. 計算機工程 □ D. 資訊 □ E. 機械 □ F. 汽車 □ I. 工管 □ J. 土木

□ K. 化工 □ L. 設計 □ M. 商管 □ N. 日文 □ O. 美容 □ P. 休閒 □ Q. 餐飲 □ B. 其他

・本次購買圖書為：________ 書號：________

・您對本書的評價：

封面設計：□非常滿意 □滿意 □尚可 □需改善，請說明________

內容表達：□非常滿意 □滿意 □尚可 □需改善，請說明________

版面編排：□非常滿意 □滿意 □尚可 □需改善，請說明________

印刷品質：□非常滿意 □滿意 □尚可 □需改善，請說明________

書籍定價：□非常滿意 □滿意 □尚可 □需改善，請說明________

整體評價：請說明________

・您在何處購買本書？

□書局 □網路書店 □書展 □團購 □其他________

・您購買本書的原因？（可複選）

□個人需要 □幫公司採購 □親友推薦 □老師指定之課本 □其他________

・您希望全華以何種方式提供出版訊息及特惠活動？

□電子報 □ DM □廣告（媒體名稱________）

・您是否上過全華網路書店？（www.opentech.com.tw）

□是 □否 您的建議________

・您希望全華出版那方面書籍？________

・您希望全華加強那些服務？________

～感謝您提供寶貴意見，全華將秉持服務的熱忱，出版更多好書，以饗讀者。

全華網路書店 http://www.opentech.com.tw　客服信箱 service@chwa.com.tw

2011.03 修訂

親愛的讀者：

感謝您對全華圖書的支持與愛護，雖然我們很慎重的處理每一本書，但恐仍有疏漏之處，若您發現本書有任何錯誤，請填寫於勘誤表內寄回，我們將於再版時修正，您的批評與指教是我們進步的原動力，謝謝！

全華圖書　敬上

勘誤表

書號		書名		作者	
頁數	行數	錯誤或不當之詞句		建議修改之詞句	

我有話要說：（其它之批評與建議，如封面、編排、內容、印刷品質等・・・）